토목구조기술사 합격 바이블 제3판 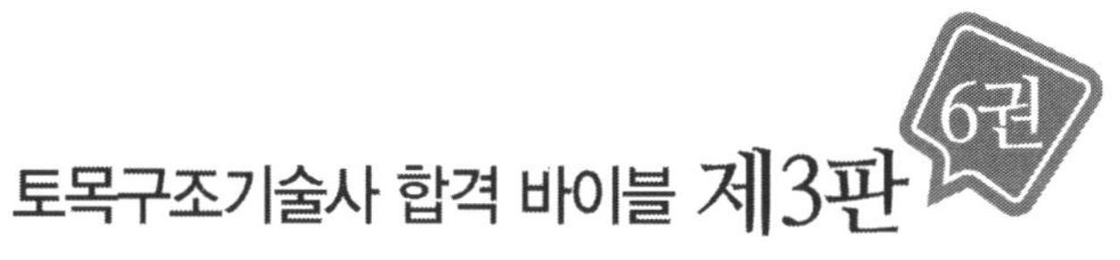



# 동역학과 내진·내풍·파랑설계

이 책은 기본서 위주의 이론과 최신의 KDS 설계기준과 편람, 학회지 등의 주요 내용을 정리하고 있으며, 기존의 기출 문제를 분석하여 최대한 이론을 바탕으로 작성하였다.

토목구조기술사 합격 바이블 제3판 **6권**

# 동역학과 내진·내풍·파랑설계

안시준, 최성진 저

에이퍼브

# 머리말

인류의 수명이 지금처럼 길어진 10대 요인 중 가장 중요한 요인이 의학의 발전과 더불어 사회 기반시설의 발전이라고 합니다. 상하수도가 놓이면서 오염으로 인한 전염병 등 질병의 전파가 늦어지고, 험한 지형에 교량과 터널을 이용한 도로가 만들어지면서 사람의 이동이 수월해졌습니다. 인류는 모르는 사이에 인류복지를 실현하는 중요한 역할을 토목기술자가 최일선에서 수행하고 있다는 사실을 잊고 있었는지도 모릅니다.

기술은 빠르게 변하고 있습니다. 그 변화의 중심에는 바로 AI(Artificial Intelligence)가 있습니다. 과거에 인간이 만든 모든 피조물은 인간의 명령에 따라 움직였는데 이 AI는 스스로 생각하고 판단한다고 합니다(유발 하라리). 어떻게 하면 구조기술자가 이 변화하는 흐름 속에서 주도적인 역할을 할까? 업종의 경계가 없어지고 업종 간 융복합되고, 심지어 기획−설계(디자인)−홍보−판매−피드백 순의 시간적 흐름도 순서가 없어지는 시대의 한복판에 서 있습니다. 빅데이터, 사물인터넷(Iot), 인공지능, 공간정보 등을 이용하여 기존의 요소기술을 조합한 새로운 업역을 창출해서 우리 구조기술자가 그것들의 플랫폼 역할을 해야 합니다. 부화뇌동할 필요는 없지만 시작은 하여야 하는 시점입니다.

토목구조기술사는 수치적인 감이 있어야 하고 과목도 다양해서 시험 준비가 만만치 않습니다. 과거와 달리 지금은 학원이 있기는 하나 학원에 다닌다고 공부를 잘하는 것이 아니라는 사실은 잘 알고 계실 것입니다. 최소 하루에 4시간 집중해서 6개월은 하셔야 시험을 볼 수 있습니다. 기술사를 취득한다고 해서 많은 것이 달라지지는 않지만, 자기만족이라는 성취감과 자신감이라는 귀한 선물을 얻어 세상을 사는 데 힘이 될 것입니다.

기술사가 되시면 헬기를 타고 아래를 내려보듯 과업 전체를 보시기 바랍니다. 그리고 복잡하다고 생각되시면 목적물의 기능성, 안전성, 미관, 경제성을 차례로 생각하십시오.

개정판을 준비하면서 안시준 님께서 바쁜 가운데에도 장시간에 걸쳐 자료를 수집하고, 바뀐 기준을 정리하는 등 힘든 과정을 거쳐 애써 주신 덕분에 좋은 책이 세상에 나오게 되었습니다. 이 책이 많은 분에게 도움이 되리라 확신합니다.

기술사가 되는 날까지
Never, Never, Never, Give up

2025년 12월
**최 성 진** 올림

'토목구조기술사'라는 길을 함께 걸어가고자 하는 분들에게 조금이나마 도움이 되고자 하는 마음으로 『토목구조기술사 합격 바이블』을 처음 세상에 선보인 지 벌써 10년이 흘렀습니다.

이 책을 처음 집필하게 된 계기는 방대한 기술사 시험 범위와 자료를 체계적으로 정리한 책이 필요하다는 생각에서 시작되었습니다. 저 또한 수험생 시절, 정리되지 않은 자료 속에서 어려움을 겪으며 '누군가 이 내용을 일목요연하게 정리해 두었더라면 얼마나 좋았을까'라는 생각을 늘 해왔습니다.

이번 3판을 준비하면서 과목별로 정리하다 보니, 과거와 현재의 설계기준이 혼재되어 출제되고 있어 수험생들에게 많은 혼란을 주고 있다는 생각이 들었습니다. 그나마 다행스러운 것은 과거 설계기준 변경에 따른 혼선과 허용응력설계법, 강도설계법, 한계상태설계법의 혼용 문제들이 KDS 기준 체계로 정비되면서 체계적이고 명확하게 정리되어 가고 있다는 점입니다.

이론에서부터 실무에 이르기까지, 전문 기술사를 준비하는 수험생들에게 요구되는 지식과 역량은 더욱 폭넓어지고 있습니다. 단순한 공학적 문제뿐만 아니라, 관계 법령과 기술기준, 신기술, 그리고 제도 변화까지도 폭넓은 이해를 필요로 합니다. 실제 최근 기출문제를 분석해 보면, 구조역학 19%, 철근 콘크리트 17%, 프리스트레스트 9%, 강구조 13%, 교량공학 27%, 동역학 및 내진 6%, 가시설 및 지하시설물 등 3%로 구성되어 있으며, 건설기술진흥법, 중대재해처벌법, BIM, CM, 건설사업관리 등 다양한 관계 법령·제도와 관련된 문제도 약 6% 정도 출제되고 있습니다. 특히, 계산문제의 비중은 1교시에서 점차 낮아지고 있으며, 2~4교시 선택 문제로 이동하는 경향을 보이고 있습니다. 또한, KDS 기준의 개정과 새로운 제도 도입에 관련된 문제들도 꾸준히 출제되고 있어, 수험생 여러분께서는 과목별 학습 비중을 잘 조절하여 대비하시기 바랍니다.

기술사라는 길은 언제나 그렇듯 많은 시간과 노력이 필요한 과정입니다. 바쁜 일상과 어려운 환경 속에서도 꿈을 향해 도전하는 모든 수험생께 진심 어린 응원과 찬사를 보냅니다. 지금 흘리고 있는 땀과 노력이 반드시 값진 결실로 돌아오리라 믿습니다. 처음 품었던 목표와 꿈을 끝까지 잊지 마시고, 포기하지 마시기를 바랍니다.

최근의 설계기준에 대한 이론과 출제경향을 반영해 개정한 본 수험서가 부족하나마 수험생 여러분에게 도움이 되기를 바랍니다.

마지막으로, 언제나 저를 인도해주시는 하나님께 감사드리며, 사랑하는 가족의 변함없는 응원에도 이 자리를 빌려 깊은 감사의 마음을 전합니다.

2025년 12월

**안 시 준** 올림

# 제1편 동역학(Dynamics)

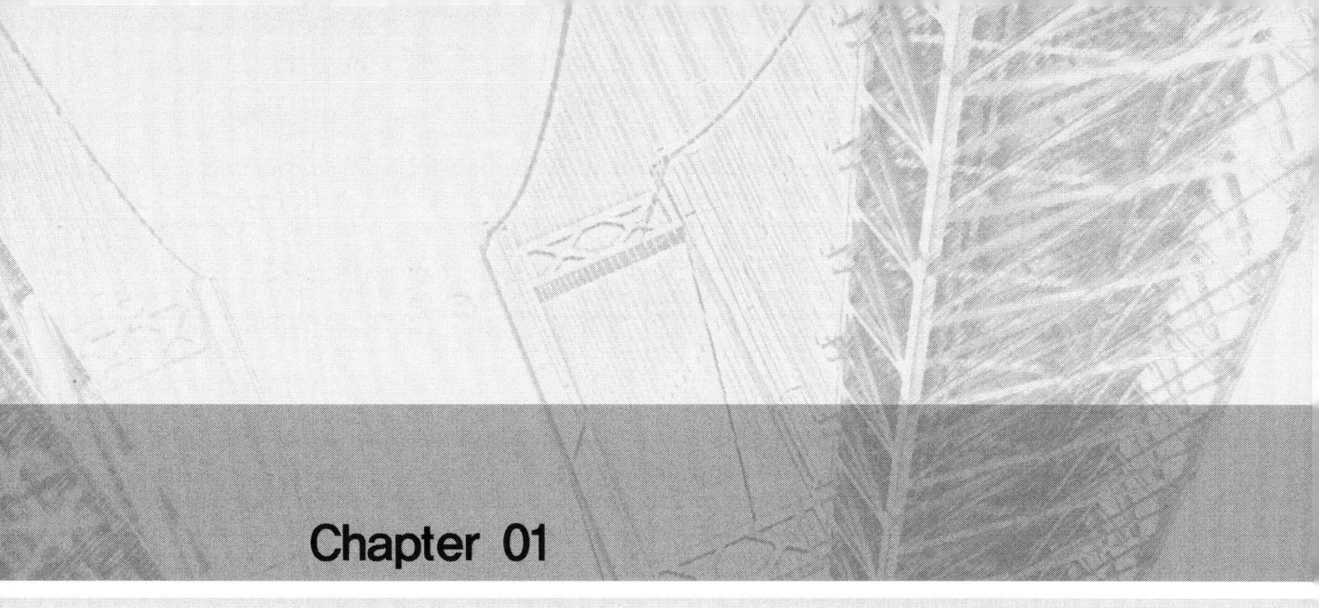



# 동적거동과 해석방법

# 01 동적거동과 해석방법

## 01 동적거동

### 1. 구조물의 거동 <sup>89회/114회</sup>

**【기출유형 ①】** 구조물의 거동을 하중관련 거동과 위상관련 거동으로 분류 지배방정식 설명
**【기출유형 ②】** 구조물의 동적해석과 정적해석의 차이점

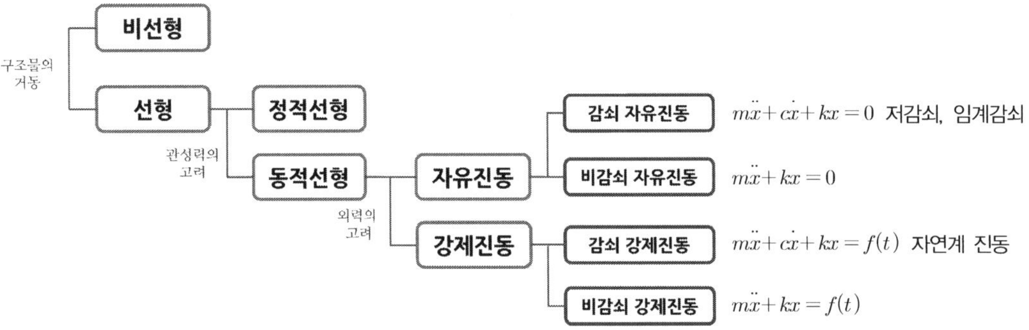


#### 1) 정적해석과 동적해석의 구분

① 동적해석은 정적해석과 달리 시간에 따라 변하는 작용하중(외력)과 이에 의한 시간에 따라 변하는 구조물의 응답(변위, 속도, 가속도, 응력 등)을 다룬다. 따라서 정적해석에서는 한 개의 고정된 해를 구하지만 동적해석에서는 일정 시간 동안 구조물의 응답을 구한 후 최댓값, 평균값, 주기 등의 동적특성을 조사하므로 많은 해석시간이 소요된다.

② 구조물에 동적하중이 작용할 경우 동적해석에서는 구조물의 응답에 따라 변하는 관성력을 추가로 고려하여야 한다.

③ 정적하중(Static Load)은 고정하중, 상재하중 등 그 특성이 시간에 따라 변하지 않는 하중이지

만 동적하중(Dynamic Load)은 지진하중, 충격하중 등 하중의 크기, 방향, 위치 등의 시간에 따라 변하므로 결과적으로 구조물의 응답도 시간에 따라 변하는 동적성분이 된다.

## 2) 강제진동의 동해석 처리방법

① 임의적 동해석(Random Dynamic Analysis) : 통계적 처리가 유리한 경우(풍하중, 지진해석 등)

② 결정론적 동해석(Determinastic Dynamic Analysis)

  (1) 주파수 영역 해석(Periodic or frequency response analysis) : 진자운동, 주파수별 힘의 크기를 아는 경우

  (2) 시간 영역 해석(Trangent response Analysis) : 시간마다 하중크기를 아는 경우

## 3) 해석방법

① Direct Method : 직접 적분법

② Modal Method : 모드 분리법, Superposition


## 2. 동역학의 자유도와 운동방정식

시간에 따른 구조물의 동적 응답을 확인하기 위해서는 각 시간에 구조물의 움직임 위치에 대한 정의가 필요하며, 이러한 구조물의 움직임의 정의를 자유도(degree of freedom)라고 한다. 연속된 구조물의 자유도는 무수히 많으나 이상화하여 주 자유도와 해석적 모델로 정의해 표현한다. 아래의 단지유도 구조물에서 자유도(u)는 하나로 표현되며, 수학적 모델로 표현되는 요소들은 각각의 해석적 모델로 다음의 특성을 가진 이상화된 모델로 표현된다. 질량 요소 m은 구조물의 질량과 물성치를 대표하며, 강성 요소 k는 구조물의 탄성력과 저장된 포텐셜 에너지를 표현한다. 감쇠 요소 c는 마찰 요소와 구조물의 에너지 소산을 대표한다. 외력 F(t)는 구조물에 작용하는 외력을 대표해 표현된다.

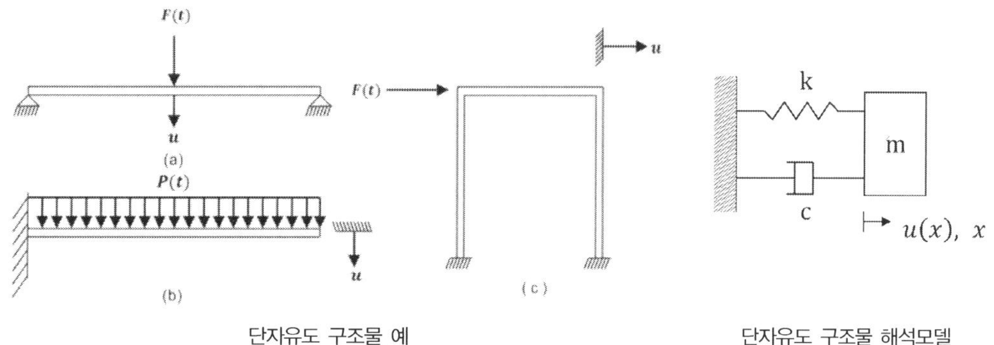


단자유도 구조물 예      단자유도 구조물 해석모델

## 1) 운동방정식

구조물의 운동방정식은 우선 구조물을 이상화(idealization)한 후, 이상화된 구조물에 대해 (1) 뉴턴의 운동방정식, (2) 달랑베르의 원리, (3) 가상일의 원리, (4) 해밀턴의 원리, (5) 라그랑주의 방정식, (6) 에너지방법, (7) 레일리 방법 등의 여러 가지 방법들 중에서 적절한 방법을 선택하여 유도할 수 있다. 일반적으로 단자유도계에서 운동방정식은 다음과 같이 표현된다.

$$m\ddot{u}(t) + c\dot{u}(t) + ku(t) = F(t)$$

① 뉴턴의 운동방정식 : 힘의 평형방정식은 관성력(inertia force), 감쇠력(damping force), 복원력(spring force)으로 구성되어 외력과 평형을 이룬다.

$$f_I(t) + f_D(t) + f_S(t) = F(t)$$

② D'Alembert의 원리 : 질량에 작용하는 모든 힘은 관성력에 의해 저항을 받고 있으며 동적평형을 이루고 있다.

$$F(t) - f_S(t) - f_D(t) = f_I(t)$$

③ 가상일의 원리(Principal of virtual work) : 평형상태에 있는 시세틈에 경계조건을 만족하는 가상변위($\delta u$)를 가하면 그 시스템 내의 모든 힘에 의해 이루어진 일은 0이 된다.

$$\delta W_I + \delta W_E = 0 \; ; \; \delta W_I = -f_D\delta u - f_S\delta u, \; \delta W_E = F\delta u - f_I\delta u$$

④ 해밀턴의 원리(Hamilton's principal) : 임의의 시간 동안 시스템 내의 운동에너지($T$, kinetic energy)와 위치에너지($V$, potential energy)의 변화량을, 시스템에 작용하는 비보존력에 의한 일($W_{NC}$)의 변화량에 더하면, 이들 스칼라(scalar)의 합은 반드시 0이 된다. 해밀턴의 원리는 외력(벡터)을 명시적으로 사용하지 않고, 에너지와 일의 변분(스칼라)만을 사용하므로, 달랑베르의 원리 및 가상일의 원리보다 좀 더 포괄적으로 사용할 수 있는 방법이다. 또한 변분을 사용하므로 변분 원리(principle of variation)라고도 한다.

$$\int_{t_1}^{t_2} \delta(T-V)dt + \int_{t_1}^{t_2} \delta W_{NC}dt = 0 \; ; \; T = \frac{1}{2}m\dot{u}^2, \; V = \frac{1}{2}ku^2, \; \delta W_{NC} = F\delta u - c\dot{u}\delta u$$

여기서, $\delta u(t_2) - \delta u(t_1) = 0$이라고 하면, $m\ddot{u} + c\dot{u} + ku - F = 0$

⑤ 라그랑주의 방정식(Lagrange's equation of motion) : '에너지와 일을 변위와 속도의 항으로 나타낼 수 있다'로 가정한 후 해밀턴의 원리를 직접 적용하면

$$\frac{d}{dt}\left(\frac{\partial T}{\partial \dot{u}}\right) - \frac{\partial T}{\partial u} + \frac{\partial D}{\partial \dot{u}} + \frac{\partial V}{\partial u} = F \; ; \; T = \frac{1}{2}m\dot{u}^2, \; D = \frac{1}{2}c\dot{u}^2, \; V = \frac{1}{2}ku^2$$

따라서, $\dfrac{d}{dt}\left(\dfrac{\partial T}{\partial \dot{u}}\right) = m\ddot{u}, \; \dfrac{\partial T}{\partial u} = 0, \; \dfrac{\partial D}{\partial \dot{u}} = c\dot{u}, \; \dfrac{\partial V}{\partial u} = ku$

⑥ 에너지의 방법(Energy method) : 에너지소산이 없는 시스템(conservative system)의 경우, 시

스템의 전체에너지(total energy)는 모든 시간에서 일정하다. 즉, 시스템의 전체에너지를 운동에너지(kinetic energy, $T$)와 위치에너지(potential energy, $V$)로 나타낼 수 있다면, 다음 식이 성립한다.

$$T + V = U = constant$$

양변을 시간으로 미분하면 운동방정식을 구할 수 있다.

$$\frac{d}{dt}(T + V) = 0 \ ; \ T = \frac{1}{2}m\dot{u}^2, \ V = \frac{1}{2}ku^2$$

⑦ 레일리 방법(Rayleigh method) : 보존 시스템의 경우(T+V=constant), 위치에너지가 0일 경우(V=0), 운동에너지가 최대가 되며(T=$T_{max}$), 운동에너지가 0일 경우(T=0) 위치에너지가 최대가 된다(V=$V_{max}$). 이를 통해서 시스템의 고유진동수를 산정할 수 있다.

$$T + V = T_{max} + 0 = 0 + V_{max} = total \ energy = constant \ ; \ T_{max} = V_{max}$$

⑧ 영향계수법(influence coefficient method) : 강성행렬의 역행렬은 유연도행렬(flexibility matrix)이다. 강성 영향계수(stiffness influence coefficient) $k_{ij}$는 $j$점에 가해진 단위 변위에 의해 $i$점에서 발생하는 하중으로 정의하며, 이 정의를 사용하여 2층 전단 구조물의 강성행렬을 구할 수 있다.

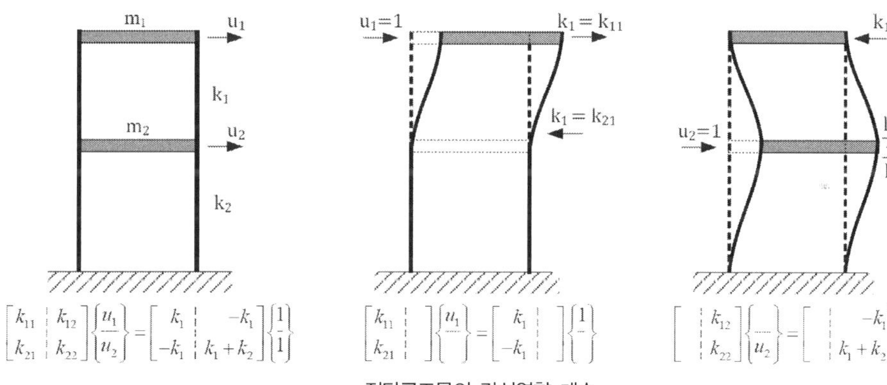


$$\begin{bmatrix} k_{11} & k_{12} \\ k_{21} & k_{22} \end{bmatrix} \begin{Bmatrix} u_1 \\ u_2 \end{Bmatrix} = \begin{bmatrix} k_1 & -k_1 \\ -k_1 & k_1+k_2 \end{bmatrix} \begin{Bmatrix} 1 \\ 1 \end{Bmatrix}$$

$$\begin{bmatrix} k_{11} \\ k_{21} \end{bmatrix} \begin{Bmatrix} u_1 \end{Bmatrix} = \begin{bmatrix} k_1 \\ -k_1 \end{bmatrix} \begin{Bmatrix} 1 \end{Bmatrix}$$

$$\begin{bmatrix} k_{12} \\ k_{22} \end{bmatrix} \begin{Bmatrix} u_2 \end{Bmatrix} = \begin{bmatrix} -k_1 \\ k_1+k_2 \end{bmatrix} \begin{Bmatrix} 1 \end{Bmatrix}$$

전단구조물의 강성영향 계수

## 2) 비감쇠 시스템의 운동방정식

감쇠가 없는 구조물(undamped system)은 감쇠를 무시한다. 구조물이 동적거동을 할 때 외력이 없다면 이를 자유진동(free vibration)이라고 하며, 이는 구조물의 고유 특성이다.

① 구조물의 강성(k) : 정역학적으로도 구조물의 강성은 변위와 외력의 관계에 있다. 강성을 표현되는 스프링계수 k는 하중(F)과 변위(u) 사이의 직선 기울기로 표현된다.

$$F = ku$$

(1) 병렬 스프링(parallel springs) : 병렬스프링의 등가스프링계수는 구조물의 전체 변위가 동일하고 하중은 분산되므로 각 병렬 스프링계수의 합이 등가스프링계수로 표현된다.

$$k_e = k_1 + k_2, \quad k_e = \sum_{i=1}^{n} k_i$$

(2) 직렬 스프링(springs in series) : 직렬스프링의 등가스프링계수는 구조물의 하중은 동일하고, 변위는 각 직렬 스프링의 변위의 합이므로, 스프링계수의 역수의 합으로 표현된다.

$$\Delta u_1 = \frac{P}{k_1}, \ \Delta u_2 = \frac{P}{k_2}, \ u = \Delta u_1 + \Delta u_2, \ k_e = \frac{P}{u}$$

$$\therefore \ \frac{1}{k_e} = \frac{1}{k_1} + \frac{1}{k_2}, \quad \frac{1}{k_e} = \sum_{i=1}^{n} \frac{1}{k_i}$$



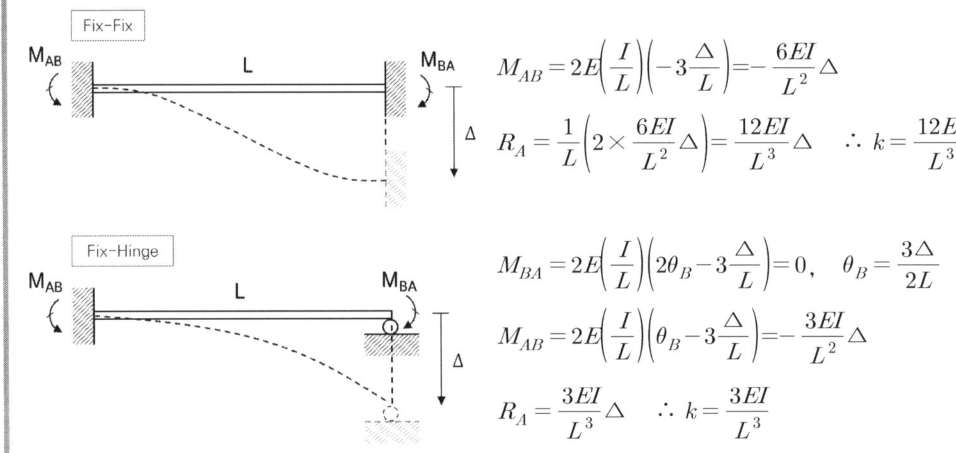



② 구조물의 질량(m) : 뉴턴의 제2법칙으로부터 구조물의 질량과 가속도의 곱은 외력과 같다. 따라서 $F = ma$로 표현되며, 가속도는 변위의 2계도 미분이므로 $F = m\ddot{u}$로 표현된다.

③ 자유물체도(free diagram) : 강성과 질량의 힘과의 관계로부터 $-ku = m\ddot{u}$로 표현될 수 있다. 따라서 비감쇠시스템에서 외력이 없을 때에는 다음과 같은 운동방정식이 성립된다.

$$m\ddot{u} + ku = 0$$



(a) single degree of freedom    (b) external force  (c) external and inertial forces

3) 비감쇠 시스템의 주기

미분방정식의 해는 다음과 같이 해를 가정해서 풀이할 수 있다.

$u = A\cos\omega t$ 또는 $u = B\cos\omega t$

From Equation $m\ddot{u} + ku = 0$

$$(-m\omega^2 + k)A\cos\omega t = 0 \quad \therefore -m\omega^2 + k = 0, \ \omega = \sqrt{\frac{k}{m}} = \sqrt{\frac{kg}{W}}$$

4) 운동방정식의 일반해

2계도 미분식의 일반해는 다음과 같다. $u = A\cos\omega t + B\sin\omega t$

여기서 t=0 에서 $u = u_0$, $\dot{u} = v_0$ 라고 하면, $u_0 = A$, $v_0 = B\omega$

$$\therefore u = u_0\cos\omega t + \frac{v_0}{\omega}\sin\omega t$$

5) 구조물의 진동수와 주기, 진폭

$$T = \frac{2\pi}{\omega}, \ f = \frac{1}{T} = \frac{\omega}{2\pi}$$

비감쇠 자유진동의 일반해

$u = u_0\cos\omega t + \dfrac{v_0}{\omega}\sin\omega t$ 를 합성하면.

$$u = C\sin(\omega t + \alpha) = C\cos(\omega t - \beta)$$

여기서,

$$C = \sqrt{u_0^2 + (v_0/\omega)^2}, \ \tan\alpha = u_0/(v_0/\omega)$$

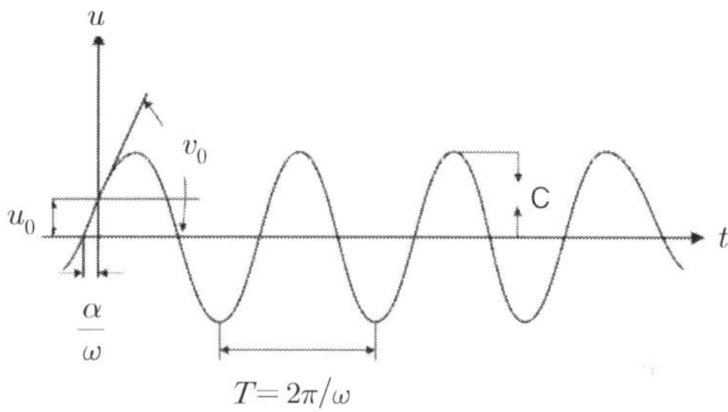


비감쇠 자유진동의 응답곡선

 | 2<sup>nd</sup> Order differential equation|

① Homogeneous differential Equations : $a\ddot{y} + b\dot{y} + cy = 0$

(Auxiliary equation) $am^2 + bm + c = 0$의 함수 값의 해를 $\alpha, \beta$라고 하면 $y = Ae^{\alpha x} + Be^{\beta x}$를 해라고 가정할 수 있다. 이때 $\dot{y} = A\alpha e^{\alpha x} + B\beta e^{\beta x}$, $\ddot{y} = A\alpha^2 e^{\alpha x} + B\beta^2 e^{\beta x}$ 이므로,

(준식)$= Ae^{\alpha x}(a\alpha^2 + b\alpha + c) + Ae^{\beta x}(a\beta^2 + b\beta + c) = 0 \quad \therefore$ 가정한 식은 준 함수의 해이다.

$\therefore a\ddot{y} + b\dot{y} + cy = 0$의 방정식의 일반해 $y = Ae^{\alpha x} + Be^{\beta x}$

(단, Auxiliary equation이 허근 $p \pm qi$일 때 $y = e^{px}(A\cos qx + B\sin qx)$)

② Non-Homogeneous differential Equations : $a\ddot{y} + b\dot{y} + cy = f(x)$

이 경우에 해는 제차해(Homogeneous solution)과 특수해(particular soultion)를 가지며, 특수해는 $f(x)$의 차수에 따라 결정된다.

$$\therefore \ a\ddot{y} + b\dot{y} + cy = f(x) \text{의 방정식의 일반해 } y = y_h + y_p = Ae^{\alpha x} + Be^{\beta x} + y_p$$

| $f(x)$ | $y_{particular}$ | 비고 |
|---|---|---|
| $p$ | $\lambda$ | |
| $p + qx$ | $\lambda + \mu x$ | $y_p$값에 따라 $\dot{y_p}$, $\ddot{y_p}$를 |
| $p + qx + rx^2$ | $\lambda + \mu x + \nu x^2$ | 구하고 준식에 대입하여 |
| $pe^{kx}$ | $\lambda e^{kx}$ | 상수값 확인 |
| $p\cos\omega x + q\sin\omega x$ | $\lambda\cos\omega x + \mu\sin\omega x$ | |

## 3. 고유진동수와 주기

구조물 고유의 단위시간당 진동횟수를 고유진동수라고 하며 일반적으로 구조물의 질량과 강성이 주어지면 특정한 값을 가진 진동수의 진동만을 허용하는 고유진동을 하며 이때의 진동수를 고유진동수(Natural frequency, f)라고 한다.

자유진동을 하는 구조물의 운동방정식 : $m\ddot{x} + c\dot{x} + kx = 0$
Undamped System에서 $c = 0$

$$\ddot{x} + \frac{k}{m}x = 0 \ \rightarrow \ \ddot{x} + \omega^2 x = 0 \quad x = \sin\omega t, \quad \ddot{x} = -\omega^2\sin\omega t \quad \therefore \ \omega = \sqrt{\frac{k}{m}}$$

① 각속도($\omega$) : $\omega = 2\pi f = \dfrac{2\pi}{T} = \sqrt{\dfrac{k}{m}} = \sqrt{\dfrac{kg}{W}}$ (rad/sec)

② 단자유도계의 고유진동수($f_n$) : $f_n = \dfrac{1}{T} = \dfrac{\omega}{2\pi} = \dfrac{1}{2\pi}\sqrt{\dfrac{k}{m}}$ (cycle/sec, Hz)

③ 다자유도계의 고유진동수($f_n$) : $\{[k] - \omega^2[m]\}\{\phi\} = \{0\} \ \rightarrow \ \det|[k] - \omega^2[m]| = 0$

## 4. 수치해석의 기법(구조동역학, 김두기)

### 1) 직접적분법(Direct integration method)

운동방정식의 해를 구하기 위해 직접 적분값을 구하는 방법을 말한다. 여기서의 직접(direct)은 운동방정식을 변환시키지 않은 상태에서 적분값을 구하는 것을 의미한다. 일반적으로 직접 적분법을 적용하기 위해 점진적(Step by step) 수치 적분을 수행하여야 한다. 여기서 점진적이란 운동방정식의 해를 전체 시간구간(0, t)에서 연속적으로 구하는 것이 아니라 이전 시점 $0$, $\triangle t$, $2\triangle t$, $\cdots$ 에서 해를 간격으로 알고 있을 때 다음 시점인 $(t+\triangle t)$에서의 해를 계산하고 이를 다시 반복해 점진적으로 그 다음 시점 $(t+2\triangle t)$에서의 해를 구하는 것을 의미한다.

직접 적분법은 한 단계 미래시점 $(t+\triangle t)$에서의 평형방정식으로부터 해를 구하는 묵시적 방법(implicit method)과 현재시점$(t)$에서의 평형방정식으로부터 해를 구하는 명시적(explicit method)이 있다. 일반적으로 묵시적 방법은 명시적 방법에 비해 상대적으로 $\triangle t$를 크게 할 수는 있지만 계산량이 많으며 명시적 방법은 묵시적 방법에 비해 상대적으로 계산량은 적으나 수치적 안정성 확보를 위해 $\triangle t$를 작게 하여야 한다. 명시적 방법은 충격하중을 받는 구조물의 응답을 해석하기에 좋으나 구조물의 관심 있는 고유주기에 대해 구한 '임계시간간격(critical time interval, $\triangle t_{cr} = T_n/\pi$)'보다 작아야 하는 조건이 있어 조건부 안정(conditional stable)이라고 한다. 그러나 묵시적 방법은 더 개선된 정확성을 위해서만 $\triangle t$ 크기의 조절이 필요할 뿐 $\triangle t$ 크기와는 무관하게 항상 안정하므로 무조건 안정(unconditionally stable)이라고 한다. 명시적 방법으로는 중앙차분법이 있으며, 묵시적 방법으로는 Houbolt, Wilson, Newmark 방법 등이 있다.

### 2) 시간영역 방법(Time domain method)과 진동수영역 방법(frequency domain method)의 비교

시간영역 수치해석 기법은 운동방정식의 해를 시간영역에서 직접 구하므로 시간영역 방법이라고 한다. 이에 반해 진동수영역 방법은 주파수영역 방법이라고도 하며, 시간영역에서의 운동방정식을 진동수영역으로 변환한 후 해를 구한다. 일반적으로 '푸리에 변환(Fourier transform)'을 사용하여 운동방정식을 진동수영역으로 변환하면 시간영역에서 해를 구하는 것보다 더 효율적으로 해를 구할 수 있다. 진동수영역 방법의 핵심은 시간영역에서 중첩적분을 사용하여 구하는 구조물의 응답 $u(t)$을 진동수영역에서는 단순한 곱으로 구조물이 응답 $U(\omega)$을 구할 수 있다.

일반적으로 시간영역 방법은 시스템의 비선형성이나 시간 의존성을 고려하기가 용이하나 해석시간이 진동영역 방법에 비해 상대적으로 오래 소요되고 시스템의 진동수 의존성을 고려하기 어렵다. 이에 비해 진동수영역 방법은 시스템의 진동수 의존성을 고려하기 쉽고 해석시간이 시간영역 방법에 비해 상대적으로 짧게 소요되나 시스템의 시간 의존성을 고려하기 어려우며, 중첩의 원리에 근거하므로 시스템의 비선형성을 고려하기가 어렵다. 지반과 같은 (반)무한 영역에서의 진동전파 특성은 진동수 의존 특성을 갖고 있으므로 이를 고려하기 위해서 시간영역 방법보다는 진동수영역 방법이 효과적이다.

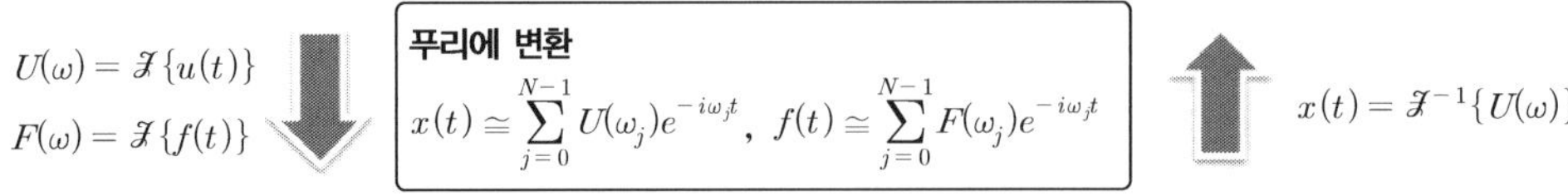


(진동수영역 방법의 절차)

## TIP | 푸리에 변환 |

시간에 따라 반복되는 특성을 갖는 주기 운동이라도, 통상 구조물의 운동은 조화운동과는 달리 몇 가지 다른 진동수들이 존재한다. 예를 들어, 다자유도 시스템의 경우 여러 개의 고유 진동수가 존재하고, 각각 구조물의 응답에 영향을 미친다. 이러한 하중과 응답의 주기적 특성을 분석하기 위해, 푸리에 변환(Fourier transform)을 사용한다. 라플라스 변환(Laplace transform)이나, 푸리에 변환(Fourier transform)은 선형 미분 방정식의 해를 구하는 강력한 도구 중에 하나이다. 두 변환은 개념이 유사하나 통상 진동수영역 해석법(또는 주파수영역 해석법)에서는 푸리에 변환의 개념이 주로 이용된다.

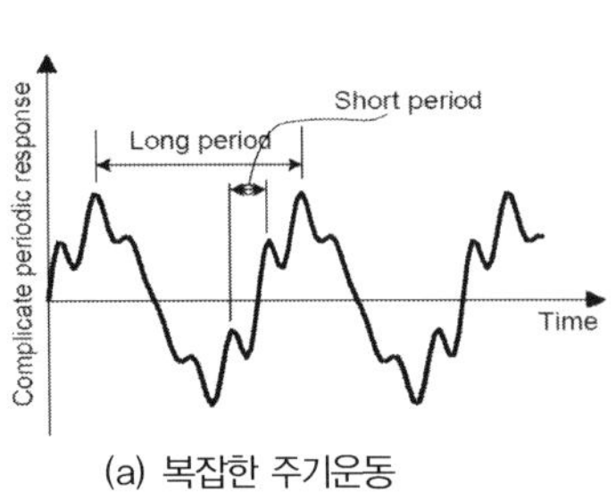


(a) 복잡한 주기운동

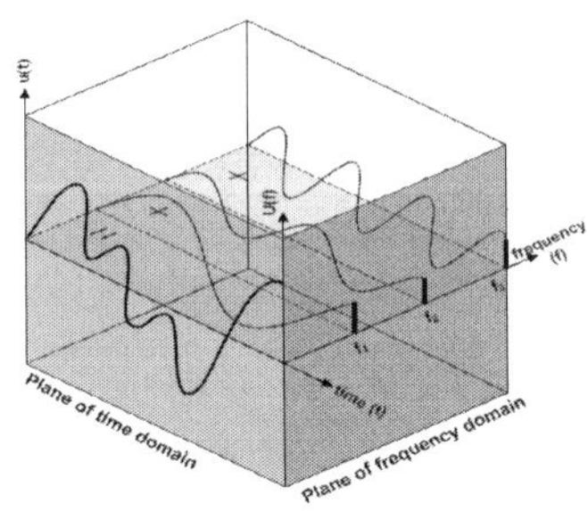


(b) 시간영역과 진동수영역의 개념

## 구조물 정적해석과 동적해석

구조물의 정적해석과 동적해석의 차이점

**풀 이**

### ▶ 개요

구조물 해석 시 구조물의 거동에 따라 선형과 비선형으로 구분되며, 이때 관성력을 고려하는지 여부에 따라 정적과 동적으로 구분될 수 있다.

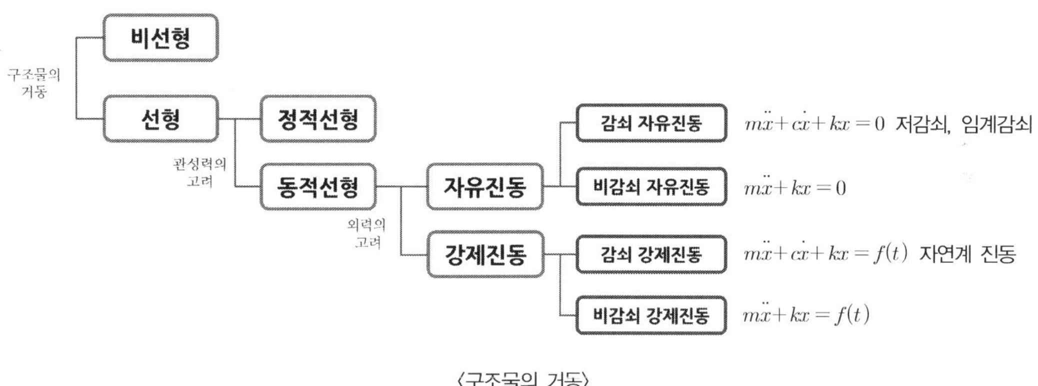


〈구조물의 거동〉

### ▶ 정적해석과 동적해석의 차이점

동적해석은 정적해석과 달리 시간에 따라 변하는 작용하중(외력)과 이에 의한 시간에 따라 변하는 구조물의 응답(변위, 속도, 가속도, 응력 등)을 다룬다. 따라서 정적해석에서는 한 개의 고정된 해를 구하지만 동적해석에서는 일정 시간동안 구조물의 응답을 구한 후 최댓값, 평균값, 주기 등의 동적특성을 조사하므로 많은 해석시간이 소요된다. 구조물에 동적하중이 작용할 경우 동적해석에서는 구조물의 응답에 따라 변하는 관성력을 추가로 고려하여야 한다. 정적하중(Static Load)은 고정하중, 상재하중 등 그 특성이 시간에 따라 변하지 않는 하중이지만 동적하중(Dynamic Load)은 지진하중, 충격하중 등 하중의 크기, 방향, 위치 등의 시간에 따라 변하므로 결과적으로 구조물의 응답도 시간에 따라 변하는 동적성분이 된다. 일반적으로 동적해석은 직접적분법과 같은 Direct Method나 모드분리법과 같은 Modal Method가 사용된다.

## 회전판의 질량관성모멘트($J$)

회전하는 원판의 중심에 관한 질량관성모멘트(J)를 구하시오.

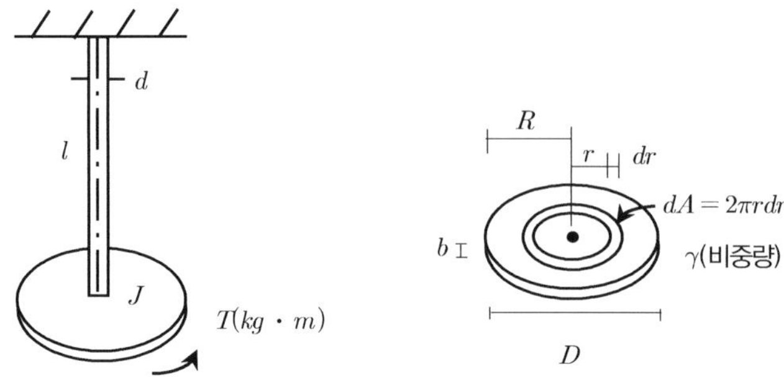




### ▶ 질량관성모멘트(J)

$$J = \int_0^R r^2 dm = \int_0^R r^2\left(\frac{dW}{g}\right) = \int_0^R r^2\left(\frac{\gamma dV}{g}\right) = \int_0^R r^2\left(\frac{\gamma b dA}{g}\right)$$

$$= \int_0^R r^2\left(\frac{\gamma(2\pi r dr)b}{g}\right) = \frac{2\pi\gamma b}{g}\int_0^R r^3 dr = \frac{\gamma b\pi R^4}{2g} = \frac{\gamma b\pi D^4}{32g}$$

여기서 $m = \dfrac{W}{g} = \gamma\dfrac{V}{g} = \gamma\dfrac{Ab}{g} = \gamma\dfrac{\pi R^2 b}{g}$

$$\therefore J = \frac{\gamma b\pi R^4}{2g} = \frac{mR^2}{2} = \frac{WR^2}{2g} = \frac{WD^2}{8g}$$

### ▶ 회전강성($k_t$)

$$k_t = \frac{T}{\theta} = \frac{T}{\left(\dfrac{Tl}{GI_p}\right)} = \frac{GI_p}{l} = \frac{G\pi d^4}{32l}$$

### ▶ 고유진동수

$$\omega_n = \sqrt{\frac{k_t}{J}} = \sqrt{\frac{G\pi d^4}{32l}\Big/\frac{WD^2}{8g}} = \sqrt{\frac{G\pi d^4 g}{4WD^2 l}}$$

$$\therefore f_n = \frac{\omega_n}{2\pi} = \frac{d^2}{4\pi D}\sqrt{\frac{G\pi g}{Wl}}$$

## 롤러의 운동방정식

다음과 같이 롤러와 질량 m, 스프링 $k$로 구성된 단자유도 시스템에서 고유진동수를 산정하라.

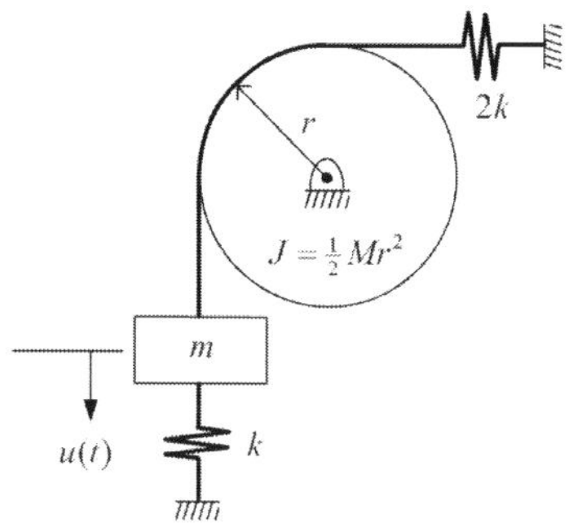




### ▶ 운동방정식과 고유진동수

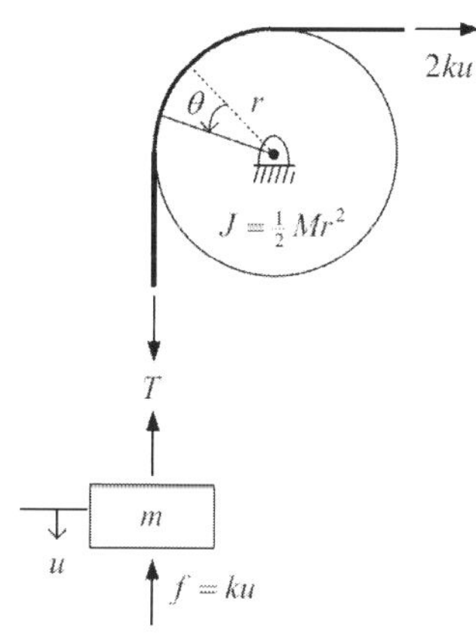


장력을 T라 하고 회전각을 $\theta$ 라고 하면,
질량 m과 롤러 간의 힘의 평형으로부터

$$m\ddot{u} + ku = -T$$

$$J\ddot{\theta} + (2ku)r = Tr$$

$$\therefore\; J\ddot{\theta} + (2ku)r + (m\ddot{u} + ku)r = 0$$

여기서, $u = r\theta$ 이므로,

$$J\ddot{\theta} + 2kr^2\theta + mr^2\ddot{\theta} + kr^2\theta = 0$$

$$\therefore\; (J + mr^2)\ddot{\theta} + 3kr^2\theta = 0$$

$$\therefore\; \omega_n = \sqrt{\dfrac{3kr^2}{J + mr^2}}$$

## 마찰계수에 따른 각주파수

질량이 m인 회전체(Roller)가 스프링강성이 $k$인 스프링에 매달려 있다. 만일 (1) 지면과 회전체의 마찰계수가 0일 때, 각주파수, $\omega_{slip}$을 구하고, (2) 마찰계수가 0이 아닐 때, 각주파수 $\omega_{noslip}$(미끄러지지 않을 때)을 구하여 그 비를 구하시오.

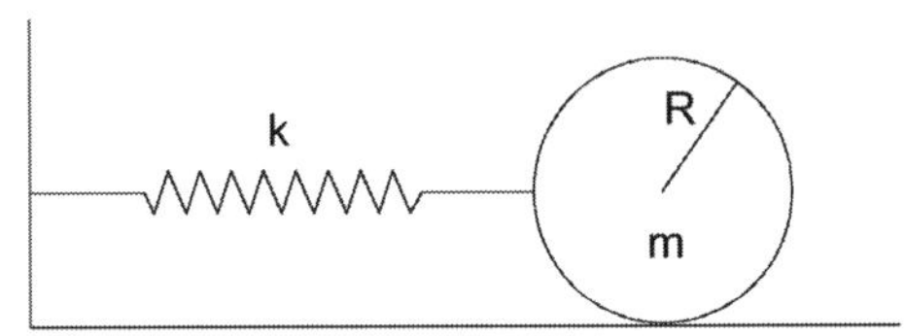


## 풀 이

### ▶ 마찰계수가 0일 때

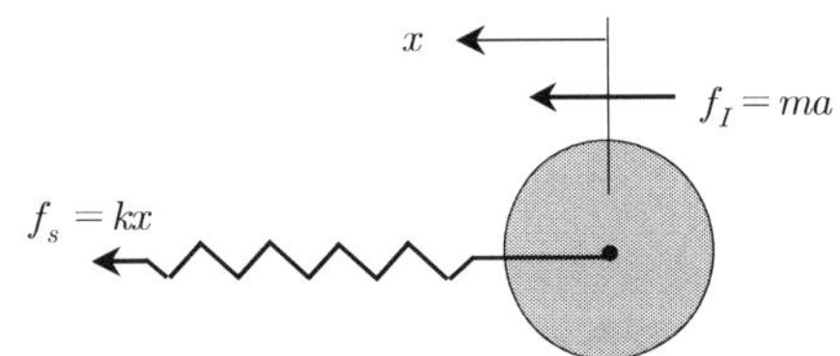


① 관성력 $f_I = ma = m\ddot{x}$

② 스프링력 $f_s = kx$

운동방정식 : $f_I + f_s = m\ddot{x} + kx = 0$

일반해 $x = A\sin\omega_n t \ (-m\omega_n^2 + k)A\sin\omega_n t = 0 \qquad \therefore \ \omega_{n(slip)} = \sqrt{\dfrac{k}{m}}$

### ▶ 마찰계수가 0이 아닐 때

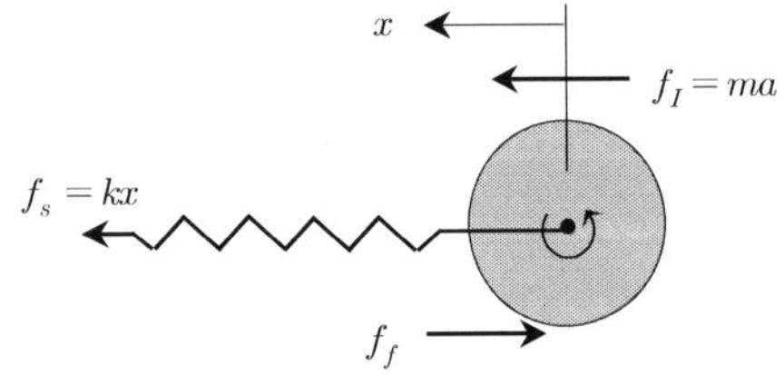


① 관성력 $f_I = ma = m\ddot{x}$

② 스프링력 $f_s = kx$

③ 마찰력 $f_f$

원의 반지름을 $r$, 회전각을 $\theta$ 라고 하면, $\quad r\theta = x \qquad \therefore \ r\dot{\theta} = \dot{x}$

$$J_0 = \frac{1}{2}mr^2$$

비틀림 방정식으로부터

$$\sum M = J\ddot{\theta} \;:\; -f_f \times r = J\ddot{\theta} = \left(\frac{1}{2}mr^2\right) \times \left(\frac{\ddot{x}}{r}\right) \quad \therefore f_f = -\frac{1}{2}m\ddot{x}$$

운동방정식 : $f_I + f_s - f_f = \dfrac{3}{2}m\ddot{x} + kx = 0$

일반해 $\quad x = A\sin\omega_n t \qquad (-\dfrac{3}{2}m\omega_n^2 + k)A\sin\omega_n t = 0$

$$\therefore \omega_{n(noslip)} = \sqrt{\frac{2k}{3m}} \qquad\qquad \therefore \omega_{n(slip)}/\omega_{n(noslip)} = \sqrt{3/2}$$

## 고유진동수 : 등가스프링

그림과 같이 보에 의해 지지된 물체 W가 스프링에 매달려 있다. 여기서 이 시스템의 등가스프링 상수 및 고유진동수를 구하시오(단, 보와 스프링 질량을 무시한다).

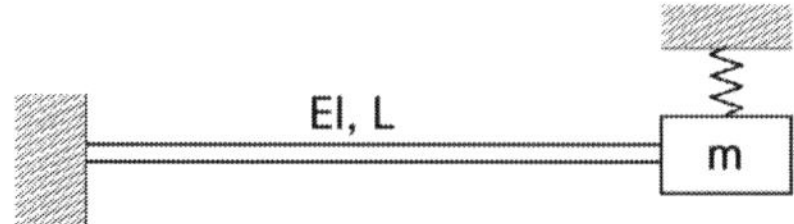


## 풀 이

### ▶ 등가스프링계수($k_e$)

구조물로 인해서 스프링에서 발생하는 변위와 외팔보에서 발생하는 변위가 동일하며, 하중은 각각 보와 스프링에 분배되므로 병렬구조이다.

보의 강성을 $k_b$라고 하고, 스프링의 강성을 $k_s$라고 하면,

$$\delta = \delta_b = \delta_s, \quad F_b = k_b\delta, \; F_s = k_s\delta, \quad F(=mg) = k_e\delta = F_b + F_s = (k_b + k_s)\delta \text{이므로}$$

$$\therefore \; k_e = k_b + k_s$$

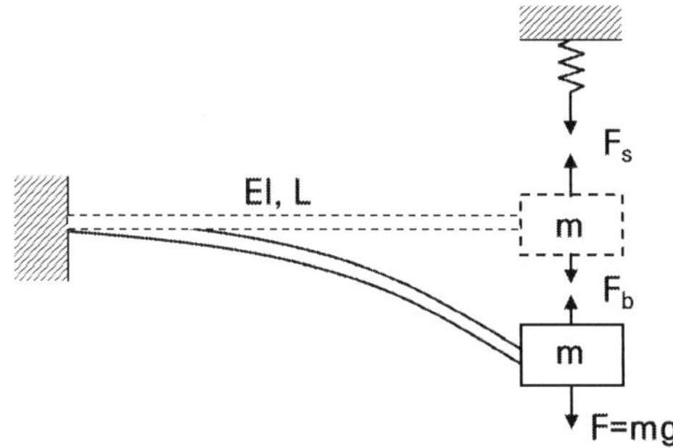


이때 외팔보의 강성 $k_b$는

$$k_b = \frac{F}{\delta} = \frac{3EI}{L^3}$$

$$\therefore \; \text{등가스프링계수} \; k_e = \frac{3EI}{L^3} + k_s = \frac{3EI + k_s L^3}{L^3}$$

### ▶ 고유진동수

$$f_n = \frac{1}{2\pi}\sqrt{\frac{k_e}{m}} = \frac{1}{2\pi}\sqrt{\frac{3EI + k_s L^3}{mL^3}}$$

## 고유진동수 : 등가스프링

그림과 같은 구조계의 고유진동수를 구하시오(단 보의 휨강성은 EI로 일정하다).

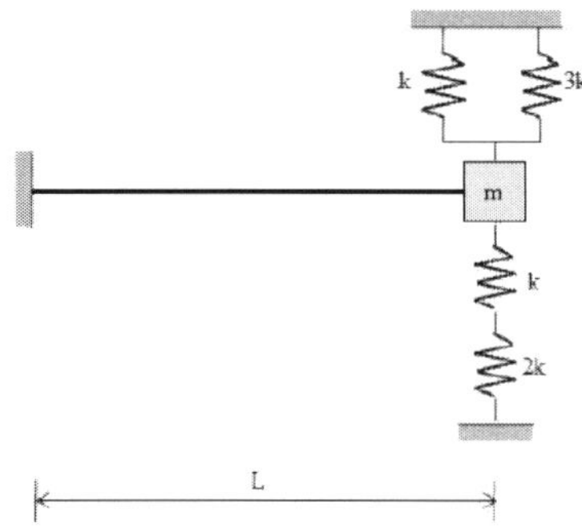

**풀 이**

### ▶ 구조계에 따른 등가스프링 산정 방법

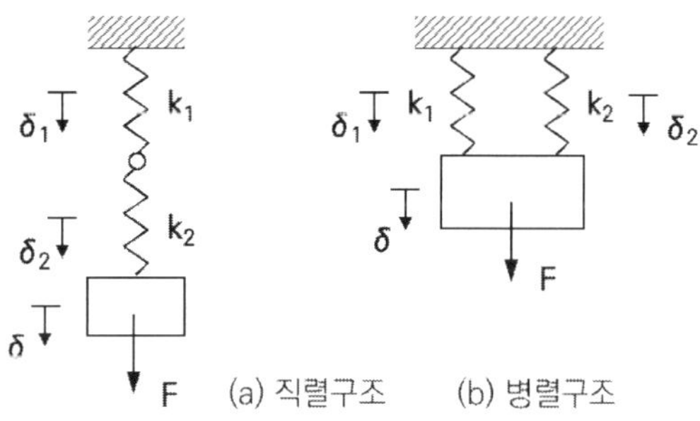


1) 직렬 스프링 구조

직렬구조에서의 작용하중은 두 스프링에서 같으며, 최종변위는 두 스프링의 변위의 합과 같다.

$$F = F_1 = F_2, \qquad \delta = \delta_1 + \delta_2$$

$$F = k_e\delta, \qquad F_1 = k_1\delta_1, \qquad F_2 = k_2\delta_2$$

$$\therefore \delta = \frac{F}{k_e} = \frac{F_1}{k_1} + \frac{F_2}{k_2} \qquad \therefore \frac{1}{k_e} = \frac{1}{k_1} + \frac{1}{k_2}, \qquad k_e = \frac{k_1 k_2}{k_1 + k_2}$$

$$k_1 = k_2 \text{이므로}, \quad k_e = \frac{k}{2} \qquad \therefore \delta = \frac{2F}{k_1}$$

## 2) 병렬 스프링 구조

병렬구조에서의 작용하중은 두 스프링에 작용하는 하중의 합과 같으며, 최종변위는 모두 같다.

$$F = F_1 + F_2, \qquad \delta = \delta_1 = \delta_2,$$

$$F = k_e\delta, \qquad F_1 = k_1\delta_1, \qquad F_2 = k_2\delta_2$$

$$\therefore \; F = k_e\delta = k_1\delta_1 + k_2\delta_2 = (k_1 + k_2)\delta \qquad \therefore \; k_e = k_1 + k_2$$

$$k_1 = k_2 \text{이므로}, \; k_e = 2k \qquad \therefore \; \delta = \frac{F}{2k_1}$$

### ▶ 구조계의 등가스프링

1) 상단 병렬 스프링 $(k_{s1})$     $k_{s1} = k_1 + k_2 = 4k$

2) 켄틸레버 보와 하부 직렬 스프링계수$(k_{beam})$ : 캔틸레버 보의 강성을 $k_{beam}$ 라고 하면,

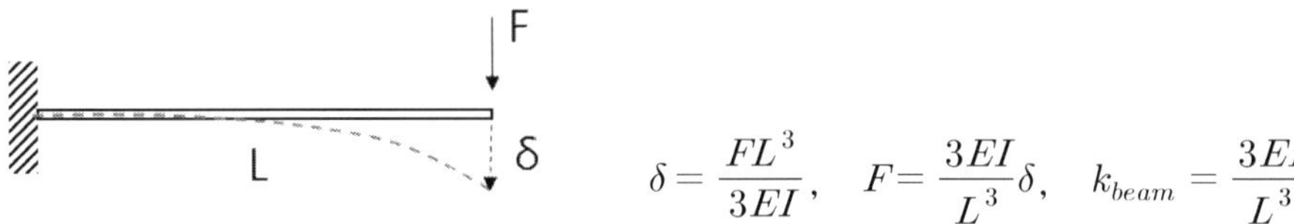


$$\delta = \frac{FL^3}{3EI}, \quad F = \frac{3EI}{L^3}\delta, \quad k_{beam} = \frac{3EI}{L^3}$$

3) 하부 직렬 스프링     $k_{s2} = \dfrac{k_1 k_2}{k_1 + k_2} = \dfrac{2}{3}k$

4) 전체 구조계 등가스프링 : 상단스프링, 켄틸레버보, 하단스프링이 직렬 연결된 것과 같으므로

$$F = F_1 = F_2 = F_3, \qquad \delta = \delta_1 + \delta_2 + \delta_3$$

$$F = k_e\delta, \qquad F_1 = k_{s1}\delta_1, \qquad F_2 = k_{beam}\delta_2, \qquad F_3 = k_{s2}\delta_3$$

$$\delta = \frac{F}{k_e} = \frac{F_{s1}}{k_{s1}} + \frac{F_{beam}}{k_{beam}} + \frac{F_{s2}}{k_{s2}}$$

$$\therefore \; \frac{1}{k_e} = \frac{1}{k_{s1}} + \frac{1}{k_{beam}} + \frac{1}{k_{s2}} = \frac{k_{s1}k_{beam} + k_{beam}k_{s2} + k_{s1}k_{s2}}{k_{s1}k_{beam}k_{s2}}$$

$$\therefore \; k_e = \frac{4k \times \dfrac{3EI}{L^3} \times \dfrac{2}{3}k}{4k \times \dfrac{3EI}{L^3} + \dfrac{2}{3}k \times \dfrac{3EI}{L^3} + 4k \times \dfrac{2}{3}k} = \frac{24kEI}{42EI + 8kL^3}$$

### ▶ 고유진동수 산정

$$\therefore \; f = \frac{1}{2\pi}\sqrt{\frac{k_e}{m}} = \frac{1}{2\pi}\sqrt{\frac{24kEI}{m(42EI + 8kL^3)}}$$

## 고유진동수 : 직렬과 병렬 연결 등가스프링

길이가 동일하고, 스프링상수 $K_1$ 과 $K_2$ 인 스프링 $S_1$ 과 $S_2$ 가 그림과 같이 동일한 무게 F의 물체를 지지하고 있다. $K_1$ 과 $K_2$ 가 동일한 경우($K_1 = K_2$) 각각 (a), (b)의 등가스프링상수(equivalent spring constant)와 수직 하향방향으로 늘어난 스프링의 길이를 구하시오(단, 스프링 자중은 무시함).

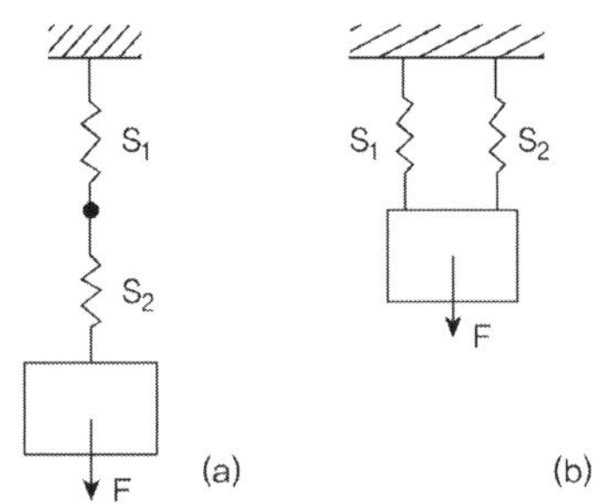


## 풀 이

### ➤ (a) 구조계 : 직렬구조계

직렬구조에서의 작용하중은 두 스프링에서 같으며, 최종변위는 두 스프링의 변위의 합과 같다.

$$F = F_1 = F_2, \qquad \delta = \delta_1 + \delta_2$$

$$F = k_e \delta, \qquad F_1 = k_1 \delta_1, \qquad F_2 = k_2 \delta_2$$

$$\therefore \delta = \frac{F}{k_e} = \frac{F_1}{k_1} + \frac{F_2}{k_2} \qquad \therefore \frac{1}{k_e} = \frac{1}{k_1} + \frac{1}{k_2}, \qquad k_e = \frac{k_1 k_2}{k_1 + k_2}$$

$$k_1 = k_2 \text{이므로,} \quad k_e = \frac{k}{2} \qquad \therefore \delta = \frac{2F}{k_1}$$

### ➤ (b) 구조계 : 병렬구조계

병렬구조에서의 작용하중은 두 스프링에 작용하는 하중의 합과 같으며, 최종변위는 모두 같다.

$$F = F_1 + F_2, \qquad \delta = \delta_1 = \delta_2$$

$$F = k_e \delta, \qquad F_1 = k_1 \delta_1, \qquad F_2 = k_2 \delta_2$$

$$\therefore F = k_e \delta = k_1 \delta_1 + k_2 \delta_2 = (k_1 + k_2)\delta \qquad \therefore k_e = k_1 + k_2$$

$$k_1 = k_2 \text{이므로,} \quad k_e = 2k \qquad \therefore \delta = \frac{F}{2k_1}$$

## 고유진동수 : 등가스프링

그림과 같이 1.5L 켄틸레버 보에 탄성지점 설치한 결과 자유단 A에서의 처짐이 원래 처짐이 1/4
로 감소하였다. 스프링상수와 고유진동수를 구하시오.

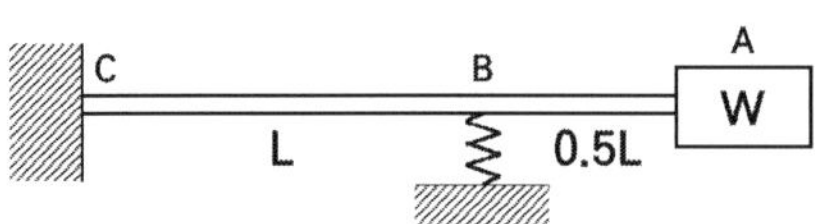


## 풀 이

### ▶ 개요

주어진 문제는 구조물의 처짐에 대해 먼저 산정하여야 스프링상수와 고유진동수를 산정할 수 있
으며 캔틸레버 보에 탄성지점을 설치할 경우 1차 부정정 구조물이므로 해석을 위해서는 변위일치
법이나 가상일의 원리 또는 에너지법으로 풀 수 있다.

### ▶ 변위일치법에 의한 풀이

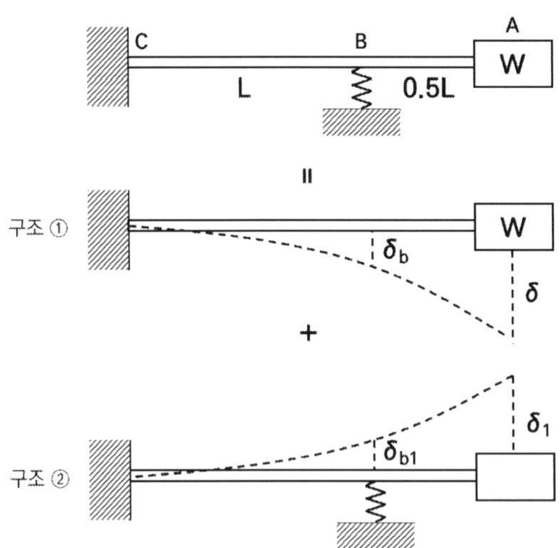


① 캔틸레버보에서 하중 W에 의한 처짐

$$\delta = \frac{W(1.5L)^3}{3EI} = \frac{9\,WL^3}{8EI}$$

② 스프링상향력에 의한 자유단의 처짐

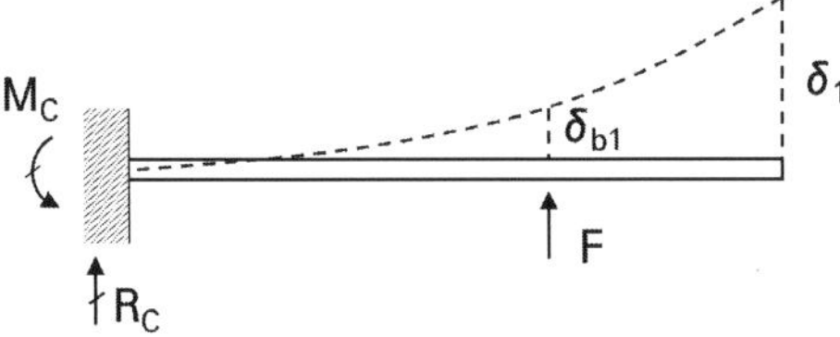


$$M_c = -FL, \quad R_c = -F$$

공액보로 치환하면,

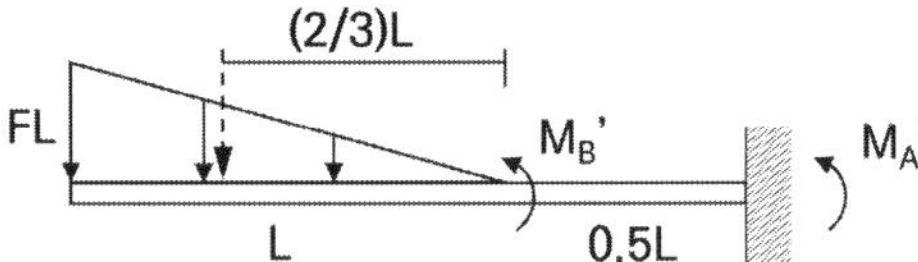


$$M_A' = \left(\frac{1}{2} \times FL \times L\right) \times \left(\frac{2}{3}L + \frac{1}{2}L\right) = \frac{7}{12}FL^3 \qquad \therefore \delta_1 = \frac{M_A'}{EI} = \frac{7}{12}\frac{FL^3}{EI}$$

주어진 조건으로부터 $\delta - \delta_1 = \frac{1}{4}\delta$이므로, $\frac{7}{12}\frac{FL^3}{EI} = \frac{3}{4} \times \frac{9WL^3}{8EI} \qquad \therefore F = \frac{81}{56}W$

③ B점의 처짐($\triangle_b$)

$$\triangle_b = \delta_b - \delta_{b1}$$

스프링력($F$)에 의한 B점의 처짐 $\delta_{b1}$은 $\delta_{b1} = \dfrac{FL^3}{3EI}$

자중에 의한 B점에서의 처짐 $\delta_b$는 Maxwell의 상반원리로부터 하중이 B점에서 작용할 때 A점의 치짐과 같으므로, ②의 치짐과 크기가 같고 방향이 반대다.

$$\delta_b = \frac{7}{12}\frac{WL^3}{EI}$$

$$\therefore \triangle_b = \delta_b - \delta_{b1} = \frac{7}{12}\frac{WL^3}{EI} - \frac{FL^3}{3EI} = \frac{7}{12}\frac{WL^3}{EI} - \frac{L^3}{3EI} \times \left(\frac{81}{56}W\right) = \frac{17}{168}\frac{WL^3}{EI}$$

④ 스프링상수($k$)

$$F = k\triangle_b \text{로부터} \quad k = \left(\frac{81}{56}W\right) / \left(\frac{17}{168}\frac{WL^3}{EI}\right) = \frac{243}{17}\frac{EI}{L^3} = 14.294\frac{EI}{L^3}$$

⑤ 고유진동수

$$f_n = \frac{1}{2\pi}\sqrt{\frac{kg}{W}} = \frac{1}{2\pi}\sqrt{\frac{243EIg}{17WL^3}}$$

## ➤ 최소일의 방법에 의한 풀이

스프링력을 부정정력으로 본다.

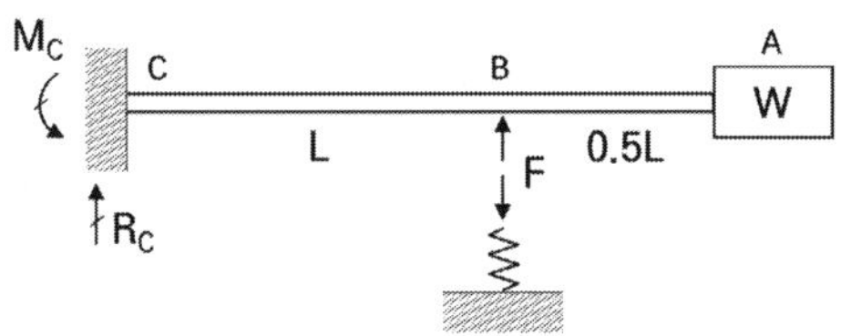

$$R_c = W - F$$

$$M_c = W \times 1.5L - FL$$

| 구간 | 시점 | 길이 | 적분구간 | $M_x$ |
|------|------|------|----------|-------|
| AB | A | 0.5L | $0 \leq x \leq 0.5L$ | $M_{x1} = W \times x$ |

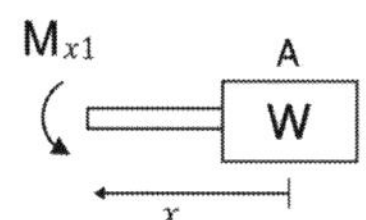

| 구간 | 시점 | 길이 | 적분구간 | $M_x$ |
|------|------|------|----------|-------|
| BC | B | L | $0.5L \leq x \leq 1.5L$ | $M_{x2} = M_c - R_c x = Wx - F(x - 0.5L)$ |

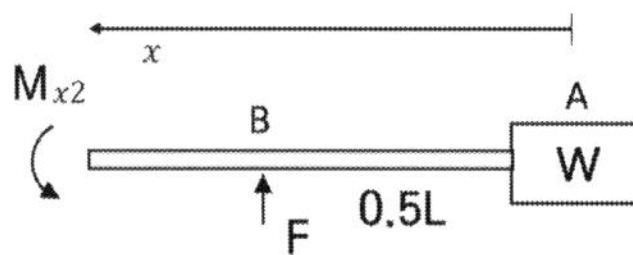

① 스프링의 변형에너지

$$U_{spring} = \frac{1}{2} k \delta^2 = \frac{F^2}{2k}$$

② 보의 변형에너지(축력과 전단은 무시하고 모멘트만 고려한다)

$$U_{beam} = \frac{1}{2EI} \left( \int_0^{0.5L} M_{x1}^2 \, dx + \int_{0.5L}^{1.5L} M_{x2}^2 \, dx \right) = \frac{L^3}{48EI} (8F^2 - 28WF + 27W^2)$$

③ 변형에너지 및 최소일의 정리

$$U = U_{beam} + U_{spring} = \frac{L^3}{48EI} (8F^2 - 28WF + 27W^2) + \frac{F^2}{2k}$$

최소일의 정리로부터,

$$\frac{\partial U}{\partial F} = \frac{L^3}{EI} \left( \frac{4F - 7W}{12} \right) + \frac{F}{k} = 0 \qquad \therefore F = \frac{7kWL^3}{4kL^3 + 12EI}$$

④ 자유단의 처짐

변형에너지 $U = \dfrac{L^3}{48EI}(8F^2 - 28WF + 27W^2) + \dfrac{F^2}{2k} = \dfrac{W^2L^3}{EI}\left(\dfrac{5kL^3 + 162EI}{96kL^3 + 288EI}\right)$

– 스프링이 없을 경우$(k = 0)$ $\qquad \delta = \dfrac{9WL^3}{8EI}$

– 스프링이 있는 경우 $\qquad \delta_s = \dfrac{\partial U}{\partial W} = \dfrac{WL^3}{EI}\left(\dfrac{5kL^3 + 162EI}{48kL^3 + 144EI}\right)$

– 주어진 조건으로부터 $\delta_s = \dfrac{1}{4}\delta$

$$\dfrac{WL^3}{EI}\left(\dfrac{5kL^3 + 162EI}{48kL^3 + 144EI}\right) = \dfrac{1}{4}\left(\dfrac{9WL^3}{8EI}\right) \qquad \therefore k = \dfrac{243}{17}\dfrac{EI}{L^3} = 14.294\dfrac{EI}{L^3}$$

⑤ 고유진동수

$$f_n = \dfrac{1}{2\pi}\sqrt{\dfrac{kg}{W}} = \dfrac{1}{2\pi}\sqrt{\dfrac{243EIg}{17WL^3}}$$

## 고유진동수 : 등가스프링

다음과 같은 외팔보에서 연직방향 자유진동에 대한 운동방정식을 유도하고, 고유진동수를 구하시오, 여기서 보의 강성은 $EI$로 가정하고, 보의 자중은 무시한다. 이때 외팔보의 $E = 210,000\text{MPa}$, $I = 1.2 \times 10^{-4} m^4$이며, 스프링의 $K_s$ =10kN/m이다. 외팔보의 길이 L=10m, 스프링에 달린 구의 무게 W=10kN이다.

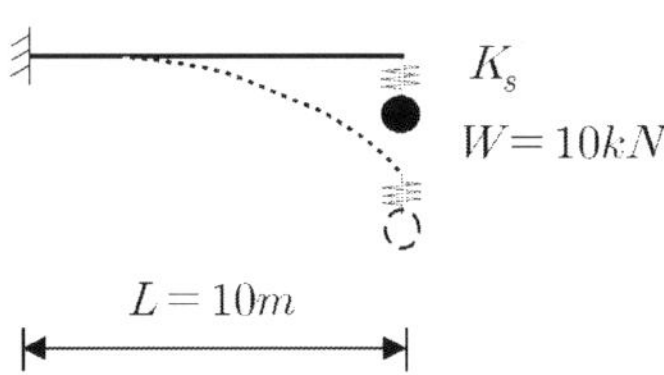


### 풀 이

#### ▶ 등가스프링계수($k_e$)

캔틸레버 보의 강성을 $k_2$ 라고 하면,

$$\delta = \frac{FL^3}{3EI}, \quad F = \frac{3EI}{L^3}\delta, \quad k_2 = \frac{3EI}{L^3}$$

캔틸레버 보와 스프링은 직렬연결 구조이며 각 스프링에 작용하는 하중(W)은 같다.

$$F_1 = F_2 = W, \quad \delta = \delta_1 + \delta_2$$

$$\frac{1}{k_e} = \frac{1}{k_s} + \frac{1}{k_2} \qquad \therefore k_e = \frac{k_s k_2}{k_s + k_2}$$

$$k_2 = \frac{3EI}{L^3} = 75.6 \text{ N/mm}, \quad k_s = 10 \text{ N/mm} \qquad \therefore k_e = \frac{k_s k_2}{k_s + k_2} = 8.8318 \text{N/mm}$$

#### ▶ 자유진동 운동 방정식

자유진동을 하는 구조물의 운동방정식 : $m\ddot{x} + c\dot{x} + kx = 0$ 으로부터, Undamped System으로 가정한다. $c = 0$

$$\ddot{x}+\frac{k}{m}x=0 \quad \rightarrow \quad \ddot{x}+\omega^2 x=0 \quad x=\sin\omega t, \quad \ddot{x}=-\omega^2\sin\omega t \quad \therefore \omega=\sqrt{\frac{k}{m}}$$

① 각속도$(\omega)$ : $\omega=2\pi f=\dfrac{2\pi}{T}=\sqrt{\dfrac{k}{m}}=\sqrt{\dfrac{kg}{W}}$ (rad/sec)

② 단자유도계의 고유진동수$(f_n)$ : $f_n=\dfrac{1}{T}=\dfrac{\omega}{2\pi}=\dfrac{1}{2\pi}\sqrt{\dfrac{k}{m}}$ (cycle/sec, Hz)

③ 다자유도계의 고유진동수$(f_n)$ : $\{[k]-\omega^2[m]\}\{\phi\}=\{0\} \quad \rightarrow \quad \det|[k]-\omega^2[m]|=0$

▶ **고유진동수 산정**

m=W/g = 10000/9.81 = 1019.368 kg

고유진동수 $f=\dfrac{1}{2\pi}\sqrt{\dfrac{k_e}{m}}=\dfrac{1}{2\pi}\sqrt{\dfrac{k_e g}{W}}=\dfrac{1}{2\pi}\sqrt{\dfrac{8.8318\times9.81\times10^3}{1000^N}}=1.481$ cycle/sec

고유주기 $T=\dfrac{1}{f}=0.675$ sec/1-cycle

## 고유진동수 : 등가스프링

구조물의 고유진동수를 구하고 설계 시 공진효과를 고려하는 이유를 기술하시오(봉 AC는 강체).

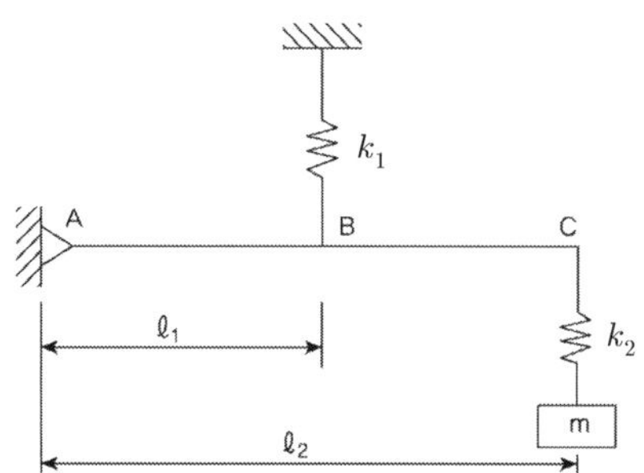

### 풀 이

> **등가스프링계수($k_e$)**

보는 강체이므로 보의 강성은 무한강성으로 보고 변형이 없는 것으로 본다.

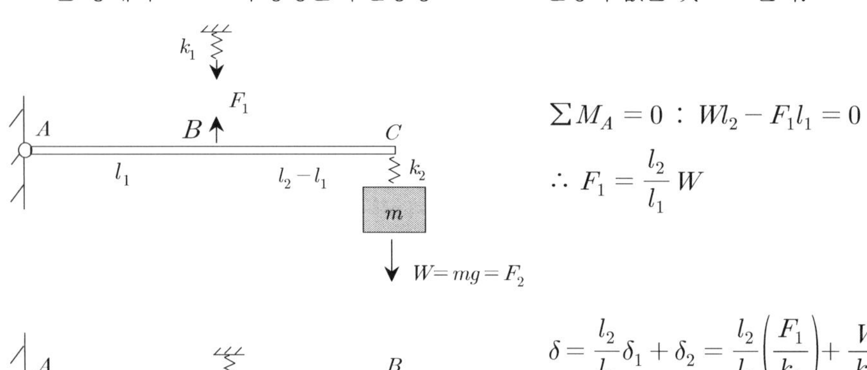

$$\sum M_A = 0 \; : \; Wl_2 - F_1 l_1 = 0$$

$$\therefore F_1 = \frac{l_2}{l_1} W$$

$$\delta = \frac{l_2}{l_1}\delta_1 + \delta_2 = \frac{l_2}{l_1}\left(\frac{F_1}{k_1}\right) + \frac{W}{k_2}$$

$$= \frac{l_2}{l_1 k_1} \times \left(\frac{l_2}{l_1} W\right) + \frac{W}{k_2}$$

$$= \left(\left(\frac{l_2}{l_1}\right)^2 \frac{1}{k_1} + \frac{1}{k_2}\right) W = \frac{l_1^2 k_1 + l_2^2 k_2}{k_1 k_2 l_1^2} W$$

$$\therefore k_e = \frac{W}{\delta} = \frac{k_1 k_2 l_1^2}{l_1^2 k_1 + l_2^2 k_2}$$

> **고유진동수** $\quad f_n = \frac{1}{2\pi}\sqrt{\frac{k_e}{m}} = \frac{1}{2\pi}\sqrt{\frac{k_1 k_2 l_1^2}{m(l_1^2 k_1 + l_2^2 k_2)}}$ $\qquad$ 공진효과는 본문 내용 참조

## 고유진동수 : 등가스프링

그림과 같은 구조물의 고유진동수와 주기를 구하시오(단, 부재 AC는 질량이 무시되는 강체이고, A는 힌지이며, m은 스프링에 매달린 질량이다).

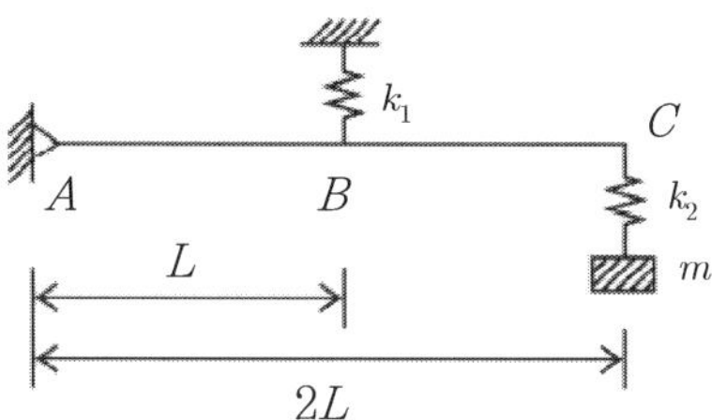

### 풀 이

#### ➤ 개요

보는 강체이므로 보의 강성은 무한강성으로 보고 변형이 없는 것으로 본다. 합성구조물의 등가스프링계수($k_e$)를 산정하고 이를 통해 고유진동수와 주기를 산정한다.

#### ➤ 등가스프링계수 산정

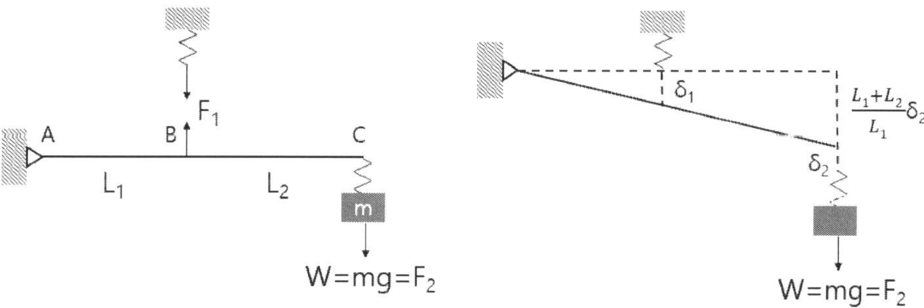

$$\sum M_A = 0 \ : \ W(L_1 + L_2) - F_1 L_1 = 0 \qquad \therefore \ F_1 = \frac{(L_1 + L_2)}{L_1} W = 2W$$

$$\delta = \frac{L_1 + L_2}{L_1}\delta_1 + \delta_2 = 2\left(\frac{F_1}{k_1}\right) + \frac{W}{k_2} = \frac{4W}{k_1} + \frac{W}{k_2} = \frac{(4k_2 + k_1)W}{k_1 k_2}$$

$$\therefore \ k_e = \frac{W}{\delta} = \frac{k_1 k_2}{(4k_2 + k_1)}$$

➤ **고유진동수와 고유주기 산정**

① 고유진동수  $f_n = \dfrac{1}{2\pi}\sqrt{\dfrac{k_e}{m}} = \dfrac{1}{2\pi}\sqrt{\dfrac{k_1 k_2}{m(4k_2 + k_1)}}$

② 고유주기  $T = \dfrac{1}{f_n} = 2\pi\sqrt{\dfrac{m(4k_2 + k_1)}{k_1 k_2}}$

## 고유진동수 : 등가스프링

다음 구조물의 고유진동수와 고유주기를 구하시오(단, $k_1 =$ 100N/cm, W = 2000 N, E = 21000 MPa, 중력가속도g = $9.8\text{m}/s^2$).

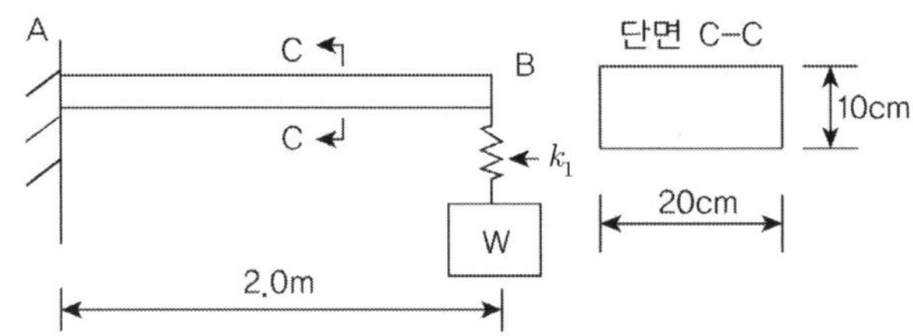




### ▶ 등가스프링계수($k_e$)

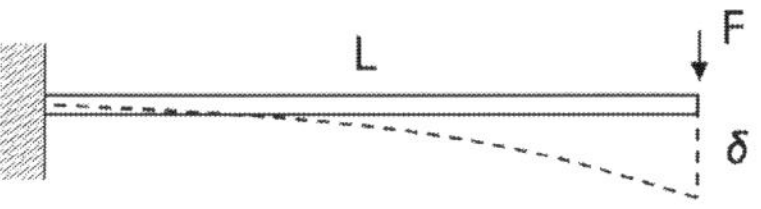


캔틸레버 보의 강성을 $k_2$ 라고 하면,

$$\delta = \frac{FL^3}{3EI}, \quad F = \frac{3EI}{L^3}\delta, \quad k_2 = \frac{3EI}{L^3}$$

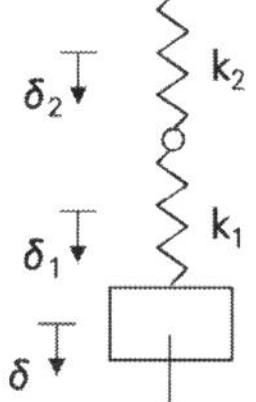


캔틸레버 보와 스프링은 직렬연결 구조이며 각 스프링에 작용하는 하중 (W)은 같다.

$$F_1 = F_2 = W, \quad \delta = \delta_1 + \delta_2$$

$$\frac{1}{k_c} = \frac{1}{k_1} + \frac{1}{k_2} \qquad \therefore \ k_e = \frac{k_1 k_2}{k_1 + k_2}$$

### ▶ 단면의 계수

$$I = \frac{bh^3}{12} = \frac{20 \times 10^3}{12} = 1666.67 cm^4,$$

$$k_2 = \frac{3EI}{L^3} = \frac{3 \times 21000 \times 1666.67 \times 10^4}{(2 \times 10^3)^3 \ mm^3} = 131.25^{N/mm} \quad \therefore \ k_e = \frac{131.25 \times 10}{131.25 + 10} = 9.29^{N/mm}$$

### ▶ 고유진동수와 고유주기

$$f = \frac{1}{2\pi}\sqrt{\frac{k_e}{m}} = \frac{1}{2\pi}\sqrt{\frac{k_e g}{W}} = \frac{1}{2\pi}\sqrt{\frac{9.29 \times 9.81 \times 10^3}{2000^N}} = 1.074^{cycle/s}, \quad T = \frac{1}{f} = 0.931^{s/cycle}$$

## 고유진동수 : 등가스프링

다음그림과 같이 질량 m이 매달린 보와 탄성 스프링으로 구성된 구조의 고유진동수를 구하시오 (단, 보 AB는 무질량 강체이며 수평방향으로 설치되어 있다).

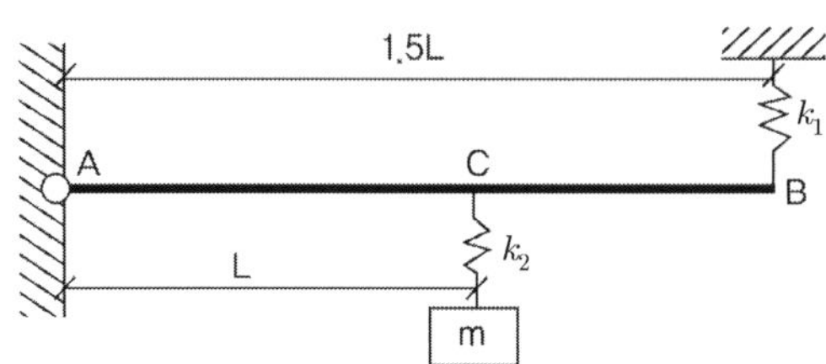


## 풀 이

### ➤ 힘과 변위와의 관계

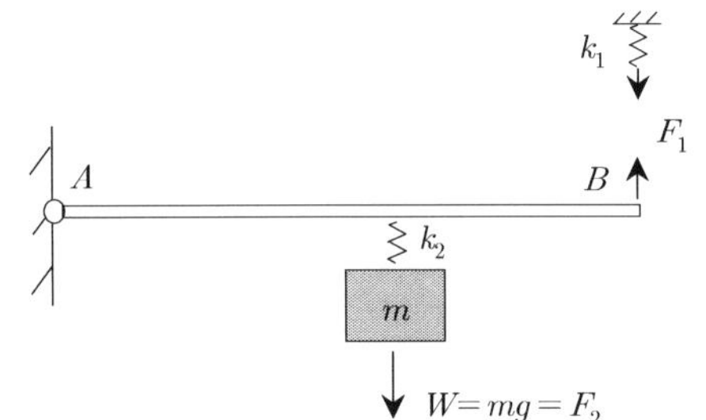


$$\sum M_A = 0 : F_2 L - 1.5 F_1 L = 0 \quad \therefore F_1 = \frac{2}{3} F_2$$

$$\delta = \frac{2}{3}\delta_1 + \delta_2 = \frac{2}{3}\left(\frac{F_1}{k_1}\right) + \frac{F_2}{k_2} = \frac{2}{3k_1} \times \left(\frac{2}{3}F_2\right) + \frac{F_2}{k_2}$$

$$= \left(\frac{4}{9k_1} + \frac{1}{k_2}\right)F_2$$

$W(= F_2) = k_e \delta$ 로부터

$$\frac{1}{k_e} = \frac{4k_2 + 9k_1}{9k_1 k_2} \qquad \therefore k_e = \frac{9k_1 k_2}{4k_2 + 9k_1}$$

### ➤ 고유진동수

$$f = \frac{1}{2\pi}\sqrt{\frac{k_e}{m}} = \frac{1}{2\pi}\sqrt{\frac{9k_1 k_2}{m(4k_2 + 9k_1)}}$$

## Lumped mass 트러스의 고유진동수 산정

모든 부재들의 $\dfrac{L}{AE}$ 값이 동일한 다음과 같은 트러스의 연직방향 고유진동수를 계산하시오(단, 트러스의 자중은 무시하고 절점 b에 질량 M이 집중됨).

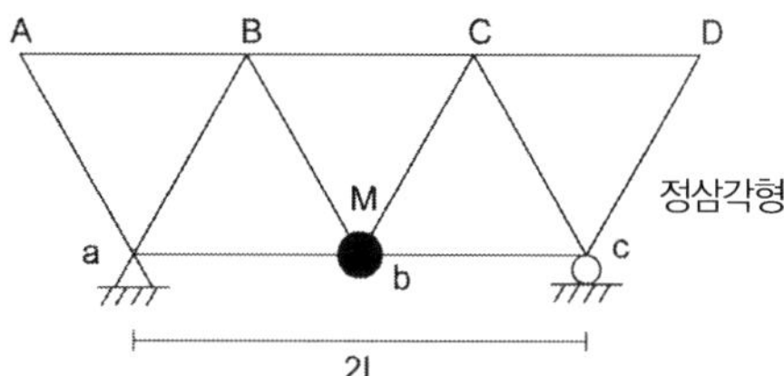


## 풀 이

구조물의 등가스프링계수($k_e = P/\delta$)로부터 단위하중작용 시의 처짐을 구함으로써 구조물의 스프링계수를 산정할 수 있다.

### ▶ 구조물의 수직처짐 산정

트러스 구조물에서 단위하중법($\delta = \sum \dfrac{nNL}{EA}$)을 이용하여 처짐을 구한다.

① 부재력 산정 : 절점법 이용

　a점과 c점의 수직반력을 각각 $R_a$, $R_c$라고 하면, 점 b에서 수직하중 $W = mg$ 작용 시

$$R_a = R_c = \frac{W}{2}$$

② At point A

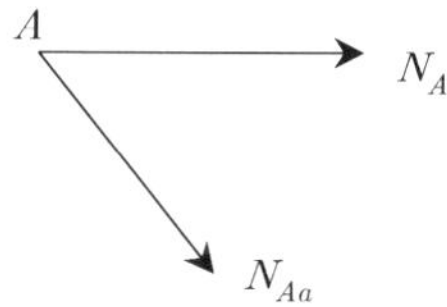

$\sum H = 0 : N_{Aa}\cos 60 + N_{AB} = 0$

$\sum V = 0 : -N_{Aa}\sin 60 = 0$

$\therefore N_{Aa} = N_{AB} = 0, \quad N_{CD} = N_{cD} = 0$

③ At point a

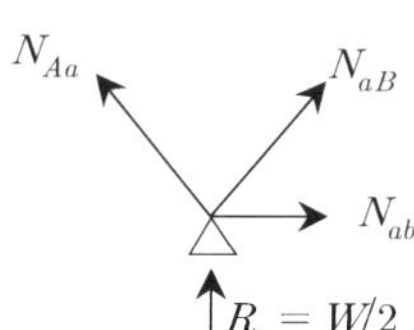

$\sum H = 0 : N_{ab} + N_{aB}\cos 60 = 0$

$\sum V = 0 : N_{aB}\sin 60 + \dfrac{W}{2} = 0$

$\therefore N_{ab} = N_{bc} = \dfrac{W}{2\sqrt{3}}, \quad N_{aB} = N_{cC} = -\dfrac{W}{\sqrt{3}}$

④ At point b

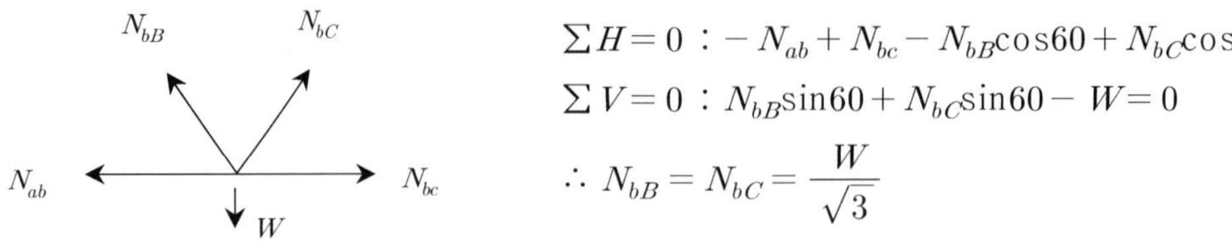


$$\sum H = 0 \ : \ -N_{ab} + N_{bc} - N_{bB}\cos 60 + N_{bC}\cos 60 = 0$$

$$\sum V = 0 \ : \ N_{bB}\sin 60 + N_{bC}\sin 60 - W = 0$$

$$\therefore \ N_{bB} = N_{bC} = \frac{W}{\sqrt{3}}$$

⑤ At point B

$$\sum H = 0 \ : \ -N_{aB}\cos 60 + N_{bB}\cos 60 - N_{AB} + N_{BC} = 0, \quad \therefore \ N_{BC} = -\frac{W}{\sqrt{3}}$$

| 부재 | $n_i\,(W=1)$ | $N_i$ | $\dfrac{L}{EA}$ (일정) | $\dfrac{n_i N_i L}{EA}$ |
|---|---|---|---|---|
| ab | $\dfrac{1}{2\sqrt{3}}$ | $\dfrac{W}{2\sqrt{3}}$ | | $\dfrac{1}{12}\dfrac{WL}{EA}$ |
| bc | $\dfrac{1}{2\sqrt{3}}$ | $\dfrac{W}{2\sqrt{3}}$ | | $\dfrac{1}{12}\dfrac{WL}{EA}$ |
| aA | $0$ | $0$ | | $0$ |
| aB | $-\dfrac{1}{\sqrt{3}}$ | $-\dfrac{W}{\sqrt{3}}$ | | $\dfrac{1}{3}\dfrac{WL}{EA}$ |
| Bb | $\dfrac{1}{\sqrt{3}}$ | $\dfrac{W}{\sqrt{3}}$ | | $\dfrac{1}{3}\dfrac{WL}{EA}$ |
| bC | $\dfrac{1}{\sqrt{3}}$ | $\dfrac{W}{\sqrt{3}}$ | $\dfrac{L}{EA}$ | $\dfrac{1}{3}\dfrac{WL}{EA}$ |
| Cc | $-\dfrac{1}{\sqrt{3}}$ | $-\dfrac{W}{\sqrt{3}}$ | | $\dfrac{1}{3}\dfrac{WL}{EA}$ |
| cD | $0$ | $0$ | | $0$ |
| AB | $0$ | $0$ | | $0$ |
| BC | $-\dfrac{1}{\sqrt{3}}$ | $-\dfrac{W}{\sqrt{3}}$ | | $\dfrac{1}{3}\dfrac{WL}{EA}$ |
| CD | $0$ | $0$ | | $0$ |
| $\delta_b = \sum \dfrac{n_i N_i L}{EA}$ | | | | $\dfrac{11}{6}\dfrac{WL}{EA}$ |

> ▶ 등가스프링계수 및 고유진동수 산정

$$k_e = \frac{W}{\delta_b} = \frac{6EA}{11L} \qquad \therefore \ f_n = \frac{1}{2\pi}\sqrt{\frac{k_e}{m}} = \frac{1}{2\pi}\sqrt{\frac{6EA}{11mL}}$$

## Lumped mass 트러스의 고유진동수 산정

다음 트러스의 처짐과 고유진동수를 구하라. $E = 200\,GPa$, $A = 0.04m^2$, 밀도 $\rho = 5 \times 10^3 kg/m^3$

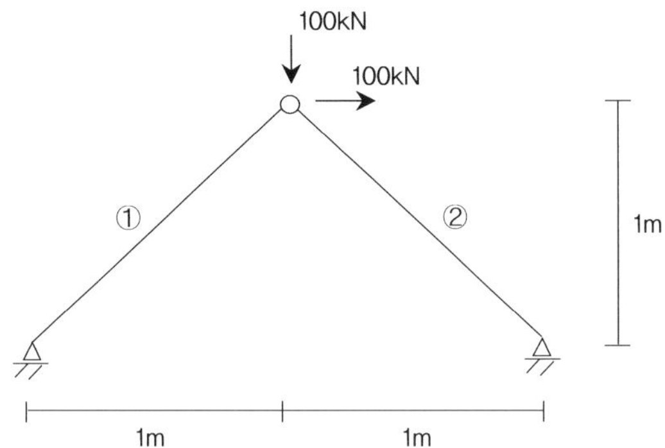



### 풀 이

**매트릭스 해석법 직접강도법**

### ➤ 자유도

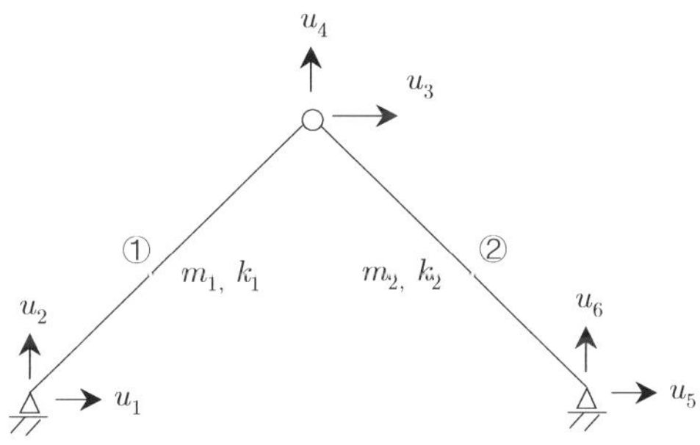



### ➤ Element Stiffness Matrix

트러스 부재에서 $k = \dfrac{EA}{L}\begin{bmatrix} c^2 & cs & -c^2 & -cs \\ cs & s^2 & -cs & -s^2 \\ -c^2 & -cs & c^2 & cs \\ -cs & -s^2 & cs & s^2 \end{bmatrix}\begin{matrix} u_1 \\ v_1 \\ u_2 \\ v_2 \end{matrix}$  여기서 $c = \cos\theta$, $s = \sin\theta$

$$\begin{matrix} u_1 & v_1 & u_2 & v_2 \end{matrix}$$

$$k_1 = \frac{EA}{2\sqrt{2}}\begin{bmatrix} 1 & 1 & -1 & -1 \\ 1 & 1 & -1 & -1 \\ -1 & -1 & 1 & 1 \\ -1 & -1 & 1 & 1 \end{bmatrix}, \quad k_1 = \frac{EA}{2\sqrt{2}}\begin{bmatrix} 1 & 1 & -1 & -1 \\ 1 & 1 & -1 & -1 \\ -1 & -1 & 1 & 1 \\ -1 & -1 & 1 & 1 \end{bmatrix}$$



① 전구조물 강도매트릭스 $K_T$를 구하고 난 다음에 경계조건, 즉 지점에서의 격점변위가 0이라는 조건 과 주어진 격점하중의 값을 전구조물 강도방정식에 대입한다. 전구조물 강도방정식은 구조물 전체 에서 격점하중과 격점변위의 관계식이다.

$$X = K_T u$$

② 위 식을 다음과 같이 부분매트릭스로 나눈다.

$$\begin{bmatrix} X_A \\ X_B \end{bmatrix} = \begin{bmatrix} K_{AA} & K_{AB} \\ K_{BA} & K_{BB} \end{bmatrix}\begin{bmatrix} u_A \\ u_B \end{bmatrix}$$

$u_A$(미지의 격점변위), $u_B$(경계조건, 변위가 0일 경우 $u_B = 0$)

$X_A$($u_A$에 대응하는 격점작용하중), $X_B$(경계조건에 대응하는 반력성분)

$$\therefore \ X_A = K_{AA}u_A + K_{AB}u_B, \quad X_B = K_{BA}u_A + K_{BB}u_B$$

③ 격점의 변위

$$u_A = K_{AA}^{-1}(X_A - K_{AB}u_B) \quad \text{if } u_B = 0\text{이면 } u_A = K_{AA}^{-1}X_A$$

④ 반력

$$X_B = K_{BA}[K_{AA}^{-1}(X_A - K_{AB}u_B)] + K_{BB}u_B \text{ if } u_B = 0\text{이면 } X_B = K_{BA}K_{AA}^{-1}X_A$$

$$K = \sum_{i=1}^{2} k_i = \frac{EA}{2\sqrt{2}}\begin{bmatrix} 1 & 1 & -1 & -1 & 0 & 0 \\ 1 & 1 & -1 & -1 & 0 & 0 \\ -1 & -1 & 2 & 0 & -1 & 1 \\ -1 & -1 & 0 & 2 & 1 & -1 \\ 0 & 0 & -1 & 1 & 1 & -1 \\ 0 & 0 & 1 & -1 & -1 & 1 \end{bmatrix}\begin{matrix} 1 \\ 2 \\ 3 \\ 4 \\ 5 \\ 6 \end{matrix}$$

➤ mass matrix (lumped mass)

양단에 각각 1/2씩 lumped mass로 가정하면, $\quad m = \rho AL\begin{bmatrix} 1/2 & 0 & 0 & 0 \\ 0 & 1/2 & 0 & 0 \\ 0 & 0 & 1/2 & 0 \\ 0 & 0 & 0 & 1/2 \end{bmatrix}$ 이므로

$$m_1 = m_2 = \frac{\rho A}{\sqrt{2}}\rho AL\begin{bmatrix} 1 & 0 & 0 & 0 \\ 0 & 1 & 0 & 0 \\ 0 & 0 & 1 & 0 \\ 0 & 0 & 0 & 1 \end{bmatrix}$$

$$M = \sum_{i=1}^{2} m_i = \rho A \frac{\sqrt{2}}{2}
\begin{array}{c}
\begin{array}{cccccc} 1 & 2 & 3 & 4 & 5 & 6 \end{array} \\
\left[\begin{array}{cc:cc:cc}
1 & 0 & 0 & 0 & 0 & 0 \\
0 & 1 & 0 & 0 & 0 & 0 \\ \hdashline
0 & 0 & 2 & 0 & 0 & 0 \\
0 & 0 & 0 & 2 & 0 & 0 \\ \hdashline
0 & 0 & 0 & 0 & 1 & 0 \\
0 & 0 & 0 & 0 & 0 & 1
\end{array}\right]
\begin{array}{c} 1 \\ 2 \\ 3 \\ 4 \\ 5 \\ 6 \end{array}
\end{array}$$

➤ B.C

$$u_1 = u_2 = u_5 = u_6 = 0 \qquad K = \frac{EA}{2\sqrt{2}}\begin{bmatrix} 2 & 0 \\ 0 & 2 \end{bmatrix}, \quad M = \rho A \frac{\sqrt{2}}{2}\begin{bmatrix} 2 & 0 \\ 0 & 2 \end{bmatrix}$$

➤ 고유진동수 산정

$$\det\begin{bmatrix} K - \omega^2 M \end{bmatrix} = 0$$

$$\left\|\begin{bmatrix} \dfrac{EA}{\sqrt{2}} - \omega^2 \rho A \sqrt{2} & 0 \\[2ex] 0 & \dfrac{EA}{\sqrt{2}} - \omega^2 \rho A \sqrt{2} \end{bmatrix}\right\| = 0$$

$$\therefore \omega = \sqrt{\frac{E}{2\rho}} = \sqrt{\frac{200 \times 10^9}{2 \times 5 \times 10^3}} = 4.472 \times 10^3 \ rad/\sec$$

## Lumped mass 보의 고유진동수 산정

그림에 보여준 구조계에서 질량 m에 의한 자유진동의 주파수(cyclic frequency)를 구하시오. 다만, 봉은 무한강성체이고 스프링계수는 $k$이다. 봉의 자중은 무시한다.

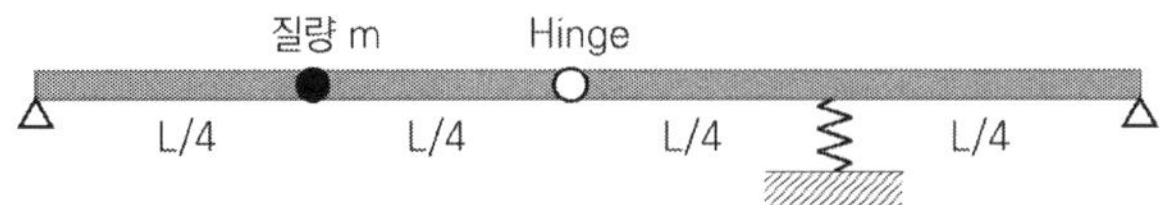


### 풀 이

**▶ 반력산정**

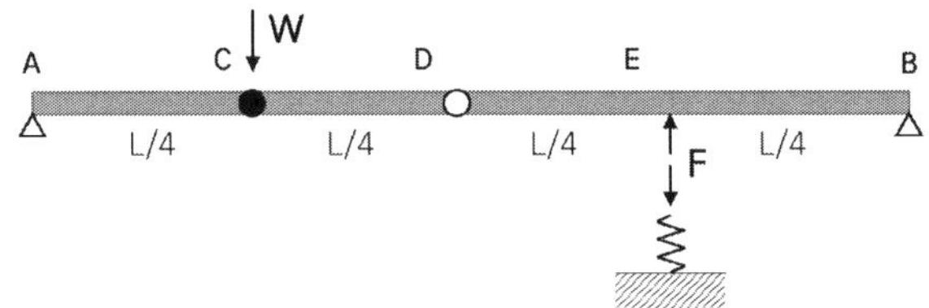


$$\sum V = 0 \ : \ -W + R_A + R_B + F = 0$$

$$\sum M_D(\text{좌측}) = 0 \ : \ R_A \times \frac{L}{2} - W \times \frac{L}{4} = 0$$

$$\sum M_D(dn\text{측}) = 0 \ : \ R_B \times \frac{L}{2} - F \times \frac{L}{4} = 0 \qquad \therefore \ R_A = \frac{W}{2}, \quad R_B = -\frac{W}{2}, \quad F = W$$

**▶ 등가스프링계수 산정**

무한강성 보이므로 처짐은 좌우대칭, $\delta_c = \delta_e$ $\qquad \therefore \ k_e = \dfrac{F}{\delta_e} = \dfrac{W}{\delta_c} = \dfrac{mg}{\theta \times \dfrac{L}{4}} = \dfrac{4mg}{\theta L}$

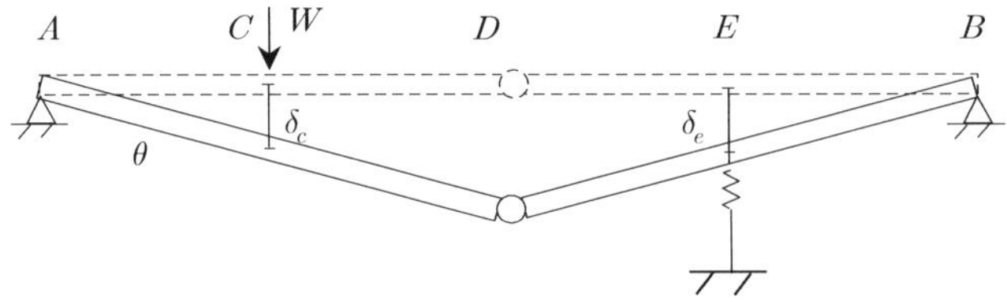


**▶ 고유진동수 산정**

$$f_n = \frac{1}{2\pi} \sqrt{\frac{k_e}{m}} = \frac{1}{2\pi} \sqrt{\frac{4mg}{\theta L} \times \frac{1}{m}} = \frac{1}{2\pi} \sqrt{\frac{4g}{\theta L}}$$

## 고유진동수 : 등가스프링

다음과 같은 2가지 지지조건으로 트러스가 지지하고 있다. 각각의 고유진동수를 산정하여 사용성
($f_n \geq 15Hz$)에 만족하는지 확인하고 불만족 시 필요한 강성($I$)을 산정하시오.

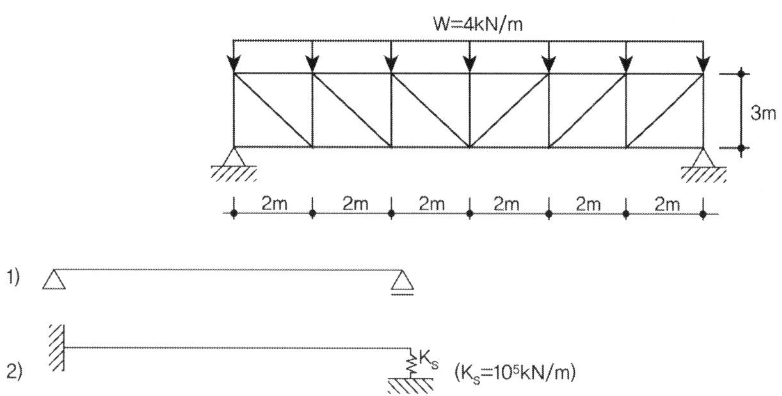


상하현재 H-300×300×10×15($A = 11,980mm^2$, $I = 20,400 \times 10^4 mm^4$, $E_s = 200,000MPa$)
단, 상하현재는 수직재 및 경사재로 인해 일체로 거동한다고 가정하고 단면의 강성은 상하현재만
이용하여 계산한다.

### 풀 이

> **개요**

보의 중앙에서의 처짐을 기준으로 강성을 산정하고 비교하며, 수직재와 경사재의 강성은 무시하
므로 합성된 단면을 다음의 그림과 같이 가정하여 합성된 단면의 2차 모멘트를 산정한다.

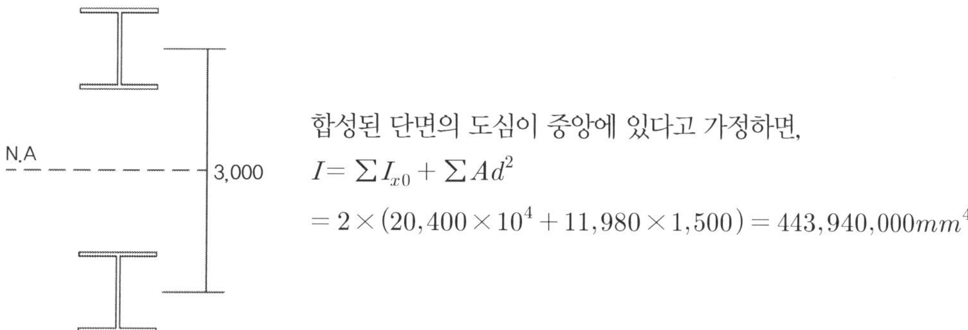


합성된 단면의 도심이 중앙에 있다고 가정하면,

$$I = \sum I_{x0} + \sum Ad^2$$
$$= 2 \times (20,400 \times 10^4 + 11,980 \times 1,500) = 443,940,000mm^4$$

› **단순보에서의 강성 및 고유진동수 산정**

단순보의 중앙점에서의 처짐 $\delta = \dfrac{WL^3}{48EI}$, $\therefore k_{beam} = k_1 = \dfrac{48EI}{L^3} = 2,466\,N/mm$

$$f = \frac{1}{2\pi}\sqrt{\frac{gk_e}{W}} = \frac{1}{2\pi}\sqrt{\frac{9.8\,(m/\sec^2)\times 2466\,(N/mm)}{4\,(kN/m)\times 12m}}$$

$$= 3.571\,\sec/cycle = 3.571\,Hz < 15\,Hz \qquad\qquad\qquad\text{N.G}$$

단순보일 경우 필요강성($I$) 산정

$$f = \frac{1}{2\pi}\sqrt{\frac{gk_e}{W}} = \frac{1}{2\pi}\sqrt{\frac{g}{W}\times\frac{48EI}{L^3}} \geq 15$$

$$\therefore I_{req} \geq 7,831,228,962\,mm^4 \fallingdotseq 7.831\times 10^9\,mm^4$$

› **고정 + 스프링에서의 강성 및 고유진동수 산정**

적합조건으로부터 단부에서의 처짐($\delta$)은

$$\delta = \delta_{beam} - \delta_s, \qquad \frac{F}{k_s} = \frac{wL^4}{8EI} - \frac{FL^3}{3EI}$$

$$\therefore F = \frac{3wk_sL^4}{8(3EI + k_sL^3)}$$

$$= \frac{3\times 4\,(kN/m)\times 10^5\,(kN/m)\times 12^4\,(m^4)}{8(3\times 200,000\times 10^3 kN/m^2\times I(m^4) + 10^5\,(kN/m)\times 12^3\,(m^3))} = 17,972\,N$$

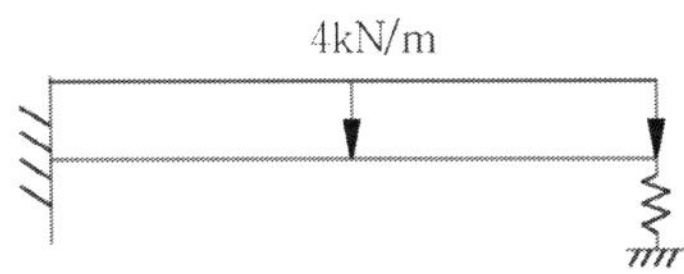


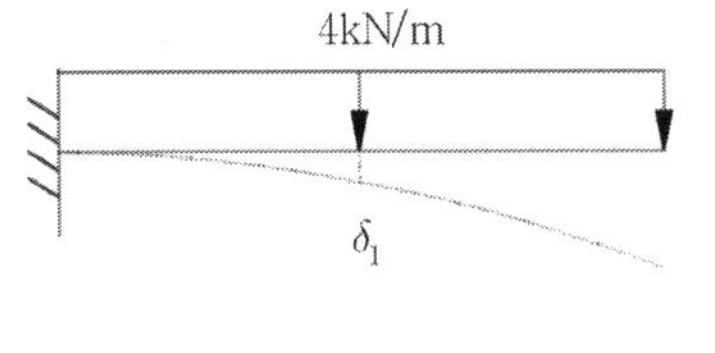


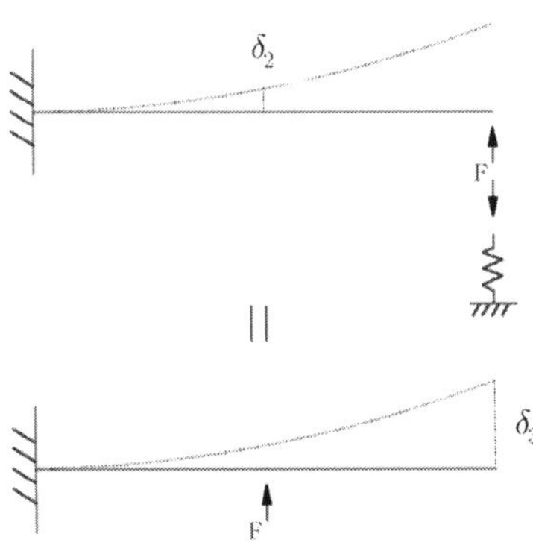

보의 중앙에서의 처짐은 $\delta_c = \delta_1 - \delta_2$ 이며 여기서 $\delta_2 = \delta_3$ (Maxwell의 상반처짐)

$\delta_1$은 공액보로부터

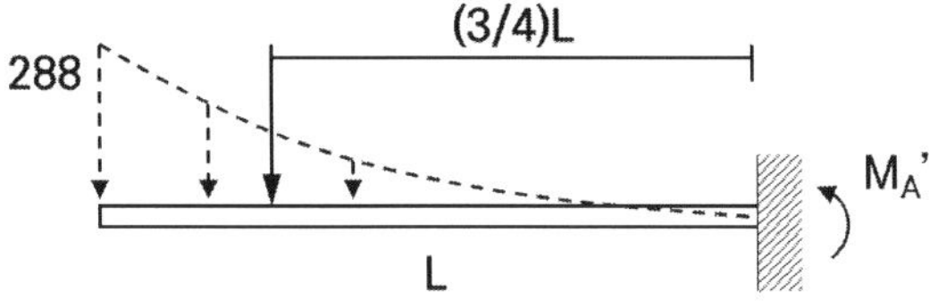

$$\delta_1 = \frac{M_A{}'}{EI} = \frac{1}{EI}\left(\frac{1}{3} \times L \times 288^{kNm} \times \left(\frac{3}{4}L\right)\right)$$

$$= \frac{72 \times 10^6 L^2}{EI} = 116.77mm \ (\downarrow)$$

$\delta_2$은 공액보로부터

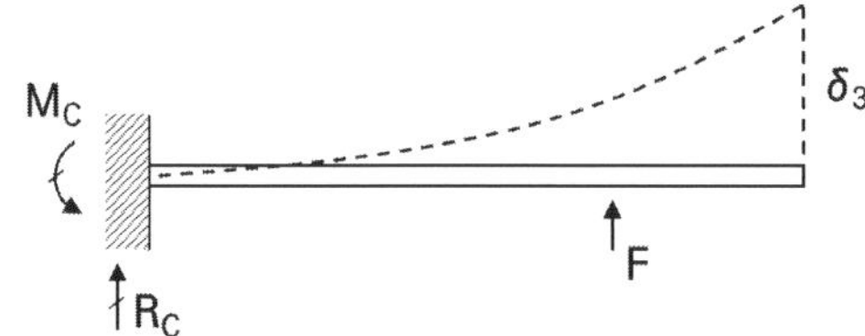

$$M_c = -\frac{FL}{2}, \ R_c = -F$$

공액보로 치환하면,

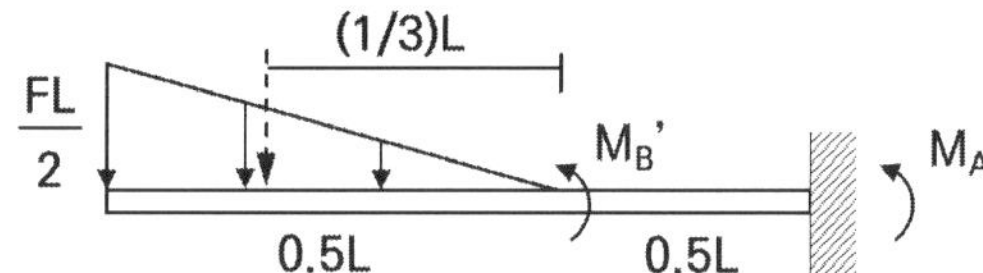

$$M_A{}' = \left(\frac{1}{2} \times \frac{FL}{2} \times \frac{L}{2}\right) \times \left(\frac{1}{3}L + \frac{1}{2}L\right) = \frac{5}{48}FL^3 \qquad \therefore \delta_3 = \frac{M_A{}'}{EI} = \frac{5}{48}\frac{FL^3}{EI}$$

$$\therefore \delta_3 = \frac{M_A{}'}{EI} = \frac{5}{48}\frac{FL^3}{EI} = \frac{5}{48} \times \frac{17972(N) \times 12000^3 (mm^3)}{200,000(N/mm^2) \times 443,940,000(mm^4)}$$

$$= 36.44mm (\uparrow)$$

$\therefore$ 보의 중앙에서의 처짐은 $\delta_c = \delta_1 - \delta_2 = 80.34mm$

$$\delta_c = \frac{72 \times 10^6 L^2}{EI} - \frac{5}{48}\frac{FL^3}{EI} = \frac{72 \times 10^6 L^2}{EI} - \frac{5}{48}\frac{L^3}{EI} \times \frac{3wk_sL^4}{8(3EI + k_sL^3)}$$

$$k_e = \frac{wL}{\delta} = 597.48N/mm$$

$$f = \frac{1}{2\pi}\sqrt{\frac{gk_e}{W}} = \frac{1}{2\pi}\sqrt{\frac{9.8(m/\sec^2) \times 597.48(kN/m)}{4(kN/m) \times 12m}}$$

$$= 1.76\sec/cycle = 1.76Hz \ < \ 15Hz$$

N.G

고정 + 스프링일 경우 필요강성($I$) 산정

$$f = \frac{1}{2\pi}\sqrt{\frac{gk_e}{W}} = \frac{1}{2\pi}\sqrt{\frac{g}{W}\times k_e} \geq 15 \qquad \therefore k_e \geq 43{,}506.827 kN/m$$

$$k_{e(req)} = \frac{F}{\delta_c} = \left[\frac{3wk_sL^4}{8(3EI_{req}+k_sL^3)}\right]\bigg/\left[\frac{72L^2}{EI_{req}} - \frac{5}{48}\frac{L^3}{EI_{req}}\times\frac{3wk_sL^4}{8(3EI_{req}+k_sL^3)}\right] \text{이므로,}$$

$$\therefore I_{req} \geq 152.485 m^4$$

 토목구조기술사 합격 바이블 6권_동역학과 내진·내풍·파랑설계

# 단자유도계 시스템

# 단자유도계 시스템

## 01 단자유도계(SDOF : Single Degree Of Freedom system)

### 1. 단자유도계 구조물의 동적운동 방정식 <sup>82회/83회/88회/114회</sup>

【 기출유형 ① 】 단자유도 구조물의 자유진동
【 기출유형 ① 】 대수감쇠율을 이용해서 감쇠비를 구하는 방법
【 기출유형 ① 】 감쇠를 무시한 단자유도계 구조물의 질량과 강성이 고유진동수에 미치는 영향

단자유도계 구조물은 1개의 자유도를 갖는 구조물이며, 2개 이상의 자유도를 갖는 구조물을 다자유도계라고 한다. 단자유도계의 운동방정식은 다음과 같다.

$$m\ddot{x} + c\dot{x} + kx = f(t)$$

여기서, $f(t) = 0$인 경우의 진동을 자유진동(Free Vibration)이라고 하며, 자유진동이 발생하는 이유는 초기조건(Initial Condition)이 0이 아니기 때문이며, 주로 자유진동의 응답은 외력보다는 구조물의 특성이 주로 반영되기 때문에 구조물의 자유진동 응답을 분석하여 구조물의 동적특성을 추정하는 데 사용한다.

단자유도계 구조물의 동적운동 방정식은 외력의 여부에 따라 또는 감쇠의 여부에 따라 구분하며, 감쇠가 없는 경우($c = 0$)와 감쇠가 있는 경우($c \neq 0$)를 각각 비감쇠(undamped)와 감쇠(damped)로 구분하며, 감쇠진동의 경우 감쇠값의 크기에 따라 저감쇠(under-critical damped)와 과감쇠(over-critical damped)로 구분되며, 저감쇠와 과감쇠의 경계가 되는 감쇠값을 임계감쇠(critical damped, $c_{cr}$)라고 한다.

1) 비감쇠 자유진동

$$m\ddot{x} + kx = 0 \qquad \text{Homogeneous Solution} : x_h = Ae^{\lambda t}$$

$$(m\lambda^2 + k)Ae^{\lambda t} = 0 \qquad \therefore \lambda^2 = -\frac{k}{m} = -\omega_n^2, \qquad \lambda = i\omega_n = \pm i\sqrt{\frac{k}{m}}$$

$$x = A_1 e^{i\omega_n t} + A_2 e^{-i\omega_n t} \qquad \text{여기서, } e^{\pm i\omega_n t} = \cos\omega_n t \pm i\sin\omega_n t$$

$$\therefore \ x = A\cos\omega_n t + B\sin\omega_n t = \frac{\dot{x}}{\omega_n}\cos\omega_n t + x_0\sin\omega_n t = \sqrt{\left(\frac{\dot{x}}{\omega_n}\right)^2 + x_0^2} \times \cos(\omega_n t - \theta)$$

$$\text{From B.C} : t = 0, \quad x = x_0, \quad \dot{x} = \dot{x}_0 \ \rightarrow \ A = \frac{\dot{x}}{\omega_n}, \quad B = x_0$$

2) 감쇠 자유진동

① 관성력, 감쇠력, 탄성력으로 저항하는 구조물에 초기하중만 작용하고 이후 시간에 따른 하중이 증가하지 않을 때의 구조물의 진동을 감쇠 자유진동(damped free vibration)이라 한다.

② 감쇠란 구조물의 동적응답크기를 감소시키는 성질을 말하며 구조물을 구성하고 있는 재질의 특성과 부재의 접합상태 등의 대내외적 조건에 따라 동적응답이 달라진다. 감쇠진동은 감쇠력의 크기에 따라 임계감쇠, 과감쇠 및 저감쇠로 분류한다.

③ 운동방정식
$$m\ddot{x} + c\dot{x} + kx = 0$$

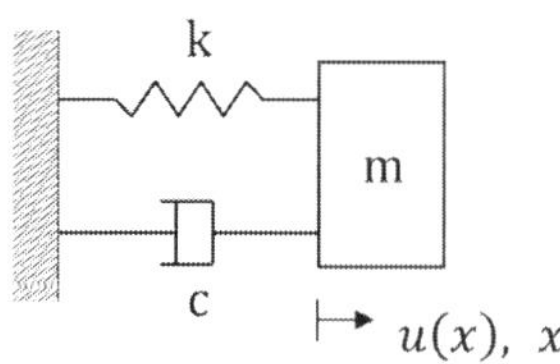


$$\text{General Solution} : x_h = Ae^{\lambda t} \ \rightarrow \ \dot{x}_h = A\lambda e^{\lambda t}, \quad \ddot{x}_h = A\lambda^2 e^{\lambda t}$$

$$(m\lambda^2 + c\lambda + k)Ae^{\lambda t} = 0, \qquad \therefore \ m\lambda^2 + c\lambda + k = 0$$

$$\lambda = \frac{-c \pm \sqrt{c^2 - 4mk}}{2m}$$

3) 감쇠 자유진동의 감쇠크기에 따른 동적거동

① Critical damped free vibration (임계감쇠 자유진동, $c = c_{cr}$, $\xi = 1$)

$$m\ddot{x} + c\dot{x} + kx = 0, \quad x = Ae^{\lambda t} \ \rightarrow \ (m\lambda^2 + c\lambda + k)Ae^{\lambda t} = 0 \ \text{으로부터}$$

$$c = c_{cr} = 2\sqrt{mk}, \qquad \lambda = \frac{-c \pm \sqrt{c^2 - 4mk}}{2m} = -\frac{c}{2m}$$

$$x = (A + Bt)e^{-\left(\frac{c_{cr}}{2m}\right)} = (A + Bt)e^{-\omega_n t}$$

From B.C  $A = x_0$, $B = \dot{x}_0 + x_0\omega_n$ $\qquad \therefore x = e^{-\omega_n t}(x_0 + (\dot{x}_0 + x_0\omega_n)t)$

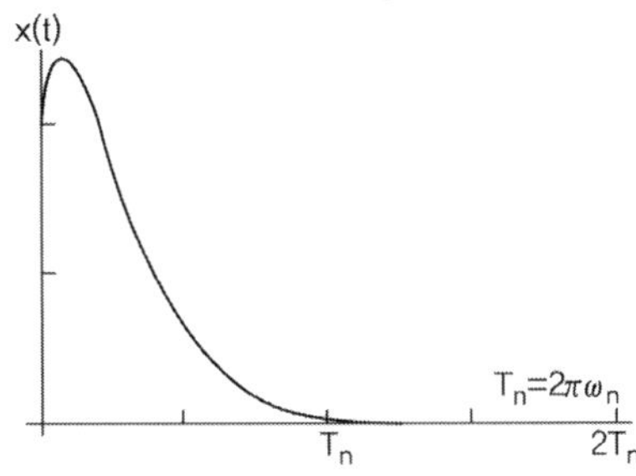


② Under damped free vibration (저감쇠 자유진동, $c < c_{cr}$, $\xi < 1$)

$$m\ddot{x} + c\dot{x} + kx = 0, \qquad \ddot{x} + \frac{c}{m}\dot{x} + \frac{k}{m}x = \ddot{x} + 2\xi\omega_n\dot{x} + \omega_n x = 0,$$

$$\left(\because \xi = \frac{c}{c_{cr}} = \frac{c}{2\sqrt{mk}} = \frac{c}{2m\sqrt{\dfrac{k}{m}}} = \frac{c}{2m\omega_n}\right)$$

일반해 $x = Ae^{\lambda t}$

$(\lambda^2 + 2\xi\omega_n\lambda + \omega_n^2)Ae^{\lambda t} = 0$ 로부터  $\lambda_{1,2} = -\xi\omega_n \pm i\omega_n\sqrt{1-\xi^2} = -\xi\omega_n \pm i\omega_d$

$$\therefore x = A_1 e^{\lambda_1 t} + A_2 e^{\lambda_2 t} = Ae^{-\xi\omega_n t}(C\cos\omega_d t + D\sin\omega_d t)$$

$$= e^{-\xi\omega_n t}\left(x_0\cos\omega_d t + \frac{\dot{x}_0 + x_0\xi\omega_n}{\omega_d}\sin\omega_d t\right) = A_0 e^{-\xi\omega_n t}\cos(\omega_d t - \theta)$$

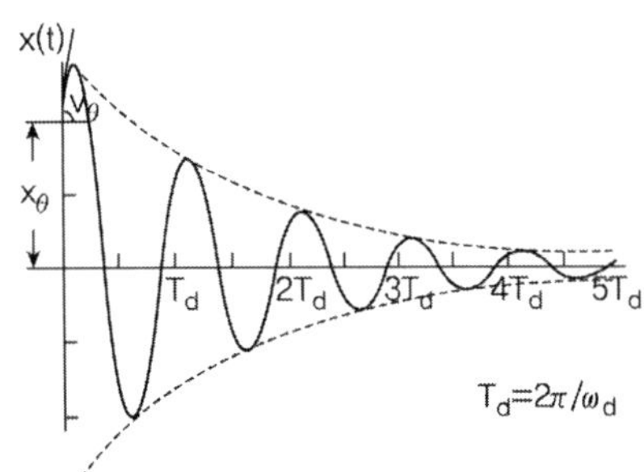


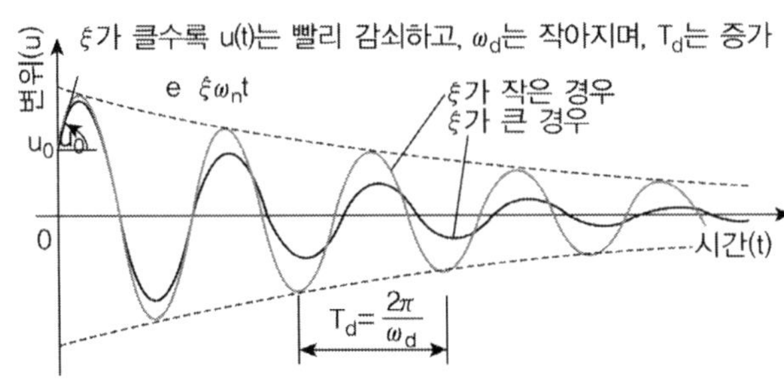

③ Over damped free vibration (과감쇠 자유진동, $c > c_{cr}$, $\xi > 1$)

$$m\ddot{x} + c\dot{x} + kx = 0, \quad \ddot{x} + \frac{c}{m}\dot{x} + \frac{k}{m}x = \ddot{x} + 2\xi\omega_n\dot{x} + \omega_n^2 x = 0,$$

$$(\because \xi = \frac{c}{c_{cr}} = \frac{c}{2\sqrt{mk}} = \frac{c}{2m\sqrt{\frac{m}{k}}} = \frac{c}{2m\omega_n})$$

일반해 $x = Ae^{\lambda t}$

$(\lambda^2 + 2\xi\omega_n\lambda + \omega_n^2)Ae^{\lambda t} = 0$ 로부터 $\qquad \lambda_{1,2} = -\xi\omega_n \pm \omega_n\sqrt{\xi^2 - 1}$

$$\therefore x = A_1 e^{\lambda_1 t} + A_2 e^{\lambda_2 t} \quad \left(A_1 = \frac{\dot{x}_0 + x_0\omega_n(\xi - \sqrt{\xi^2-1})}{2\omega_n\sqrt{\xi^2-1}}, \quad A_2 = \frac{\dot{x}_0 + x_0\omega_n(\xi + \sqrt{\xi^2-1})}{2\omega_n\sqrt{\xi^2-1}}\right)$$

$$= e^{-\omega_n t}(A\cosh(\omega_n\sqrt{\xi^2-1})t + B\sinh(\omega_n\sqrt{\xi^2-1})t)$$

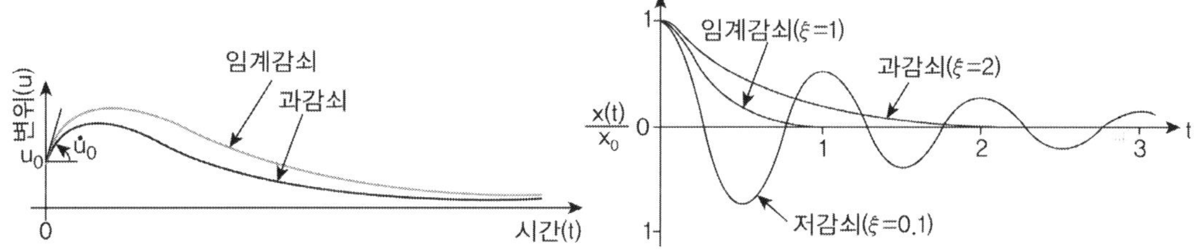


여기서, 고유진동수(natural frequency) $\omega_n = \sqrt{k/m}$

임계감쇠비(critical damping ratio) $\xi = c/c_{cr} = c/2m\omega_n = c/(2\sqrt{mk})$

감쇠 고유진동수(damped natural frequency) $\omega_d = \omega_n\sqrt{1-\xi^2}$

④ 대수감쇠율과 감쇠비(Damping ratio)

동적하중을 받는 구조물의 동적응답에서 진폭의 크기가 줄어드는 비율을 감쇠비(Damping ratio, $\xi$)라 하며 감쇠되는 형상이 대수함수와 같은 형식을 가져 대수감쇠율(Logarithmic Decrement, $\delta$)로 나타낸다. 감쇠비는 구조물의 주기와 진폭을 통해 추정할 수 있다. 대수감쇠율은 자유진동의 한 주기($T_d$)가 지난 후 진폭이 감소되는 비율을 나타내며 감쇠비가 작은 경우 $\xi < 0.2$, $\sqrt{1-\xi^2} > 0.9798 \approx 1.0$으로 근사화하여 평가할 수 있다.

$$m\ddot{x} + c\dot{x} + kx = 0, \quad x = Ae^{\lambda t} \rightarrow (m\lambda^2 + c\lambda + k)Ae^{\lambda t} = 0$$ 로부터

일반해 $x = \rho e^{-\xi\omega_n t}(A\cos\omega_d t + B\sin\omega_d t)$

$$\therefore \delta = \ln\left(\frac{x_1}{x_2}\right) = \ln\left(\frac{\rho e^{-\xi\omega_n t_1}}{\rho e^{-\xi\omega_n t_2}}\right) = \xi\omega_n(t_2 - t_1) = \xi\omega_n(T_d) = \frac{2\pi\xi\omega_n}{\omega_d} = \frac{2\pi\xi}{\sqrt{1-\xi^2}} \fallingdotseq 2\pi\xi$$

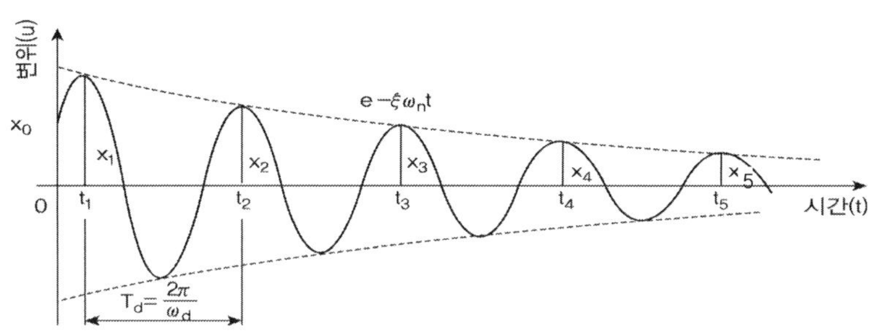


⑤ 감쇠비에 따른 비교

대부분 구조물의 감쇠비는 저감쇠이며, 에너지 소산효과가 작으므로, 구조물의 고유 진동수와 감쇠 고유진동수의 크기는 매우 비슷하다. 구조물의 감쇠비($\xi$)는 재료와 구조형식에 따라 다르며, 일반적으로 사용되는 일반 구조물의 추천 감쇠비(%)는 아래와 같다. 참고로 지반은 일반구조물보다 감쇠비가 크며, 장대교량이나 고층건물은 일반구조물보다 감쇠비가 작다. 감쇠로 인해 고유진동수는 $\omega_n$ 는 감쇠 고유진동수 $\omega_d$로 감소하고, 각각의 고유진동수에 대응하는 고유주기는 $T_n$에서 $T_d$로 증가한다. 그러나 일반구조물의 감쇠비는 20% 미만이므로, 고유진동수의 감소효과와 고유주기의 증가효과는 무시할 만큼 작다.

일반구조물의 추천 감쇠비(%)

| 응력수준 | 구조물 | 감쇠비(%) |
|---|---|---|
| 항복점의 1/4 미만인 비례한계 미만인 낮은 응력수준일 경우 | 균열이 없으며, 이음부 미끄러짐이 없는 강재, 철근콘크리트(RC), 프리스트레스트(PSC) 콘크리트, 목재 | 0.5~1.0 |
| 항복점의 1/2 미만인 사용 응력수준일 경우 | 용접으로 접합된 강재, PSC 콘크리트, 양질의 RC(약간의 균열) | 2.0~3.0 |
| | 상당한 균열을 갖는 RC | 3.0~5.0 |
| | 볼트 또는 리벳으로 접합된 강재, 못 또는 볼트로 접합된 목조구조물 | 5.0~7.0 |
| 항복점 근방일 경우 | 용접으로 접합된 강재, 프리스트레스가 남아 있는 PSC 구조물 | 5.0~7.0 |
| | 프리스트레스가 남아 있지 않은 PSC 구조물 | 7.0~10.0 |
| | 철근 콘크리트 | 7.0~10.0 |
| | 볼트 또는 리벳으로 접합된 강재, 볼트로 접합된 목조구조물 | 10.0~15.0 |
| | 못으로 접합된 목조구조물 | 15.0~20.0 |
| 항복점 한계 변형률보다 큰 영구 변형률을 갖는 항복점 이상일 경우 | 용접으로 접합된 강재 | 7.0~10.0 |
| | RC구조물, PSC 구조물 | 10.0~15.0 |
| | 볼트 또는 리벳으로 접합된 강재 및 목재 | 10.0~15.0 |

원자력발전소 구조물의 추천 감쇠비(%)

| 구조형태 | 안전정지지진(SSE) 감쇠비(%) | 운전기준지진(OBE) 감쇠비(%) |
|---|---|---|
| 철근 콘크리트 구조 | 7.0 | 4.0 |
| 보강된 조적 구조 | 7.0 | 4.0 |
| 프리스트레스트 콘크리트 구조 | 5.0 | 3.0 |
| 용접된 강구조 또는 마찰형 볼트 접합된 강구조 | 4.0 | 3.0 |
| 지압형 볼트 접합된 강구조 | 7.0 | 5.0 |

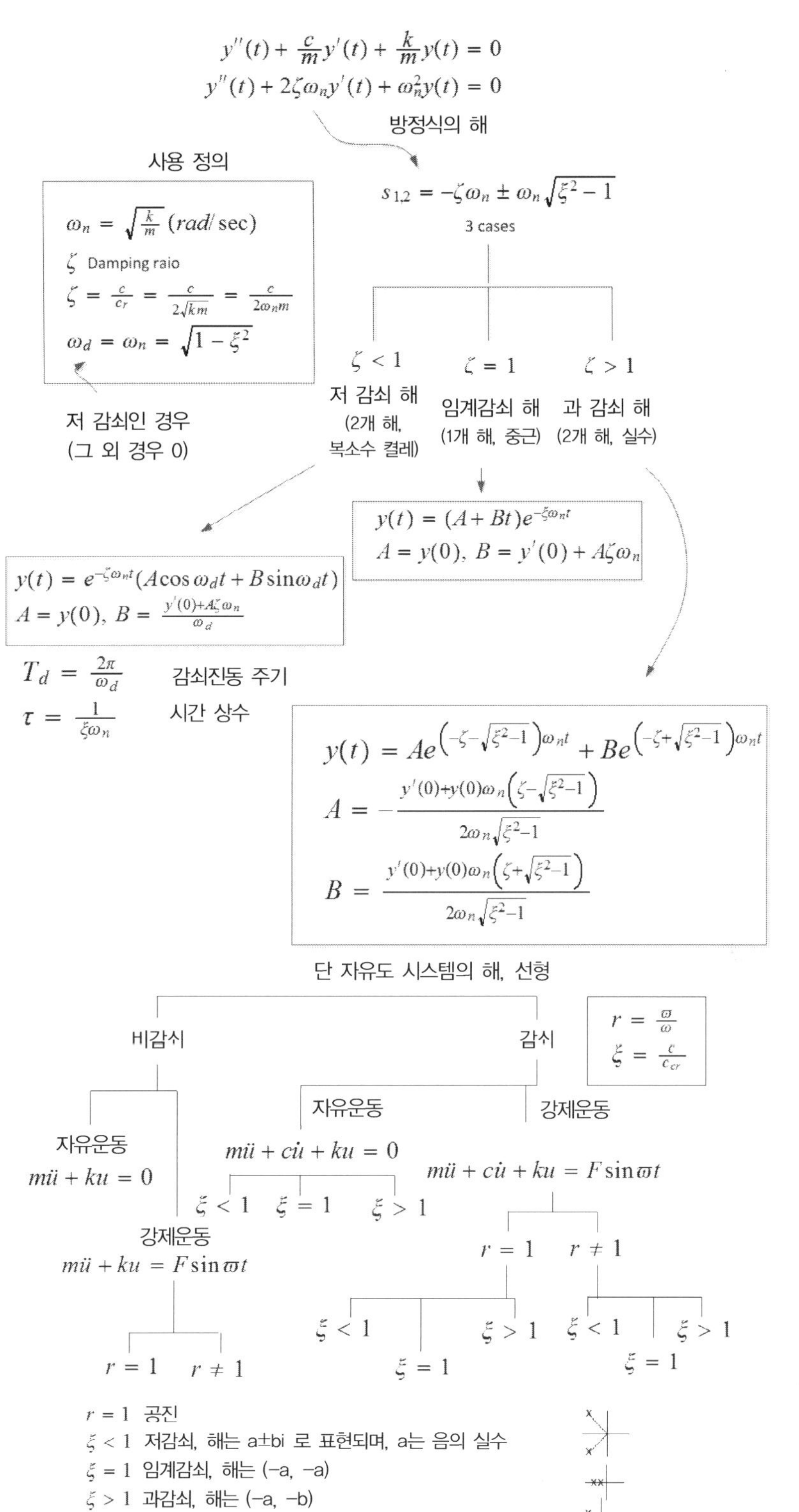

$y''(t) + \frac{c}{m}y'(t) + \frac{k}{m}y(t) = 0$
$y''(t) + 2\zeta\omega_n y'(t) + \omega_n^2 y(t) = 0$
방정식의 해
사용 정의
$\omega_n = \sqrt{\frac{k}{m}}\ (rad/\sec)$
$\zeta$ Damping raio
$\zeta = \frac{c}{c_r} = \frac{c}{2\sqrt{km}} = \frac{c}{2\omega_n m}$
$\omega_d = \omega_n = \sqrt{1-\xi^2}$
저 감쇠인 경우
(그 외 경우 0)
$s_{1,2} = -\zeta\omega_n \pm \omega_n\sqrt{\xi^2-1}$
3 cases
$\zeta < 1$
저 감쇠 해
(2개 해, 복소수 켤레)
$\zeta = 1$
임계감쇠 해
(1개 해, 중근)
$\zeta > 1$
과 감쇠 해
(2개 해, 실수)
$y(t) = (A+Bt)e^{-\xi\omega_n t}$
$A = y(0),\ B = y'(0) + A\zeta\omega_n$
$y(t) = e^{-\zeta\omega_n t}(A\cos\omega_d t + B\sin\omega_d t)$
$A = y(0),\ B = \frac{y'(0)+A\zeta\omega_n}{\omega_d}$
$T_d = \frac{2\pi}{\omega_d}$  감쇠진동 주기
$\tau = \frac{1}{\xi\omega_n}$  시간 상수
$y(t) = Ae^{\left(-\zeta-\sqrt{\xi^2-1}\right)\omega_n t} + Be^{\left(-\zeta+\sqrt{\xi^2-1}\right)\omega_n t}$
$A = -\frac{y'(0)+y(0)\omega_n\left(\zeta-\sqrt{\xi^2-1}\right)}{2\omega_n\sqrt{\xi^2-1}}$
$B = \frac{y'(0)+y(0)\omega_n\left(\zeta+\sqrt{\xi^2-1}\right)}{2\omega_n\sqrt{\xi^2-1}}$
단 자유도 시스템의 해, 선형
비감쇠
감쇠
$r = \frac{\varpi}{\omega}$
$\xi = \frac{c}{c_{cr}}$
자유운동
강제운동
자유운동
$m\ddot{u} + ku = 0$
강제운동
$m\ddot{u} + ku = F\sin\varpi t$
$r = 1$   $r \neq 1$
$m\ddot{u} + c\dot{u} + ku = 0$
$\xi < 1$   $\xi = 1$   $\xi > 1$
$m\ddot{u} + c\dot{u} + ku = F\sin\varpi t$
$r = 1$   $r \neq 1$
$\xi < 1$   $\xi > 1$
$\xi = 1$
$\xi < 1$   $\xi > 1$
$\xi = 1$
$r = 1$ 공진
$\xi < 1$ 저감쇠, 해는 a±bi 로 표현되며, a는 음의 실수
$\xi = 1$ 임계감쇠, 해는 (−a, −a)
$\xi > 1$ 과감쇠, 해는 (−a, −b)

## 4) 비감쇠 강제진동

$$m\ddot{x} + kx = P_0\sin\omega_e t \; : \; \text{강제진동의 일반해} \; x = x_h + x_p$$

$x_h$는 Homogeneous Solution ($m\ddot{x} + kx = 0$의 해, $x_h = A\cos\omega_n t + B\sin\omega_n t$)

$$m\ddot{x} + kx = 0 \qquad \text{Homogeneous Solution} : x_h = Ae^{\lambda t}$$

$$(m\lambda^2 + k)Ae^{\lambda t} = 0 \qquad \therefore \lambda^2 = -\frac{k}{m} = -\omega_n^2, \quad \lambda = i\omega_n = \pm i\sqrt{\frac{k}{m}}$$

$$x = A_1 e^{i\omega_n t} + A_2 e^{-i\omega_n t} \qquad \text{여기서,} \; e^{\pm i\omega_n t} = \cos\omega_n t \pm i\sin\omega_n t$$

$$\therefore x = A\cos\omega_n t + B\sin\omega_n t = \frac{\dot{x}}{\omega_n}\cos\omega_n t + x_0\sin\omega_n t = \sqrt{\left(\frac{\dot{x}}{\omega_n}\right)^2 + x_0^2} \times \cos(\omega_n t - \theta)$$

$x_p$는 강제하중(조화하중)에 의한 해($x_p = C\sin\omega_e t \rightarrow \dot{x}_p = C\omega_e\cos\omega_e t, \; \ddot{x}_p = -C\omega_e^2\sin\omega_e t$)

$$m\ddot{x} + kx = P_0\sin\omega_e t \; : \; -mC\omega_e^2\sin\omega_e t + kC\sin\omega_e t = P_0\sin\omega_e t \quad \therefore C = \frac{P_0/k}{1 - (\omega_e/\omega_n)^2}$$

$$\therefore x = x_h + x_p = \sqrt{\left(\frac{\dot{x}}{\omega_n}\right)^2 + x_0^2} \times \cos(\omega_n t - \theta) + \frac{P_0/k}{1 - (\omega_e/\omega_n)^2} \times \sin\omega_e t$$

동역학적으로 Homogeneous Solution보다는 Particular Solution이 더 중요한 의미를 가지며, 이 때 $\omega_e/\omega_n = \beta$로 보고 $P_0/k$는 Static 해석 시의 변위값과 같으므로 Particular Solution의 최댓값은 동적증폭효과를 고려할 때 비교되는 대상이 된다.

## 5) 감쇠 강제진동

시간에 따라 변동되는 하중이 구조물에 지속적으로 작용될 경우 관성력, 감쇠력, 탄성력을 지닌 진동을 감쇠 강제진동이라고 한다. 강제진동에는 감쇠 강제진동과 비감쇠 강제진동으로 구분되며, 자연계에 존재하는 대부분의 구조체는 강쇠 강제진동을 수반한다. 강제진동의 해석을 수행하는 방법에는 임의적 동해석과 결정론적 동해석의 방법을 통해서 수행할 수 있으며 해석 시 Modal Analysis의 방법이나 Direct Integration Method를 통해서 수행한다.

조화하중(Harmonic load)은 하중진폭의 시간에 따른 변화가 사인파 형태를 가지고 주기적으로 반복되는 하중을 말하며 일반적인 감쇠 강제진동에서 표현된다. 이때 조화하중의 $P_0$는 작용하중의 진폭을, $\omega_e$는 가진진동수(exciting frequency)를 의미한다.

$$m\ddot{x} + c\dot{x} + kx = P_0\sin\omega_e t : \qquad \text{강제진동의 일반해} \; x = x_h + x_p$$

$x_h$는 Homogeneous Solution($m\ddot{x} + c\dot{x} + kx = 0$의 해)

(저감쇠일 경우)

$$\therefore \ x_h = e^{-\xi\omega_n t}\left(x_0\cos\omega_d t + \frac{\dot{x}_0 + x_0\xi\omega_n}{\omega_d}\sin\omega_d t\right) = A_0 e^{-\xi\omega_n t}\cos(\omega_d t - \theta)$$

(과감쇠일 경우)

$$\therefore \ x_h = A_1 e^{\lambda_1 t} + A_2 e^{\lambda_2 t} \ \left(A_1 = \frac{\dot{x}_0 + x_0\omega_n(\xi - \sqrt{\xi^2-1})}{2\omega_n\sqrt{\xi^2-1}}, \quad A_2 = \frac{\dot{x}_0 + x_0\omega_n(\xi + \sqrt{\xi^2-1})}{2\omega_n\sqrt{\xi^2-1}}\right)$$

$$= e^{-\omega_n t}\left(A\cosh(\omega_n\sqrt{\xi^2-1})t + B\sinh(\omega_n\sqrt{\xi^2-1})t\right)$$

$x_p$는 강제하중(조화하중)에 의한 해

$$\xi = \frac{c}{c_{cr}} = \frac{c}{2\sqrt{mk}} = \frac{c}{2m\omega_n} \qquad \therefore \ \frac{c}{m} = 2\xi\omega_n$$

$$m\ddot{x} + c\dot{x} + kx = P_0\sin\omega_e t, \quad \ddot{x} + \frac{c}{m}\dot{x} + \frac{k}{m}x = \ddot{x} + 2\xi\omega_n\dot{x} + \omega_n^2 x = \frac{P_0}{m}\sin\omega_e t$$

$$x_p = C\sin\omega_e t + D\cos\omega_e t$$

$$\to \dot{x}_p = C\omega_e\cos\omega_e t - D\omega_e\sin\omega_e t, \quad \ddot{x}_p = -C\omega_e^2\sin\omega_e t - D\omega_e^2\cos\omega_e t$$

$$\therefore \ [-C\omega_e^2 - D\omega_e(2\xi\omega_n) + C\omega_n^2]\sin\omega_e t = \frac{P_0}{m}\sin\omega_e t, \quad [-D\omega_e^2 + C\omega_e(2\xi\omega_n) + D\omega_n^2]\cos\omega_e t = 0$$

$$\text{let } \beta = \omega_e/\omega_n \quad \to \quad C(1-\beta^2) - D(2\xi\beta) = \frac{P_0}{k}, \quad C(2\xi\beta) + D(1-\beta^2) = 0$$

$$\therefore \ C = \frac{P_0}{k}\frac{1-\beta^2}{(1-\beta^2)^2 + (2\xi\beta)^2}, \quad D = \frac{P_0}{k}\frac{-2\xi\beta}{(1-\beta^2)^2 + (2\xi\beta)^2}$$

$$x_p = \frac{P_0}{k}\frac{1}{(1-\beta^2)^2 + (2\xi\beta)^2}\left[(1-\beta^2)\sin\omega_e t - (2\xi\beta)\cos\omega_e t\right]$$

$$= \frac{P_0}{k}\frac{1}{\sqrt{(1-\beta^2)^2 + (2\xi\beta)^2}}\sin(\omega_e t - \theta) = \rho\sin(\omega_e t - \theta),$$

여기서 $\ \rho = \dfrac{P_0/k}{\sqrt{(1-\beta^2)^2 + (2\xi\beta)^2}}$

$$\therefore \ x = x_h + x_p = x_h + \frac{P_0}{k}\frac{1}{\sqrt{(1-\beta^2)^2 + (2\xi\beta)^2}}\sin(\omega_e t - \theta) = x_h + \rho\sin(\omega_e t - \theta)$$

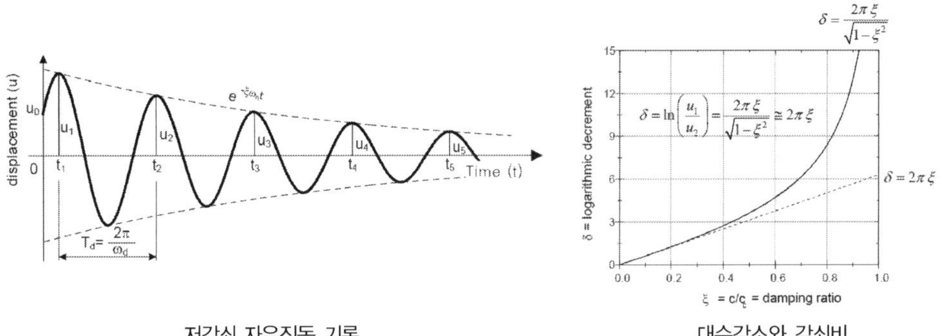

저감쇠 자유진동 기록        대수감소와 감쇠비

자유진동의 한 주기($T_d$)가 지난 후 진폭이 감소되는 비율을 나타내는 대수감소($\delta$, logarithmic decrement)에서 감쇠비가 작은 경우($\xi < 0.2$)일 때 $\sqrt{1-\xi^2} > 0.9798 \approx 1$로 근사되므로, n주기 후 대수감쇠는 다음과 같다.

$$\delta = \ln\frac{x_1}{x_2} = \frac{2\pi\xi}{\sqrt{1-\xi^2}} \approx 2\pi\xi, \quad \delta = \frac{1}{n}\ln\frac{x_1}{x_{n+1}} = \frac{2\pi\xi}{\sqrt{1-\xi^2}} \approx 2\pi\xi$$

## 2. 조화하중과 동적응답

조화하중(harmonic load)은 하중 진폭의 시간에 따른 변화가 sin파 형태를 가지고 주기적으로 반복되는 하중을 말한다. 조화하중이 구조물에 작용될 때, 동적 평형방정식과 동적응답은 다음과 같다.

$$m\ddot{x}(t) + c\dot{x}(t) + kx(t) = A_f\sin\omega_e t$$

$$x(t) = x_h(t) + x_p(t)$$

$$x_h(t) = e^{-\xi\omega_n t}\left[A_h\cos\omega_d t + B_h\sin\omega_d t\right] = e^{-\xi\omega_n t}A_h\sin(\omega_d t - \phi_h) \rightarrow 0$$

$$x_p(t) = A_p\left[(-2\xi\beta)\cos\omega_e t + (1-\beta^2)\sin\omega_e t\right] = A_p\sin(\omega_e t - \phi_p)$$

여기서, $A_f$ 작용하중의 진폭, $\omega_n$ 구조물의 고유진동수, $\omega_d$ 구조물의 감쇠 고유진동수, $\omega_e$ 하중의 가진진동수(exciting frequency), $\beta = \omega_e/\omega_n$ 진동수비,

$$A_p = \frac{A_f}{k}\frac{1}{\sqrt{(1-\beta^2)^2 + (2\xi\beta)^2}}, \quad \phi_p = \tan^{-1}\left(\frac{2\xi\beta}{1-\beta^2}\right)$$

동적응답인 $x_h(t)$와 $x_p(t)$는 다음과 같은 특성을 갖는다.

① $x_h(t)$는 초기 동적응답에만 영향을 미치고 사라지는 천이해(transient solution), 재차해(homogeneous solution) 또는 보조해(complementary solution)이다.

② $x_p(t)$는 시간에 따라 동적 특성이 변하지 않는 정상상태의 정상해(steady state solution) 또는 특수해(particular solution)이다.

③ 일반적으로 조하하중의 동적응답은 천이해 $x_h(t)$를 무시하고 정상해 $x_p(t)$만을 의미한다.

④ 자유진동에서와 같이 구조물은 자기의 고유진동수 $\omega_d$로 움직이려 하는 특성을 가질지라도(천이해), 강제 진동으로 외력은 구조물에게 외력 자산의 진동수인 가진진동수 $\omega_d$로 흔들리게 만든다(정상해).

⑤ $\phi_p$는 외력과 외력에 의한 응답의 위상차(phase difference)를 나타내며 감쇠진동($\xi \neq 0$)의 경우에 진동수비($\beta = \omega_e / \omega_n$)가 클수록 위상차는 증가한다.

일반해의 초기조건 $x(0) = x_0$과 $\dot{x}(0) = \dot{x}_0$을 대입하면,

$$x(0) = x_h(0) + x_p(0) = A_h - \frac{A_f}{k} \frac{2\xi\beta}{(1-\beta^2)^2 + (2\xi\beta)^2} = x_0$$

$$\dot{x}(0) = \dot{x}_h(0) + \dot{x}_p(0) = -\xi\omega_n A_h + \omega_d B_h + \omega_e \frac{A_f}{k} \frac{1-\beta^2}{(1-\beta^2)^2 + (2\xi\beta)^2} = \dot{x}_0$$

따라서 천이해의 미지계수 $A_h$와 $B_h$는 다음과 같다.

$$A_h = x_0 + \frac{A_f}{k} \frac{2\xi\beta}{(1-\beta^2)^2 + (2\xi\beta)^2}$$

$$B_h = \frac{A_f}{k} \frac{2\xi^2\beta \frac{\omega_n}{\omega_d} - (1-\beta^2)\frac{\omega_e}{\omega_d}}{(1-\beta^2)^2 + (2\xi\beta)^2} + \frac{\dot{x}_0 + x_0\xi\omega_n}{\omega_d}$$

$$= \frac{A_f}{k} \frac{\beta}{\sqrt{1-\xi^2}} \frac{\beta^2 + 2\xi^2 - 1}{(1-\beta^2)^2 + (2\xi\beta)^2} + \frac{\dot{x}_0 + x_0\xi\omega_n}{\omega_d}$$

두 개의 진동수인 $\omega_d$와 $\omega_e$가 일치힐수록 구조물 응답의 진폭은 커지지만, 두 개의 진동수가 상이할수록 응답은 점점 감소한다. 즉 구조물은 가진진동수에 따라 흔들리며, 가진진동수가 구조물 자신의 고유진동수와 근접하면 구조물의 응답은 증폭되고, 가진진동수가 고유진동수가 상이하면 구조물은 반응하지 않는다.

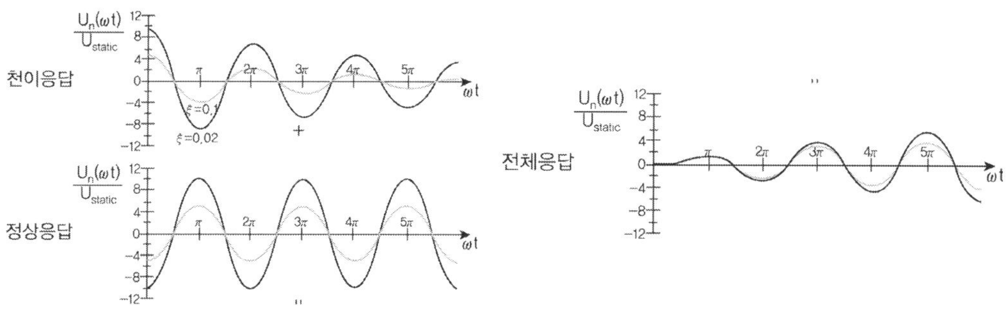

## 3. 공진(Resonance) <sup>78회/82회/93회/133회</sup>



공진(Resonance)은 구조물에 시간에 따라 변하는 동적하중이 작용할 때 구조물의 고유진동수 $(\omega_n)$와 동적하중의 가진진동수$(\omega_e)$가 같을 때 동적응답이 최대로 발생하는 현상을 말하며 이러한 공진현상에 대한 발생여부를 확인하기 위해서 DAF(Dynamic Amplitude Factor) 또는 DMF(Dynamic Modification Factor)를 이용하여 공진 발생 유무를 확인한다.

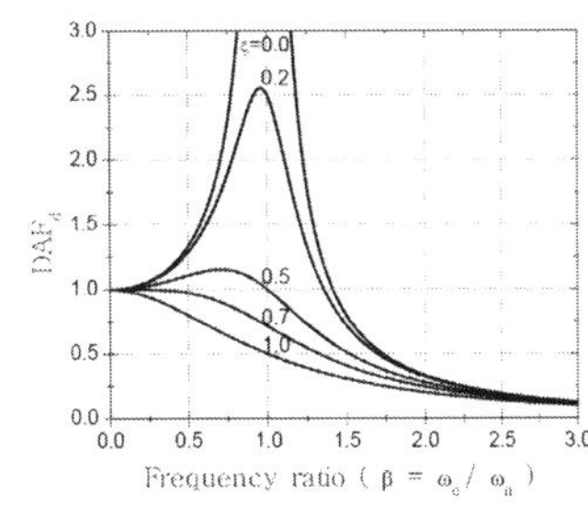

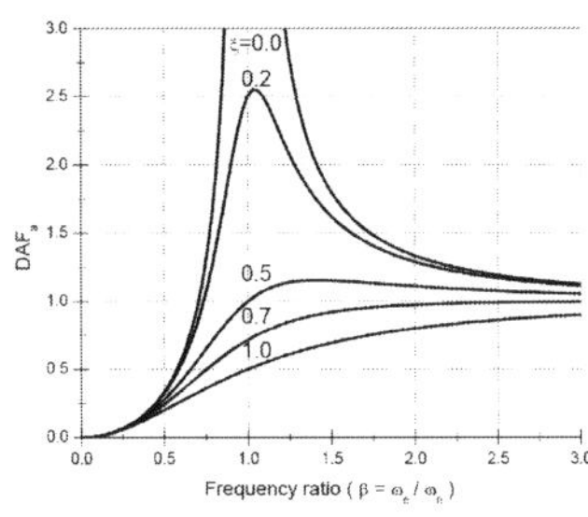

(a) 변위응답에 대한 동적증폭계수  (b) 속도응답에 대한 동적증폭계수  (c) 가속도응답에 대한 동적증폭계수

### 1) DMF, DAF(Dynamic Modification Factor, Dynamic Amplitude Factor)

동적확대계수(DMF 또는 DAF)는 정상상태(Steady state)에 도달한 동적응답의 진폭과 정적하중에 의한 최대 정적응답의 비로 정의되며 감쇠조화운동에 대한 DMF는 다음과 같이 유도된다.

감쇠조화운동의 운동방정식 : $m\ddot{x} + c\dot{x} + kx = P_o \sin\omega_e t$

일반해 : $x = x_h + x_p, \quad x_p = \rho\sin(\omega_e t - \theta)$

$$\rho = \frac{P_0}{k}\frac{1}{\sqrt{(1-\beta^2)^2 + (2\xi\beta)^2}}$$

$DMF_d$ :

$$\frac{\rho}{|x_{static}|_{\max}} = \frac{1}{\sqrt{(1-\beta^2)^2 + (2\xi\beta)^2}}$$

여기서, $|x_{static}|_{\max} = \dfrac{P_0}{k}, \quad \beta = \dfrac{\omega_e}{\omega_n}$

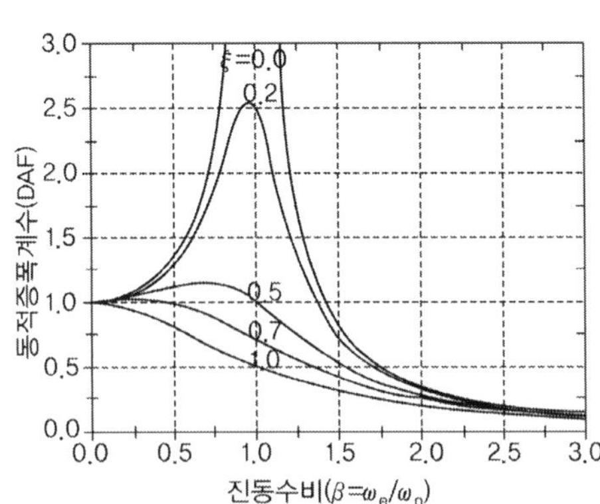

### 2) 공진의 응답

공진의 발생은 $\omega_e = \omega_n (\beta = 1)$일 때 발생하며 이때에 DAF는 $\xi$에 따라 $\infty$로 발산할 수 있게 된

다($DAF_d = 1/(2\xi)$). 일반적인 구조물에서는 $\xi$값이 0.5~10% 사이에 존재하고 공진 시($\beta = 1$) 동적증폭계수는 5~100로 매우 큰 값이 되므로, 감쇠율이 작을수록 공진가능성이 커져 공진에 대한 대책을 수립하는 것이 필요하다.

변위, 속도 및 가속도 응답에 대한 동적증폭계수를 각각 $DAF_d$, $DAF_v$, $DAF_a$로 구분하며 다음과 같이 표현할 수 있다.

$$DAF_d = \frac{\rho}{|\,x_{static}\,|_{\max}} = \frac{1}{\sqrt{(1-\beta^2)^2 + (2\xi\beta)^2}} \qquad \therefore\ \frac{\rho}{\dfrac{P_0}{k}} = DAF_d \sin(\omega_e t - \phi_p)$$

$$\frac{\dot{x}_p}{\dfrac{P_0}{\sqrt{mk}}} = DAF_v \cos(\omega_e t - \phi_p) \qquad \therefore\ DAF_v = \frac{\omega_e \rho}{\omega_n \dfrac{P_0}{k}} = \beta DAF_d$$

$$\frac{\ddot{x}_p}{\dfrac{P_0}{m}} = DAF_a \sin(\omega_e t - \phi_p) \qquad \therefore\ DAF_a = \frac{\omega_e^2 \rho}{\omega_n^2 \dfrac{P_0}{k}} = \beta^2 DAF_d$$

감쇠수준에 따른 변위응답에 대한 동적증폭계수

| 감쇠수준 | 공진 진동수비($\beta$) | DAF 최댓값 |
| --- | --- | --- |
| 무감쇠($\xi = 0$) | 1 | $\dfrac{1}{1-\beta^2}$ |
| 저감쇠($0 < \xi < \dfrac{1}{\sqrt{2}} \approx 0.707$) | $\sqrt{1-2\xi^2}$ | $\dfrac{1}{2\xi\sqrt{z-\xi^2}}$ |
| 임계감쇠 및 과감쇠($\xi \geq \dfrac{1}{\sqrt{2}} \approx 0.707$) | 0 | 1 |

변위, 속도, 가속도 응답에 대한 동적증폭계수

| 저감쇠 응답 | 공진 진동수비($\beta$) | DAF 최대값 |
| --- | --- | --- |
| 변위 DAF | $\sqrt{1-2\xi^2}$ | $\dfrac{1}{2\xi\sqrt{z-\xi^2}}$ |
| 속도 DAF | 1 | $\dfrac{1}{2\xi}$ |
| 가속도 DAF | $\dfrac{1}{\sqrt{1-2\xi^2}}$ | $\dfrac{1}{2\xi\sqrt{z-\xi^2}}$ |

3) 공진 발생 시 구조물에 발생 피해

① 구조물의 동적응답의 증폭으로 구조물의 붕괴 유발 : Tacoma Bridge는 비틀림 Flutter에 의해 공진발생으로 붕괴

② 피로하중 유발로 인한 피로파괴 발생

4) 공진 방지 대책

공진방지를 위한 방법으로는 일반적으로 감쇠율 조정을 통해 진동을 저감하는 방진설계대책과 구조물의 주기를 변경하는 공진설계대책으로 구별된다. 방진설계대책은 감쇠비 증가를 위한 Damper 설치 등을 통해서 수행할 수 있으며, 공진설계대책은 구조물의 고유진동수를 조정하여 진동수비 조정을 통해서 $\beta$값을 조정하는 방법이 있다.

① 저동조(Low Tuning) 기초 공진설계 : $\beta$값을 1.3(= 4/3) 이상으로 조정하는 방법으로 동하중에 의한 가진진동수와 구조물의 고유진동수의 비를 1.3 이상으로 조정한다.

$$\beta = \frac{f_e}{f_n} = \frac{\omega_e}{\omega_n} > \frac{4}{3} \fallingdotseq 1.3$$

② 고동조(High Tuning) 기초 공진설계 : $\beta$값을 0.6(=2/3) 이상으로 조정하는 방법으로 동하중에 의한 가진진동수와 구조물의 고유진동수의 비를 0.6 이상으로 조정한다.

$$\beta = \frac{f_e}{f_n} = \frac{\omega_e}{\omega_n} < \frac{1}{3} \fallingdotseq 0.6$$

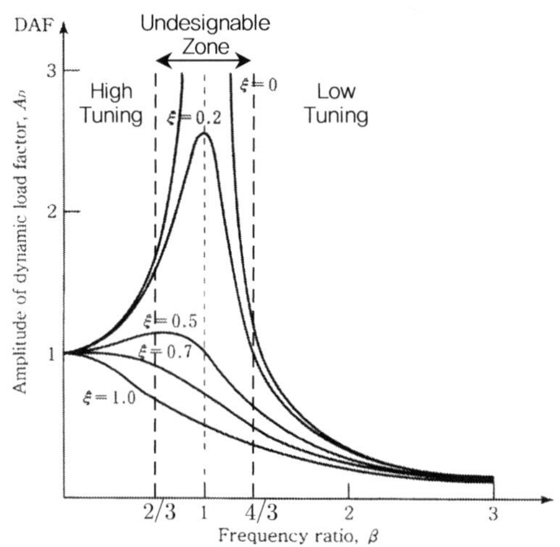


조화하중에 의한 응답의 위상각을 하중의 가진 진동수의 고유진동수에 대한 비($\beta$)와 감쇠비($\xi$)와의 관계를 보면, 공진이 발생하는 점에서 위상각은 90°이고, 구조물의 고유진동수에 비하여 하중의 가진 진동수가 작을 때($\beta$가 작을 때)는 위상각이 0°에 근접하며, 하중의 가진 진동수가 클 경우에는 180°에 근접한다. 이때 위상각이 0°은 정적거동의 경우처럼 하중이 작용되는 방향과 구조물이 움직이는 방향이 일치하는 것을 의미하며, 반면에 180°일 때는 하중의 작용방향과 구조물의 변위 방향이 반대인 경우를 나타낸다. 이러한 현상을 이용해 동조질량감쇠기(TMD) 또는 동조액체감쇠기(TLD)를 이용해 구조물 응답을 제어하기도 한다.

## 4. 모터의 진동 : 조화 하중에 의한 진동, 회전 편심 질량

조화하중에 의해서 회전편심질량에 의한 진동문제에 대해 고려할 때 적용되며, 다음과 같은 모터의 회전편심질량에 관해서 편심질량을 $m_o$, 회전반경을 $e$, 회전편심질량이 $\omega_e$의 일정한 각속도로 회전운동을 한다고 가정하면,

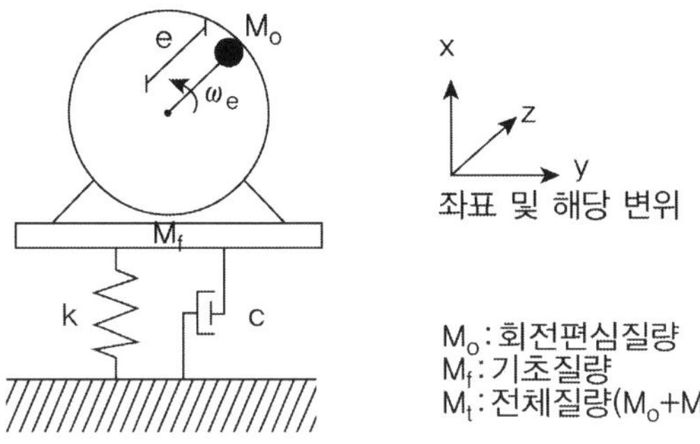


감쇠 강제진동(조화하중) $m\ddot{x} + c\dot{x} + kx = P_0\sin\omega_e t$

감쇠 조화하중의 해로부터,

$$x_p = \frac{P_0}{k}\frac{1}{\sqrt{(1-\beta^2)^2 + (2\xi\beta)^2}}\sin(\omega_e t - \theta) = \rho\sin(\omega_e t - \theta)$$

여기서, $P_0$는 일정한 값을 갖지 않고 가진 진동수에 따라 변화   $P_0 = m_0 e\omega_e^2$

$$\rho = \frac{m_0 e\omega_e^2}{k}\frac{1}{\sqrt{(1-\beta^2)^2 + (2\xi\beta)^2}} = \frac{m_0 e\omega_e^2}{m \times \dfrac{k}{m}} \times \frac{1}{\sqrt{(1-\beta^2)^2 + (2\xi\beta)^2}}$$

$$= \frac{m_0 e\omega_e^2}{m \times \omega^2} \times \frac{1}{\sqrt{(1-\beta^2)^2 + (2\xi\beta)^2}} = \frac{em_0}{m}\frac{\beta^2}{\sqrt{(1-\beta^2)^2 + (2\xi\beta)^2}}$$

$$\therefore x_p = \rho\sin(\omega_e t - \theta) = \frac{em_0}{m}\frac{\beta^2}{\sqrt{(1-\beta^2)^2 + (2\xi\beta)^2}}\sin(\omega_e t - \theta)$$

증폭비($\rho/\left(\dfrac{em_0}{m}\right)$)는 일정한 진폭을 갖는 하중($P_0$)에 대해 구한 동적 증폭계수에 $\beta^2$만큼 곱한 값으로 표현된다.

$$증폭비\left(\frac{\rho}{\left(\dfrac{em_0}{m}\right)}\right) = \frac{\beta^2}{\sqrt{(1-\beta^2)^2 + (2\xi\beta)^2}} = \beta^2 DAF_d = DAF_a$$

# 5. 장비의 진동과 하중전달률(TR) <sup>102회</sup>



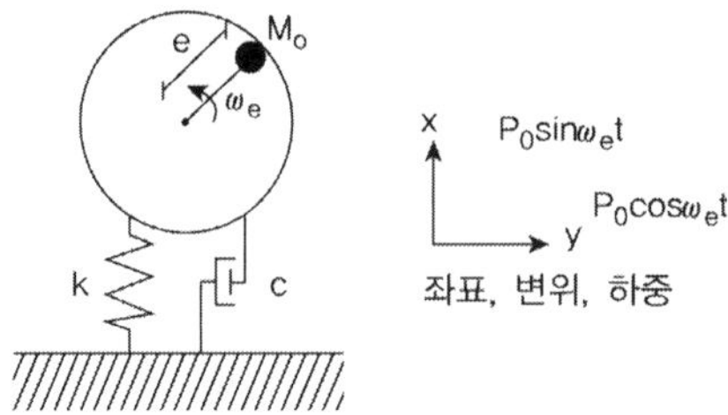


일정하중($P_0$)을 갖는 장비 진동의 경우 연직운동에 대한 운동방적식과 기초에 전달되는 최대하중은 다음과 같다.

$$m\ddot{x} + c\dot{x} + kx = P_0\sin\omega_e t \ :\ f_{\max} = P_0 \times (DMF) \times \sqrt{1 + (2\xi\beta)^2}$$

전달률(Transmissibility : TR) : 작용하중($P_0$)에 대한 기초에 전달되는 최대하중($f_{\max}$)의 비를 진동기초의 하중전달률이라고 정의한다.

$$TR = \frac{f_{\max}}{P_0} = DMF \times \sqrt{1 + (2\xi\beta)^2} = \sqrt{\frac{1 + (2\xi\beta)^2}{(1 - \beta^2)^2 + (2\xi\beta)^2}}$$

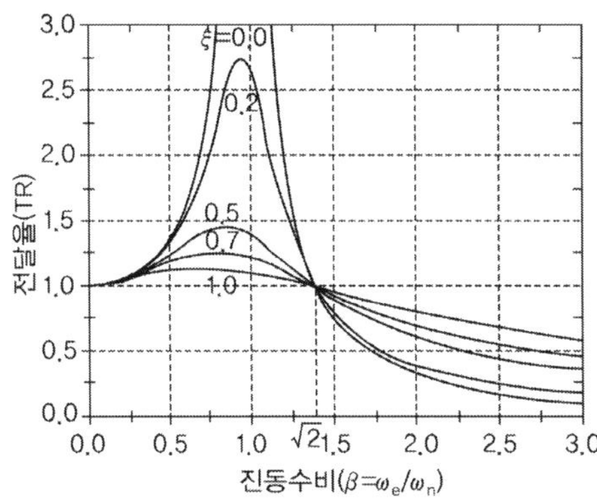


① 진동 격리시스템은 진동수비가 $\beta \geq \sqrt{2}$ 에서 효과적이고 이 범위에서는 감쇠가 클수록 전달률이 증가하므로 감쇠가 매우 작은 격리시스템이 유리하다($\beta \geq \sqrt{2}$ 인 경우 $TR \leq 1$ 이 되고 $\xi$가 작을수록 $TR$이 커진다).

② 변동하중을 갖는 진동장비의 경우(회전편심질량, $P_0 = m_0 e\omega_e^2$), 전달률은 일정하중을 갖는 장비 진동의 전달률에 $\beta^2$을 곱한 값을 갖는다.

$$\text{회전편심질량 진동장비의 } \overline{TR} = \frac{f_{\max}}{P_0} = \beta^2 \times \sqrt{\frac{1 + (2\xi\beta)^2}{(1 - \beta^2)^2 + (2\xi\beta)^2}} = \beta^2\, TR$$

## 6. 기초 진동과 변위 전달률

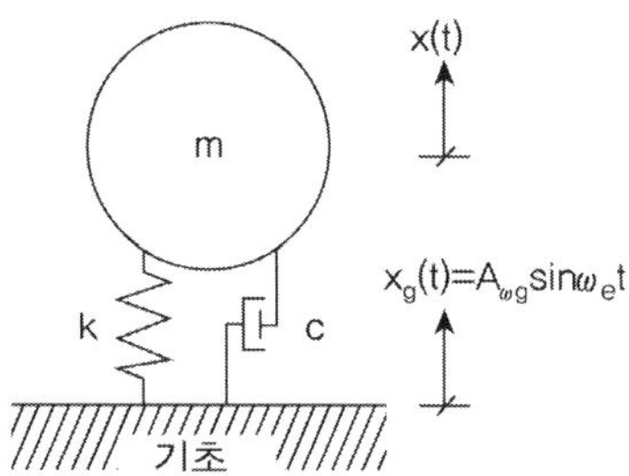



격리된 질량 $m$은 조화수직운동을 하는 기초구조물 위에 스프링–감쇠 시스템에 의해서 지지된다. 이때 운동방정식과 기초에 대한 질량의 상대변위 $x$ 및 전체변위 $x^t$는 다음과 같다.

$$m\ddot{x} + c\dot{x} + kx = P_0\sin\omega_e t$$

$$\therefore \quad x(t) = P_w\sin(\omega_e t - \phi), \quad x^t(t) = P_{wt}\sin(\omega_e t - \overline{\phi})$$

$$\text{여기서, } P_w = \beta^2(DAF)A_{wg}, \quad P_{wt} = A_{wg}(DAF)\sqrt{1+(2\xi\beta)^2}$$

① $P_0$가 일정할 경우, 전달률은 기초운동의 진폭($A_{wg}$)에 대한 질량운동이 절대변위 진폭($P_{wt}$)의 비율로 정의한다.

$$TR_d = \frac{P_{wt}}{A_{wg}} = \sqrt{\frac{1+(2\xi\beta)^2}{(1-\beta^2)^2+(2\xi\beta)^2}} \quad ; \text{장비진동에 의한 구조물 하중전달률과 동일}$$

여기서, $P_0 = mA_{wg}\omega_e^2$ 이므로,

$$x_p = \frac{P_0}{k}\frac{1}{\sqrt{(1-\beta^2)^2+(2\xi\beta)^2}}\sin(\omega_e t - \theta) = \frac{m}{k}\omega_e^2 A_{wg}\frac{1}{\sqrt{(1-\beta^2)^2+(2\xi\beta)^2}}\sin(\omega_e t - \theta)$$

$$= \left(\frac{\omega_e}{\omega_n}\right)^2 A_{wg}\frac{1}{\sqrt{(1-\beta^2)^2+(2\xi\beta)^2}}\sin(\omega_e t - \theta) = \frac{\beta^2}{\sqrt{(1-\beta^2)^2+(2\xi\beta)^2}}A_{wg}\sin(\omega_e t - \theta)$$

$$= \beta^2(DAF)A_{wg}\sin(\omega_e t - \theta) = P_w\sin(\omega_e t - \theta)$$

$$x^t(t) = x(t) + x_g(t) = \beta^2(DAF)A_{wg}\sin(\omega_e t - \theta) + A_{wg}\sin\omega_e t$$

$$= A_{wg}[\beta^2(DAF)\sin\omega_e t\cos\phi - \beta^2(DAF)\cos\omega_e t\sin\phi + \sin\omega_e t]$$

$$= A_{wg}[(1+\beta^2(DAF)\cos\phi)\sin\omega_e t - \beta^2(DAF)\sin\phi\cos\omega_e t]$$

$$= A_{wg}[\sqrt{(1+\beta^2(DAF)\cos\phi)^2+(\beta^2(DAF)\sin\phi)^2}\sin(\omega_e t - \overline{\phi})]$$

여기서, $\cos\phi = \dfrac{(1-\beta^2)}{\sqrt{(1-\beta^2)^2+(2\xi\beta)^2}} = (1-\beta^2)(DAF)$

$$\sqrt{(1+\beta^2(DAF)\cos\phi)^2+(\beta^2(DAF)\sin\phi)^2} = \sqrt{1+2\beta^2(DAF)\cos\phi+\beta^4(DAF)^2}$$
$$= \sqrt{1+2\beta^2(1-\beta^2)(DAF)^2+\beta^4(DAF)^2}$$
$$= \sqrt{1+(2\xi\beta)^2}\,(DAF)$$

따라서, $x^t(t) = x(t)+x_g(t) = A_{wg}(DAF)\sqrt{1+(2\xi\beta)^2}\sin(\omega_e t-\overline{\phi})$

② 변동하중을 갖는 진동장비의 경우$(P_0 = m_0 e\omega_e^2)$, 전달률은 일정하중을 갖는 전달률에 $\beta^2$을 곱한 값을 갖는다.

$$\overline{TR_d} = \frac{P_{wt}}{A_{wg}} = \beta^2 \times \sqrt{\frac{1+(2\xi\beta)^2}{(1-\beta^2)^2+(2\xi\beta)^2}}$$

기초진동의 동적변위 응답

| 항목 | 일정하중 | 회전편심질량 |
|---|---|---|
| 동적증폭계수 | $DAF_d = \dfrac{\rho}{\|x_{static}\|_{\max}} = \dfrac{1}{\sqrt{(1-\beta^2)^2+(2\xi\beta)^2}}$ | $\overline{DAF_d} = \dfrac{\rho}{\left(\dfrac{em_0}{m}\right)} = \beta^2 DAF_d = DAF_a$ |
| 진폭 | $\rho = DAF_d\|x_{static}\|_{\max} = DAF_d\dfrac{P_0}{k}$ | $\rho_w = \overline{DAF_d}\dfrac{em_0}{m}$ |
| 공진진동수 | $\omega_e = \omega_n\sqrt{1-2\xi^2}$ | $\omega_e = \omega_n\dfrac{1}{\sqrt{1-2\xi^2}}$ |
| 공진진동수에서 진폭 | $\rho = DAF_d\dfrac{P_o}{k} = \dfrac{1}{2\xi\sqrt{1-\xi^2}}\dfrac{P_o}{k}$ | $\rho_w = \overline{DAF_d}\dfrac{em_0}{m} = \dfrac{1}{2\xi\sqrt{1-\xi^2}}e\dfrac{m_0}{m}$ |
| 하중전달률 | $TR = \dfrac{f_{\max}}{P_0} = \sqrt{\dfrac{1+(2\xi\beta)^2}{(1-\beta^2)^2+(2\xi\beta)^2}}$ | $\overline{TR} = \dfrac{f_{\max}}{P_0} = \beta^2 TR$ |
| 변위전달률 | $TR_d = \dfrac{P_{wt}}{A_{wg}} = \sqrt{\dfrac{1+(2\xi\beta)^2}{(1-\beta^2)^2+(2\xi\beta)^2}} = TR$ | $\overline{TR_d} = \dfrac{P_{wt}}{A_{wg}} = \beta^2 TR_d = \overline{TR}$ |

## 단자유도 구조물 : 감쇠자유진동

감쇠자유진동

**풀 이**

### ➤ 개요

단자유도계의 운동방정식은 다음과 같다.

$$m\ddot{x} + c\dot{x} + kx = f(t)$$

여기서, $f(t) = 0$ 인 경우의 진동을 자유진동(Free Vibration)이라고 하며, 자유진동이 발생하는 이유는 초기조건(Initial Condition)이 0이 아니기 때문이며, 주로 자유진동의 응답은 외력보다는 구조물의 특성이 주로 반영되기 때문에 구조물의 자유진동 응답을 분석하여 구조물의 동적특성을 추정하는 데 사용한다. 단자유도계 구조물의 동적운동 방정식은 외력의 여부에 따라 또는 감쇠의 여부에 따라 구분하며, 감쇠가 없는 경우($c = 0$)와 감쇠가 있는 경우($c \neq 0$) 경우를 각각 비감쇠 (undamped)와 감쇠(damped)로 구분하며, 감쇠진동의 경우 감쇠값의 크기에 따라 저감쇠(under-critical damped)와 과감쇠(over-critical damped)로 구분되며, 저감쇠와 과감쇠의 경계가 되는 감쇠값을 임계감쇠(critical damped, $c_{cr}$)라고 한다.

### ➤ 감쇠자유진동

1) 특징

① 관성력, 감쇠력, 탄성력으로 저항하는 구조물에 초기하중만 작용하고 이후 시간에 따른 하중이 증가하지 않을 때의 구조물의 진동을 감쇠자유진동(Damped free vibration)이라 한다.

② 감쇠란 구조물의 동적응답크기를 감소시키는 성질을 말하며 구조물을 구성하고 있는 재질의 특성과 부재의 접합상태 등의 대내외적 조건에 따라 동적응답이 달라진다. 감쇠진동은 감쇠력 의 크기에 따라 임계감쇠, 과감쇠 및 저감쇠로 분류한다.

③ 운동방정식

$$m\ddot{x} + c\dot{x} + kx = 0$$

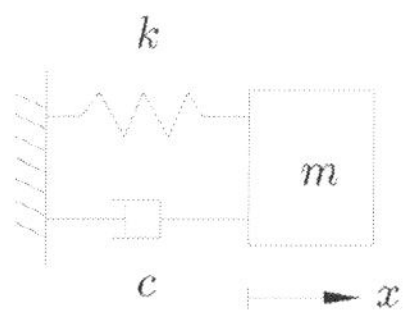

General Solution : $x_h = Ae^{\lambda t}$  $\rightarrow$  $\dot{x}_h = A\lambda e^{\lambda t}$,  $\ddot{x}_h = A\lambda^2 e^{\lambda t}$

$$(m\lambda^2 + c\lambda + k)Ae^{\lambda t} = 0, \qquad \therefore\ m\lambda^2 + c\lambda + k = 0$$

$$\lambda = \frac{-c \pm \sqrt{c^2 - 4mk}}{2m}$$

## 2) 감쇠 자유진동의 감쇠크기에 따른 동적거동

① Critical damped free vibration(임계감쇠 자유진동, $c = c_{cr}$, $\xi = 1$)

$$m\ddot{x} + c\dot{x} + kx = 0, \quad x = Ae^{\lambda t} \quad \rightarrow \quad (m\lambda^2 + c\lambda + k)Ae^{\lambda t} = 0\ \text{으로부터}$$

$$c = c_{cr} = 2\sqrt{mk}, \qquad \lambda = \frac{-c \pm \sqrt{c^2 - 4mk}}{2m} = -\frac{c}{2m}$$

$$x = (A + Bt)e^{-\left(\frac{c_{cr}}{2m}\right)} = (A + Bt)e^{-\omega_n t}$$

From B.C $\quad A = x_0, \quad B = \dot{x}_0 + x_0\omega_n$

$$\therefore\ x = e^{-\omega_n t}(x_0 + (\dot{x}_0 + x_0\omega_n)t)$$

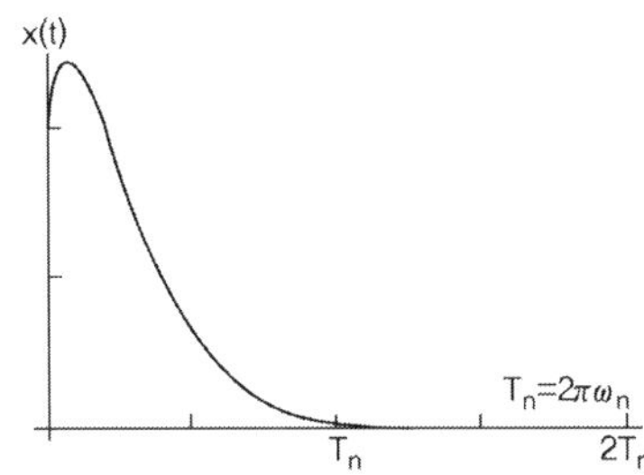


② Under damped free vibration(저감쇠 자유진동, $c < c_{cr}$, $\xi < 1$)

$$m\ddot{x} + c\dot{x} + kx = 0, \quad \ddot{x} + \frac{c}{m}\dot{x} + \frac{k}{m}x = \ddot{x} + 2\xi\omega_n\dot{x} + \omega_n x = 0,$$

$$\left(\because \xi = \frac{c}{c_{cr}} = \frac{c}{2\sqrt{mk}} = \frac{c}{2m\sqrt{\dfrac{m}{k}}} = \frac{c}{2m\omega_n}\right)$$

일반해 $x = Ae^{\lambda t}$

$(\lambda^2 + 2\xi\omega_n\lambda + \omega_n)Ae^{\lambda t} = 0$ 로부터 $\quad \lambda_{1,2} = -\xi\omega_n \pm i\omega_n\sqrt{1 - \xi^2} = -\xi\omega_n \pm i\omega_d$

$$\therefore\ x = A_1 e^{\lambda_1 t} + A_2 e^{\lambda_2 t} = Ae^{-\xi\omega_n t}(C\cos\omega_d t + D\sin\omega_d t)$$

$$= e^{-\xi\omega_n t}\left(x_0\cos\omega_d t + \frac{\dot{x}_0 + x_0\xi\omega_n}{\omega_d}\sin\omega_d t\right) = A_0 e^{-\xi\omega_n t}\cos(\omega_d t - \theta)$$

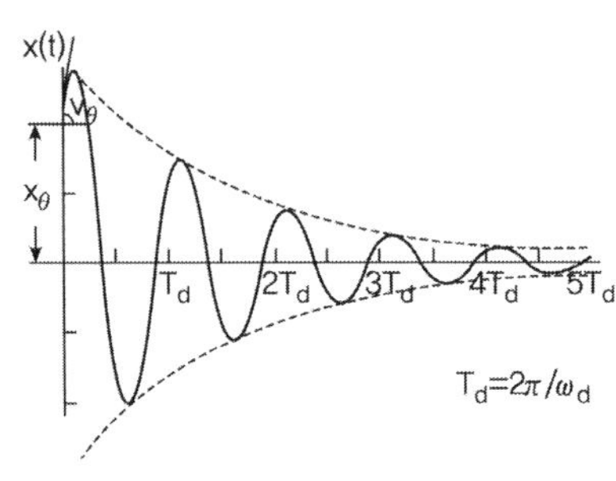


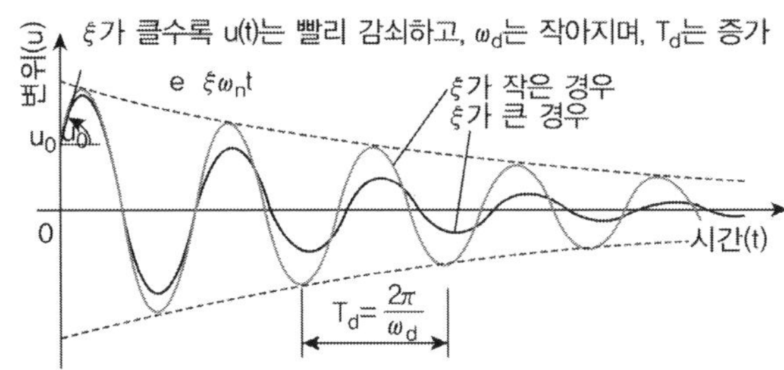


③ Over damped free vibration(과감쇠 자유진동, $c > c_{cr}$, $\xi > 1$)

$$m\ddot{x} + c\dot{x} + kx = 0, \qquad \ddot{x} + \frac{c}{m}\dot{x} + \frac{k}{m}x = \ddot{x} + 2\xi\omega_n\dot{x} + \omega_n^2 x = 0,$$

$$(\because \xi = \frac{c}{c_{cr}} = \frac{c}{2\sqrt{mk}} = \frac{c}{2m\sqrt{\dfrac{m}{k}}} = \frac{c}{2m\omega_n})$$

일반해 $x = Ae^{\lambda t}$

$(\lambda^2 + 2\xi\omega_n\lambda + \omega_n^2)Ae^{\lambda t} = 0$ 로부터 $\qquad \lambda_{1,2} = -\xi\omega_n \pm \omega_n\sqrt{\xi^2 - 1}$

$$\therefore x = A_1 e^{\lambda_1 t} + A_2 e^{\lambda_2 t} \qquad \left( A_1 = \frac{\dot{x}_0 + x_0\omega_n(\xi - \sqrt{\xi^2-1})}{2\omega_n\sqrt{\xi^2-1}}, \quad A_2 = \frac{\dot{x}_0 + x_0\omega_n(\xi + \sqrt{\xi^2-1})}{2\omega_n\sqrt{\xi^2-1}} \right)$$

$$= e^{-\omega_n t}(A\cosh(\omega_n\sqrt{\xi^2-1})t + B\sinh(\omega_n\sqrt{\xi^2-1})t)$$

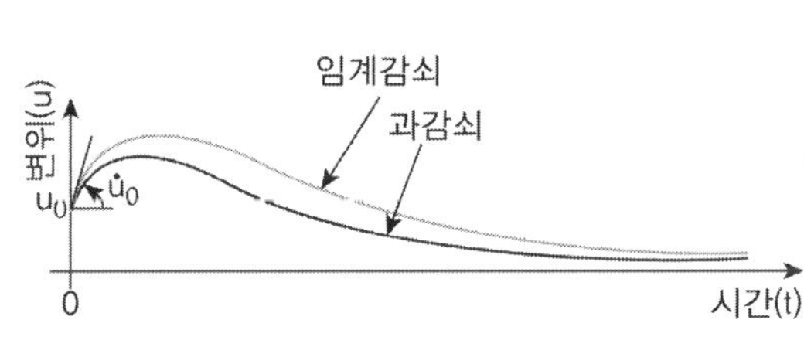


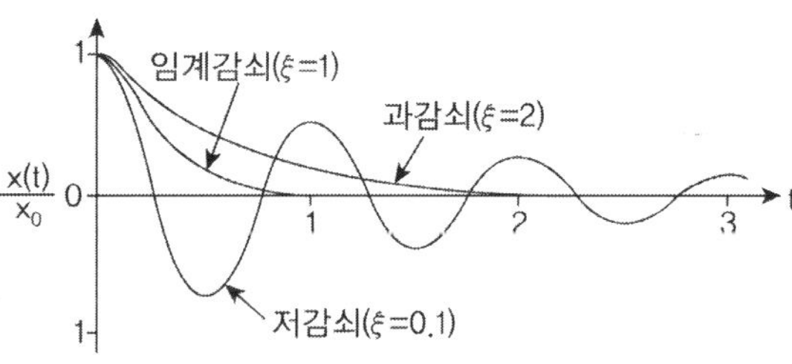

### 비감쇠 일자유도

비감쇠 일자유도계(Undamped single degree of freedom system) 구조물의 고유진동수($\omega$)를 구하는 식을 유도하시오(단, 질량 m, 스프링상수 $k$로 표기하시오).

### 풀 이

#### ▶ 개요

구조물 고유의 단위시간당 진동횟수를 고유진동수라고 하며 일반적으로 구조물의 질량과 강성이 주어지면 특정한 값을 가진 진동수의 진동만을 허용하는 고유진동을 하며 이때의 진동수를 고유진동수(Natural frequency)라고 한다. 비 감쇠의 경우 감쇠가 없는 경우로 일(단)자유도계의 운동방정식으로부터 $c = 0$을 도입하여 유도한다.

#### ▶ 비 감쇠 일 자유도계 구조물의 고유진동수 산정

자유진동을 하는 구조물의 운동방정식 : $m\ddot{x} + c\dot{x} + kx = 0$

Undamped System에서 $c = 0$으로부터 $m\ddot{x} + kx = 0$

$m\ddot{x} + kx = 0$

Homogeneous Solution $x_h = Ae^{\lambda t}$ 으로부터,

$\ddot{x} = \lambda^2 Ae^{\lambda t}$, $x = Ae^{\lambda t}$를 대입하면

$(m\lambda^2 + k)Ae^{\lambda t} = 0$  해가 존재하기 위해서는

$\therefore m\lambda^2 + k = 0$ 이므로, $\lambda^2 = -\dfrac{k}{m}$, $\lambda = i\omega_n = \pm i\sqrt{\dfrac{k}{m}}$  $\therefore \omega_n = \sqrt{\dfrac{k}{m}}$

$\therefore$ 고유진동수($f_n$) : $f_n = \dfrac{1}{T} = \dfrac{\omega_n}{2\pi} = \dfrac{1}{2\pi}\sqrt{\dfrac{k}{m}}$ (cycle/sec, Hz)

구조물의 운동방정식 산정

$x = A_1 e^{i\omega_n t} + A_2 e^{-i\omega_n t}$    여기서, $e^{\pm i\omega_n t} = \cos\omega_n t \pm i\sin\omega_n t$

$\therefore x = A\cos\omega_n t + B\sin\omega_n t = \dfrac{\dot{x}}{\omega_n}\cos\omega_n t + x_0\sin\omega_n t = \sqrt{\left(\dfrac{\dot{x}}{\omega_n}\right)^2 + x_0^2} \times \cos(\omega_n t - \theta)$

From B.C : $t = 0$,  $x = x_0$,  $\dot{x} = \dot{x}_0$  $\rightarrow$  $A = \dfrac{\dot{x}}{\omega_n}$,  $B = x_0$

공진설계

구조물의 공진현상을 정의하고, 구조물 설계 시 공진 점검방법과 방지대책에 대하여 설명하시오.

**풀 이**

➤ **개요**

공진(Resonance)은 구조물에 시간에 따라 변하는 동적하중이 작용할 때 구조물의 고유진동수 ($\omega_n$)와 동적하중의 가진진동수($\omega_e$)가 같을 때 동적응답이 최대로 발생하는 현상을 말한다.

➤ **공진 점검방법**

공진현상에 대한 발생여부를 확인하기 위해서 DAF(Dynamic Amplitude Factor) 또는 DMF (Dynamic Modification Factor)를 이용하여 공진 발생 유무를 확인한다.

1) DMF, DAF(Dynamic Modification Factor, Dynamic Amplitude Factor)

동적확대계수(DMF 또는 DAF)는 정상상태(Steady state)에 도달한 동적응답의 진폭과 정적하중에 의한 최대 정적응답의 비로 정의되며 감쇠조화운동에 대한 DMF는 다음과 같이 유도된다.

감쇠조화운동의 운동방정식 : $m\ddot{x} + c\dot{x} + kx = P_o\sin\omega_e t$

일반해 : $x = x_h + x_p, \quad x_p = \rho\sin(\omega_e t - \theta)$

$$\rho = \frac{P_0}{k}\frac{1}{\sqrt{(1-\beta^2)^2 + (2\xi\beta)^2}}$$

DMF : $\dfrac{\rho}{|x_{static}|_{\max}} = \dfrac{1}{\sqrt{(1-\beta^2)^2 + (2\xi\beta)^2}}$

여기서, $|x_{static}|_{\max} = \dfrac{P_0}{k}, \quad \beta = \dfrac{\omega_e}{\omega_n}$

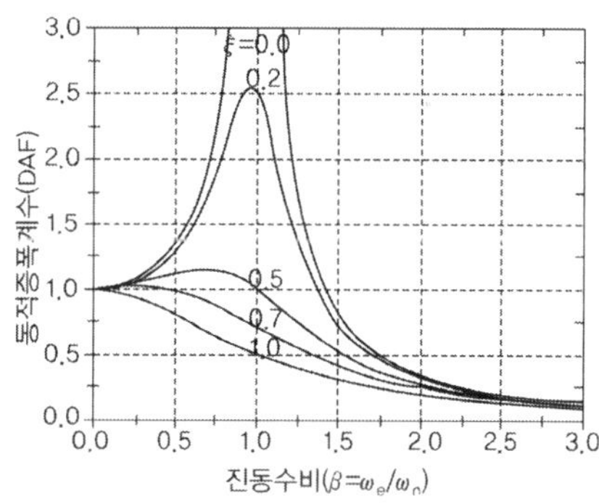


2) 공진의 응답

공진의 발생은 $\omega_e = \omega_n (\beta = 1)$일 때 발생하며 이때에 DAF는 $\xi$에 따라 $\infty$로 발산할 수 있게 된다($DAF = 1/2\xi$). 일반적인 구조물에서는 $\xi$값이 0.5~10% 사이에 존재하고 공진 시($\beta = 1$) 동적증폭계수는 5~100로 매우 큰 값이 되므로, 감쇠율이 작을수록 공진가능성이 커져 공진에 대한 대책을 수립하는 것이 필요하다.

일반구조물의 추천감쇠비(%)

| 응력수준 | 구조물 | 감쇠비(%) |
|---|---|---|
| 항복점의 1/4 미만, 비례한계 미만인 낮은 응력 수준일 경우 | 균열이 없으며 이음부 미끄러짐이 없는 강재, 콘크리트, 프리스트레스콘크리트, 목재 | 0.5~1.0 |
| 항복점의 1/2 미만인 사용응력수준일 경우 | 용접으로 접합된 강재, PSC 콘크리트, 양질의 RC | 2~3 |
| | 상당한 균열을 갖고 있는 RC | 3~5 |
| | 볼트 또는 리벳으로 접합된 강재, 목조 구조물 | 5~7 |
| 항복점 근방일 경우 | 용접으로 접합된 강재, PS가 남아 있는 PSC | 5~7 |
| | PS가 남아있지 않은 PSC | 7~10 |
| | RC | 7~10 |
| | 볼트 또는 리벳으로 접합된 강재, 목조 구조물 | 10~15 |
| | 못으로 접합된 목조구조물 | 15~20 |
| 항복점 한계 변형률 | 용접으로 접합된 강재 | 7~10 |
| | RC, PSC | 10~15 |
| | 볼트 또는 리벳으로 접합된 강재 및 목재 | 10~15 |

3) 공진 발생 시 구조물에 발생 피해

① 구조물의 동적응답의 증폭으로 구조물의 붕괴 유발 : Tacoma Bridge는 비틀림 Flutter에 의해 공진 발생으로 붕괴

② 피로하중 유발로 인한 피로파괴 발생

## ▶ 공진 방지 대책

공진방지를 위한 방법으로는 일반적으로 감쇠율 조정을 통해 진동을 저감하는 방진설계대책과 구조물의 주기를 변경하는 공진설계대책으로 구별된다. 방진설계대책은 감쇠비 증가를 위한 Damper 설치 등을 통해서 수행할 수 있으며, 공진설계대책은 구조물의 고유진동수를 조정하여 진동수비 조정을 통해서 $\beta$값을 조정하는 방법이 있다.

① 저동조(Low Tuning) 기초 공진설계 : $\beta$값을 1.3(=4/3) 이상으로 조정하는 방법으로 동하중에 의한 가진진동수와 구조물의 고유진동수의 비를 1.3 이상으로 조정한다.

$$\beta = \frac{f_e}{f_n} = \frac{\omega_e}{\omega_n} > \frac{4}{3} \fallingdotseq 1.3$$

② 고동조(High Tuning) 기초 공진설계 : $\beta$값을 0.6(=2/3) 이상으로 조정하는 방법으로 동하중에 의한 가진진동수와 구조물의 고유진동수의 비를 0.6 이상으로 조정한다.

$$\beta = \frac{f_e}{f_n} = \frac{\omega_e}{\omega_n} < \frac{1}{3} \fallingdotseq 0.6$$

단자유도 구조물 : 임계감쇠($c_{cr}$)

다음 구조물의 임계감쇠($c_{cr}$)를 구하시오.

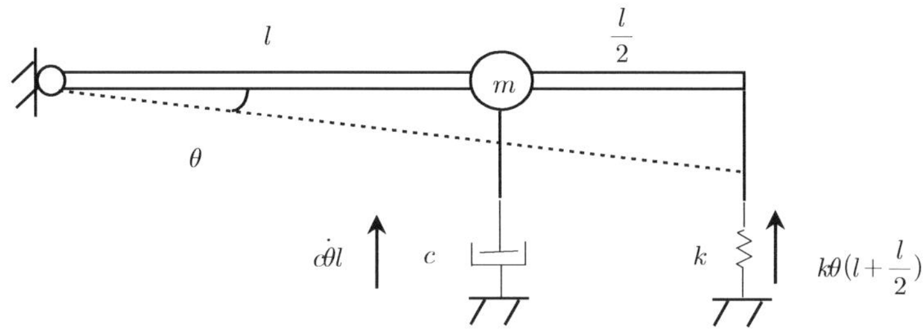


## 풀 이

> **모멘트 산정**

① Damper에 의한 반력

$$M_1 = c\dot{\theta}l$$

② Spring에 의한 반력

$$M_2 = k\theta\left(\frac{3}{2}l\right)$$

> **평형방정식(시계방향 +)**

$$\sum M = J_0\ddot{\theta} \; : \; -c\dot{\theta}l \times l - k\left(\frac{3}{2}l\right)\theta \times \left(\frac{3}{2}l\right) = ml^2\ddot{\theta}$$

$$\therefore \; ml^2\ddot{\theta} + cl^2\dot{\theta} + \frac{9l^2}{4}k\theta = 0 \quad \rightarrow \quad m\ddot{\theta} + c\dot{\theta} + \frac{9}{4}k\theta = 0$$

> **임계감쇠($c_{cr}$)**

운동방정식 $m\ddot{x} + c\dot{x} + kx = 0$ 으로부터, $k_e = \frac{9}{4}k$

$$c_{cr}^2 = 4mk_e = 4m\left(\frac{9}{4}k\right) = 9mk \quad \therefore \; c_{cr} = 3\sqrt{mk}$$

## 감쇠자유진동

다음과 같이 무게가 없는 탄성기둥과 무게가 있는 강체거더로 모델링된 구조물에서 구조물의 동특성을 산정하기 위해 강체거더에 유압식 잭을 사용하여 수평방향으로 변위를 가한 후 놓아서 자유진동을 발생시켰다. 이때 작용한 수평방향 힘은 2MN이었고 측정된 변위는 2cm였다. 잭을 분리시킨 후 되돌아 오는 최대 변위는 1.6cm였고 이때 시간(주기)은 1.4초였다. 구조물의 다음 특성들을 산정하시오.

1) 유효강성(k)        2) 감쇠비($\xi$)           3) 감쇠고유진동수($\omega_d$)와 고유진동수($\omega_n$)

4) 유효질량(m)        5) 임계감쇠($c_{cr}$) 및 감쇠계수(c)

6) 6 cycle 후의 진폭($u_7$)

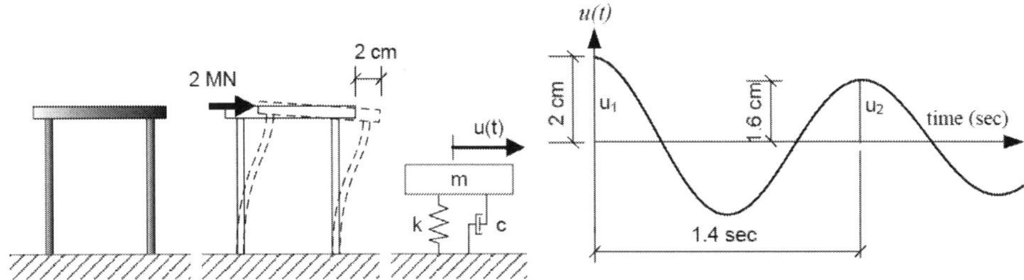




### ▶ 구조물의 특성 산정

1) 유효강성 및 감쇠비

① 유효강성 : $k = \dfrac{f}{u_1} = \dfrac{2}{0.02} = 100\,\text{MN/m}$

② 감쇠비 $\xi \approx \dfrac{\delta}{2\pi} = \dfrac{\ln\dfrac{2.0}{1.6}}{2\pi} = 0.0355$

2) 고유진동수 및 유효 질량 산정

① 감쇠고유진동수($\omega_d$)     $\omega_d = \dfrac{2\pi}{T_d} = \dfrac{2\pi}{1.4} = 4.488\,\text{rad/s}$

② 고유진동수($\omega_n$)     $\omega_n = \dfrac{\omega_d}{\sqrt{1-\xi^2}} = 4.490\,\text{rad/s} \approx \omega_d$

③ 유효질량(m)     $\omega_n = \sqrt{\dfrac{k}{m}}$   $\therefore m = \dfrac{k}{\omega_n^2} = \dfrac{100 \times 10^6}{4.490^2} = 4.960 \times 10^6\,\text{kg}$

3) 감쇠계수 산정

①  임계감쇠($c_{cr}$)     $c_c = 2m\omega_n = 2 \times 4.960 \times 10^6 \times 4.490 = 44.54 \times 10^6 \, \text{kg rad/s}$

②  감쇠계수(c)    $c = \xi c_c = 0.0355 \times 44.54 \times 10^6 = 1.581 \times 10^6 \, \text{kg rad/s}$

## ➤ 6 cycle 후의 진폭 산정

6 cycle 후의 진폭을 $u_7$ 이라고 하면,

$$\delta = \frac{1}{n} \ln \frac{u_1}{u_{n+1}}, \quad \text{여기서 n=6, } u_1 = 2.0 \, \text{cm}, \ u_2 = 1.6 \, \text{cm이므로}$$

$$\delta = \ln \frac{u_1}{u_2} = \ln \frac{2.0}{1.6} = \frac{1}{6} \ln \frac{2.0}{u_7} \quad \therefore \ u_7 = 0.52 \, \text{cm}$$

### 단자유도 구조물 : 내진해석

교각의 교축직각 방향 해석 모형이 아래 그림과 같이 작성되었을 경우에 기둥의 설계지진력을 구하시오. 이 교량은 내진 I등급이며, 지진구역 I에 건설된다. 또한 부지의 지반은 지반종류 II로 분류된다(단, 콘크리트의 탄성계수 Ec= $2.35 \times 10^5 kg/cm^2$ 이다).

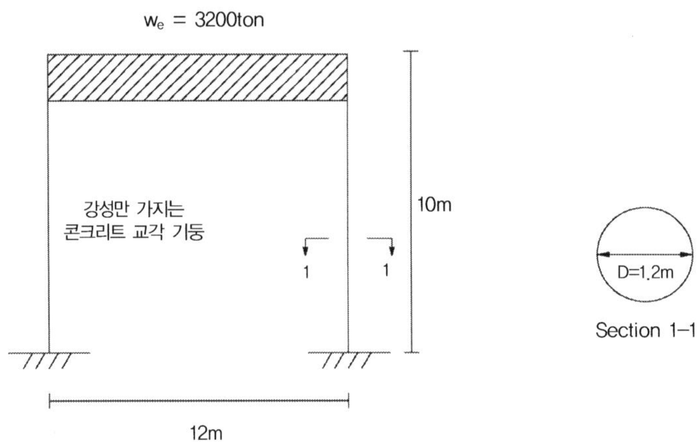


### 풀 이

#### ▶ 등가스프링계수($k_e$)

고정단–고정단 교각의 스프링계수 $k_1 = \dfrac{12EI}{L^3}$

$$I = \frac{\pi d^4}{64} = \frac{\pi \times 1.2^4}{64} = 0.1018^{m^4}$$

$$k_1 = \frac{3 \times 2.35 \times 10^{5\,(kg/cm^2)} \times 0.1018 \times 10^{8\,(cm^4)}}{(10 \times 10^2)^{3\,(cm^3)}} = 28,704.1^{kg/cm}$$

병렬구조이므로, $k_e = 2k_1 = 57,408^{kg/cm}$

#### ▶ 구조물의 고유주기 산정

$$T = 2\pi \sqrt{\frac{m}{k_e}} = 2\pi \sqrt{\frac{W_e}{gk_e}} = 2\pi \sqrt{\frac{3200 \times 10^{3\,(kg)}}{9.81^{(m/s^2)} \times 57,408 \times 10^{2\,(kg/m)}}} = 1.5^{cycle/\sec}$$

➤ **탄성지진 응답계수($C_s$)**

내진 I등급이며, 지진구역 I이므로 가속도계수(A) = 0.11×1.4 = 0.154

지반종류 II(조밀토사, 연암)이므로 지반계수(S) = 1.2

등가정적하중 해석으로 가정하면 $C_s = \dfrac{1.2AS}{T^{2/3}}(= 0.169) \leq 2.5A\,(= 0.385)$

$$\therefore\ C_s = 0.1067$$

➤ **설계지진력**

$$H = ma = \frac{W}{g} \times C_s = 55.127^{ton}$$

병렬구조로 강성이 동일하므로 한 교각당 작용하는 수평지진력은 $V = H/2 = 27.56^{ton}$.

수평지진력에 의해 발생하는 모멘트 $M = \dfrac{V \times h}{R} = \dfrac{27.56 \times 10}{5} = 55.127^{tonm}$ (다주 $R = 5$)

➤ **고찰**

개념적으로 설계지진력은 위의 풀이와 같이 작용하며 도로교설계기준상에서는 단일 모드스펙트럼을 기준으로 해석하는 것을 기본으로 하며 종방향과 횡방향에 대하여 각각 지진력을 산정한 후 직교 지진력 간의 30% 조합을 통해서 지진력을 산정하므로 실제 설계 시에는 지진력이 산정된 값보다 더 커질 수 있다.

## 단자유도 구조물 : 고유진동수

아래 그림 (a)와 같은 구조물의 고유진동수를 측정하여 $f_n = 2Hz$를 구하였다. 그림 (a)의 구조물에 추가질량($m_{add} = 25kg$)을 그림 (b)와 같이 부여한 후 다시 고유진동수를 측정하여 $f_{n,add} = 1.5Hz$를 구하였다. 구조물의 질량과 강성을 구하시오(단, 기둥의 질량은 무시).

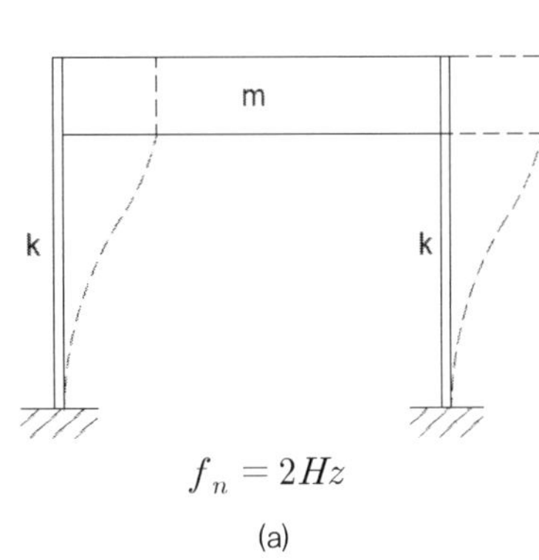


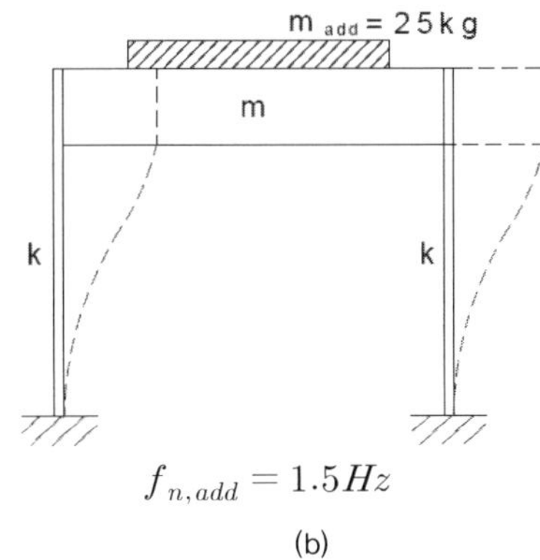


### 풀 이

▶ 등가스프링계수($k_e$)

병렬구조이므로, $k_e = 2k$

▶ ①번 구조물의 고유진동수

$$f_n = \frac{1}{2\pi}\sqrt{\frac{k_e}{m}} = \frac{1}{2\pi}\sqrt{\frac{k_e}{m}} = 2 \quad \therefore \ \frac{k_e}{m} = 16\pi^2$$

▶ ②번 구조물의 고유진동수

$$f_{n.add} = \frac{1}{2\pi}\sqrt{\frac{k_e}{(m+25)}} = \frac{1}{2\pi}\sqrt{\frac{k_e}{(m+25)}} = 1.5 \quad \therefore \ \frac{k_e}{m+25} = 9\pi^2$$

$$\therefore \ m = 32.14\text{kg}, \qquad k_e = 5,075.80\text{N/m}, \qquad k = 2,537.90\text{N/m}$$

## 단자유도 구조물 : 고유진동수

그림과 같은 1층 건물이 무게가 없는 기둥으로 지지된 강성 거더(rigid girder)로 이상화되어 있다. P=10tonf의 힘을 가하였더니 1.0cm의 변위를 일으켰다. 초기 변위를 순간적으로 이완시킨 후 return swing 때의 최대 변위가 0.8cm이었고, 변위 cycle 주기가 1.4초이었다. 기둥의 강성, 거더의 무게 및 진동수를 계산하시오.

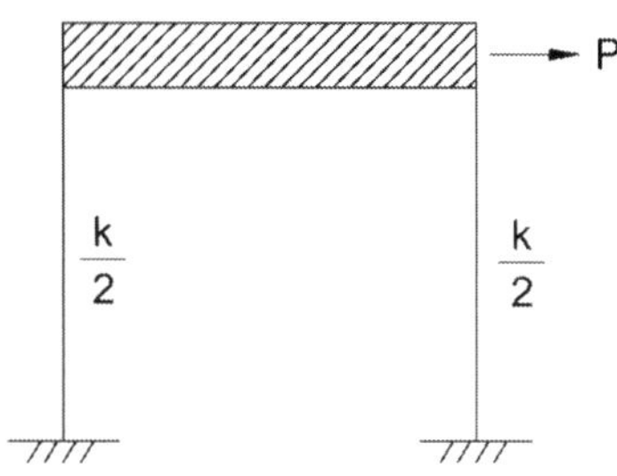


### 풀 이

#### ▶ 등가스프링계수($k_e$)

초기하중 P를 가하여 1.0cm의 변위가 발생하였으므로 구조물의 강성은 $P = k_e \Delta$ 로부터,

$$k_e = \frac{10}{1} = 10^{ton/cm} \text{ (병렬스프링이므로 } k_e = k)$$

#### ▶ 고유진동수

$$f_n = \frac{1}{T_n} = \frac{1}{1.4} = 0.714 cycle/\sec, \quad \omega = 2\pi f = 2\pi \times 0.714 = 4.488 rad/\sec$$

#### ▶ 유효질량 산정

$$T_n = \frac{2\pi}{\omega} = 2\pi \sqrt{\frac{m}{k_e}} \qquad \therefore m = k_e \left(\frac{T_n}{2\pi}\right)^2 = 10^{ton/cm} \times \left(\frac{1.4}{2\pi}\right)^2 = 0.4965^{ton/cm \times \sec^2}$$

#### ▶ 감쇠비 산정

① 대수감쇠율 산정 : $\delta = \ln\left(\frac{x_1}{x_2}\right) = \ln\left(\frac{1.0}{0.8}\right) = 0.2231$

② 감쇠비 산정 : $\delta \fallingdotseq 2\pi\xi$ $\qquad \therefore \xi = 0.0355$

③ 감쇠계수 산정 : $c = c_{cr} \times \xi = 2\xi\sqrt{mk} = 2 \times 0.0355 \times \sqrt{0.4965 \times 10} = 0.1582^{ton/cm \times \sec}$

## 단자유도 구조물 : 감쇠진동

1층 라멘구조물을 다음 그림 (a)와 같이 무게가 없는 탄성기둥과 강체의 보로 모델화하였다. 이 구조물을 동적 특성을 검토하기 위하여 수평방향으로 하중을 가한 후 자유진동이 발생토록 하여 이로부터 그림 (b)와 같은 변위 응답곡선을 구하였다. 최초로 가한 수평방향의 힘은 40t이었고 측정된 변위는 4cm, 고유주기는 0.5초 였다. 이 구조물의 고유진동수($\omega$), 유효질량(m), 감소계수(c)를 구하시오.

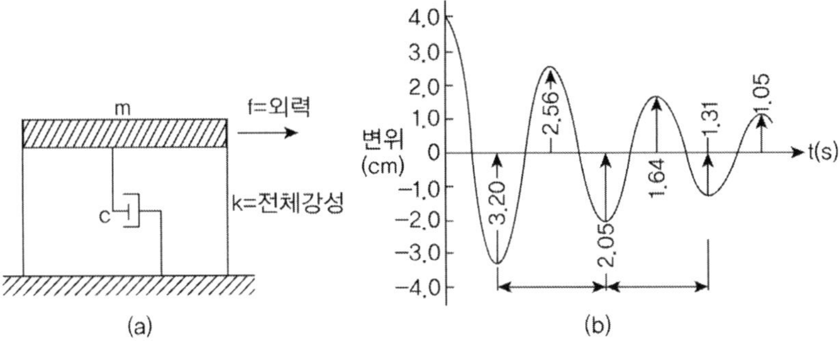


## 풀 이

### ▶ 유효강성의 산정

$$F = k_e \triangle \quad \therefore\ k_e = \frac{40^{ton}}{4^{cm}} = 10^{ton/cm}$$

### ▶ 고유진동수 산정

$$f_n = \frac{1}{T_n} = \frac{1}{0.5} = 2cycle/\sec, \quad \omega = 2\pi f = 2\pi \times 2 = 12.57 rad/\sec$$

### ▶ 유효질량 산정

$$T_n = \frac{2\pi}{\omega} = 2\pi \sqrt{\frac{m}{k_e}} \quad \therefore\ m = k_e \left(\frac{T_n}{2\pi}\right)^2 = 10^{ton/cm} \times \left(\frac{0.5}{2\pi}\right)^2 = 0.0633^{ton/cm \times \sec^2}$$

### ▶ 감쇠비 산정

① 대수감쇠율 산정 : $\delta = \ln\left(\dfrac{x_1}{x_2}\right) = \ln\left(\dfrac{4.0}{2.56}\right) = 0.4463$

② 감쇠비 산정 : $\delta \fallingdotseq 2\pi\xi \quad \therefore\ \xi = 0.0710$

③ 감쇠계수 산정 : $c = c_{cr} \times \xi = 2\xi\sqrt{mk} = 2 \times 0.0710 \times \sqrt{0.0633 \times 10} = 0.113^{ton/cm \times \sec}$

## 단자유도 구조물 : 고유진동수

아래 그림과 같은 구조물의 고유진동수를 구하시오(단, 기둥의 탄성계수 E는 $200 \times 10^3$MPa, 상부 강체 자중 W는 100kN이며, 단면의 지름은 모두 100mm로 속이 꽉찬 원형단면이다).

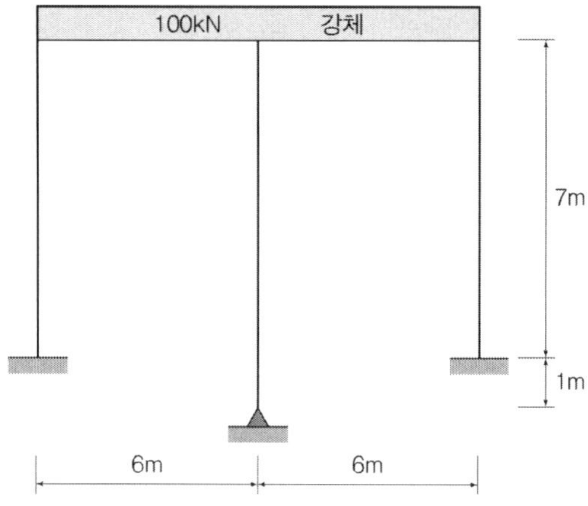


### 풀 이

#### ▶ 단면계수 및 등가스프링계수($k_e$)

1) 단면계수  $I = I_1 = I_2 = \dfrac{\pi d^4}{64} = \dfrac{\pi \times 100^4}{64} = 4,908,738.5\,\text{mm}^4$

2) 등가스프링계수

① 양측면 기둥의 스프링계수 산정(Fix-Fix)　　　　$: k_1 = \dfrac{12EI_1}{L_1^3}$

② 중간 기둥의 스프링계수 산정(Fix-Hinge) $: k_2 = \dfrac{3EI_2}{L_2^3}$

$$k_e = 2k_1 + k_2 = 2\left(\frac{12EI_1}{L_1^3}\right) + \left(\frac{3EI_2}{L_2^3}\right) = 200 \times 10^3 \times 4,908,738.5 \times \left(\frac{24}{7000^3} + \frac{3}{8000^3}\right)$$

$$= 74.446\ \text{N/mm} = 74,446\ \text{N/m}$$

#### ▶ 고유진동수 산정

$$f_n = \frac{1}{2\pi}\sqrt{\frac{gk_e}{W}} = \frac{1}{2\pi}\sqrt{\frac{9.81 \times 74,446}{100 \times 10^3}} = 0.430\ \text{cycle/sec}$$

## 단자유도 구조물 : 고유진동수

그림과 같이 A, C 점은 힌지, B점은 고정인 강재공조 구조에서 수평방향 진동에 대한 고유진동수 $\omega$를 구하시오. 단, 상부 수평방향보는 기둥들에 대하여 강체로 W=15tonf의 총 중량을 전 길이에 걸쳐 등분포로 지지하며 3기둥의 질량은 무시하는 것으로 계산한다. 또한 중력가속도 $g =$, $9.81m/\sec^2$ 모든 기둥의 탄성계수 $E = 2.0 \times 10^6 kgf/cm^2$로 한다.

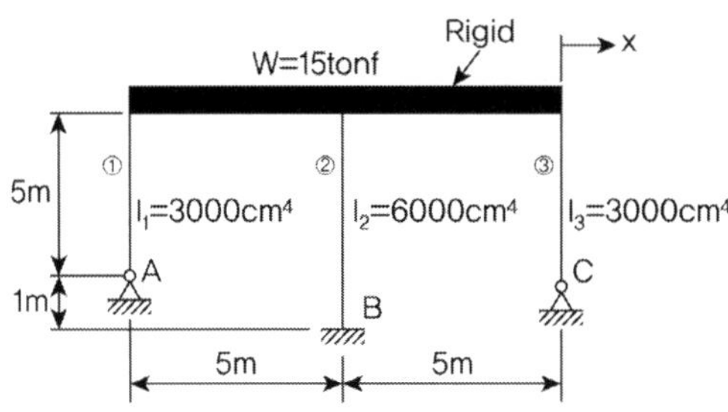


## 풀 이

### ▶ 등가스프링계수($k_e$)

①, ③ 부재의 스프링계수 산정(Fix–Hinge) : $k_1 = \dfrac{3EI_1}{L_1^3}$

② 부재의 스프링계수 산정(Fix–Fix) : $k_2 = \dfrac{12EI_2}{L_2^3}$

병렬구조이므로,

$$k_e = 2k_1 + k_2 = 2\left(\frac{3EI_1}{L_1^3}\right) + \left(\frac{12EI_2}{L_2^3}\right) = \left(\frac{6 \times 3000}{500^3} + \frac{12 \times 6000}{600^3}\right) \times 2 \times 10^6 = 954.7^{kg/cm}$$

### ▶ 질량산정

$$m = \frac{W}{g} = \frac{15 \times 10^3}{9.81} = 15.29^{kgf \circ \sec^2/cm}$$

### ▶ 고유진동수 산정

$$f_n = \frac{1}{2\pi}\sqrt{\frac{k_e}{m}} = \frac{1}{2\pi}\sqrt{\frac{954.7}{15.29}} = 1.257^{cycle/\sec}, \quad \omega = 2\pi f = \sqrt{\frac{k_e}{m}} = 7.90^{rad/\sec}$$

## 단자유도 구조물 : 고유진동수

다음 그림과 같이 A, B점이 고정단인 구조물이 있다. 지붕은 강체로서 무게는 4,500N이며, 횡방향 진동에 대한 고유주기는 $0.1\,\mathrm{sec}$이다. 지붕의 자중 증가에 따라 고유주기를 20% 증가시키고자 할 때 지붕 자중의 증가량을 구하시오(단, 기둥의 자중은 무시하시오. $g = 9.81\,m/s^2$).

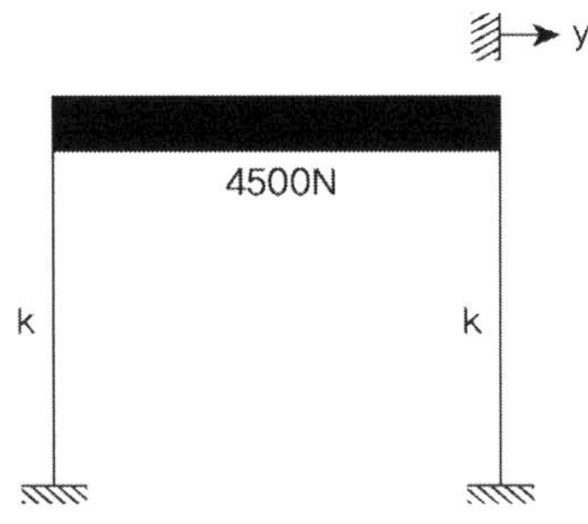


## 풀 이

▶ **고정단–고정단의 강성**

$$k = \frac{12EI}{L^3} \qquad k_e = k_1 + k_2 = 2k = \frac{24EI}{L^3}$$

▶ **고유주기**

$$T = 2\pi \sqrt{\frac{m}{k_e}} = 2\pi \sqrt{\frac{W}{2gk}} = 0.1^{\mathrm{sec}} \qquad \therefore\ k = \frac{W}{2g\left(\dfrac{0.1}{2\pi}\right)^2} = 905,468$$

▶ **고유주기 증가**

$$T\,' = 2\pi \sqrt{\frac{W\,'}{2kg}} = 0.12 \qquad \therefore\ W\,' = \left(\frac{0.12}{2\pi}\right)^2 \times 2kg = 6480^{N}$$

▶ **자중의 증가량**

$$\therefore\ \Delta W = W\,' - W = 1980^{N}$$

### 단자유도 구조물 : 고유진동수

그림과 같이 힌지 지점 및 고정 지점을 갖는 구조계의 고유진동수를 구하시오[단, 기둥부재의 자중은 무시하고, $E_1 = E_2 = 300\,GPa$, $I_1 = 2 \times 10^7 mm^4$, $I_2 = 1 \times 10^7 mm^4$이다. 또한 수평부재는 강체(rigid body)이며, 자중은 W = 2kN/m이다].

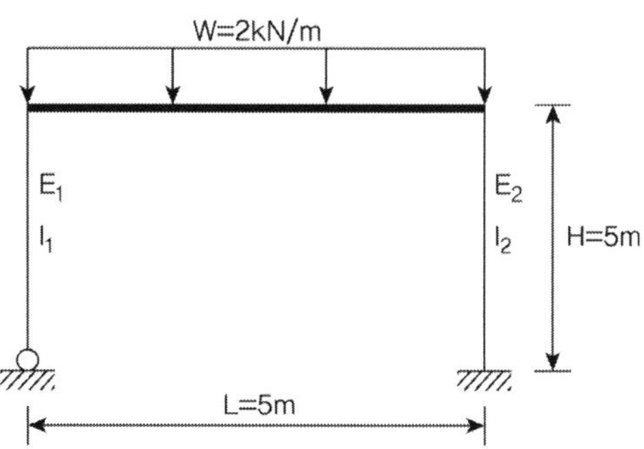


### 풀 이

#### ➤ 기둥의 강성

$$k_1 = \frac{3E_1I_1}{L^3}, \qquad k_2 = \frac{12E_2I_2}{L^3}$$

$$k_e = k_1 + k_2 = \frac{3 \times 300 \times 10^3 \times 2 \times 10^7}{6000^3} + \frac{12 \times 300 \times 10^3 \times 1 \times 10^7}{6000^3} = 250^{N/mm} = 250^{kN/m}$$

#### ➤ 고유진동수

$$f = \frac{1}{2\pi}\sqrt{\frac{k_e}{m}} = \frac{1}{2\pi}\sqrt{\frac{k_e g}{W}} = \frac{1}{2\pi}\sqrt{\frac{250^{kN/m} \times 9.81^{m/s^2}}{2 \times 5^{kN}}} = 2.492^{cycle/sec}$$

## 단자유도 구조물 : 최대응력 산정

아래 그림과 같은 스틸프레임 구조 상부 거더 상에 수평력 $F(t) = 12\sin6.0t\,(\text{kN})$을 일으키는 회전기계(rotating machine)가 작용하고 있다. 이 회전기계에 의하여 발생하는 steady 상태의 진폭, 고유주기, 수학적 모델 및 기둥상에 작용하는 최대 동역학 응력을 구하시오(단, 감쇠비는 5%로 가정하고 거더는 회전에 대해 강결상태이며 기둥질량은 무시한다. 강재는 SM400이고 피로는 상시허용응력의 80%로 하며, 좌굴효과는 무시하고 거더 상면의 중량은 15kN/m가 작용).

기둥단면상수 : $E = 200,000\,MPa,\;\; I = 4 \times 20^7 mm^4,\;\; Z = 3.25 \times 10^5 mm^3,\;\; g = 9.8\,m/\sec^2$

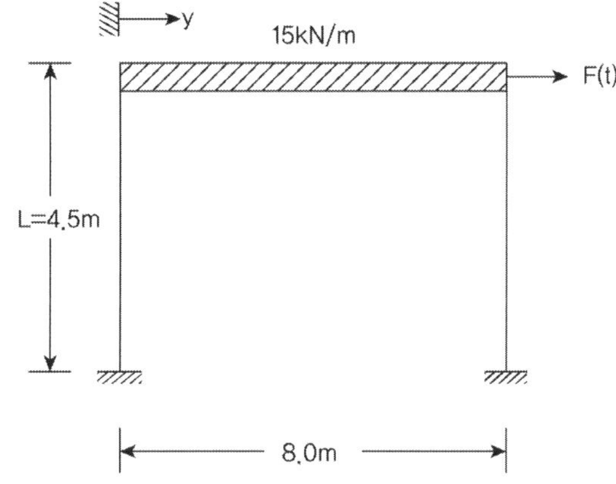




### ▶ 구조물의 강성($k_e$)

$$k_e = 2 \times \frac{12EI}{L^3} = \frac{24 \times 200 \times 10^{6\,(kN/m^2)} \times 4 \times 10^{-6\,(m^4)}}{4.5^{3\,(m^3)}} = 2,107^{kN/m}$$

### ▶ 구조물의 질량($m$)

$$m = \frac{W}{g} = \frac{15^{kN/m} \times 8^m}{9.81^{m/s^2}} = 12.244^{kNsec^2/m}$$

### ▶ 고유진동수 산정

$$f = \frac{1}{2\pi}\sqrt{\frac{k_e}{m}} = \frac{1}{2\pi}\sqrt{\frac{2107^{kN/m}}{12.244^{kNsec^2/m}}} = 2.087^{cycle/\sec}, \quad \omega_n = 2\pi f = 13.118^{rad/\sec}$$

감쇠강제진동의 운동방정식 : $m\ddot{x} + c\dot{x} + kx = P_0\sin\omega_e t$ 로부터

$$m\ddot{x} + c\dot{x} + kx = 12\sin 6t \quad \text{또는} \quad m\ddot{x} + 2\xi\omega_n m\dot{x} + kx = 12\sin 6t$$

$$\left( \because \ \xi = \frac{c}{c_{cr}} = \frac{c}{2\sqrt{mk}} = \frac{c}{2m\omega_n}, \quad \frac{c}{m} = 2\xi\omega_n \right)$$

감쇠 강제진동의 운동방정식의 Steady 상태의 해는

$$m\ddot{x} + c\dot{x} + kx = P_0\sin\omega_e t, \quad \ddot{x} + \frac{c}{m}\dot{x} + \frac{k}{m}x = \ddot{x} + 2\xi\omega_n\dot{x} + \omega_n^2 x = \frac{P_0}{m}\sin\omega_e t$$

$$x_p = C\sin\omega_e t + D\cos\omega_e t$$

$$\rightarrow \ \dot{x}_p = C\omega_e\cos\omega_e t - D\omega_e\sin\omega_e t, \quad \ddot{x}_p = -C\omega_e^2\sin\omega_e t - D\omega_e^2\cos\omega_e t$$

$$\therefore \ [-C\omega_e^2 - D\omega_e(2\xi\omega_n) + C\omega_n^2]\sin\omega_e t = \frac{P_0}{m}\sin\omega_e t,$$

$$[-D\omega_e^2 + C\omega_e(2\xi\omega_n) + D\omega_n^2]\cos\omega_e t = 0$$

let $\ \beta = \omega_e/\omega_n \ \rightarrow \ C(1-\beta^2) - D(2\xi\beta) = \frac{P_0}{k}, \quad C(2\xi\beta) + D(1-\beta^2) = 0$

$$\therefore \ C = \frac{P_0}{k}\frac{1-\beta^2}{(1-\beta^2)^2 + (2\xi\beta)^2}, \quad D = \frac{P_0}{k}\frac{-2\xi\beta}{(1-\beta^2)^2 + (2\xi\beta)^2}$$

$$x_p = \frac{P_0}{k}\frac{1}{(1-\beta^2)^2 + (2\xi\beta)^2}\left[(1-\beta^2)\sin\omega_e t - (2\xi\beta)\cos\omega_e t\right]$$

$$= \frac{P_0}{k}\frac{1}{\sqrt{(1-\beta^2)^2 + (2\xi\beta)^2}}\sin(\omega_e t - \theta) = \rho\sin(\omega_e t - \theta),$$

$$\text{여기서} \ \rho = \frac{P_0/k}{\sqrt{(1-\beta^2)^2 + (2\xi\beta)^2}}$$

$$\therefore \ x = x_h + x_p = x_h + \frac{P_0}{k}\frac{1}{\sqrt{(1-\beta^2)^2 + (2\xi\beta)^2}}\sin(\omega_e t - \theta) = x_h + \rho\sin(\omega_e t - \theta)$$

▶ **최대 변위 증폭**

$$\beta = \frac{\omega_e}{\omega_n} = \frac{6.0}{13.118} = 0.457, \quad \xi = 0.05$$

$$\rho = \delta_{static} \times DAF = \frac{P_0/k}{\sqrt{(1-\beta^2)^2 + (2\xi\beta)^2}}$$

$$= \frac{P_0}{k} \times \frac{1}{\sqrt{(1-0.457^2)^2 + (2 \times 0.05 \times 0.457)^2}}$$

$$= 1.262\frac{P_0}{k} = 1.262 \times \frac{12^{(kN)}}{2107^{(kN/m)}} = 7.187^{mm}$$

### ➤ 최대 응력

$$M_{max} = \frac{P_{max}}{2} \times L + \frac{wL}{2} \times \left(\rho + \frac{L}{2}\right) = 6^{kN} \times 4.5^m + \frac{15^{kN/m} \times 8^m}{2} \times (0.007187 + 4)^m$$

$$= 267.43^{kNm}$$

$$\sigma_{max} = \frac{M_{max}}{Z} = \frac{267.43 \times 10^{6\,(Nmm)}}{3.25 \times 10^{5\,(mm^3)}} = 822.865^{MPa} > 0.8\sigma_{SM400} = 112^{MPa} \qquad \text{N.G}$$

## 단자유도 구조물 : 감쇠 강제진동

다음 그림과 같이 5kN의 무게(W)를 가진 전동기가 외팔보 단부에 설치되어 진동수 $\omega$ =16 rad/sec인 420kN의 상하 운동을 한다. 외팔보의 자중은 무시하고 감쇠계수를 10%로 가정하여 상하운동으로 발생하는 외팔보의 최대처짐량과 지지부에 전달되는 힘의 크기를 구하시오(단, 탄성계수 E=200GPa, 단면 2차모멘트 I=7×$10^8$ mm$^4$).

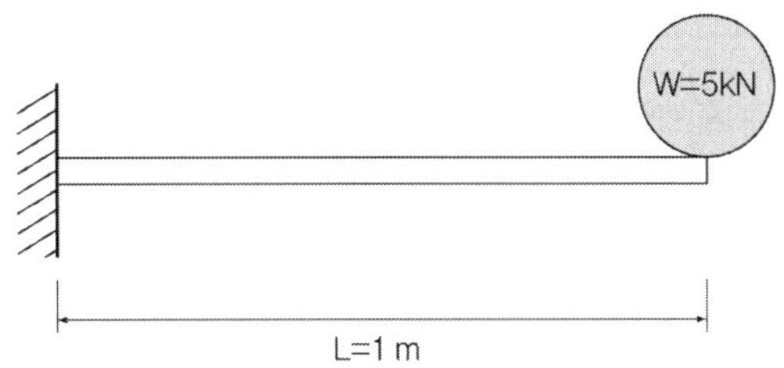


### 풀 이

> ### 개요

운동방정식을 이용해 최대처짐량과 전달되는 힘의 크기를 산정한다.

> ### 부재의 운동방정식

$W = 5\,\text{kN},\quad \omega_e = 16\ \text{rad/sec},\quad P = 420\,\text{kN},\ \text{E=200GPa},\ \text{I=7×}10^8\,\text{mm}^4,\ \xi = 0.1$

감쇠 강제진동의 운동방정식으로부터,

$$m\ddot{x} + c\dot{x} + kx = P\sin\omega_e t \qquad\qquad \ddot{x} + \frac{c}{m}\dot{x} + \frac{k}{m}x = \frac{P}{m}\sin\omega_e t$$

여기서, $\xi = \dfrac{c}{c_{cr}} = \dfrac{c}{2\sqrt{mk}} = \dfrac{c}{2m\sqrt{\dfrac{k}{m}}} = \dfrac{c}{2m\omega_n}\ \therefore\ \dfrac{c}{m} = 2\xi\omega_n,\quad \omega_n^2 = \dfrac{k}{m}$ 이므로

따라서, 감쇠 강제진동의 운동방정식 $\ddot{x} + 2\xi\omega_n\dot{x} + \omega_n^2 x = \dfrac{P_0}{m}\sin\omega_e t$

강제진동의 일반해 $x = x_h + x_p$ 로부터,

1) $x_h$ 는 Homogeneous Solution($m\ddot{x} + c\dot{x} + kx = 0$ 의 해)

$$\therefore\ x_h = A_1 e^{\lambda_1 t} + A_2 e^{\lambda_2 t}\ \left( A_1 = \frac{\dot{x}_0 + x_0\omega_n(\xi - \sqrt{\xi^2 - 1})}{2\omega_n\sqrt{\xi^2 - 1}},\quad A_2 = \frac{\dot{x}_0 + x_0\omega_n(\xi + \sqrt{\xi^2 - 1})}{2\omega_n\sqrt{\xi^2 - 1}} \right)$$

$$= e^{-\omega_n t}\left(A\cosh(\omega_n\sqrt{\xi^2-1})t + B\sinh(\omega_n\sqrt{\xi^2-1})t\right)$$

2) $x_p$는 강제하중(조화하중)에 의한 해

$$\text{let, } x_p = C\sin\omega_e t + D\cos\omega_e t$$

$$\rightarrow \dot{x}_p = C\omega_e\cos\omega_e t - D\omega_e\sin\omega_e t, \quad \ddot{x}_p = -C\omega_e^2\sin\omega_e t - D\omega_e^2\cos\omega_e t$$

$$\therefore [-C\omega_e^2 - D\omega_e(2\xi\omega_n) + C\omega_n^2]\sin\omega_e t = \frac{P_0}{m}\sin\omega_e t, \quad [-D\omega_e^2 + C\omega_e(2\xi\omega_n) + D\omega_n^2]\cos\omega_e t = 0$$

$$\text{let } \beta = \omega_e/\omega_n \rightarrow C(1-\beta^2) - D(2\xi\beta) = \frac{P_0}{k}, \quad C(2\xi\beta) + D(1-\beta^2) = 0$$

$$\therefore C = \frac{P_0}{k}\frac{1-\beta^2}{(1-\beta^2)^2 + (2\xi\beta)^2}, \quad D = \frac{P_0}{k}\frac{-2\xi\beta}{(1-\beta^2)^2 + (2\xi\beta)^2}$$

$$x_p = \frac{P_0}{k}\frac{1}{(1-\beta^2)^2 + (2\xi\beta)^2}\left[(1-\beta^2)\sin\omega_e t - (2\xi\beta)\cos\omega_e t\right]$$

$$= \frac{P_0}{k}\frac{1}{\sqrt{(1-\beta^2)^2 + (2\xi\beta)^2}}\sin(\omega_e t - \theta) = \rho\sin(\omega_e t - \theta),$$

$$\text{여기서 } \rho = \frac{P_0/k}{\sqrt{(1-\beta^2)^2 + (2\xi\beta)^2}}$$

$$\therefore x = x_h + x_p = x_h + \frac{P_0}{k}\frac{1}{\sqrt{(1-\beta^2)^2 + (2\xi\beta)^2}}\sin(\omega_e t - \theta) = x_h + \rho\sin(\omega_e t - \theta)$$

### ▶ 부재의 처짐 및 전달되는 힘

1) 부재의 처짐

$$k = \frac{3EI}{L^3} = \frac{3\times 200\times 10^3\times 7\times 10^8}{1000^3} = 420{,}000\,\text{N/mm}$$

$$\omega_n = \sqrt{\frac{k}{m}} = \sqrt{\frac{kg}{W}} = \sqrt{\frac{420{,}000\times 9.81}{5000}} = 28.71\,\text{rad/sec}, \quad \omega_e = 16\,\text{rad/sec} \quad \therefore \beta = \frac{\omega_e}{\omega_n} = 0.56$$

$$\therefore \delta_{\max} = \rho = \frac{P_0/k}{\sqrt{(1-\beta^2)^2 + (2\xi\beta)^2}} = \frac{420\times 10^3/420{,}000}{\sqrt{(1-0.56^2)^2 + (2\times 0.1\times 0.56)^2}} = 1.43\,\text{mm}$$

2) 전달되는 힘

$$F = k\delta_{\max} = 420{,}000\times 1.43\times 10^{-3} = 601.5\ \text{kN}$$

## 단자유도 구조물 : 강성계수와 고유진동수

다음 그림과 같은 구조물의 강성계수 및 고유진동수를 구하시오(단, W는 판의 중량이다).

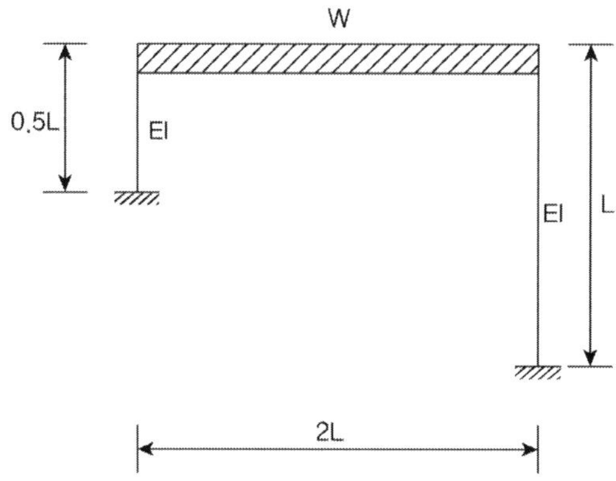


### 풀 이

➤ **구조물의 강성($k_e$)**

$$k_1 = \frac{12EI}{(0.5L)^3} \quad k_2 = \frac{12EI}{L^3}, \quad k_e = k_1 + k_2 = \frac{108EI}{L^3}$$

➤ **고유진동수 산정**

$$f = \frac{1}{2\pi}\sqrt{\frac{gk_e}{W}} = \frac{1}{2\pi}\sqrt{\frac{108EIg}{WL^3}}$$

## 단자유도 구조물 : 강성계수와 고유진동수

다음 그림과 같은 구조물의 강성과 고유진동수를 구하시오. 또 기둥의 높이가 절반으로 줄어들 경우 구조물의 고유주기가 동일하게 되기 위한 W값을 구하시오(단, 중력가속도 $9.8m/\sec^2$, $E$ 는 205,000MPa, $I = 7.21 \times 10^7 mm^4$, 골조자중 무시하고 무한강성보로 가정한다).

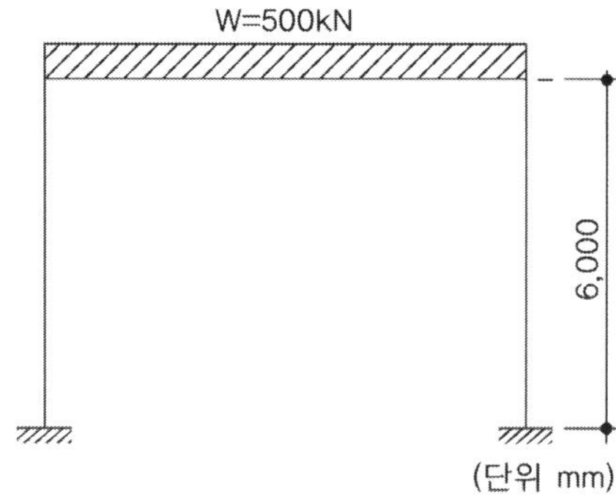


### 풀 이

#### ▶ 원구조물의 강성($k_e$)과 고유진동수($f_n$)

$$k_1 = k_2 = \frac{12EI}{L^3}, \ k_e = k_1 + k_2 = \frac{24EI}{L^3} = \frac{24 \times 7.21 \times 10^7 \times 205,000}{6000^3} = 1642.28 N/mm$$

$$f_n = \frac{1}{2\pi} \sqrt{\frac{gk_e}{W}} = \frac{1}{2\pi} \sqrt{\frac{24EIg}{WL^3}} = \frac{1}{2\pi} \sqrt{\frac{1642.28(N/mm) \times 9.81 \times 10^3 (mm/s^2)}{500 \times 10^3 (N)}}$$

$$= 0.90343 Hz$$

#### ▶ 기둥의 높이 변경 시

$$k'_1 = k'_2 = \frac{12EI}{(0.5L)^3},$$

$$k'_e = k'_1 + k'_2 = \frac{24EI}{(0.5L)^3} = \frac{24 \times 7.21 \times 10^7 \times 205,000}{3000^3} = 13138.2 N/mm$$

$$f_n = \frac{1}{2\pi} \sqrt{\frac{gk'_e}{W}} = \frac{1}{2\pi} \sqrt{\frac{24EIg}{W'(0.5L)^3}} = \frac{1}{2\pi} \sqrt{\frac{13138.2(N/mm) \times 9.81 \times 10^3 (mm/s^2)}{W'(N)}}$$

$$= 0.90343 Hz$$

$$\therefore W' = 4,000 kN$$

## 단자유도 구조물 : 설계지진력

그림과 같은 교각의 교축직각방향 해석모형에 대하여 기둥의 설계 지진력을 구하시오. 단, 교량 가설지역 조건은 내진 I등급, 지진구역 I, 지반종류 II이며, 콘크리트 탄성계수 $E_c$=2.35×10$^4$MPa 이다.

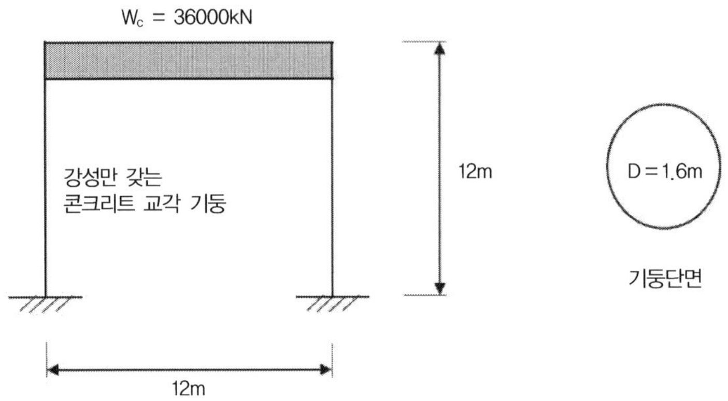


### 풀 이

### ➤ 등가스프링계수($k_e$)

고정단-고정단 교각의 스프링계수 $k_1 = \dfrac{12EI}{L^3}$

$$I = \frac{\pi d^4}{64} = \frac{\pi \times 1.6^4}{64} = 0.3217 m^4$$

$$k_1 = \frac{12 \times 2.35 \times 10^4 \times 0.3217 \times 10^{12}}{(12 \times 10^3)^3} = 52,499.5 \text{ N/mm}$$

병렬구조이므로, $k_e = 2k_1 = 104,999$ N/mm

### ➤ 구조물의 고유주기 산정

$$T = 2\pi \sqrt{\frac{m}{k_e}} = 2\pi \sqrt{\frac{W_e}{gk_e}} = 2\pi \sqrt{\frac{36000 \times 10^3}{9.81^{(m/s^2)} \times 104999 \times 10^3}} = 1.175 \text{ cycle/sec}$$

> ➤ 탄성지진 응답계수$(C_s)$

내진 I등급이며, 지진구역 I이므로 가속도계수(A) = 0.11×1.4 = 0.154

지반종류 II(조밀토사, 연암)이므로 지반계수(S) = 1.2

등가정적하중 해석으로 가정하면 $C_s = \dfrac{1.2AS}{T^{2/3}}(=0.199) \leq 2.5A\,(=0.385)$

$$\therefore\ C_s = 0.199$$

➤ 설계지진력

$$H = Wa = W \times C_s = 7164\text{kN}$$

병렬구조로 강성이 동일하므로 한 교각당 작용하는 수평지진력은 $V = H/2 = 3{,}582\text{kN}$

수평지진력에 의해 발생하는 모멘트 $M = \dfrac{V \times h}{R} = \dfrac{3582 \times 12}{5} = 8{,}596.8\ \text{kNm(다주 } R = 5)$

**TIP** | 강성 또는 스프링계수 |

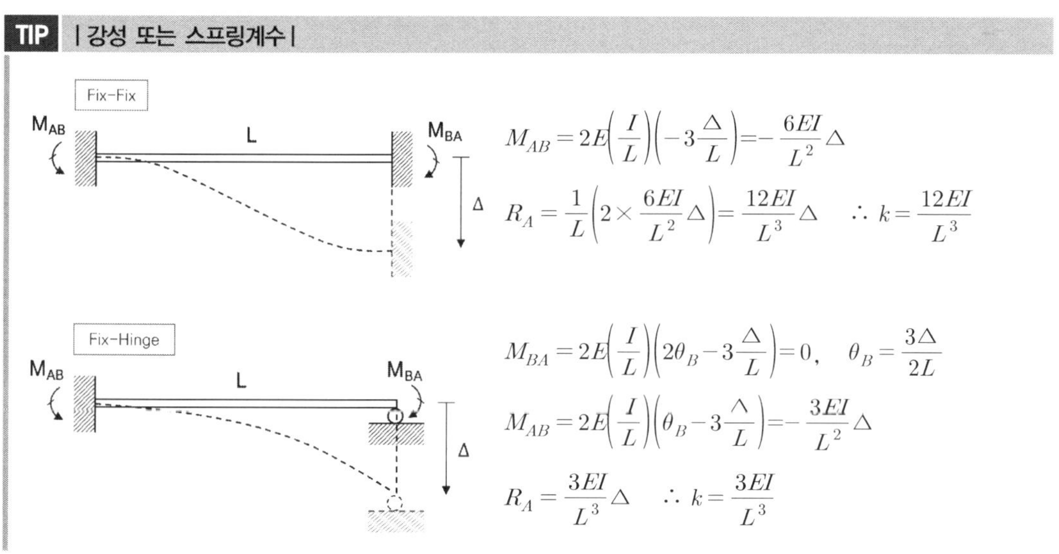


$$M_{AB} = 2E\left(\frac{I}{L}\right)\left(-3\frac{\Delta}{L}\right) = -\frac{6EI}{L^2}\Delta$$

$$R_A = \frac{1}{L}\left(2 \times \frac{6EI}{L^2}\Delta\right) = \frac{12EI}{L^3}\Delta \qquad \therefore\ k = \frac{12EI}{L^3}$$

$$M_{BA} = 2E\left(\frac{I}{L}\right)\left(2\theta_B - 3\frac{\Delta}{L}\right) = 0, \quad \theta_B = \frac{3\Delta}{2L}$$

$$M_{AB} = 2E\left(\frac{I}{L}\right)\left(\theta_B - 3\frac{\Delta}{L}\right) = -\frac{3EI}{L^2}\Delta$$

$$R_A = \frac{3EI}{L^3}\Delta \qquad \therefore\ k = \frac{3EI}{L^3}$$

## 단자유도 구조물 : 등가 강성

그림과 같이 직접기초에 기둥이 지지된 교각의 횡방향(교축 수평직각방향)변위에 대한 등가강성을 구하시오.
(단, 교각에 사용된 콘크리트의 탄성계수 $E_c =$ 30,000MPa이며, 코핑과 기초의 휨강성은 기둥부에 비해 매우 커 무한히 큰 것으로 가정한다.)

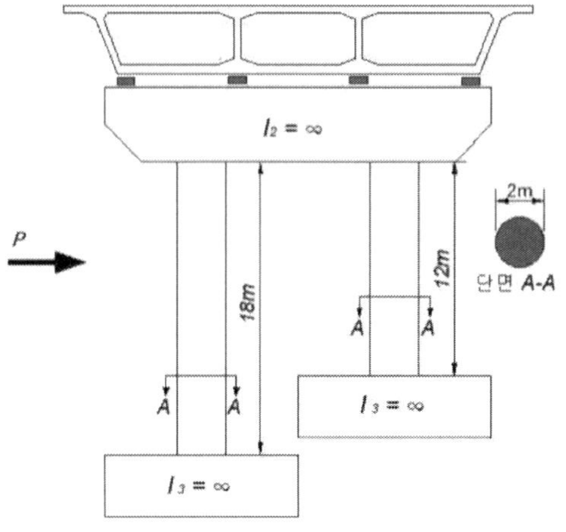


## 풀 이

### ➤ 개요

구조물의 상하부 강성이 $\infty$ 임을 감안해 다음의 구조물 형식으로 가정하고 등가강성을 구한다.

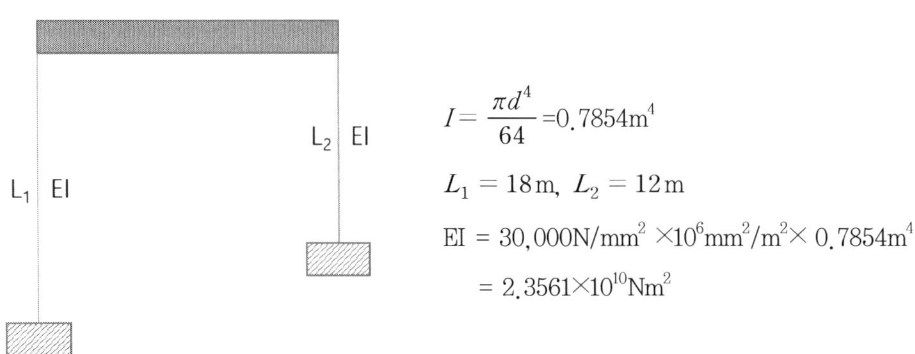


$$I = \frac{\pi d^4}{64} = 0.7854\text{m}^4$$

$$L_1 = 18\,\text{m}, \ L_2 = 12\,\text{m}$$

$$EI = 30,000\text{N/mm}^2 \times 10^6 \text{mm}^2/\text{m}^2 \times 0.7854\text{m}^4$$
$$= 2.3561 \times 10^{10} \text{Nm}^2$$

### ➤ 구조물의 강성($k_e$)

$$k_1 = \frac{12EI}{L_1^3} = 4.848 \times 10^7 \text{N/m}, \quad k_2 = \frac{12EI}{L_2^3} = 1.636 \times 10^8 \text{ N/m}$$

$$\therefore \ k_e = k_1 + k_2 = 2.121 \times 10^8 \text{N/m}$$

## 단자유도 구조물 : 고유주기

다음 구조물의 고유주기를 산정하시오.

구조물의 자중은 100kN, 중력가속도 9.81m/sec$^2$, Es=205,000N/mm$^2$, I=1.17×109mm$^4$, 기둥자중 무시

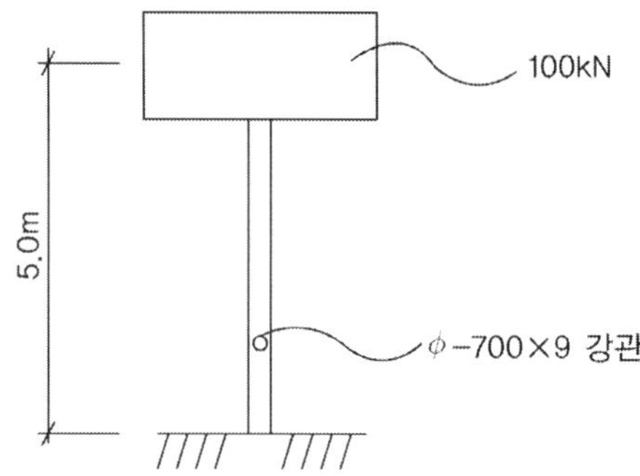


### 풀 이

➤ **구조물의 강성($k_e$)**

$$k = \frac{3EI}{L^3} = \frac{3 \times 205,000 \times 1.17 \times 10^9}{5000^3} = 5,756.4 N/mm$$

➤ **구조물의 고유주기 산정**

$$f = \frac{1}{2\pi}\sqrt{\frac{k_e}{m}} = \frac{1}{2\pi}\sqrt{\frac{gk_e}{W}} = \frac{1}{2\pi}\sqrt{\frac{9810^{(mm/sec^2)} \times 5756.4^{N/mm}}{100 \times 10^{3(N)}}} = 3.782 \, cycle/\sec$$

## 단자유도 구조물 : 고유진동수

다음과 같은 비감쇠 1자유도계 구조의 횡방향 고유진동수를 구하시오(단, E=200,000 MPa, I = $5.0{\times}10^6$ mm$^4$).

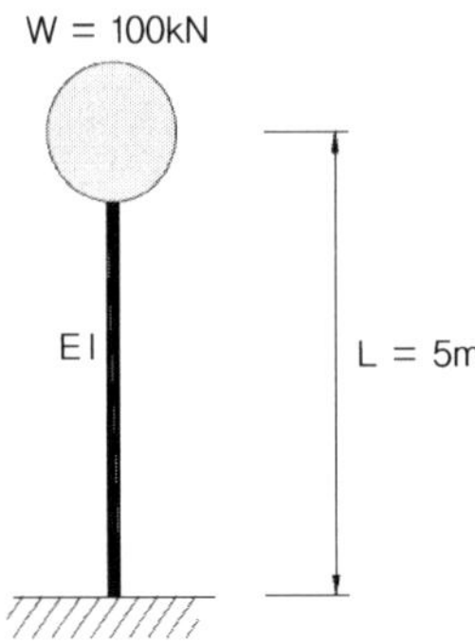


## 풀 이

### ▶ 스프링계수 산정

캔틸레버 구조의 처짐방정식 $\Delta = \dfrac{PL^3}{3EI}$ 으로부터, $P = \dfrac{3EI}{L^3}\Delta$

$$\therefore\ k = \frac{3EI}{L^3} = \frac{3 \times 200,000 \times 5.0 \times 10^6}{5,000^3} = 24\ \text{N/mm} = 24\ \text{kN/m}$$

### ▶ 고유진동수 산정

$$f = \frac{1}{T} = \frac{1}{2\pi}\sqrt{\frac{gk}{W}} = \frac{1}{2\pi}\sqrt{\frac{9.81 \times 24}{100}} = 0.2442\ \text{cycle/sec}$$

## 단자유도 구조물 : 응답 스펙트럼

그림1과 같이 집중질량을 갖는 봉 A ,B, C의 고유주기가 $T_A$ , $T_B$ , $T_C$일 때 각 봉의 기둥에 그림2의 가속도 응답스펙트럼을 갖는 입력지진이 작용할 때 각 봉의 기둥에 발생하는 응답 전단력 $V_A$ , $V_B$ , $V_C$를 구하시오(단, $T_A$ , $T_B$ , $T_C$는 그림2의 $T_1$과 $T_2$ 사이의 값이고 응답은 수평 방향으로 탄성범위 이내에 존재).

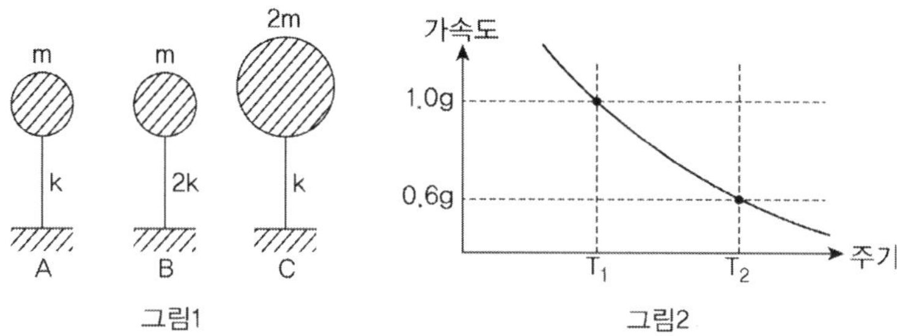



### 풀 이

▶ $T_1$과 $T_2$ 사이의 응답스펙트럼 가속도 값

직선적으로 비례한다고 가정하면,　$a(T) = \dfrac{0.4\,T + 0.6\,T_1 - T_2}{T_1 - T_2}$

▶ 고유주기

$$T_A = 2\pi \sqrt{\frac{m}{k}}, \quad T_B = 2\pi \sqrt{\frac{m}{2k}} = \frac{1}{\sqrt{2}}\,T_A, \quad T_C = 2\pi \sqrt{\frac{2m}{k}} = \sqrt{2}\,T_A$$

$$\therefore\ T_1 < T_B < T_A < T_C < T_2$$

▶ 가속도 응답스펙트럼

$$0.6g < a_C < a_A < a_B < 1g$$

▶ 응답 전단력

$$V_A = ma_A = m\frac{0.4\,T_A + 0.6\,T_1 - T_2}{T_1 - T_2}, \quad V_B = ma_B = m\frac{0.4\,T_B + 0.6\,T_1 - T_2}{T_1 - T_2}$$

$$V_C = 2ma_C = 2m\frac{0.4\,T_C + 0.6\,T_1 - T_2}{T_1 - T_2}$$

## 단자유도 구조물 : 고유진동수

아래의 그림과 같은 철근콘크리트 기초가 기초저면의 도심 O에 회전스프링 강성 $k = 2 \times 10^6$ $Nm/rad$을 가진다. 저면도심 O를 관통하는 Z축의 로킹 모션(rocking motion)에 대한 고유진동수를 구하시오.

단, 구조계는 비감쇠이며, 기초 전체의 중심은 C이다. 또한 콘크리트의 단위체적질량은 $w_c = 2,500kg/m^3$이고, 기초의 제원은 폭 B = 1,200mm, 길이 L = 1,800mm, 높이 H = 500mm이며 중력가속도 $g = 9.8m/s^2$이다.

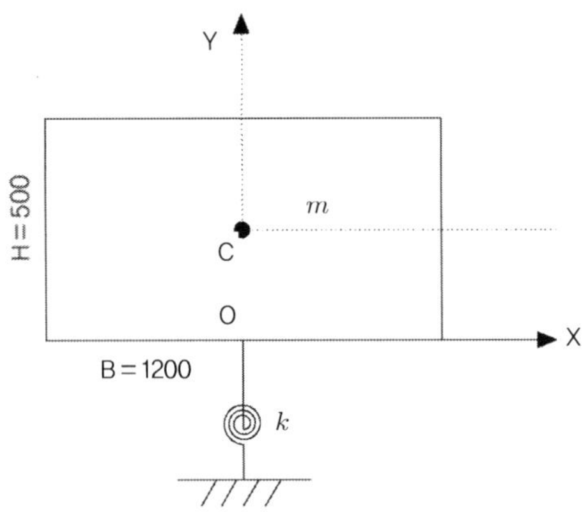




### ▶ 개요

비감쇠 구조물의 고유진동수 산정은 다음과 같다.

자유진동을 하는 구조물의 운동방정식 : $m\ddot{x} + c\dot{x} + kx = 0$

Undamped System에서 $c = 0$

$$\ddot{x} + \frac{k}{m}x = 0 \ \rightarrow \ \ddot{x} + \omega^2 x = 0 \quad x = \sin\omega t, \ \ddot{x} = -\omega^2\sin\omega t \quad \therefore \ \omega = \sqrt{\frac{k}{m}}$$

**공업수학 식**

$$\ddot{x} + \omega^2 x = 0 \ \rightarrow \ x^2 + \omega^2 = 0 \text{의 해 } (x = \pm i\omega) \quad \therefore \ x = A_1 e^{i\omega t} + A_2 e^{-i\omega t}$$

$$e^{i\omega} = \cos x + i\sin x, \ e^{-i\omega} = \cos x - i\sin x, \quad \cosh x = \frac{1}{2}(e^x + e^{-x}), \ \sinh x = \frac{1}{2}(e^x - e^{-x})$$

① 단자유도계의 고유진동수$(f_n)$ : $f_n = \dfrac{1}{T} = \dfrac{\omega}{2\pi} = \dfrac{1}{2\pi}\sqrt{\dfrac{k}{m}}$ (cycle/sec, Hz)

② 다자유도계의 고유진동수($f_n$) : $\{[k] - \omega^2[m]\}\{\phi\} = \{0\} \rightarrow \det|[k] - \omega^2[m]| = 0$

### ➤ 구조물의 질량산정

$$V = 500 \times 1,200 \times 1,800 = 1,080,000,000mm^3 = 1.08m^3$$
$$m = V \times w_c = 1.8 \times 2,500 = 2,700kg$$

### ➤ 로킹 모션(rocking motion)에 대한 고유진동수

$$1N = 1kgm/s^2, \quad k = 2 \times 10^6 kgm^2/\sec^2$$

$$\therefore f_n = \frac{1}{T} = \frac{\omega}{2\pi} = \frac{1}{2\pi}\sqrt{\frac{k}{m}} = \frac{1}{2\pi}\sqrt{\frac{2 \times 10^6 (kgm/s^2 \times m)}{2,700kg}} = 4.33cycle/\sec$$

## 단자유도 구조물 : 고유진동수와 허용진폭

그림과 같이 원통형 지주상에 풍력발전기가 설치되어 있다. 구조계의 고유진동수와 허용진폭을 구하시오.

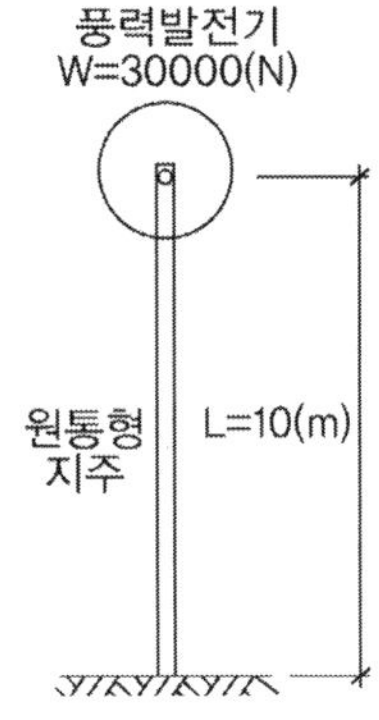


〈조건〉

풍력발전기의 중량은 30,000N, 편심질량은 300kg, 축차편심은 50mm, 지주의 외경은 1,000mm, 두께 $t_p = 50mm$, 허용휨응력 $f_{ba} = 100MPa$, 탄성계수는 200,000MPa이며 지주의 질량은 무시한다.

### 풀 이

▶ **편심질량 비감쇠 강제진동**

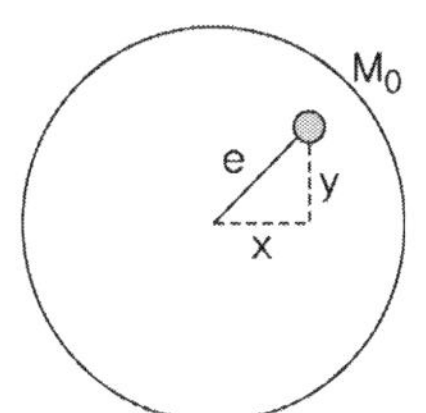


$$x = ecos\omega t, \quad y = esin\omega t$$
$$F_x = mr_x\omega^2 = m_0\omega^2 e\cdot cos\omega t$$
$$F_y = mr_y\omega^2 = m_0\omega^2 e\cdot sin\omega t$$

구조물이 수직방향으로 진동한다고 하면,

$$m\ddot{x} + kx = F_y(= m_0\omega^2 e\cdot sin\omega t)$$

$x_p$ : Particular Solution($= A sin\omega t$)　　$x' = A\omega cos\omega t, \quad x'' = -A\omega^2 sin\omega t$

$$(-A\omega^2 sin\omega t)m + k(A sin\omega t) = m_0\omega^2 e\cdot sin\omega t$$

$$(k sin\omega t - m\omega^2 sin\omega t)A = m_0\omega^2 e\cdot sin\omega t$$

$$\therefore A = \frac{m_0\omega^2 e\cdot}{k - m\omega^2} = \frac{(\frac{m_0}{m})\omega^2 e}{\frac{k}{m} - \omega^2} = \frac{(\frac{m_0}{m})\omega^2 e}{\omega_n^2 - \omega^2} = \frac{(\frac{m_0}{m})(\frac{\omega^2}{\omega_n^2})e}{1 - (\frac{\omega^2}{\omega_n^2})} = \frac{em_0}{m} \times \frac{\beta^2}{\sqrt{(1-\beta^2)^2}}$$

$$\rho = \frac{P_0}{k}, \quad P_0 = m_0 \omega^2 e$$

$$y = \rho \sin(\omega_e t - \theta) = \frac{m_o \omega^2 e}{k} \sin(\omega_e t - \theta) = \frac{m_o e(k/m)}{k} \sin(\omega_e t - \theta) = \frac{em_0}{m} \sin(\omega_e t - \theta)$$

$$D.A.F = \frac{\rho}{|x_{static}|}$$

## ▶ 단면의 성질

$$E = 200,000^{MPa}, \quad I = \frac{\pi}{64}(1000^4 - 900^4) = 1.688 \times 10^{10mm^4}$$

## ▶ 스프링계수

켄틸레버 구조이므로 $\quad k_e = \dfrac{3EI}{L^3} = 10,128.7^{N/mm}$

## ▶ 고유진동수 산정

$$\omega_n = \sqrt{\frac{k_e}{m}} = \sqrt{\frac{k_e g}{W}} = 57.55^{rad/sec} \qquad \therefore f = \frac{w_n}{2\pi} = 9.16^{cycle/sec}$$

## ▶ 허용 변위

$$M = PL = \frac{\sigma_{all} I}{y} = \sigma_{all} S, \quad P = \frac{\sigma_{all} S}{L}, \quad \triangle_{all} = \frac{PL^3}{3EI} = \frac{L^3}{3EI} \times \frac{\sigma_{all} S}{L} = \frac{\sigma_{all} S L^2}{3EI}$$

⟨Extra Solution⟩



$$M_{BA} = 2E\frac{I}{L}\left(\theta_A + 2\theta_B - 3\frac{\triangle}{L}\right) = 0, \ \theta_A = 0 \ \theta_B = \frac{3\triangle}{2L}$$

$$M_{AB} = 2E\frac{I}{L}\left(\theta_A + 2\theta_B - 3\frac{\triangle}{L}\right) = \frac{2EI}{L} \times \frac{3\triangle}{2L} = \frac{3EI}{L^2}\triangle$$

$$M = \frac{\sigma_{all}}{S} = \frac{2\sigma_{all} I}{d} = \frac{3EI}{L^2}\triangle_{all} : \triangle_{all} = \frac{2\sigma_{all} I}{d} \times \frac{L^2}{3EI}$$

$$\triangle_{all} = \frac{\sigma_{all} L^2}{3EI} \times \frac{2I}{d} = \frac{2 \times 100 \times (10 \times 10^3)^2}{3 \times 200,000 \times 1,000} = 33.33^{mm}$$

$$y = \frac{em_0}{m}\sin(\omega_e t - \theta) = \frac{em_0}{m} \times \frac{\beta^2}{\sqrt{(1-\beta^2)^2}}\sin\omega t = 33.33$$

1) $\beta^2 < 1 \ : \ \beta = 0.9337$

$\quad \therefore \ \beta = \dfrac{\omega}{\omega_n}, \quad \omega = \beta\omega_n = 8.55^{cycle/\sec}$

2) $\beta^2 > 1 \ : \ \beta = 1.083$

$\quad \therefore \ \beta = \dfrac{\omega}{\omega_n}, \quad \omega = \beta\omega_n = 9.92^{cycle/\sec}$

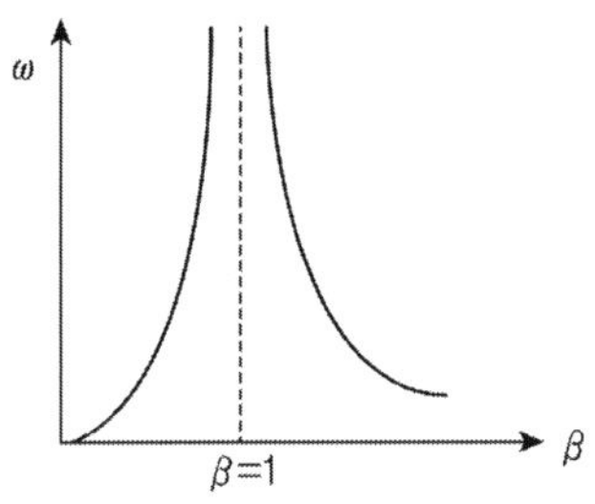

## 단자유도 구조물 : 회전 모터

3개의 강재 기둥으로 지지하고 있는 강체슬래브 위에 모터가 회전하고 있다. 기둥의 지점 B 경계조건은 힌지단, 지점 A와 지점 C는 고정단이고, 강체 슬래브와는 강결로 이루어져 있다. 모터의 편심질량은 200 kg이고 편심이 50 mm이며 강체슬래브의 무게(W)는 25 kN이다. 기둥의 허용 휨응력($f_a$)이 200MPa일 때, 모터의 허용 회전속도의 구간을 결정하시오. 단, 기둥의 질량은 무시하고 감쇠는 없는 것으로 가정하며, 각각의 기둥간격은 2m이고, 모든 기둥의 단면2차모멘트(I)는 $25.8 \times 10^6 \, \text{mm}^4$, 단면계수(S)는 $249 \times 10^3 \, \text{mm}^3$, 탄성계수(E)는 200GPa로 한다.

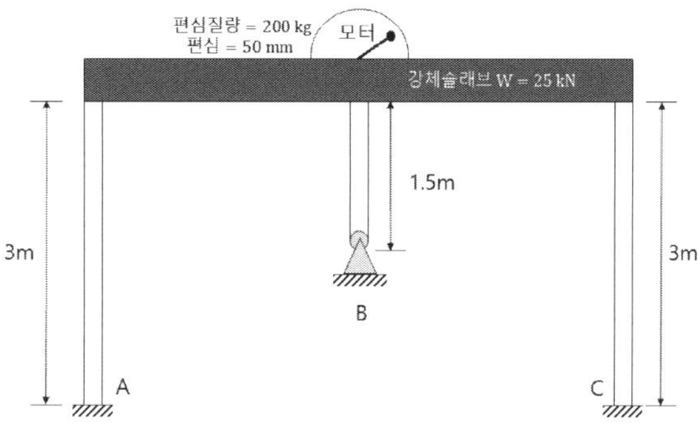




### ▶ 개요

조화하중에 의한 진동은 회전편심질량에 의한 진동문제에 대해 고려할 때 적용되며, 다음과 같은 모터의 회전편심질량에 관해서 편심질량을 $m_0$, 회전반경을 $e$, 회전편심질량이 $\omega_e$의 일정한 각속도로 회전운동을 한다고 가정하면,

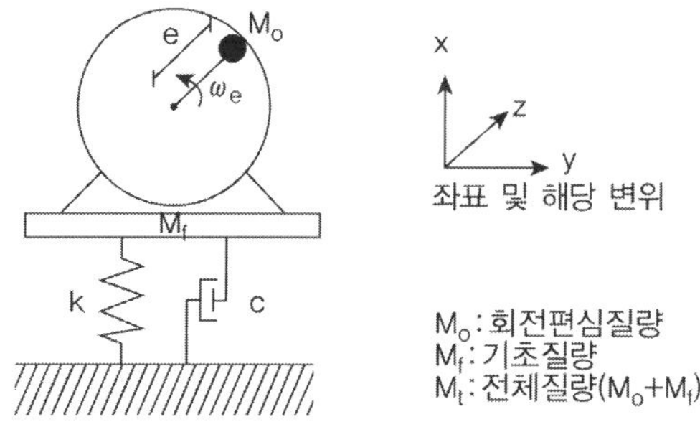


감쇠 강제진동(조화하중) $m\ddot{x} + c\dot{x} + kx = P_0 \sin \omega_e t$

감쇠 조화하중의 해로부터,

$$x_p = \frac{P_0}{k} \frac{1}{\sqrt{(1-\beta^2)^2 + (2\xi\beta)^2}} \sin(\omega_e t - \theta) = \rho\sin(\omega_e t - \theta)$$

여기서, $P_0$는 일정한 값을 갖지 않고 가진 진동수에 따라 변화 $P_0 = m_0 e \omega_e^2$

$$\rho = \frac{m_0 e \omega_e^2}{k} \frac{1}{\sqrt{(1-\beta^2)^2 + (2\xi\beta)^2}} = \frac{m_0 e \omega_e^2}{m \times \dfrac{k}{m}} \times \frac{1}{\sqrt{(1-\beta^2)^2 + (2\xi\beta)^2}}$$

$$= \frac{m_0 e \omega_e^2}{m \times \omega^2} \times \frac{1}{\sqrt{(1-\beta^2)^2 + (2\xi\beta)^2}} = \frac{em_0}{m} \frac{\beta^2}{\sqrt{(1-\beta^2)^2 + (2\xi\beta)^2}}$$

$$\therefore \ x_p = \rho\sin(\omega_e t - \theta) = \frac{em_0}{m} \frac{\beta^2}{\sqrt{(1-\beta^2)^2 + (2\xi\beta)^2}} \sin(\omega_e t - \theta)$$

증폭비$\left(\rho / \left(\dfrac{em_0}{m}\right)\right)$는 일정한 진폭을 갖는 하중$(P_0)$에 대해 구한 동적 증폭계수에 $\beta^2$만큼 곱한 값으로 표현된다.

$$\text{증폭비}\left(\frac{\rho}{\left(\dfrac{em_0}{m}\right)}\right) = \frac{\beta^2}{\sqrt{(1-\beta^2)^2 + (2\xi\beta)^2}}$$

여기서, $\beta = \omega_e / \omega_n$, $\xi = \dfrac{c}{c_{cr}} = \dfrac{c}{2\sqrt{mk}} = \dfrac{c}{2m\omega_n}$  $\therefore \ \dfrac{c}{m} = 2\xi\omega_n$

## ▶ 편심질량 비감쇠 강제진동

$$x = e\cos\omega_e t, \quad y = e\sin\omega_e t$$
$$F_x = mr_x\omega_e^2 = m_0\omega_e^2 e \cdot \cos\omega_e t$$
$$F_y = mr_y\omega_e^2 = m_0\omega_e^2 e \cdot \sin\omega_e t$$

구조물이 수직방향으로 진동한다고 하면,

$$m\ddot{x} + kx = F_y\,(= m_0\omega_e^2 e \cdot \sin\omega_e t)$$

$x_p$ : Particular Solution$(= A\sin\omega_e t)$   $x' = A\omega_e\cos\omega_e t,$   $x'' = -A\omega_e^2\sin\omega_e t$

$$(-A\omega_e^2\sin\omega_e t)m + k(A\sin\omega_e t) = m_0\omega_e^2 e \cdot \sin\omega_e t$$

$$(k\sin\omega_e t - m\omega_e^2\sin\omega_e t)A = m_0\omega_e^2 e \cdot \sin\omega_e t$$

$$\therefore A = \frac{m_0 \omega_e^2 e \cdot}{k - m\omega_e^2} = \frac{(\frac{m_0}{m})\omega_e^2 e}{\frac{k}{m} - \omega_e^2} = \frac{(\frac{m_0}{m})\omega_e^2 e}{\omega_n^2 - \omega_e^2} = \frac{(\frac{m_0}{m})(\frac{\omega_e^2}{\omega_n^2})e}{1 - (\frac{\omega_e^2}{\omega_n^2})} = \frac{em_0}{m} \times \frac{\beta^2}{\sqrt{(1-\beta^2)^2}}$$

## ▶ 등가스프링계수($k_e$)

고정단-고정단 교각의 스프링계수 $k_1 = \dfrac{12EI}{L^3}$, 고정단-힌지 교각의 스프링계수 $k_2 = \dfrac{3EI}{L^3}$

$$k_1 = \frac{12 \times 200,000 \times 25.8 \times 10^6}{3000^3} = 2293.33 \text{ N/mm}$$

$$k_2 = \frac{3 \times 200,000 \times 25.8 \times 10^6}{1500^3} = 4586.67 \text{ N/mm} \quad \text{병렬구조, } k_e = 2k_1 + k_2 = 9173.33 \text{ N/mm}$$

## ▶ 질량 및 고유진동수 산정

$$m = \frac{W}{g} = \frac{25 \times 10^3}{9.81} = 2548.42$$

$$f_n = \frac{1}{2\pi}\sqrt{\frac{k_e}{m}} = 0.302 \text{ cycle/sec}, \quad \omega_n = 2\pi f_n = \sqrt{\frac{k_e}{m}} = 1.897 \text{ rad/sec}$$

## ▶ 허용 변위

$$M = PL = \frac{\sigma_{all}I}{y} = \sigma_{all}S, \ \triangle_{all} = \frac{ML^2}{6EI} = \frac{L^2}{6EI} \times \sigma_{all}S = \frac{\sigma_{all}SL^2}{6EI} = 14.477\text{㎜}$$

## ▶ 허용 진폭

$$y = \frac{em_0}{m} \times \frac{\beta^2}{\sqrt{(1-\beta^2)^2}} \sin\omega_e t = 14.477\text{mm}$$

1) $\beta^2 < 1$ : $\beta = 0.887$

$\quad \therefore \beta = \dfrac{\omega_e}{\omega_n}, \quad \omega_e = \beta\omega_n = 1.683 \text{ rad/sec}$

2) $\beta^2 > 1$ : $\beta = 1.171$

$\quad \therefore \beta = \dfrac{\omega_e}{\omega_n}, \quad \omega_e = \beta\omega_n = 2.221 \text{ rad/sec}$

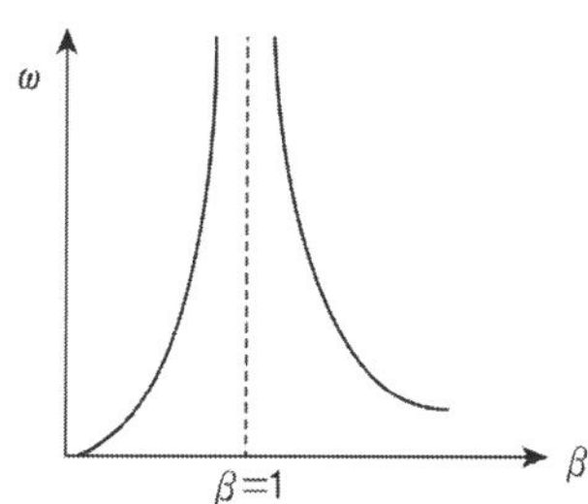

## 단자유도 구조물 : 감쇠비, 진동, 감쇠

구조물을 그림과 같이 무게가 없는 탄성기둥과 무게가 있는 강체거더로 모델링하였다. 이 구조물의 동특성을 산정하기 위하여 강체거더에 유압잭을 이용하여 수평방향으로 변위를 가한 후 놓아서 자유진동이 발생하도록 하였다. 이때 유압잭으로 발생시킨 변위(u1)는 20mm이고 3cycle 후 최대변위(u4)는 16mm이었다. 다음을 구하시오(단, 지점B는 힌지단, 지점A 및 C는 고정단이며, 내부힌지는 마찰이 없고, 강체거더와 기둥은 강결로 이루어져 있고, 강체거더의 무게(W)는 500kN, 모든 기둥의 단면2차모멘트(I)는 $25.8 \times 10^6 \text{mm}^4$, 탄성계수(E)는 200GPa로 한다.).

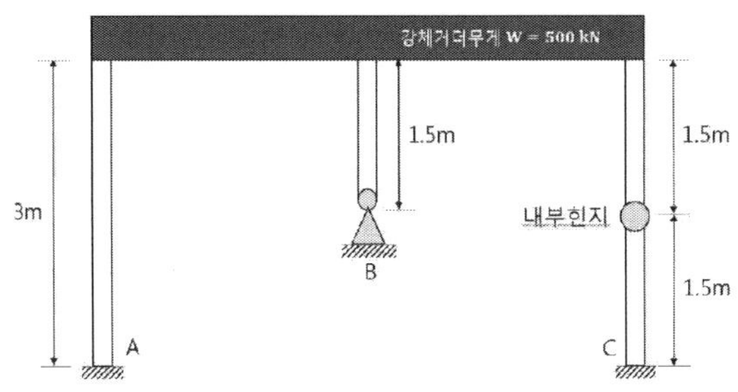


(1) 구조물의 강성  (2) 감쇠비
(3) 고유진동수 및 감쇠고유진동수  (4) 임계감쇠 및 감쇠계수
(5) 10 cycle 후 최대변위(u11)

## 풀 이

### ▶ 구조물의 강성

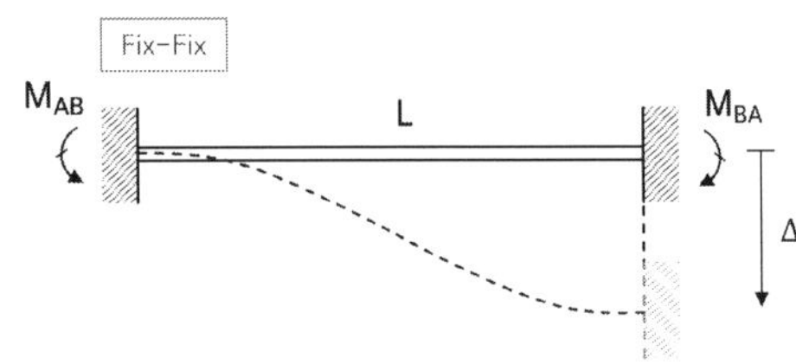


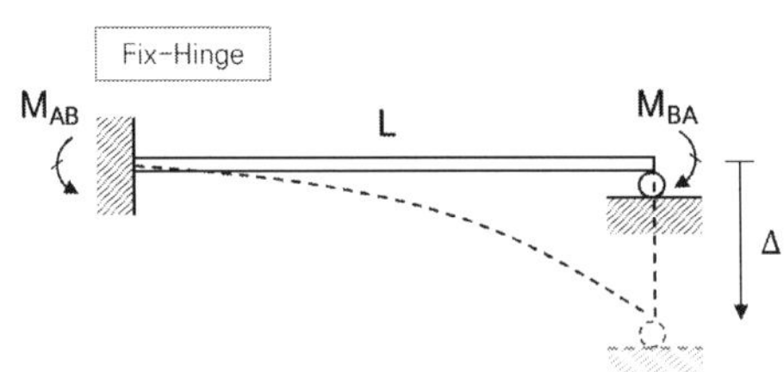


$$M_{AB} = 2E\left(\frac{I}{L}\right)\left(-3\frac{\Delta}{L}\right) = -\frac{6EI}{L^2}\Delta$$

$$R_A = \frac{1}{L}\left(2 \times \frac{6EI}{L^2}\Delta\right) = \frac{12EI}{L^3}\Delta$$

$$\therefore k = \frac{12EI}{L^3}$$

$$M_{BA} = 2E\left(\frac{I}{L}\right)\left(2\theta_B - 3\frac{\Delta}{L}\right) = 0, \quad \theta_B = \frac{3\Delta}{2L}$$

$$M_{AB} = 2E\left(\frac{I}{L}\right)\left(\theta_B - 3\frac{\Delta}{L}\right) = -\frac{3EI}{L^2}\Delta$$

$$R_A = \frac{3EI}{L^3}\Delta \quad \therefore k = \frac{3EI}{L^3}$$

EI = 5,160,000 kNm

A 기둥(fix–fix)의 강성은 $k_A = \dfrac{12EI}{L_A^3} = \dfrac{12 \times 5160000}{3^3} = 2,293,333$ kN/m

B기둥(fix–hinge)의 강성은 $k_B = \dfrac{3EI}{L_B^3} = \dfrac{3 \times 5160000}{1.5^3} = 4,586,667$ kN/m

C기둥(fixed–hinge–fix)의 강성은 fixed–hing 된 두 개의 기둥이 직렬연결 구조이므로

$$\frac{1}{k_C} = \frac{1}{k} + \frac{1}{k} = \frac{2}{k} = 2 \times \frac{(0.5L_C)^3}{3EI} \qquad \therefore k_C = \frac{12EI}{L_C^3} = 2,293,333 \text{ kN/m}$$

병렬구조이므로 구조물 전체의 등가 강성계수 $k_e = k_A + k_B + k_C = 9.173 \times 10^6$ kN/m(N/mm)



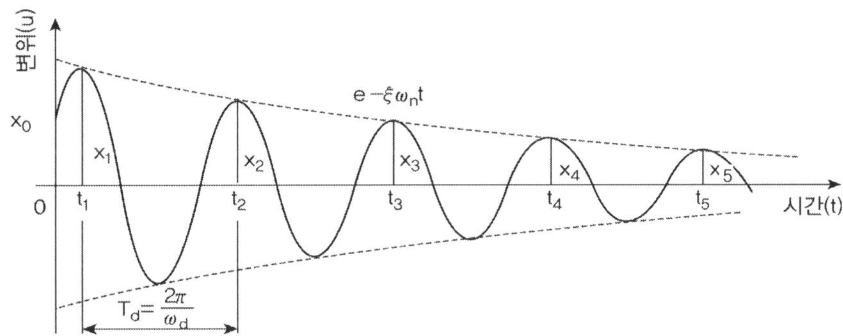


$$\text{대수감쇠율}(\delta) = \ln\left(\frac{x_1}{x_4}\right) = \ln\left(\frac{\rho e^{-\xi \omega_n t_1}}{\rho e^{-\xi \omega_n t_4}}\right) = \xi \omega_n (t_4 - t_1) = \xi \omega_n (3 T_d) = 3 \times \frac{2\pi \xi \omega_n}{\omega_d}$$

$$= 3 \times \frac{2\pi \xi}{\sqrt{1 - \xi^2}} \fallingdotseq 3 \times 2\pi \xi$$

$$\therefore 6\pi \xi = \ln\left(\frac{20}{16}\right) = 0.223 \qquad \therefore \xi = 0.01184$$

**▶ 구조물의 고유진동수 및 감쇠고유진동수**

고유진동수 $w_n = \sqrt{\dfrac{k_e g}{W}} = \sqrt{\dfrac{9.17 \times 10^6 \times 10}{500 \times 10^3}} = 13.5425$

감쇠 고유진동수 $w_e = w_n \sqrt{1 - \xi^2} = 13.5416$

### ▶ 구조물의 임계감쇠 및 감쇠계수

임계감쇠 $c_{cr} = 2\sqrt{mk_e} = 2\sqrt{50000 \times 9.173 \times 10^6} = 1.354 \times 10^6$ N/mm·sec

감쇠계수 $c = c_{cr} \times \xi = 2\xi\sqrt{mk_e} = 16{,}037$ N/mm·sec

### ▶ 구조물의 10 cycle 후 최대변위($u_{11}$)

$$\ln\left(\frac{x_1}{x_{11}}\right) = \ln\left(\frac{\rho e^{-\xi\omega_n t_1}}{\rho e^{-\xi\omega_n t_{11}}}\right) = \xi\omega_n(t_{11} - t_1) = \xi\omega_n(10\,T_d) = 10 \times \frac{2\pi\xi\omega_n}{\omega_d}$$

$$= 10 \times \frac{2\pi\xi}{\sqrt{1-\xi^2}} \fallingdotseq 10 \times 2\pi\xi = 0.743929$$

$$\ln\left(\frac{20}{x_{11}}\right) = 0.743929 \qquad \therefore \ x_{11} = 9.5\,\text{mm}$$

단자유도 구조물 : 이동하중의 TR

동일한 경간에 연속보인 콘크리트 교량에서 크리프에 의한 거더의 변형에 의해 일정한 속도로 주행하는 자동차에 조화하중을 유발시킨다. 자동차의 감쇠, 스프링은 교량으로부터 발생하여 자동차 탑승자에게 전달되는 수직운동을 줄이는 격리시스템의 역할을 한다. 자동차 무게 4,000kgf, 스프링 강성은 1,000kgf를 가하여 발생한 변위 0.08m를 사용하여 구하였다. 교량의 종단면도는 경간 20m와 진폭 1.2cm의 형태를 갖는 정현곡선이다. 자동차가 80km/h의 속도 주행 시 자동차의 정상상태 수직운동을 구하시오(감쇠는 한계감쇠의 40%로 가정한다).

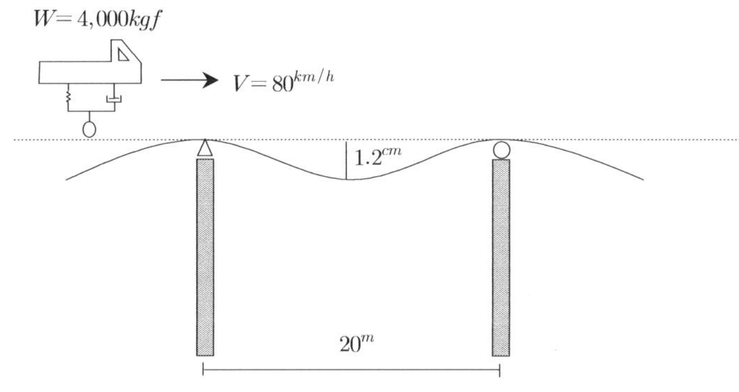




### ▶ 자동차의 가진주기($T_e$)

$$V = 80km/h = 22.22m/\sec, \quad T_e = \frac{20^m}{22.22^{m/\sec}} = 0.9^{\sec}, \quad \omega_e = \frac{2\pi}{T} = 6.981^{rad/\sec}$$

### ▶ 자동차의 고유주기($T_n$)

$$k = \frac{F}{x} = \frac{1,000^{kgf}}{0.08^m} = 12,500^{kgf/m}$$

$$T_n = 2\pi\sqrt{\frac{m}{k}} = 2\pi\sqrt{\frac{W}{kg}} = 2\pi\sqrt{\frac{4,000^{kgf}}{12,500^{kgf/m} \times 9.8^{m/\sec^2}}} = 1.1348^{\sec}$$

$$\omega_n = \frac{2\pi}{T_n} = 5.5368^{rad/\sec}, \quad \beta = \frac{\omega_e}{\omega_n} = \frac{6.981}{5.5368} = 1.26$$

### ▶ 타이어의 수직변위 $y$

$$y = y_0\sin\omega_e t \quad \rightarrow \quad y_o = 1.2cm, \quad TR = \frac{Y}{y_0} = \sqrt{\frac{1 + (2\xi\beta)^2}{(1 - \beta^2)^2 + (2\xi\beta)^2}} = 1.217$$

$$\therefore \ Y = 1.2 \times 1.217 = 1.46^{cm}$$

## 고유주기 산정

1차 진동모드가 지배적인 그림과 같은 교량의 교축방향에 대한 고유주기를 구하시오.

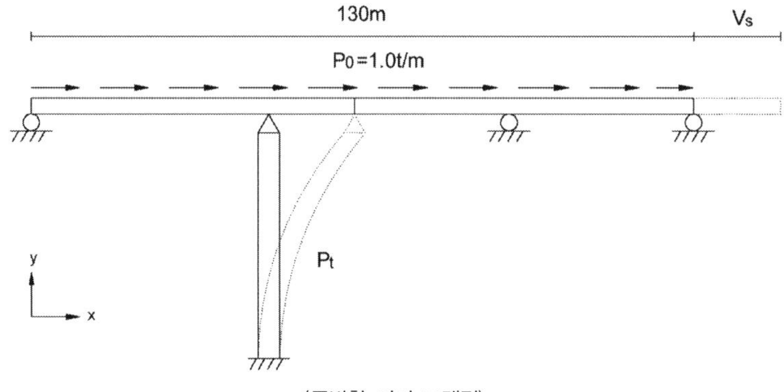



## 풀 이

힌지지점에서 교축방향 하중에 저항하므로

### ▶ 스프링상수 산정

$$P = k\delta \quad \therefore \ k = \frac{P}{V_s} = \frac{130^{ton}}{V_s}, \quad \text{여기서 } k = \frac{3EI}{L^3}$$

### ▶ 고유진동수 산정

$$f_n = \frac{1}{2\pi}\sqrt{\frac{k}{m}} = \frac{1}{2\pi}\sqrt{\frac{P}{m \times V_s}} = \frac{1}{2\pi}\sqrt{\frac{130 \times 10^3}{m \times V_s}}$$

### 응력산정, 안정성 검토

다음 그림과 같이 기둥배열방향으로 0.2g의 수평가속도를 받는 폭 5m의 슬래브 형태의 주차장에
200kN의 트럭이 일정한 속도로 통과하고 있다. A, E점의 지지조건은 롤러(Roller)이고, B, C, D
점의 지지조건은 힌지(hinge)이며 기둥하부는 암반에 고정되어 있다. 콘크리트 슬래브의 두께가
20cm이고 강재기둥의 자중과 수직처짐을 무시할 때 허용응력설계법에 의한 기둥의 휨 안전성을
검토하시오(단, 트럭과 주차장 사이의 마찰계수는 1.0으로 가정하시오).

| 콘크리트 슬래브 | 단위질량$(m_c)$=2,500kg/$m^3$<br>탄성계수$(E_c)$=2.0×$10^4$MPa |
|---|---|
| 강재기둥<br>(①, ②, ③) | 탄성계수$(E_s)$=2.0×$10^5$MPa<br>단면2차모멘트$(I_s)$=1.0×$10^5 cm^4$<br>단면의 중립축에서 연단까지의 거리$(y)$=± $30cm$<br>허용응력$(f_{sa})$=150MPa |

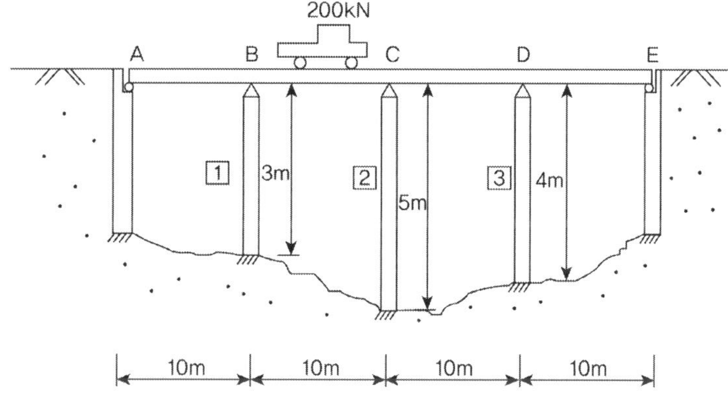


### 풀 이

#### ▶ 자중의 산정

$$w = 5^m \times 0.2^m \times 2,500^{kg/m^3} = 2,500^{kg/m}, \quad W = wL = 2,500 \times 40$$

#### ▶ 교각의 강성산정

$$k_1 = \frac{3EI}{L_1^3} = \frac{3EI}{27}, \quad k_2 = \frac{3EI}{L_2^3} = \frac{3EI}{125}, \quad k_3 = \frac{3EI}{L_3^3} = \frac{3EI}{64}$$

병렬구조물이므로$(\delta = \delta_1 = \delta_2 = \delta_3)$

$$k_e = k_1 + k_2 + k_3 = 0.1820 EI$$

$$EI = 2.0 \times 10^5 \times 10^{6\,(N/m^2)} \times 1.0 \times 10^5 \times 10^{-8\,(m^4)} = 2 \times 10^{8\,(Nm^2)} = 2 \times 10^{5\,(kNm^2)}$$

$$\therefore \ k_e = 36,400^{kN/m}$$

## ▶ 구조물의 고유주기

$$T = 2\pi \sqrt{\frac{m}{k_e}} = 1.646^{sec/cycle}$$

## ▶ 가속도 계수

$$C_S = 0.2g$$

## ▶ 수평력 산정

$$H = C_S W + \mu N = 0.2 \times 2500 \times 40 + 1.0 \times 200 \times 10^3 = 220,000^N = 220^{kN}$$

## ▶ 수평력 산정

$$H = k_e \delta \ \therefore \ \delta = \frac{H}{k_e} = \frac{220^{kN}}{36,397.2^{kN/m}} = 6.04^{mm}$$

$$H_1 = k_1 \delta = 134.22^{kN} \qquad M_1 = H_1 \times L_1 = 402.66^{kNm}$$
$$H_2 = k_2 \delta = 28.99^{kN} \qquad M_2 = H_2 \times L_2 = 144.95^{kNm}$$
$$H_3 = k_3 \delta = 56.625^{kN} \qquad M_3 = H_3 \times L_3 = 226.5^{kNm}$$

## ▶ 허용응력 검토

$$f_{max} = \frac{W}{A} \pm \frac{M_{max}}{I} y \fallingdotseq \pm \frac{M_{max}}{I} y \quad \text{(기둥의 자중 무시)}$$

$$= \frac{402.66 \times 10^{6\,(Nmm)}}{10^5 \times 10^{4\,(mm^4)}} \times \frac{300}{2} = 60.4^{MPa} < f_{sa}(= 140^{MPa}) \qquad \text{O.K}$$

## 교축방향 수평가속도 안전성 검토

다음 그림과 같이 교축방향으로 0.3g의 수평가속도를 받는 폭 6m, 두께 400mm인 슬래브 형태의 공항주차장을 300kN의 트럭이 일정한 속도로 통과하고 있다. A, E점의 지지조건은 롤러(Roller)이고, B, C, D점의 지지조건은 힌지(hinge)이며, 기둥하부는 암반에 고정되어 있다. 강재기둥의 자중과 수직처짐은 무시하고, 허용응력설계법에 의한 기둥의 휨에 대한 안전성을 검토하시오. (단, 트럭과 주자장 사이의 마찰계수는 1.0이다.)

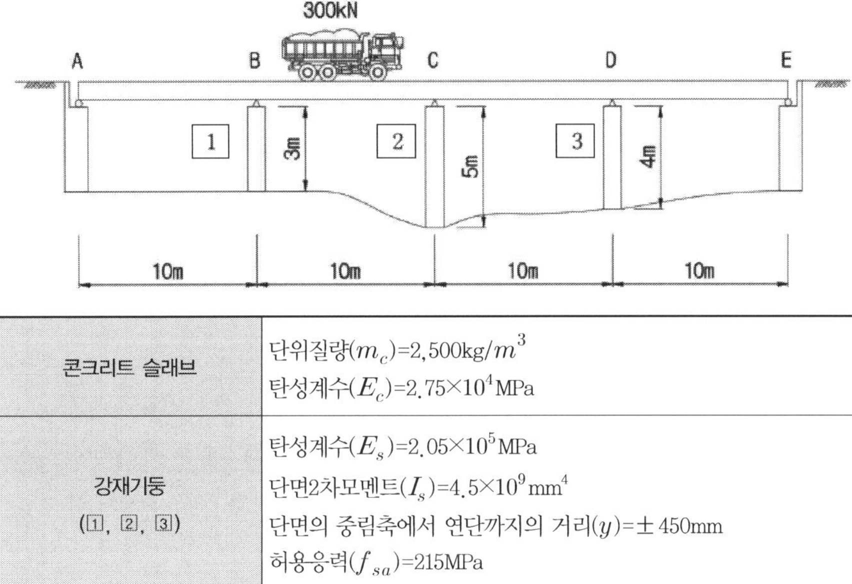


| 콘크리트 슬래브 | 단위질량$(m_c)$=2,500kg/$m^3$<br>탄성계수$(E_c)$=2.75×10⁴MPa |
|---|---|
| 강재기둥<br>([1], [2], [3]) | 탄성계수$(E_s)$=2.05×10⁵MPa<br>단면2차모멘트$(I_s)$=4.5×10⁹mm⁴<br>단면의 중립축에서 연단까지의 거리$(y)$=±450mm<br>허용응력$(f_{sa})$=215MPa |



### ➤ 자중의 산정

$$w = 6 \times 0.4 \times 2,500 = 6,000\,\text{kg/m}, \quad m = wL = 6,000 \times 40 = 240,000\,\text{kg}$$

### ➤ 교각의 강성산정

$$k_1 = \frac{3EI}{L_1^3} = \frac{3EI}{27}, \quad k_2 = \frac{3EI}{L_2^3} = \frac{3EI}{125}, \quad k_3 = \frac{3EI}{L_3^3} = \frac{3EI}{64}$$

병렬구조물이므로$(\delta = \delta_1 = \delta_2 = \delta_3)\,k_e = k_1 + k_2 + k_3 = 0.1820EI$

$$E = 2.05 \times 10^5 \times 10^6 = 2.05 \times 10^{11}\,\text{N/m}^2 \qquad I_g = 4.5 \times 10^9 \times 10^{-12} = 4.5 \times 10^{-3}\,\text{m}^4$$

$$EI = 922,500,000 \text{ Nm}^2 \qquad\qquad \therefore k_e = 0.1820\,EI = 167,895 \text{ kN/m} = 167,895,000 \text{ N/m}$$

## ➤ 구조물의 고유주기

$$w_n = \sqrt{\frac{k_e}{m}} = \sqrt{\frac{167,895,000}{240,000}} = 26.449 \text{ rad/sec}$$

## ➤ 수평력 산정

$$C_S = 0.3g$$

$$H = C_S mg + \mu N = 0.3 \times 240,000 \times 9.81 + 1.0 \times 300 \times 10^3 = 1006.32 \text{ kN}$$

## ➤ 기둥별 수평력 및 최대 모멘트 산정

$$H = k_e \delta \qquad \therefore \delta = \frac{H}{k_e} = \frac{1,006.32}{167,895} \times 10^3 = 5.99 \text{mm}$$

1) 기둥 ①

$$H_1 = k_1 \delta = \frac{922,500,000}{9} \times 0.00599 \times 10^{-3} = 614.36 \text{kN}$$

$$\therefore M_1 = H_1 \times L_1 = 1,843.08 \text{ kNm} \quad (\text{최대 모멘트})$$

2) 기둥 ②

$$H_2 = k_2 \delta = \frac{3 \times 922,500,000}{125} \times 0.00599 \times 10^{-3} = 132.70 \text{kN}$$

$$\therefore M_2 = H_2 \times L_2 = 663.51 \text{ kNm}$$

3) 기둥 ③

$$H_3 = k_3 \delta = \frac{3 \times 922,500,000}{64} \times 0.00599 \times 10^{-3} = 259.18 \text{kN}$$

$$\therefore M_3 = H_3 \times L_3 = 1,036.73 \text{ kNm}$$

## ➤ 허용응력 검토

$$f_{\max} = \frac{W}{A} \pm \frac{M_{\max}}{I} y \doteqdot \pm \frac{M_{\max}}{I} y \quad (\text{기둥의 자중 무시하고 휨에 대한 안전성만 검토})$$

$$= \frac{1843.08 \times 10^6}{4.5 \times 10^9} \times 450 = 184.31 \text{ MPa} \quad < \quad f_{sa} \ (=215\text{MPa}) \qquad\qquad \text{O.K}$$

## 수평 지진력에 의한 휨응력

그림과 같이 강체인 콘크리트보를 3개의 원형강관 기둥으로 지지하고 있다. 기둥 하부는 기초에 고정되어 있고, 중앙 기둥 상부는 강결, 측면 기둥 상부는 핀으로 연결되어 있다. 이 구조물에 0.3g의 수평 지진 가속도가 작용할 때 기둥에 발생하는 최대 휨응력을 구하시오(단, 기둥 자중은 무시하고, 콘크리트 단위중량($w_c$)=24kN/m$^3$, 강관 직경(D)=300mm, 두께(t)=6mm, 강재 탄성계수(E)=2.1×10$^5$MPa이다).

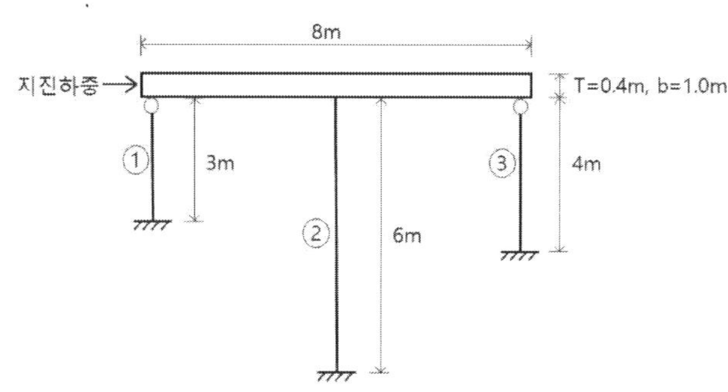


### 풀 이

#### ▶ 등가스프링계수($k_e$)

①, ③ 부재의 스프링계수 산정(Fix–Hinge) : $k_1 = \dfrac{3EI_1}{L_1^3}$

② 부재의 스프링계수 산정(Fix–Fix) : $k_2 = \dfrac{12EI_2}{L_2^3}$

$$I = \frac{\pi}{64}\left[(D+t)^4 - (D-t)^4\right] = \frac{\pi}{64}\left[(0.3+0.006)^4 - (0.3-0.006)^4\right] = 6.364\times10^{-5}\ \text{m}^4$$

$$EI = 6.364\times10^{-5}\times2.1\times10^5\times10^3 = 13,364.97\ \text{kNm}^2$$

병렬구조이므로,

$$k_e = k_1 + k_2 + k_3 = \left(\frac{3EI}{L_1^3}\right) + \left(\frac{12EI}{L_2^3}\right) + \left(\frac{3EI}{L_3^3}\right) = \left(\frac{6}{3^3} + \frac{12}{6^3} + \frac{3}{4^3}\right)EI = 4,338.79\ \text{kN/m}$$

#### ▶ 탄성지진 응답계수($C_s$)

$$C_s = 0.3\text{g}$$

➤ **설계지진력**

$$W = 0.4 \times 1.0 \times 8.0 \times 24 = 76.8 \text{ kN}$$

$$H = ma = \frac{W}{g} \times C_s = 76.8 \times 0.3 = 23.04 \text{ kN}$$

여기서, $H = k_e \delta$

$$\therefore \ \delta = \frac{H}{k_e} = \frac{23.04}{4338.79} = 0.00531 \text{ m}$$

$$H_1 = k_1 \delta = 15.77 \text{ kN} \qquad M_1 = H_1 \times L_1 = 47.31 \text{ kNm}$$
$$H_2 = k_2 \delta = 3.94 \text{ kN} \qquad M_2 = H_2 \times L_2 = 23.66 \text{ kNm}$$
$$H_3 = k_3 \delta = 3.33 \text{ kN} \qquad M_3 = H_3 \times L_3 = 13.31 \text{ kNm}$$

➤ **수평력 및 휨모멘트 산정**

$$H = k_e \delta \ \therefore \ \delta = \frac{H}{k_e} = \frac{220^{kN}}{36{,}397.2^{kN/m}} = 6.04^{mm}$$

$$H_1 = k_1 \delta = 134.22^{kN} \qquad M_1 = H_1 \times L_1 = 402.66^{kNm}$$
$$H_2 = k_2 \delta = 28.99^{kN} \qquad M_2 = H_2 \times L_2 = 144.95^{kNm}$$
$$H_3 = k_3 \delta = 56.625^{kN} \qquad M_3 = H_3 \times L_3 = 226.5^{kNm}$$

➤ **최대 휨응력 산정**

수평력으로 인해 발생하는 최대 휨모멘트는 1번 교대에서 발생하는 47.31 kNm

$$f_{\max} = \pm \frac{M_{\max}}{I} y = \frac{47.31}{6.364 \times 10^{-5}} \times 0.153 = 113.74 \text{ MPa}$$

## 고유진동수 산정

아래 그림과 같은 지형에 1) 슬래브교, 2) 라멘교 형식 적용성을 검토하고자 한다. 각각의 형식에 대하여 하부구조 단위 폭(1.0m)당 고유진동수를 구하고, 동적거동측면에서의 특징을 설명하시오 (단, 철근콘크리트 단위중량 $\gamma_c$=24kN/m$^3$, 콘크리트 탄성계수 $E_c$=2.3×10$^4$MPa, 받침물성치, 토압, 기초, 하부구조의 자중, 헌치의 영향은 무시한다).

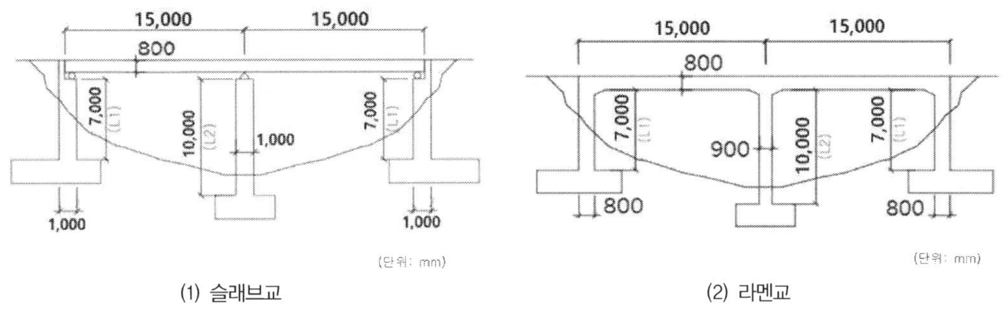


(1) 슬래브교　　　　(2) 라멘교

## 풀 이

### ▶ 상부 슬래브 자중 산정

$$A_{slab} = 0.8 \times 1.0 = 0.8\,\mathrm{m}^2, \quad w_{slab} = 0.8 \times 24 = 19.2 \ \mathrm{kN/m}$$

$$W = wL = 19.2 \times 30 = 576\mathrm{kN}$$

### ▶ 교각의 강성 산정

1) 슬래브교

$$E_c\text{=2.3×10}^4\text{MPa} \ , \ \text{교대부} \ I_1 = \frac{1.0 \times 1.0^3}{12} = \frac{1}{12}\,\mathrm{m}^4, \quad \text{교각부} \ I_2 = \frac{1.0 \times 1.0^3}{12} = \frac{1}{12}\,\mathrm{m}^4$$

고정–힌지조건이므로,

교대부 강성은 $k_1 = k_3 = \dfrac{3EI_1}{L_1^3} = \dfrac{3EI_1}{343}$ , 　교각부 강성은 $k_2 = \dfrac{12EI_2}{L_2^3} = \dfrac{3EI_2}{1000}$

병렬구조($\delta = \delta_1 = \delta_2 = \delta_3$)이므로,

$$k_e = 2k_1 + k_2 = 2\left(\frac{3EI_1}{L_1^3}\right) + \left(\frac{3EI_2}{L_2^3}\right) = \left(\frac{6 \times 1/12}{343} + \frac{3 \times 1/12}{1000}\right) \times 2.3 \times 10^7$$

$$= 39{,}277.7 \ \mathrm{kN/m}$$

2) 라멘교

$$E_c = 2.3 \times 10^4 \text{MPa}, \quad \text{교대부 } I_1 = \frac{1.0 \times 0.8^3}{12} = 0.042667\text{m}^4, \quad \text{교각부 } I_2 = \frac{1.0 \times 0.9^3}{12} = 0.06075\text{m}^4$$

고정–고정조건이므로,

교대부 강성은 $k_1 = k_3 = \dfrac{12EI_1}{L_1^3} = \dfrac{12EI_1}{343}$,    교각부 강성은 $k_2 = \dfrac{12EI_2}{L_2^3} = \dfrac{12EI_2}{1000}$

병렬구조($\delta = \delta_1 = \delta_2 = \delta_3$)이므로,

$$k_e = 2k_1 + k_2 = 2\left(\frac{12EI_1}{L_1^3}\right) + \left(\frac{12EI_2}{L_2^3}\right) = \left(\frac{24 \times 0.04267}{343} + \frac{12 \times 0.06075}{1000}\right) \times 2.3 \times 10^7$$

$$= 85,431.7 \text{ kN/m}$$

## ▶ 구조물의 고유 진동수 산정

1) 슬래브교

$$f_n = \frac{1}{2\pi}\sqrt{\frac{k_e}{m}} = \frac{1}{2\pi}\sqrt{\frac{k_e g}{W}} = \frac{1}{2\pi}\sqrt{\frac{39,277.7 \times 9.81}{576 \times 10^3}} = 0.130 \text{ cycle/sec}$$

2) 라멘교

$$f_n = \frac{1}{2\pi}\sqrt{\frac{k_e}{m}} = \frac{1}{2\pi}\sqrt{\frac{k_e g}{W}} = \frac{1}{2\pi}\sqrt{\frac{85,431.7 \times 9.81}{576 \times 10^3}} = 0.192 \text{ cycle/sec}$$

## ▶ 구조물의 동적거동면에서의 특징

내진설계 시 사용되는 설계스펙트럼 가속도는 고유진동수와 비례($S_a = F_v S / T$, 고유주기와 반비례)되며, 산정된 가속도를 기준으로 수평방향 지진력이 계상($p_e(x) = \dfrac{\beta S_a}{\gamma} w(x) v_s(x)$)되기 때문에 슬래브교에 비해 라멘교에 발생하는 수평지진력이 더 크게 발생된다. 따라서 라멘교는 슬래브교에 비해 큰 지진력을 부담할 수 있도록 설계되어야 한다.

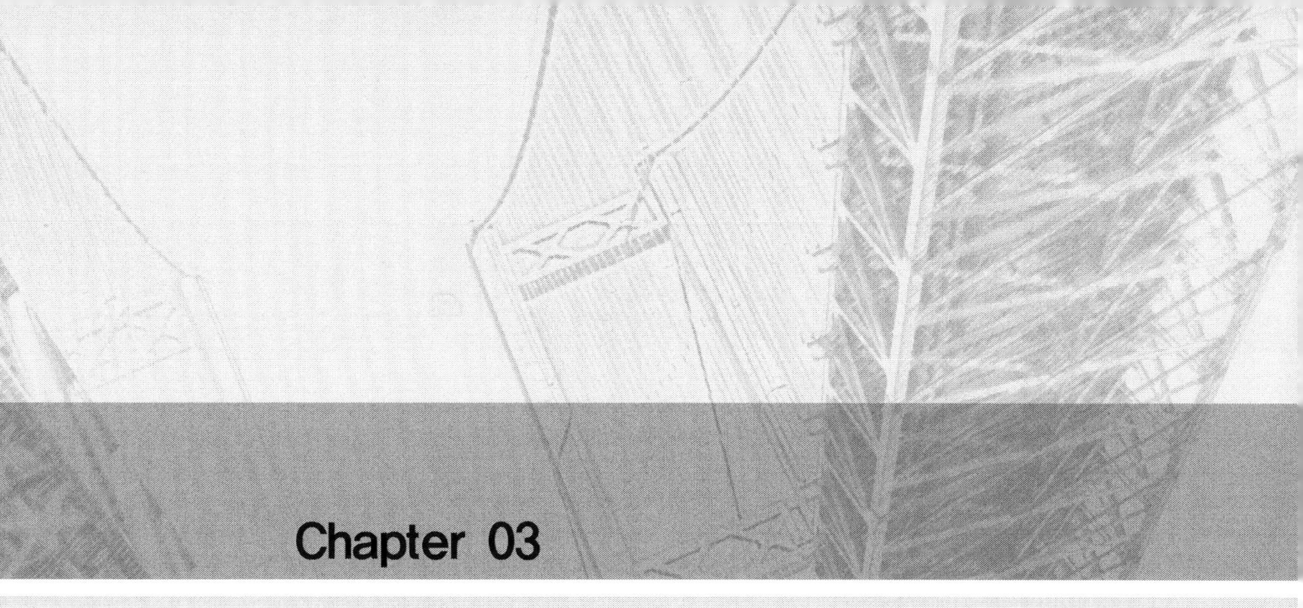



# 다자유도계 시스템

# 다자유도계 시스템

## 01 다자유도계(MDOF : Multi Degree Of Freedom system)

동적해석을 위해 구조물의 중요한 하나의 변위 형상을 선정한 후 이를 이용하여 복잡한 구조물을 단자유도계로 근사할 수 있다. 그러나 실제 구조물은 하나 이상의 중요한 변위형상을 갖고 있을 수 있으며, 이 경우 다양한 변위 형상을 고려하기 위해서 구조물을 단자유도계가 아닌 다자유도계로 근사해야 한다. 실제 구조물을 다자유도계로 모형화할 경우 보통 많은 자유도를 사용하게 되며, 자유도가 증가함에 따라 동적해석에 소요되는 시간은 기하급수적으로 증가하므로 효율적인 동적해석을 수행하기 위해서 적절한 자유도를 선정하여 해석모형을 작성하는 것이 필요하며, 이러한 동적해석과정에서 자유도를 줄이는 효과적인 방법 중에 하나는 구조물의 중요한 자유진동 모드 벡터들을 이용하는 '모드 중첩법(Mode superposition method)'이다.

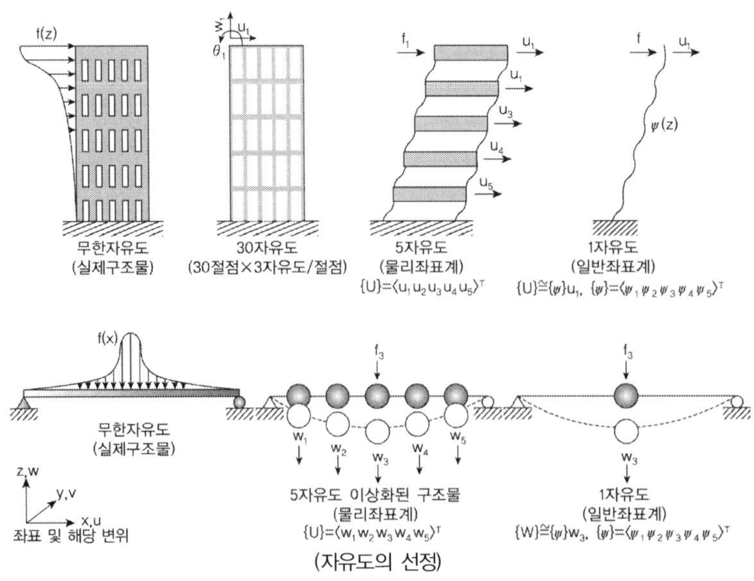

# 1. 비감쇠 자유진동 : 고유진동수와 자유진동모드(구조동역학, 김두기) <sup>72회/96회</sup>



비감쇠 자유진동에 관한 n차 자유도계의 운동방정식은,

$$[M]\{\ddot{U}\} + [K]\{U\} = \{0\}$$

여기서, 변위벡터 $\{U\}$는 위치와 시간의 함수이고 위치($z$)와 시간($t$)을 서로 독립변수이며, 변위벡터 $\{U(z;t)\}$는 다음과 같이 위치의 함수인 변위 형상함수 $\Psi(z)$과 시간의 함수인 $q(t)$의 곱으로 나타낼 수 있다고 가정하면,

$$\{U(z;t)\} = \{\Psi(z)\}q(t), \qquad \{\Psi\} = [\Psi_1,\ \Psi_2,\ \cdots,\ \Psi_n]^T, \qquad \Psi_n \text{에서 } n \text{은 } n \text{번째 자유도의 위치}$$

$\{U(z;t)\}$을 운동방정식에 대입하여 정리하면,

$$([K] - \omega_i^2[M])\{\Psi\} = \{0\}$$

여기서, $\{\Psi\}$이 $\{0\}$이 아니면, $\mathrm{Det}([K] - \omega_i^2[M]) = 0$

이 식에서 중근이 없다면 다음과 같이 $n$개의 해($\omega_i^2$)를 가지며, $\omega_i^2$의 크기가 작은 것부터 나열하면 다음과 같다.

$$[\Omega^2] = \mathrm{diag}(\omega_1^2,\ \omega_2^2,\ \cdots,\ \omega_n^2)$$

이때 $\omega_i$를 '고유치(eigen value)' 또는 '고유진동수(natural frequency)'라고 하고, 그 값이 가장 작은 $\omega_i$를 구조물의 기본 고유진동수(fundamental natural frequency)라고 하며 구조물의 동적 특성을 나타내는 중요한 척도로 사용된다. 이러한 고유치를 구하는 문제를 '고유치 문제(eigen value problem)'라고 한다.

각각의 고유진동수에 대하여 다음 식이 성립한다.

$$([K] - \omega_i^2[M])\{\Psi^{(i)}\} = \{0\}$$

여기서, $\{\Psi^{(i)}\}$는 $i$번째 고유진동수 $\omega_i$에 대응하는 고유벡터이며, $i$번째 '자유진동모드(free vibration mode)', '모드형상(mode shape)' 또는 '모드(mode)'라고 한다. 이렇게 구한 $n$개의 자유진동모드들 ($\{\Psi^{(1)}\}$, $\{\Psi^{(2)}\}$, $\cdots$ $\{\Psi^{(n)}\}$)은 서로 독립이며, 이들을 조합하여 행렬로 나타내면 다음과 같다.

$$[\Phi] = [\{\Psi^{(1)}\}\ \{\Psi^{(2)}\}\ \cdots\ \{\Psi^{(n)}\}]$$

여기서, $[\Phi]$를 '자유진동모드 행렬' 또는 '모드행렬'이라 한다.

## 2. 감쇠 자유진동 : 비례감쇠와 비비례감쇠(구조동역학, 김두기) <sup>90회/112회</sup>



구조물에서는 마찰과 균열 등 복잡하고 다양한 에너지 소산이 발생하므로, 부재의 요소강성행렬을 조합하여 구하는 구조물의 강성행렬과 같이, 단순히 요소감쇠행렬을 조합하여 구조물의 감쇠행렬을 구하는 것은 실제적이지 않다. 따라서 일반적으로 구조물의 감쇠행렬은 실제자료를 근거로 각 모드별로 감쇠비를 추정한 후, 이들을 조합하여 결정한다.

자유진동모드행렬을 감쇠행렬에 양변에 곱하였을 때 다음과 같이 대각성분만을 갖는 행렬을 구할 수 있을 경우 '비례감쇠(Proportional damping)' 또는 '고전적 감쇠(Classical damping)'라고 한다.

$$\{\Psi^{(i)}\}\text{T}[C]\{\Psi^{(j)}\} = c_{ii}\delta_{ij}$$

레일리(Rayleigh)는 감쇠행렬이 다음과 같이 구조물의 질량행렬과 강성행렬의 선형합(linear superposition)으로 구성될 수 있다고 가정하였다.

$$[C] = \alpha[M] + \beta[K]$$

이때, $\alpha$와 $\beta$는 임의의 비례상수이며, $k$번째 모드에 대한 감쇠비 관계는 다음과 같다.

$$\xi_k = \frac{c}{c_{cr}} = \frac{C_n}{2\sqrt{M_n K_n}} = \frac{1}{2}\left(\alpha\frac{1}{\omega_k} + \beta\omega_k\right)$$

즉, 주요한 2개의 모드인 $i$번째 모드와 $j$번째의 모드에 대한 감쇠비를 $\xi_i$와 $\xi_j$라고 할 때, $\alpha$와 $\beta$는 다음 식을 통해 구할 수 있다. 감쇠가 작은 구조물의 경우 보통 $\alpha$와 $\beta$는 보다 작은 값으로 구해진다.

$$\begin{bmatrix}\xi_i \\ \xi_j\end{bmatrix} = \frac{1}{2}\begin{bmatrix}1/\omega_i & \omega_i \\ 1/\omega_j & \omega_j\end{bmatrix}\begin{bmatrix}\alpha \\ \beta\end{bmatrix} \rightarrow \begin{bmatrix}\alpha \\ \beta\end{bmatrix} = \frac{2\omega_i\omega_j}{\omega_j^2 - \omega_i^2}\begin{bmatrix}\omega_j & -\omega_i \\ -\dfrac{1}{\omega_j} & \dfrac{1}{\omega_i}\end{bmatrix}\begin{bmatrix}\xi_i \\ \xi_j\end{bmatrix}$$

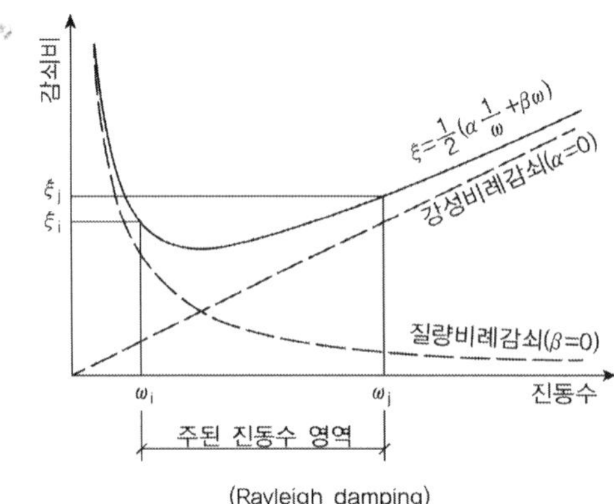


(Rayleigh damping)

이와 같은 감쇠를 Rayleigh damping이라고 하며, 이때의 감쇠행렬을 '레일리 감쇠행렬(Rayleigh damping matrix)' 또는 '비례감쇠행렬(Proportional damping matrix)'이라 한다. 이러한 감쇠를 갖는 구조물에서 구한 자유진동 모드행렬은 질량행렬과 강성행력뿐만 아니라 감쇠행렬에 대해서도 직교성을 만족한다.

'비례감쇠(Proportional damping)'를 사용할 경우 감쇠 구조물의 모드 특성은 비감쇠 구조물의 모드특성과 거의 유사하다. 특히 감쇠구조물과 비감쇠 구조물은 동일한 모드형상을 갖고 있으며 감쇠가 작은 일반 구조물의 경우 고유진동수도 매우 비슷하다. 따라서 비례감쇠를 사용할 경우 감쇠 구조물이 모드 분석을 하기 위해 비감쇠 구조물의 해석을 직접 또는 간접적으로 이용할 수 있다는 장점을 가지고 있다. 비례감쇠는 매우 실용적이지만 일반적으로 실제 감쇠는 재료의 이력감쇠 등으로 인해 구조물의 강성과 비례하지 않으며 마찰감쇠 등으로 인해 구조물의 질량과도 비례하지 않는다. 일반적으로 모드의 감쇠행렬에 대한 직교성은 성립하지 않으며 이 경우 감쇠를 '비비례감쇠(non-proportional damping)' 또는 '비고전적 감쇠(non-classical damping)'라고 한다. 비례감쇠(proportional damping)를 사용할 경우, 감쇠가 작은 일반구조물의 경우 감쇠 구조물의 모드특성은 비감쇠 구조물의 모드특성과 거의 유사하다. 특히, 감쇠 구조물과 비감쇠 구조물은 동일한 모드형상을 갖고 있으며, 고유진동수도 매우 비슷하다. 따라서 비례감쇠를 사용할 경우, 감쇠 구조물의 모드분석을 하기 위해, 비감쇠 구조물의 해석을 직접 또는 간접적으로 이용할 수 있다는 장점을 갖고 있다.

시간이력해석을 위한 레일리감쇠를 선정하기 위해, 2개의 진동수 값과 각각의 감쇠비값을 다음에 따라 합리적으로 선정하여야 한다.

① 모드해석을 통해 각 모드와 각 모드별 감쇠를 구한다. 여기서 모드별 감쇠에는 구조 형식과 재료 그리고 엔지니어의 판단이 포함된다.
② 모드 질량기여도가 높은 모드를 선별하여, 진동수-감쇠비 그래프에 그린다. 예를 들어 모드질량 기여도가 5% 이상인 것늘을 선별하여 그린다.
③ 선별된 주요 모드들이 포함되도록 보수적인 레일리 감쇠계수를 선정하여 진동수-감쇠비 그래프에 나타낸 후, 주요 모드들을 보수적으로 나타낼 수 있는지 확인한다.

# 3. 다자유도시스템 모드의 정규화 예제(Dynamics of structures, ANIL K, Chopra)



다음 두 구조물의 고유진동수와 고유모드를 구하시오(Not lumped mass).

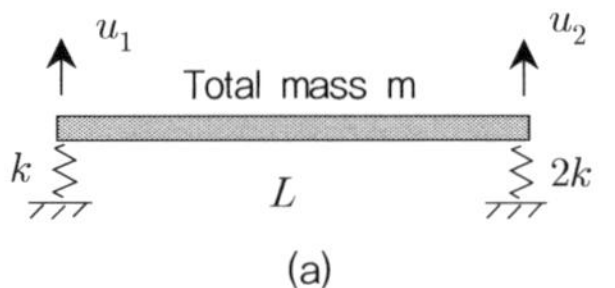


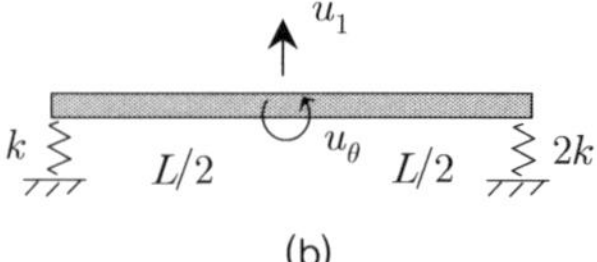




## ▶ (a) System

### 1) Mass Matrix $\overline{m}$

① $\ddot{u}_1 = 1$

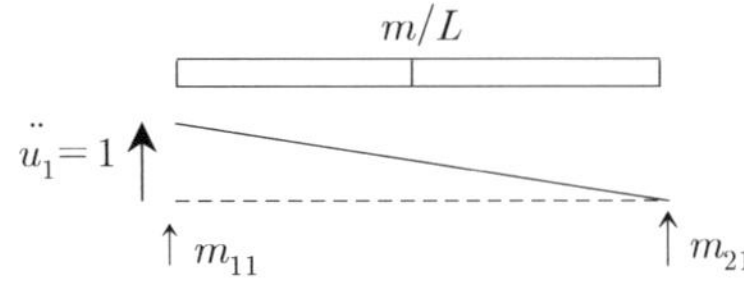


$$m_{11} = \left(\frac{2}{3}\right)\left[\left(\frac{1}{2}\right)L(1)\left(\frac{m}{L}\right)\right] = \frac{m}{3}$$

$$m_{21} = \left(\frac{1}{3}\right)\left[\left(\frac{1}{2}\right)L(1)\left(\frac{m}{L}\right)\right] = \frac{m}{6}$$

② $\ddot{u}_2 = 1$

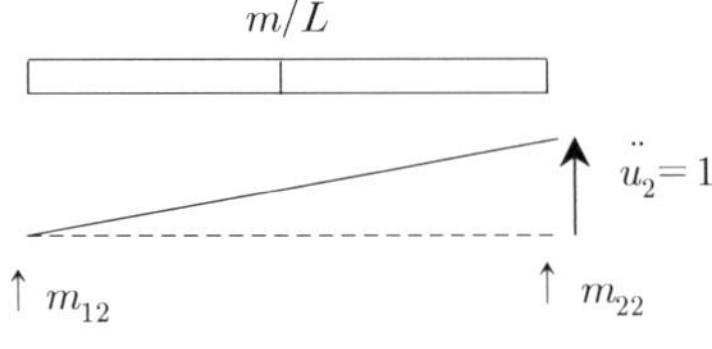


$$m_{12} = \left(\frac{1}{3}\right)\left[\left(\frac{1}{2}\right)L(1)\left(\frac{m}{L}\right)\right] = \frac{m}{6}$$

$$m_{22} = \left(\frac{2}{3}\right)\left[\left(\frac{1}{2}\right)L(1)\left(\frac{m}{L}\right)\right] = \frac{m}{3}$$

$$\therefore \overline{m} = m\begin{bmatrix} 1/3 & 1/6 \\ 1/6 & 1/3 \end{bmatrix}$$

### 2) Stiffness Matrix

① $u_1 = 1 : e_1 = 1, \quad e_2 = 0$

② $u_2 = 1 : e_1 = 0, \quad e_2 = 1$ 
$$\therefore [B] = [A]^T = \begin{bmatrix} 1 & 0 \\ 0 & 1 \end{bmatrix}$$

③ Global Stiffness Matrix 
$$\overline{k} = [A][k][B] = \begin{bmatrix} 1 & 0 \\ 0 & 1 \end{bmatrix}\begin{bmatrix} k & 0 \\ 0 & 2k \end{bmatrix}\begin{bmatrix} 1 & 0 \\ 0 & 1 \end{bmatrix} = \begin{bmatrix} k & 0 \\ 0 & 2k \end{bmatrix}$$

3) $\omega_n$

$$\overline{k} - \omega_n^2\,\overline{m} = \begin{bmatrix} k - \dfrac{m\omega_n^2}{3} & -\dfrac{m\omega_n^2}{6} \\[2ex] -\dfrac{m\omega_n^2}{6} & 2k - \dfrac{m\omega_n^2}{3} \end{bmatrix}$$

$$\therefore\ \left(k - \frac{m\omega_n^2}{3}\right)\!\left(2k - \frac{m\omega_n^2}{3}\right) - \left(\frac{m\omega_n^2}{6}\right)^2 = 0\ :\quad \omega_n^2 = (6 \pm 2\sqrt{3})\frac{k}{m}$$

4) Mode Shape : $\left\{[K] - w_n^2[m]\right\}\{\phi\} = \{0\}$

① $\omega_n^2 = (6 - 2\sqrt{3})\dfrac{k}{m}$

$$\left\{\begin{bmatrix} k & 0 \\ 0 & 2k \end{bmatrix} - (6 - 2\sqrt{3})\frac{k}{m}m\begin{bmatrix} 1/3 & 1/6 \\ 1/6 & 1/3 \end{bmatrix}\right\}\begin{bmatrix} \phi_{12} \\ \phi_{22} \end{bmatrix} = \begin{bmatrix} 0 \\ 0 \end{bmatrix}\ :\ k\begin{bmatrix} 0.1547 & -0.4226 \\ -0.4226 & 1.1547 \end{bmatrix}\begin{bmatrix} \phi_{11} \\ \phi_{21} \end{bmatrix} = \begin{bmatrix} 0 \\ 0 \end{bmatrix}$$

$\phi_{11} = 1$로 가정하면, $\quad \phi_{21} = 0.3360$

② $\omega_n^2 = (6 + 2\sqrt{3})\dfrac{k}{m}$

$$\left\{\begin{bmatrix} k & 0 \\ 0 & 2k \end{bmatrix} - (6 + 2\sqrt{3})\frac{k}{m}m\begin{bmatrix} 1/3 & 1/6 \\ 1/6 & 1/3 \end{bmatrix}\right\}\begin{bmatrix} \phi_{12} \\ \phi_{22} \end{bmatrix} = \begin{bmatrix} 0 \\ 0 \end{bmatrix}\ :\ k\begin{bmatrix} -2.1547 & -1.5774 \\ -1.5774 & -1.1547 \end{bmatrix}\begin{bmatrix} \phi_{12} \\ \phi_{22} \end{bmatrix} = \begin{bmatrix} 0 \\ 0 \end{bmatrix}$$

$\phi_{12} = 1$로 가정하면, $\quad \phi_{23} = -1.3360$

➤ **(b) System**

1) Mass Matrix $\overline{m}$

① $\ddot{u}_1 = 1$

$$m_{11} = (1)L\left(\frac{m}{L}\right) = m$$

$$m_{21} = 0$$

② $\ddot{u}_2 = 1$

$$m_{12} = 0$$

$$m_{22} = \frac{1}{2}\left(\frac{L}{2}\right)\left(\frac{L}{2}\right)\left(\frac{m}{L}\right)\left(\frac{2}{3}L\right) = \frac{mL^2}{12}$$

$$\therefore \overline{m} = \begin{bmatrix} m & 0 \\ 0 & \dfrac{mL^2}{12} \end{bmatrix}$$

## 2) Stiffness Matrix

① $u_1 = 1 : e_1 = 1, \quad e_2 = -\dfrac{L}{2}$

② $u_2 = 1 : e_1 = 1, \quad e_2 = \dfrac{L}{2}$ $\qquad \therefore [B] = [A]^T = \begin{bmatrix} 1 & -\dfrac{L}{2} \\ 1 & \dfrac{L}{2} \end{bmatrix}$

③ Global Stiffness Matrix $\qquad \overline{k} = [A][k][B] = [A]\begin{bmatrix} k & 0 \\ 0 & 2k \end{bmatrix}[A]^T = \begin{bmatrix} 3k & \dfrac{kL}{2} \\ \dfrac{kL}{2} & \dfrac{3kL^2}{4} \end{bmatrix}$

## 3) $\omega_n$

$$\overline{k} - \omega_n^2 \overline{m} = \begin{bmatrix} 3k - m\omega_n^2 & \dfrac{kL}{2} \\ \dfrac{kL}{2} & \dfrac{3kL^2}{4} - \dfrac{m\omega_n^2 L^2}{12} \end{bmatrix}$$

$$\therefore \left(3k - m\omega_n^2\right)\left(\dfrac{3kL^2}{4} - \dfrac{m\omega_n^2 L^2}{12}\right) - \left(\dfrac{kL}{2}\right)^2 = 0 \ : \ \omega_n^2 = (6 \pm 2\sqrt{3})\dfrac{k}{m} \ ((a) \text{ System과 동일})$$

## 4) Mode Shape : $\left\{[K] - w_n^2[m]\right\}\{\phi\} = \{0\}$

① $\omega_n^2 = (6 - 2\sqrt{3})\dfrac{k}{m}$ $\qquad\qquad \phi_{11} = 1$로 가정하면, $\quad \phi_{21} = 0.3360$

② $\omega_n^2 = (6 + 2\sqrt{3})\dfrac{k}{m}$ $\qquad\qquad \phi_{12} = 1$로 가정하면, $\quad \phi_{22} = -1.3360$

다음 두 구조물의 고유진동수와 고유모드를 구하시오(Lumped mass).

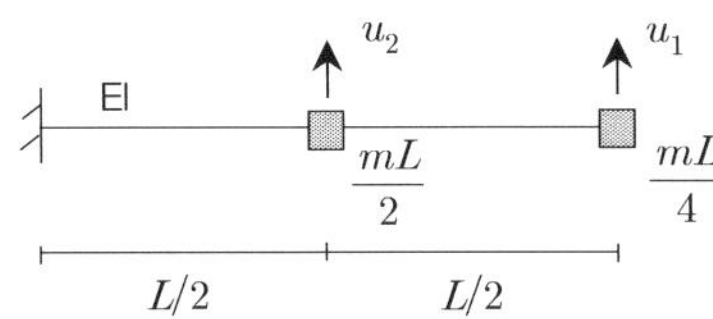

풀 이

**TIP** | Stiffness Matrix | Stiffness coefficient for a flexural element

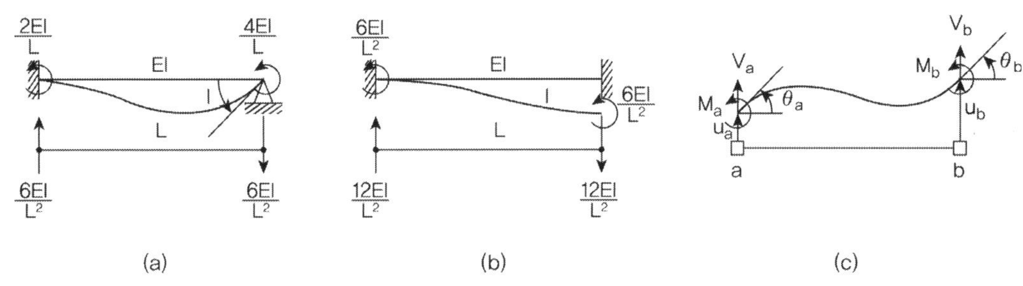

(a)       (b)       (c)

① 절점의 변위를 $u_a$, $u_b$라 하고 절점의 회전변위를 $\theta_a$, $\theta_b$라고 하면 각 절점의 모멘트는

$$M_a = \frac{4EI}{L}\theta_a + \frac{2EI}{L}\theta_b + \frac{6EI}{L^2}u_a - \frac{6EI}{L^2}u_b, \quad M_b = \frac{2EI}{L}\theta_a + \frac{4EI}{L}\theta_b + \frac{6EI}{L^2}u_a - \frac{6EI}{L^2}u_b$$

② 전단력은

$$V_a = \frac{12EI}{L^3}u_a - \frac{12EI}{L^3}u_b + \frac{6EI}{L^2}\theta_a + \frac{6EI}{L^2}\theta_b, \quad V_b = -\frac{12EI}{L^3}u_a + \frac{12EI}{L^3}u_b - \frac{6EI}{L^2}\theta_a - \frac{6EI}{L^2}\theta_b$$

1) 자유도 및 부재변형

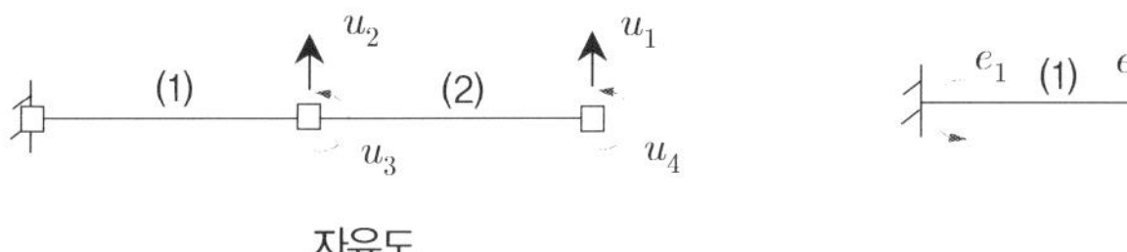

자유도           변형도

## 2) 강성매트릭스(Direct Method)

### ① $u_1 = 1, \quad u_2 = u_3 = u_4 = 0$

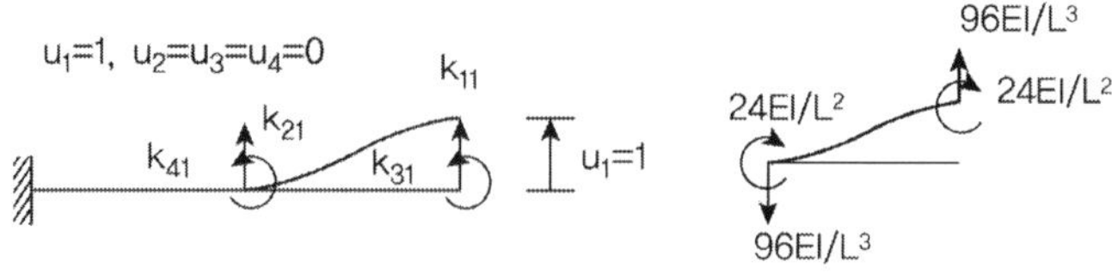


$$k_{i1} = \left[\; \frac{96EI}{L^3} \quad -\frac{96EI}{L^3} \quad -\frac{24EI}{L^2} \quad -\frac{24EI}{L^2} \;\right]$$

### ② $u_2 = 1, \quad u_1 = u_3 = u_4 = 0$

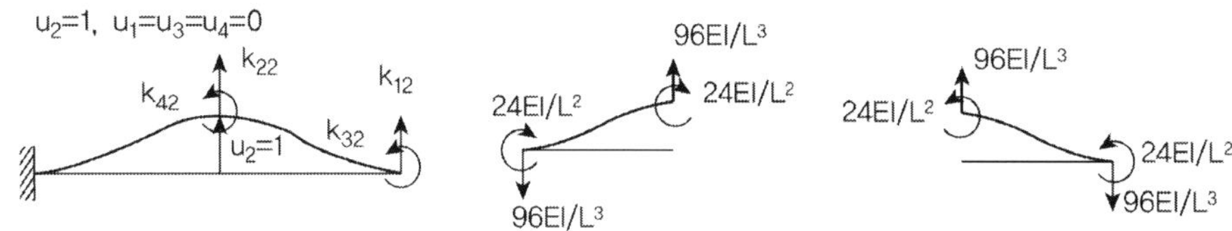


$$k_{i2} = \left[\; -\frac{96EI}{L^3} \quad \frac{24EI}{L^3} \quad \frac{96EI}{L^2}+\frac{96EI}{L^2} \quad -\frac{24EI}{L^2}+\frac{24EI}{L^2} \;\right]$$

### ③ $u_3 = 1, \quad u_1 = u_2 = u_4 = 0$

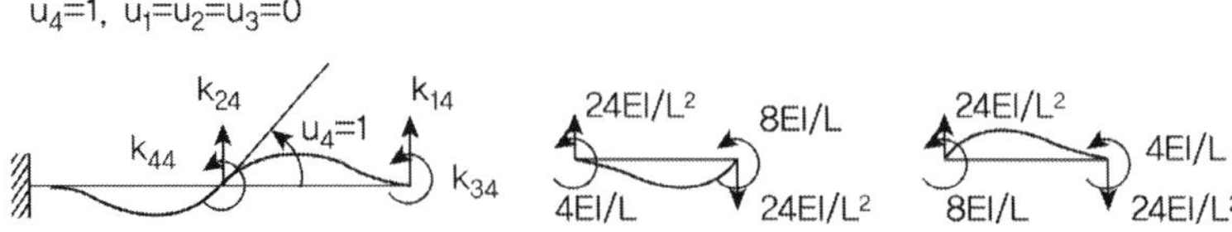


$$k_{i3} = \left[\; -\frac{24EI}{L^3} \quad \frac{24EI}{L^3} \quad \frac{8EI}{L^2} \quad \frac{4EI}{L^2} \;\right]$$

### ④ $u_4 = 1, \quad u_1 = u_2 = u_3 = 0$

$$k_{i4} = \left[ -\frac{24EI}{L^3} \quad \frac{4EI}{L^3} \quad -\frac{24EI}{L^2} + \frac{24EI}{L^2} \quad \frac{8EI}{L^2} + \frac{8EI}{L^2} \right]$$

$$\therefore\ k = \frac{8EI}{L^3} \begin{bmatrix} 12 & -12 & -3L & -3L \\ -12 & 24 & 3L & 0 \\ -3L & 3L & L^2 & L^2/2 \\ -3L & 0 & L^2/2 & 2L^2 \end{bmatrix}$$

3) Extra Sol.(Flexibility Matrix)

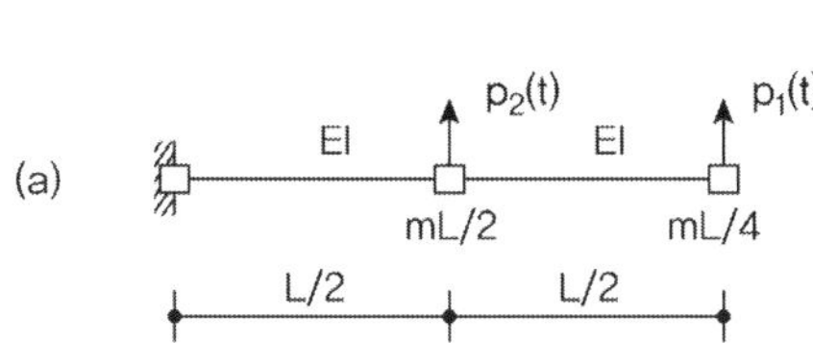


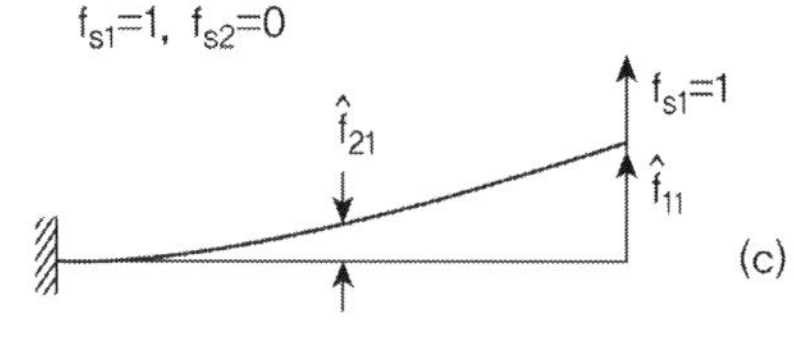


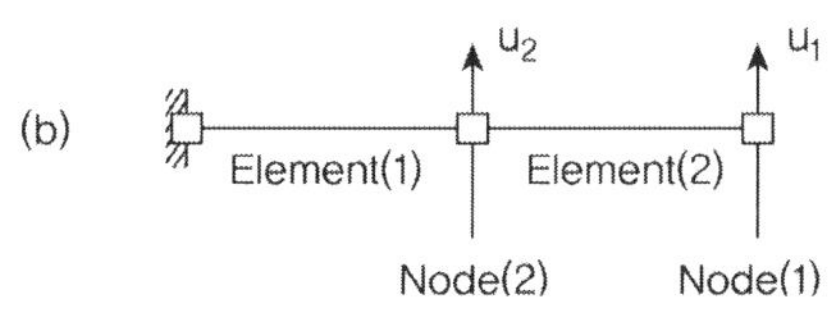


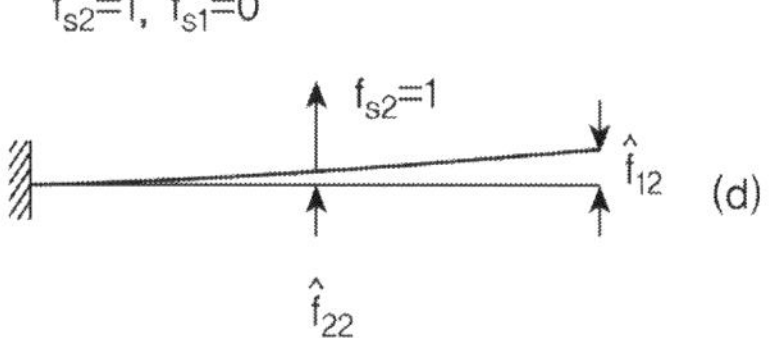


Flexibility Matrix $\quad \bar{f} = \dfrac{L^3}{48EI}\begin{bmatrix} 16 & 5 \\ 5 & 2 \end{bmatrix}\quad$ from Maxwell's theorem $\overline{f}_{12} = \overline{f}_{21}$

$$(\bar{f})^{-1} = k = \frac{48EI}{7L^3}\begin{bmatrix} 2 & -5 \\ -5 & 16 \end{bmatrix}$$

4) Extra Sol.(Flexibility Matrix)

① $u_1 = 1 : e_1 = e_2 = 0,\quad e_3 = -\dfrac{2}{L}$

② $u_2 = 1 : e_1 = e_2 = -\dfrac{2}{L},\quad e_3 = \dfrac{2}{L}$

③ $u_3 = 1 : e_1 = 0,\quad e_2 = 1,\quad e_3 = 1$

$$\therefore\ [B] = [A]^T = \begin{bmatrix} 0 & -\dfrac{2}{L} & 0 \\ 0 & -\dfrac{2}{L} & 1 \\ -\dfrac{2}{L} & \dfrac{2}{L} & 1 \end{bmatrix}$$

Element Stiffness Matrix

① (1)부재 : 양측 고정단 $\qquad k_{(1)} = \dfrac{2EI}{L}\begin{bmatrix} 4 & 2 \\ 2 & 4 \end{bmatrix}$

② (2)부재 : 고정단+자유단 $\qquad k_{(2)} = \dfrac{2EI}{L}[3]$

$$\therefore \ \overline{k} = \begin{bmatrix} k_1 & \\ & k_2 \end{bmatrix} = 2\frac{EI}{L}\begin{bmatrix} 4 & 2 & \\ 2 & 4 & \\ & & 3 \end{bmatrix}$$

Global Stiffness Matrix

$$\overline{k} = [A][k][B] = [A]\begin{bmatrix} k_1 & 0 \\ 0 & k_2 \end{bmatrix}[A]^T = \begin{bmatrix} k_{tt} & k_{t0} \\ k_{0t} & k_{00} \end{bmatrix} = EI\begin{bmatrix} \dfrac{24}{L^3} & -\dfrac{24}{L^3} & -\dfrac{12}{L^3} \\ -\dfrac{24}{L^3} & \dfrac{120}{L^3} & -\dfrac{12}{L^3} \\ -\dfrac{12}{L^3} & -\dfrac{12}{L^3} & \dfrac{14}{L} \end{bmatrix}$$

$$\overline{k} = [A][k][B] = [A]\begin{bmatrix} k_1 & 0 \\ 0 & k_2 \end{bmatrix}[A]^T = \begin{bmatrix} k_{tt} & k_{t0} \\ k_{0t} & k_{00} \end{bmatrix} = \frac{8EI}{L^3}\begin{bmatrix} 12 & -12 & -3L & -3L \\ -12 & 24 & 3L & 0 \\ -3L & 3L & L^2 & L^2/2 \\ -3L & 0 & L^2/2 & 2L^2 \end{bmatrix}$$

Static condensation $\overline{k} = k_{aa} - k_{ab}k_b^{-1}k_{ba} = \dfrac{48EI}{7L^3}\begin{bmatrix} 2 & -5 \\ -5 & 16 \end{bmatrix}$

---

**TIP** | Static condensation |

① Static condensation(정적집약) 방법은 DOF구조물의 질량이 0인 부분을 제외시키기 위해서 적용한다.

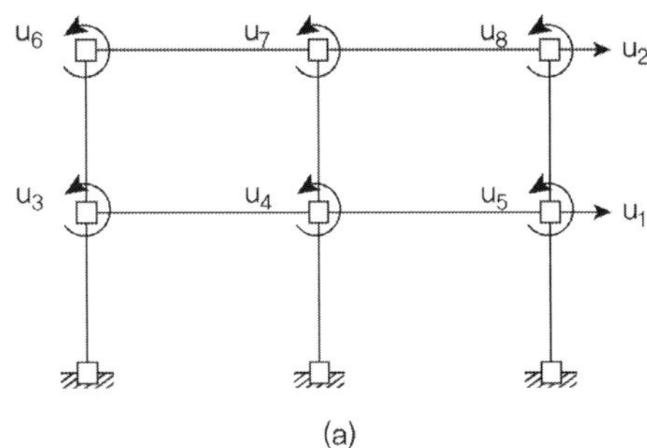

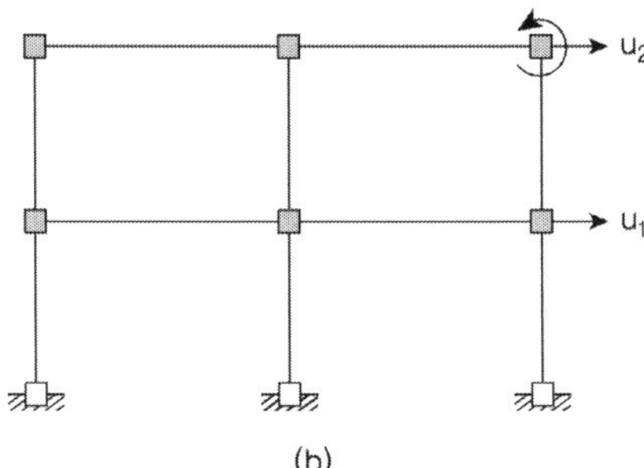


② 2층 구조에서 축력 변위를 무시하고, 절점에서 Lumped mass인 구조로 가정하면 운동방정식은

$$\begin{bmatrix} m_{tt} & 0 \\ 0 & 0 \end{bmatrix}\begin{bmatrix} \ddot{u}_t \\ \ddot{u}_0 \end{bmatrix} + \begin{bmatrix} k_{tt} & k_{t0} \\ k_{0t} & k_{00} \end{bmatrix}\begin{bmatrix} u_t \\ u_0 \end{bmatrix} = \begin{bmatrix} p_t(t) \\ 0 \end{bmatrix}$$

③ $u_0$가 Zero mass 이고 실제 DOF는 $u_r$이라고 한다면, 2개의 방정식은

$$m_{tt}\ddot{u}_t + k_{tt}u_t + k_{t0}u_0 = p_t(t), \quad k_{0t}u_t + k_{00}u_0 = 0$$

④ $u_0$와 관련된 관성력이나 외력이 없으므로, $u_0 = -k_{00}^{-1}k_{0t}u_t$

$$\therefore \ m_{tt}\ddot{u}_t + (k_{tt} - k_{t0}k_{00}^{-1}k_{0t})u_t = p_t(t) \ : \ m_{tt}\ddot{u}_t + \overline{k_{tt}}u_t = p_t(t)$$

$$\therefore \ \overline{k_{tt}} = k_{tt} - k_{t0}k_{00}^{-1}k_{0t}$$

5) Mass Matrix

$$\overline{m} = \begin{bmatrix} \dfrac{mL}{4} & \\ & \dfrac{mL}{2} \end{bmatrix}$$

6) $\omega_n$

$$\overline{k} - \omega_n^2 \overline{m} = \frac{48EI}{7L^3}\begin{bmatrix} 2-\lambda & -5 \\ -5 & 16-2\lambda \end{bmatrix}, \quad \lambda = \frac{7mL^4}{192EI}\omega^2, \quad 2\lambda^2 - 20\lambda + 7 = 0$$

$$\lambda_1 = 0.36319, \quad \lambda_2 = 9.6368$$

$$\therefore \ \omega_1 = 3.15623\sqrt{\frac{EI}{mL^4}}, \quad \omega_2 = 16.2580\sqrt{\frac{EI}{mL^4}}$$

7) Mode Shape : $\left\{ [K] - w_n^2[m] \right\}\{\phi\} = \{0\}$

① $\omega_1 = 3.15623\sqrt{\dfrac{EI}{mL^4}}$

$\phi_{11} = 1$로 가정하면, $\quad \phi_{21} = 0.3274$

② $\omega_2 = 16.2580\sqrt{\dfrac{EI}{mL^4}}$

$\phi_{12} = 1$로 가정하면, $\quad \phi_{22} = -1.5274$

다음 두 구조물의 고유진동수와 고유모드를 구하시오.(Lumped mass).

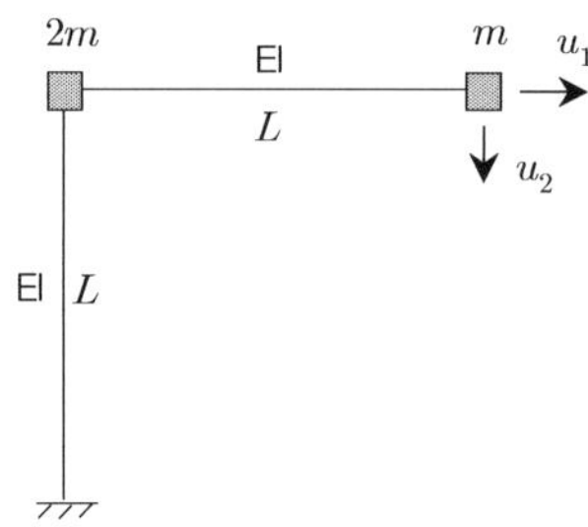



풀 이

## 1) 자유도 및 부재변형

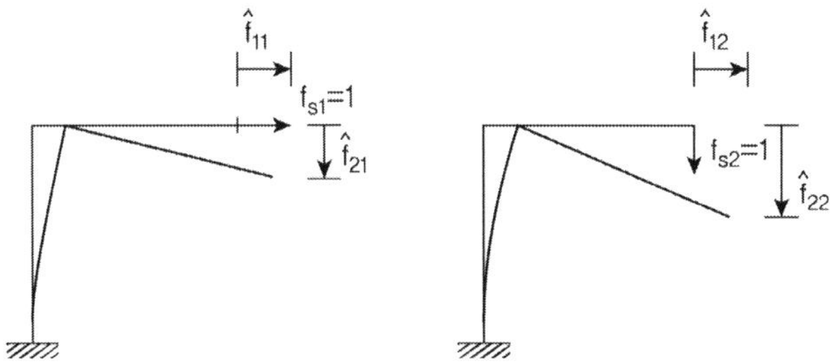



2) Flexibility Matrix $\quad \bar{f} = \dfrac{L^3}{6EI}\begin{bmatrix} 2 & 3 \\ 3 & 8 \end{bmatrix}$

3) Stiffness Matrix $\quad \bar{k} = \bar{f}^{-1} = \dfrac{6EI}{7L^3}\begin{bmatrix} 8 & -3 \\ -3 & 2 \end{bmatrix}$

4) Extra Sol.(Flexibility Matrix)

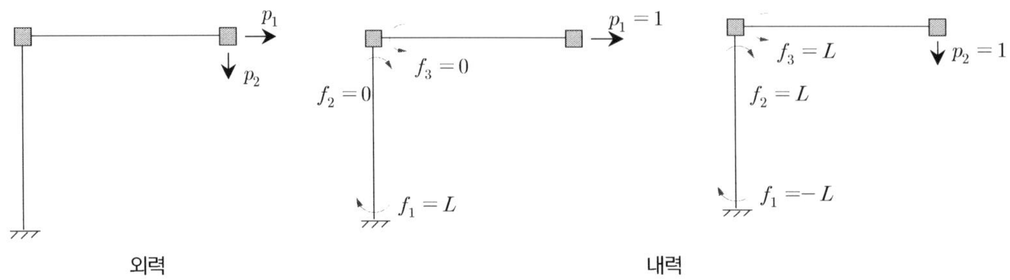

$$\therefore [B] = [A]^T = \begin{bmatrix} L & L \\ 0 & -L \\ 0 & L \end{bmatrix}, \quad f = \frac{L^3}{6EI}\begin{bmatrix} 2 & -1 \\ -1 & 2 \\ & & 2 \end{bmatrix}, \quad \overline{f} = [A]^T f [A] = \frac{1}{EI}\begin{bmatrix} \dfrac{L^3}{3} & \dfrac{L^3}{2} \\ \dfrac{L^3}{2} & \dfrac{4L^3}{3} \end{bmatrix}$$

$$\therefore \overline{k} = \overline{f}^{-1} = \frac{6EI}{7L^3}\begin{bmatrix} 8 & -3 \\ -3 & 2 \end{bmatrix}$$

5) Mass Matrix

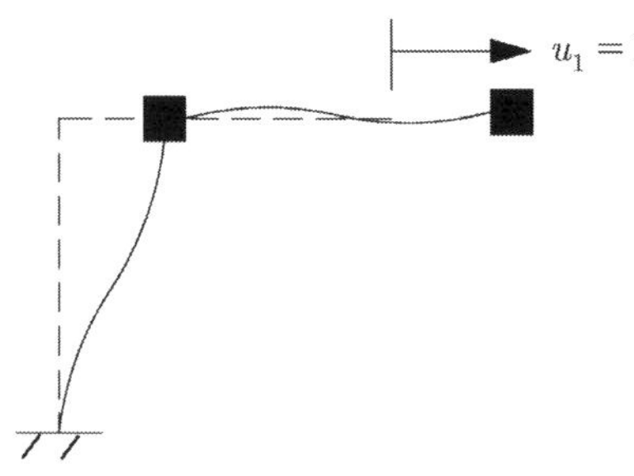
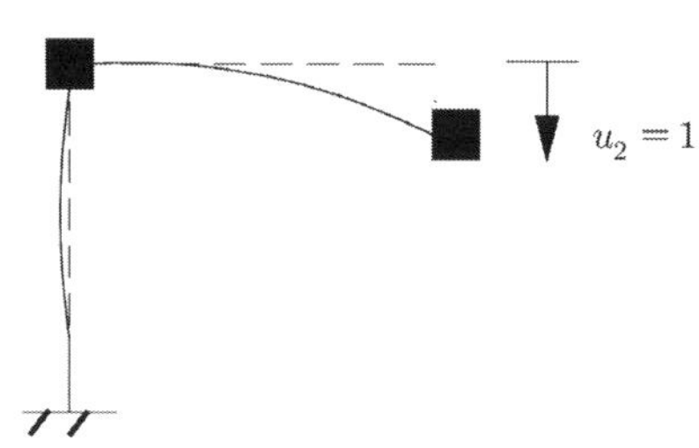

$$m_{11} = 3m, \ m_{21} = 0 \qquad\qquad m_{12} = 0, \ m_{22} = m$$

$$\therefore \overline{m} = \begin{bmatrix} 3m & \\ & m \end{bmatrix}$$

6) $\omega_n$

$$\overline{k} - \omega_n^2 \overline{m} = \frac{6EI}{7L^3}\begin{bmatrix} 8 & -3 \\ -3 & 2 \end{bmatrix} - \omega_n^2\begin{bmatrix} 3m & \\ & m \end{bmatrix}, \quad \lambda = \frac{7mL^3}{EI}\omega_n^2, \ 3\lambda^2 - 14\lambda + 7 = 0$$

$$\lambda_1 = 0.5695, \quad \lambda_2 = 4.0972$$

$$\therefore \omega_1 = 0.6987\sqrt{\frac{EI}{mL^3}}, \quad \omega_2 = 1.874\sqrt{\frac{EI}{mL^3}}$$

7) Mode Shape : $\left\{[K] - w_n^2[m]\right\}\{\phi\} = \{0\}$

① $\omega_1 = 0.6987\sqrt{\dfrac{EI}{mL^3}}$

$\phi_{11} = 1$로 가정하면, $\quad \phi_{21} = 2.097$

② $\omega_2 = 1.874\sqrt{\dfrac{EI}{mL^3}}$

$\phi_{12} = 1$로 가정하면, $\quad \phi_{22} = -1.431$

## 4. Rayleigh Method(Structural Dynamics, Mario Paz)

자유진동하의 비감쇠계에 대한 운동미분방정식은 가상일의 방법을 이용하거나 에너지 보존법칙 (Principal of energy conservation)을 적용하여 구할 수 있다. 이는 구조계에 외력이 작용하지 않고 감쇠로 인한 에너지 소산이 없다면 구조계의 총에너지는 운동 중 일정해야 하며 결국 시간에 대한 미분값이 0이어야 한다.

### 1) Rayleigh Mehtod의 원리

① 스프링-질량계

운동에너지 : $T = \dfrac{1}{2}m\dot{y}^2$  $\quad \dot{y}$ : 질량의 순간속도(instantaneous velocity)

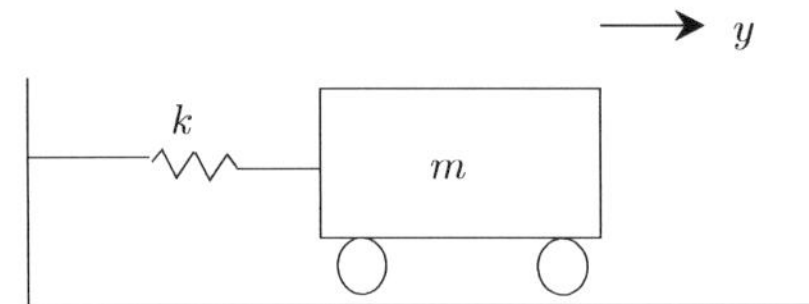


평형상태에서 $y$만큼 변위가 발생되었을 때 스프링의 작용력은 $ky$이고 추가변위 $\delta y$에 대해 질량에 작용하는 이 힘의 의한 일은 $-kydy$이다. 질량에 작용하는 힘 $ky$는 좌표 $y$의 +방향으로의 변위 증분 $\delta y$에 대해 반대방향이기 때문에 이 일은 $-$부호를 갖는다. 그러나 정의에 따라 위치에너지는 이 일의 값과 같으며 반대부호를 가진다. 이때 최종변위 $y$에 대한 스프링의 총 위치에너지 $V$는 다음과 같음을 알 수 있다.

위치에너지 : $V = \displaystyle\int_0^y kydy = \dfrac{1}{2}ky^2$

운동에너지 + 위치에너지 = 일정  $\quad \dfrac{1}{2}m\dot{y}^2 + \dfrac{1}{2}ky^2 = C_0\,(constant)$

양변을 시간에 대해 미분하면,

$m\dot{y}\ddot{y} + ky\dot{y} = 0 \quad \rightarrow \quad m\ddot{y} + ky = 0$ : Newton의 운동법칙과 동일

② 조화운동

$y = C\sin(\omega t + \alpha) \quad \rightarrow \quad \dot{y} = \omega C\cos(\omega t + \alpha) \quad$ 여기서, $C$는 최대변위,  $\omega C$는 최대속도

운동에너지 : $y = 0$일 때, 운동에너지가 최대 $T_{\max} = \dfrac{1}{2}m(\omega C)^2$

위치에너지 : 취대 변위에서 질량의 속도는 0이고 최대 위치에너지 $V_{\max} = \dfrac{1}{2}kC^2$

운동에너지 = 위치에너지 : $\dfrac{1}{2}m(\omega C)^2 = \dfrac{1}{2}kC^2 \qquad \therefore \omega = \sqrt{\dfrac{k}{m}}$

③ Rayleigh method

②와 같이 최대운동에너지를 최대위치에너지와 등치시켜서 고유진동수를 구하는 방법을 말한다.

## 2) 다자유도시스템의 적용

레일리방법을 사용하면 단자유도계로 근사한 구조계의 기본진동수와 기본모드 형상만을 구할 수 있지만, 1907년 리츠(W. Ritz)에 의해 개발된 레일리–리츠방법을 사용하면 레일리방법보다 정확한 여러 개의 고유진동수와 모드형상을 구할 수 있다. 이 방법은 레일리방법과 마찬가지로 구조물의 변위를 어떤 형상으로 근사할 수 있다고 가정하지만, 변위를 하나의 형상이 아닌, 여러 개의 리츠 벡터(Ritz vector, $[\Phi(z)]$)로 근사한다. 참고로 리츠벡터를 선정하는 것이 어려운 복잡한 다자유도계의 경우, 개선된 레일리 방법과 같이 관성력을 사용한 반복 계산과정을 거쳐 개선된 리츠 벡터를 구할 수 있다.

비감쇠 자유진동에 관한 $n$ 자유도계의 운동방정식에서 $n$ 보다 작은 $m$ 개(즉, $m \leq n$)의 리츠벡터를 사용하여 변위를 근사하면 다음과 같다.

$$[M]\{\ddot{U}\}+[K]\{U\}=\{0\}, \quad \{U(z;t)\}=[\Phi(z)]\{Q(t)\}$$

여기서, $[\Phi]=[\{\Psi^{(1)}\}\{\Psi^{(2)}\}\cdots\{\Psi^{(m)}\}], \quad \{Q\}=< q_1 \ q_2 \ \cdots \ q_m >^T$

레일리–리츠방법에서 레일리지수(Rayleigh's quotient, $\rho$)는 다음과 같으며, 이 값은 가정된 리츠 벡터에 따라 다르다.

$$\rho = \frac{V_{\max}}{T_{\max}^*} = \frac{[\Phi]^T[K][\Phi]}{[\Phi]^T[M][\Phi]} = \frac{[Q]^T[\overline{K}][Q]}{[Q]^T[\overline{M}][Q]}$$

여기서 $T_{\max} = \omega_i^2 T_{\max}^* , \quad [\overline{K}] = [\Phi]^T[K][\Phi], \quad [\overline{M}] = [\Phi]^T[M][\Phi]$

고유 진동수 근방에서 레일리시수는 일정한 값을 가지므로 $\dfrac{\partial \rho}{\partial q_i} = 0$이므로,

$$\frac{\partial}{\partial q_i}\left(\frac{V_{\max}}{T_{\max}^*}\right) = \frac{1}{T_{\max}^*}\frac{\partial V_{\max}}{\partial q_i} - \frac{V_{\max}}{\left(T_{\max}^*\right)^2}\frac{\partial T_{\max}^*}{\partial q_i} = 0$$

$$\therefore \rho = \frac{V_{\max}}{T_{\max}^*} = \frac{[Q]^T[\overline{K}][Q]}{[Q]^T[\overline{M}][Q]} = \omega^2 \quad \text{또는} \quad [\overline{K}]\{Q\} = \omega^2[\overline{M}]\{Q\}$$

이 식에서 구한 축소된 $m$ 자유도계의 고유진동수($\omega$)는 $n$ 자유도계의 고유진동수와 거의 동일하지만, 축소된 $m$ 자유도계의 모드형상($[\overline{\Phi}]$)은 리츠벡터$[\Phi]$를 사용하여 $n$ 자유도계의 개선된 모드형상 $[^{(i)}\Phi]$로 변환하여야 한다.

$$[^{(i)}\Phi] = [\Phi(z)][\overline{\Phi}]$$

레일리–리츠방법으로 구한 $m$개의 고유진동수와 모드형상은 $n$ 자유도계 구조물의 고유진동수와

모드형상에 대한 근사값으로 리츠벡터를 원래 모드형상과 근사하게 가정할수록 정확한 $m$개의 고유진동수와 모드형상을 구할 수 있다.

리츠벡터를 선정하는 것이 어려운 복잡한 다자유도계의 경우, 개선된 레일리방법와 같이 관성력을 사용한 반복계산과정을 거쳐 개선된 리츠벡터를 구할 수 있다. 이 개선과정을 초기 가정한 리츠벡터$[^{(0)}\varPhi]$에서 개선된 리츠벡터$[^{(1)}\varPhi]$을 구하는 절차는 다음과 같다.

① 초기리츠벡터 $[^{(0)}\varPhi]$을 가정

② 축소된 질량행렬과 강성행렬을 산정  $[^{(0)}\overline{M}] = [^{(0)}\varPhi]^T[M][^{(0)}\varPhi]$, $[^{(0)}\overline{K}] = [^{(0)}\varPhi]^T[K][^{(0)}\varPhi]$

③ 축소된 m 자유도계의 고유진동수와 모드형상을 계산

$$| \, [^{(0)}\overline{K}] - (^{(1)}\omega)^2 \, [^{(0)}\overline{M}] \, | = 0 \quad \rightarrow \,\, ^{(1)}\omega, \,\, [^{(1)}\overline{\varPhi}]$$

④ n자유도계의 모드형상으로 변환  $[^{(1)}\varPhi] = [^{(0)}\varPhi][^{(1)}\overline{\varPhi}]$

⑤ $[^{(1)}\overline{\varPhi}]$를 새로운 리츠벡터로 가정하여 반복

---

**TIP** | 레일리 방법을 이용한 다자유도 구조물의 기본주기 산정 |

변형 후 구조물에 저장된 최대위치에너지와 운동에너지는 각각 다음과 같다.

$$V_{\max} = \frac{1}{2}f_1\delta_1 + \frac{1}{2}f_2\delta_2 + \cdots + \frac{1}{2}f_n\delta_n = \frac{1}{2}\sum_{i=1}^{n}f_i\delta_i$$

$$T_{\max} = \frac{1}{2}m_1\dot{\delta}_1^2 + \frac{1}{2}m_2\dot{\delta}_2^2 + \cdots + \frac{1}{2}m_n\dot{\delta}_n^2 = \frac{1}{2}\frac{f_1}{g}(\omega\delta_1)^2 + \frac{1}{2}\frac{f_2}{g}(\omega\delta_2)^2 + \cdots + \frac{1}{2}\frac{f_n}{g}(\omega\delta_n)^2 = \frac{1}{2}\sum_{i=1}^{n}\frac{f_i}{g}(\omega\delta_i)^2$$

From $T_{\max} = V_{\max}$

$$\frac{1}{2}\sum_{i=1}^{n}\frac{f_i}{g}(\omega\delta_i)^2 = \frac{1}{2}\sum_{i=1}^{n}f_i\delta_i \qquad \therefore \,\, T = \frac{2\pi}{\omega} = 2\pi\sqrt{\frac{\dfrac{1}{2}\sum_{i=1}^{n}\dfrac{f_i}{g}\delta_i^2}{\dfrac{1}{2}\sum_{i=1}^{n}f_i\delta_i}} = 2\pi\sqrt{\frac{\dfrac{1}{2}\sum_{i=1}^{n}f_i\delta_i^2}{g\sum_{i=1}^{n}f_i\delta_i}}$$

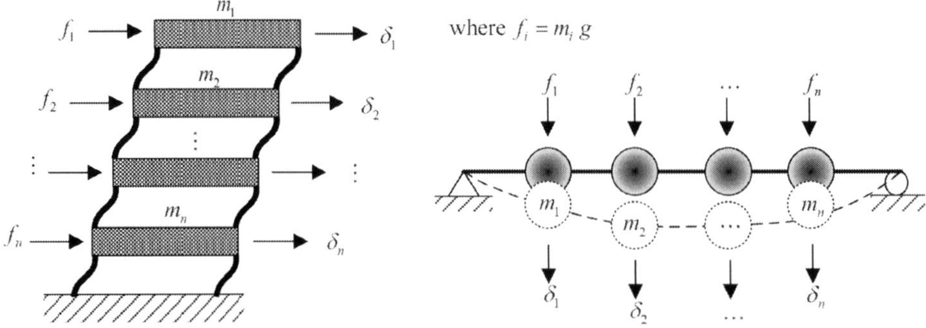

## Rayleigh 감쇠행렬

Rayleigh 감쇠행렬을 구성하는 방법을 설명하시오.

### 풀 이

> **Damping System**

일반적인 감쇠모델이나 임의적 진동 시스템의 감쇠를 추정하는 방법으로 Rayleigh의 감쇠행렬이나 Viscos Damping을 이용하는 방법이 있다. Rayleigh의 감쇠행렬은 감쇠는 구조물의 질량행렬과 강성행렬에 비례한다는 가정으로 다음과 같이 표현할 수 있다.

$$[C] = \alpha[M] + \beta[K]$$

> **질량비례감쇠**

감쇠행렬 $C = \alpha M$

모드감쇠비 $\xi = \dfrac{c}{c_{cr}} = \dfrac{C_n}{2\sqrt{M_n K_n}} = \dfrac{\alpha}{2}\dfrac{1}{\omega_n}$ $\quad \therefore$ 비례계수 $\alpha = 2\xi_i \omega_i$

> **강성비례감쇠**

감쇠행렬 $C = \beta K$

모드감쇠비 $\xi = \dfrac{c}{c_{cr}} = \dfrac{C_n}{2\sqrt{M_n K_n}} = \dfrac{\beta}{2}\omega_n$ $\quad \therefore$ 비례계수 $\beta = \dfrac{2\xi_j}{\omega_j}$

> **Rayleigh 감쇠**

감쇠행렬 $C = \alpha M + \beta K$

모드감쇠비 $\xi = \dfrac{c}{c_{cr}} = \dfrac{C_n}{2\sqrt{M_n K_n}} = \dfrac{\alpha}{2}\dfrac{1}{\omega_n} + \dfrac{\beta}{2}\omega_n$

비례계수 $\dfrac{1}{2}\begin{bmatrix} 1/\omega_i & \omega_i \\ 1/\omega_j & \omega_j \end{bmatrix}\begin{bmatrix} \alpha \\ \beta \end{bmatrix} = \begin{bmatrix} \xi_i \\ \xi_j \end{bmatrix}$

$\xi_i = \xi_j$일 경우,

$$\alpha = \xi\dfrac{2\omega_i\omega_j}{\omega_i + \omega_j}, \quad \beta = \xi\dfrac{2}{\omega_i + \omega_j}$$

## Rayleigh 감쇠행렬

레일리(Rayleigh) 감쇠행렬을 구하는 방법을 설명하시오.

### 풀 이

> **개요**

감쇠 자유진동에서 자유진동모드행렬을 감쇠행렬에 양변에 곱하였을 때 다음과 같이 대각성분만을 갖는 행렬을 구할 수 있을 경우 '비례감쇠(Proportional damping)' 또는 '고전적 감쇠(Classical damping)'라고 한다.

$$\{\Psi^{(i)}\}\mathrm{T}[C]\{\Psi^{(j)}\} = c_{ii}\delta_{ij}$$

레일리(Rayleigh)는 감쇠행렬이 다음과 같이 구조물의 질량행렬과 강성행렬의 선형합(linear superposition)으로 구성될 수 있다고 가정하였다.

$$[C] = \alpha[M] + \beta[K]$$

이때, $\alpha$와 $\beta$는 임의의 비례상수이며, $k$번째 모드에 대한 감쇠비 관계는 다음과 같다.

$$\xi_k = \frac{c}{c_{cr}} = \frac{C_n}{2\sqrt{M_n K_n}} = \frac{1}{2}\left(\alpha\frac{1}{\omega_k} + \beta\omega_k\right)$$

즉, 주요한 2개의 모드인 $i$번째 모드와 $j$번째의 모드에 대한 감쇠비를 $\xi_i$와 $\xi_j$라고 할 때, $\alpha$와 $\beta$는 다음 식을 통해 구할 수 있다. 감쇠가 작은 구조물의 경우 보통 $\alpha$와 $\beta$는 보다 작은 값으로 구해진다.

$$\begin{bmatrix} \xi_i \\ \xi_j \end{bmatrix} = \frac{1}{2}\begin{bmatrix} 1/\omega_i & \omega_i \\ 1/\omega_j & \omega_j \end{bmatrix}\begin{bmatrix} \alpha \\ \beta \end{bmatrix}$$

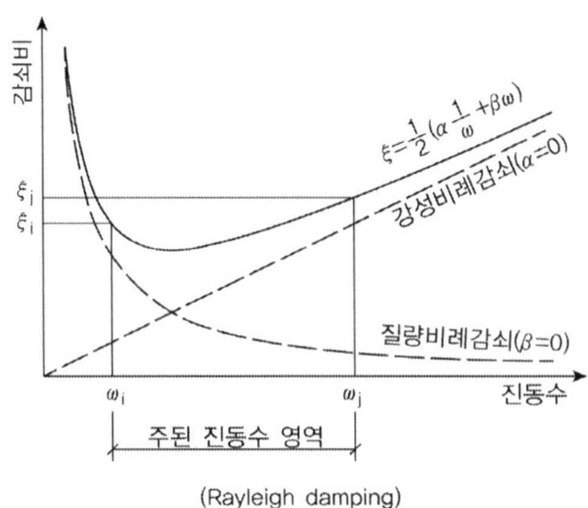


(Rayleigh damping)

➤ **질량비례감쇠**

감쇠행렬 $C = \alpha M$

모드감쇠비 $\xi = \dfrac{c}{c_{cr}} = \dfrac{C_n}{2\sqrt{M_n K_n}} = \dfrac{\alpha}{2}\dfrac{1}{\omega_n}$   $\therefore$ 비례계수 $\alpha = 2\xi_i \omega_i$

➤ **강성비례감쇠**

감쇠행렬 $C = \beta K$

모드감쇠비 $\xi = \dfrac{c}{c_{cr}} = \dfrac{C_n}{2\sqrt{M_n K_n}} = \dfrac{\beta}{2}\omega_n$   $\therefore$ 비례계수 $\beta = \dfrac{2\xi_j}{\omega_j}$

➤ **Rayleigh 감쇠**

감쇠행렬 $C = \alpha M + \beta K$

모드감쇠비 $\xi = \dfrac{c}{c_{cr}} = \dfrac{C_n}{2\sqrt{M_n K_n}} = \dfrac{\alpha}{2}\dfrac{1}{\omega_n} + \dfrac{\beta}{2}\omega_n$

비례계수 $\dfrac{1}{2}\begin{bmatrix} 1/\omega_i & \omega_i \\ 1/\omega_j & \omega_j \end{bmatrix}\begin{bmatrix} \alpha \\ \beta \end{bmatrix} = \begin{bmatrix} \xi_i \\ \xi_j \end{bmatrix}$

$\xi_i = \xi_j$ 일 경우,

$$\alpha = \xi\dfrac{2\omega_i \omega_j}{\omega_i + \omega_j}, \quad \beta = \xi\dfrac{2}{\omega_i + \omega_j}$$

## Lumped mass

다음 두 구조물의 고유진동수와 고유모드를 구하시오.

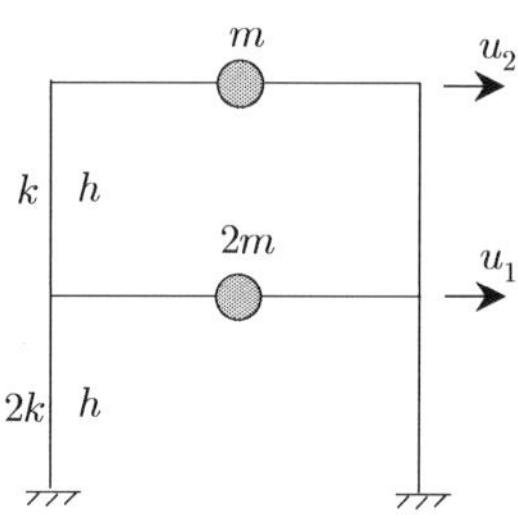

## 풀 이

1) Stiffness Matrix

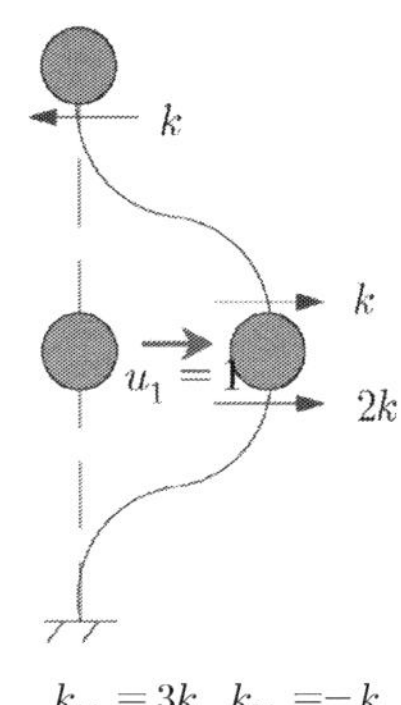

$k_{11} = 3k, \ k_{21} = -k$

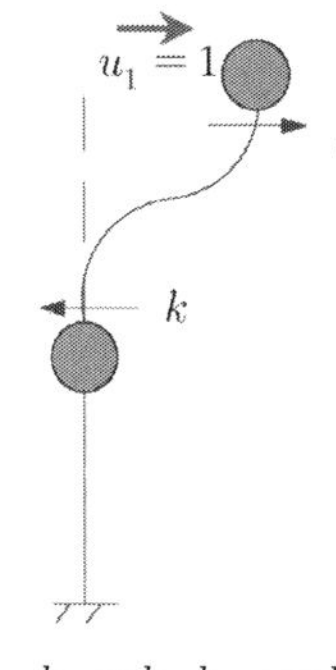

$k_{12} = k, \ k_{22} = -k$

$$\overline{k} = \begin{bmatrix} 3k & -k \\ -k & k \end{bmatrix}$$

2) Mass Matrix $\qquad \overline{m} = \begin{bmatrix} 2m & \\ & m \end{bmatrix}$

3) $\omega_n \quad \overline{k} - \omega_n^2 \overline{m} = k \begin{bmatrix} 3 & -1 \\ -1 & 1 \end{bmatrix} - \omega_n^2 m \begin{bmatrix} 2 & \\ & 1 \end{bmatrix}, \quad \lambda = \omega_n^2 \frac{m}{k}, \quad 2\lambda^2 - 5\lambda + 2 = 0$

$$\lambda_1 = 0.5, \quad \lambda_2 = 2 \quad \therefore \ \omega_1 = \sqrt{\frac{k}{2m}}, \quad \omega_2 = \sqrt{\frac{2k}{m}}$$

4) Mode Shape : $\left\{ [K] - w_n^2 [m] \right\} \{\phi\} = \{0\}$

① $\omega_1 = \sqrt{\dfrac{k}{2m}} \quad \phi_{21} = 1$ 로 가정하면, $\phi_{11} = 1/2$

② $\omega_2 = \sqrt{\dfrac{2k}{m}} \quad \phi_{22} = 1$ 로 가정하면, $\phi_{12} = -1$

## 다자유도계 고유진동수와 모드형상

그림과 같은 층상 구조물의 감쇠를 고려하지 않는 고유진동수와 모드형상을 구하시오.
모든 기둥의 단면은 동일하고 기둥의 질량은 무시한다. $EI = 3.0 \times 10^7 Nm^2$, $L = 5^m$

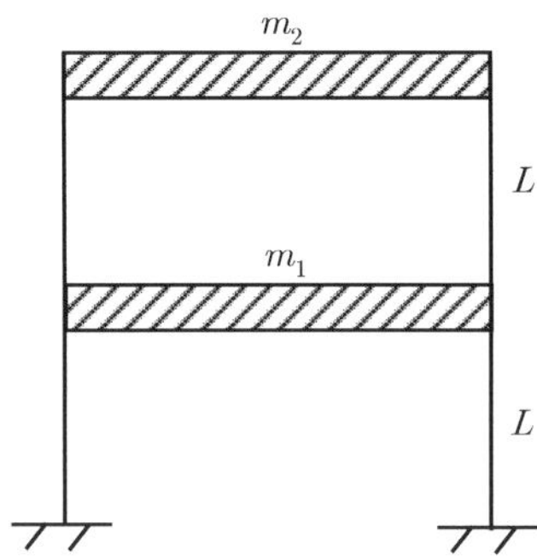

$$m_1 = m_2 = m = 300^{kg}$$

### 풀 이

#### ▶ 개요

Lumped mass 다자유도 구조물의 운동방정식을 이용한 해법으로 해석한다.

#### ▶ 구조물의 강성

각 층의 등가스프링계수는 동일하므로, $\quad k_e = 2k = 2 \times \dfrac{12EI}{L^3} = 5760^{kN/m}$

#### ▶ 운동방정식

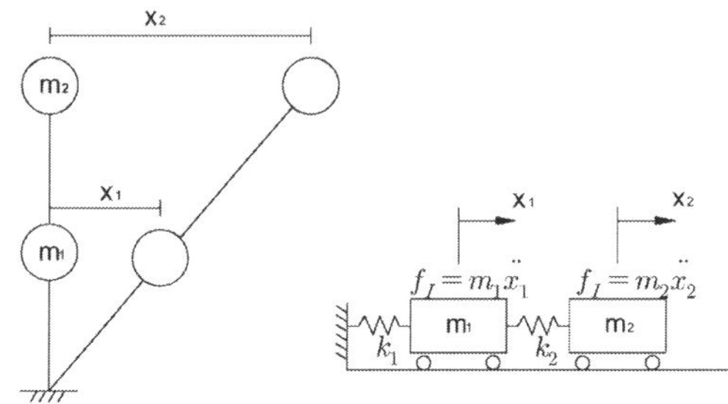


$$m_2\ddot{x}_2 + k_2(x_2 - x_1) = 0$$
$$m_1\ddot{x}_1 + k_1 x_1 - k_2(x_2 - x_1) = 0$$
$$m_1 = m_2 = m$$

$$m\ddot{x}_1 + 2k_e x_1 - k_e x_2 = 0, \quad m\ddot{x}_2 - k_e x_1 + k_e x_2 = 0$$

$$\therefore \begin{bmatrix} m & 0 \\ 0 & m \end{bmatrix} \begin{bmatrix} \ddot{x}_1 \\ \ddot{x}_2 \end{bmatrix} + \begin{bmatrix} 2k_e & -k_e \\ -k_e & k_e \end{bmatrix} \begin{bmatrix} x_1 \\ x_2 \end{bmatrix} = \begin{bmatrix} 0 \\ 0 \end{bmatrix}$$

### ➤ 고유진동수 $\omega_n$

$$\left\{ \overline{k} - \omega_n^2 \overline{m} \right\} \{\Psi\} = \{0\} \ \text{으로부터,} \ \{\Psi\} \neq 0$$

$$\left| \overline{k} - \omega_n^2 \overline{m} \right| = 0 \ : \ \begin{vmatrix} 2k_e - \omega^2 m & -k_e \\ -k_e & k_e - \omega^2 m \end{vmatrix} = (2k_e - \omega^2 m)(k_e - \omega^2 m) - k_e^2 = 0$$

$$\therefore \ \omega_1^2 = 2.618 \frac{k_e}{m}, \quad \omega_2^2 = 0.382 \frac{k_e}{m}$$

### ➤ Mode shape

1) $\omega_1^2 = 2.618 \dfrac{k_e}{m}$ 일 때, $\left\{ \overline{k} - \omega_n^2 \overline{m} \right\} \{\Psi\} = \{0\}$ 으로부터 $\quad k_e \begin{bmatrix} -0.618 & -1 \\ -1 & -1.618 \end{bmatrix} \begin{bmatrix} \Psi_{11} \\ \Psi_{21} \end{bmatrix} = \begin{bmatrix} 0 \\ 0 \end{bmatrix}$

$$\therefore \ \begin{bmatrix} \Psi_{11} \\ \Psi_{21} \end{bmatrix} = \begin{bmatrix} 1 \\ -0.618 \end{bmatrix}$$

2) $\omega_2^2 = 0.382 \dfrac{k_e}{m}$ 일 때, $\quad k_e \begin{bmatrix} 1.618 & -1 \\ -1 & 0.618 \end{bmatrix} \begin{bmatrix} \Psi_{12} \\ \Psi_{22} \end{bmatrix} = \begin{bmatrix} 0 \\ 0 \end{bmatrix}$

$$\therefore \ \begin{bmatrix} \Psi_{12} \\ \Psi_{22} \end{bmatrix} = \begin{bmatrix} 1 \\ 1.618 \end{bmatrix}$$

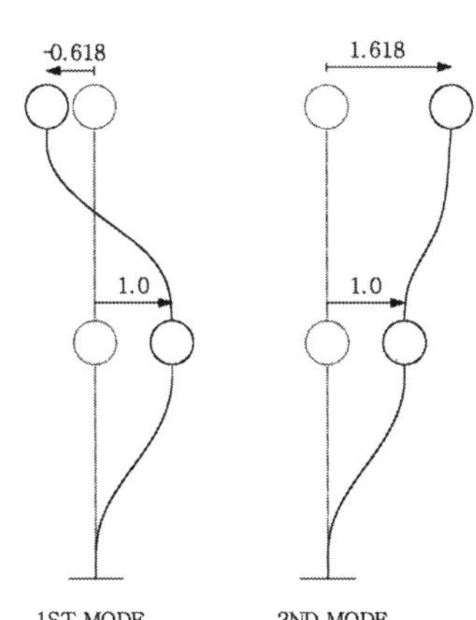

## 다자유도계 고유진동수와 모드형상

다음구조시스템의 고유진동수를 구하시오. 단, 기둥단면의 휨강성은 그림과 같고 축하중에 의한 2차 효과는 무시한다. 각 층에서의 기둥은 강접합, 최하층은 Pin접합으로 연결된다.

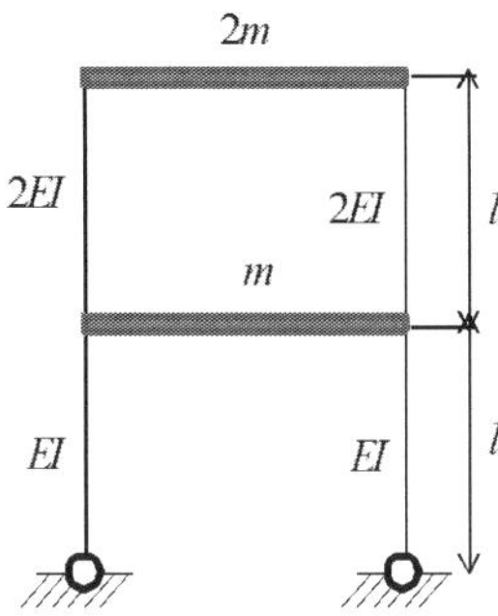


## 풀 이

### ▶ 개요

Lumped mass 다자유도 구조물의 운동방정식을 이용한 해법으로 해석한다.

### ▶ 구조물의 강성

1층의 등가스프링계수는 $k_1 = 2k = 2 \times \dfrac{3EI}{L^3} = \dfrac{6EI}{L^3}$

2층의 등가스프링계수는 $k_2 = 2k = 2 \times \dfrac{12(2EI)}{L^3} = \dfrac{48EI}{L^3} = 8k_1$

### ▶ 운동방정식

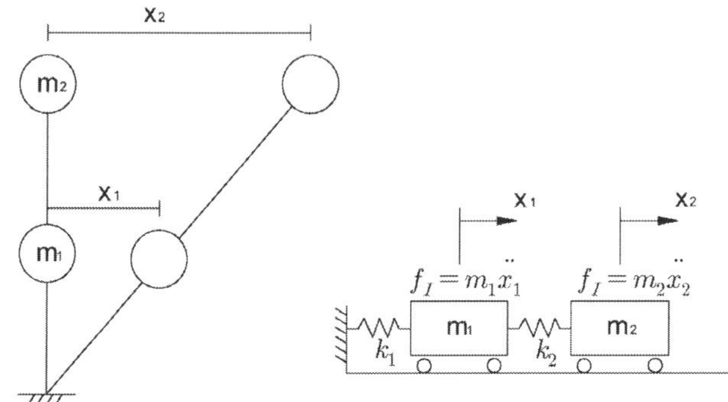


$$m_2 \ddot{x}_2 + k_2(x_2 - x_1) = 0$$
$$m_1 \ddot{x}_1 + k_1 x_1 - k_2(x_2 - x_1) = 0$$
$$m_2 = 2m, \ m_1 = m$$

$$m_1\ddot{x}_1 + (k_1 + k_2)x_1 - k_2 x_2 = 0, \quad m_2\ddot{x}_2 - k_2 x_1 + k_2 x_2 = 0$$

$$\therefore \begin{bmatrix} m_1 & 0 \\ 0 & m_2 \end{bmatrix}\begin{bmatrix} \ddot{x}_1 \\ \ddot{x}_2 \end{bmatrix} + \begin{bmatrix} k_1 + k_2 & -k_2 \\ -k_2 & k_2 \end{bmatrix}\begin{bmatrix} x_1 \\ x_2 \end{bmatrix} = \begin{bmatrix} m & 0 \\ 0 & 2m \end{bmatrix}\begin{bmatrix} \ddot{x}_1 \\ \ddot{x}_2 \end{bmatrix} + \begin{bmatrix} 9k_1 & -8k_1 \\ -8k_1 & 8k_1 \end{bmatrix}\begin{bmatrix} x_1 \\ x_2 \end{bmatrix} = \begin{bmatrix} 0 \\ 0 \end{bmatrix}$$

### ▶ 고유진동수 $\omega_n$

$$\left\{\overline{k} - \omega_n^2 \overline{m}\right\}\{\Psi\} = \{0\} \text{ 으로부터}, \ \{\Psi\} \neq 0$$

$$\left|\overline{k} - \omega_n^2 \overline{m}\right| = 0 \ : \ \begin{vmatrix} 9k_1 - \omega^2 m & -8k_1 \\ -8k_1 & 8k_1 - 2\omega^2 m \end{vmatrix} = (9k_1 - \omega^2 m)(8k_1 - 2\omega^2 m) - 64k_1^2 = 0$$

$$\therefore \ (\omega^2 m)^2 - 13k_1(\omega^2 m) + 4k_1^2 = 0, \quad \omega^2 = \frac{13 \pm \sqrt{153}}{2}\frac{k_1}{m} = 3(13 \pm \sqrt{153})\frac{EI}{ml^3}$$

$$\therefore \ \omega_1^2 = 1.892\frac{EI}{ml^3}, \ \omega_2^2 = 76.107\frac{EI}{ml^3}$$

## 다자유도계 고유진동수와 모드형상

아래 그림과 같은 2개의 수평변위 자유도를 갖는 2층 건물의 자유진동 응답을 모드중첩법으로 구하시오(단, 변위와 속도에 관한 초기조건은 다음 그림과 같으며, 감쇠는 무시한다).

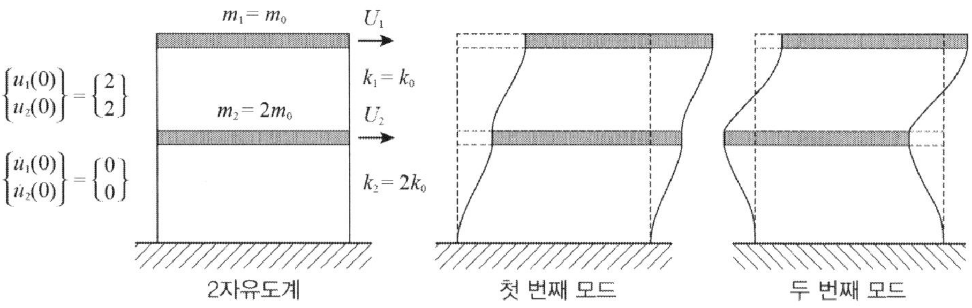


### 풀 이

> **운동방정식**

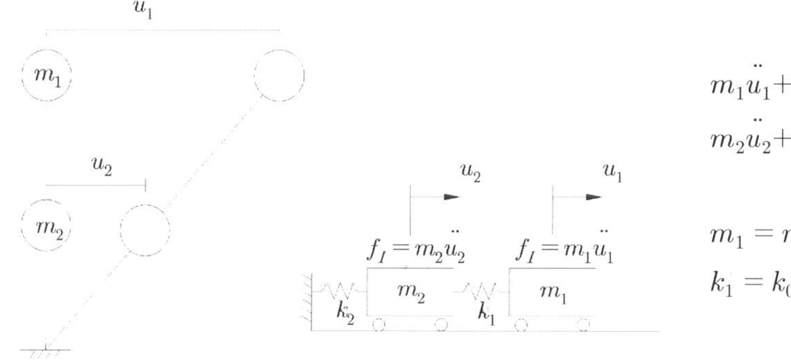


$$m_1\ddot{u}_1 + k_1(u_1 - u_2) = 0$$
$$m_2\ddot{u}_2 + k_2 u_2 - k_1(u_1 - u_2) = 0$$

$$m_1 = m_0, \ m_2 = 2m_0$$
$$k_1 = k_0, \ k_2 = 2k_0$$

$$m_0\ddot{u}_1 + k_0 u_1 - k_0 u_2 = 0, \quad 2m_0\ddot{u}_2 + (2k_0 + k_0)u_2 - k_0 u_1 = 0$$

$$\therefore \begin{bmatrix} m_0 & 0 \\ 0 & 2m_0 \end{bmatrix} \begin{bmatrix} \ddot{u}_1 \\ \ddot{u}_2 \end{bmatrix} + \begin{bmatrix} k_0 & -k_0 \\ -k_0 & 3k_0 \end{bmatrix} \begin{bmatrix} u_1 \\ u_2 \end{bmatrix} = \begin{bmatrix} 0 \\ 0 \end{bmatrix}$$

> **고유진동수** $\omega_n$

자유진동하에 운동방정식은 $u_1 = a_1 \sin(\omega t - \alpha)$, $u_2 = a_2 \sin(\omega t - \alpha)$

$$\therefore \ddot{u}_1 = -a_1 \omega^2 \sin(\omega t - \alpha), \quad \ddot{u}_2 = -a_2 \omega^2 \sin(\omega t - \alpha)$$

$$\begin{bmatrix} k_0 - \omega^2 m_0 & -k_0 \\ -k_0 & 3k_0 - 2\omega^2 m_0 \end{bmatrix} \begin{bmatrix} a_1 \\ a_2 \end{bmatrix} = \begin{bmatrix} 0 \\ 0 \end{bmatrix} \qquad \therefore \left| \overline{k} - \omega_n^2 \overline{m} \right| = 0$$

또는, $\left\{ \overline{k} - \omega_n^2 \overline{m} \right\} \{\Psi\} = \{0\}$ 으로부터, $\{\Psi\} \neq 0$ 이므로 $\left| \overline{k} - \omega_n^2 \overline{m} \right| = 0$

$$\left| \overline{k} - \omega_n^2 \overline{m} \right| = 0 \; : \; \begin{vmatrix} k_0 - \omega^2 m_0 & -k_0 \\ -k_0 & 3k_0 - 2\omega^2 m_0 \end{vmatrix} = (k_0 - \omega^2 m_0)(3k_0 - 2\omega^2 m_0) - k_0^2 = 0$$

$$2m_0^2 \omega^4 - 5k_0 m_0 \omega^2 + 2k_0^2 = 0, \quad (2\omega^2 m_0 - k_0)(\omega^2 m_0 - 2k_0) = 0$$

$$\therefore \omega_1^2 = \frac{k_0}{2m_0}, \; \omega_2^2 = \frac{2k_0}{m_0} \quad \therefore \omega_n = 3\sqrt{\frac{6EI}{mL^3}}, \; 2\sqrt{\frac{6EI}{mL^3}}$$

## ➤ Mode shape

① $\omega_1^2 = \dfrac{k_0}{2m_0}$ 일 때, $k_0 \begin{bmatrix} 0.5 & -1 \\ -1 & 2 \end{bmatrix} \begin{bmatrix} a_{11} \\ a_{21} \end{bmatrix} = \begin{bmatrix} 0 \\ 0 \end{bmatrix} \quad \therefore \begin{bmatrix} a_{11} \\ a_{21} \end{bmatrix} = \begin{bmatrix} 1 \\ 0.5 \end{bmatrix}$

② $\omega_2^2 = \dfrac{2k_0}{m_0}$ 일 때, $k_e \begin{bmatrix} -1 & -1 \\ -1 & -1 \end{bmatrix} \begin{bmatrix} \Psi_{12} \\ \Psi_{22} \end{bmatrix} = \begin{bmatrix} 0 \\ 0 \end{bmatrix} \quad \therefore \begin{bmatrix} a_{12} \\ a_{22} \end{bmatrix} = \begin{bmatrix} 1 \\ -1 \end{bmatrix}$

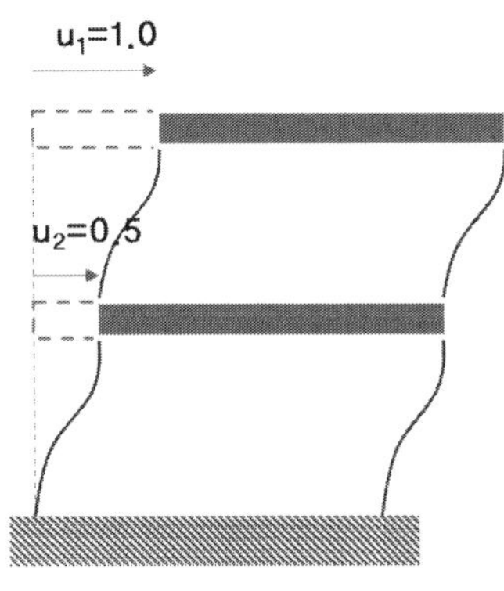


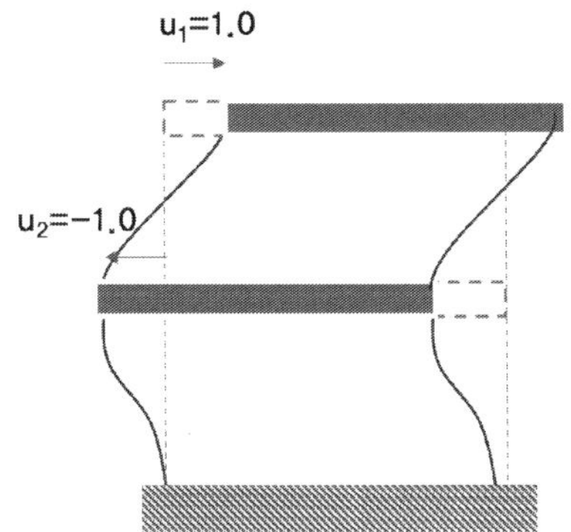


## ➤ 자유진동 응답

모드 조화진동(mode harmonic vibration)의 중첩으로부터,

$$u_1(t) = C_1' a_{11} \sin(\omega_1 t - \alpha_1) + C_2' a_{12} \sin(\omega_2 t - \alpha_2)$$
$$= C_1 a_{11} \sin\omega_1 t - C_2 a_{11} \cos\omega_1 t + C_3 a_{12} \sin\omega_2 t - C_4 a_{12} \cos\omega_2 t$$

$$u_2(t) = C_1{}'a_{21}\sin(\omega_1 t - \alpha_1) + C_2{}'a_{22}\sin(\omega_2 t - \alpha_2)$$
$$= C_1 a_{21}\sin\omega_1 t - C_2 a_{21}\cos\omega_1 t + C_3 a_{22}\sin\omega_2 t - C_4 a_{22}\cos\omega_2 t$$

① 초기조건  $u_1(0) = 2$, $u_2(0) = 2$ 로부터,

$$u_1(0) = C_2 a_{11} + C_4 a_{12} = 2, \quad u_2(0) = C_2 a_{21} + C_4 a_{22} = 2 \quad \therefore C_2 = \frac{8}{3}, \ C_4 = -\frac{2}{3}$$

② 초기조건  $u_1{}'(0) = 0$, $u_2{}'(0) = 0$ 로부터,

$$\dot{u}_1(0) = \omega_1 C_1 a_{11} + \omega_2 C_3 a_{12} = 0, \quad \dot{u}_2(0) = \omega_1 C_1 a_{21} + \omega_2 C_3 a_{22} = 0$$
$$\therefore C_1 = C_3 = 0$$

$$\therefore u_1(t) = -\frac{8}{3}a_{11}\cos\sqrt{\frac{k_0}{2m_0}}\,t + \frac{2}{3}a_{12}\cos\sqrt{\frac{2k_0}{m_0}}\,t$$
$$u_2(t) = -\frac{8}{3}a_{21}\cos\sqrt{\frac{k_0}{2m_0}}\,t + \frac{2}{3}a_{22}\cos\sqrt{\frac{2k_0}{m_0}}\,t$$

## 다자유도계 고유진동수와 모드형상

아래 그림과 같은 구조물에서 1층과 2층 슬래브의 중량이 각각 $W_1$, $W_2$이다. 이때 슬래브는 강체로서 횡변위만 발생하는 2층 전단빌딩(Shear Building)의 자유진동 응답 $u_1(t)$, $u_2(t)$을 구하시오 (단, 기둥의 자중 및 감쇠효과는 무시하고, 기둥의 휨강성($EI_1$, $EI_2$)은 일정하다).

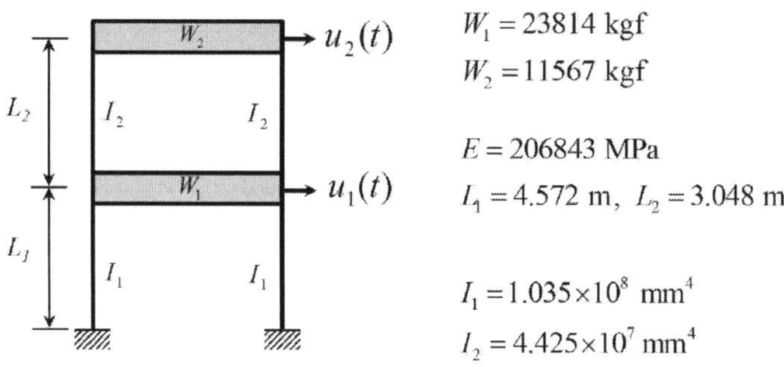


### 풀 이

> **개요**

Lumped mass 다자유도 구조물의 운동방정식을 이용한 해법으로 해석한다.

> **구조물의 강성 및 질량**

1층의 등가스프링계수는 $k_1 = 2k_1{'} = 2 \times \dfrac{12EI_1}{L_1^3} = \dfrac{6EI_1}{L_1^3} = 1344.045$ N/mm

1층의 질량 $m_1 = \dfrac{W_1}{g} = 23814 \times \dfrac{9.81}{9.81} = 23814$ N sec$^2$/m $= 23.814$ N sec$^2$/mm

2층의 등가스프링계수는 $k_2 = 2k_2{'} = 2 \times \dfrac{12EI_2}{L_2^3} = \dfrac{6EI_2}{L_2^3} = 1939.369$ N/mm

2층의 질량 $m_2 = \dfrac{W_2}{g} = 11567 \times \dfrac{9.81}{9.81} = 11567$ N sec$^2$/m $= 11.567$ N sec$^2$/mm

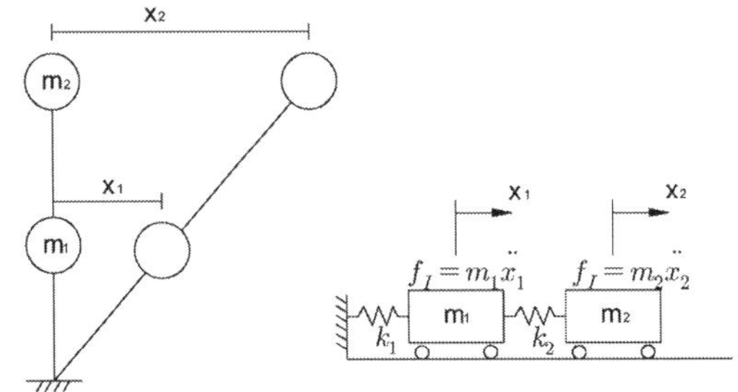


$$m_2\ddot{x}_2 + k_2(x_2 - x_1) = 0$$
$$m_1\ddot{x}_1 + k_1x_1 - k_2(x_2 - x_1) = 0$$

$$m_1\ddot{x}_1 + (k_1 + k_2)x_1 - k_2x_2 = 0, \quad m_2\ddot{x}_2 - k_2x_1 + k_2x_2 = 0$$

$$\therefore \begin{bmatrix} m_1 & 0 \\ 0 & m_2 \end{bmatrix} \begin{bmatrix} \ddot{x}_1 \\ \ddot{x}_2 \end{bmatrix} + \begin{bmatrix} k_1 + k_2 & -k_2 \\ -k_2 & k_2 \end{bmatrix} \begin{bmatrix} x_1 \\ x_2 \end{bmatrix} = \begin{bmatrix} 0 \\ 0 \end{bmatrix}$$

► 고유진동수 $\omega_n$

$$\{\overline{k} - \omega_n^2\overline{m}\}\{\Psi\} = \{0\} \ \text{으로부터}, \ \{\Psi\} \neq 0$$

$$\left|\overline{k} - \omega_n^2\overline{m}\right| = 0 : \begin{vmatrix} k_1 + k_2 - \omega_n^2 m_1 & -k_2 \\ -k_2 & k_2 - \omega_n^2 m_2 \end{vmatrix} = (k_1 + k_2 - \omega_n^2 m_1)(k_2 - \omega_n^2 m_2) - k_2^2 = 0$$

$$m_1 m_2 \omega_n^4 - ((k_1 + k_2)m_2 + k_2 m_1)\omega_n^2 + k_1 k_2 = 0 \quad \therefore \omega_1^2 = 270.57, \quad \omega_2^2 = 34.97$$

► Mode shape

1) $\omega_1^2 = 260.29$ 일 때, $\{\overline{k} - \omega_n^2\overline{m}\}\{\Psi\} = \{0\}$ 으로부터

$\Psi_{11} = 1.0$ 으로 가정하면

$$\begin{bmatrix} -3159.88 & -1939.37 \\ -1939.37 & -1190.28 \end{bmatrix} \begin{bmatrix} \Psi_{11} \\ \Psi_{21} \end{bmatrix} = \begin{bmatrix} 0 \\ 0 \end{bmatrix} \quad \therefore \begin{bmatrix} \Psi_{11} \\ \Psi_{21} \end{bmatrix} = \begin{bmatrix} 1 \\ -1.63 \end{bmatrix}$$

2) $\omega_2^2 = 20.25$ 일 때, $\{\overline{k} - \omega_n^2\overline{m}\}\{\Psi\} = \{0\}$ 으로부터

$\Psi_{11} = 1.0$ 으로 가정하면

$$\begin{bmatrix} 2450.54 & -1939.37 \\ -1939.37 & 1534.82 \end{bmatrix} \begin{bmatrix} \Psi_{11} \\ \Psi_{21} \end{bmatrix} = \begin{bmatrix} 0 \\ 0 \end{bmatrix} \quad \therefore \begin{bmatrix} \Psi_{12} \\ \Psi_{22} \end{bmatrix} = \begin{bmatrix} 1 \\ 1.26 \end{bmatrix}$$

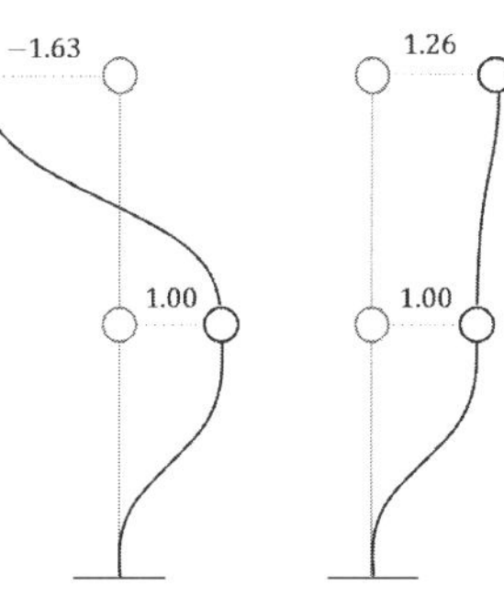

## 1, 2차 고유진동수 산정

다음 질량과 강성이 연결된 시스템의 1차와 2차 고유진동수를 산정하시오.

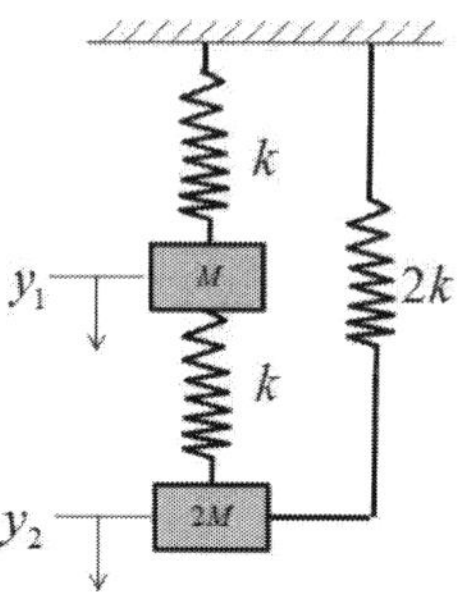

### 풀 이

> **개요**

Lumped mass 다자유도 구조물의 운동방정식을 이용한 해법으로 해석한다.

> **구조물의 강성**

1층의 등가스프링계수는 $k_1 = 2k = 2 \times \dfrac{3EI}{L^3} = \dfrac{6EI}{L^3}$

2층의 등가스프링계수는 $k_2 = 2k = 2 \times \dfrac{12(2EI)}{L^3} = \dfrac{48EI}{L^3} = 8k_1$

> **운동방정식**

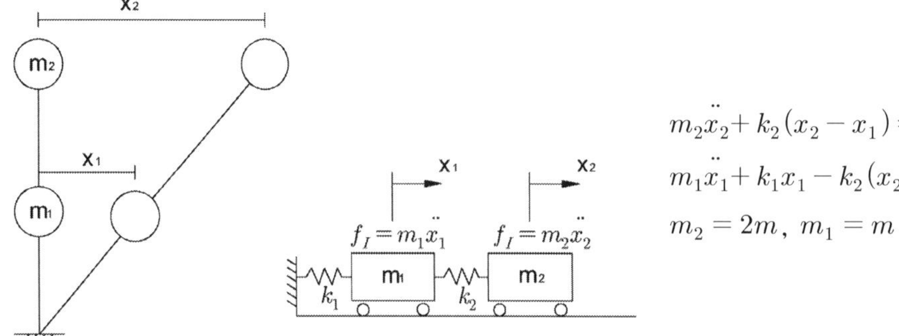

$$m_2 \ddot{x}_2 + k_2(x_2 - x_1) = 0$$
$$m_1 \ddot{x}_1 + k_1 x_1 - k_2(x_2 - x_1) = 0$$
$$m_2 = 2m, \ m_1 = m$$

$$m_1 \ddot{x}_1 + (k_1 + k_2)x_1 - k_2 x_2 = 0, \quad m_2 \ddot{x}_2 - k_2 x_1 + k_2 x_2 = 0$$

$$\therefore \begin{bmatrix} m_1 & 0 \\ 0 & m_2 \end{bmatrix} \begin{bmatrix} \ddot{x}_1 \\ \ddot{x}_2 \end{bmatrix} + \begin{bmatrix} k_1 + k_2 & -k_2 \\ -k_2 & k_2 \end{bmatrix} \begin{bmatrix} x_1 \\ x_2 \end{bmatrix} = \begin{bmatrix} m & 0 \\ 0 & 2m \end{bmatrix} \begin{bmatrix} \ddot{x}_1 \\ \ddot{x}_2 \end{bmatrix} + \begin{bmatrix} 9k_1 & -8k_1 \\ -8k_1 & 8k_1 \end{bmatrix} \begin{bmatrix} x_1 \\ x_2 \end{bmatrix} = \begin{bmatrix} 0 \\ 0 \end{bmatrix}$$

▶ **고유진동수** $\omega_n$

$$\left\{ \overline{k} - \omega_n^2 \overline{m} \right\} \{\Psi\} = \{0\} \text{ 으로부터, } \{\Psi\} \neq 0$$

$$\left| \overline{k} - \omega_n^2 \overline{m} \right| = 0 \;:\; \begin{vmatrix} 9k_1 - \omega^2 m & -8k_1 \\ -8k_1 & 8k_1 - 2\omega^2 m \end{vmatrix} = (9k_1 - \omega^2 m)(8k_1 - 2\omega^2 m) - 64k_1^2 = 0$$

$$\therefore \omega_1^2 = 9\frac{k_1}{m}, \; \omega_2^2 = 4\frac{k_1}{m} \quad \therefore \omega_n = 3\sqrt{\frac{6EI}{mL^3}}, \; 2\sqrt{\frac{6EI}{mL^3}}$$

Rayleigh method

길이가 L이고 총 질량이 $m_s$인 스프링을 갖는 스프링-질량계에서 진동하는 질량에 추가시켜야 하는 스프링의 질량비율을 구하기 위해 Rayleigh method를 이용하시오.

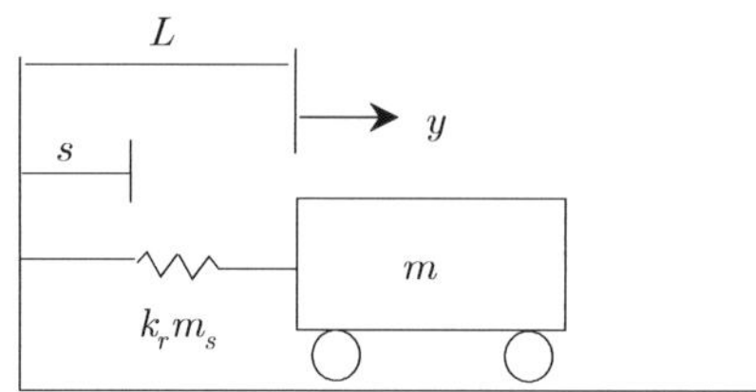

## 풀 이

▶ 지점으로부터 $s$만큼 떨어진 곳의 임의 단면의 변위는 $u = sy/L$로 가정하고 질량 $m$의 운동이 $y = C\sin(\omega t + \alpha)$로 조화운동을 한다고 하면,

$$u = \frac{s}{L}y = \frac{s}{L}C\sin(\omega t + \alpha)$$

▶ 위치에너지

$$V_{\max} = \frac{1}{2}kC^2$$

▶ 운동에너지

길이 $ds$인 미소 스프링요소는 $m_s ds/L$의 질량을 가지며, 최대속도 $\dot{u}_{\max} = \omega u_{\max} = \omega s C/L$

$$T_{\max} = \int_0^L \frac{1}{2}\frac{m_s}{L}ds\left(\omega\frac{s}{L}C\right)^2 + \frac{1}{2}m\omega^2 C^2$$

▶ 위치에너지 = 운동에너지

$$\frac{1}{2}kC^2 = \int_0^L \frac{1}{2}\frac{m_s}{L}ds\left(\omega\frac{s}{L}C\right)^2 + \frac{1}{2}m\omega^2 C^2 = \frac{1}{2}\omega^2 C^2\left(m + \frac{m_s}{3}\right)$$

$$\therefore \omega = \sqrt{\frac{k}{m + m_s/3}}$$

Rayleigh method

보의 분포질량을 고려하고 보의 자유단에 집중질량을 갖는 캔틸레버보의 진동에 대한 고유진동수를 구하시오. 보는 총질량이 $m_b$이고 길이는 $L$이다. 휨강도는 $EI$이고 자유단의 집중질량은 $m$이다.

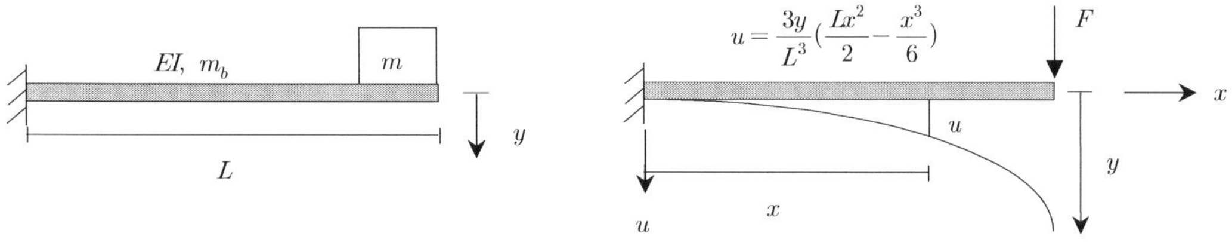


**풀 이**

집중하중 $F$에 의한 보의 정적 처짐형상을 $u = \dfrac{3y}{L^3}\left(\dfrac{Lx^2}{2} - \dfrac{x^3}{6}\right)$ 이라고 가정한다.

여기서 $y$는 보의 자유단의 처짐이므로 자유단의 조화처짐인 $y = C\sin(\omega t + \alpha)$를 대입하면,

$$u = \frac{3x^2 L - x^3}{2L^3} C\sin(\omega t + \alpha)$$

위치에너지는 하중이 0에서 최종값 $F$까지 점진적으로 증가할 때 하중 $F$에 의해 행해진 일과 같다. 이 일은 $\dfrac{1}{2}Fy$와 같으며 이때 이 일의 최댓값은 최대 위치에너지와 같다.

$$V_{\max} = \frac{1}{2}FC = \frac{3EI}{2L^3}C^2 \qquad y_{\max} = C = \frac{FL^3}{3EI}$$

보의 분포질량에 의한 운동에너지는

$$T = \int_0^L \frac{1}{2}\left(\frac{m_b}{L}\right)\dot{u}^2 dx$$

$$T_{\max} = \frac{m_b}{2L}\int_0^L \left(\frac{3x^2 L - x^3}{2L^3}\omega C\right)^2 dx + \frac{m}{2}\omega^2 C^2 = \frac{1}{2}\omega^2 C^2\left(m + \frac{33}{140}m_b\right)$$

$$V_{\max} = T_{\max} \qquad \frac{3EI}{2L^3}C^2 = \frac{1}{2}\omega^2 C^2\left(m + \frac{33}{140}m_b\right)$$

$$\therefore\ \omega = \sqrt{\frac{3EI}{L^3\left(m + \dfrac{33}{140}m_b\right)}}\ ,\quad f = \frac{\omega}{2\pi} = \frac{1}{2\pi}\sqrt{\frac{3EI}{L^3\left(m + \dfrac{33}{140}m_b\right)}}$$

Rayleigh method

다음 그림에서 일정한 휨강성(EI)과 단위길이당 질량(m)으로 분포된 캔틸레버 보에 집중무게 W (집중질량은 $m_B = W/g$로 표현해야 하며, $g$ 중력가속도)가 중앙부에 위치할 경우와 끝단에 위치할 경우에 Rayleigh 방법을 이용하여 각각의 고유진동수를 구하시오(단, 부조건을 만족하는 처점곡선을 적용하라).

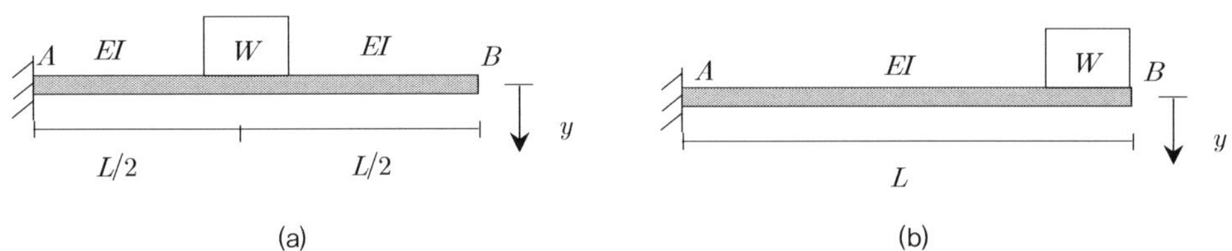


### 풀 이

#### ▶ 구조물의 처짐형상 가정

$$\Psi(x) = 1 - \cos\left(\frac{\pi x}{2L}\right)$$

$$u(x,t) = u_B\Psi(x)\sin\omega t \; : \; \text{Let } u(x,t) = u_0\sin\omega t, \quad u_0 = u_B\Psi(x)$$

$$\dot{u}(x,t) = \omega u_B\Psi(x)\sin\omega t \; : \; \text{Let } \dot{u}(x,t) = \dot{u}_0\sin\omega t, \quad \dot{u}_0 = \omega u_B\Psi(x)$$

#### ▶ (a)구조계

① 최대 위치에너지(최대변형에너지)

$$V_{\max} = \int_0^L \frac{1}{2} EI\{u_0''(x)\}^2 dx = \frac{u_B^2}{2} EI\int_0^L \{\Psi(x)''\}^2 dx$$

$$= \frac{u_B^2}{2} EI\left(\frac{\pi}{2L}\right)^4 \int_0^L \cos^2\left(\frac{\pi x}{2L}\right)dx = \frac{\pi^4 EI}{64L^3} u_B^2$$

② 최대 운동에너지

$$T_{\max} = \int_0^L \frac{1}{2} m [\dot{u}_0(x)]^2 dx + \frac{1}{2} m_B \left[\dot{u}_0\left(\frac{L}{2}\right)\right]^2$$

$$= \frac{1}{2} m\omega^2 u_B^2 \int_0^L [\Psi(x)]^2 dx + \frac{1}{2} m_B\omega^2 u_B^2 \left[\Psi\left(\frac{L}{2}\right)\right]^2$$

$$= \frac{1}{2} \omega^2 u_B^2 \left[\frac{mL}{2} \times \frac{3\pi - 8}{\pi} + m_B \frac{3 - 2\sqrt{2}}{2}\right]$$

③ $V_{\max} = T_{\max}$

$$\omega = \sqrt{\frac{\pi^4 EI}{32L^3} \times \frac{1}{\dfrac{mL}{2} \times \dfrac{3\pi - 8}{\pi} + m_B \dfrac{3 - 2\sqrt{2}}{2}}} = \sqrt{\frac{\pi^4 EI}{32L^3} \times \frac{1}{0.226mL + 0.085m_B}}$$

## ➤ (b)구조계

① 최대 위치에너지(최대변형에너지) : (a)구조계와 동일

$$V_{\max} = \int_0^L \frac{1}{2} EI\{u_0{}''(x)\}^2 dx = \frac{u_B^2}{2} EI \int_0^L \{\Psi(x)''\}^2 dx$$

$$= \frac{u_B^2}{2} EI \left(\frac{\pi}{2L}\right)^4 \int_0^L \cos^2\left(\frac{\pi x}{2L}\right) dx = \frac{\pi^4 EI}{64L^3} u_B^2$$

② 최대 운동에너지

$$T_{\max} = \int_0^L \frac{1}{2} m[\dot{u}_0(x)]^2 dx + \frac{1}{2} m_B [\dot{u}_0(L)]^2$$

$$= \frac{1}{2} m\omega^2 u_B^2 \int_0^L [\Psi(x)]^2 dx + \frac{1}{2} m_B \omega^2 u_B^2 [\Psi(L)]^2$$

$$= \frac{1}{2} \omega^2 u_B^2 \left[\frac{mL}{2} \times \frac{3\pi - 8}{\pi} + m_B\right]$$

③ $V_{\max} = T_{\max}$

$$\omega = \sqrt{\frac{\pi^4 EI}{32L^3} \times \frac{1}{\dfrac{mL}{2} \times \dfrac{3\pi - 8}{\pi} + m_B}} = \sqrt{\frac{\pi^4 EI}{32L^3} \times \frac{1}{0.226mL + m_B}}$$

## Rayleigh 감쇠행렬

다음과 같이 2자유도계 구조물의 질량행렬 [M]과 강성행렬 [K]가 주어졌다. 첫 번째와 두 번째 모드의 감쇠비가 각각 3%, 5%일 때 레일리 감쇠행렬 [C]를 구하라.

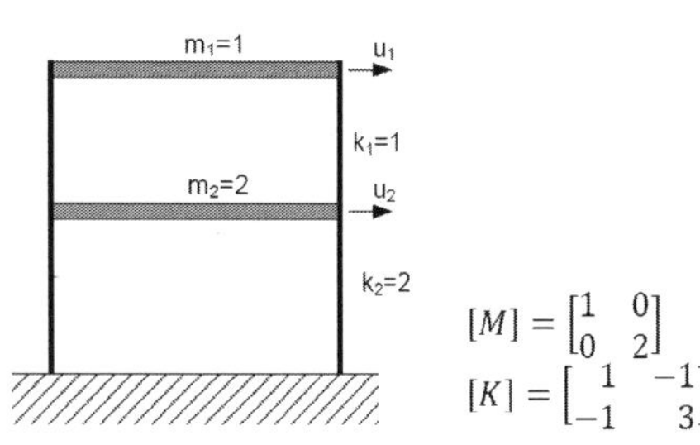


$$[M] = \begin{bmatrix} 1 & 0 \\ 0 & 2 \end{bmatrix}$$
$$[K] = \begin{bmatrix} 1 & -1 \\ -1 & 3 \end{bmatrix}$$

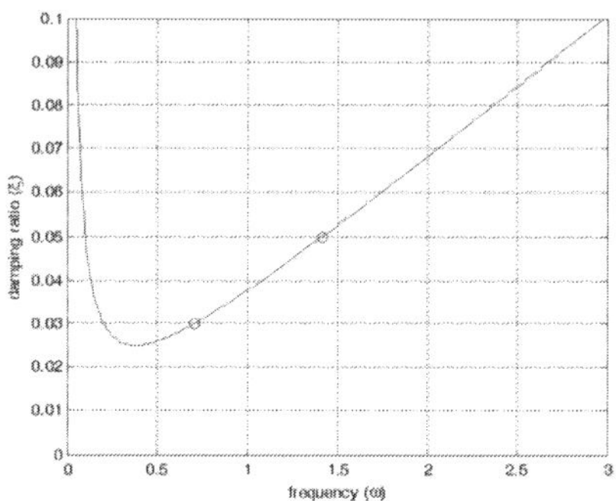




### ▶ 구조물의 질량 및 강성

주어진 문제로부터

$$[m] = \begin{bmatrix} 1 & 0 \\ 0 & 2 \end{bmatrix} \quad [K] = \begin{bmatrix} 1 & -1 \\ -1 & 3 \end{bmatrix}$$

### ▶ 고유진동수 $\omega_n$

$$\left\{ \overline{k} - \omega_n^2 \overline{m} \right\} \{\Psi\} = \{0\} \text{ 으로부터, } \{\Psi\} \neq 0$$

$$\left| \overline{k} - \omega_n^2 \overline{m} \right| = 0 \ : \ \begin{vmatrix} 1 - \omega_n^2 & -1 \\ -1 & 3 - 2\omega_n^2 \end{vmatrix} = (1 - \omega_n^2)(3 - 2\omega_n^2) - (-1)^2 = 0$$

$$2\omega_n^4 - 5\omega_n^2 + 2 = 0 \quad \therefore \ \omega_1^2 = 1/2, \quad \omega_2^2 = 2 \quad \therefore \ [\omega^2] = \begin{bmatrix} \omega_1^2 & 0 \\ 0 & \omega_2^2 \end{bmatrix} = \begin{bmatrix} 1/2 & 0 \\ 0 & 2 \end{bmatrix}$$

### ▶ Mode shape

1) $\omega_1^2 = \dfrac{1}{2}$ 일 때, $\begin{bmatrix} 0.5 & -1 \\ -1 & 2 \end{bmatrix} \begin{bmatrix} \Psi_{11} \\ \Psi_{21} \end{bmatrix} = \begin{bmatrix} 0 \\ 0 \end{bmatrix} \quad \therefore \begin{bmatrix} a_{11} \\ a_{21} \end{bmatrix} = \begin{bmatrix} 1 \\ 0.5 \end{bmatrix}$

2) $\omega_2^2 = 2$ 일 때, $\begin{bmatrix} -1 & -1 \\ -1 & -1 \end{bmatrix} \begin{bmatrix} \Psi_{12} \\ \Psi_{22} \end{bmatrix} = \begin{bmatrix} 0 \\ 0 \end{bmatrix} \quad \therefore \begin{bmatrix} a_{12} \\ a_{22} \end{bmatrix} = \begin{bmatrix} 1 \\ -1 \end{bmatrix}$

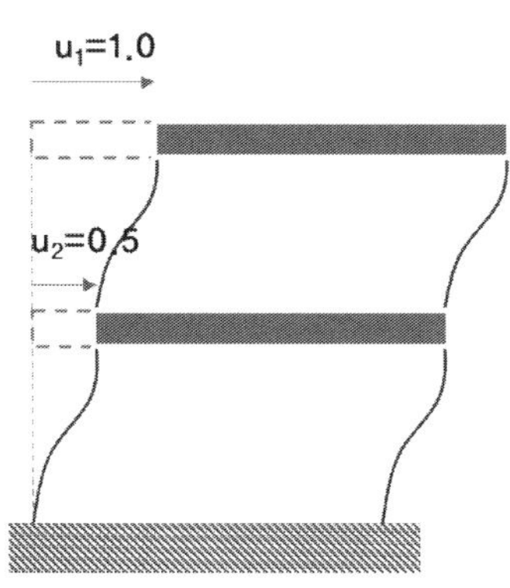


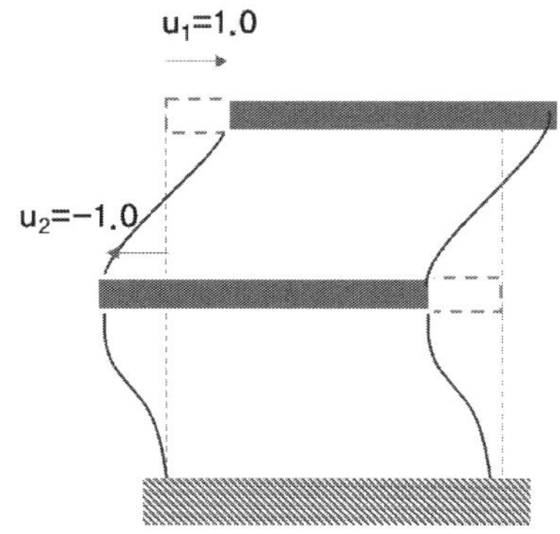


> ➤ **Rayleigh 감쇠행렬**

$$\begin{bmatrix} \xi_i \\ \xi_j \end{bmatrix} = \frac{1}{2}\begin{bmatrix} \dfrac{1}{\omega_i} & \omega_i \\ \dfrac{1}{\omega_j} & \omega_j \end{bmatrix}\begin{bmatrix} \alpha \\ \beta \end{bmatrix} \qquad \begin{bmatrix} 0.03 \\ 0.05 \end{bmatrix} = \frac{1}{2}\begin{bmatrix} \sqrt{2} & \dfrac{1}{\sqrt{2}} \\ \dfrac{1}{\sqrt{2}} & \sqrt{2} \end{bmatrix}\begin{bmatrix} \alpha \\ \beta \end{bmatrix} \qquad \therefore \begin{bmatrix} \alpha \\ \beta \end{bmatrix} = \begin{bmatrix} 0.0094 \\ 0.0660 \end{bmatrix}$$

레일리 감쇠행렬

$$\therefore \ [C] = \alpha[M] + \beta[K] = 0.0094\begin{bmatrix} 1 & 0 \\ 0 & 2 \end{bmatrix} + 0.0660\begin{bmatrix} 1 & -1 \\ -1 & 3 \end{bmatrix} = \begin{bmatrix} 0.0754 & -0.0660 \\ -0.0660 & 0.2168 \end{bmatrix}$$

유한요소해석은 무한개의 자유도를 갖는 연속구조물을 유한개의 자유도를 갖는 이산 구조물 (discrete structure)로 근사화하기 때문에 구조물의 실제거동에 근사해를 제공한다. 따라서 Lumped Mass로 가정되지 않은 구조물에 대해서 근사해와 Consistent Mass를 가진 실제 구조물의 이론해와 비교 검증을 할 필요가 있다.

## 1. 비감쇠 운동방정식 [88회]

**【 기출유형 ① 】** 외팔보 구조에서의 정적해석과 동적해석 방법의 차이

분포질량과 분포하중을 받고 있는 단순보에서 Bernoulli-Euler의 법칙이 성립된다고 가정하고, $w(x)$는 휨에 의한 처짐, $m(x)$는 단위길이당 질량, $p(x,\ t)$는 단위길이당 하중, $EI(x)$는 단위길이당 휨강성, $V$와 $M$은 전단력과 모멘트, $f_I$는 관성력이라고 정의한다.

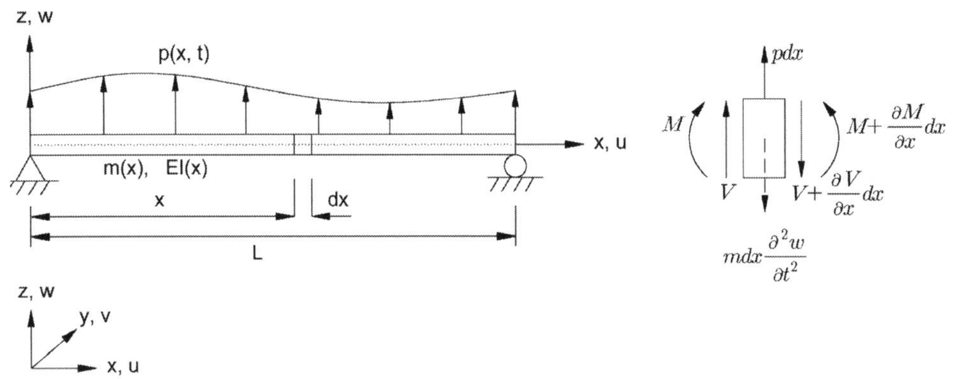


(분포질량과 분포하중을 갖는 단순보)

1) 수직방향 힘의 평형을 이용한 운동방정식

$$V-\left(V+\frac{\partial V}{\partial x}dx\right)+pdx-mdx\frac{\partial^2 w}{\partial t^2}=0 \ : \ m\frac{\partial^2 w}{\partial t^2}+\frac{\partial V}{\partial x}=p$$

모멘트-곡률의 관계로부터 $\quad M=EI\frac{\partial^2 w}{\partial x^2} \quad \rightarrow \quad V=\frac{\partial M}{\partial x}=\frac{\partial}{\partial x}\left(EI\frac{\partial^2 w}{\partial x^2}\right)$

운동방정식에 대입하면 분포질량과 분포하중을 갖는 보의 운동방정식은

$$m\frac{\partial^2 w}{\partial t^2}+\frac{\partial^2}{\partial x^2}\left(EI\frac{\partial^2 w}{\partial x^2}\right)=p$$

2) 고유진동수와 모드형상

보의 자유진동 운동방정식은  $m\dfrac{\partial^2 w}{\partial t^2} + \dfrac{\partial^2}{\partial x^2}\left(EI\dfrac{\partial^2 w}{\partial x^2}\right) = 0$

여기서 해를 위치 $x$와 시간 $t$의 함수이고, 위치와 시간은 서로 독립변수이며 변위는 위치 함수인 모드형상 $\Psi(x)$와 시간함수인 $q(t)$의 곱으로 나타낼 수 있다고 가정하면,

$$w(x,\ t) = \Psi(x)q(t)$$

이 식을 운동방정식에 대입하여 시간과 위치의 함수를 분리하여 정리하면

$$-\dfrac{\ddot{q}(t)}{q(t)} = \dfrac{[EI\Psi''(x)]''}{m\Psi(x)}$$

이 식이 서로 독립으로 가정한 위치 $x$와 시간 $t$의 모든 값에 대해 성립하기 위해서는 좌변과 우변의 값은 양의 상수($\omega^2$)여야 한다.

$$-\dfrac{\ddot{q}(t)}{q(t)} = \dfrac{[EI\Psi''(x)]''}{m\Psi(x)} = \omega^2 \quad \ddot{q} = \dfrac{\partial^2 q}{\partial t^2},\quad \Psi'' = \dfrac{\partial^2 \Psi}{\partial x^2}$$

이 식을 위치와 시간의 함수로 각각 분리하여 전개하면,

$$\ddot{q}(t) + \omega^2 q(t) = 0$$

$$[EI\Psi''(x)]'' - \omega^2 m\Psi(x) = 0 \qquad \omega\text{는 고유진동수,} \quad \Psi(x)\text{는 이에 대응하는 모드형상}$$

첫 번째 식은 고유진동수 $\omega$를 갖는 단자유도계의 자유진동방정식이며, 두 번째 식은 고유진동수 $\omega$와 $\omega$에 대응해 보의 경계조건을 만족시키는 모드형상 $\Psi(x)$을 해로 갖는 방정식이다. 두 번째 식의 경우 해는 2개이고 방정식은 1개이므로 방정식을 만족시키는 2개의 해($\omega$, $\Psi(x)$)는 무수히 많이 존재한다.

3) 등단면 단순보

$EI(x) = EI = constant$ 이고 $m(x) = m = constant$ 이므로 모드형상에 관한 운동방정식은,

$$EI\Psi^{(IV)}(x) - \omega^2 m\Psi(x) = 0 \quad \text{또는} \quad \Psi^{(IV)}(x) - \beta^4\Psi(x) = 0,\quad \beta^4 = \dfrac{\omega^2 m}{EI}$$

일반해는

$\Psi(x) = C_1\sin\beta x + C_2\cos\beta x + C_3\sinh\beta x + C_4\cosh\beta x$ : $C_i$는 경계조건으로부터 구하는 상수

① B.C 1 : $x = 0$에서 변위와 휨모멘트 모두 0

$$w(0,\ t) = 0 \qquad\qquad : \Psi(0) = 0 \quad \rightarrow \quad C_2 + C_4 = 0$$

$$M = EIw''(0,\ t) = 0 : \Psi''(0) = 0 \quad \rightarrow \quad \beta^2(-C_2 + C_4) = 0 \qquad\qquad \therefore C_2 = C_4 = 0$$

② B.C 2 : $x = L$에서 변위와 휨모멘트 모두 0

$$w(L,\ t) = 0 \qquad\qquad : \Psi(L) = 0 \quad \rightarrow \quad C_1\sin\beta L + C_3\sinh\beta L = 0$$

$$M = EIw''(L,\ t) = 0 : \Psi''(L) = 0 \quad \rightarrow \quad \beta^2(-C_1\sin\beta L + C_3\sinh\beta L) = 0$$

$$\therefore C_3 = 0,\quad C_1\sin\beta L = 0$$

Non trivial solution이기 위해서 $C_1 \neq 0 \qquad \therefore \beta L = n\pi$

고유진동수 $\omega_n = \left(\dfrac{n\pi}{L}\right)^2 \sqrt{\dfrac{EI}{m}} \quad (n = 1,\ 2,\ ...)$

대응하는 모드형상 $\Psi_n(x) = C_1\sin\dfrac{n\pi}{L}x$

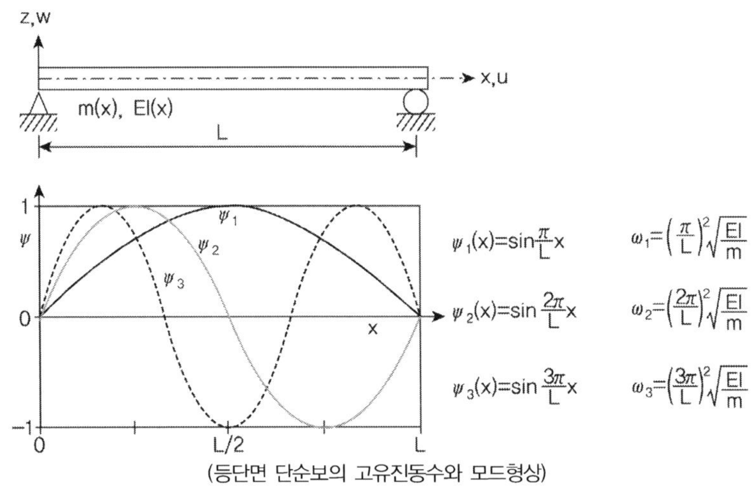

(등단면 단순보의 고유진동수와 모드형상)

4) 등단면 외팔보

등단면 단순보의 경우와 동일하게 모드형상에 관한 운동방정식에 경계조건을 대입하여 $C_1$, $C_2$, $C_3$, $C_4$를 구하면,

① B.C 1 : $x = 0$(고정단)에서 변위와 처짐각은 0

$$w(0,\ t) = 0 \ : \Psi(0) = 0 \quad \rightarrow \quad C_2 + C_4 = 0$$

$$w'(0,\ t)=0\ :\ \Psi'(0)=0\quad\rightarrow\quad C_1+C_3=0$$

② B.C 2 : $x=L$(자유단)에서 휨모멘트와 전단력 모두 0

$$M=EIw''(L,t)=0\ \rightarrow\ \Psi''(L)=0,\ C_1(\sin\beta L+\sinh\beta L)+C_2(\cos\beta L+\cosh\beta L)=0$$

$$V=EIw'''(L,t)=0\qquad\qquad\rightarrow\qquad\qquad\Psi'''(L)=0,$$

$$C_1(\cos\beta L+\cosh\beta L)+C_2(-\sin\beta L+\sinh\beta L)=0$$

$$\therefore\ \begin{bmatrix}\sin\beta L+\sinh\beta L & \cos\beta L+\cosh\beta L\\ \cos\beta L+\cosh\beta L & -\sin\beta L+\sinh\beta L\end{bmatrix}\begin{bmatrix}C_1\\ C_2\end{bmatrix}=\begin{bmatrix}0\\ 0\end{bmatrix}$$

Non trivial solution이기 위해서 $C_1\neq 0,\ C_2\neq 0$이므로

$$\text{DET}\,|\ |=0:\quad 1+\cos\beta L\cosh\beta L=0\qquad\qquad\therefore\ \beta_n L=\begin{cases}1.8751 & n=1\\ 4.6941 & n=2\\ 7.8548 & n=3\\ 10.996 & n=4\\ \dfrac{2n-1}{2}\pi & n\geq 5\end{cases}$$

$$\beta^4=\frac{\omega^2 m}{EI}\ \text{이므로,}\quad \omega_n=\left(\frac{\beta_n L}{L}\right)^2\sqrt{\frac{EI}{m}}$$

$$\therefore\ \Psi_n(x)=C_1\left[\frac{\cosh\beta_n x-\cos\beta_n x}{\cosh\beta_n L+\cos\beta_n L}-\frac{\sinh\beta_n x-\sin\beta_n x}{\sinh\beta_n L+\sin\beta_n L}\right]$$

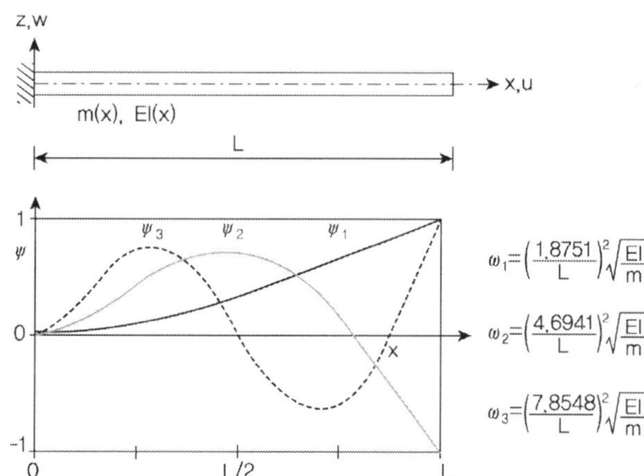


$$\omega_1=\left(\frac{1.8751}{L}\right)^2\sqrt{\frac{EI}{m}}$$

$$\omega_2=\left(\frac{4.6941}{L}\right)^2\sqrt{\frac{EI}{m}}$$

$$\omega_3=\left(\frac{7.8548}{L}\right)^2\sqrt{\frac{EI}{m}}$$

## 2. 다자유도계의 유한요소법 : 외팔보의 고유진동수 산정

절점당 2개 자유도를 갖는 외팔보의 고유진동수를 Lumped Mass와 Consistent Mass인 경우를 비교해 보면, (감쇠는 무시하고 단위길이당 질량을 $m$ 이라고 가정)

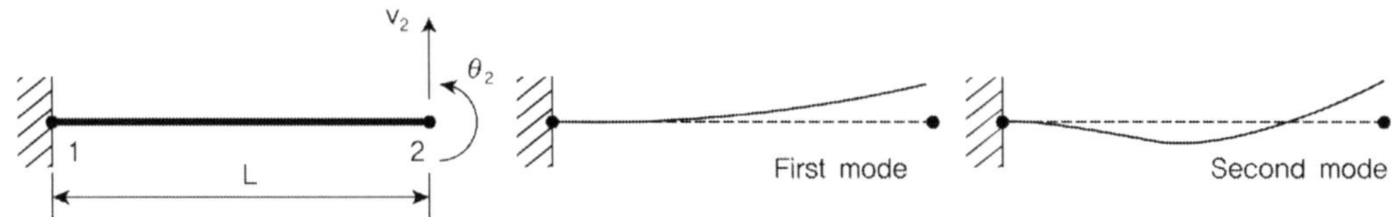



### 1) 형상함수



$$N_1 = 1 - \frac{3x^2}{L^2} + \frac{2x^3}{L^3}, \quad N_2 = x - \frac{2x^2}{L} + \frac{x^3}{L^3}, \quad N_3 = \frac{3x^2}{L^2} - \frac{2x^3}{L^3}, \quad N_4 = -\frac{x^2}{L} + \frac{x^3}{L^2}$$

### 2) 요소 강성행렬(Element Stiffness Matrix)

$$[B] = \frac{d^2}{dx^2}[N] = \left[ -\frac{6}{L^2} + \frac{12x}{L^3} \quad -\frac{4}{L} + \frac{6x}{L^2} \quad \frac{6}{L^2} - \frac{12x}{L^3} \quad -\frac{2}{L} + \frac{6x}{L^2} \right], \quad [k] = EI$$

$$[K^e] = \int [B]^T[k][B]dV = \int_0^L [B]^T EI[B]dx = \frac{EI}{L^3}\begin{bmatrix} 12 & 6L & -12 & 6L \\ 6L & 4L^2 & -6L & 2L^2 \\ -12 & -6L & 12 & -6L \\ 6L & 2L^2 & -6L & 4L^2 \end{bmatrix}$$

3) Lumped Mass

$$I = \left(\frac{m}{2}\right)\left(\frac{L}{2}\right)^2/3 \qquad \therefore [M^e_{lumped}] = mL\begin{bmatrix} 0.5 & & & \\ & \dfrac{L^2}{24} & & \\ & & 0.5 & \\ & & & \dfrac{L^2}{24} \end{bmatrix}$$

4) Consistent Mass

$$[M^e_{consistent}] = \int \rho[N]^T[N]dV = \int_0^L \rho A[N]^T[N]dx = \frac{mL}{420}\begin{bmatrix} 156 & 22L & 54 & -13L \\ 22L & 4L^2 & 13L & -3L^2 \\ 54 & 13L & 156 & -22L \\ -13L & -3L^2 & -22L & 4L^2 \end{bmatrix}$$

5) 고유치 : Lumped Mass

1번 절점에 해당하는 자유도를 구속하면,

$$\left\{\frac{EI}{L^3}\begin{bmatrix} 12 & -6L \\ -6L & 4L^2 \end{bmatrix} - \omega^2 mL\begin{bmatrix} 0.5 & 0 \\ 0 & \dfrac{L^2}{24} \end{bmatrix}\right\}\begin{bmatrix} v_2 \\ \theta_2 \end{bmatrix} = \begin{bmatrix} 0 \\ 0 \end{bmatrix}$$

$$\therefore \omega_1 = 2.238\sqrt{\frac{EI}{mL^4}}, \quad \omega_2 = 10.72\sqrt{\frac{EI}{mL^4}}$$

여기서 회전자유도에 관한 관성질량을 무시할 경우,

$$\left\{\frac{EI}{L^3}\begin{bmatrix} 12 & -6L \\ -6L & 4L^2 \end{bmatrix} - \omega^2 mL\begin{bmatrix} 0.5 & 0 \\ 0 & 0 \end{bmatrix}\right\}\begin{bmatrix} v_2 \\ \theta_2 \end{bmatrix} = \begin{bmatrix} 0 \\ 0 \end{bmatrix}$$

$$\therefore \omega_1 = 2.450\sqrt{\frac{EI}{mL^4}}, \quad \omega_2 = \infty$$

6) 고유치 : Consistent Mass

$$\left\{\frac{EI}{L^3}\begin{bmatrix} 12 & -6L \\ -6L & 4L^2 \end{bmatrix} - \omega^2 \frac{mL}{420}\begin{bmatrix} 156 & -22L \\ -22L & 4L^2 \end{bmatrix}\right\}\begin{bmatrix} v_2 \\ \theta_2 \end{bmatrix} = \begin{bmatrix} 0 \\ 0 \end{bmatrix}$$

$$\therefore \omega_1 = 3.533\sqrt{\frac{EI}{mL^4}}, \quad \omega_2 = 34.81\sqrt{\frac{EI}{mL^4}}$$

7) 이론해와 비교

균일 외팔보의 이론적인 고유진동수는 $\omega_1 = 3.516 \sqrt{\dfrac{EI}{mL^4}}$ , $\omega_2 = 22.03 \sqrt{\dfrac{EI}{mL^4}}$

고유진동수의 정확성은 ① 유한요소의 수를 증가시켜갈 때 정확성이 향상되며 ② 고차모드보다는 저차모드가 정확하고 ③ 유연한 보의 경우 Consistent Mass 행렬을 사용한 결과가 Lumped Mass 를 사용한 결과보다 정확하며 ④ Consistent Mass의 결과는 이론해보다 큰 값을 나타내는 데 비해 Lumped Mass 결과는 이론해보다 작은 값을 나타내는 것을 알 수 있다.

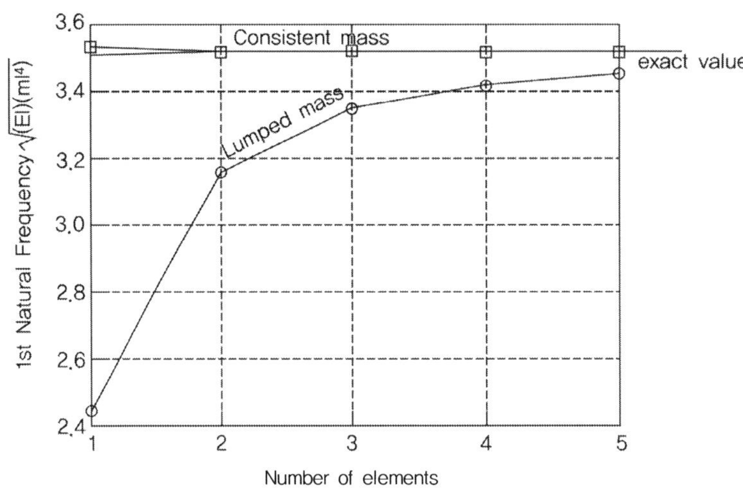

## 고유치 해석

토목공학의 구조공학 분야에서 자주 등장하는 고유치 문제(Eigenvalue Problem)에 대하여 설명하시오.

## 풀 이

### ▶ 개요

구조물의 고유치는 구조물이 가지고 있는 고유한 성질로 토목 분야에서는 주로 동해석 시의 고유진동수 해석(Dynamic Analysis Natural Frequency)이나 좌굴(Buckling)해석 시의 고유치 해석 또는 구조물의 주응력 계산 시의 고유치 해석 등에 이용되며, 고유주파수(Eigenfrequency), 고유모드(Eigenmode), 형상함수(shape function) 등을 산정할 때 주로 많이 사용된다.

공학적으로는 Modal Method를 이용한 해석 수행 시에 주로 많이 사용되며, 토목 분야 구조물에서 고유치 문제에 대한 일반적인 해법 식은 다음과 같다.

$$([K] - w_n^2 [m])\{\phi\} = \{0\}$$

### ▶ 고유치의 정의

공학과 물리학에서 상수의 매트릭스 $\overline{A}$ 를 가진 선형대수방정식에서 해 벡터 $\overline{x}$ 가 $\overline{A}\,\overline{x}$ 에 비례하는 경우가 발생한다. 이를 고유치 문제(Eigenvalue problem)라 하며 수식으로는 다음과 같다.

$$\overline{A}\,\overline{x} = \lambda \overline{x} \quad \rightarrow \quad (\overline{A} - \lambda \overline{I})\overline{x} = \overline{0} \quad \therefore \ |\overline{A} - \lambda \overline{I}| = 0$$

$\overline{A}\,\overline{x}$ (Output) $= \lambda \overline{x}$ (Input)과 같이 input과 output이 크기만 다르고 같은 모양이 되는 것을 eigenvector라 하고 그 크기의 비를 eigenvalue라 한다.

### ▶ 구조공학에서 사용되는 실 예

1) 다자유도 비감쇠 자유진동

기본 방정식 $[m][\ddot{y}] + [k][y] = [0]$

변위와 시간을 uncoupling하고 진동을 조화함수로 가정하면,

$$y = q_n(t)[\phi] = (A\sin\omega_n t + B\cos\omega_n t)[\phi]$$
$$\ddot{y} = (-\omega_n^2 A\sin\omega_n t - \omega_n^2 B\cos\omega_n t)[\phi] = -\omega_n^2 q_n(t)[\phi]$$
$$\therefore \ ([K] - \omega_n^2 [m])[\phi]q_n(t) = [0]$$

여기서 $q_n(t) \neq 0$이므로, $([K] - \omega_n^2[m])[\phi] = [0]$ : 고유치 문제

$$\therefore \left| [K] - \omega_n^2[m] \right| = 0 \; : \text{Characteristic equation}$$

## 2) 주응력 계산

주응력 상태에서 stress vector $[t] = \lambda[n]$이고 또 일반적인 응력 상태에서 stress vector $[t] = [\sigma][n]$이므로,

$$[t] = \lambda[n] = [\sigma][n] \; : \; ([\sigma] - \lambda[I])[n] = [0]$$
$$\therefore \left| [\sigma] - \lambda[I] \right| = 0 \; : \text{Characteristic equation}$$

## 3) Bifurcation Buckling

축방향하중을 받는 부재의 지배미분방정식은 $EI\dfrac{d^4y}{dx^4} + P\dfrac{d^2y}{dx^2} = 0$, $\omega^2 = \dfrac{P}{EI}$를 대입하면,

$\dfrac{d^4y}{dx^4} + \omega^2 \dfrac{d^2y}{dx^2} = 0$ : 미분방정식의 해는 $y = A\sin\omega x + B\cos\omega x + Cx + D$로 경계조건을 도입하면,

$$\begin{bmatrix} a_{11} & a_{12} & a_{13} & a_{14} \\ a_{21} & a_{22} & a_{23} & a_{24} \\ a_{31} & a_{32} & a_{33} & a_{34} \\ a_{41} & a_{42} & a_{43} & a_{44} \end{bmatrix} \begin{bmatrix} A \\ B \\ C \\ D \end{bmatrix} = \begin{bmatrix} 0 \\ 0 \\ 0 \\ 0 \end{bmatrix} \quad \therefore \begin{vmatrix} a_{11} & a_{12} & a_{13} & a_{14} \\ a_{21} & a_{22} & a_{23} & a_{24} \\ a_{31} & a_{32} & a_{33} & a_{34} \\ a_{41} & a_{42} & a_{43} & a_{44} \end{vmatrix} = 0 \; : \text{Characteristic equation}$$

## 4) Ritz Method

Ritz Method은 변분법을 이용하여 지배방정식의 근사해를 구하는 방법이다. 지배방정식의 근사해를 다음과 같이 가정한다.

$$u = \sum_{i=1}^{N} C_i \Phi_i$$

전체 포텐셜에너지 $\Pi$는 $C_i$의 함수이다. $\Pi(C_1, C_2, C_3, \dots C_N)$

$$\delta\Pi = \frac{\partial \Pi}{\partial C_i}\delta C_i = \frac{\partial \Pi}{\partial C_1}\delta C_1 + \frac{\partial \Pi}{\partial C_2}\delta C_2 + \dots + \frac{\partial \Pi}{\partial C_N}\delta C_N$$

$C_i$는 선형이고 독립적이므로,

$$\frac{\partial \Pi}{\partial C_i} = 0 \; \text{for } i = 1, 2, \cdots, N \; : \text{고유치 문제}$$

Ritz Method는 구조물의 변위, 좌굴하중, 자유진동수 등을 근사적으로 구할 수 있는 방법이다.

## 질량참여율 해석방법

구조물의 고유치 해석에 의한 질량참여율 해석방법에 대하여 설명하시오.

**풀 이**

### ▶ 개요

구조물의 고유치는 구조물이 가지고 있는 고유한 성질로 주로 동 해석 시의 고유진동수 해석
(Dynamic Analysis Natural Frequency)이나 좌굴(Buckling) 해석 시에 이용되며, 고유주파수
(Eigen-frequency), 고유모드(Eigen-mode), 형상함수(shape function) 등을 산정할 때 주로 많
이 사용된다. 동역학적 운동방정식은 모드중첩법(Mode Superposition Method) 또는 직접적분법
(Direction Integration Method)을 이용하여 해를 구할 수 있으며, 고유치 문제에 대한 일반적인
해법 식은 다음과 같다. 고유치 해석을 통해 산정된 모델 중 질량참여율이 높을수록 공진 등 해석
시 주요 모드로 고려될 수 있으며, 일반적으로 질량참여율이 90% 이상이 되는 모드를 주요 모드
로 고려한다.

$$([K] - w_n^2[m])\{\phi\} = \{0\}$$

### ▶ 질량참여율 해석방법

고유치해석은 구조물 고유의 동적특성을 분석하는 데 사용되며 자유진동해석(Free Vibration
Analysis)이라고 한다. 고유치해석을 통해 구해지는 구조물의 주요한 동적특성은 고유모드(또는
모드형상), 고유주기(또는 고유진동수), 그리고 모드 기여계수(Modal Participation Factor) 등이
며 이들은 구조물의 질량과 강성에 의해 정해진다.

고유모드(Vibration Modes)는 구조물이 자유진동(또는 변형) 할 수 있는 일종의 고유형상이며,
주어진 모양으로 변형시키기 위해 소요되는 에너지(또는 힘)가 제일 적은 것부터 순차적으로 1차
모드형상(또는 기본진동형상), 2차 모드형상, …, n차 모드형상라고 한다.

외팔보의 진동모드를 예를 들면, 단일 자유도계의 운동방정식에서 하중과 감쇠항을 영으로 가정.
자유진동 방정식을 만들게 되면 선형 2차 미분방정식이 된다.

기본 방정식 $[m][\ddot{y}] + [k][y] = [0]$

변위와 시간을 uncoupling하고 진동을 조화함수로 가정하면,

$$y = q_n(t)[\phi] = (A\sin\omega_n t + B\cos\omega_n t)[\phi]$$

$$\ddot{y} = (-\omega_n^2 A\sin\omega_n t - \omega_n^2 B\cos\omega_n t)[\phi] = -\omega_n^2 q_n(t)[\phi]$$

$$\therefore ([K] - \omega_n^2[m])[\phi]q_n(t) = [0]$$

여기서 $q_n(t) \neq 0$이므로, $([K] - \omega_n^2[m])[\phi] = [0]$ : 고유치 문제

$$\therefore \left| [K] - \omega_n^2[m] \right| = 0 \text{ : Characteristic equation}$$

상기의 등식이 항상 만족하기 위해서는 좌변의 괄호 내의 값이 0이 되어야 하므로 고유치는

$$\omega_n^2 = \frac{k}{m}, \ \omega = \sqrt{\frac{k}{m}}, \ f = \frac{\omega}{2\pi}, \ T = \frac{1}{f}$$

여기서, $\omega^2$은 고유치(Eigenvalue), ω는 회전고유진동수(Rotational Natural Frequency), f 고유진동수(Natural Frequency), T를 고유주기(Natural Period)라고 한다. 그리고 모드기여계수는 해당 모드의 영향을 총 모드에 대한 비율로 나타낸 것으로 다음 식과 같이 표현된다.

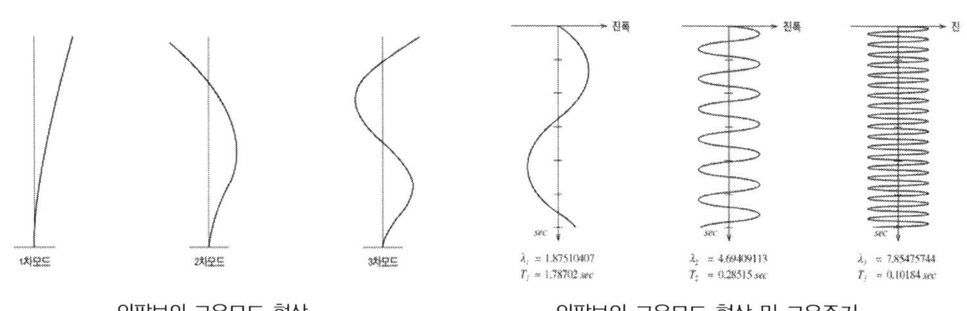


외팔보의 고유모드 형상          외팔보의 고유모드 형상 및 고유주기

$$\Gamma_m = \frac{\sum M_i \phi_{im}}{\sum M_i \phi_{im}^2} \ \text{ : 모드기여계수(Modal Participation Factor),}$$

여기서, m : 임의 모드차수(Mode Number),  $M_i$ : 임의 I위치의 질량(Mass)

$\phi_{im}$ : 임의 I 위치의 m차 모드벡터(Mode shape)

내진설계기준에서는 해석에 포함되는 모드별 유효질량(Effective Modal Mass)의 합이 전체 질량의 90% 이상을 확보하도록 요구한다. 이는 해석결과에 영향을 주는 대부분의 주요모드를 포함하도록 하기 위한 것이다. 모드별 유효질량(Effective Modal Mass) $M_m$은 다음과 같이 표현된 식에 따라 산정된다.

$$M_m = \frac{[\sum \phi_{im} M_i]^2}{\sum \phi_{im}^2 M_i}$$

## 다자유도시스템의 동적방정식과 해석방법

다음과 같은 3경간보를 동적모델링하였을 때

가. 동적평형방정식($[m]\{\ddot{u}\} + [c]\{\dot{u}\} + [k]\{u\} = \{f(t)\}$)을 유도하시오.

나. 이 동적방정식을 해석하는 방법 중

   (1) 직접적분법(Direct Integration Method)과

   (2) 모드중첩법(Modal Superposition Method)을 설명하시오.

    (단, 질량은 ①, ②점에 집중질량 m이 작용하고, 각부재의 탄성계수와 감쇠계수는 각각 모두 k. c이다.)

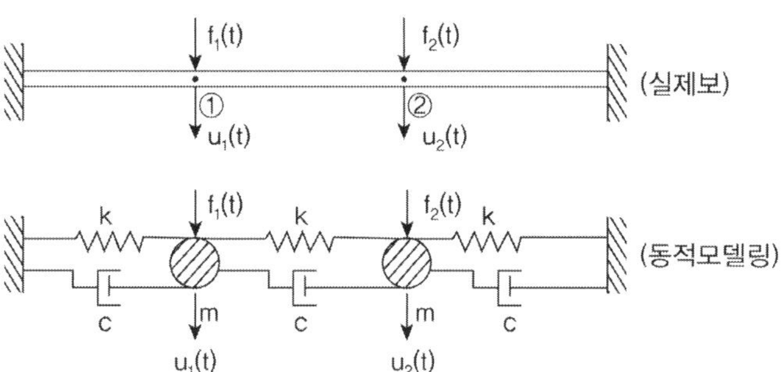




### ➤ 3-Degree of freedom System의 운동방정식 유도

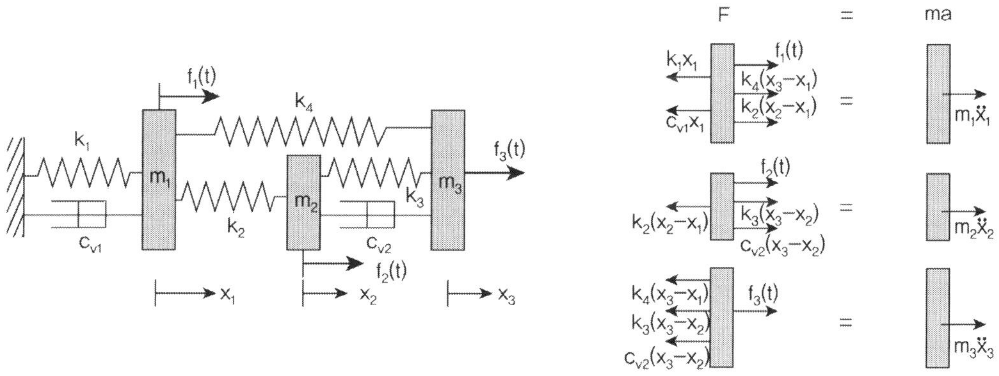


$$m_1\ddot{x}_1 + c_1\dot{x}_1 + (k_1 + k_2 + k_4)x_1 - k_2x_2 - k_4x_3 = f_1(t)$$

$$m_2\ddot{x}_2 + c_2\dot{x}_2 - c_2\dot{x}_3 + (k_2 + k_3)x_2 - k_2x_1 - k_3x_3 = f_2(t)$$

$$m_3\ddot{x}_3 + c_2\dot{x}_3 - c_2\dot{x}_2 + (k_3 + k_4)x_3 - k_3 x_2 - k_4 x_1 = f_3(t)$$

여기서, $k_1 = k_2 = k_3 = k_4, \quad c_1 = c_2 = c_3$

$$\therefore \begin{bmatrix} m_1 & 0 & 0 \\ 0 & m_2 & 0 \\ 0 & 0 & m_3 \end{bmatrix} \begin{bmatrix} \ddot{x}_1 \\ \ddot{x}_2 \\ \ddot{x}_3 \end{bmatrix} + \begin{bmatrix} c & 0 & 0 \\ 0 & c & -c \\ 0 & -c & c \end{bmatrix} \begin{bmatrix} \dot{x}_1 \\ \dot{x}_2 \\ \dot{x}_3 \end{bmatrix} + \begin{bmatrix} 3k & -k & -k \\ -k & 2k & -k \\ -k & -k & 2k \end{bmatrix} \begin{bmatrix} x_1 \\ x_2 \\ x_3 \end{bmatrix} = \begin{bmatrix} f_1(t) \\ f_2(t) \\ f_3(t) \end{bmatrix}$$

### ▶ 3-Degree of freedom System 직접 매트릭스 유도방법

1) 자유도의 수를 결정하고 질량, 감쇠, 강성행력의 크기를 결정한다. 일반적으로 하나의 자유도는 각 각의 질량과 연관될 수 있다.

2) 자유도의 정도와 관련된 질량값 질량행렬의 대각선에 입력한다. Lumped mass이므로

$$M = \begin{bmatrix} m_1 & 0 & 0 \\ 0 & m_2 & 0 \\ 0 & 0 & m_3 \end{bmatrix}$$

3) 자유도의 정도와 관련된 각 질량의 경우에 그 질량에 연결된 모든 감쇠를 합계하여 질량 매트릭스의 그 질량에 해당하는 대각선 위치에 감쇠행렬에 이 값을 입력한다.

$$C = \begin{bmatrix} c_1 & ? & ? \\ ? & c_2 & ? \\ ? & ? & c_3 \end{bmatrix}$$

4) 두 개의 질량에 연결된 포트를 식별하여 음에서 감쇠 대시 포트 M, N과 N, M 감쇠행렬에서의 위치의 대중 레이블 M과 N을 적고 모든 대시 포트에 대해 이 단계를 반복한다. 감쇠행렬의 나머지 조항은 0이다.

$$C = \begin{bmatrix} c_1 & 0 & 0 \\ 0 & c_2 & -c_2 \\ 0 & -c_2 & c_3 \end{bmatrix}$$

5) 각 질량의 경우 그 질량과 연결된 모든 스프링의 강성을 요약하고 질량 매트릭스의 그 질량에 해당하는 대각선 위치에 강성행렬 값을 입력한다.

$$K = \begin{bmatrix} k_1 + k_2 + k_4 & ? & ? \\ ? & k_2 + k_3 & ? \\ ? & ? & k_3 + k_4 \end{bmatrix}$$

6) 두 개의 질량에 연결된 포트를 식별하여 음에서 강성 대시 포트 M, N과 N, M 강성행렬에서의 위치의 대중 레이블 M과 N을 적고 모든 스프링에 대해 이 단계를 반복한다. 강성행렬의 나머지 조항은 0이다.

$$K = \begin{bmatrix} k_1 + k_2 + k_4 & -k_2 & -k_4 \\ -k_2 & k_2 + k_3 & -k_3 \\ -k_4 & -k_3 & k_3 + k_4 \end{bmatrix}$$

7) 각 질량에 적용된 외부 힘의 합, 즉 질량에 대한 행위치에 해당하는 행 위치에서 힘 벡터의 값을 입력한다.

$$F \equiv \begin{bmatrix} f_1(t) \\ f_2(t) \\ f_3(t) \end{bmatrix}$$

8) 운동방정식 정리

$$[M]\ddot{x} + [C]\dot{x} + [K]x = [F]$$

# 제2편  내진·내풍·파랑설계

# 진동과 응답

# 01 진동과 응답

## 01 지진, 파랑, 바람 진동에 의한 구조물의 영향

### 1. 지진파 72회/96회/109회/111회/119회

【 기출유형 ① 】 지진파의 종류별 특성, 구조물이 진앙거리에 따라 고려해야 할 지진파
【 기출유형 ② 】 지진계측기인 가속도계와 변위계의 특성과 측정가능 지진
【 기출유형 ③ 】 지진 규모와 진도, 지진에너지, 관성력과의 관계 설명

지진파는 크게 실체파(P파, S파)와 표면파(L파와 Rayleigh파)로 구분된다. 실체파(Body Wave)는 지구 안의 물질을 통과하며 표면파(Surface Wave)는 지구표면을 따라 움직인다. 구조물의 내진설계 시에 의미있는 파형은 구조물에 큰 피해를 일으킬 수 있는 표면파가 주로 고려되며, 표면파 중에서도 Rayleigh파가 내진설계 시에 이용되는 파형이다.

지진파는 주로 진폭, 파장, 주기, 진동수, 지속시간 등에 따라 그 특성이 달라지며 이러한 특성들을 통해서 내진설계 시 변수로서 적용되고 있다.

**TIP** | 탄성파(Elastic wave) |

① 탄성파란 탄성매질(medium) 내에서 매질의 교란상태 변화로 인해 에너지가 전달되는 파동으로 매질을 필요로 하는 파동은 횡파(transverse wave)든 종파(longitudinal wave)든간에 상관없이 모두 탄성파에 속한다.

② 공기를 매질로 하는 음파, 물을 매질로 하는 수면파, 지구 내부 물질을 매질로 하는 지진파 등이 있다.

③ 지진의 파동의 특성은 매질의 밀도, 강성, 감쇠 등에 영향을 받으며 일반적으로 지진파동은 실체파와 표면파로 구분될 수 있고, 실체파(body wave)는 진원(hypocenter)로부터 지구 내부를 통과하여 전파하며, 표면파(surface wave)는 경사진 실체파와 매질의 자유표면(free surface)인 지표면과의 상호작용으로 인해 생성된 파동으로 지표층에서 지표면을 따라 전파한다.

1) 지진파의 종류

① P파(Primary Wave) : 종파, 속도가 지진파 중 가장 빠르며(7~8km/s) 고체, 액체, 기체 모두 관통할 수 있다. 진동방향은 진행방향과 진동방향이 평형하며 진폭이 작은 것이 특징이다.

② S파(Secondary Wave) : 횡파, 속도가 느리며(3~4km) 통과물질은 고체, 진동방향은 진행방향과 진동방향이 수직이며 진폭이 크다.

③ L파(Love Wave) : 지구의 표면을 따라 전파되며 지표면의 입자는 파의 전파방향에 직각으로 수평면 내에서 좌우로 진동한다. 레일리파보다 빠르게 전파되며 매질의 운동이 수평성분만 가지므로 수직성분에는 거의 기록되지 않는다.

④ Rayleigh파 : 레일리파는 지표면의 입자는 파의 전파방향을 포함하는 지표면에 수직인 평면 내에서 타원을 그리며 역행운동을 한다. 속도가 가장 느리며 내진에 가장 큰 영향을 미친다.

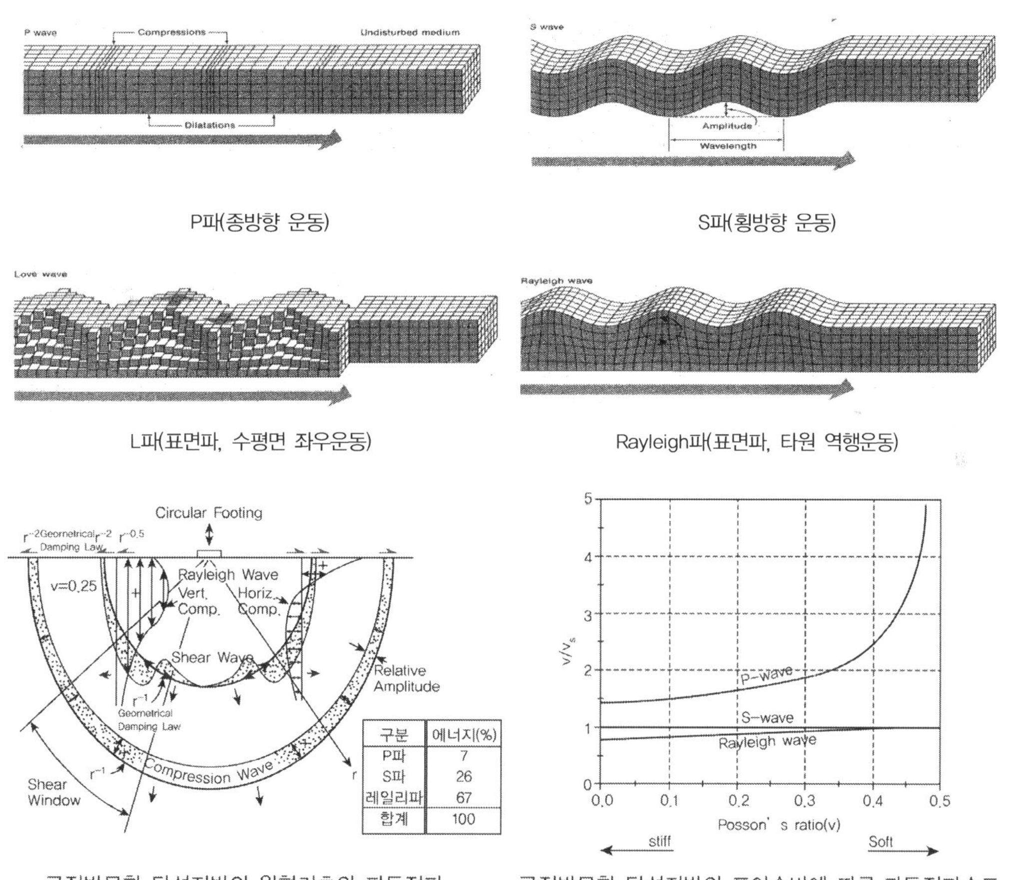


P파(종방향 운동)

S파(횡방향 운동)

L파(표면파, 수평면 좌우운동)

Rayleigh파(표면파, 타원 역행운동)

| 구분 | 에너지(%) |
| --- | --- |
| P파 | 7 |
| S파 | 26 |
| 레일리파 | 67 |
| 합계 | 100 |

균질반무한 탄성지반의 원형기초와 파동전파

균질반무한 탄성지반의 포아송비에 따른 파동전파속도

1. 표면파는 L파라고도 하며 진원이 가까운 곳에서는 S파와 뒤섞여서 잘 구별되지 않으나 멀수록 분명히 기록된다. 표면파는 다시 레일리파와 러브파로 분류되며 통상 진원이 수백 km 떨어진 곳에서 실체파 다음에 전파되는 주기가 큰 파동이다.

2. 표면파는 진동수별로 파동전파속도가 다르므로 분산특성(dispersive characteristics)을 나타내며 일반적으로 그룹의 속도(group velocity)로 나타낸다. 통상 지진파 계측 시 레일리파의 그룹속도는 러브파보다 느리므로 레일리파는 러브파 뒤에 도착한다.

3. 레일리파(Rayleigh wave)는 1885년 J. Rayleigh가 처음 이론적으로 유도하였으며 진동은 진행방향을 포함한 연직면 내의 타원진동이다. 전파속도는 주로 지구 내부의 횡파의 속도에 따라 좌우되므로 레일리파의 관측으로부터 횡파의 속도분포를 구할 수 있다.

4. 일반적으로 표면파는 지진파 가운데서 가장 속도가 느리지만 진폭은 가장 커서 대부분의 큰 지진피해는 표면파에 의해 발생한다.

## 2) 진앙거리에 따른 고려할 지진파

진앙거리가 멀 때는 구조물에 가장 큰 영향을 미치는 표면파의 전달이 크지 않기 때문에 큰 영향이 없으나 진앙거리가 가까울수록 표면파(L파, Rayleigh파)의 영향이 커져서 구조물에 미치는 영향이 커진다.

타원 운동을 하는 Rayleigh파는 표면에 가까울수록 그 운동의 크기가 급수적으로 커지기 때문에 표면에 설치되는 구조물에 미치는 영향이 크게 되므로 이에 대하여 내진, 면진, 제진 등을 적절히 고려하여 설계하여야 한다.

## 3) 지진 계측기

지진계는 지구의 진동인 지진을 과학적으로 관측하는 계측장비로 계측을 위한 기본원리는 지진계 내에 내장한 진자중추를 가상부동점으로서 지면 사이와의 상대변위를 측정하는 기계. 또 지진을 관측한 절대시각도 함께 기록하여 큰 지진이라도 파형을 기록하여 이를 보호하고 유지해야 하는 기능을 갖추어야 한다.

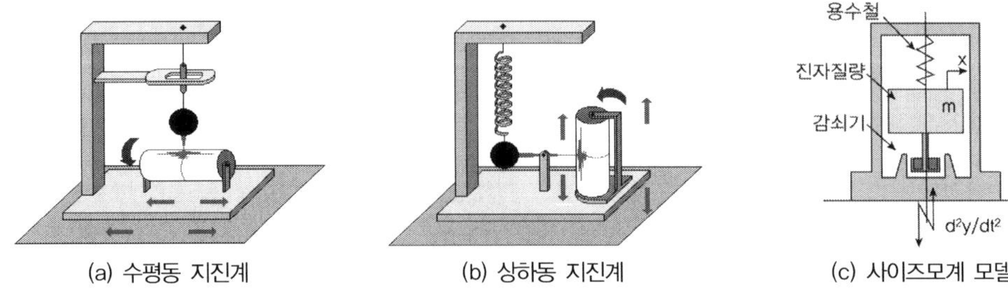


(a) 수평동 지진계    (b) 상하동 지진계    (c) 사이즈모계 모델

① 구조에 의한 분류 : 지진계에 내장된 지진센서는 사이즈모계(Seismo System)와 일정 레벨 이상의 지진감지가 목적인 제어용지진계인 비 사이즈모계로 분류된다. 사이즈모계는 1방향으로만 움직이는 진자중추, 용수철, 감쇠기로 구성되어 있으며 정확한 진동을 측정하려면 기본이 되는 부동점이 필요하고 지진계의 경우 사이즈모계의 질량요소인 진자 중추를 가상의 기본 부동점으로 하고 지진동을 측정한다.

② 특성에 의한 분류 : 진자의 운동량은 그 고유진동수 이상의 진동수에서는 지진동의 변위진폭에 비례하고 고유진동수 이하로는 가속도 진폭에 비례한다.
  (1) 변위지진계($f/f_n > 1$) : 진자의 고유진동수를 내리고 고유진동수 이상의 진동수범위로 측정하는 지진계
  (2) 가속도지진계($f/f_n < 1$) : 진자의 고유진동수를 높이고 그 이하를 진동수범위로 측정하는 지진계
  (3) 속도지진계($f/f_n = 1$) : 진자에 큰 감쇠력을 추가하여 고유진동수 부근의 진동수 범위를 측정하는 지진계

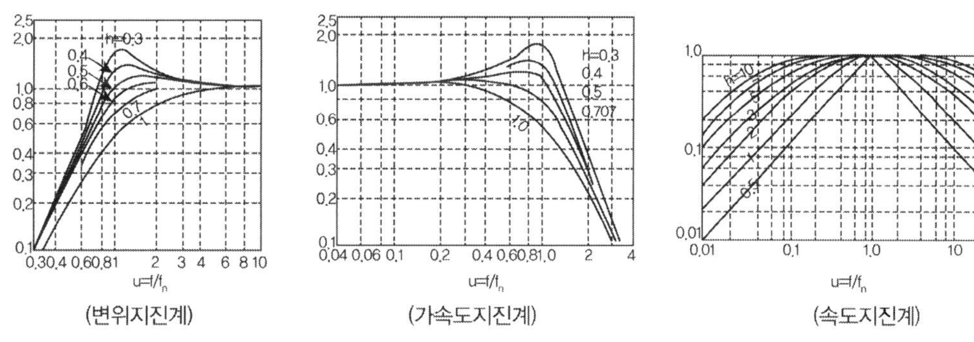

(변위지진계)     (가속도지진계)     (속도지진계)

## 4) 지진파의 측정과 평가

지진파는 크게 지진의 규모(Magnitude)와 진도(Intensity)로 표현되며, 지진의 규모(Magnitude, M)는 절대적인 개념으로 국내의 경우 1~9단계로 구분된 리히터 스케일(Richter scale)로 표현되며 진앙지로부터 100km 떨어진 지점의 로그스케일로 표현된다. 진도(Intensity)의 경우 피해정도를 기준으로 표현되는 상대적인 개념의 단위로 국내에서는 1~12단계로 구분된 수정메르칼리 진도(Modified Mercalli Intensity, MMI)로 표현된다.

① 지진의 규모(Magnitude) : 절대적인 개념으로 국내의 경우 1~9단계로 구분된 리히터 스케일(Richter scale)로 표현되며 진앙지로부터 100km 떨어진 지점의 로그스케일로 표현

② 지진의 진도(Intensity) : 피해정도를 기준으로 표현되는 상대적인 개념의 단위로 국내에서는 1~12단계로 구분된 수정메르칼리 진도(Modified Mercalli Intensity, MMI)로 표현

③ 규모와 진도의 관계 : 규모와 진도와의 상대적인 값의 비교는 이론적으로는 결정할 수 없고 통계적인 방법으로 결정한다. 지진이 많이 발생하는 미국에서 결정된 관계식은 아래와 같다.

$$M = \frac{2}{3}MMI + 1\,(\text{미 서부 경험식}), \qquad M = \frac{1}{2}MMI + 1.75\,(\text{미 동부 경험식})$$

$$\log_{10}PGA = 0.3MMI + 0.014 \ \text{(Trifunac and Brady)}$$

$$\log_{10}PGA = 0.33MMI - 0.5 \ \text{(Gutenberg and Richter)}$$

여기서 M: 규모,　MMI: 최대진도,　$PGA$ (gal, cm/sec²)

※ 수정메르칼리 진도 계급표를 참고하여 내진설계 기준선정 시 붕괴방지 수준의 최대지반가속도에 해당하는 진도를 상기 산정식에 대입하면, $M = 1 + 2/3 \times 7.8 = 6.2$(6.2 규모의 지진에 견디도록 설계, 내진설계 기준상의 최대 지반가속도 0.224g에 해당하는 MMI 진도계급상의 진도값 = 7.8)

| 규모 | 최대속도<br>(V=cm/sec) | 진도값과 설명 | 최대가속도<br>(%g=9.81cm/sec²) | JMA진도 |
|---|---|---|---|---|
| 1.0~2.9 | V < 0.07 | I. 사람들은 느낄 수 없지만 지진계에 기록된다. | %g < 0.1 | 0 무감 |
| 3.0~3.9 | 0.07≤V≤0.22 | II. 소수의 사람들, 특히 건물의 윗층에 있는 사람들에 의해서만 느낀다. 매달린 물체가 약하게 흔들린다. | 0.1≤%g≤0.3 | I 미진 |
| | 0.22<V≤0.65 | III. 실내에서 현저하게 느끼게 되는데, 특히 건물의 윗층에 있는 사람에게 더욱 그렇다. 그러나 많은 사람들이 지진이라고 인식하지 못한다. 정지하고 있는 차는 약간 흔들린다. | 0.3<%g≤0.5 | |
| 4.0~4.9 | 0.4<V≤1.9 | IV. 낮에는 실내에 서 있는 많은 사람들이 느낄 수 있으나, 실외에서는 거의 느낄 수 없다. 밤에는 일부 사람들이 잠을 깬다. 그릇, 창문, 문 등이 소리를 내며, 벽이 갈라지는 소리를 낸다. | 0.5<%g≤2.4 | II 경진 |
| | 1.9<V≤5.8 | V. 거의 모든 사람들이 지진동을 느낀다. 많은 사람들이 잠을 깬다. 그릇, 창문 등이 깨지기도 하며, 불안정한 물체는 넘어진다. | 2.4<%g≤6.7 | III 약진 |
| 5.0~5.9 | 5.8<V≤11.0 | VI. 모든 사람들이 느낀다. 많은 사람들이 놀라서 밖으로 뛰어나간다. 무거운 가구가 움직이기도 한다. 벽의 석회가 떨어지기도 하며, 피해를 입는 굴뚝도 일부 있다. | 6.7<%g≤13.0 | IV 중진 |
| | 11.0<V≤22.0 | VII. 모든 사람들이 밖으로 뛰어 나온다. 설계 및 건축이 잘 된 건물에서는 피해가 무시할 수 있는 정도이지만, 보통 건축물에서는 약간의 피해가 발생한다. 굴뚝이 무너지며 운전 중인 사람들도 지진동을 느낄 수 있다. | 13.0<%g≤24.0 | V 약 강진 |
| 6.0~6.9 | 22.0<V≤43.0 | VIII. 특별히 설계된 구조물에는 약간의 피해가 있고, 일반 건축물에서는 부분적인 붕괴와 더불어 상당한 피해를 일으키며, 부실 건축물에서는 아주 심하게 피해를 준다. 창틀로부터 창문이 떨어져 나간다. | 24.0<%g≤44.0 | V 강 강진 |
| | 43.0<V≤83.0 | IX. 특별히 잘 설계된 구조물에도 상당한 피해를 준다. 잘 설계된 구조물의 골조가 기울어진다. 구조물에 부분적 붕괴와 함께 큰 피해를 준다. 건축물이 기초에서 벗어 | 44.0<%g≤83.0 | VI 약 열진 |

| 규모 | 최대속도<br>(V=cm/sec) | 진도값과 설명 | 최대가속도<br>(%g=9.81cm/sec²) | JMA진도 |
| --- | --- | --- | --- | --- |
| 7.0<br>이상 | | 난다. 지표면에 선명한 금자국이 생긴다. 지하 송수관도 파괴된다. | | |
| | 83.0<V≤160.0 | X. 잘 지어진 목조 구조물이 부서지기도 하며, 대부분의 석조 건물과 그 구조물이 기초와 함께 무너진다. 지표면이 심하게 갈라진다. 기차 선로가 휘어진다. | 83.0<%g≤156.0 | VI 강 열진 |
| | 160.0 < V | XI. 남아 있는 석조 구조물은 거의 없다. 다리가 부서지고 지표면에 심한 균열이 생긴다. 지하 송수관이 완전히 파괴된다. 지표면이 침하하며, 연약 지반에서는 땅이 꺼지고 지면이 어긋난다. 기차선로가 심하게 휘어진다. | 156.0 < %g | VII 격진 |
| | | XII. 전면적인 피해 발생. 지표면에 파동이 보인다. 시야와 수평면이 뒤틀린다. 물체가 공중으로 튀어 나간다. | | |

④ 진폭, 진앙거리와 국지규모(Logcal Magnitude, $M_L$) : 진앙거리 500km 이내에서 적용

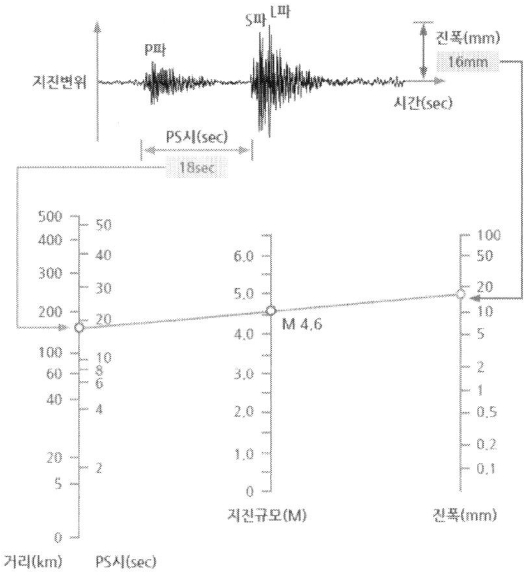


$$M_L = \log A + C_1 \log \Delta + C_0$$

여기서, $A$ 지진 기록의 최대 진폭

$\Delta$ 진앙거리

$C_0$, $C_1$ 규모 결정 계수 지역에 따라 달라짐

※ 지진파 기록에서 P파와 S파의 도달시간의 차이와 함께 진폭을 측정한 후 그래프 상에서 두 값을 잇는 직선으로부터 지진의 규모를 결정

⑤ 진폭과 표면파(Surface Wave Magnitude, $M_s$) : 표면파 규모는 표면파의 진폭을 측정해 결정한다. 일반적으로 규모의 식은 실체파와 표면파의 규모의 식을 다음과 같은 형식에 따르지만 사용되는 진폭의 주기와 계수는 조금씩 다르다.

$$M_b = \log \left( \frac{A}{T} \right)_{max} + q(\Delta,\ h)$$

여기서, $A$ 실제파 진폭, $T$ 실제파 주기, $\Delta$ 진앙거리,

$h$ 진원깊이, $q(\Delta,\ h)$ 진원깊이와 진앙거리 보정계수

⑥ 모멘트 규모(Moment Magnitude, $M_W$) : 대다수의 지진 규모 척도는 대규모 지진의 크기를 과소평가하는 경향이 있다 이를 해결하기 위해 모멘트 규모가 도입되었다. 모멘트 규모의 결정에 필요한 지진 모멘트는 단층 파열의 면적, 평균 이동량, 암석들을 붙들고 있는 마찰력을 극복하기 위해 필요한 힘의 크기에 기반하는 지진의 크기에 대한 척도이다. 따라서 모멘트 규모는 지진원의 물리적 속성과 뚜렷하게 연관되어 있다는 장점이 있다. 규모와 에너지의 관계에서 규모가 1이 증가하면 진폭은 10배 정도 증가하고 에너지는 약 30배 정도 증가한다.

$$M_b = \log\left(\frac{A}{T}roght\right) + 1.66\log\Delta + 3.3 + \delta M_s(h) + \delta M_s(\Delta)$$

여기서, $A$ 표면파 진폭, $T$ 표면파 주기, $\Delta$ 진앙거리, $h$ 진원깊이
$\delta M_s(h)$ 진원깊이 보정계수, $\delta M_s(\Delta)$ 진앙거리 보정계수

## 2. 파랑하중에 의한 구조물 진동

해양에서도 초대형 빌딩과 같은 구조물이 존재하며 이러한 해양구조물에 작용하는 설계외력으로는 파랑하중(파력), 바람하중(풍력), 조류하중(조력) 및 지진하중(지진력)이 작용한다.

1) 풍력 : 풍력은 수면 위 대기에 노출된 해양구조물의 부분에 작용하므로 구조물에 작용하는 모멘트가 커지며, 특히 예인중인 해양구조물의 안정성해석에 중요하다. 일반적으로 운영 중인 해양구조물의 경우 설계풍속은 70kts(킬로노트, 1kt=0.5144m/s) 이상으로 크지만 공기의 밀도가 물에 비해 매우 작으므로(1/850), 그 크기가 파랑하중보다 작다.

2) 조력하중 : 조력하중은 조류에 기인하는 항력을 말하며 속도가 보통 2~3kts 정도로 작아 자유표면 근처의 절점에 응력집중으로 인한 피로파괴 등을 제외하고는 설계외력에서 무시할 수 있다.

3) 지진하중 : 지진하중은 지진으로 나타나는 해저 지반의 가속운동에 의해 고정구조물의 경우에는 관성력이 외력으로 작용하고 부유구조물에는 유체의 동압이 작용한다. 일반적으로 지진대가 아닌 지역 또는 수심이 100m 이상인 해역에서는 지진하중은 파랑하중보다 작다.

4) 파랑하중 : 보통의 해양구조물의 설계조건에서는 외력 중에서 파랑하중이 제일 크게 작용하며 이를 정확하게 추정하는 것이 설계를 위한 주요 인자가 된다. 파랑하중을 추정하기 위해서는 우선 대상해역에 대한 장기적인 파랑자료를 측정, 수집하여 이를 통계적으로 처리하여야 한다. 파랑하중의 계산방법으로는 재현주기 50년 또는 100년에 해당하는 설계파고를 택하여 파랑하중이 최대치가 되는 위상에서 이를 계산하는 방법(Design wave method)과 이를 일정한 해상상태(sea state)를 기준으로 파랑하중의 확률적 분포를 구하고 이를 이용하여 통계적 방법으로 설계조건을 결정하는 방법(wave energy spectral density method)이 있으며 전자는 특정파고 및 특정주기를 갖는 파랑에 대해 파랑하중을 계산하며 후자는 다수의 주기에 대해 각 주기에 대한 파랑하중을 계산한다.

① 파랑이란 물입자의 한정된 범위 내의 궤도운동으로 물입자가 직접 진행하는 것이 아니고 물입자를 통한 에너지의 전파이다.

② 심해파(deep water wave)는 $h/L \geq 1/2$인 수심이 깊은 바다에서의 파랑을 말한다. 해면을 따라 전달되므로 표면파라고도 한다. 수심이 깊어질수록 점차 운동하는 원의 크기가 급감하여 해저의 영향을 받지 않는다. 천해파(shallow water wave)는 $1/20 \leq h/L < 1/2$인 파랑을 말하며 물입자의 운동은 해저 마찰의 영향을 받아 그 궤도는 타원형이며 해면에서의 타원형 궤적은 해저로 갈수록 평평한 궤적으로 된다. 장파(long water wave)는 $h/L < 1/20$인 수심이 매우 낮은 파랑을 말한다.

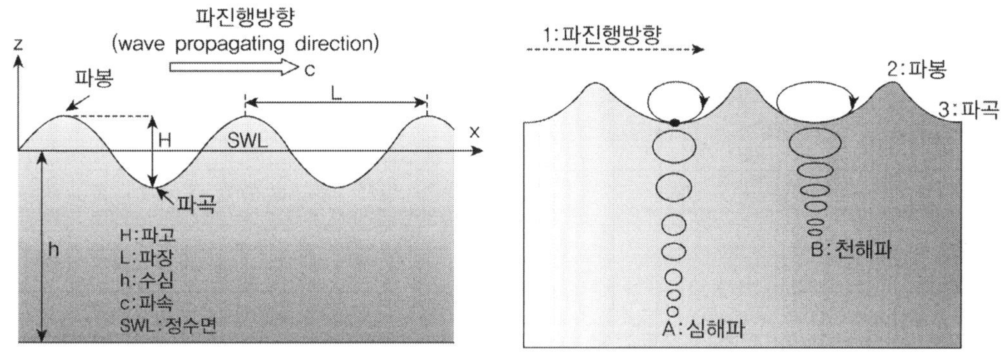


5) 파랑과 수중구조물

수중구조물에 작용하는 주요 파력은 압력과 항력에 의해 발생하며 압력과 파력의 기여도는 파랑조건과 수중구조물의 기하학적 형상에 따라 다르다. 수중구조물과 파랑의 상호작용은 구조물과 파장의 상대적 크기에 큰 영향을 받아 예를 들어 수중구조물의 직경이 D인 원형단면이고 파장을 L이라고 할 때 D/L이 작을 경우 수중구조물에 의한 파랑의 회절과 반사 등과 같은 파랑변형을 무시할 수 있으나 D/L이 클 경우 파랑변형을 고려해야 한다.

수중구조물이 크고 작음은 수중구조물의 파장에 대한 상대적 크기에 따라 판단한다. 예를 들어 해양파랑이 말뚝을 통과할 때 해양파장은 말뚝직경의 50~100배 정도이므로 말뚝에서 한 파장만큼 떨어진 곳에서의 파장변형은 말뚝의 형향을 전혀 받지 않는 것처럼 보인다. 이 경우 말뚝을 작은 수중구조물이라고 할 수 있으며 파랑-수중구조물의 상호작용을 무시하면 작은 수중구조물에 작용하는 파력을 구할 수 있다. 이 경우 말뚝에 작용하는 파랑의 효과는 계산하지만 말뚝이 파랑에 미치는 영향이 없다고 가정하므로 파력은 말뚝이 위치한 곳에서 단순히 입사 파랑의 함수이다. 이에 반해 작은 파랑을 갖는 파랑에 떠있는 플랫폼(platform)인 경우 일부 파랑은 플랫폼의 주위 또는 아래로 전파하지만 많은 입사 파랑들이 플랫폼에서 반사되므로 파랑변형을 파력산정에 고려해야 한다.

## 6) 모리슨 방정식(Morison equation)

수중구조물의 직경이 파장의 5% 미만이라면 작은 수중구조물로 입사 파랑의 변형을 크게 유발하지 않는다. 이러한 작은 수중구조물에 작용하는 파력을 산정하기 위해 가장 일반적으로 모리슨 방정식이 사용되며, 모리슨 방정식은 관성력(inertia force), 항력(drag force)으로 구성되어 있으며 정수압(hydrostatic force)은 포함하지 않는다. 관성력은 수중구조물에 작용하는 압력과 관련이 있고 항력은 수중구조물과 유동의 마찰, 박리와 관련이 있다.

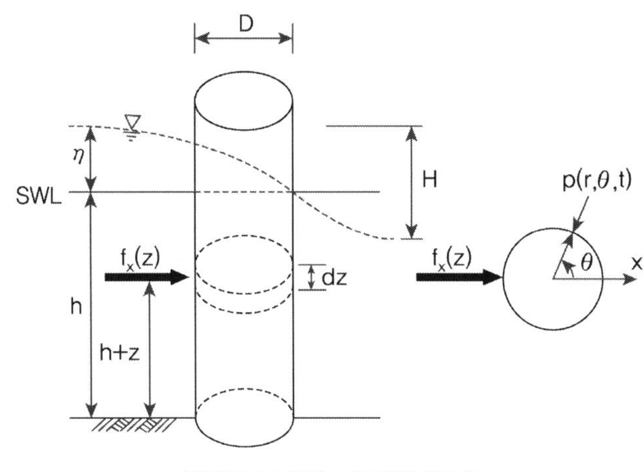


(연직으로 수중에 놓인 원형실린더)

① 관성력

위의 연직실린더의 파력산정을 위해서 단위길이당 작용하는 파력의 수평성분은

$$f_{ix} = \rho \frac{\pi D^2}{2} \frac{du}{dt}$$

유체압력과 관련이 있는 이 하중은 고정된 실린더를 통과하는 유동의 가속도에 비례하므로 관성력이라 한다. 이 하중은 일반관성력($f = \rho \dfrac{\pi D^2}{4} \dfrac{du}{dt}$)보다 2배가 크며, 유동에 의한 관성력을 일반관성력을 사용하여 나타내면,

$$f_{ix} = (1 + C_a) \rho \frac{\pi D^2}{4} \frac{du}{dt}$$

여기서, $C_a$는 부가질량계수

② 항력

실제유체는 항력도 존재하며 항력은 표면항력(skin drag)과 형상항력(form drag)으로 구분할 수 있다. 이 2가지 항력은 모두 속도의 제곱과 경험계수들에 비례하며 하나의 항력으로 대표하

여 나타내면,

$$f_{dx} = C_d \frac{1}{2} \rho D u |u|$$

여기서, $f_{dx}$ 실린더 단위길이당 작용하는 항력, $C_d$ 항력계수

$u$ 파랑전파방향으로의 수립자 속도

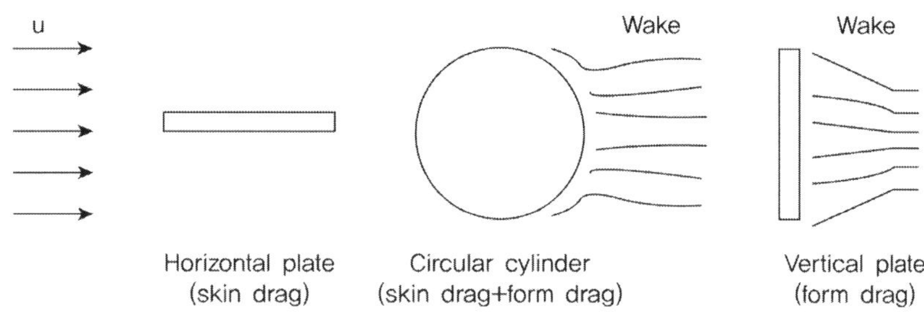



③ 실린더 단위길이당 작용하는 파력

$$f_x = f_{dx} + f_{ix} = \frac{1}{2} C_d \rho D u |u| + C_m \rho \frac{\pi D^2}{4} \frac{du}{dt}$$

## 3. 바람에 의한 구조물의 진동 <sup>100회/129회</sup>

**【 기출유형 ① 】** 왕복운동기계를 지지하는 강체블록기초의 동적해석을 위한 6개 진동모드
**【 기출유형 ② 】** 기종의 강성부족으로 진동 발생시 저감방안

내풍설계에서는 우선 바람에 의한 정적효과에 대하여 구조물이 충분한 저항력을 가져야 한다. 특히 교량이 장대화됨에 따라 풍하중 효과가 상대적으로 커지게 된다. 바람에 의하여 발생하는 하중은 다음의 6가지 분력으로 구분된다. 이 중 주로 항력(Drag force), 양력(Lift force), 비틀림플러터(pitching)에 대하여 주로 고려한다.

① 기류방향 분력 : 항력(Drag force)

② 기류직각방향 분력 : 양력(Lift force), 횡력(Lateral force)

③ 회전 : Pitching Moment, Yawing Moment, Rolling Moment

④ 양력(Lift force, $F_L$), 항력(Drag force, $F_D$)

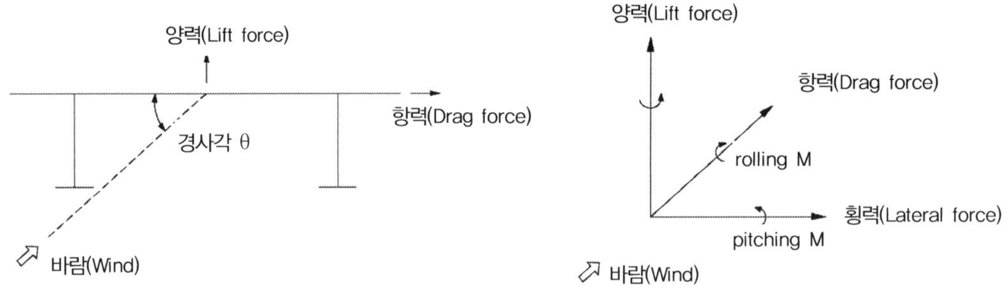


## 1) 공탄성 현상(aeroelastic phenomenon)

탄성력, 관성력, 공기력 사이의 상호작용을 연구하는 분야로 바람에 의해 발생하는 구조물의 거동이 공기력의 변화를 가져올 경우 공탄성 현상이 발생할 수 있다. 구조물의 거동에 의해 추가로 발생한 공기력은 다시 구조물의 거동을 증가시킬 수 있으며 이것은 피드백 프로세스(feedback process)에 의해 공기력을 더 크게 발생시킬 수 있다. 이러한 공기력과 구조물 거동 사이의 상호작용은 줄어든 평형조건에 도달할 수도 있지만 증가하여 크게 발산할 수도 있다. 공탄성 현상은 크게 정상 공탄성 현상(steady aeroelasticity)과 동적 공탄성 현상(dynamic aeroelasticity)으로 구분되며 정상 공탄성 현상은 구조물의 질량효과를 무시하고 탄성구조물에 작용하는 공기력과 탄성력 사이의 상호작용만을 다루며, 동적 공탄성 현상은 공기력, 탄성력, 관성력 사이의 상호작용을 다룬다.

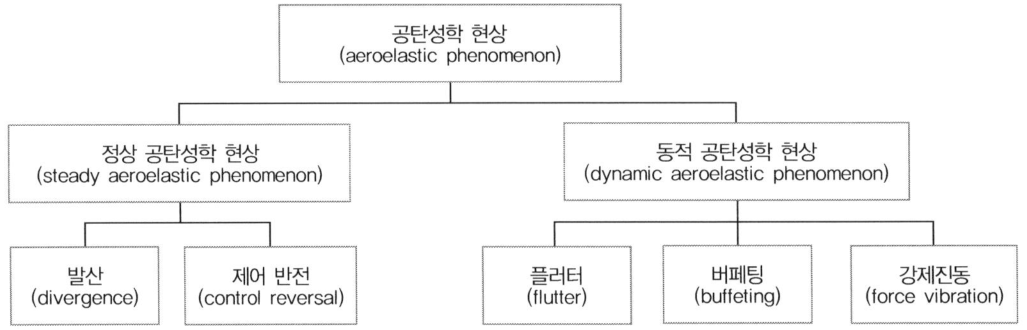


## 2) 플러터(flutter)

구조물에 작용하는 공기력이 구조물의 고유진동모드와 연계되어 빠른 주기운동을 발생시키는 것으로 일종의 자발적이며 파괴적인 진동이다. 플러터는 풍속이 어떤 한곗값을 초과하는 경우에 발생하고 풍속이 증가함에 따라 구조물의 응답이 급격히 증가해 가는 발산형 자발진동현상으로 일반적으로 속도 의존 비정상 공기력계수의 증가에 따라 동적 시스템의 감쇠가 음(−)으로 되는 부감쇠 효과(negative damping effect)에 의해 발생되는 파괴적인 진동현상으로 설계기준 풍속보다 작은 경우 이에 대한 안정성을 충분히 확보해야 한다. 플러터 발생풍속(한계풍속)은 설계기준풍속보다 커야 하며 발생진동모드에 따라 플러터는 휨비틀림 플러터(합성플러터), 비틀림 플러터, 휨플러터(갤로핑)으로 구분한다.

① 합성플러터(coupled flutter, 휨비틀림 플러터, bending-torsion flutter)

합성플러터는 자발 공기력의 작용에 의한 발산진동 중 휨과 비틀림이 합성된 진동을 의미한다. 진동 중에 물체에 작용하는 시간적으로 변화하는 공기력(비정상 공기력)이 휨과 비틀림으로 각각 독립된 모드만이 아니라 2자유도 간에 합성된 항을 포함한 형태로 정식화된다. 휨과 비틀림의 고유진동수가 풍속과 함께 변화하여 합성플러터가 발생할 때에는 양자의 값이 일치되고 휨-비틀림 간에 어떤 위상차를 갖는다. 또한 합성 플러터 상태에서는 단면의 앞 모서리 부분에 저압부 및 상하면 압력차가 중요한 역할을 한다는 연구결과도 있다. 합성플러터의 발생풍속은 휨 고유진동수($f_n$)와 비틀림 고유진동수($f_\phi$)의 비($f_n/f_\phi$)에 가장 민감하게 영향을 받으며 진동수비가 1보다 커지면 이에 따라서 발생풍속값은 낮아지며, 진동수비가 약 1.1일 때 최저가 된다. 1.1보다 큰 경우 진동수비의 증가에 따라서 발생풍속도 증가한다.

② 갤로핑(galloping, 휨플러터, bending flutter)

자발 공기력의 작용에 의한 발산진동 중 기류직각 방향의 1자유도 휨진동을 갤로핑이라 한다. 갤로핑은 정사각형 단면을 포함하여 일정한 범위 내의 변장비를 갖는 사각형 단면 등에 발생하며 발생메커니즘에 대해서는 준정상 이론의 적용이 가능한 것으로 알려져 있다. 갤로핑이 발생하기 위해서는 영각(Angel of attack)에 대한 양력계수의 기울기가 음(−)이 되는 것이 필요조건이다. 이러한 조건을 Den Hartog 조건이라 하며 이를 식으로 표현한 판정기준은 식의 형태가 간단하기 때문에 풍동실험에 의한 정적인 공기력 특성이 얻어지는 경우에는 갤로핑 안정성을 평가하는 데 자주 이용된다.

③ 비틀림 플러터(torsion flutter)

자발 공기력 작용에 의한 발산진동 중 비틀림 1자유도이 진동을 의미한다. 비틀림 플러터가 발생하는 비교적 변장비(side ratio)가 큰 단면의 경우 단면의 앞 모서리 부분에서 발생하는 박리전단층은 측면에 재부착하며 측면의 앞모서리 부근에 저압부가 형성된다. 이 저압부는 박리전단층과 단면의 측면으로 둘러싸인 하나의 순환류(박리버블)에 의한 것이며, 단면이 비틀림 진동을 하고 있는 경우에는 이 박리버블의 강도나 크기도 변화하게 된다. 이러한 유체흐름의 비정상적인 변화에 의해 단면에는 비정상 비틀림 모멘트가 발생한다. Tacoma교의 낙교사건으로 인해 비틀림 플러터에 대해 현저하게 불안정한 특성을 나타내는 H형 단면을 장대교량의 주형단면으로 사용하는 일은 거의 없으나 풍동실험에 의하면 사가형이나 역사다리꼴에서도 비틀림플러터의 발생이 검출되는 경우도 있다.

④ 거스트응답(Gust response)과 버펫팅(Buffeting)

자연의 바람은 시간에 따라 풍속과 풍향이 시시각각으로 변하는 난류이며 이와 같이 난류성 바람을 거스트(gust)라 하고 이 거스트에 기인한 구조물의 불규칙한 강제진동을 거스트 응답이라고 한다. 한편 두 개 이상의 구조물이 근접 배열되면 풍상측 구조물에서 교란된 기류가 그대로 풍하측의 구조물에 작용하여 마찬가지로 불규칙한 강제진동이 발생하며 이와 같은 불규칙한 진동을 버펫팅이라고 한다. 일반적으로 거스트 응답과 버펫팅을 구분하지 않고 난류성 바람으로 인해 구조물에 불규칙적인 변동 공기력이 작용하고 이것에 의해 발생하는 강제진동 현상을 거스트 응답 또는 버펫팅이라고 한다.

이 진동은 자연풍과 같은 난류성을 수반하는 흐름 속에서 구조물의 형상 및 풍속영역에 관계 없이 크든 작든간에 발생한다는 점에서 다른 공기 역학적 현상과 다르다. 거스트 응답은 피로 문제 또는 사용성 문제 등을 일으킬 수는 있으나 지형의 특성상 난류강도가 큰 기류가 예상되는 특수한 경우를 제외하고는 동적 안정성에 미치는 영향이 적으므로 무시되는 경우가 많다. 자연풍의 난류성분에 의한 동적효과를 정적 풍하중으로 환산하여 설계풍속에 반영하는 것을 거스트 계수(gust factor)라 하며, 이 거스트 계수는 구조물의 진동수, 지형의 형태, 구조물이 위치한 고도, 감쇠비 등에 따라 다르다. 거스트 응답은 어떠한 단면에서도 발생하지만 특별한 대책을 실시하지 않으면 단면이 편평할수록 응답이 커지는 경향이 있다.

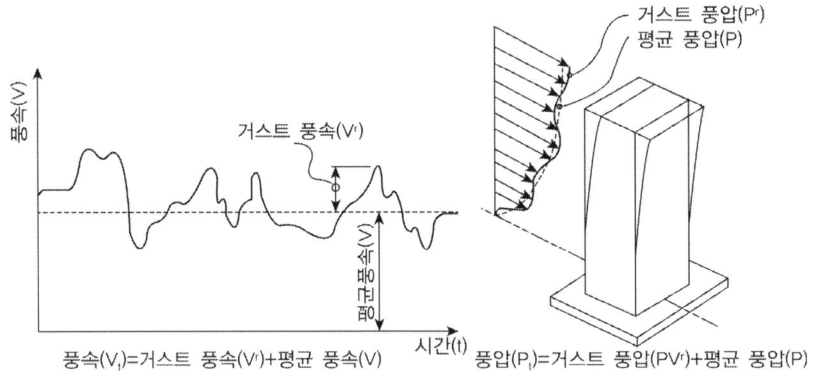


⑤ 와류진동(Vortex-induced vibration)

와류진동은 물체의 배후나 측면에서 생성되는 주기적인 와류(vortex)에 의해 발생되는 현상이며 일반적으로 뭉뚝한 구조 단면형상을 갖고 구조감쇠나 질량이 작은 구조물에서 발생하기 쉽다. 와류진동은 비교적 낮은 풍속영역에서 발생하며 어떤 한정된 풍속영역에서 발생하기 때문에 발생빈도가 높아 구조물의 피로, 시공성 및 사용성의 관점에서 문제가 될 수도 있다. 단면 배후에 주기적으로 방출되는 와류의 방출진동수가 구조물의 고유진동수와 일치할 때 발생하므로 일정한 풍속범위에서만 발생하는 일종의 공진현상으로 일반적으로 발생 진폭이 어떤 값 이상으로 크게 되지 않는 한정된 진폭을 갖는다.

와류진동은 후류(wake, 바람이 박리에 의해 구조물의 배후에 풍향이 뚜렷하지 않는 크고 작은 소용돌이가 생기는 영역)에 주기적으로 방출되는 Karman 와류의 방출진동수가 구조물의 고유진동수와 일치하는 카르만 와류형과 단면이 운동에 의해 단면의 앞 가장자리에서 박리된 기류가 발생하며 이에 의해 단면의 양측면(상하면)에 주기적으로 생성되는 와류에 의한 전연박리형 또는 자기발기형으로 구별된다. 일반적으로 사장교의 주형에 자주 사용되는 뭉뚝한 구조물 단면에서 발생하는 와류진동의 대부분은 전연 박리형 와류진동으로 구분된다. 와류진동에 대한 제진대책으로는 단면의 양단부에 삼각형이나 원형 모양의 페어링(fairing)이나 플랩(flap)을 설치하여 단면주의의 흐름의 박리를 완만하게 하여 와류생성을 가능한 억제하는 공기력 대책과 구조감쇠나 질량, 강성 등을 부가하는 구조역학적 대책이 있다.

⑥ 풍우진동(rain and wind vibration)
풍우진동은 주로 사장교 등의 케이블에서 발생하는 진동으로 공간적으로 경사진 케이블이 빗방울을 맞으면 물의 표면장력이나 풍압력, 중력 등에 의해 케이블의 상면과 배후면에 원주측을 따라 흐르는 수로가 형성된다. 이는 원형단면의 수풍면적의 증가를 초래하고 공기역학적으로 불안정하게 되어 진동을 유발한다. 이러한 케이블의 풍우진동을 저감하기 위해 주로 사용되는 방법으로 케이블 댐퍼(cable damper), 케이블 횡단구속(cross-tie system), 케이블 표면처리(cable surface treatment) 등이 있다.

## 02  지진과 구조물의 응답

### 1. 지진 발생 시 피해 유발요인 99회/109회

**【기출유형 ①】** 지진 시 구조물의 붕괴와 지반붕괴를 일으키는 구조물 피해유발요인, 대책

지진 발생 시 예상되는 피해를 예측하기는 사실상 어려우나 피해를 유발하는 요인을 사전에 예측해 보는 것은 가능한 일이라 할 수 있다. 지진 발생시 예상되는 피해 유발요인은 다음과 같이 분류할 수 있다.

#### 1) 구조물에 의한 피해 요인

지진 피해는 구조물의 파손이나 붕괴 또는 구조물의 피해에 부차적으로 발생하는 화재, 교통 및 통신망의 두절, 급수관이나 가스관의 파손 등이 있다. 일반적으로 부차적으로 일어나는 피해는 구조물의 내진 설계와 지진발생 시 신속한 대응으로 어느 정도 예방할 수 있다. 지진으로 인한 구조물의 피해 유발요인은 다음과 같다.

① 기둥의 취성파괴 : 지진의 진동기간이 긴 경우에 축방향의 철근 간격이 너무 작거나 띠철근의 간격이 클 때 발생한다.

② 구조물의 비대칭성 : 구조물의 질량이나 강성이 비대칭인 경우 비틀림 발생으로 파괴가 일어나기 쉽다.

③ 짧은 기둥 : 조적벽이나 깊이가 큰 보에 의해 기둥의 변형구간이 짧아지면 연결 부위에서 파괴가 일어나기 쉽다.

④ 인접층 강성의 급격한 변화 : 강성의 급격한 변화는 응력집중을 초래하여 파괴를 유발한다.

⑤ 좌굴 : 주로 철골구조물의 경우 과다한 축하중이 부재의 좌굴이나 국부좌굴을 유발하여 피해가 발생할 수 있다.

⑥ P-Delta 효과 : 중력방향의 하중이 크고 구조물의 유연성이 큰 경우 P-Delta 영향으로 구조물의 피해가 발생할 수 있다.

⑦ 강성변화(Soft Story) : 구조물 하부의 강성을 상부에 비해 작게 설계했을 경우 하부의 파괴가 발생할 수 있다.

#### 2) 지반에 의한 피해 요인

지반에 의한 요인으로는 구조물의 부등침하, 구조물 지반 상호작용(SSI), 지반 운동의 증폭효과, 지반의 액상효과 등이 있다.

① 부등 침하 : 지반의 부등침하는 직접적인 피해뿐만 아니라 구조물의 거동에 비대칭을 유발하여 피해를 크게 할 수 있다.

② 구조물과 지반의 상호작용 : 지반의 고유 진동수가 구조물의 고유 진동수와 비슷하면 공진 현상에 의해 피해가 증가되며 연약 지반에서는 고층 건물이, 암반에서는 저층의 건물이 더 크게 지진의 영향을 받는다.

③ 지반운동의 증폭효과 : 지반이 연약하면 지반의 운동이 하부의 암반운동보다 증폭되어 더 심한 피해를 유발할 수 있다.

④ 지반의 액상화 현상 : 지반이 모래질로 되어 있을 때 발생하는 현상으로 구조물의 전도 등의 피해를 초래하게 된다.

## 3) 기타 피해 요인

과거 지진이나 부실한 구조물의 설계와 시공이 피해 요인

① 과거 지진에 의한 피해 : 과거의 지진으로 인한 피해를 아직 보수하지 못했거나 제대로 보수하지 않았을 경우 피해는 가중된다.

② 부실한 설계 및 시공 : 지진의 효과를 제대로 고려하지 않고 설계를 하거나 부실한 시공을 하게 되면 많은 피해를 초래할 수 있다.

## 4) 지진발생 시 교량의 주요 피해 및 원인

| 부위 | 주요 피해 | 피해 및 발생원인 |
| --- | --- | --- |
| 상부 | 낙교 | 사교에서 주로 발생, 강성중심과 무게중심의 불일치로 인한 과대변위 받침 파손과 지지길이 부족으로 인한 낙교, 지반액상화에 의한 낙교 |
| 받침 | 본체의 파손 | 받침 본체 파손(록커받침 취약), 받침 지지길이 부족으로 낙교 |
| | 상하부 연결부 파손 | 앵커볼트 길이 부족으로 인발 또는 파단, 모르타르 손상 및 파괴 |
| | 이동제한장치 손상 | 이동제한장치 및 부상방지장치 손상 |
| | 낙교방지장치 손상 | 케이블 구속장치 피해, 낙교 방지핀 피해, 스토퍼 파손 |
| 교각 | 휨파괴 | 연성 부족으로 소성힌지부 휨파괴, 주철근 겹침이음부 휨파괴, 주철근 매입길이 부족으로 인발, 띠철근 및 나선철근 부족으로 취성파괴 |
| | 휨-전단파괴 | 소성힌지부 전단강도 부족으로 휨-전단 파괴 |
| | 전단파괴 | 전단강도 부족으로 전단 취성파괴 |
| | 기타 | 유효길이 부족으로 파괴, 나팔형 교각 파괴, 주철근 단락부 파손 |
| 교대 | 본체 및 지반이동 피해 | 지반액상화에 따른 교대의 이동과 전도 |
| 기초 | 말뚝기초 및 지반이동 피해 | 액상화에 따른 횡지지력 부족 및 잔류수평변위발생으로 말뚝본체 및 푸팅 파괴, 직접기초나 우물통기초는 손상이 경미 |
| 지반 | 침하, 이동피해 | 액상화로 인한 침하 및 이동피해 |
| 기타 | 교각두부, 이음부 손상 | 수평력 집중에 따른 교각두부 파손 |
| | 강교/강교각 변형 | 강교/강교각의 좌굴 및 변형 |
| | 신축이음장치 파손 | 과도한 상부구조 변위차로 인한 충돌로 신축이음부 파손 |

# 2. 지반의 액상화 [73회]



지진에 의한 동적전단변형이 발생하면 간극수압이 상승하게 되고 이로 인해서 유효응력이 감소되고 그 결과 포화 사질토가 외력에 대한 전단저항을 잃게 되는 현상을 말한다. 일반적으로 액상화는 포화된 모래가 단일하중 또는 진동하중으로 인해 전단저항이 감소하게 되어 전단응력과 같은 크기로 줄어들어 액체처럼 유동하는 현상을 말하며 이로 인해서 일어나는 액상화는 유동액상화와 Cyclic Mobility로 나눌 수 있다.

## 1) 유동액상화

토체(Soil mass) 내의 정적 평형상태의 전단응력이 액상화 상태의 흙의 전단강도보다 큰 경우 발생하는 현상으로 유동파괴(Flow failure)를 유발한다. 지진이 계속되는 동안이나 끝난 후에 발생하고 느슨한 흙에서만 발생되는데 주로 경사지에서 발생한다.

## 2) Cyclic Mobility(반복유동)

포화 사질토가 일정한 함수비에서 진동하중을 받아 일어나는 진행성 연화현상(Progressive Softening)으로 유동액상화와 달리 정적 전단응력이 액상화토의 전단강도보다 작은 상태에서 일어나며 변형은 정적 전단응력과 동적 전단응력 모두에 의해서 일어나고 지진이 계속되는 동안에 점차적으로 증가한다. 측방퍼짐(lateral spreading)이라고 부르는 이러한 변형은 물에 인접하고 있는 평지나 또는 대단히 완만한 경사지반에서 발생하고 구조물이 있을 경우 큰 피해를 줄 수 있다. 느슨한 모래와 조밀한 모래 모두 일어날 수 있으나 밀도가 증가할수록 변형은 크게 감소한다.

## 3) 액상화의 예측방법

액상화에 취약한 특정 지반에 대한 평가방법은 통상 역사적 기준, 지질학적 기준, 지반 구성기준, 상태기준으로 분류하여 점검할 수 있으며 국내 설계기준에서는 다음의 3가지 방법에 따라 액상화를 예측한다.

① Seed의 경험적 방법 : 지진 시 예상되는 지진 전단응력($v_d$)과 지반의 액상화 저항 전단응력($v_l$)을 깊이에 따라 산정하고 $v_d$가 $v_l$보다 커지는 깊이에서 액상화가 발생한다.

② 해석적 방법 : 실험실에서 불교란 시료의 반복시험에서 얻은 현장 액상화 강도와 지진으로 인한 전단응력을 비교한다.

③ 경험적 방법 : 지진규모와 진앙거리에서부터 액상화가 일어날 현장까지의 최대거리를 바탕으로 성립된 경험적 상관관계를 이용하여 개력적인 판단을 수행하는 방법으로 연약한 지반에서 액상화로 인한 지반파괴의 작성기준으로 이용한다.

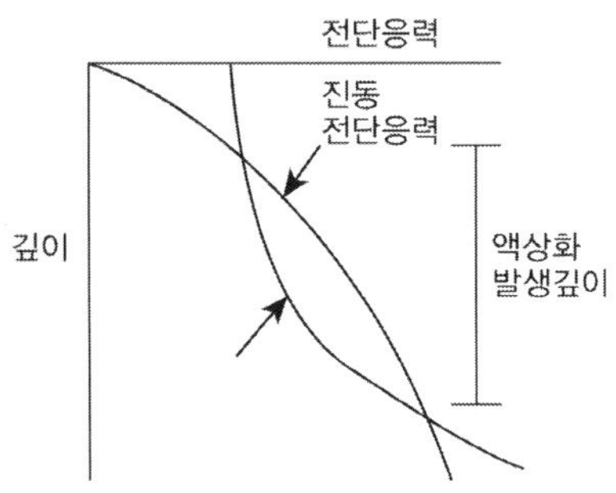


4) 지반의 액상화 평가 : 액상화에 대한 안전율은 현장시험을 이용한 액상화 평가는 1.5, 실내시험을 이용한 액상화 평가는 1.0을 안전율로 한다.

$$F.S_L = \frac{\text{지반에 작용하는 진동 전단응력비}\,(\tau_d/\sigma_v{}')}{\text{지반 내의 저항 전단응력비}\,(\tau_l/\sigma_v{}')} > 1.0$$

5) 액상화 방지대책

| 밀도의 증가 | 점착력 증대 | 전단변형 억제 |
| --- | --- | --- |
| Vibro Floatation, SCP, 폭파다짐, 동다짐 | 생석회 말뚝 | Slurry Wall, Sheet Pile |

## 3. 구조물의 응답(MIDAS 전문가 컬럼, 김두기) 71회/75회/97회/101회/127회

**【기출유형 ①】** 응답스펙트럼과 설계응답스펙트럼, 작성하는 과정
**【기출유형 ②】** 응답스펙트럼 해석법의 정의, 해석원리와 방법
**【기출유형 ②】** 변위–속도–가속도 응답스펙트럼, Triplot Response Spectrum, 유사응답스펙트럼의 해석

1) 응답스펙트럼(Response spectrum)

응답스펙트럼은 특정한 지반가속도에 대한 고유진동수와 감쇠비에 따른 단자유도계의 최대 응답을 표현한 것으로, 모든 가능한 1자유도계에 대한 임의의 규정된 하중함수에 대한 최대 응답(최대 변위, 최대속도, 최대 가속도 또는 임의의 관련 최댓값)을 도시한 그림에서 응답스펙트럼의 가로축은 구조계의 고유진동수(또는 고유주기)를 나타내며, 세로축은 최대 응답을 나타낸다.

① 하나의 주어진 지진가속도 기록에 대해서 응답스펙트럼이 얻어지면 그것을 이용하여 단자유도 구조물이 아닌 다른 구조물의 최대 거동도 예측할 수 있다. 모드 해석법을 사용하면 각 모드별 최대 거동을 스펙트럼으로부터 구할 수 있으며, 그 모드별 최대 거동을 적당한 방법을 사용하여 조합하면 구조물의 최대 거동을 예측할 수 있다.

② 이러한 설계응답 스펙트럼은 해당 지역에서 예상되는 지진의 성질과 지반조건에 따라 결정되어지지만 지역마다 이들을 일일이 결정하는 것은 대단히 번거로운 일이므로 각국에서 사용하

는 설계기준에서는 동역학 이론에 근거하여 표준치를 결정하고 각 지역의 지진위험도 및 지반의 성질 등을 고려하여 표준치를 수정하여 사용하는 방법을 주로 사용하고 있다.

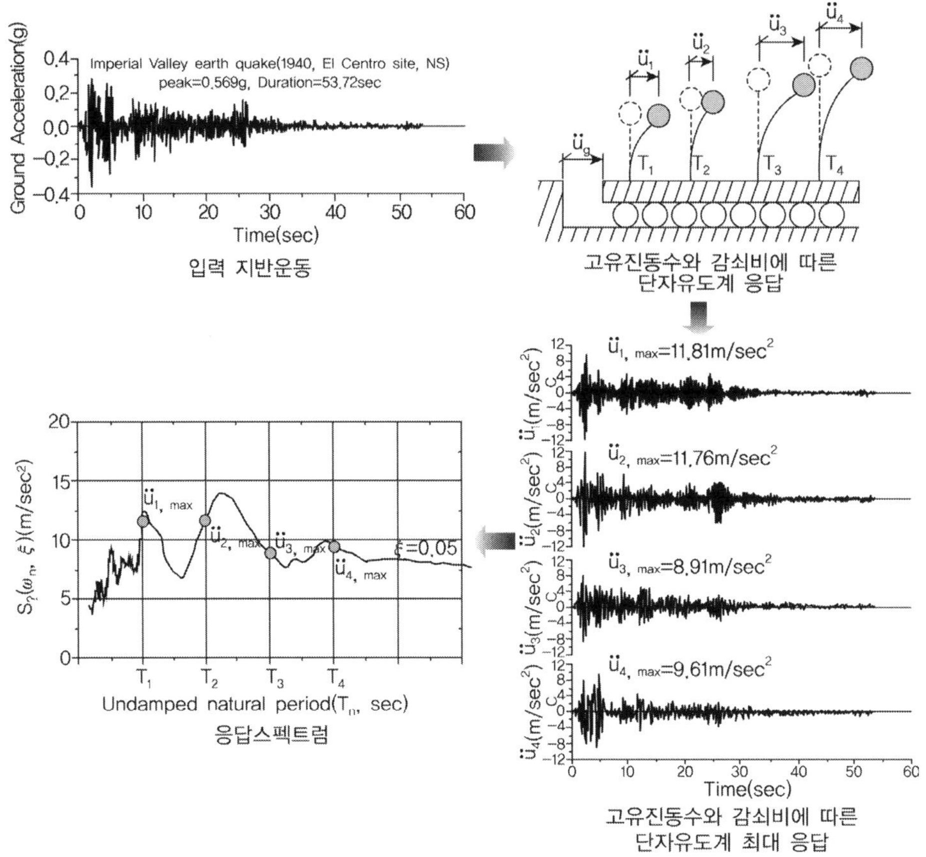


2) 응답스펙트럼의 유도(개념적 절차)

① 지반운동에 대한 단자유도계의 운동방정식  $\ddot{x}(t) + 2\xi\omega_n\dot{x}(t) + \omega_n^2 x(t) = -\ddot{x}_g(t)$

구조계가 정지된 상태에서 지진이 발생할 경우 운동방정식의 해는

$$u(t) = -\frac{1}{\omega_d}\int_0^t \ddot{x}_g(\tau)e^{-\xi\omega_n(t-\tau)}\sin\omega_d(t-\tau)d\tau$$

여기서 $\omega_n$(구조물의 고유진동수),  $\xi$(감쇠비),  $\omega_d$(감쇠고유진동수)

② 특정한 지진가속도에 대한 구조물이 응답은 구조물의 고유진동수와 감쇠비가 주어지면 수치해석 기법으로 구할 수 있으며 이로부터 구조물의 최대 응답도 구할 수 있다. 통상 건설 및 기계 구조물의 감쇠비($\xi$)는 0.2보다 작으므로 $\omega_d \simeq \omega_n$으로 할 수 있다.

$$\omega_{d_{(\xi=0.2)}} = \omega_n\sqrt{1-\xi^2} = 0.9798\omega_n \simeq \omega_n$$

③ 지진가속도의 형태로 지반운동이 주어졌을 때 응답스펙트럼은 주어진 지진에 의한 단자유도계의 최대 응답으로 다음 3가지 형태 $S_d$, $S_v$, $S_a$로 정의할 수 있으며 감쇠비($\xi$)가 0.2보다 작으면 $\omega_d \simeq \omega_n$로 근사화할 수 있다.

④ 변위응답스펙트럼(Displacement response spectrum) : $S_d(\omega_n, \xi)$=최대 상대변위

$$S_d(\omega_n, \xi) = \max \ |x(t)| \simeq \frac{1}{\omega_n}\max \left| \int_0^t \ddot{x}_g(\tau)e^{-\xi\omega_n(t-\tau)}\sin\omega_n(t-\tau)d\tau \right|$$

⑤ 유사속도 응답스펙트럼(Pseudo-velocity response spectrum) : $S_v(\omega_n, \xi)$=최대 상대속도

$$S_v(\omega_n, \xi) = \max \left| \int_0^t \ddot{x}_g(\tau)e^{-\xi\omega_n(t-\tau)}\sin\omega_d(t-\tau)d\tau \right| \simeq \omega_n S_d(\omega_n, \xi)$$

⑥ 유사가속도 응답스펙트럼(Pseudo-acceleration response spectrum) : $S_a(\omega_n, \xi)$=최대 가속도

$$S_a(\omega_n, \xi) = \max \left| \ddot{x}^t(t) \right| \simeq \omega_n^2 S_d(\omega_n, \xi)$$

※ 유사속도와 유사가속도에서 유사(Pseudo)는 지진과 같은 가진 하중에 대해 일반적인 진동수와 감쇠범위 내에서 유사속도와 유사가속도는 각각 최대 상대속도와 최대 가속도라고 가정할 수 있으나 엄밀한 의미에서 동일하지 않다.

⑦ 최대상대변위 $S_d(\omega_n, \xi)$는 $\omega \rightarrow 0$일 경우인 정적응답인 경우 최대 지반변위에 접근하며, 최대 가속도 $S_a(\omega_n, \xi)$는 $\omega \rightarrow \infty$일 경우인 동적응답이 지배적인 경우에 최대 지반가속도에 접근한다.

$$\lim_{\omega \rightarrow 0} S_d(\omega_n, \xi) \simeq \max \left| x_g(t) \right|, \quad \lim_{\omega \rightarrow \infty} S_a(\omega_n, \xi) \simeq \max \left| \ddot{x}_g(t) \right|$$

⑧ 특정 지진에 대하여 고유진동수가 $\omega_n$이고 감쇠비가 $\xi$인 구조물의 지반에 대한 최대 상대변위는 변위 응답스펙트럼인 $S_d(\omega_n, \xi)$로부터 구할 수 있고 다음 식을 사용하여 구조물에 발생하는 최대 부재력을 구할 수 있다.

$$f_S(t) = kx(t)$$

⑨ 구조물의 최대 가속도는 유사가속도 응답스펙트럼인 $S_a(\omega_n, \xi)$로부터 구할 수 있으며 다음식을 이용하여 구조물에 발생하는 최대 관성력을 구할 수 있다.

$$f_I(t) = m\ddot{x}^t(t) = m\left(\ddot{x}(t)+\ddot{x}_g(t)\right)$$

⑩ 뉴마크와 홀(Newmark and Hall, 1982)은 다음 근사식을 사용하여 $S_d(\omega_n, \xi)$, $S_v(\omega_n, \xi)$, $S_a(\omega_n, \xi)$를 삼분도표(Tripartite plot, or Triplot response spectrum) 또는 4방향 로그도표(4-way log plot)라고 하는 도표를 사용하여 동시에 표현하였으며, 이 도표를 사용하면 특정 주기에 대해 3가지 스펙트럼을 한 번에 알아볼 수 있다.

$$\frac{S_a(\omega_n,\ \xi)}{\omega_n} = S_v(\omega_n,\ \xi) = \omega_n S_d(\omega_n,\ \xi)$$

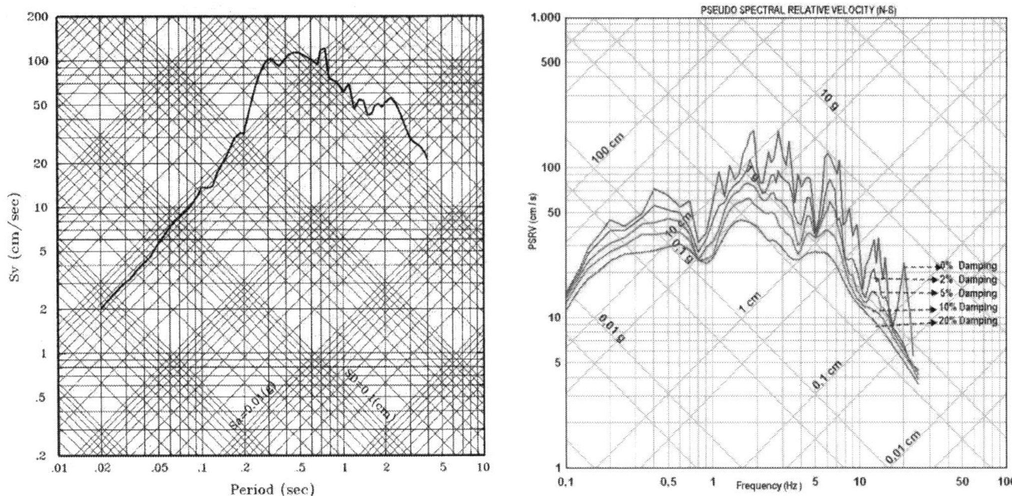

## 4. 설계응답스펙트럼(MIDAS 전문가 컬럼, 김두기)

응답스펙트럼은 특정 지진에 대한 구조물의 최대거동을 구하는 데 편리하며, 통상 구조물의 고유
진동수($\omega_n$) 또는 고유진동주기에 매우 민감하다. 어떤 구조물이 설치될 특정 지점에서 발생할 지
진의 불확실성을 고려할 경우 그 지점에서의 내진설계기준에 규정된 응답스펙트럼이 구조물의 고
유진동수의 미소변화에 지나치게 민감히 변하는 것은 합리적이지 못하기 때문에 실제의 내진설계
기준은 해당 지역에서 발생이 가능하다고 판단되는 의미 있는 강진기록에 대하여 구한 응답스펙
트럼을 통계적인 방법으로 처리하여 구조물의 고유진동수 변화에 민감하지 않은 설계응답스펙트
럼(Design response spectrum)을 사용한다. 특히 감쇠비를 5%로 가정하여 작성한 설계응답스펙
트럼을 표준설계 응답스펙트럼(Standard design response spectrum)이라고 한다.

### 1) 설계응답스펙트럼의 특성

설계응답스펙트럼에서는 해당 지역과 구조물의 특성을 반영하기 위해 다음과 같은 4가지 종류의
수정계수를 사용한다.

① 지진구역에 따른 구역계수($Z$)

② 지반종류에 따른 지진계수($S_i$)

③ 구조물 등급에 따른 위험도계수 또는 중요도계수 ($I$)

④ 구조물의 비탄성 거동에 따른 응답수정계수($R$)

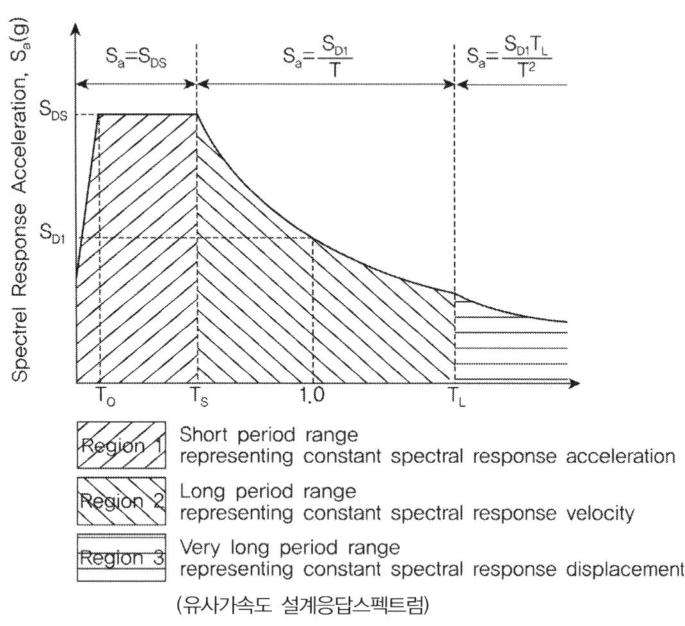


(유사가속도 설계응답스펙트럼)

 **│ 비탄성 응답스펙트럼 │**

① 비탄성 응답스펙트럼(Inelastic response spectrum)은 특정한 지진가속도에 대하여 고유진동수, 감쇠비 및 연성에 따른 비탄성 단자유도계의 최대 응답을 나타내며 일반적으로 최대 응답은 비탄성 시간이력해석을 통해 구한다.

② 구조물이 비탄성 영역에서 거동하게 되면 구조물은 탄성 영역 거동을 가정하여 구한 탄성 응답스펙트럼과는 다른 양상을 나타내게 되고 이 경우 탄성 응답스펙트럼을 사용하는 대신에 비탄성 응답스펙트럼을 이용하여 구조물의 응답을 나타낸다.

③ 특정한 연성도에 대한 비탄성 응답스펙트럼도 탄성 응답스펙트럼과 마찬가지로 특정한 지진에 대해 매우 불규칙한 스펙트럼 형상을 나나내므로 설세에 사용하기 위한 설계응납스펙트럼으로의 가공이 필요하며 이러한 설계스펙트럼을 비탄성 설계스펙트럼이라고 한다.


## 5. 응답스펙트럼 해석(MIDAS 전문가 컬럼, 김두기)

응답스펙트럼 해석은 구조시스템의 동적거동의 최대 응답을 구하기 위해서 사용되는데 지진하중에 대한 내진설계에는 지진하중에 의해서 구조물에 발생하는 최대 상대변위 및 최대 부재력이 필요하므로 구조물의 내진설계에 많이 사용되는 동적해석 방법이다. 응답스펙트럼 해석을 사용한 다자유도계의 최대 응답을 구하는 과정은 다음과 같다.

① 모드의 직교성을 이용하여 지진하중(지반가속도)을 받는 다자유도계의 운동방정식을 서로 독립된 단자유도계의 운동방정식으로 분리한다.

② n번째 모드와 동일한 진동수와 감쇠비를 가지는 등가의 단자유계를 설정한다.

③ 등가의 단자유도계 운동방정식으로부터 모드참여계수를 구한다. 모드참여계수가 클수록 해당 모드의 영향이 반드시 큰 것은 아니며 이는 모드형상은 임의적으로 정규화할 수 있으므로 모드 참여계수는 모드형상을 어떻게 정규화하는지에 따라 달라지기 때문이다.

④ 구조물의 모드별 최대 응답을 구한다. 변위 응답스펙트럼을 사용하면 모드별 최대 상대변위를 직접 구할 수 있으나 일반적으로 가속도 응답스펙트럼을 사용하므로 각 모드의 고유주기에 해당하는 최대 절대 가속도를 가속도 응답스펙트럼으로부터 구한 후 $S_d = S_a/\omega_n^2$을 이용하여 최대 변위를 구한다. 응답스펙트럼을 통해 구한 최대 응답에 모드참여계수를 곱하면 구조물의 각 모드별 기여도를 고려한 모드별 최대 응답을 구할 수 있다.

⑤ 모든 모드의 응답이 동시에 최대에 도달하는 경우 각 모드별 구한 절대 최대 변위를 더하면 구조시스템의 최대 변위 응답을 구할 수 있지만 실제적으로 모든 모드의 응답이 동시에 최대로 발생할 가능성은 매우 낮으므로 최대 변위응답을 구하기 위해 모드별 최대 응답을 조합하는 방법이 사용되며 가장 많이 사용되는 조합법으로는 CQC와 SRSS가 있으며 도로교설계기준에서는 CQC 방법을 채택하고 있다. SRSS 방법은 두 개 이상의 인접한 모드에 대한 진동주기가 서로 비슷한 경우에는 과소평가할 수 있는 것으로 알려져 있다.

⑥ 설계기준에서는 종방향(교축방향, $X$방향)과 횡방향(교축직각방향, $Y$방향)에 대해 독립적으로 지진응답해석을 수행한 후 방향별 지진하중의 조합은 30% 조합방법에 따라 조합한다.

$$\pm\,(X \pm 0.3\,Y) \quad \text{또는} \quad \pm\,(Y \pm 0.3\,X)$$

# 6. 탄성지진 응답계수($C_s$) <sup>71회/77회/90회</sup>



지진 발생 시 구조물에 작용하는 탄성지지력은 구조물의 탄성주기를 계산하여 설계응답 스펙트럼으로부터 응답가속도의 크기를 구하여 결정한다. 이때, 설계응답 스펙트럼으로부터 구한 응답가속도의 크기를 탄성지진 응답계수($C_s$)라 하며 무차원량으로 표기된다.

## 1) 탄성지진 응답계수의 산정

단순화된 단자유도 모델에서 수평지진에 대한 설계하중(F)은 일반적으로 상부구조의 무게(W)와 가속도(a)로 표현된다. 이때의 가속도를 중력가속도로 나타내면 아래와 같다.

$$F = Ma = M \times C \times g = CW \qquad C\ \text{지진하중계수}$$

도로교설계기준에서는 지진하중계수가 지진대, 교량주기, 지반의 종류에 따라 달라지기 때문에 이를 탄성지진응답계수라고 정의하며 다음과 같이 단일모드와 다중모드에 대해 정의한다.

① 단일보드 스펙트럼 해석 시 탄성지진 응답계수, 등가정적하중, 교량의 주기

$$C_s = \frac{1.2AS}{T^{2/3}} \le 2.5A, \quad p_e(x) = \frac{\beta S_a}{r}w(x)v_s(x), \quad T = 2\pi\sqrt{\frac{r}{p_o g \alpha}}$$

② 다중모드 스펙트럼 해석 시에는 지간 수의 3배 이상의 모드를 고려해 90% 이상의 질량이 참여해야 하며, 부재의 단면력과 변위는 개별모드의 응답을 CQC방법으로 조합하여 구한다.

〈2010년 도로교설계기준에서 제시한 탄성지진 응답계수 : m번째 진동모드에 대한 $C_{sm}$〉

(1) $T \le 4.0$   $C_{sm} = \dfrac{1.2AS}{T_m^{2/3}} \le 2.5A$       (2) $T > 4.0$   $C_{sm} = \dfrac{3AS}{T_m^{4/3}}$

---

**TIP** | **가속도계수와 지반계수** |

1. 유효수평지반가속도($S = I \times Z$) = 위험도 계수 × 지진구역계수

2. 지진구역계수($Z$) : 평균재현주기 500년 지진지반운동에 해당하는 지진구역계수로 I구역(0.11), 2구역(0.07)

3. 평균재현주기의 위험도계수($I$) : 평균재현주기별 최대 유효지반가속도의 비를 의미하며 재현주기

| 평균재현주기(년) | 50 | 100 | 200 | 500 | 1,000 | 2,400 | 4,800 |
|---|---|---|---|---|---|---|---|
| 위험도계수(I) | 0.40 | 0.57 | 0.73 | 1.0 | 1.4 | 2.0 | 2.6 |

4. 지반계수($S_a$) : 국지적인 토질조건, 지질조건과 지표 및 지하 지형의 지반운용에 미치는 영향을 고려해 6종의 지반으로 분류. 기반암은 전단파 속도가 760m/s 이상인 층으로 정의

| 지반종류 | 지반종류 | 분류기준 | |
|---|---|---|---|
| | | 기반암 깊이 H(m) | 토층 평균 전단파속도(m/s) |
| S1 | 암반 지반 | 1 미만 | – |
| S2 | 얕고 단단한 지반 | 1~20 이하 | 260 이상 |
| S3 | 얕고 연약한 지반 | | 260 미만 |
| S4 | 깊고 단단한 지반 | 20 초과 | 180 이상 |
| S5 | 깊고 연약한 지반 | | 180 미만 |
| S6 | 부지 고유의 특성평가 및 지반응답해석이 필요한 지반 | | |

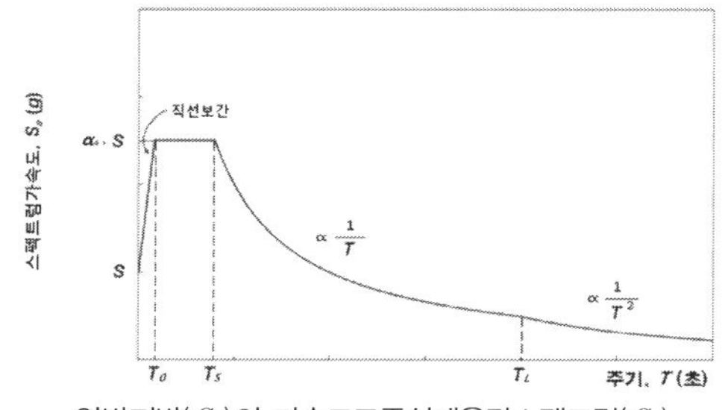


암반지반($S_1$)의 가속도표준설계응답스펙트럼($S_a$)

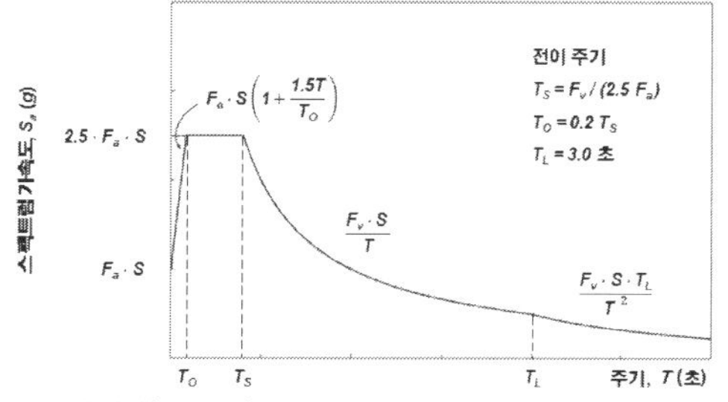


토사지반($S_2 \sim S_5$)의 가속도표준설계응답스펙트럼($S_a$)

## 1. 내진/면진/제진구조 <sup>113회/119회/124회</sup>

**【 기출유형 ① 】** 구조물의 내진, 제진, 면진 설명, 적용예

넓은 의미에서의 내진설계는 내진, 면진, 제진을 모두 포함하지만 국소적인 의미에서의 내진(Seismic resistance)은 구조물이 지진력에 저항할 수 있도록 튼튼하게 설계하는 것을 의미한다. 면진(Seismic isolation)은 지진력을 흡수하지 않고 오히려 구조물의 동적특성을 통해 지진력을 반사할 수 있도록 구조물을 서계하는 것이며, 제진(Vibration control)은 입사하는 지진에 대항하여 반대의 하중을 가하거나 감쇠장치를 사용하여 지진에너지를 소산하는 능동적 개념의 구조물 설계를 말한다.

### 1) 내진구조

내진구조란 구조물을 아주 튼튼히 건설하여 지진 시 구조물에 지진력이 작용하면 이 지진력에 대항하여 구조물이 감당하도록 하는 개념이다. 즉, 부재의 강성 및 강도의 증가 그리고 연성도의 증가를 통해 구조물에 작용하는 지진력에 대한 내성을 높이는 개념이다. 많은 연구를 통하여 내진설계 시 소성설계(plastic design) 개념이 도입되어 구조물의 강성이나 인성을 적절히 적용하여 경제성을 도모토록 발전되었다.

### 2) 면진구조

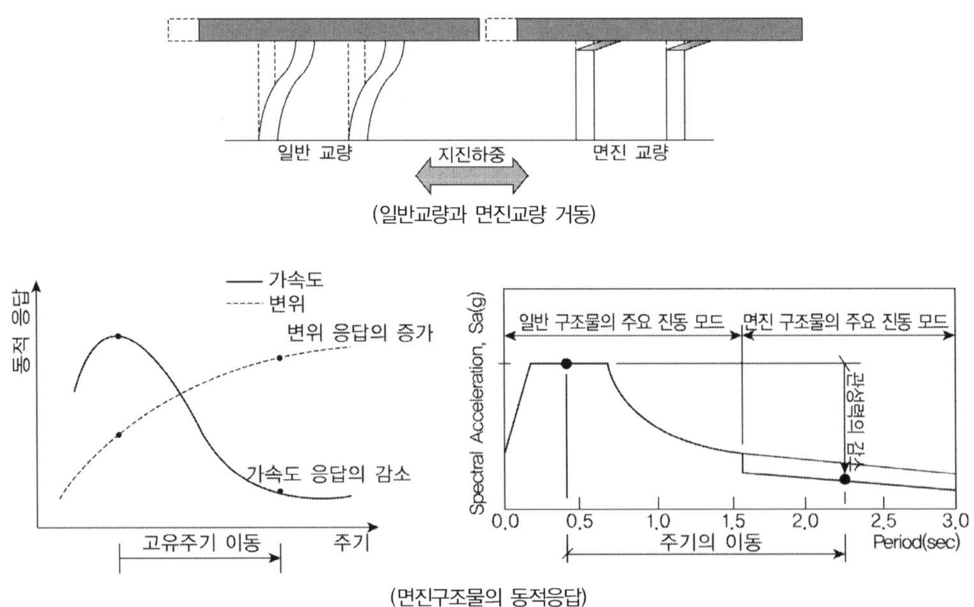


(일반교량과 면진교량 거동)

(면진구조물의 동적응답)

내진설계에 사용할 지진에 대해서 그 특성을 정확히 파악할 수 없으나 지금까지 관측된 지진파를 통계적으로 분석하여 일반적인 경향을 파악하게 되었으며 관측된 지진특성은 단주기 성분이 강하고 장주기 성분은 약하다는 특성이 있다. 또한 지진과 구조물의 진동수가 같거나 비슷할 경우에는 공진현상이 발생할 수 있으므로 구조물의 고유주기가 입력지진의 주기성분과 비슷한 경우에 구조물 응답이 증폭하여 큰 피해가 발생할 수 있어 이러한 입력지진의 특성을 이용하여 구조물의 고유주기를 지진의 탁월주기(Perdominant Period) 대역과 어긋나게 하여 지진과 구조물에 상대적으로 적게 전달되도록 설계하는 개념이다. 예를 들어 초고층 건물이나 교각이 높은 교량의 경우 구조물 자체의 고유주기가 충분히 길기 때문에 자동으로 면진구조물의 역할을 하게 되지만 저층건물이나 교각의 강성이 큰 교량의 경우 지반과의 연결부에 적층고무 등을 삽입하여 구조물의 고유주기를 강제적으로 늘리기도 한다.

## 3) 제진구조

제진구조는 구조물의 진동 감지 장치를 구조물 자체에서 갖추고 구조물의 내부나 외부에서 구조물의 진동에 대응한 제어력을 가하여 구조물의 진동을 저감시키는 방법과, 구조물의 내부나 외부에서 강제적인 제어력을 가하지는 않으나 구조물의 강성이나 감쇠 등을 입력진동의 특성에 따라 순간적으로 변화시켜 구조물을 제어하는 방법을 적용한 구조를 말한다.

제진구조는 수동적(Passive) 제진과 능동적(Active) 제진으로 크게 구분할 수 있으며 수동적 제진은 외부에서 힘을 더하는 일이 없이 구조물의 진동을 억제하는 것으로 일반적으로 구조물이 진동에너지를 흡수하기 위한 감쇠(damper) 장치를 구조물의 어딘가에 설치하는 것이다. 이에 비해 능동적 제진은 외부에서 공급되는 에너지를 이용하여 진동을 저감하는 것으로 전기식 또는 유압식 등의 가력장치(actuator)를 사용하여 구조물에 힘을 더하는 것이다.

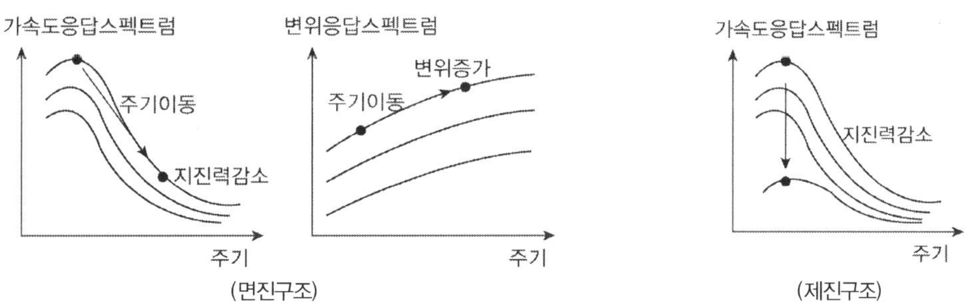


### ① 수동적 제진(Passive Vibration control)

수동적 제진은 감쇠작용을 하는 감쇠기를 건물의 내·외부에 설치하여 지진 또는 강풍 시 건물의 진동에너지를 흡수하는 것이다. 감쇠기의 설치는 건축물의 경우 건물의 하부, 상부, 각층, 인접 건물 사이 등에 설치한다. 감쇠기가 설치되는 위치에 따라서 시스템의 특성이 달라지며 에너지를 흡수하는 방식에 차이가 있다. 감쇠기의 설치위치는 각층의 벽이나 가새 그리고 기

등 및 보의 접합부분에 설치한 감쇠기에 의한 에너지를 흡수하는 방식과 구조물의 옥상층에 구조물의 고유주기와 같은 고유주기를 갖는 추, 스프링 및 감쇠장치로 이루어진 장치(mass damper)를 설치하는 방식이 대표적이며 면진구조물도 건물의 하부에 설치한 면진장치에 의하여 구조물을 장주기화하는 것과 동시에 감쇠기에 의해 에너지를 흡수하고 있으므로 넓은 의미에서 수동적 제진의 일종이라 볼 수 있다.

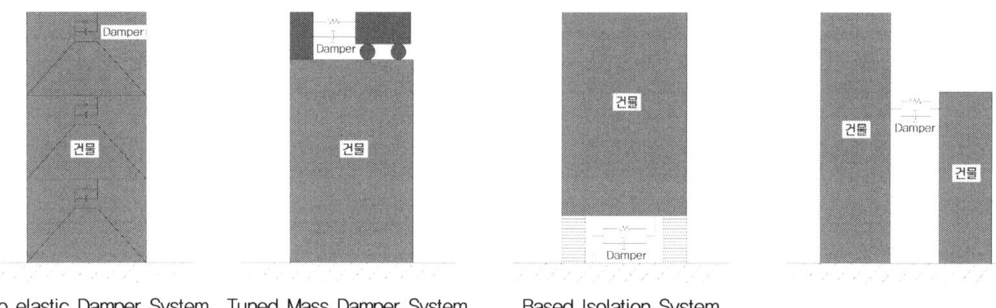



Visco elastic Damper System  Tuned Mass Damper System  Based Isolation System
(a) 각층 각층에 설치  (b) 건물 상부에 설치  (c) 건물 하부에 설치  (d) 인접 건물 간에 설치

② 능동적 제진(Active Vibration control)

수동적 제진이 어떠한 감쇠기를 설치해 구조물이 흔들리는 것을 제어하는 기술이라면 능동적 제진은 구조물의 진동에 맞춰 가력장치(actuator)에 의해 능동적으로 힘을 구조물에 더하여 진동을 제어하는 방법으로 수동제진보다 큰 제진효과를 얻을 수 있다. 능동적 제진은 어떠한 알고리즘에 따라서 적극적으로 구조물에 힘을 더함으로써 건물에서 발생하는 진동을 저감하는 기술이다. 구조물이나 외력의 정보를 토대로 하여 적당한 제어력을 건물에 부과하게 되는데 힘을 부과하는 방식에 따라 완전능동 방식, 반능동 방식, 복합방식으로 구분할 수 있다.

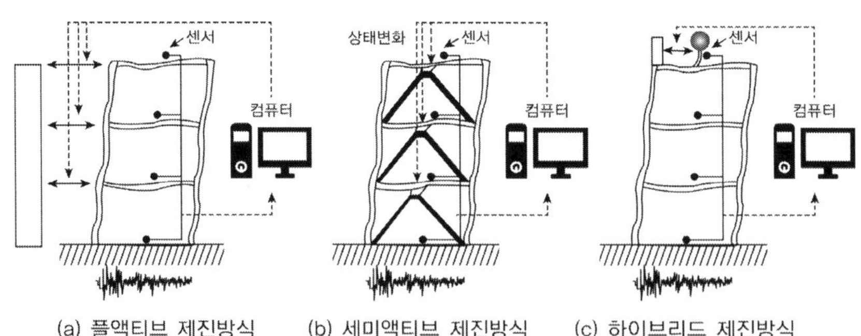



(a) 플액티브 제진방식  (b) 세미액티브 제진방식  (c) 하이브리드 제진방식

(1) 완전능동(Full Active) 방식 : 이 시스템은 제진의 에너지를 전부 외부에서 주는 것이고 제진효과도 크지만 외부에너지를 많이 필요로 하기 때문에 장치의 비용이 높아진다. 또 오랜 기간 동안에 걸쳐 장치의 성능을 유지하여 신뢰성을 확보해 놓기 위한 유지(maintenance)가 필수이다.

(2) 반능동(Semi Active) 방식 : 이 시스템은 장치의 강성이나 감쇠를 구조물의 진동에 맞춰 변화시키는 방법으로 외부 에너지는 장치의 상태 변화에만 사용되고 구조물의 에너지 흡수 자체는 수동제진과 같은 메커니즘으로 행해진다.

(3) 복합(Hybrid) 방식 : 이 시스템은 능동적 제진 방식과 수동적 제진 방식을 병행한 것으로 양자의 성질을 동시에 가지고 있다. 능동제진의 기구로서는 질량감쇠기를 이용한 것이나 가새, 텐던 등을 이용한 것이 제안되고 있으며, 실제의 건물에 많이 적용되고 있다.

일반적으로 능동 제진 시스템은 다음과 같은 구성장치로 이루어진다.
– 구조물의 진동상태 또는 외력의 정보 등을 얻는 감지장치(Sensor)
– 필요한 구동력을 구하는 제어장치(Controller)
– 구동력을 구조물에 주는 가력장치(Actuator)
건축 분야에서는 제진 시스템에 대해서 어느 정도 현실화되어 일부 적용되고 있으며, 다만 컴퓨터 등을 이용하여 지진에 대항하는 힘을 반대로 작용시키면 구조물의 가진 가능성이 있으므로 장치의 작동 신뢰성 확보 등이 필요하다는 점이 고려되어야 한다.


## 2. 연성을 고려한 설계

교량 설계 시에 탄성영역만을 고려해 설계하는 것은 비경제적이고 구조물에 아주 심한 파손이 일어나지 않는다면 어느 정도 손상은 허용하는 것이 교량 내진설계에서의 일반적인 원칙이다. 이러한 설계를 위해 탄성해석에서 얻은 설계지진력을 응답수정계수(R)로 나누거나 비탄성 설계응답스펙트럼을 사용하는 방법이 제시된 바 있다. 국내 설계기준에서는 탄성응답스펙트럼으로부터 설계하중을 결정하고 비선형 거동에 의해 지진에너지의 분산효과를 고려하기 위해 응답수정계수로 나누어줌으로써 설계지진하중을 감소시킨 후 부재 설계단면을 결정한다.


### 1) 교각하부의 연성

지지기둥의 휨항복을 허용함으로써 교량의 설계 시 경제성을 확보할 수 있다 변위 연성은 단면의 항복변위에 대한 극한변위의 비율로 기둥 구조물의 질량중심이 탄성한계를 넘어 변형될 수 있는 범위를 정해주며 $\mu \Delta y$로 표시된다. 만약 기초부가 상당히 깊고 지반이 부드러운 흙으로 덮여 있다면 소성힌지가 지반변에 생기지 않고 기초부에 생간다고 가정할 수도 있다. 단면의 항복곡률에 대한 극한 곡률의 비율을 나타내는 곡률연성은 항복점 이후에 기둥의 곡률한계를 정해준다.
기둥의 소성힌지 발생으로 연성거동을 하는 교량은 교각의 붕괴없이 극한변형에 의해 그 변형 능력이 제한된다. 여기서 극한변형은 교각안의 소성힌지 구간에서 띠철근이나 나선철근과 같은 보강재 혹은 종방향 철근에 첫 파단이 발생된 경우 또는 극한 강도가 일어날 때까지 가해지는 횡하중의 20%를 감소시킨 하중에 해당하는 변위로 규정할 수 있다.
기둥에 대한 소요 응답수정계수가 클수록 구조적인 소요연성도가 크다. 만약 구조물의 중요도가 높고 유연한 구조물이라면 연성을 고려한 설계가 더 유리할 것이다. 때문에 소성힌지 내에 구조물의 연성능력과 곡률연성과의 관계에 대한 이해가 연성설계를 위해 필요하다. 항복하는 구조물의 국부적인 연성은 곡률연성도에 의해 나타낼 수 있다. 일반적으로 소성이 일어나는 단면에서 요구되는 곡률연성도는 변위연성도보다 큰 것으로 알려져 있다.

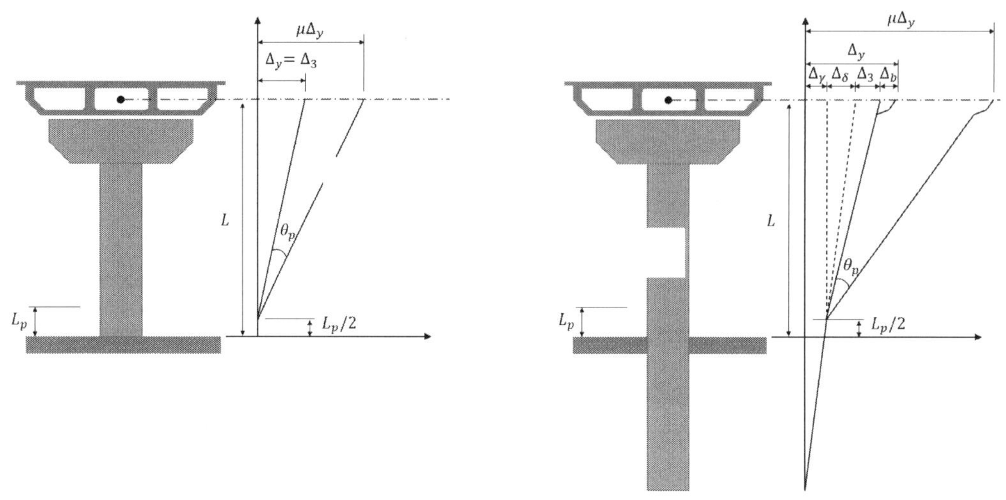

(교각의 탄성 및 소성변형)

## 3. 응답수정계수($R$) (구조동역학, 김두기, 도로설계편람 2010) <sup>65회/71회/74회/90회/87회/97회/98회/101회</sup>

【 기출유형 ① 】 기둥의 변위연성도의 정의와 변위연성도의 크기에 영향을 미치는 인자
【 기출유형 ② 】 응답수정계수의 이론적 배경과 적용방법, 적용 시 유의사항
【 기출유형 ③ 】 응답수정계수를 휨모멘트에만 적용하는 이유
【 기출유형 ④ 】 교량의 내진 설계 시 사용하는 응답수정계수

응답수정계수($R$)는 하부구조의 연성능력과 여용력을 고려하여 기둥 또는 교각에 설계지진력에 의한 항복을 유도하기 위해 제시된 방법으로 탄성해석에 의한 설계단면력과 소성해석에 의한 설계단면력의 비를 가정한 것이다. 교량의 내진설계 시 탄성영역만을 고려할 경우 비 경제적인 설계가 되기 때문에 국내의 도로교설계기준에서는 응답수정계수($R$)를 고려하여 설계하도록 규정하고 있다. 이는 구조물의 아주 심한 파손이 일어나지 않는다면 어느 정도 손상을 허용하도록 함으로써 교량의 안전성과 경제성을 확보하기 위함으로 이러한 소성거동을 고려한 기둥의 소성힌지 형성을 유도하기 위하여 적용되는 방법으로 다음의 2가지 경우를 고려할 수 있다.
① 탄성해석으로 얻은 설계지진력을 응답수정계수($R$)로 나누어 적용하는 방법
② 비탄성 설계응답스펙트럼을 사용하여 소성거동을 직접 고려하는 방법

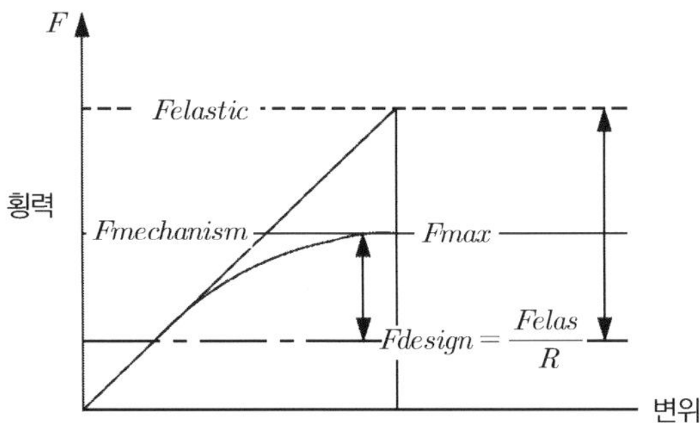



설계의 편의성을 위해서는 ①의 방법을 적용토록 도로교설계기준상에 규정하고 있으며 이 방법은 단자유도계의 탄성 응답 스펙트럼으로부터 설계하중을 결정하고, 비선형 거동에 의해 지진에너지를 분산시키는 능력을 고려하도록 반응 수정계수($R$)에 의해서 설계 지진하중을 감소시킨 후 구조물의 강성 등을 결정하다. 이 방법을 적용하기 위해서는 교량의 소성거동에 대한 내용의 이해가 필요하며 하부 구조에서 발생하는 연성요구도(Ductility Demand)가 계산되어야 한다. 이는 비선형 거동을 유발하는 강한 지진에 대하여 구조물이 붕괴되지 않기 위해서 구조물의 연성 거동능력이 지진에 의한 연성요구도보다 커야 하기 때문이다.

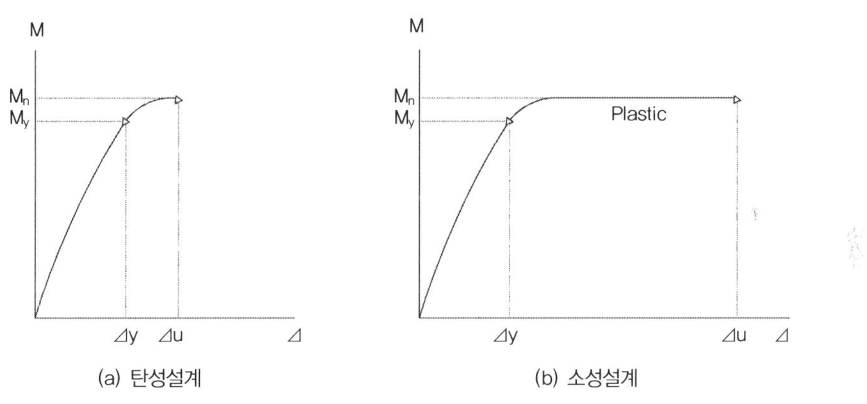



응답스펙트럼 해석에서 연성도는 구조물 부재에 관한 비탄성응답이 아닌 전체 구조물의 비탄성응답을 나타내는 척도이다. 연성은 지진은 구조물의 수명 동안에 빈번히 발생하는 자연현상이 아니기 때문에 완전하게 대비하는 것보다는 부재의 인성을 충분히 확보하여 완전붕괴를 방지할 수 있다면 경제적으로 설계할 수 있다는 내진설계 개념에서 중요한 개념이다. RC 부재의 경우 인성은 단면 크기와 철근에 크게 의존하는 값으로 콘크리트가 모멘트에 의해 파손되었지만 띠철근 및 나선철근에 둘러싸인 심부콘크리트 조각들이 못 빠져나가게 구속되어 붕괴까지 얼마나 버틸 수 있는가가 인성을 결정하는 변수이다. 따라서 RC 부재의 내진설계는 부재는 항복하더라도 인성을 확보할 수 있도록 띠철근이나 나선철근을 어떻게 배근하는가가 중요한 관건이다.

1) 변위 요구 연성도(Displacement Ductility Requirements)

기둥의 연성도는 변위 연성도와 곡률 연성도로 구분되어질 수 있으며, Newmark등은 다음과 같이 구조물이 탄성이라는 조건에서 해석된 결과와 항복강도를 줄여서 소성영역까지 수행된 해석결과에서 구조물에 입력된 에너지가 유사하다는 동일에너지 개념 또는 에너지 일정법칙(Equal Potential Energy Principle)을 제안하였다. 여기서 동일에너지 개념이란 물리법칙에서 말하는 절대적인 자연법칙을 말하는 것이 아니라 구조물의 고유주기가 0.5초 전후의 단주기 구조물을 대상으로 항복강도를 낮추어 가면서 수많은 지진파에 대해 비선형 해석을 수행하였더니 항복강도가 낮으면 낮을수록 변위가 크게 된다는 것을 의미한다. 즉 항복강도가 낮을수록 변위는 커진다는 비선형 해석의 결과는 지진파의 포락(envelope) 특성에 따라서 달라지며 비선형 모델에 따라서도 달라지므로 정확한 해석결과의 예상은 불가능하지만 대체적으로 단주기 구조물의 경우에 입력된 에너지가 일정하다고 근사할 수 있다. 구조물의 고유주기가 1.0초보다 긴 구조물을 대상으로 내진해석을 수행하면 에너지가 일정하기보다는 항복강도의 변화에 따라 응답변위가 일정한 경향을 보이는 동일변위 개념 또는 변위일정의 법칙(Equal displacement Principle)이 제안되고 있다. 동일변위개념 또한 물리적인 법칙이라기보다는 구조물의 주기가 긴 경우에는 주어진 지진 지속시간 동안에 진동하는 횟수가 적기 때문에 단주기 구조물에 비하여 항복강도가 낮더라도 소성변형이 별로 진행되지 않는다는 것을 의미한다.

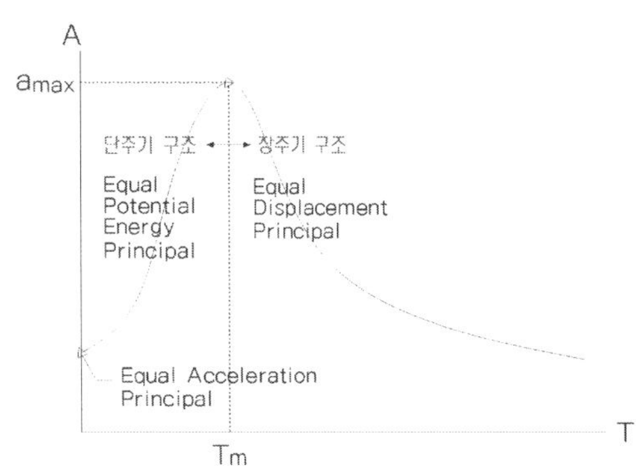


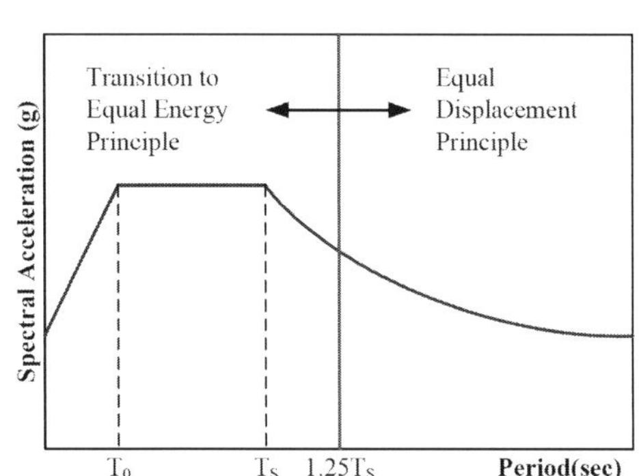


① $T_m$ 보다 작은 주기를 갖는 구조물(단주기 구조물) : Equal potential energy principal

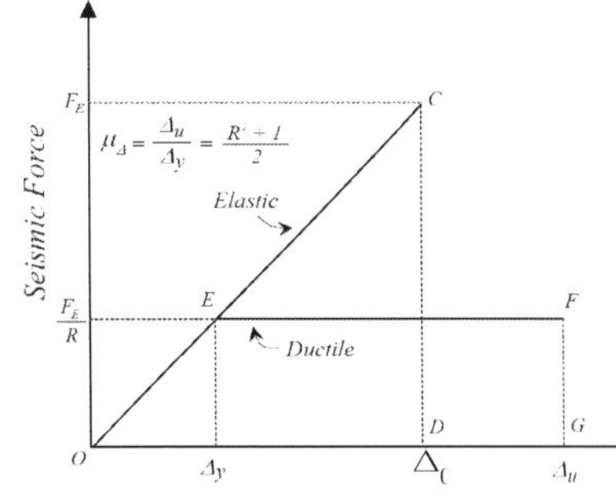


$$\triangle OCD = \square OEFG \quad \frac{1}{2}\overline{OD}\times\overline{OC}= \frac{1}{2}$$

변위연성도 $\mu = \dfrac{\varDelta_u}{\varDelta_y} \quad \mu = \dfrac{OA}{OB} = \dfrac{\varDelta_u}{\varDelta_y}$

응답수정계수 $R = \sqrt{2\mu-1}$

※ 에너지 일정법칙 : 항복강도가 낮을수록 변위는 커진다.

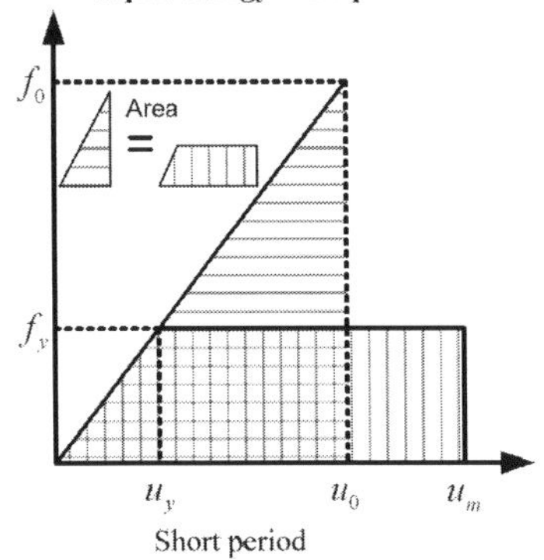


$$R = \frac{u_0}{u_y} = \frac{\Delta_0}{\Delta_y} \ : \text{Response modification factor}$$

$$= \frac{f_0}{f_y} \qquad : \text{Force modification factor}$$

(에너지 개념) $E = U$

$$\frac{1}{2}f_E\Delta_0 = \frac{1}{2}\left(\frac{f_E}{R}\right)\Delta_y + \left(\frac{f_E}{R}\right)(\Delta_u - \Delta_y),\ \text{여기서}\ R = \frac{\Delta_0}{\Delta_y},\quad \mu = \frac{\Delta_u}{\Delta_y}$$

$$\Delta_0 = \frac{\Delta_y}{R} + \frac{2}{R}(\Delta_u - \Delta_y) \quad \therefore R = \sqrt{2\mu - 1}$$

② $T_m$ 보다 큰 주기를 갖는 구조물(장주기 구조물) : Equal displacement Principle

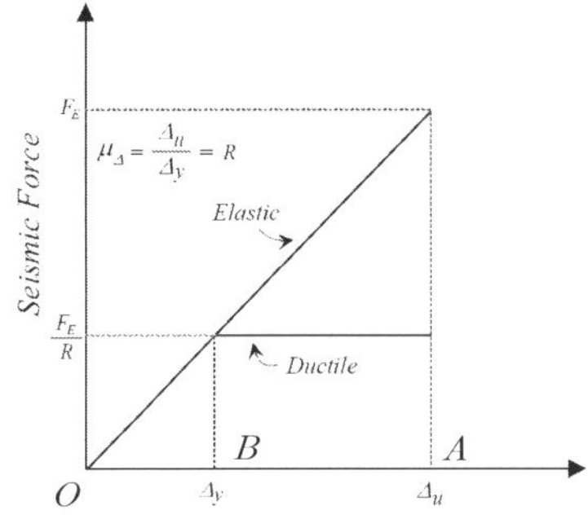


변위연성도 $\mu = \dfrac{OA}{OB} = \dfrac{\Delta u}{\Delta y} = R$

여기서, $\Delta_u$, $\Delta_y$ : 각각 소성역 종점 및 항복점
도달시까지의 횡방향 변위

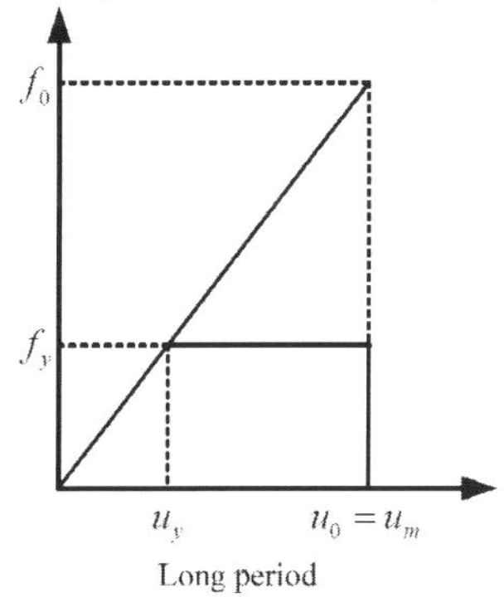


$$\mu = \frac{u_m}{u_y} = \frac{\Delta_u}{\Delta_y} \ : \text{Ductility factor}$$

$$\frac{u_y}{f_y} = \frac{u_0}{f_0} = \left(\frac{F_E}{R}\right)\frac{1}{\Delta_y} = \frac{F_E}{\Delta_u}$$

$$\frac{f_o}{f_y} = \frac{u_m}{u_y} \quad \therefore R = \mu$$

※ 변위일정법칙 : 주기가 긴 경우 진동회수가 작아서 단주기 구조물에 비해서 항복강도가 낮더라도 소성변
형이 별로 진행되지 않는다.

③ $T = 0$ 인 강체거동을 하는 구조물은 Equal acceration principal에 의해 R=1 적용

④ $R = \begin{cases} \sqrt{2\mu - 1} & Short\ Period(Equal\ Energy\ Principal) \\ \mu & Long\ Period(Equal\ Displacement\ Principal) \end{cases}$

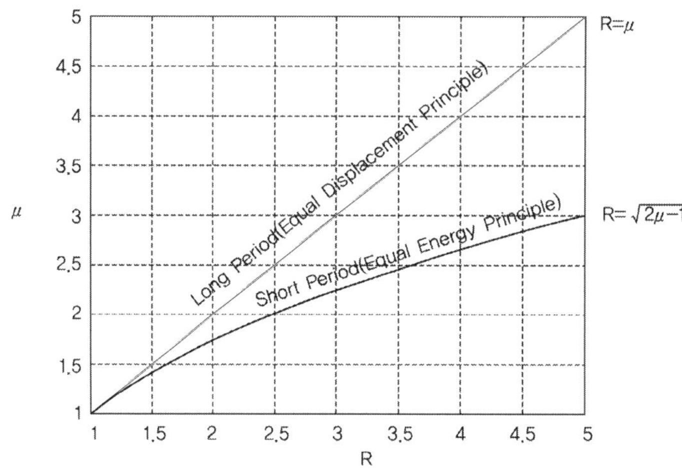


잘 설계된 RC부재들의 인성을 실험으로 평가하면 연성도(항복변위에 대한 파괴변위의 비)는 4~5 정도의 값을 갖는다. 그러므로 에너지일정의 법칙에서 구한 연성도와 항복강도와의 근사관계 $f_0/f_y = R = \sqrt{2\mu - 1}$ 을 적용하면 부재들의 연성도를 4 정도로 가정할 경우에는 항복강도는 약 2.5배로 낮게 설계할지라도 붕괴를 방지할 수 있다.

2) 곡률 연성 요구도(Curvature Ductility Demands)

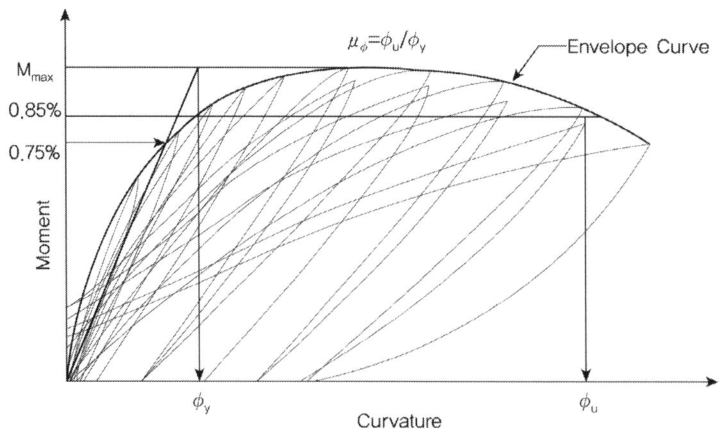


① RC 단면의 연성은 곡률연성비(Curvature Ductility Ratio, $\phi_u/\phi_y$ =소성영력 종단의 곡률/항복

점에 이른 상태의 곡률)로 표현할 수 있다.

$$\mu_\phi \;=\; \phi_u/\phi_y$$

② 부재에서 항복이 발생하면 변형이 소성힌지영역에 집중된다. 소성힌지에서 항복이 일어나면 변형의 발생은 주로 힌지의 회전에 의해 지배되기 때문에 힌지지역의 $\phi_u$ 값이 커지게 된다.

③ 소성힌지가 발생하는 구간이 짧을수록 더 큰 곡률연성비를 가지게 된다. 소성힌지의 길이는 보통 부재 폭의 0.5배에서 1개의 길이를 가지는 것으로 알려져 있다.

## 3) 한정연성(Limited Ductility)

2010 도로교설계기준 이후부터는 이전에 일괄적으로 적용되는 응답수정계수가 미국 강진지역에서 적용되는 것을 반영되어 국내와 같은 약진 지역에서 과다하게 적용된다는 점과 소성힌지부의 심부구속철근 배근 시의 과대한 철근량으로 인하여 콘크리트 타설 등의 시공성 문제 등이 발생하는 점을 고려하여 한정연성구간을 두고 경제적인 설계가 가능하도록 소요 응답수정계수를 구하여 적용할 수 있도록 하고 있다.

한정연성구간(limited Ductility) 구간 : 소요응답수정계수 $R_{req} = M_{el}/\phi M_n$

## 4) 응답수정계수의 적용

국내 도로교설계기준에서는 교각과 같은 기둥구조물의 여용력, 잉여도, 중요도 등을 고려하여 응답수정계수를 적용토록 하고 있으며, 응답수정계수는 연성거동을 확보하기 위해서, 즉 소성거동 이전에 전단파괴 등의 급작스런 파괴(Brittle Failure)를 방지하기 위해서 모멘트에만 적용하고 축력 및 전단력에는 적용하지 않도록 규정하고 있다.

① 벽식 교각 : R = 2(작은 연성능력과 여용력 때문)
② 다주 교각 : R = 5(가장 큰 연성능력과 여용력을 확보)
③ 단주 교각 : R = 3(다주와 비슷한 연성능력이나 여용력이 다소 부족)
④ 연결부 : R = 1.0 또는 0.8(교량이 비탄성적인 거동을 할 때 발생하는 힘의 재분배의 영향을 부분적으로 고려하기 위이며, 또한 지진 시에 안전성을 유지하고 있어야 함)

※ 지진격리 설계 시($R_i$)에는 통상 위의 값의 50% 적용

| 하부구조 | $R$ | $R_i$ | 연결부분 | $R$, $R_i$ |
|---|---|---|---|---|
| 벽식교각 | 2 | 1.5 | 상부구조와 교대 | 0.8 |
| 철근콘크리트 말뚝기구(Bent)<br>  1. 수직말뚝만 사용한 경우<br>  2. 1개 이상의 경사말뚝을 사용한 경우 | <br>3<br>2 | <br>1.5<br>1.5 | 상부구조의 한 지간 내의 신축이음 | 0.8 |
| 단일기둥 | 3 | 1.5 | 기둥, 교각, 말뚝기구와 캡빔 또는 상부구조 | 1.0 |
| 강재 또는 합성강재와 콘크리트 말뚝기구<br>  1. 수직말뚝만 사용한 경우<br>  2. 1개 이상의 경사말뚝을 사용한 경우 | <br>5<br>3 | <br>2.5<br>1.5 | 기둥 또는 교각과 기초 | 1.0 |
| 다주기구 | 5 | 2.5 | | |

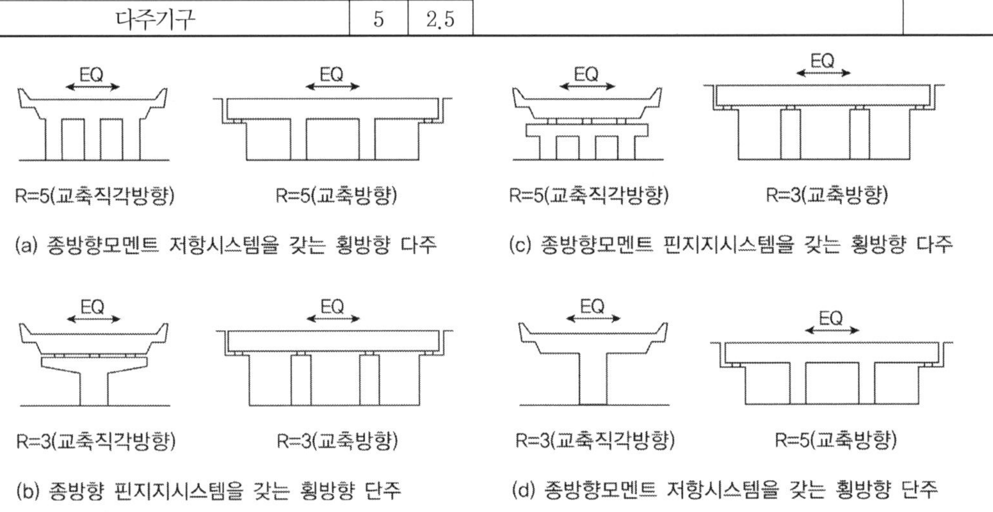



(a) 종방향모멘트 저항시스템을 갖는 횡방향 다주

(c) 종방향모멘트 핀지지시스템을 갖는 횡방향 다주

(b) 종방향 핀지지시스템을 갖는 횡방향 단주

(d) 종방향모멘트 저항시스템을 갖는 횡방향 단주

5) 응답수정계수를 휨모멘트에만 적용하는 사유

교량의 내진설계에서 응답수정계수의 적용은 교각에 소성힌지가 발생할 수 있도록 하여 극한하중에 견디고 연성적인 거동을 할 수 있게 하는 연성설계(Ductility)에 목적이 있으며, 따라서 취성파괴(Brittle Failure)를 유발하는 전단이나 압축에 의한 좌굴 등이 연성거동 이전에 발생하지 못하게 하기 위해서 응답수정계수를 휨모멘트에만 적용토록 하여 교각에 소성힌지가 발생하여 충분한 변형성능이 발휘할 때까지 전단파괴가 발생하지 않도록 보장하는 연성파괴(Ductile Failure)를 유도하기 위해서이다.

진동 저감

기존 교량 주형에서 강성부족으로 진동이 발생되는 경우 저감방안에 대하여 설명하시오.

## 풀 이

### ▶ 개요

오늘날 교량설계 시 가능한 한 단면은 감소시키고 지간길이를 길게 하려는 경향이 있는데 이러한 교량들에 있어서는 동적거동 파악이 중요한 문제가 된다. 특히 강성이 작은 케이블 교량과 같은 구조물에서는 차량의 주행으로 인한 지점 가진 진동이 발생하는 경우 구조물과 공진이 발생할 수 있으므로 이로 인해서 구조물의 피로 등에 영향을 줄 수 있다. 실제 설계 시 동적문제는 충격계수와 최대 허용 처짐에 한계를 두어 처리되고 있다. 충격계수는 반복응력의 범위를 제한하기 위한 것이고 최대 허용 처짐의 제한은 과진동으로 인한 피로의 영향과 이용자의 심리적 불안감을 피하기 위하여 둔 규정이다.

### ▶ 교량의 동적 특성

1) 감쇠비는 콘크리트교가 크고, 감쇠 종료시간은 강교가 길어 강교가 콘크리트교보다 진동피해를 많이 받는다.

2) 콘크리트교는 동탄성계수, 강교는 합성단면을 사용하면 실측치에 가까운 진동수를 계산할 수 있다.

3) 변위에 의한 충격계수와 변형에 의한 충격계수 값은 다르다.

4) 충격을 막기 위해 진입로 및 교량 노면 상태를 개선해야 한다.

5) 고유 진동수

① 노면 상태가 양호한 교량 : 2.3~4.5Hz
② 노면 상태가 불량한 교량 : 2~3Hz, 6.5Hz 이상

6) 충격계수는 지간길이만의 함수로 표시되므로 불합리하다.

### ▶ 진동 저감방안

진동을 증가시키는 요인은 활하중이나 풍하중, 지진하중에 의해서 발생될 수 있고 이를 저감시키기 위해서는 구조역학적 대책으로 질량, 강성, 감쇠의 증가 중에서 선택할 수 있고 내풍설계 등에 대해서는 수풍면적이나 공기력계수 저감 등의 방법을 선택할 수 있다. 구조역학적 진동저감은 (1)

구조물 진동특성을 개선하여 진동의 발생 그 자체를 억제하고, (2) 진동의 진폭을 감소시켜 부재의 항복이나 피로파괴 억제 등에 목적을 둔다.

## 1) 질량의 증가

추가 콘크리트 타설 등을 통해 질량을 증가시키는 방법을 고려할 수 있다. 그러나 질량의 증가에 따라 고유진동수가 낮아지게 되나, 추가 사하중으로 인한 부재의 응력이 발생되므로 신중한 검토가 필요하다.

## 2) 강성의 증가

보강부재 설치 등을 통해 구조물 강성의 증가는 고유진동수를 상승시키는 방법을 고려할 수 있다. 강성이 높은 구조형식으로 변경한다든지 적절한 보강부재를 첨가하는 것을 고려할 수 있으나 강성 증가에는 한계가 있다.

## 3) 감쇠의 증가

구조감쇠의 증가를 통해 제진 효과를 확실히 기대할 수 있다. 교량 내부에 적당한 감쇠장치를 첨가하여 기본구조의 변경 없이 제진효과를 얻을 수 있다는 점에서 여러 가지 구조역학적 대책 중에서 가장 많이 사용되는 방법이다. 감쇠장치의 종류에는 오일댐퍼를 비롯하여 TMD(Tuned Mass Damper), TLD(Tuned Liquid Damper), 체인댐퍼 등과 같은 수동댐퍼가 많이 사용되었으나 최근에는 AMD(Active Mass Damper)와 같은 제어 효율이 높은 능동적 댐퍼도 많이 개발되고 있다.

## 지진의 규모와 진도

지진의 규모와 진도에 대하여 설명하시오.

---

**풀 이**

### ▶ 개요

지진파는 크게 지진의 규모와 진도로 표현되며, 지진의 규모(Magnitude, M)는 절대적인 개념으로 국내의 경우 1~9단계로 구분된 리히터 스케일(Richter scale)로 표현되며 진앙지로부터 100km 떨어진 지점의 로그스케일로 표현된다.

진도(Intensity)의 경우 피해정도를 기준으로 표현되는 상대적인 개념의 단위로 국내에서는 1~12단계로 구분된 수정메르칼리 진도(Modified Mercalli Intensity, MMI)로 표현된다.

### ▶ 지진의 규모(Magnitude), 절대적 개념의 단위

규모(M; magnitude)는 지진의 강도를 나타내는 절대적 개념의 단위로, 1935년 미국의 지질학자인 리히터(Charles Richter)가 제안했다. 제안자의 이름을 따서 '리히터 규모'라고도 부른다. 리히터 규모(M)는 진앙거리 100km의 지점에 배율이 2,800배가 되는 특정 규격의 지진계를 놓고 관측했을 때 기록된 최대 진폭(미크론, 1/1,000mm)에 상용대수(log)를 취함으로써 나타내며, 지진계에 기록된 지진파의 최대 진폭을 측정해 지진에 의해 방출된 에너지의 양을 측정하는데, 진폭과 진동주기의 함수로 다음의 식과 같이 표현된다.

$$M = \log\left(\frac{최대진폭}{1회진동시간}\right) + 보정계수$$

보정계수는 지진계와 진앙 사이의 거리에 비례하는 계수로 S파와 P파의 도달시간 차이로부터 계산된다. 이 경우 진폭이 10배 증가하면 리히터 규모는 1이 증가하므로, 리히터 규모 7의 지진이 갖는 진폭은 리히터 규모 6의 지진보다 진폭이 10배 커진다. 또한 지진발생 시 방출되는 에너지는 리히터 규모 1이 증가할 때마다 약 32배(정확히는 103/2배)만큼 커지게 되는데, 예를 들어 리히터 규모 7의 지진은 리히터 규모 6의 지진보다 약 32배 큰 에너지를 방출하며 리히터 규모 5의 지진보다는 1,000배 큰 에너지를 방출한다. 지진파 에너지(E)와 규모(M)과의 관계는 일반적으로 Gutenberg와 Richter가 제안한 다음의 식을 사용한다.

$$\log E = 11.8 + 1.5M$$

여기서, M은 단위가 없으며, E는 에너지 단위를 갖게 된다. 앞서 언급한 바와 같이 지진규모가 1.0 증가하면 지진에너지는 약 32배 증가한다.

$$\log E = 11.8 + 1.5M, \quad E = 10^{11.8 + 1.5M}$$

$$M = 1 \text{일 때}, \quad E_{(M=1.0)} = 10^{11.8 + 1.5 \times 1.0} = 10^{13.3}$$

$$M = 2 \text{일 때}, \quad E_{(M=2.0)} = 10^{11.8 + 1.5 \times 2.0} = 10^{14.8}$$

$$\therefore \frac{E_{(M=2.0)}}{E_{(M=1.0)}} = 10^{1.5} = 31.623 \approx 32$$

| 규모변화 | 지반운동(변위) | 에너지변화 |
|---|---|---|
| 1.0 | 10.0배 | 32.0배 |
| 0.5 | 3.2배 | 5.5배 |
| 0.3 | 2.0배 | 3.0배 |
| 0.1 | 1.3배 | 1.4배 |

국내 기상청에서는 일본에서 개발된 진앙거리(R, km)와 지반운동의 최대수평성분(A, 남북, 동서 방향최대속도성분의 벡터합)을 이용하여 규모를 결정한다.

$$M = 1.73 \log R + \log A - 0.73$$

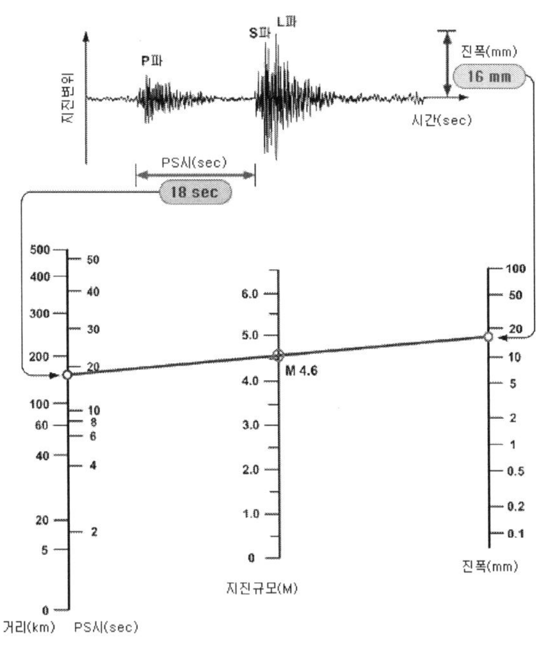


〈리히터규모의 결정방법〉

## ▶ 지진의 진도(Intensity), 상대적 개념의 단위

진도는 어떤 장소에 나타난 지진동의 세기를 사람의 느낌이나 주변의 물체 또는 구조물의 흔들림 정도를 수치로 표현한 것으로 정해진 설문을 기준으로 계급화한 척도이다. 그렇지만 지금은 계측기에 의해서 직접 관측한 값을 진도 값으로 채용하는 경우도 많다. 진도는 지진의 규모와 진앙거리, 진원깊이에 따라 크게 좌우될 뿐만 아니라 그 지역의 지질구조와 구조물의 형태 및 인원현황에 따라 달리 평가될 수 있다. 따라서 규모와 진도는 1대1 대응이 성립하지 않으며 하나의 지진에 대하여 여러 지역에서의 규모는 동일수치이나 진도 계급은 달라질 수 있다. 진도는 계급값을 쓰는 대신 가속도단위($cm/\sec^2$)로 나타내기도 하고, 중력가속도 1g=980$cm/\sec^2$를 사용하기도 한다. 또, $cm/\sec^2$는 gal로 표시하며 1g = 980gal이라고도 쓴다. 진도는 상대적 개념이기 때문에 진도계급은 세계적으로 통일되어 있지 않으며 나라마다 실정에 맞는 척도를 채택하고 있다. 기상청은 과거 일본 기상청계급(JMA Scale : 1949)을 사용하여 왔으나 2001년 1월 1일부터는 미국에서 시작되어 여러 나라가 사용하는 MMI scale(Modified Mercalli scale : 1931, 1956)을 사용한다.

## ➤ 지진의 규모(Magnitude)와 진도(Intensity)의 관계

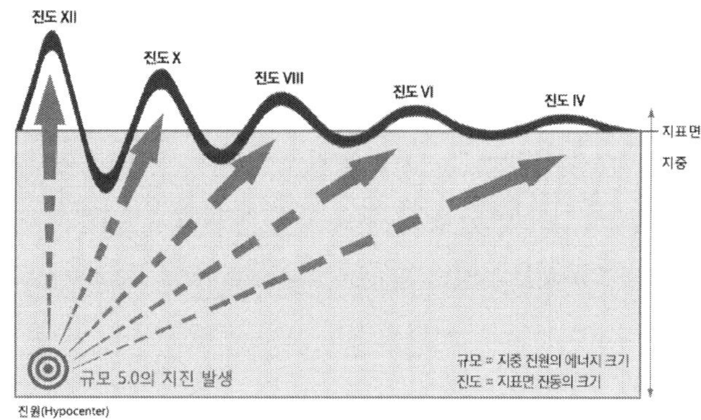


규모와 진도와의 상대적인 값의 비교는 이론적으로는 결정할 수 없고 통계적인 방법으로 결정한다. 지진이 많이 발생하는 미국에서 결정된 관계식은 아래와 같다.

$$M = \frac{2}{3}MMI + 1 \text{(미 서부 경험식)}, \qquad M = \frac{1}{2}MMI + 1.75 \text{(미 동부 경험식)}$$

$$\log_{10}PGA = 0.3MMI + 0.014 \ \text{(Trifunac and Brady)}$$

$$\log_{10}PGA = 0.33MMI - 0.5 \ \text{(Gutenberg and Richter)}$$

여기서 M: 규모,   MMI: 최대진도,   $PGA$ (gal, cm/sec²)

※ 수정메르칼리 진도 계급표를 참고하여 내진설계 기준선정시 붕괴방지 수준의 최대지반가속도에 해당하는 진도를 상기 산정식에 대입하면, $M = 1 + 2/3 \times 7.8 = 6.2$(6.2규모의 지진에 견디도록 설계, 내진설계 기준상의 최대 지반가속도 0.224g에 해당하는 MMI 진도계급상의 진도값 = 7.8)

## 지진에너지

도로교설계기준에 있어서 내진등급에 따른 설계지진 가속도(g)와 이에 대응하는 지진규모(M)를 설명하고 지진에너지(E)의 비율을 계산하시오.

## 풀 이

### ▶ 개요

도로교설계기준에서는 지진구역계수와 구조물에 따른 위험도 계수를 평균재현주기 500년과 1,000년으로 구분하여 가속도 계수를 산정하도록 하고 있다. 또한 지표면 아래의 지반에 따라 지반계수도 고려하도록 하고 있다.

---

**TIP** | 가속도계수와 지반계수 |

① 가속도 계수($A = I \times Z$) = 위험도 계수 × 지진구역계수

② 지진구역계수($Z$) : 평균재현주기 500년 지진지반운동에 해당하는 지진구역계수로 I구역(0.11), 2구역(0.07)

③ 위험도계수($I$) : 평균재현주기별 최대 유효지반가속도의 비를 의미하며 재현주기 500년(1.0), 1000년(1.4)

④ 지반계수($S$) : 지표면 아래 30m 토층에 대한 전단파속도, 표준관입시험, 비배수전단강도의 평균값을 기준으로 구분

| 지반종류 | 지반종류 | S | 지표면 아래 30m 토층에 대한 평균값 | | |
|---|---|---|---|---|---|
| | | | 전단파속도(m/s) | 표준관입시험(N) | 비배수전단강도(kPa) |
| I | 경암, 보통암 | 1.0 | 760 이상 | – | – |
| II | 매우조밀토사, 연암 | 1.2 | 360~760 | > 50 | > 100 |
| III | 단단한 토사 | 1.5 | 180~360 | 15~50 | 50~100 |
| IV | 연약한 토사 | 2.0 | 180 미만 | < 15 | < 50 |
| V | 부지 고유의 특성평가가 요구되는 지반 | | | | |

---

### ▶ 내진등급에 따른 설계지진 가속도(g)와 지진규모(M), 지진에너지(E)

지진파는 크게 지진의 규모(Magnitude)와 진도(Intensity)로 표현되며, 지진의 규모(Magnitude, M)는 절대적인 개념으로 국내의 경우 1~9단계로 구분된 리히터 스케일(Richter scale)로 표현되며 진앙지로부터 100km 떨어진 지점의 로그스케일로 표현된다.

진도의 경우 피해정도를 기준으로 표현되는 상대적인 개념의 단위로 국내에서는 1~12단계로 구분된 수정메르칼리 진도(Modified Mercalli Intensity, MMI)로 표현된다.

규모와 진도와의 상대적인 값의 비교는 이론적으로는 결정할 수 없고 통계적인 방법으로 결정한다. 지진이 많이 발생하는 미국에서 결정된 관계식은 아래와 같다.

$$M = \frac{2}{3}MMI + 1\,(\text{미 서부 경험식}), \qquad M = \frac{1}{2}MMI + 1.75\,(\text{미 동부 경험식})$$

$$\log_{10}PGA = 0.3MMI + 0.014 \ (\text{Trifunac and Brady})$$

$$\log_{10}PGA = 0.33MMI - 0.5 \ (\text{Gutenberg and Richter})$$

$$\text{여기서 M: 규모,} \quad \text{MMI: 최대진도,} \quad PGA\,(\text{gal, cm/sec}^2)$$

$$\log_{10}E = 11.8 + 1.5M$$

※ 수정메르칼리 진도 계급표를 참고하여 내진설계 기준선정시 붕괴방지 수준의 최대지반가속도에 해당하는 진도를 상기 산정식에 대입하면, $M = 1 + 2/3 \times 7.8 = 6.2$(6.2규모의 지진에 견디도록 설계, 내진설계 기준상의 최대 지반가속도 0.224g에 해당하는 MMI 진도계급상의 진도값=7.8)

국내 도로교설계기준에서는 내진등급을 I, II등급으로 구분하고 있으며, 위험도 계수와 지역계수로 구분되고 있다. 위험도 계수와 지역계수를 고려한 가속도 계수는 구조물의 응답의 크기와 연관된 유효최대 지반가속도(EPA)이며, 경험식에서의 지진파의 크기와 연관된 최대 지반가속도(PGA)와 다르다. 일반적으로 EPA는 응답스펙트럼의 기본이 되는 단주기 구조물의 가속도 응답을 2.5로 나눈 것으로, 문제에서의 비교를 위해 2.5를 적용하여 내진등급별 진도와 규모, 지진에너지를 산정하였다.

| 내진<br>등급 | 위험도<br>계수(I)<br>❶ | 지역계수(Z)<br>❷ | 가속도(g)<br>❸=❶×❷ | PGA<br>(cm/s²)<br>❹=(❸×981)×2.5 | 진도(MMI)<br>❺=(log❹-0.014)/0.3 | 규모(M)<br>❻=½❺+1.75 | 지진에너지(E)<br>$10^{(11.8+1.5×❻)}$ |
|---|---|---|---|---|---|---|---|
| I등급 | 1.4 | 0.11(1구역) | 0.154 | 377.3 | 8.54 | 6.02 | $6.76 \times 10^{20}$ |
| | | 0.07(2구역) | 0.098 | 240.1 | 7.89 | 5.7 | $2.24 \times 10^{20}$ |
| II등급 | 1.0 | 0.11(1구역) | 0.11 | 269.5 | 8.06 | 5.78 | $2.95 \times 10^{20}$ |
| | | 0.07(2구역) | 0.07 | 171.5 | 7.4 | 5.45 | $9.55 \times 10^{19}$ |

※ 1등급 1구역의 경우 가속도는 0.154g이므로 최대지반가속도는 2.5배로 가정하면, PGA=(0.154×9.81m/s²)×(100cm/m) ×2.5 = 377.3cm/s²이므로 경험식으로부터 진도 MMI=(log377.3-0.014)/0.3=8.54, 경험식으로부터 규모 M=½×8.54+1.75 =6.02, 따라서 지진에너지는 logE=11.8+1.5M으로부터 산정하면 6.78×10²⁰이다.

II등급 2구역에 비해 1등급 1구역의 지진에너지는 약 7배 가량 높게 평가되는 것을 알 수 있으며, 일반적으로 지진에너지는 규모(M) 1의 차이에 32배 차이가 발생되며, 규모 2의 차이는 1,000배의 차이가 발생된다.

### 지진 가속도와 관성력

도로구조물 설계에 적용되는 지진 가속도 계수와 관성력의 관계에 대하여 설명하시오.

---

**풀 이**

## ▶ 개요

국내 도로교설계기준에서는 지진구역계수와 구조물에 따른 위험도 계수를 평균재현주기 500년과 1000년으로 구분하여 가속도 계수를 산정하도록 하고 있으며, 지표면 아래의 지반에 따라 지반계수도 고려하여 내진설계시 탄성지진 응답계수 $C_s$ 를 산정해 지진력으로 활용하도록 하고 있다.

## ▶ 지진 가속도 계수와 관성력

국내 설계기준에서 적용되는 가속도 계수는 위험도 계수와 지진구역계수를 곱한 값으로 표현되며 다음과 같이 산정된다.

가속도 계수($A = I \times Z$) = 위험도 계수 × 지진구역계수
지진구역계수($Z$) : 평균재현주기 500년 지진지반운동에 해당, I구역(0.11), 2구역(0.07)
위험도계수($I$) : 평균재현주기별 최대 유효지반가속도의 비, 재현주기 500년(1.0), 1000년(1.4)

이때 설계기준에서 사용되는 위험도 계수와 지역계수를 고려한 가속도 계수는 구조물의 응답의 크기와 연관된 유효최대 지반가속도(EPA)이며, 경험식에서의 지진파의 크기와 연관된 최대 지반가속도(PGA)와는 다르다. 일반적으로 유효최대 지반가속도(EPA)는 응답스펙트럼의 기본이 되는 단주기 구조물의 가속도 응답을 2.5로 나눈 값이다.

관성력은 뉴턴 법칙에 따라 물체의 질량에 가속도를 곱한 힘의 값으로 도로 구조물의 경우 가속도계수와 지반계수를 고려하여 물체의 고유주기에 따라 결정된 탄성지진응답계수 등이 고려된다. 즉, 지진 발생 시 구조물에 작용하는 탄성지지력은 구조물의 탄성주기를 계산하여 설계응답 스펙트럼으로부터 응답가속도의 크기를 구하여 결정되며, 이때 설계응답 스펙트럼으로부터 구한 응답가속도의 크기를 탄성지진 응답계수($C_s$)라 하며 무차원량으로 표기된다. 단일보드 스펙트럼 해석 시 탄성지진 응답계수의 경우에는 다음과 같이 계산된다.

$$C_s = \frac{1.2AS}{T^{2/3}} \le 2.5A$$

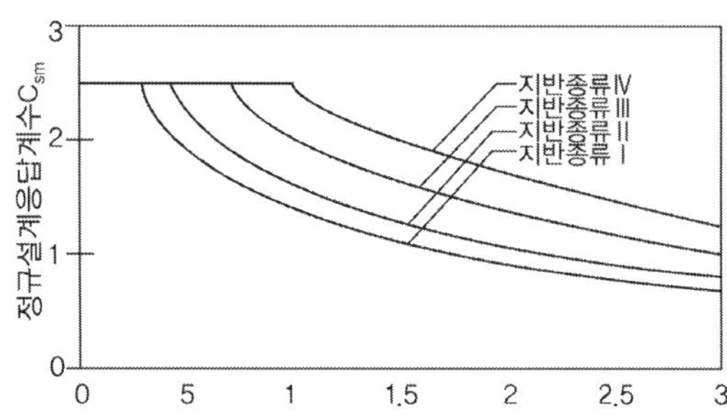


도로구조물의 내진 설계 시에는 산정된 구조물의 가속도로 대변되는 탄성지진응답계수가 물체의 질량 등이 고려된 관성력인 지진하중으로 고려되게 되며 설계기준에서는 다음과 같이 등가정적 지진하중 산정방법을 규정하고 있다.

등가정적 지진하중 $\quad p_e(x) = \dfrac{\beta C_s}{\gamma} w(x) v_s(x)$

여기서  정적처짐 $v_s(x)$ : 상부 슬래브 단위길이당 1.0kN/m 하중재하

등가정적 지진하중 $\qquad w(x) = \dfrac{1}{L}\left(w_{상부} + w_{coping} + \dfrac{w_{colunm}}{2}\right)$

$$\alpha = \int_0^L v_s(y)dy, \qquad \int_0^L v_s(x)dx$$

$$\beta = \int_0^L w(y)v_s(y)dy, \qquad \int_0^L w(x)v_s(x)dx$$

$$\gamma = \int_0^L w(y)v_s^2(y)dy, \qquad \int_0^L w(x)v_s^2(x)dx$$

교량의 고유주기 $\quad T = 2\pi \sqrt{\dfrac{\gamma}{p_0 g \alpha}} \quad (p_0 = 1.0kN/m)$

## 지진 피해요인과 대비

지진으로 인한 구조물의 피해요인과 이를 최소화하기 위해 고려하여야 할 사항에 대하여 설명하시오.

### 풀 이

> **개요**

지진 발생 시 예상되는 피해 유발요인은 다음과 같이 분류할 수 있다.
① 구조물에 의한 요인　② 지반에 의한 요인　③ 기타 요인

> **지진으로 인한 구조물의 피해요인 및 고려사항**

1) 구조물에 의한 요인

지진 피해는 구조물의 파손이나 붕괴 또는 구조물의 피해에 부차적으로 발생하는 화재, 교통 및 통신망의 두절, 급수관이나 가스관의 파손 등이 있다. 일반적으로 부차적으로 일어나는 피해는 구조물의 내진 설계와 지진발생 시 신속한 대응으로 어느 정도 예방할 수 있다. 지진으로 인한 구조물의 피해 유발요인은 다음과 같다.

① 기둥의 취성파괴 : 지진의 진동기간이 긴 경우에 축방향의 철근 간격이 너무 작거나 띠철근의 간격이 클 때 발생한다.

② 구조물의 비대칭성 : 구조물의 질량이나 강성이 비대칭인 경우 비틀림 발생으로 파괴가 일어나기 쉽다.

③ 짧은 기둥 : 조적벽이나 깊이가 큰 보에 의해 기둥의 변형구간이 짧아지면 연결 부위에서 파괴가 일어나기 쉽다.

④ 인접층 강성의 급격한 변화 : 강성의 급격한 변화는 응력집중을 초래하여 파괴를 유발한다.

⑤ 좌굴 : 주로 철골구조물의 경우 과다한 축하중이 부재의 좌굴이나 국부좌굴을 유발하여 피해가 발생할 수 있다.

⑥ P-Delta 효과 : 중력방향의 하중이 크고 구조물의 유연성이 큰 경우 P-Delta 영향으로 구조물의 피해가 발생할 수 있다.

⑦ 강성변화(Soft Story) : 구조물 하부의 강성을 상부에 비해 작게 설계했을 경우 하부의 파괴가 발생할 수 있다.

2) 지반에 의한 요인

지반에 의한 요인으로는 구조물의 부등침하, 구조물 지반 상호작용(SSI), 지반 운동의 증폭효과, 지반의 액상효과 등이 있다.

① 부등 침하 : 지반의 부등침하는 직접적인 피해뿐만 아니라 구조물의 거동에 비대칭을 유발하여 피해를 크게 할 수 있다.

② 구조물과 지반의 상호작용 : 지반의 고유 진동수가 구조물의 고유 진동수와 비슷하면 공진 현상에 의해 피해가 증가되며 연약 지반에서는 고층 건물이, 암반에서는 저층의 건물이 더 크게 지진의 영향을 받는다.

③ 지반운동의 증폭효과 : 지반이 연약하면 지반의 운동이 하부의 암반운동보다 증폭되어 더 심한 피해를 유발할 수 있다.

④ 지반의 액상화 현상 : 지반이 모래질로 되어 있을 때 발생하는 현상으로 구조물의 전도 등의 피해를 초래하게 된다.

## 3) 기타 요인

과거 지진이나 부실한 구조물의 설계와 시공이 피해 요인

① 과거 지진에 의한 피해 : 과거의 지진으로 인한 피해를 아직 보수하지 못했거나 제대로 보수하지 않았을 경우 피해는 가중된다.

② 부실한 설계 및 시공 : 지진의 효과를 제대로 고려하지 않고 설계를 하거나 부실한 시공을 하게 되면 많은 피해를 초래할 수 있다.

## 4) 지진발생 시 교량의 주요 피해 및 원인

| 부위 | 주요 피해 | 피해 및 발생원인 |
|---|---|---|
| 상부 | 낙교 | 사교에서 주로 발생, 강성중심과 무게중심의 불일치로 인한 과대변위 반침파손과 지지길이 부족으로 인한 낙교, 지반액상화에 의한 낙교 |
| 반침 | 본체의 파손 | 반침본체 파손(록커반침 취약), 반침 지지길이 부족으로 낙교 |
| | 상하부 연결부 파손 | 앵커볼트 길이부족으로 인발 또는 파단, 모르타르 손상 및 파괴 |
| | 이동제한장치 손상 | 이동제한장치 및 부상방지장치 손상 |
| | 닉교빙지장치 손상 | 케이블 구속장치 피해, 닉교빙지핀 피해, 스토퍼 파손 |
| 교각 | 휨파괴 | 연성 부족으로 소성힌지부 휨파괴, 주철근 겹침이음부 휨파괴, 주철근 매입길이 부족으로 인발, 띠철근 및 나선철근 부족으로 취성파괴 |
| | 휨–전단파괴 | 소성힌지부 전단강도 부족으로 휨–전단 파괴 |
| | 전단파괴 | 전단강도 부족으로 전단 취성파괴 |
| | 기타 | 유효길이 부족으로 파괴, 나팔형 교각 파괴, 주철근 단락부 파손 |
| 교대 | 본체 및 지반이동 피해 | 지반액상화에 따른 교대의 이동과 전도 |
| 기초 | 말뚝기초 및 지반이동 피해 | 액상화에 따른 횡지지력 부족 및 잔류수평변위 발생으로 말뚝본체 및 푸팅 파괴, 직접기초나 우물통기초는 손상이 경미 |
| 지반 | 침하, 이동피해 | 액상화로 인한 침하 및 이동피해 |
| 기타 | 교각두부, 이음부 손상 | 수평력 집중에 따른 교각두부 파손 |
| | 강교/강교각 변형 | 강교/강교각의 좌굴 및 변형 |
| | 신축이음장치 파손 | 과도한 상부구조 변위차로 인한 충돌로 신축이음부 파손 |

## ➤ 지진피해 최소화를 위한 고려사항

구조물의 지진피해 최소화를 위해서는 신규 구조물의 경우 내진설계를 통해 지진에 대한 인성과 에너지 흡수 능력을 키울 수 있도록 기존 구조물의 경우 내진성능평가를 통해 구조물에서 요구하는 수준(방괴방지수준 또는 기능수행수준)을 만족할 수 있도록 내진보강을 하도록 하여야 한다. 내진 보강 시에는 기본적으로 작용하는 지진력을 저항할 수 있도록 구조물에 직접적인 구속을 주거나 강성을 증가시키는 방안(개별적인 보강에 의한 내진성능 향상방법)과 외부 지진력이 구조물에 주는 영향이 작아지도록 별도의 장치 등을 사용하는 방안(지진보호장치에 의한 교량시스템의 내진성능 향상방법)으로 구분할 수 있다.

1) 내진보강 방향

　① 하중개념 : 내진 개념으로 단면으로 저항
　　(1) 작용 외력에 저항할 수 있는 개념
　　(2) 예상 수명 동안 1~2회 발생 가능성이 있는 지진규모에 대해 설계
　　(3) 보강방향 : 단면 강도의 확보
　② 변위 개념 : 면진개념, 지진력의 소산
　　(1) 비탄성 거동을 허용하되 붕괴를 방지하는 개념
　　(2) 상당히 큰 규모의 지진에 대해서 설계
　　(3) 보강방향 : 단면강도 및 변형 성능의 확보 요망

2) 대표적 내진보강 공법

　① 작은 규모의 보강
　　(1) 보강방안 : 받침장치의 보수, 보강 및 낙교방지 장치의 설치
　　(2) 보강효과 : 받침 수평저항력 증대 및 낙교방지
　② 중간 규모의 보강
　　(1) 보강방안 : 받침장치의 교체, RC교각의 보강, 지진 저감장치의 설치
　　(2) 보강효과 : 받침 수평저항력 증대, 교각의 강도 및 변형능력 증대, 지진수평력 감소
　③ 큰 규모의 보강
　　(1) 보강방안 : 기초의 보강, 지반보강
　　(2) 보강효과 : 기초 강도 증대, 액상화에 따른 지지력, 수평 저항력 증대

## Triplot Response Spectrum

변위-속도-가속도 응답스펙트럼(Triplot Response Spectrum)의 문제점에 대하여 설명하시오.

### 풀 이

> **개요**

응답스펙트럼(Response Spectrum)이란 단자유도 구조물계의 동적운동방정식은 질량, 감쇠, 강성으로 표현되어 어떤 특정한 지진계(지반가속도)에 대하여 구조물의 고유진동수($\omega_n$)와 감쇠비($\xi$)에 따라 구조물의 최대 응답(변위, 속도, 가속도)을 나타낸 것을 말하며 Triplot Response Spectrum은 구조물의 응답을 조화함수로 가정하여 주기별로 각각의 응답(변위, 속도, 가속도)을 하나의 그래프로 표현한 것을 말한다(응답스펙트럼의 정의 : 특정한 지반가속도에 대한 고유진동수와 감쇠비에 따른 단자유도계의 최대 응답).

> **Triplot Response Spectrum의 작성**

구조물의 응답을 조화함수로 가정하여 유사속도(Pseudo velocity)와 유사가속도(Pseudo acceleration)와 주기와의 관계를 정의한다.

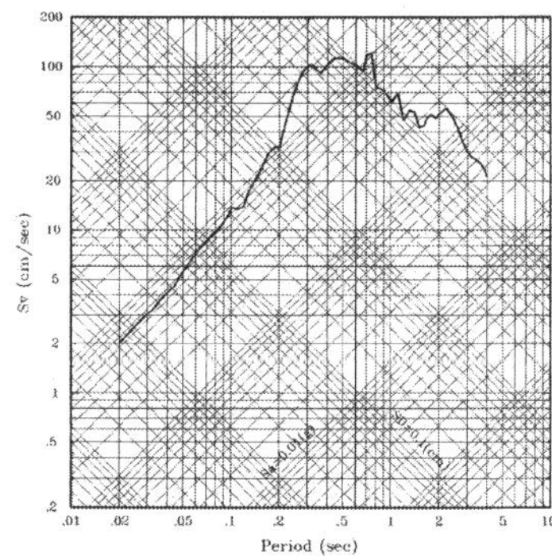

Assume, $u = D sin\omega t \ (S_d)$

$\rightarrow \dot{u} = D\omega cos\omega t \ (S_v), \quad \ddot{u} = -D\omega^2 sin\omega t \ (S_a)$

$\therefore \ S_v \fallingdotseq \omega S_d, \quad S_a = \omega S_v$

$\log S_v \ = \log(\dfrac{2\pi}{T}) + \log S_d = \log(2\pi) - \log(T) + \log S_d$

$\log S_a \ = \log(\dfrac{2\pi}{T}) + \log S_v = \log(2\pi) - \log(T) + \log S_v$

내진설계에서는 구조물에 작용하는 지진하중을 산정하는 것이 가장 중요한 일이므로 가속도 응답스펙트럼을 주로 사용하게 되는데 경우에 따라서는 속도나 변위 응답스펙트럼을 사용할 수도 있어서 이 세 가지 응답스펙트럼을 하나의 그래프에 표시하면 효과적으로 사용할 수 있다.

> **Triplot Response Spectrum의 문제점**

구조물의 진동을 조화함수로 가정하고 있는데 실제로 지진이 발생하였을 경우에 단자유도 구조물의 진동은 조화함수로 표현되기 어렵고 그로 인하여 오차를 포함할 수 있다. 가장 큰 오차는 진동주기가 매우 긴 경우에 속도응답에 대해 과소평가되는 것이다.

## 유사가속도 응답스펙트럼

최대 탄성 횡변위가 250mm인 구조물에 요구되는 최소 횡강성(Lateral Stiffness) $k$값을 아래의
유사가속도 응답스펙트럼을 이용하여 구하시오(단, 구조물의 질량은 $0.175kN\sec^2/mm$).

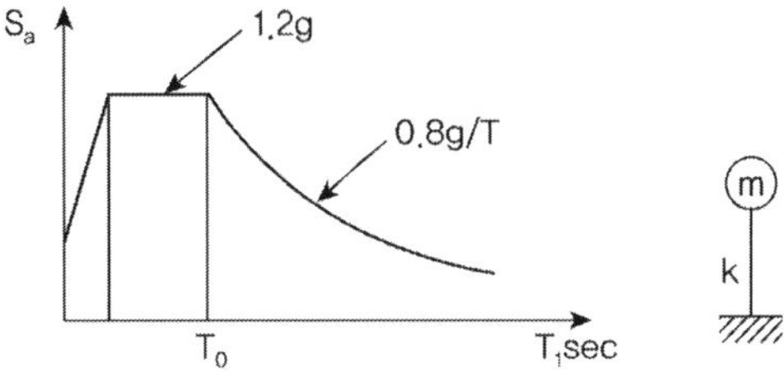


## 풀 이

> ### 개요

유사가속도 응답스펙트럼을 이용하여 구조물의 횡상성을 산정한다.

Assume, $u = D\sin\omega t \ (S_d) \ \rightarrow \ \dot{u} = D\omega\cos\omega t \ (S_v), \quad \ddot{u} = -D\omega^2\sin\omega t \ (S_a)$

$$\therefore S_v \fallingdotseq \omega S_d, \quad S_a = \omega S_v = \omega^2 S_d = \left(\frac{2\pi}{T}\right)^2 S_d$$

$$\omega = 2\pi f = \frac{2\pi}{T} = \sqrt{\frac{k}{m}} \qquad \therefore S_a = \left(\frac{k}{m}\right)S_d = \left(\frac{k}{m}\right)\left(\frac{F}{k}\right) = \left(\frac{k}{m}\right)\left(\frac{ma}{k}\right) = a$$

$$\log S_v = \log\left(\frac{2\pi}{T}\right) + \log S_d = \log(2\pi) - \log(T) + \log S_d$$

$$\log S_a = \log\left(\frac{2\pi}{T}\right) + \log S_v = \log(2\pi) - \log(T) + \log S_v = 2\log(2\pi) - 2\log(T) + \log S_d$$

> ### 횡강성($k$) 산정

$$T = 2\pi\sqrt{\frac{m}{k}} \qquad 1.2g = \left(\frac{2\pi}{T_0}\right)^2 S_d$$

① Assume $T > T_0$

$$S_a = 0.8g / T = \frac{0.8g}{2\pi}\sqrt{\frac{k}{m}}$$

$$\therefore k = \frac{S_a}{S_d} \times m = \frac{0.8g}{250^{mm} \times 2\pi}\sqrt{mk} = \frac{0.8 \times 9.8 \times 10^{3^{mm/sec^2}}}{250^{mm} \times 2\pi}\sqrt{0.175^{kNsec^2/mm}k}$$

$$\therefore k = 4.3594^{kN/mm}, \quad T = 2\pi\sqrt{\frac{m}{k}} = 1.2589\sec/cycle, \quad F = k\delta = 1089.85^{kN}$$

② Assume $T_0 > T$

$$S_a = 1.2g$$

$$\therefore\ k = \frac{S_a}{S_d} \times m = \frac{1.2g}{250^{mm}} \times m = \frac{1.2 \times 9.8 \times 10^{3^{mm/\sec^2}}}{250^{mm}} \times 0.175^{kNsec^2/mm} = 8.232^{kN/mm}$$

$$\therefore\ k = 8.232^{kN/mm}, \quad T = 2\pi\sqrt{\frac{m}{k}} = 0.9161\sec/cycle, \quad F = k\delta = 2058^{kN}$$

## 유사 응답스펙트럼 : Triplot response spectrum

2,000kg의 질량을 갖는 터빈을 기초에서 10m 높이의 중공 원형지주에 설치하고자 한다. 이때 중공 원형지주의 외경은 60cm이고, 부재 두께는 2cm이며, 재료의 탄성계수는 200GPa이다. 터빈의 진동을 계측했더니 임의 시점에서의 수평방향 최대 변위가 5cm이고, 그 다음 진동주기에서의 수평방향 최대 변위는 4.41cm로 측정되었다. 터빈 설치지역의 지진응답스펙트럼이 아래 그림과 같을 때 다음 물음에 대하여 설명하시오.

(1) 수평방향 고유진동수 및 고유주기
(2) 수평방향의 대수감수율 및 감쇠비
(3) 수평방향 지진력(지진응답스펙트럼 이용)

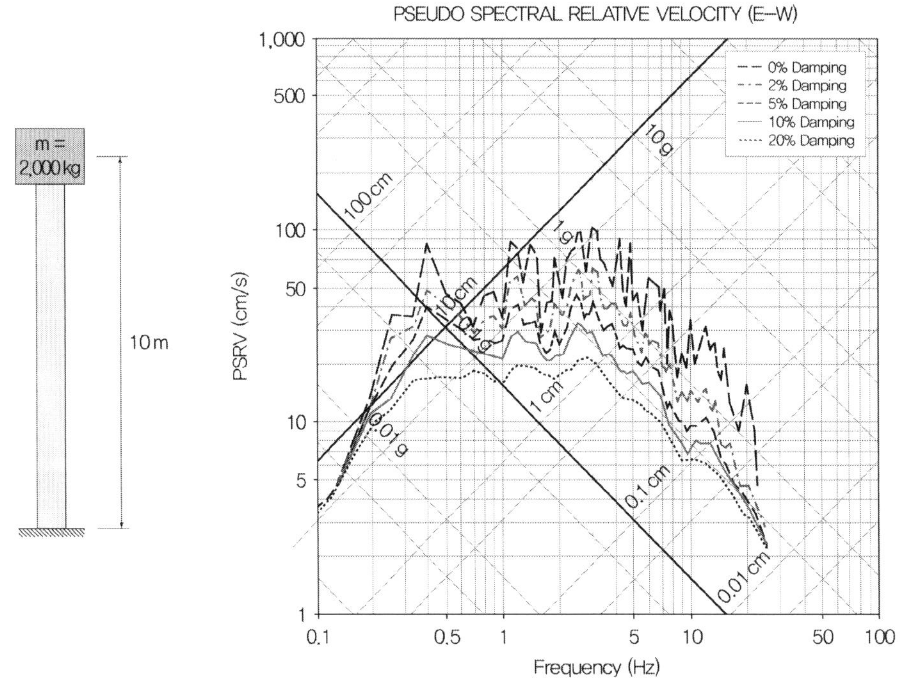




### ▶ 단면계수 산정

$$I = \frac{\pi}{64}\left(d^4 - (d-2t)^4\right) = \frac{\pi}{64}\left(600^4 - 560^4\right) = 1,534,228,188\,\text{mm}^4$$

Fix-Hinge, $\quad k = \dfrac{3EI}{L^3} = \dfrac{3 \times 200 \times 10^3 \times 1,534,228,188}{10,000^3} = 920.537\ \text{N/mm} = 920,537\,\text{N/m}$

### ▶ 수평방향 고유진동수 및 고유주기

① 고유진동수(각속도) $\omega_n = \sqrt{\dfrac{k}{m}} = \sqrt{\dfrac{920,537}{2000}} = 21.454$ rad/sec

② 고유주기 $T_n = 2\pi\sqrt{\dfrac{m}{k}} = \dfrac{2\pi}{\omega_n} = 0.293$ sec

③ 고유진동수 $f_n = \dfrac{1}{T_n} = 3.414$ cycle/sec(Hz)

### ▶ 수평방향의 대수감수율 및 감쇠비

① 대수감쇠율 산정 $\delta = \ln\left(\dfrac{x_1}{x_2}\right) = \ln\left(\dfrac{5.0}{4.41}\right) = 0.1256$

② 감쇠비 산정 : $\delta \fallingdotseq 2\pi\xi$ $\qquad \therefore \xi = 0.02$

### ▶ 수평방향 지진력(지진응답스펙트럼 이용)

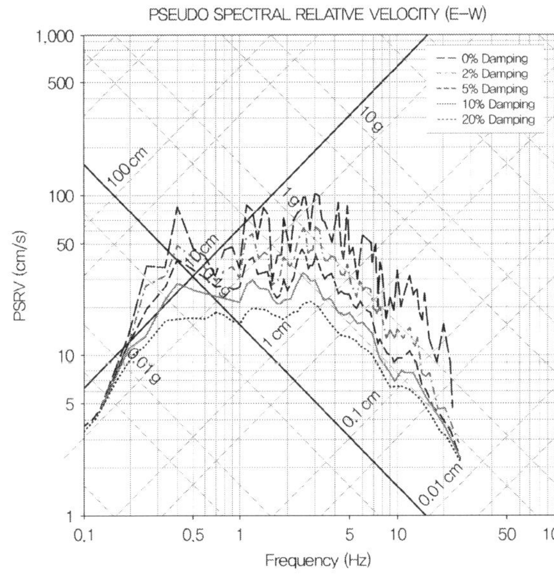


Assume, $u = D\sin\omega t$ $(S_d)$

$\dot{u} = D\omega\cos\omega t$ $(S_v)$

$\ddot{u} = -D\omega^2\sin\omega t$ $(S_a)$

$\therefore S_v \fallingdotseq \omega S_d$

$S_a = \omega S_v = \omega^2 S_d = \left(\dfrac{2\pi}{T}\right)^2 S_d$

$\omega = 2\pi f = \dfrac{2\pi}{T} = \sqrt{\dfrac{k}{m}}$

$\therefore S_a = \left(\dfrac{k}{m}\right)S_d = \left(\dfrac{k}{m}\right)\left(\dfrac{F}{k}\right)$

$\qquad = \left(\dfrac{k}{m}\right)\left(\dfrac{ma}{k}\right) = a$

그래프로부터 $S_a = 1.0g$, $S_v = \dfrac{S_a}{\omega_n} = 0.4573$, $S_d = \dfrac{S_a}{\omega_n^2} = 0.0213$

$\therefore F = k\delta \fallingdotseq kS_d = 19,620\text{N} = 19.6$ kN

## 내진, 면진, 제진

구조물 계획 시 지진에 대비하여 지진력에 저항하는 구조 개념에 대하여 설명하시오.

### 풀 이

▶ **개요**

넓은 의미에서의 내진설계는 내진, 면진, 제진을 모두 포함하지만 국소적인 의미에서의 내진(Seismic resistance)은 구조물이 지진력에 저항할 수 있도록 튼튼하게 설계하는 것을 의미한다. 면진(Seismic isolation)은 지진력을 흡수하지 않고 오히려 구조물의 동적특성을 통해 지진력을 반사할 수 있도록 구조물을 설계하는 것이며, 제진(Vibration control)은 입사하는 지진에 대항하여 반대의 하중을 가하거나 감쇠장치를 사용하여 지진에너지를 소산하는 능동적 개념의 구조물 설계를 말한다.

▶ **각각의 개념과 적용 사례**

1) 내진구조 : 내진구조란 구조물을 아주 튼튼히 건설하여 지진 시 구조물에 지진력이 작용하면 이 지진력에 대항하여 구조물이 감당하도록 하는 개념이다. 즉, 부재의 강성 및 강도의 증가 그리고 연성도의 증가를 통해 구조물에 작용하는 지진력에 대한 내성을 높이는 개념이다. 많은 연구를 통하여 내진설계 시 소성설계(plastic design) 개념이 도입되어 구조물의 강성이나 인성을 적절히 적용하여 경제성을 도모토록 발전되었다. 교량의 고정단이 배치된 교각의 경우에 해당되며 최근 연성도 내진설계 기법이 도입되고 있다.

2) 면진구조 : 내진설계에 사용할 지진에 대해서 그 특성을 정확히 파악할 수 없으나 지금까지 관측된 지진파를 통계적으로 분석하여 일반적인 경향을 파악하게 되었으며 관측된 지진특성은 단주기 성분이 강하고 장주기 성분은 약하다는 특성이 있다. 또한 지진과 구조물의 진동수가 같거나 비슷할 경우에는 공진현상이 발생할 수 있으므로 구조물의 고유주기가 입력지진의 주기성분과 비슷한 경우에 구조물 응답이 증폭하여 큰 피해가 발생할 수 있어 이러한 입력지진의 특성을 이용하여 구조물의 고유주기를 지진의 탁월주기(Perdominant Period) 대역과 어긋나게 하여 지진과 구조물에 상대적으로 적게 전달되도록 설계하는 개념이다. 예를 들어 초고층 건물이나 교각이 높은 교량의 경우 구조물 자체의 고유주기가 충분히 길기 때문에 자동으로 면진구조물의 역할을 하게 되지만 저층 건물이나 교각의 강성이 큰 교량의 경우 지반과의 연결부에 적층고무 등을 삽입하여 구조물의 고유주기를 강제적으로 늘리기도 한다. 탄성 받침, LRB 등이 적용된 교량이 이에 해당된다.

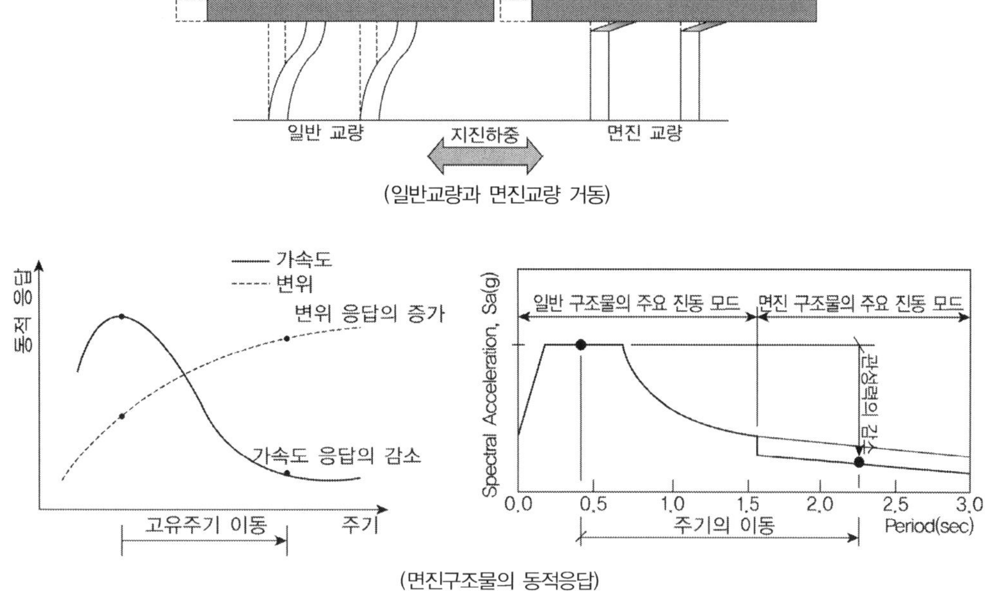



3) 제진구조 : 제진구조는 구조물의 진동 감지 장치를 구조물 자체에서 갖추고 구조물의 내부나 외부에서 구조물의 진동에 대응한 제어력을 가하여 구조물의 진동을 저감시키는 방법과, 구조물의 내부나 외부에서 강제적인 제어력을 가하지는 않으나 구조물의 강성이나 감쇠 등을 입력진동의 특성에 따라 순간적으로 변화시켜 구조물을 제어하는 방법을 적용한 구조를 말한다.

제진구조는 수동적(Passive) 제진과 능동적(Active) 제진으로 크게 구분할 수 있으며 수동적 제진은 외부에서 힘을 더하는 일이 없이 구조물의 진동을 억제하는 것으로 일반적으로 구조물이 진동에너지를 흡수하기 위한 감쇠(damper) 장치를 구조물의 어딘가에 설치하는 것이다. 이에 비해 능동적 제진은 외부에서 공급되는 에너지를 이용하여 진동을 저감하는 것으로 전기식 또는 유압식 등의 가력장치(actuator)를 사용하여 구조물에 힘을 더하는 것이다.

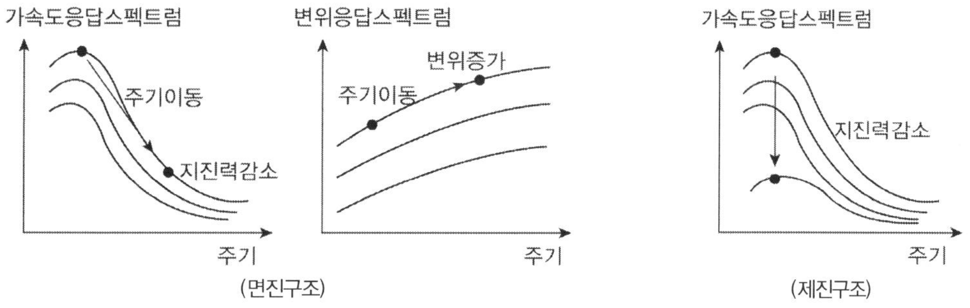

① 수동적 제진(Passive Vibration control)

수동적 제진은 감쇠작용을 하는 감쇠기를 건물의 내·외부에 설치하여 지진 또는 강풍 시 건물의 진동에너지를 흡수하는 것이다. 감쇠기의 설치는 건축물의 경우 건물의 하부, 상부, 각층, 인접 건물 사이 등에 설치한다. 감쇠기가 설치되는 위치에 따라서 시스템의 특성이 달라지며 에너지를 흡수하는 방식에 차이가 있다. 감쇠기의 설치위치는 각층의 벽이나 가새 그리고 기둥 및 보의 접합부분에 설치한 감쇠기에 의한 에너지를 흡수하는 방식과 구조물의 옥상층에 구조물의 고유주기와 같은 고유주기를 갖는 추, 스프링 및 감쇠장치로 이루어진 장치(mass damper)를 설치하는 방식이 대표적이며 면진구조물도 건물의 하부에 설치한 면진장치에 의하여 구조물을 장주기화하는 것과 동시에 감쇠기에 의해 에너지를 흡수하고 있으므로 넓은 의미에서 수동적 제진의 일종이라 볼 수 있다.

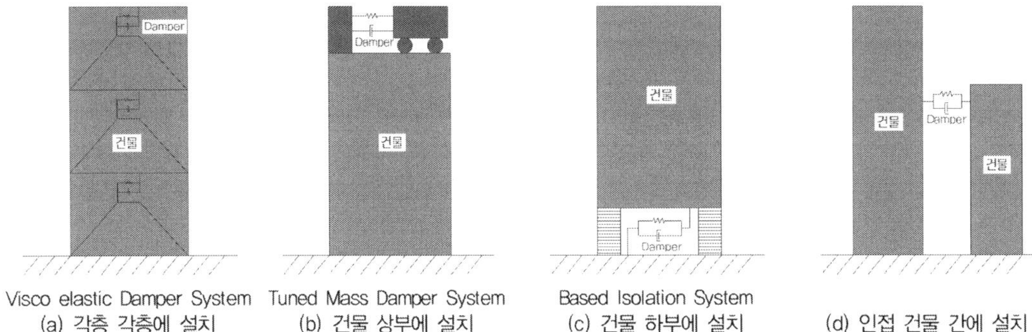


Visco elastic Damper System | Tuned Mass Damper System | Based Isolation System | 
(a) 각층 각층에 설치 | (b) 건물 상부에 설치 | (c) 건물 하부에 설치 | (d) 인접 건물 간에 설치

② 능동적 제진(active Vibration control)

수동적 제진은 어떠한 감쇠기를 설치해 구조물이 흔들리는 것을 제어하는 기술이라면 능동적 제진은 구조물의 진동에 맞춰 가력장치(actuator)에 의해 능동적으로 힘을 구조물에 더하여 진동을 제어하는 방법으로 수동제진보다 큰 제진효과를 얻을 수 있다. 능동적 제진은 어떠한 알고리즘에 따라서 적극적으로 구조물에 힘을 더함으로써 건물에서 발생하는 진동을 저감하는 기술이다. 구조물이나 외력의 정보를 토대로 하여 적당한 제어력을 건물에 부과하게 되는데 힘을 부과하는 방식에 따라 완전능동 방식, 반능동 방식, 복합 방식으로 구분할 수 있다.

(1) 완전능동(Full Active) 방식 : 이 시스템은 제진의 에너지를 전부 외부에서 주는 것이고 제진효과도 크지만 외부에너지를 많이 필요로 하기 때문에 장치의 비용이 높아진다. 또 오랜 기간 동안에 걸쳐 장치의 성능을 유지하여 신뢰성을 확보해 놓기 위한 유지(maintenance)가 필수이다.

(2) 반능동(Semi Active) 방식 : 이 시스템은 장치의 강성이나 감쇠를 구조물의 진동에 맞춰 변화시키는 방법으로 외부 에너지는 장치의 상태 변화에만 사용되고 구조물의 에너지 흡수 자체는 수동제진과 같은 메커니즘으로 행해진다.

(3) 복합(Hybrid) 방식 : 이 시스템은 능동적 제진 방식과 수동적 제진 방식을 병행한 것으로
양자의 성질을 동시에 가지고 있다. 능동제진의 기구로서는 질량감쇠기를 이용한 것이나
가새, 텐던 등을 이용한 것이 제안되고 있으며, 실제의 건물에 많이 적용되고 있다.

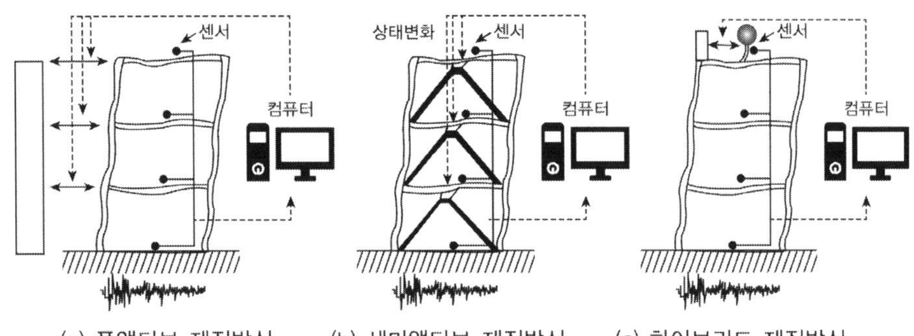


일반적으로 능동 제진 시스템은 다음과 같은 구성장치로 이루어진다.
- 구조물의 진동상태 또는 외력의 정보 등을 얻는 감지장치(Sensor)
- 필요한 구동력을 구하는 제어장치(Controller)
- 구동력을 구조물에 주는 가력장치(Actuator)

건축 분야에서는 제진 시스템에 대해서 어느 정도 현실화되어 일부 적용되고 있으며, 다만 컴퓨
터 등을 이용하여 지진에 대항하는 힘을 반대로 작용시키면 구조물의 가진 가능성이 있으므로 장
치의 작동 신뢰성 확보 등이 필요하다는 점이 고려되어야 한다.

# 내진설계

# 내진설계

## 01 내진성능 목표

### 1. 내진성능설계의 기본개념 [122회/124회/129회]

① 인명피해를 최소화한다.

② 지진 시 교량 내부 부재들의 부분적인 피해는 허용하나 전체적으로 붕괴는 방지한다.

③ 지진 시 가능한 교량의 기본 기능을 발휘할 수 있게 한다.

④ 내진성능설계의 기본개념을 구현하기 위해 적정한 강도와 연성이 확보되어야 하며, 낙교방지가 확보되어야 한다.

⑤ 낙교방지가 가능하면 특별한 장치없이 교각의 연성거동을 수용할 수 있도록 확보하고 그렇지 않은 경우 낙교방지장치(전단키, 변위구속장치 등)를 설치하여 확보해야 한다. 필요한 경우 지진격리시스템을 설치할 수 있다.

⑥ 설계기준에 따르지 않더라도 보다 발전된 설계를 할 경우에는 이를 인정한다.

#### 1) 기본조건

설계지진력에 대해 안전 및 통행을 보장할 수 있는 구조형식이어야 하며 내진저항 구조의 효율성을 높이기 위한 구조계획의 기본조건은

① 단순성(Simplicity)  ② 대칭성(Symmetry)  ③ 완전성(Completeness)  ④ 연속성(Continuity)

#### 2) 부재의 허용피해

구조물의 허용 피해부재는 교각 연결부의 소성모멘트에 의한 항복과 이탈부재로 설계된 교대의 흉벽 및 신축이음부 등의 국부부재에 국한되며 어떠한 경우에도 주요 부재의 파괴 및 붕괴가 발생하지 않도록 하여야 한다.

3) 설계지반운동

① 설계지반운동은 부지 정지작업이 완료된 지표면에서의 자유장 운동으로 정의한다.

② 국지적인 토질조건, 지질조건과 지표 및 지하지형이 지반운동에 미치는 영향을 고려한다.

③ 설계지반운동은 흔들림의 세기, 주파수내용 및 지속시간의 3가지 측면에서 그 특성이 잘 정의
되어야 한다.

④ 설계지반운동은 수평2축방향 성분으로 정의되며 그 세기와 특성은 동일하다고 가정한다.

⑤ 모든 점에서 똑같이 가진하는 것이 합리적일 수 없는 특징을 갖는 교량 건설부지에 대해서는
지반운동의 공간적 변화모델을 사용해야 한다.


## 2. 내진성능의 구분(KDS 24 17 11 / KDS 17 10 00)

KDS 24 17 11 교량내진설계기준(한계상태설계법)은 교량의 붕괴방지 내진성능수준 확보를 기본
개념으로 하고 있다. KDS 17 10 00 내진설계일반에서 제시하는 시설물의 내진성능수준은 기능수
행수준, 즉시복구수준, 장기복구/인명보호수준과 붕괴방지수준으로 분류되며, 시설물의 중요도
에 따라 요구되는 내진성능수준을 만족하도록 설계하여야 한다.

① 기능수행수준 : 설계지진하중 작용 시 구조물이나 시설물에 발생한 손상이 경미하여 그 구조
물이나 시설물의 기능이 유지될 수 있는 성능수준

② 즉시복구수준 : 설계지진하중 작용 시 구조물이나 시설물에 발생한 손상이 크지 않아 단기간
내에 즉시 복구되어 원래의 기능이 회복될 수 있는 성능수준

③ 장기복구/인명보호수준 : 설계지진하중 작용 시 구조물이나 시설물에 큰 손상이 발생할 수 있
지만 장기간의 복구를 통하여 기능 회복이 가능하거나, 시설물에 상주하는 인원 또는 시설물
을 이용하는 인원에 인명손실이 발생하지 않는 성능수준

④ 붕괴방지수준 : 설계지진하중 작용 시 구조물이나 시설물에 매우 큰 손상이 발생할 수는 있지만
구조물이나 시설물의 붕괴로 인한 대규모 피해를 방지하고, 인명 피해를 최소화하는 성능수준


1) 설계지반운동 수준

KDS 17 10 00 내진설계일반에서의 설계지진운동 및 설계하중(설계지반운동 수준)은 다음과 같이
분류된다.

① 평균재현주기 50년 지진지반운동(5년 내 초과확률 10 %)　② 100년(10년 내 초과확률 10 %)

③ 200년(20년 내 초과확률 10 %)　　　　　　　　　　　　④ 500년(50년 내 초과확률 10 %)

⑤ 1,000년(100년 내 초과확률 10 %)　　　　　　　　　　⑥ 2,400년(250년 내 초과확률 10 %)

⑦ 4,800년(500년 내 초과확률 10 %)

2) 교량 구조물의 내진등급

| 내진등급 | 교량 |
|---|---|
| 내진특등급 | (1) 내진I등급 중에서, 국방, 방재상 매우 중요한 교량 또는 지진 피해 시 사회경제적으로 영향이 매우 큰 교량 |
| 내진I등급 | (1) 고속도로, 자동차전용도로, 특별시도, 광역시도 또는 일반국도상의 교량 및 이들 도로 위를 횡단하는 교량<br>(2) 지방도, 시도 및 군도 중 지역의 방재계획상 필요한 도로에 건설된 교량 및 이들 도로 위를 횡단하는 교량<br>(3) 해당 도로의 일일 계획교통량을 기준으로 판단했을 때 중요한 교량<br>(4) 설계지진 발생 후에도 기능을 유지해야 할 철도교 |
| 내진II등급 | (1) 내진특등급 및 내진I등급에 속하지 않는 교량 |

3) 구조물의 최소 내진성능목표

기능수행을 포함하고 즉시복구, 장기복구/인명보호, 붕괴방지 수준 중에서 하나 이상의 내진성능 수준을 선택할 수 있다. 다만, 현행 설계기준은 붕괴방지수준에 대해서만 규정하고 있어 잠정적으로 붕괴방지수준만을 내진성능수준으로 선택할 수 있다.

| 평균재현주기 \ 내진성능수준 | | 기능수행 | 즉시복구 | 장기복구/인명보호 | 붕괴방지 |
|---|---|---|---|---|---|
| 설계지진 | 50년 | 내진II등급 | | | |
| | 100년 | 내진I등급 | 내진II등급 | | |
| | 200년 | 내진특등급 | 내진I등급 | 내진II등급 | |
| | 500년 | | 내진특등급 | 내진I등급 | 내진II등급 |
| | 1,000년 | | | 내진특등급 | 내진I등급 |
| | 2,400년 | | | | 내진특등급 |
| | 4,800년 | | | | 내진특등급 |

# 3. 지진 재해의 평가

1) 지진구역과 지진위험도(Z)

| 지진구역 | 행정구역 | 지진구역계수 Z |
|---|---|---|
| I | 서울, 인천, 대전, 부산, 대구, 울산, 광주, 세종 | 0.11 |
| | 경기, 충북, 충남, 경북, 경남, 전북, 전남, 강원 남부1 | |
| II | 강원 북부, 제주 | 0.07 |

2) 재현주기별 위험도 계수(I)

| 평균재현주기(년) | 50 | 100 | 200 | 500 | 1,000 | 2,400 | 4,800 |
|---|---|---|---|---|---|---|---|
| 위험도계수 I | 0.40 | 0.57 | 0.73 | 1 | 1.4 | 2.0 | 2.6 |

## 3) 지반의 분류

국지적인 토질조건, 지질조건과 지표 및 지하 지형이 지반운동에 미치는 영향을 고려하기 위하여 지반을 6종으로 분류한다. 다만, 기반암은 전단파속도가 760 m/s 이상인 지층으로 정의하고, 기반암 깊이와 무관하게 토층평균전단파속도가 120 m/s 이하인 지반은 $S_5$ 지반으로 분류한다. 탄성파 시험 결과가 없는 경우, 표준관입시험 관입저항치(SPT−N치)를 전단파속도로 변환할 수 있다.

| 지반종류 | 지반종류의 호칭 | 분류기준 | | |
|---|---|---|---|---|
| | | 기반암 깊이, H (m) | 토층평균전단파속도, $V_{s,soil}$ (m/s) | 표준관입시험(N) |
| $S_1$ | 암반 지반 | 1 미만 | – | |
| $S_2$ | 얕고 단단한 지반 | 1~20 이하 | 260 이상 | |
| $S_3$ | 얕고 연약한 지반 | 1~20 이하 | 260 미만 | |
| $S_4$ | 깊고 단단한 지반 | 20 초과 | 180 이상 | 50~15 |
| $S_5$ | 깊고 연약한 지반 | 20 초과 | 180 미만 | < 15 |
| $S_6$ | 부지 고유의 특성평가 및 지반응답해석이 필요한 지반 | | | |

## 4) 설계지반운동의 세기와 진동수(응답스펙트럼)    ※ 5% 감쇠비

유효수평지반가속도(S) = 지진구역계수(Z) × 평균재현주기의 위험도계수(I)

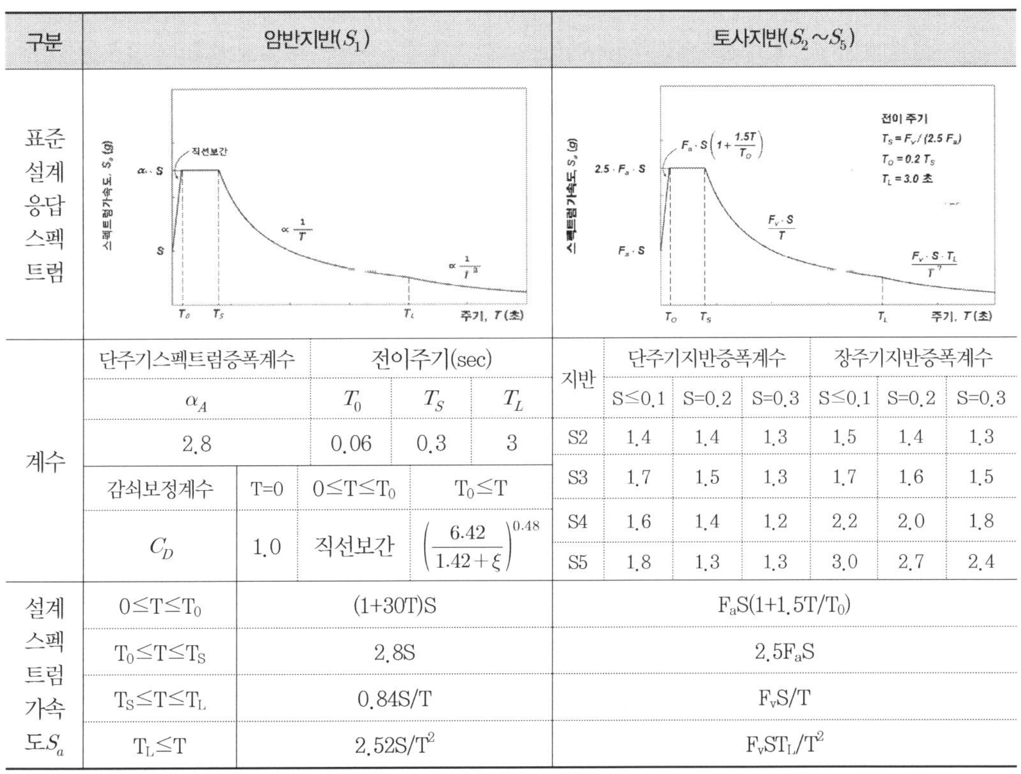


| 구분 | 암반지반($S_1$) | | | | 토사지반($S_2 \sim S_5$) | | | | | |
|---|---|---|---|---|---|---|---|---|---|---|
| 계수 | 단주기스펙트럼증폭계수 | 전이주기(sec) | | | 지반 | 단주기지반증폭계수 | | | 장주기지반증폭계수 | |
| | $\alpha_A$ | $T_0$ | $T_S$ | $T_L$ | | S≤0.1 | S=0.2 | S=0.3 | S≤0.1 | S=0.2 | S=0.3 |
| | 2.8 | 0.06 | 0.3 | 3 | S2 | 1.4 | 1.4 | 1.3 | 1.5 | 1.4 | 1.3 |
| | 감쇠보정계수 T=0 0≤T≤$T_0$ $T_0$≤T | | | | S3 | 1.7 | 1.5 | 1.3 | 1.7 | 1.6 | 1.5 |
| | $C_D$  1.0  직선보간  $\left(\dfrac{6.42}{1.42+\xi}\right)^{0.48}$ | | | | S4 | 1.6 | 1.4 | 1.2 | 2.2 | 2.0 | 1.8 |
| | | | | | S5 | 1.8 | 1.3 | 1.3 | 3.0 | 2.7 | 2.4 |

| 설계 스펙트럼 가속도 $S_a$ | 암반지반($S_1$) | 토사지반($S_2 \sim S_5$) |
|---|---|---|
| 0≤T≤$T_0$ | (1+30T)S | $F_aS(1+1.5T/T_0)$ |
| $T_0$≤T≤$T_S$ | 2.8S | $2.5F_aS$ |
| $T_S$≤T≤$T_L$ | 0.84S/T | $F_vS/T$ |
| $T_L$≤T | 2.52S/$T^2$ | $F_vST_L/T^2$ |

5) 설계지반운동 시간이력

① 지반 가속도, 속도, 변위 중 하나 이상의 시간이력으로 지반운동을 표현할 수 있다.

② 3차원 해석이 필요할 때 지반운동은 동시에 작용하는 3개의 성분(수평 2축과 수직운동)으로 구성하여야 한다.

③ 설계지반운동 시간이력은 기반암에 대해 작성된 시간이력을 사용하여 지반응답해석을 통해 결정한다.

④ 기반암의 설계지반운동 시간이력은 실지진기록을 활용한 지반운동 시간이력 또는 인공합성 지반운동 시간이력을 사용한다.

⑤ 지반응답해석으로 계산된 S2~S6 지반의 설계지반운동의 가속도 시간이력의 평균 응답스펙트럼은 결정된 가속도표준설계응답스펙트럼의 $T_0$ 부터 $2T_L$ 주기 영역에서 80% 이상이어야 한다.

6) 실지진기록 활용 지반운동 시간이력

① 실지진기록은 국내 지진환경과 유사한 판내부 지역에서 계측된 기록을 선정한다.

② 실지진기록은 관측소 하부지반이 S1 지반 혹은 이에 준하는 보통암 지반에서 계측된 지진기록이어야 하며, 목표하는 설계지진과 유사한 지진규모 특성에 부합하도록 선정하여야 한다.

③ 선정된 지진기록은 S1 지반의 표준설계응답스펙트럼에 맞추어 수정 적용한다. 수정 시 원본파형의 왜곡을 최소화하기 위해 기존파형의 응답스펙트럼을 설계응답스펙트럼에 맞추어 보정(스펙트럼보정)할 수 있다. 이때, 설계 대상구조물의 탁월주기를 주 대상으로 보정할 수 있다.

④ 다수의 입력 지진기록 가속도시간이력으로부터 계산된 5% 감쇠비 응답스펙트럼의 평균은 $T_0$ 부터 $2T_L$ 주기 영역에서 표준설계응답스펙트럼의 90% 이상이어야 한다. 또한 지진기록의 평균 최대지반가속도는 유효수평지반가속도(S)의 90% 이상이어야 한다.

7) 인공합성 지반운동 시간이력

① S1 지반의 표준설계응답스펙트럼에 부합되도록 인공적으로 합성하여 생성한다.

② 지반운동의 장주기 성분이 구조물의 거동에 미치는 영향이 중요하다고 판단될 경우에는 지진원의 특성과 국지적인 영향을 고려하여 시간이력을 생성하여야 한다.

③ 시간이력의 차단진동수는 최소 50 Hz 이상이어야 한다.

④ 인공합성 지반운동의 지속시간은 지진의 규모와 특성, 전파경로 및 부지의 국지적인 조건이 미치는 영향을 고려하여야 한다.

⑤ 포락함수가 적용되지 않은 경우 강진동지속시간($t_m$)은 가속도시간이력의 누적에너지가 5%에서 75%에 도달하는 구간으로 정의된다.

⑥ 다수의 인공합성가속도시간이력으로부터 계산된 5% 감쇠비 응답스펙트럼의 평균은 $T_0$ 부터 $2T_L$ 주기 영역에서 표준설계응답스펙트럼의 90% 이상이어야 한다. 또한 시간이력의 평균 최

대지반가속도는 유효수평지반가속도($S$)의 90% 이상이어야 한다.

⑦ 다수의 인공합성가속도시간이력으로부터 계산된 5% 감쇠비 응답스펙트럼의 평균은 $T_0$ 부터 $2T_L$ 주기 영역에서 표준설계응답스펙트럼의 130% 이하여야 한다.

⑧ 어떤 두 개의 가속도시간이력 간의 상관계수는 0.16을 초과할 수 없다.

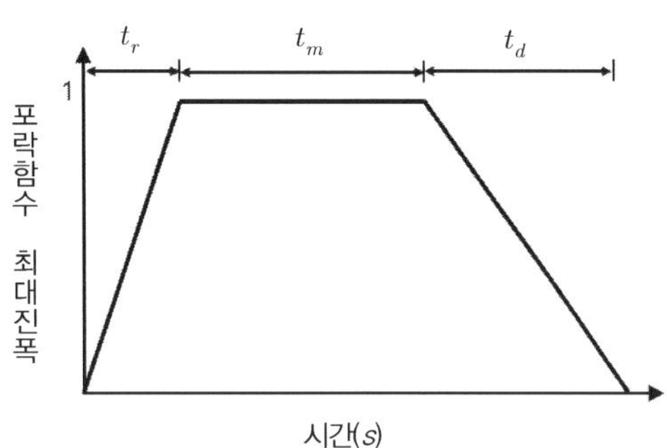



(가속도시간이력의 구간선형 포락함수)

가속도시간이력 구간선형 포락함수에 대한 지진규모별 지속시간(sec)

| 지진규모 | 상승시간($t_r$) | 강진동지속시간($t_m$) | 하강시간($t_d$) |
|---|---|---|---|
| 7.0 이상~7.5 미만 | 2 | 12.5 | 13.5 |
| 6.5 이상~7.0 미만 | 1.5 | 9 | 10.5 |
| 6.0 이상~6.5 미만 | 1 | 7 | 9 |
| 5.5 이상~6.0 미만 | 1 | 5.5 | 8.0 |
| 5.0 이상~5.5 미만 | 1 | 5 | 7.5 |

**TIP** | 인공지진파의 작성 : 도로교설계기준(2010) |

① 시간이력해석을 위한 지진입력 시간이력은 감쇠율 5%에 대한 설계지반 응답스펙트럼에 부합되도록 실제 기록된 지진운동을 수정하거나 인공적으로 합성된 최소한 4개 이상의 지진운동을 작성한다.

② 작성된 시간이력이 설계지반 응답스펙트럼에 부합되기 위해서는 작성된 시간이력 평균 응답스펙트럼이 다음 요건을 만족해야 한다.

③ 시간이력의 응답스펙트럼 값이 설계지반 응답스펙트럼 값보다 낮은 주기의 수는 5개 이하이고 낮은 정도는 10% 이내이어야 한다.

④ 시간이력의 응답스펙트럼을 계산하는 주기의 간격은 스펙트럼 값의 변화가 10% 이상 되지 않을 정도로 충분히 작아야 한다.

⑤ 탄성지진력 산정방법 : 7쌍 미만의 지반운동시간이력에 의한 해석 결과로부터 얻어진 응답치의 최댓값 또는 7쌍 이상의 해석결과로부터 얻어진 평균값을 설곗값으로 한다.

## 내진설계기준의 기본 개념

도로교설계기준(한계상태설계법, 2016)에 제시된 내진설계기준의 기본개념에 대하여 설명하시오.

### 풀 이

> **개요**

도로교설계기준(한계상태설계법, 2016)에 제시된 내진설계기준의 목적은 지진에 의해 교량 피해의 정도를 최소화시킬 수 있도록 내진성 확보에 필요한 최소 설계요구조건을 규정하는 데 있다.

> **내진설계기준의 기본 개념**

① 인명피해를 최소화한다.
② 지진 시 교량 내부 부재들의 부분적인 피해는 허용하나 전체적으로 붕괴는 방지한다.
③ 지진 시 가능한 교량의 기본 기능을 발휘할 수 있게 한다.
④ 교량의 정상수명 기간에 설계지진력이 발생할 가능성은 희박하다.
⑤ 설계기준은 남한전역에 적용될 수 있다.
⑥ 설계기준에 따르지 않더라도 보다 발전된 설계를 할 경우에는 이를 인정한다.

이러한 기본 개념을 구현하기 위해서는 낙교방지가 확보되어야 하며, 낙교방지는 가능하면 교각의 연성거동에 의한 연성파괴메커니즘을 유도하여 확보하고, 그렇지 않은 경우 낙교방지 대책(전단키, 변위구속장치 등)을 제시하여 확보하여야 한다. 또한, 필요한 경우 지진격리시스템을 설치할 수 있다.

> **내진설계를 위한 기본조건과 허용 피해**

1) 기본조건

설계지진력에 대해 안전 및 통행을 보장할 수 있는 구조형식이어야 하며 내진저항 구조의 효율성을 높이기 위한 구조계획의 기본조건은
① 단순성(Simplicity)  ② 대칭성(Symmetry)  ③ 완전성(Completeness)  ④ 연속성(Continuity)

2) 부재의 허용 피해

구조물의 허용 피해부재는 교각연결부의 소성모멘트에 의한 항복과 이탈부재로 설계된 교대의 흉벽 및 신축이음부 등의 국부부재에 국한되며 어떠한 경우에도 주요 부재의 파괴 및 붕괴가 발생하지 않도록 하여야 한다.

### 내진설계 기준 변경 주요 내용

시설별 내진설계기준의 일관성을 위하여 상위기준인 "내진설계일반(KDS 17 10 00)"이 제정되었다. 도로교의 경우 기존 설계기준과 비교하여 변경된 주요 내용에 대하여 설명하시오.

### 풀 이

> **개요**

'16년과 '17년 국내 경주와 포항 지진을 계기로 내진설계 중요성이 다시 인식되면서 모든 시설물에 대해 일관성 있는 지진안전성을 확보하기 위해 2018년 내진설계기준 공통적용사항이 제정되었으며, 이러한 공통적용사항에 부합되도록 내진설계기준을 재정립해 내진설계기준(KDS 17 10 00)이 제정되었다.

> **내진설계일반과 기존 설계기준 비교, 주요 변경사항**

1) 평가기준지진 개정

　① 설계지진 평균 재현주기 확대에 따른 교량 내진등급 체계 변경 : 교량의 중요도에 따라 내진등급 체계를 내진특등급교(평균재현주기 2400년), 내진I등급교(평균재현주기 1000년), 내진II등급교(평균재현주기 500년)로 확대되었다.

　② 암반 및 토사지반의 가속도 표준 설계 응답스펙트럼을 개선하고, 지반종류(6종) 및 분류기준(기반암 깊이와 평균전단파 속도)을 개선하였다.

2) 콘크리트 재료모델

교각의 실제 거동을 합리적으로 예측할 수 있도록 기술자에게 재료모델의 선정 권한을 부여하였다.

3) 지진해석방법

다중모드스펙트럼해석법을 기본으로 하며, 1차 고유진동모드가 탁월한 경우에 단일모드스펙트럼해석법을 사용하도록 하였다. 시간이력 등 정밀해석법을 사용하는 경우는 검증된 정밀해석법을 사용하도록 규정하였다.

4) 탄성지진력 및 탄성변위 조합 방법 명확화

조합탄성 지진력과 조합탄성변위 상정방법을 3가지로 구분해 명확히 하도록 규정하였다.

5) 벽식교각의 전단성능

벽식교각을 약축 및 강축방향으로 구분하여 교각의 최대 소성힌지력을 산정하도록 규정했다.

## 1. 지진력과 변위

### 1) 탄성지진력과 탄성 범위 조합

탄성지진력과 탄성변위는 기본적으로 수평 2축에 대하여 독립적으로 해석하고 필요에 따라 수직 운동의 영향을 반영해 조합해야 한다. 수평 2축은 교량의 종방향축과 횡방향축으로 하는 것이 일반적이지만 설계자의 판단하에 가장 불리한 축을 선정해야 한다.

① 조합 1 : 종방향축의 해석의 종방향 탄성지진력 및 탄성변위(절댓값) + 횡방향축 및 수직방향 축의 해석의 종방향 탄성지진력 및 탄성변위(절댓값)의 30%를 합한 경우

② 조합 2 : 횡방향축의 해석의 횡방향 탄성지진력 및 탄성변위(절댓값) + 종방향축 및 수직방향 축의 해석의 횡방향 탄성지진력 및 탄성변위(절댓값)의 30%를 합한 경우

③ 조합 3 : 수직방향축의 해석의 수직방향 탄성지진력 및 탄성변위(절댓값) + 횡방향축 및 종방 향축의 해석으로부터 구한 수직방향 탄성지진력 및 탄성변위(절댓값)의 30%를 합한 경우

### 2) 설계지진력

① 구조부재 및 연결부, 교대 및 옹벽의 설계지진력 : 조합 1~3에서 구한 탄성 지진력을 응답수 정계수 R로 나눈 값을 설계지진력으로 한다. 이때에는 극단상호아환계상태 하중조합 I에 따라 최대하중을 구한다.

$$극단상황한계상태\ I = \gamma_p(DC+DD+DW+EH+EV+ES+EL+PS+CR+SH)$$
$$+ \gamma_{EQ}(LL+EM+CE+BR+PL+LS+CF) + 1.0(FR) + 1.0(EQ)$$

② 기초 설계지진력 : 확대기초, 말뚝머리 및 말뚝을 포함하는 기초의 설계지진력은 교각의 최대 소성힌지력과 응답수정계수를 적용하지 않은 탄성지진력 중 작은 값으로 한다.

### 3) 설계변위

① 최소받침지지길이

모든 거더의 단부에서는 최소받침지지길이(N)를 확보해야 하며, 최소받침지지길이의 확보가 어렵거나 낙교 방지를 보장하기 위해서는 변위구속장치를 설치해야 한다.

$$N = (200 + 1.67L + 6.66H)(1 + 0.000125\theta^2)(mm)$$

여기서, L : 인접 신축이음부까지 또는 교량단부까지의 거리(m)
　　　　H : 다음 각 경우에 대한 평균 높이(m)
　　　　θ : 받침선과 교축직각방향의 사잇각(도)

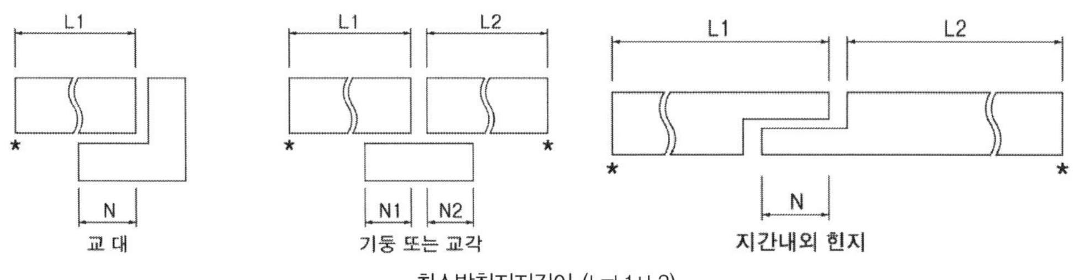


최소받침지지길이 (L=L1+L2)

② 상부구조의 여유간격

지진 시에 상부구조와 교대 혹은 인접하는 상부구조 간의 충돌에 의한 주요 구조부재의 손상을 방지하고, 설계 시 고려된 내진성능이 충분히 발휘될 수 있도록 하기 위해 상부구조의 단부에는 그림과 같이 여유간격을 설치한다. 상부구조의 여유간격은 다음의 값보다 작아서는 안 된다.

$$\Delta l_i = d + \Delta l_s + \Delta l_c + 0.4\Delta l_t$$

여기서, $\Delta l_i$ : 상부구조의 여유간격(mm)

$d$ : 지반에 대한 상부구조의 총변위(di + dsub)(mm)

$\Delta l_s$ : 콘크리트의 건조수축에 의한 이동량(mm)

$\Delta l_c$ : 콘크리트의 크리프에 의한 이동량(mm)

$\Delta l_t$ : 온도변화로 인한 이동량(mm)

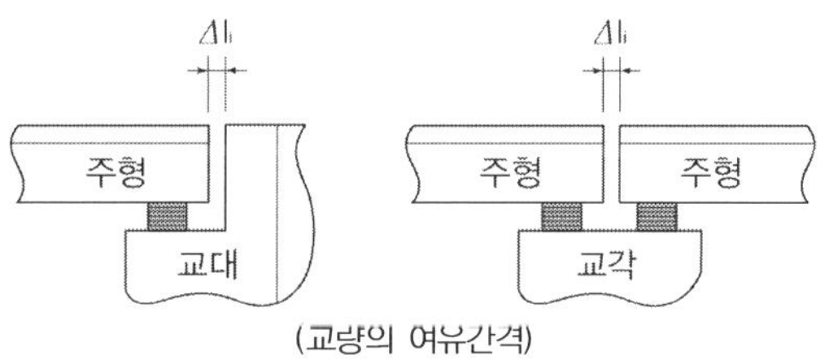


(교량의 여유간격)

## 2. 구조물의 내진설계 해석방법 <sup>71회/79회/101회/109회/113회/124회/136회</sup>

**【 기출유형 ① 】** 구조물의 내진 해석방법, 동적 정적 해석방법
**【 기출유형 ② 】** 응답스펙트럼 해석법의 정의, 해석원리와 방법
**【 기출유형 ③ 】** 응답스펙트럼 해석 시 모드별 최대 응답을 조합하는 모드조합 방법의 종류와 설명

구조물의 내진설계 해석방법은 일반적으로 재료(Material), 지점(Boundary condition), 기하학적 형상(Geometry) 등에서의 탄성 또는 비탄성인지 여부 및 그 범주를 고려하는지에 따라 탄성해석방법(Elastic Analysis Method)과 비탄성해석방법(Nonlinear Analysis Method)으로 분류될 수 있으며 정적하중으로 고려할 것인지 시간에 따라 변하는 하중을 고려할 것인지에 따라서 동적해석방법으로 구분할 수 있다. 통상적으로 도로교설계기준에서는 200m 미만의 교량에 대해서는

다중 모드 응답스펙트럼 해석법을 고려하도록 하고 있으며 구조물의 내진설계 시 고려되는 해석 방법은 다음과 같다.

① 등가정적해석법(Equivalent Static Analysis Method)
② 동적해석법(Dynamic Analysis Method)
   (1) 응답스펙트럼 해석법 : 모드해석법(단일, 다중)
   (2) 시간이력 해석법 : 시간영역   →  직접 적분법, 모드 해석법
                         진동수영역  →  푸리에 변환법

## 1) 탄성 해석법

① 등가정적 해석법(Equivalent Static Analysis Method)

지진해석은 크게 정적해석과 동적해석으로 구분할 수 있으며 정적해석법이라고 하는 것은 흔히 등가정적 해석법이라고도 한다. 실제 지진하중을 등가의 정적하중으로 치환하여 정적해석을 수행하는 방법으로 중요도계수, 지역계수, 지반계수, 수정응답계수 등을 고려하여 탄성지진 응답계수($C_s$)를 통해 고려한다.

## 2) 동적해석법

동적해석법은 단일이나 다중 모드를 통해 구조물의 진동모드를 이용해 응답을 산정하는 응답스펙트럼 해석법과 직접 적분이나 모드해석 등을 이용해 시간이력에 따른 동적 변화를 해석하는 시간이력 해석법으로 구분할 수 있다.

① 응답스펙트럼 해석법(Response spectrum analysis method)

다자유도계 시스템을 단자유도계 시스템의 복합체로 가정하여 수치적분 과정을 통해 준비된 임의의 주가 또는 진동수 영역 내에서 최대 응답치에 대한 스펙트럼(변위, 속도, 가속도)을 이용하여 조합 해석하는 방법으로 설계용 응답스펙트럼을 이용하여 내진설계에 주로 이용된다. 응답스펙트럼 해석법에서는 임의의 모드에서의 최대 응답치를 각 모드별로 구한 다음 적정한 조합 방법을 이용하여 조합함으로써 최대 응답치를 예상할 수 있다. 임의 주기치에 대한 스펙트럼 데이터가 입력되면 해석된 고유주기에 해당하는 스펙트럼값을 찾기 위해 선형보간법을 사용하기 때문에 스펙트럼 커브의 변화가 많은 부위에 대하여 가능한 한 세분화된 데이터를 사용한다. 그리고 스펙트럼 데이터의 주기범위는 반드시 고유치 해석 시 산출된 최소, 최대 주기범위를 포함할 수 있도록 입력되어야 한다. 내진해석 시 사용되는 스펙트럼 데이터는 동적계 수항과 지반계 수항을 고려하여 입력하고 매 해석 시에는 조건에 따라 변할 수 있는 지역계수, 중요도계수만 스케일 factor로 입력하여 사용한다. 산정된 모드별 응답에 대해서는 모드중첩법(Mode superposition method)이 적용되는데 SRSS, ABS, CQC 등의 방법을 이용하여 중첩을 하게 된다. 국내 KDS 24 17 11 교량내진설계기준, 2016 도로교설계기준(한계상태설계법)에서는 CQC방법을 이용한 조

합을 원칙으로 하고 있다.

(1) SRSS(Square Root of Sum of Square) : 제곱합의 제곱근

$j$번째 자유도에 관련된 변위와 부재력은 다음과 같이 구한다.

$$X_{j.\max} \cong \sqrt{X_{j(1),\max}^2 + X_{j(2),\max}^2 + X_{j(3),\max}^2 + \cdots}$$

$$f_{j.\max} \cong \sqrt{f_{j(1),\max}^2 + f_{j(2),\max}^2 + f_{j(3),\max}^2 + \cdots}$$

(2) ABS(Absolute Sum) : 절대값의 합

$i$번째 자유도에 대한 변위와 부재력은 다음과 같이 구한다.

$$X_{j.\max} \cong |X_{j(1),\max}| + |X_{j(2),\max}| + |X_{j(3),\max}| + \cdots$$

$$f_{j.\max} \cong |f_{j(1),\max}| + |f_{j(2),\max}| + |f_{j(3),\max}| + \cdots$$

(3) CQC(Complete Quadratic Combination) : 모드 간 확률적인 상관도를 고려한 방법

CQC방법은 모드간의 확률적인 상관도를 고려하기 위한 방법 중의 하나로 다음과 같이 최 댓값을 구한다.

$$X_{j,\max} = \sqrt{\sum_{p=1}^{n} \sum_{q=1}^{n} X_{j(p),\max}\rho_{pq}X_{j(q),\max}}$$

여기서 $\rho_{pq}$는 $p$번째 모드와 $q$번째 모드의 확률적인 상관도로서 근사적으로 다음과 같은 식 이 많이 사용된다.

$$\rho_{pq} = \frac{8\xi^2(1+\beta_{pq})\beta_{pq}^{3/2}}{(1-\beta_{pq}^2)^2 + 4\xi^2(1+\beta_{pq})^2\beta_{pq}}$$

② 시간이력 해석법(Time History Analysis Method)

시간이력 해석법은 구조물에 지진하중이 작용할 경우에 동적평형방정식의 해를 구하는 것으로 구조물의 동적특성과 가해지는 하중을 사용하여 임의의 시각에 대한 구조물의 거동(변위, 부 재력 등)을 계산하는 방법이다. 일반적으로 대규모의 지진이 발생하면 대부분의 구조물은 비 탄성 거동을 보이며 이 경우에 대해서는 단순한 응답스펙트럼 해석만으로는 구조물의 응답특 성을 정확히 규명하기 어렵다. 이러한 경우에 시간이력해석을 통하여 구조물의 최대부재력 및 최대변위를 검토할 필요가 있다.

(1) Normal Mode Method

다자유도 구조물에 대하여 각 진동모드의 직교성을 이용하여 각 모드별로 분리시킨 다음 각 모드별로 단자유도계 시스템으로 간주하여 시간이력해석을 하고 전체 모드에 대해 중첩 시키는 방법이다. 이 방법은 강성의 변화가 없는 선형이론에서 많이 적용되는 해석방법이다.

(2) Direct Integration Method(Numerical Method)

비선형의 경우 특히 강성의 변화가 발생하는 구조물에서 적용되는 방법으로 수치해석적인 방법이다. 매 시간마다 강성의 변화를 고려하여 적분을 취함으로써 해석을 하는 방법이다. 가장 중요한 점이 바로 이 시간 스텝(Time step)을 어떻게 취하느냐에 따른 방법으로 다음의 몇 가지 해석방법으로 구분할 수 있다.

(a) Linear Acceleration Method

시간구간을 여러 개의 미소 시간 구간으로 분할한 후 각 구간에서의 하중이 선형으로 변화한다고 가정하여 해를 구하는 방법이다. 해석이 간단하고 비교적 정확한 값을 알 수 있지만 시간 간격이 너무 크면 해가 수렴하지 않고 발산하는 경우가 있다는 것이 단점이다.

(b) Average Acceleration Method

시간 스텝 사이의 평균값을 취함으로써 미소면적을 결정하고 적분을 함으로써 해석을 하는 방법이다. 계산과정에 있어서는 상당히 안정적이나 정확성에서는 조금 떨어진다.

(c) Wilson$-\theta$ Method

구조응답의 가속도가 관심을 가지는 미소구간에서 선형적으로 변화한다는 선형가속도법 (Linear Acceleration Method)에 기초한 방법이며 많이 사용되고 있는 SAP, Lusas, Midas 등에서 사용하고 있다. Wilson$-\theta$법에서는 시간 $t$에서의 응답이 주어졌을 때 이를 바탕으로 시점 $t+\Delta t$의 응답을 구하기 위하여 시간구간 $(t,\ t+\theta\Delta t)$에서 가속도 응답이 선형적으로 변화한다는 가정에서 출발한다. 시간구간에서 시간스텝에 곱해지는 $\theta$값을 조정함으로써 해석을 하는데 $\theta \geq 1.37$이어야 수치적으로 안정한 결과를 얻을 수 있다.

(d) Newmark$-\beta$ Method

Newmark$-\beta$ Method는 Wilson$-\theta$ Method와 유사한 방법으로 몇 가지 가정을 통하여 시작이 되는데 $\beta$와 $\gamma$라는 계수가 사용된다. 이 두 변수는 해의 정확도와 수치적 안정성을 보장하는 범위 내에서 사용자가 정하는 계수들이라고 생각하면 된다. $\beta = 1/6$, $\gamma = 1/2$이면 $\theta = 1$을 사용한 Wilson$-\theta$ 방법, 즉 Linear Acceleration Method과 동일하며 Newmark가 수치적 안정성을 보장하는 것으로 제안한 $\beta = 1/4$, $\gamma = 1/2$는 Average Acceleration Method와 같은 방법이다.

이외에도 여러 가지 수치해석방법들이 존재하며 이러한 직접적분법의 계산 소요 시간은 시간단계의 수에 비례하기 때문에 계산시간이 적게 소요되도록 적분 시간 간격이 충분히 커야 하고 정확한 결과를 얻기 위해서는 적분 시간 간격이 충분히 작아야 한다. 이러한 상반되는 두 조건을 만족하기 위해서 적절한 적분 시간 간격을 선택하여야 하며 적분 시간 간격 선택에 지침이 되는 것이 안정성과 정확성 분석이라고 할 수 있다.

3) 비탄성 해석방법

대규모 지진은 구조물과 각 부재의 비탄성 거동을 유발하므로 정확한 구조물의 응답을 구하기 위해서는 비탄성 해석(Inelastic analysis)이 필수적이다. 현재까지는 구조물의 비탄성거동을 가정하여 감소된 지진하중에 대하여 설계하는 법이 사용하고 있으나 이러한 해석 및 설계방법의 한계를 인식하면서 비탄성 해석 및 설계기법이 개발되고 있으며 보다 정확한 해석이 요구되고 있는 기존 구조물의 성능평가를 중심으로 사용되고 있다. 이 해석방법은 실무적으로 사용하기에는 어려운 해석 및 설계방법을 사용하기 때문에 아직까지 보편적이지는 않고 있다.
- 정적 비선형 해석(Static Nonlinear Analysis) : 성능 스펙트럼법, 직접 변위 설계법 등
- 동적 비선형 해석(Dynamic Nonlinear Analysis) : 직접 적분법

## 3. 구조부재 및 연결부의 설계 지진력

1) 설계지진력의 영향을 미치는 요인

설계지진력의 산정방법에 따라 상부구조의 질량 등에 따라 그 영향이 달라진다. 일반적으로 다음과 같은 인자의 영향을 받는다고 할 수 있다.

① 해석방법 : 단일모드 해석법에 의한 해석결과가 일반적으로 다른 해석결과보다 그 값이 더 크다.

② 상부구조 질량 : 콘크리트교가 강교에 비해 질량이 커서 수평변위량과 지진작용력이 더 크다.

③ 연속경간의 수 : 연속경간이 많아질수록 고정단에서 부담하는 하중이 커지게 되며 고정단의 교각이 대규모가 된다. 따라서 콘크리트교는 3경간 이하, 강교는 5경간 이하로 계획하는 것이 바람직하다.

④ 하부구조의 강성 : 하부구조의 강성이 작으면 교각의 고유주기를 길게 하여 지진력을 감소시킬 수 있다.

⑤ 지역구역 : 남부지방은 지진의 기록에 의하면 대규모 지진이 발생한 이력이 없으므로 지진가속도를 작게 취한다(0.11 → 0.07).

⑥ 지반계수 : S1~S6등급으로 나누어져 지진력이 달라진다.

⑦ 내진성능목표 : 내진 II등급, 내진 I등급, 내진특등급에 따라 재현주기 차이로 지진력의 차이가 발생한다.

## 2) 지진력 산정 방법

### ① 단일모드 스펙트럼 해석법

| 구 분 | 내 용 |
|---|---|
| 적용대상 | 구조물의 형상이 단순하여 기본 모드가 구조물의 동적거동을 대표하는 경우 |
| 해석방법 | 교량의 기본주기로부터 탄성지지력 및 변위를 예측 |
| 특징 | ① 동역학에 대한 깊은 지식이 없어도 쉽게 적용 가능<br>② 형상이 단순한 단순교나 연속교에 적용 가능<br>③ 일반적으로 다른 해석법에 비해 응답 값이 크게 산정<br>④ 구조물의 형상이 복잡하여 기본 모드 외의 모드에 의해 영향이 큰 경우에는 적용이 어려움<br>※ 해석결과가 다른 해석결과보다 값이 더 큰 이유는 교축방향 모드나 교축직각방향 모드를 각각의 방향에 대하여 기본 모드를 고려하여 각각의 모드가 전체 질량의 100%를 반영하는 것으로 보기 때문이다. 그러나 실제로는 만일 교축방향 모드가 기본 모드로 나오게 되면 교축직각방향 모드는 그 이후의 모드로 나오게 되므로 교축직각방향의 모드는 실제로 전체 질량의 100%를 반영할 수 없다. |

### ② 등가정적 지진하중 산정

(1) 정적처짐 $v_s(x)$ 산정 : 상부 슬래브 단위길이당 1.0kN/m 하중재하

(2) 등가정적 지진하중 $w(x)$ 산정

$$w(x) = \frac{1}{L}\left(w_{상부} + w_{coping} + \frac{w_{colunm}}{2}\right)$$

$$\alpha = \int_0^L v_s(y)dy, \quad \int_0^L v_s(x)dx \qquad \beta = \int_0^L w(y)v_s(y)dy, \quad \int_0^L w(x)v_s(x)dx$$

$$\gamma = \int_0^L w(y)v_s^2(y)dy, \quad \int_0^L w(x)v_s^2(x)dx$$

(3) 교량의 고유주기 산정

$$T = 2\pi\sqrt{\frac{\gamma}{p_0 g\alpha}} \quad (p_0 = 1.0kN/m)$$

(4) 스펙트럼 가속도 $S_a$(g) 및 등가정적 지진하중 $p_e(x)$ 산정 $\quad p_e(x) = \dfrac{\beta S_a}{\gamma}w(x)v_s(x)$

## (5) 종방향 및 횡방향 해석

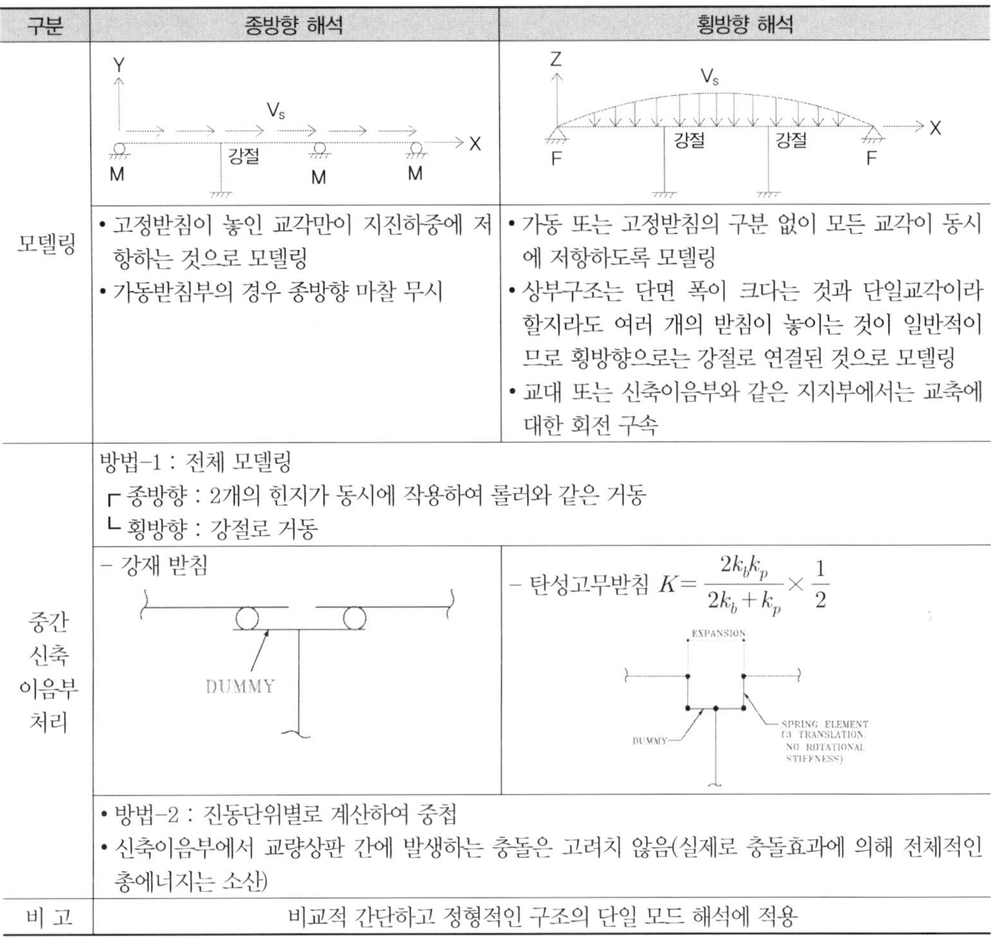

| 구분 | 종방향 해석 | 횡방향 해석 |
|---|---|---|
| 모델링 | • 고정받침이 놓인 교각만이 지진하중에 저항하는 것으로 모델링<br>• 가동받침부의 경우 종방향 마찰 무시 | • 가동 또는 고정받침의 구분 없이 모든 교각이 동시에 저항하도록 모델링<br>• 상부구조는 단면 폭이 크다는 것과 단일교각이라 할지라도 여러 개의 받침이 놓이는 것이 일반적이므로 횡방향으로는 강절로 연결된 것으로 모델링<br>• 교대 또는 신축이음부와 같은 지지부에서는 교축에 대한 회전 구속 |
| 중간<br>신축<br>이음부<br>처리 | 방법-1 : 전체 모델링<br>  ┌ 종방향 : 2개의 힌지가 동시에 작용하여 롤러와 같은 거동<br>  └ 횡방향 : 강절로 거동<br>- 강재 받침<br>DUMMY | - 탄성고무받침 $K = \dfrac{2k_b k_p}{2k_b + k_p} \times \dfrac{1}{2}$ |
| | • 방법-2 : 진동단위별로 계산하여 중첩<br>• 신축이음부에서 교량상판 간에 발생하는 충돌은 고려치 않음(실제로 충돌효과에 의해 전체적인 총에너지는 소산) | |
| 비 고 | 비교적 간단하고 정형적인 구조의 단일 모드 해석에 적용 | |

---

**TIP** |Rayleigh method에 의한 교량의 고유주기 유도|

단일 모드스펙트럼 해석법은 첫 번째 진동모드가 진동응답을 지배하는 교량의 설계지진력을 계산하는 데 사용한다. 이 방법은 구조진동학적 관점에서 볼 때 완전히 엄밀한 것일지라도 관성력을 도입한 후에는 정역학적인 문제로 치환된다. 교량은 일반적으로 시스템의 총체적인 저항능력에 기여하는 많은 구성요소들로 이루어진 연속계이다. 횡방향으로 지진 지반운동을 받는 교량을 생각해 볼 때 그 교량은 교량 양단의 교대와 중간에 있는 교각에서 횡방향으로 구속된 여러 경간들로 이루어져 있다. 일반적으로 교량상판에는 교각이나 지간 내에 신축이음부를 두고 있으며 이 신축이음부는 인접한 상판 단면간에 횡방향 상판 모멘트를 전달하지 못한다. 이러한 시스템을 나타내는 연속계에 대한 운동방정식은 일반적으로 에너지 원리를 이용하여 구성할 수 있다. 시스템의 전체적인 거동을 약산하기 위해 연속계의 일반화 매개변수 모형을 구성하는 데 가상변위의 원리를 이용할 수 있다. 단일모드 형상에서 횡방향 운동을 가정함으로써 자유도 1개인 일반화 매개변수 모형을 구성할 수 있다. 이러한 모드 형상에 대한 근사치를 얻기 위해 균일한 정적하중 $P_0$를 상부구조에 재하하고 이에 대한 처짐 $v_s(x)$를 구한다. 지진운동하에서 구조물의 동적처짐 $v(x,\ t)$는 일반화 진폭함수 $v(t)$를 형상함수 $v_s(x)$에 곱하여 근사적으로 계산한다.

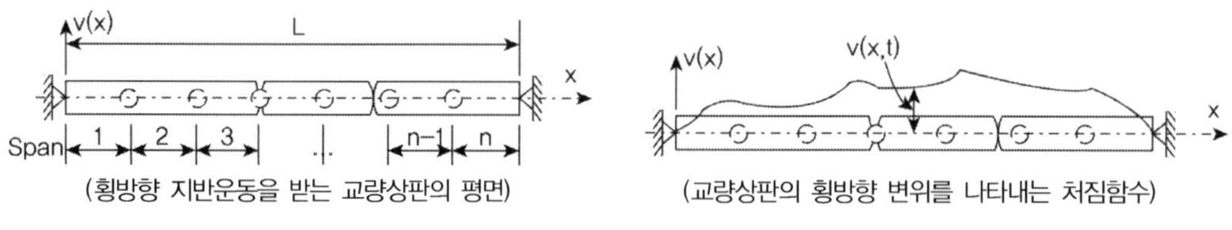



$$v(x,\ t) = v_s(x) \times v(t)$$

이 함수는 지점 조건과 상판의 중간에 있는 신축이음 힌지의 효과를 포함하여 변형된 교량구조를 나타낸다. 이 함수는 시스템의 기하학적 경계조건을 만족시켜야 한다.

① 일반화 매개변수 모델에 대한 처짐형상을 구하기 위해 아래 그림과 같이 구조물에 균일한 하중 $P_0$를 재하한다. 구조물 질량의 운동에너지가 0이 되도록 하중을 점차적으로 재하한다고 가정하고 구조물을 변형하는데 등분포하중이 하는 외부일 $W_E$는

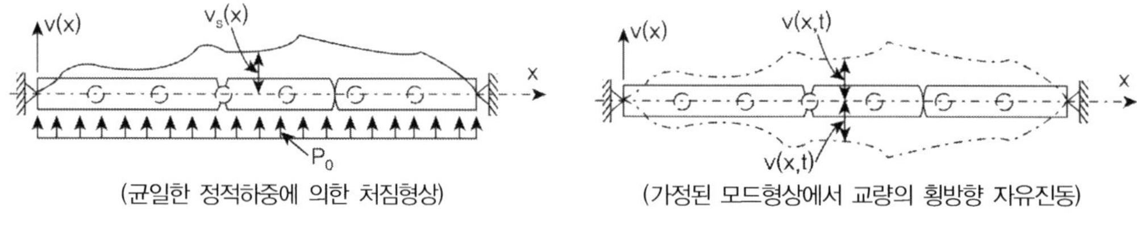



$$W_E = \frac{p_0}{2} \int_0^L v_s(x)dx = \frac{p_0}{2}\alpha, \quad 여기서 \ \alpha = \int_0^L v_s(x)dx$$

② 이 일은 변형에너지 $U$의 형태로 탄성구조물의 내부에너지에 저장되므로 $U = W_E$

③ 균일한 하중 $P_0$가 갑자기 제거되고 감쇠효과가 무시된다면 구조물은 최대 운동에너지와 최대 변형에너지를 등가로 놓는 Rayleigh 방법에 의해 고유진동수를 산정할 수 있으며 위의 그림과 같이 가정된 모드 형상으로 진동하게 된다.

$$T_{\max} = U_{\max}, \qquad T_{\max} = \frac{\omega^2}{2g} \int_0^L w(x)v_s(x)^2 dx = \frac{\omega^2 \gamma}{2g},$$

여기서 $\gamma = \int_0^L w(x)v_s(x)^2 dx$, $\omega$는 진동계의 원진동수, $w(x)$는 교량상부의 단위길이당 무게

④ 시스템에 저장된 최대 변형에너지는

$$U_{\max} = T_{\max} : \frac{p_0}{2}\alpha = \frac{\omega^2 \gamma}{2g} \qquad 여기서, \ \omega = \frac{T}{2\pi} \qquad \therefore \ T = 2\pi \sqrt{\frac{\gamma}{p_0 g \alpha}}$$

⑤ 지반가속도 $\ddot{v}_g(t)$ 의 단자유도계에 대한 일반화된 운동방정식은 다음과 같다.

$$\ddot{v}(t) + 2\xi\omega\dot{v}(t) + \omega^2 v(t) = -\frac{\beta\ddot{v}_g(t)}{\gamma} \quad \text{여기서,} \quad \beta = \int_0^L w(x)v_s(x)dx, \quad \xi\text{는 감쇠비}$$

⑥ 대부분의 구조물에 대해서는 $\xi$는 0.05의 값을 사용할 수 있다. 무차원 형태의 표준가속도스펙트럼 값 $C_s$를 사용하면

$$C_s = \frac{S_a(\xi,\ T)}{g}$$

⑦ 시스템의 최대 변위 응답 값은 다음과 같다.

$$v(x,\ t)_{max} = v_s(x) \times v(t)_{max}, \qquad v(t)_{max} = \frac{C_s g \beta}{\omega^2 \gamma} \qquad \therefore\ v(x,\ t)_{max} = \frac{C_s g \beta}{\omega^2 \gamma} v_s(x)$$

⑧ 최대변위 $v(x,\ t)_{max}$ 와 관련된 관성효과를 근사적으로 나타내는 정적하중 $p_e(x)$는 다음과 같다.

$$p_e(x) = \frac{\beta S_a}{\gamma} w(x)v_s(x)$$

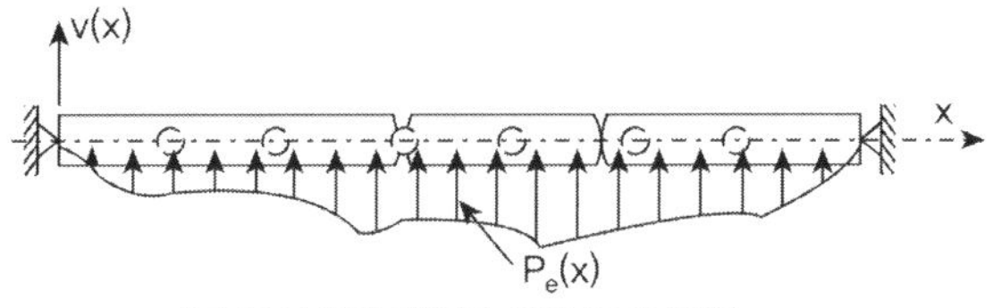


(교량시스템에 작용된 정적 특성 하중)

③ 다중모드 해석법

| 구 분 | 내 용 |
| --- | --- |
| 적용대상 | ① 기본 모드 이외의 모드들이 구조물의 동적응답에 대한 기여도가 큰 경우<br>② 여러 개의 진동모드가 구조물의 전체 거동에 기여하는 구조형식<br>③ 일반적으로 중간정도 지간의 연속교에 적용<br>④ 장대교량 및 특수교량에도 적용이 가능 |
| 해석방법 | 선형 해석프로그램 이용, 3차원 뼈대 구조 모델, 6개 자유도, 모드 수는 지간수의 3배 이상 |
| 특징 | ① 시간이력 해석법에 비해 시간과 노력이 적게 들고 정밀한 해석을 할 수 있다.<br>② 기하학적 형상이 복잡하여 직교 좌표축으로 모드를 분리하기 힘든 교량에 대해서는 적절한 응답 값을 기대하기 곤란하다<br>③ 다중모드 해석법은 전체 질량이 한쪽 방향으로만 기여하는 것이 아니라 전체 유효질량 중에서 해당 방향의 유효질량만이 그 방향으로 작용하게 되므로 좀 더 정확한 해석결과를 얻을 수가 있을 뿐만 아니라 단일 모드 해석법으로는 예상할 수 없었던 부분의 손상도 방지할 수 있다. 즉, 비틀림에 취약한 형상을 가진 부재의 경우 기본 모드 이외에서 비틀림이 나타나고 그 질량의 기여도가 크다고 가정하면 그 부재는 비틀림에 의해 손상이 발생될 수 있다. |

④ 시간이력 해석법

| 구 분 | 내 용 |
|---|---|
| 적용대상 | ① 하중의 지속시간이 짧은 경우<br>② 모드 간의 구분이 명확하지 않아 Coupling 모드가 나타나기 쉬운 경우<br>③ 높은 안전성이 요구되어 비선형 해석이 필요한 경우 |
| 해석방법 | ① 입력 data로 실측된 지진파형이나 인공파형이 필요<br>② 선형 또는 비선형 해석프로그램을 이용하여 해석 |
| 특징 | ① 응답해석이 필요한 모드의 개수가 많은 경우 효과적(모드 중첩법)<br>② 동적 비선형 해석 가능(직접 적분법)<br>③ 해석 및 결과분석에 많은 시간과 노력이 필요 |

⑤ 해석방법별 주요 특징 비교

| 해석방법 | | 주요 특징 |
|---|---|---|
| 응답<br>스펙트럼<br>해석법 | 단일<br>모드<br>해석법 | • 구조물의 형상이 단순하여 기본 모드가 구조물의 동적거동을 대표할 수 있는 경우<br>• 교량의 기본 주기로부터 탄성지진력 및 변위를 예측<br>• 동역학에 대한 깊은 지식이 없어도 쉽게 적용 가능한 간략한 해석법이며 수 계산이 가능<br>• 형상이 단순한 단순교나 연속교에 적용 가능<br>• 일반적으로 다른 해석법에 비해 응답값이 크게 산정됨<br>• 구조물의 형상이 복잡하여 기본 모드 이외의 모드들에 의한 영향이 큰 경우는 적용이 어려움 |
| | 복합<br>모드<br>해석법 | • 기본 모드 이외의 모드들이 구조물의 동적거동에 대한 기여도가 큰 경우에 사용<br>• 여러 개의 진동모드가 구조물 전체의 거동에 기여<br>• 선형해석프로그램을 이용하여 해석<br>• 일반적으로 중간 정도 지간의 연속교에 적용하며 해석모델을 잘 선택할 경우, 장대교와 특수교량에도 적용 가능<br>• 시간이력해석법에 비해 시간과 노력을 적게 들이고도 정밀한 해석결과를 얻을수 있음<br>• 기하학적인 형상이 복잡하여 직교좌표축으로 모드를 분리하기 힘든 교량에 대해서는 적절한 응답값을 기대하기 어려움 |
| 시간이력 해석법 | | • 하중의 지속기간이 짧을 경우<br>• 모드 간의 구분이 명확하지 않아 Coupling 모드가 나타나기 쉬운 경우<br>• 높은 안전성이 요구되어 비선형 해석을 필요로 하는 경우<br>• 입력 데이터로 실측된 지진파형이나 인공파형이 필요<br>• 선형 또는 비선형 해석 프로그램을 이용하여 해석<br>• 응답해석에 필요한 모드의 개수가 많을 경우 효과적(모드 중첩법)<br>• 동적 비선형 해석 가능(직접 분석법)<br>• 예상되는 지반운동을 정확히 예측하기가 어렵기 때문에 기존의 지진기록이나 합성된 지진기록을 사용하여야 하므로 해석 및 결과분석에 많은 시간과 노력이 필요 |

구조물의 거동에 영향을 미치는 임의 변수의 크기를 변화시켰을 때 변수의 크기에 비례하여 구조물의 거동이 변한다면, 이 변수와 구조물의 거동은 선형적(Linear)인 관계를 가지고 있다. 이러한 선형성(Linearity)을 정의하는 방법에는 크게 수학적인 방법과 물리적인 방법이 있다. 만일 구조물의 거동 P가 변수 x와 y에 대해 선형적인 관계에 있다면, 수학적으로 P(ax+by) = aP(x)+bP(y)라는 관계식이 성립해야 한다. 이러한 수학적인 관계식은 물리적으로 중첩의 원리(Principle of Superposition)로 설명할 수 있다. x라는 크기의 힘에 의한 변형을 P(x), y라는 크기의 힘에 의한 변형을 P(y)라고 한다면, x+y라는 크기의 힘에 의하여 발생하는 변형 P(x+y)는 P(x)와 P(y)의 대수적인 합과 같아야 한다는 것이다. 선형 해석은 비선형 해석(Nonlinear Analysis)과 비교하여 풀이 방법이 간단하고 문제를 해결하는 데 걸리는 시간이 상대적으로 매우 짧다. 선형 해석과 비선형 해석의 뚜렷한 차이는 선형 해석의 경우 단 한 번의 계산과정으로 해답을 구할 수 있는 반면, 비선형 해석은 반복 해석에 의해 해답을 구해야 한다. 유한요소해석(Finite Element Analysis)의 경우를 예로 들면, 선형 해석의 [K]{u} = {F}라는 행렬방정식에서 강성행렬(Stiffness Matrix) [K]는 물체의 거동 {u}와 무관한 일정한 값이다. 따라서 [K]의 역행렬을 구하여 하중벡터(Load Vector) {F}에 곱하기만 하면 한 번의 계산으로 해답을 구할 수가 있다. 하지만 비선형 해석에서는 [K]가 구하고자 하는 {u}의 값에 따라 변하기 때문에 선형 해석과는 달리 한 번의 계산과정으로 해답을 구할 수가 없다.

1. 선형 해석과 비선형 해석
  ① 선형 해석(Linear Analysis) : 중첩원리(Principle of Superposition) 성립, 정적 해석에서 [K]불변
  ② 비선형 해석(Nonlinear Analysis) : 중첩원리 성립 안 함, 정적해석에서 [K]가 변위[d]에 따라 변함, 반복 해석 필요

2. 비선형의 구분
구조물이 외부의 하중에 대해 비선형적(Nonlinear) 거동을 나타내는 경우, 수치 해석(Numerical Analysis)적으로 계산하는 것을 비선형 해석(Nonlinear Analysis)이라고 한다. 구조물의 비선형 거동은 크게 재료의 비선형성에 의한 비선형 거동과 기하학적 형상에 의해 발생되는 비선형 거동으로 나눌 수 있다. 토목 분야에서의 재료 비선형 거동은 대부분 콘크리트의 균열과 철근, 강재 및 텐던의 항복에 의해 발생한다. 또한 기하비선형 거동은 강박스 거더와 같은 박판 형상의 국부 및 전체 좌굴 거동에 의해 발생한다. 이 두 가지 비선형 거동에 대한 해석은 따로 고려할 수도 있으며, 동시에 발생하도록 고려할 수도 있다.
  ① 재료비선형 : RC의 균열, 철근 강재와 Tendon의 항복
  ② 기하비선형 : 박판의 국부 또는 전체좌굴
  ③ 경계비선형 : 지점의 변화

3. 비선형 해석방법
비선형 거동을 예측하기 위한 비선형 해석은 일반적인 선형 해석과 달리, 외력에 의한 비선형 평형상태를 찾기 위해 반복해석 방법(Iteration Method)을 필요로 한다. 이러한 반복해석으로 인해 비선형

해석은 선형 해석에 비해 많은 계산 시간을 요구한다. 비선형 해석을 위한 대표적인 반복계산 방법으로는 초기강성법(Initial Stiffness Method), 뉴튼 랩슨법(Newton-Raphson Method), 수정 뉴튼 랩슨법(Modified Newton Raphson Method), 할선법(Secant Method), 호장법(Arc-Length Method) 등이 있다.

① 초기강성법(Initial Stiffness Method) : 초기강성법은 해가 안정적으로 구해지지만, 증분구간의 크기가 뉴튼 랩슨법이나 수정 뉴튼 랩슨법보다 상대적으로 작아서 수렴속도가 느리다.

② 뉴튼 랩슨법(Newton-Raphson Method) : 뉴튼 랩슨법은 매 반복단계마다 접선강성이 갱신되므로 수렴속도가 빠르지만, 해석 모델이 클 경우 접선강성을 구하기 위해 많은 계산을 필요로 한다. 또한 강성이 0이 되는 경우나 최대 강도점 이후 거동(Post-peak Behavior)의 연화거동을 계산하는 데에는 어려움이 있다.

③ 수정 뉴튼 랩슨법(Modified Newton Raphson Method) : 수정 뉴튼 랩슨법은 접선강성을 다시 구하는 과정을 생략하고 내력만을 갱신하므로 뉴튼 랩슨법에 비해 수렴속도는 느리지만, 각각의 반복단계에서 걸리는 시간이 더 짧다. 수정 뉴튼 랩슨법은 초기강성법의 장점을 가지며, 뉴튼 랩슨법의 단점을 수정한 방법으로써 재료 비선형 해석 시 가장 많이 사용되는 방법이다.

④ 호장법(Arc-Length Method) : 호장법은 반복계산 시 정의되는 목푯값 계산 시, 호의 길이(Arc-Length)로 제안함으로써 해석의 안정성과 수렴성을 확보하기 위한 방법이다. 이 방법은 강재의 기하 비선형 해석과 같이 비선형성이 심한 경우 해를 찾기 위한 방법으로 많이 사용된다.

역학 문제에서 예를 들자면, 초기강성법은 모든 단계에서 같은 접섭강성을 사용하고, 뉴턴-랩슨법은 매 반복 시마다 강성 행렬을 새롭게 계산을 한다. 수정된 뉴턴-랩슨법은 정해진 일정 구간(일반적으로 하나의 하중 단계)에서는 초기 강성법을 사용하고, 해당 하중 단계에서 값이 수렴된 후, 다음 하중 단계로 넘어 갔을 때는, 강성행렬을 다시 계산하여 계산된 강성행렬을 그 하중 단계의 반복 계산에 이용한다.

## 4. 기하비선형

기하비선형은 변위와 변형률의 관계가 비선형임으로 인해 생겨나며 Snap-through, Post-buckling, Follower force 등이 이에 속한다. 비선형성은 여러 가지 방법으로 나타나는데, 재료의 비선형성은 응력이 재료의 항복 응력을 초과할 때 나타나며, 이 경우 재료는 항복 상태가 되고 힘이 더 가해질 경우 파괴된다. 또 다른 형태의 비선형성은 하중이 작용하는 동안 변형이 일어나면서 구조물과 다른 대상 또는 구조물 자체와의 접촉이 생길 경우 나타난다. 기하학적 비선형성은 구조물의 강성이 내부 응력과 변형 형상에 따라 변할 경우 나타나는데, 이 예로는 자동차 타이어를 들 수 있다. 타이어는 공기가 차지 않았을 때는 강성이 거의 없는 반면 공기가 채워지면 강성을 갖는 특성이 있다.

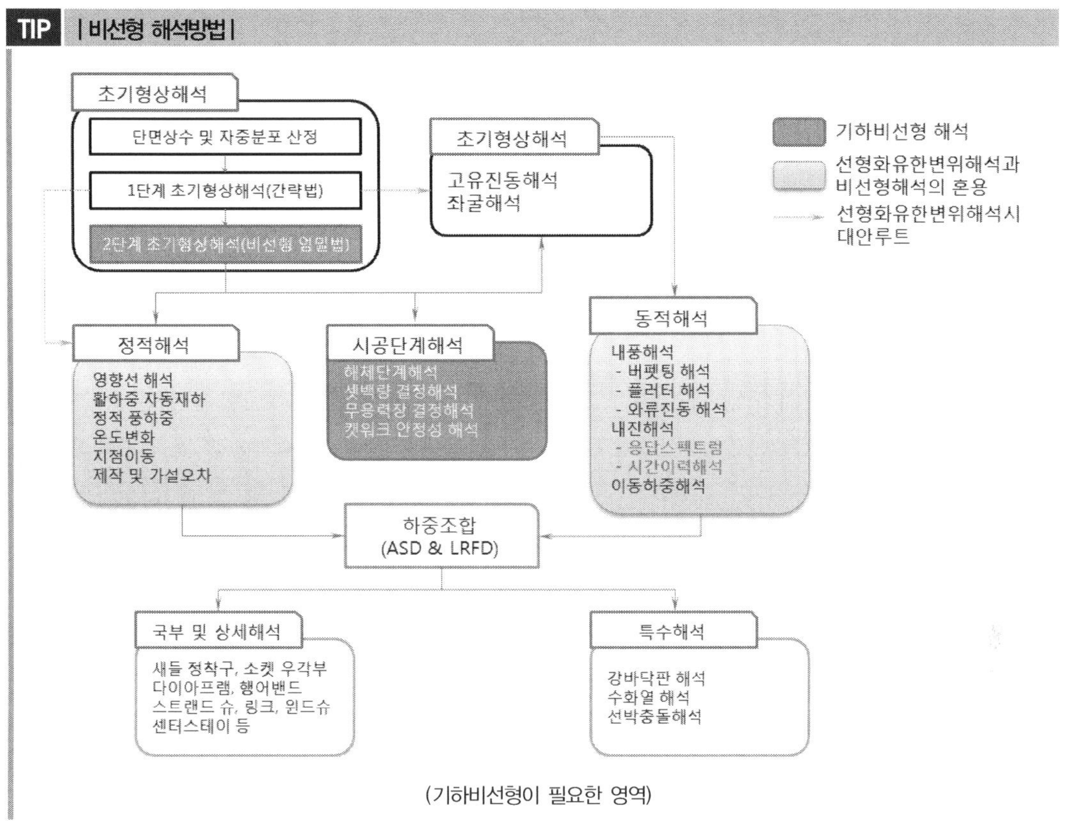



(기하비선형이 필요한 영역)

## 4. 기초, 교대, 교각의 내진설계

지진구역 I에서는 평상시 설계에 필요한 조사 이외에 지진에 대한 사면의 불안정, 액상화, 성토지반의 침하, 수평토압 증가와 관련된 지진 피해 가능성 판단과 내진설계에 필요한 조사를 하여야 하며, 최대지반가속도는 암반지반($S_1$)의 경우에는 유효수평지반가속도($S$), 토사지반($S_2 \sim S_5$)의 경우에는 유효수평지반가속도($S$)에 단주기 지반증폭계수($F_a$)를 곱한 값 또는 부지고유의 지반응답 해석결과로 해야 한다.

### 1) 기초 내진설계의 해석

기초는 등가정적 또는 동적해석을 수행하여 기초 구조체의 최대 응력 또는 단면력, 상부구조의 최대 변위 그리고 기초의 전도, 활동, 침하 및 지지력을 검토한다.

① 얕은기초에 대한 등가정적해석 : 얕은기초에 작용하는 등가정적하중은 기초 지반과 상부구조물의 응답특성을 고려하여 결정한다. 얕은기초는 미끄러짐, 지지력, 전도에 대하여 안전하여야 하고, 변형 및 침하량이 허용치를 넘지 않아야 된다. 기초지반이 액상화가 발생할 수 있는 지반이라면 액상화 대책공법을 적용하여야 한다.

| 구 분 | 미끄러짐 | 지지력 | 전도 | 침하량 |
| --- | --- | --- | --- | --- |
| 기준 | 1.2 | 2.0 | 편심 < 기초폭/3 | 허용침하량 이하 |

② 말뚝기초에 대한 등가정적해석 : 말뚝기초 등가정적해석에서는 기초 지반과 상부구조물의 특성을 고려하여 지진하중을 말뚝머리에 작용하는 등가정적하중으로 환산한 후 정적해석을 수행한다. 등가정적하중을 말뚝머리에 작용시키고 군말뚝 해석을 수행하여 각 말뚝에 작용하는 하중을 산정한다. 이때, 가장 큰 하중을 받는 말뚝을 내진성능평가를 위한 말뚝으로 선정하고, 등가정적해석을 수행한다. 내진성능평가 대상 말뚝에 대해서는 말뚝 본체 및 두부의 응력 또는 단면력, 말뚝의 변위량 및 모멘트를 검토한다.

③ 동적해석 : 기초에 대한 동적해석이 필요한 경우에는 기초와 지반, 구조물의 상호작용을 고려하는 동적해석방법을 사용할 수 있다. 현장시험과 실내시험으로부터 얻은 지반의 물성치와 기초의 제반사항을 고려하여, 설계지진하중으로 전체 구조물에 대한 응답해석을 실시하여 기초에 작용하는 하중을 결정하고 이를 사용하여 기초의 안정성을 검토한다.

④ 액상화 검토 : 액상화 검토를 위해서는 (1) 지질 및 지형에 대한 자료, (2) 입도분포, 밀도, 지하수위, (3) 현장실험이나 실내실험을 통한 표준관입시험치, 반복전단시험 자료 등, (4) 설계지진규모 등을 조사하고 간편예측법이나 상세 예측법을 통해 평가할 수 있다. 간편예측법은 표준관입시험 값(N), 콘관입시험의 $q_c$값, 전단파속도 $V_s$와 같은 현장시험결과를 이용하고 상세예측법은 실내 반복시험 결과를 이용한다.

$$\text{액상화 발생 가능성 } FS_L = \frac{CRR}{CSR} = \frac{\tau_l/\sigma_{v'}}{\tau_d/\sigma_{v'}} = \frac{\text{액상화 유발시키는 전단저항응력비}}{\text{지진에 의한 진동전단응력비}}$$

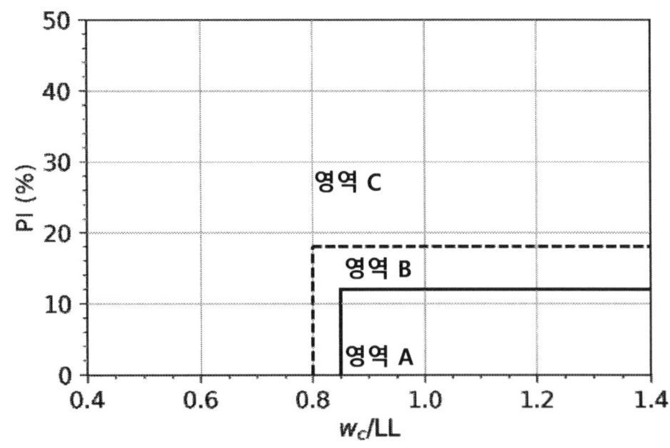


(소성지수를 바탕으로 한 액상화 가능 범위)

## 2) 교대 내진설계의 해석

지진 시 교대의 파괴나 변위로 인한 교량의 손상 또는 파괴가 발생되지 않도록 설계해야 한다.

① 독립식 교대 : 지진에 의한 수평토압과 교대의 관성력을 고려한다. 고정단 받침으로 지지되는 경우에는 상부구조물로부터 전달되는 지진력을 함께 고려하여야 한다. 토압은 Mononobe-Okabe 등가정적하중법을 적용하고 이때 토압은 교대의 배면에 균등하게 분포하고 그 합력은 교대 높이의 1/2에 작용하는 것으로 한다. 교축방향 변위를 허용하는 독립식 교대의 경우 Mononobe-Okabe의 등가정적하중법에 의한 토압보다 큰 수평토압이 작용하므로 이를 고려하여야 한다.

(1) 주동토압 : $P_{AE} = \dfrac{1}{2} K_{AE} \gamma H^2 (1 - K_v)$

$$K_{AE} = \dfrac{\cos^2(\phi - \theta - \beta)}{\cos\theta \, \cos^2\beta \, \cos(\delta + \beta + \theta)\left[1 + \sqrt{\dfrac{\sin(\phi + \delta)\sin(\phi - \theta - i)}{\cos(\delta + \beta + \theta)\cos(i - \beta)}}\right]^2}$$

(2) 수동토압 : $P_{AE} = \dfrac{1}{2} K_{PE} \gamma H^2 (1 - K_v)$

$$K_{PE} = \dfrac{\cos^2(\phi - \theta + \beta)}{\cos\theta \, \cos^2\beta \, \cos(\delta - \beta + \theta)\left[1 + \sqrt{\dfrac{\sin(\phi - \delta)\sin(\phi - \theta + i)}{\cos(\delta - \beta + \theta)\cos(i - \beta)}}\right]^2}$$

② 일체식 교대 : 지진 시 큰 상부관성력이 뒷채움흙에 전달되므로 과다한 상대변위가 발생하지 않도록 하기 위하여 적절한 수동저항력을 갖도록 설계하여야 한다. 이때 일체식 교대에 작용하는 최대토압은 상부구조물로부터 교대로 전달되는 최대 수평지진력과 같다고 가정한다. 지진하중이 가해질 때 수평 주동토압은 상부구조물의 지진하중보다 작은 것으로 가정할 수 있다. 또한 수평지진력을 기둥과 교각도 지지할 수 있는 경우, 교대로 전달되는 지진하중의 비율을 계산하기 위해 교대의 축방향 강성을 추정하는 것이 필요하다.

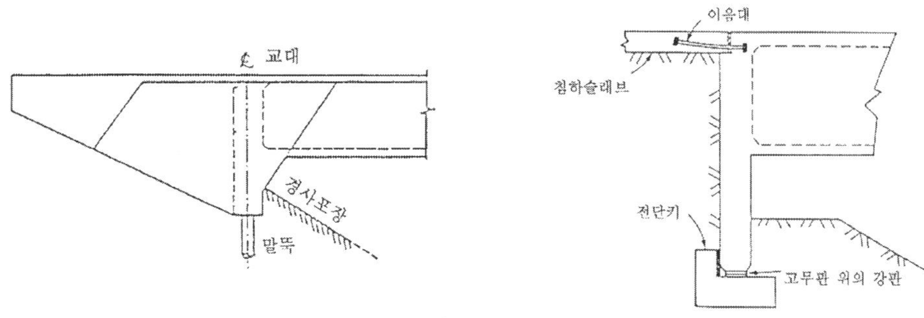


(일체식 교대)

③ 기초와 교대의 강성계산

  (1) 근입된 기초의 강성   $K = \alpha\beta K_0$

  여기서, $\alpha$ 기초의 형상계수, $\beta$ 기초의 근입계수, $K_0$ 등가반지름으로 계산된 강성

  (2) 교대 수평변위 강성   $K_s = 0.425 E_s B$

  (3) 교대 회전변위 강성   $K_r = 0.072 E_s B H^2$

  여기서, $E_s$ 뒤채움 흙의 동적 탄성계수, $B$ 교대의 폭, $H$ 교대의 높이

## 3) 교각 내진설계의 해석

철근콘크리트 교각에 대한 구조해석과 단면강도해석에는 균열의 영향과 축방향력의 영향 등 구조적 거동에 영향을 주는 요소를 고려하여야 한다. 철근콘크리트 교각의 축방향철근은 설계기준 항복강도가 500MPa을 초과하지 않아야 하며, 인장강도가 항복강도의 1.25배 이상이어야 한다. 철근콘크리트 교각의 횡방향철근은 설계기준항복강도가 500MPa을 초과하지 않아야 한다.

① 교각의 휨강성

  (1) 지진하중에 대한 구조해석으로 탄성해석을 수행할 때, 교각의 축방향철근이 항복할 것으로 예상되는 경우에는 항복강성을 적용하여 단면력과 변위를 구하여야 한다.

$$EI_y = \frac{M_y}{\varphi_y}$$

  여기서, $EI_y$ = 축방향력을 고려한 교각의 항복강성(최외단 축방향철근의 항복)

  $M_y$ = 축방향력을 고려한 교각의 항복모멘트(최외단 축방향철근의 항복)

  $\varphi_y$ = 축방향력을 고려한 교각의 항복곡률(최외단 축방향철근의 항복)

  (2) 비선형해석을 수행하지 않는 경우에는, 항복유효 단면2차모멘트는 다음과 같다.

$$I_{y,eff} = \left( 0.16 + 12\,\rho_l + 0.3\sqrt{\frac{P_u}{f_{ck} A_g}} \right) I_g$$

  여기서, $A_g$ 교각의 총단면적, $f_{ck}$ 콘크리트의 설계기준압축강도,

  $I_g$ 철근을 무시한 교각의 단면2차모멘트, $P_u$ 계수 축력

  $\rho_l$ 교각의 축방향철근비

  (3) 교각의 축방향철근이 항복하지 않을 것으로 예상될 때는 철근을 무시한 콘크리트교각 전체 단면의 중심축에 대한 단면2차 모멘트와 콘크리트의 탄성계수로 표현되는 휨강성을 적용한다. 다만, 이 경우에도 변위를 구할 때에는 교각의 항복강성을 적용하여야 한다.

② 교각의 P–Δ 효과

  철근콘크리트 교각의 총모멘트는 P–Δ 효과를 고려하여 결정하여야 한다. 구조해석에 선형탄

성 해석을 수행하는 경우는, 지진해석에 의한 1차 모멘트에 횡방향 지진변위와 축력에 의한 2차모멘트를 추가하여 총모멘트를 결정한다. 엄밀한 해석을 고려하지 않을 때는 다음의 근사적 방법으로 2차모멘트를 구할 수 있다. 응답수정계수를 적용하여 설계할 때에는 응답수정계수를 1차모멘트에만 적용하며 2차 모멘트에는 적용하지 않는다.

  (1) 캔틸레버 거동 교각 : 기둥 상단과 하단의 횡방향 최대상대변위의 1.5배에 축력을 곱한 값을 2차모멘트로 산정

  (2) 골조 거동 교각 : 모멘트가 0인 위치를 기준으로 상단과 하단의 횡방향 상대변위를 각각 구한 후 1.5배를 취한 각각의 횡방향 상대변위에 축력을 곱하여 상단과 하단의 2차모멘트로 산정

③ 교각의 최대 소성힌지력

철근콘크리트 교각의 최대 소성힌지력은 교각의 소성힌지구역에서 설계기준 재료강도를 초과하는 재료의 초과강도와 심부구속효과로 인하여 발휘될 수 있는 최대 소성모멘트(최대 휨강도, 휨 초과강도)를 전단력으로 변환한 신뢰도 95% 수준의 횡력을 의미한다. 최대 휨강도는 설계 시의 휨강도보다 크게 되도록 영향을 주는 가능한 모든 영향인자들을 고려하여 결정되며, 이를 휨 초과강도라고 한다. 교각 소성힌지 단면의 휨 강도를 증가시키는 주요 영향인자들은 다음과 같다.

① 설계기준 항복강도를 초과하는 철근의 실제 항복강도

② 철근의 변형률경화(strain-hardening)에 따른 추가적인 철근의 인장강도 증가

③ 설계기준 압축강도를 초과하는 콘크리트의 배합강도와 재령효과(aging effect)에 의한 콘크리트 압축강도의 증가

④ 횡방향철근의 심부구속 효과에 의한 콘크리트 극한변형률 및 압축강도의 증가

⑤ 시공할 때 배근되는 부가적인 철근과 설계에서 고려되지 않는 요인들로 인한 강도의 증가

국내 설계기준에서는 우리나라 실정에 적합한 안전측의 값으로서 새료 초과강도계수를 적용한 1,500개의 교각단면에 대하여 모멘트-곡률 해석을 수행한 후 통계분석(95% 신뢰도 수준)을 통하여 제시된 값이다. 이 분석에서 재료의 초과강도계수로는 콘크리트에 대하여 1.7, 철근에 대하여 1.3을 적용하고 교각과 연결된 기초, 교각과 일체로 시공된 상부구조, 교각의 전단설계, 그리고 교각과 상부구조 또는 기초의 연결부분에 대해 다음과 같이 규정하고 있다.

(1) 기둥 형식의 교각(단일기둥과 다주가구), 벽식 교각의 약축방향, 말뚝가구의 설계전단력은 응답수정계수 R을 1.0으로 하여 결정된 탄성전단력과 이절에 규정된 교각의 최대 소성힌지력 중 작은 값으로 할 수 있다.

(2) 확대기초, 말뚝머리 및 말뚝을 포함하는 기초의 설계지진력은 교각의 최대 소성 힌지력과 응답수정계수를 적용하지 않은 탄성지진력 중 작은 값으로 한다.

(3) 교각의 최대 소성힌지력은 휨 초과강도에 해당하는 전단력으로 결정하여야 한다. 캔틸레버

로 거동하는 교각의 최대 소성힌지력은 교각 하단의 휨 초과강도를 교각의 길이로 나누어 결정한다. 다주가구에서 골조로 거동하는 방향에 대하여는 기둥 상단과 하단의 휨 초과강도 합을 교각의 길이로 나누어 결정한다. 이때 교각의 길이는 캔틸레버로 거동하는 방향에 대하여는 기둥 하단에서 수평하중이 작용하는 위치까지의 길이로 하며 다주가구에서 골조로 거동하는 방향에 대하여는 기둥 순높이로 한다.

(4) 교각 단면의 휨 초과강도는 다음 두 가지 방법 중 하나를 적용하여 결정하여야 한다.

  (a) 국내 재료시험을 근거로 강도계수를 적용해 휨초과강도를 해석한 후 최대 소성힌지력을 계산하는 방법 : 설계기준 압축강도의 1.7배인 콘크리트 압축강도와 설계기준 항복강도의 1.3배인 축방향철근 항복강도를 적용하고, 소성힌지구역 횡방향철근의 심부구속 효과와 축하중의 영향을 고려한 단면의 휨강도로서, 모멘트–곡률 해석을 수행한다.

  (b) 공칭휨강도에 휨 초과강도계수를 곱하여 휨 초과강도를 결정한 후 최대 소성힌지력을 계산하는 간편하고 안전측인 방법 : 콘크리트 설계기준압축강도가 60 MPa 이하이고, 계수 축하중이 $0.3 f_{ck} A_g$ 이하이며, 축방향 철근비가 0.03 이하인 교각의 경우에는, 모멘트–곡률 해석을 수행하는 대신, 압축응력분포를 이용한 축력–휨강도 해석으로 구한 공칭휨강도에 휨 초과강도계수 $\lambda_o$ 를 곱하여 휨 초과강도를 결정할 수 있다. 여기서 R은 설계에 사용한 응답수정계수이다.

$$\lambda_o = 1.25 + 0.05\,R$$

④ 교각의 설계전단강도 : 지진하중에 대한 철근콘크리트 교각의 전단강도를 검토할 때에는 1.0의 재료계수를 적용하여 설계전단강도를 결정한다. 휨 설계에서 응답수정계수가 적용된 교각에 대하여는, 소성힌지구역의 전단강도를 검토할 때 콘크리트에 의한 전단강도는 변각트러스 모델을 적용한 KDS 24 14 21 규정에 따라 결정하여야 한다. 정착이 된 보강띠철근은 전단강도 계산에 포함할 수 있다.

## 5. 기둥의 내진설계(심부구속 철근) <sup>80회/102회/111회/121회</sup>


【 기출유형 ① 】 심부구속 횡방향 철근배치 및 간격에 관한 설계기준과 문제점, 개선방향
【 기출유형 ② 】 최대 소성힌지력 개념
【 기출유형 ③ 】 원형기둥과 직사각형 기둥의 띠철근 구조 상세


기둥의 소성거동을 유도하고 충분한 연성능력을 발휘할 수 있도록 심부구속철근을 배근해 설계한다. 이를 위해 구조물이 형상비에 따라 응답수정계수를 구분해 적용하며 단부구역과 소성힌지구역에 대한 설계를 규정하고 있다.

1) 응답수정계수

① 일반기둥(최대단면치수에 대한 순높이 비 ≥ 2.5) : 단일기둥(R=3), 다주기둥(R=5)
② 단주(최대단면치수에 대한 순높이 비 < 2.5), 벽식교각 : 벽식교각(R=2)

2) 단부구역과 소성힌지구역

강진지역에서는 기둥의 양단부가 인접한 구조요소(상부구조와 기초)와 강절로 연결되는 지진저항 구조형식을 주로 사용하므로 기둥의 단부가 항상 소성힌지구역이 된다. 그러나 중약진 지역의 교량에서는 기둥의 단부가 상부구조나 기초에 강절로 연결되는 지진저항 구조형식을 항상 사용하는 것은 아니므로, 소성힌지가 형성되는 단부와 그렇지 않은 단부를 구분할 필요가 있다. 설계지진 하중이 작용할 때 단부구역 중에서 소성힌지가 발생될 것으로 해석되는 단부를 소성힌지구역으로 하고, 그 외의 단부구역은 설계지진하중이 작용할 때에는 소성힌지가 발생되지 않을 것으로 해석되지만 예기치 못하게 설계지진하중보다 큰 지진이 발생하여 소성힌지가 발생될 가능성이 있는 구역으로 하였다. 단부구역 길이는 KDS 24 17 11의 소성힌지구역길이와 동일하다.

① 캔틸레버로 거동하는 기둥 하단, 골조로 거동하는 기둥의 하단과 상단을 단부구역으로 한다. 기둥 하단의 단부구역은 기초의 상면에서부터의 길이로 결정되며, 골조로 거동하는 기둥의 상단 단부구역은 기둥과 연결된 부재의 하면에서부터의 길이로 결정한다. 기둥에서 단부구역의 길이는 기둥의 최대 단면치수, 기둥 순높이의 1/6, 450 mm 중 가장 큰 값으로 하여야 한다.

② 말뚝가구의 상단 단부구역은 기둥의 상단 단부구역과 동일하게 결정하여야 한다. 말뚝가구의 하단 단부구역은 모멘트 고정점에서 말뚝지름의 3배 길이만큼 내려간 위치로부터 진흙선에서 말뚝지름과 450 mm 중 큰 값 이상의 길이만큼 올라간 위치까지의 구간으로 한다.

③ 기둥과 말뚝가구의 단부구역 중 설계휨강도보다 큰 탄성지진모멘트가 작용하는 소성힌지구역은 응답수정계수를 적용하고 축방향철근과 횡방향 철근, 심부구속철근 관련 규정을 만족하도록 설계하여야 한다. 다만, 기둥은 응답수정계수를 적용하는 대신 연성도 내진설계를 수행하여도 좋다. 단부구역이 아닌 구역이라도 소성거동이 예측되는 구역은 소성힌지구역에 준하여 설계하여야 한다.

3) 축방향철근과 횡방향철근

① 축방향철근 : 기둥 단면적의 0.01~0.06배, 겹침이음 불가하고 완전 기계식이음 사용, 소성힌
지구역 이외에서 1/2를 초과해 겹침이음하지 않아야 하며, 이웃하는 겹침이음의 거리는
600mm 이상이어야 한다.

② 횡방향철근 : D13이고 축방향철근 지름의 2/5 이상, 최대간격은 부재 최소 단면치수의 1/4 또
는 축방향철근지름의 6배 중 작은 값 이하, 심부구속 횡방향철근과 단부구역의 횡방향철근은
인접부재와의 연결면으로부터 기둥 치수의 0.5배와 380mm 중 큰 값 이상까지 연장해서 설치,
단부구역 이외의 횡방향철근의 간격은 축방향철근이 겹침이음된 구간은 100 mm, 또는 부재
단면 최소치수의 1/4을 초과하지 않아야 한다.

4) 심부구속 횡방향 철근량

교량에 작용하는 외적하중에 의한 최대모멘트가 부재 단면의 소성모멘트(Plastic Moment)와 같
게 되면 이점에서는 곡률이 무한히 커지며 비제약 소성유동 발생에 따른 과대 회전이 발생하는
점을 소성힌지라고 한다. 내진설계목표에 따라 경제적인 설계를 위해서 교각이 연성거동하도록
유도하며 이를 위해 교각 하단에 소성힌지가 발생하도록 허용하고 있다. 이러한 연성거동의 유도
기법은 응답수정계수를 사용하여 연성부재에서는 소성힌지 발생을 유도하여 휨 자용에 의하여 콘
크리트 기둥이 항복한 이후에도 충분한 연성능력을 발휘할 수 있어야 한다. 따라서 지진하중에
의해 기둥은 항복을 허용하지만 연결부위 및 기초부위는 극히 작은 손상만 허용하므로 심부구속
철근을 배근하여 기둥의 소성힌지 발생을 유도하고 연결부에서는 비탄성 거동을 배제하도록 규정
한다.

① 심부구속 횡방향 보강 : 소정의 비탄성 변형능력을 발휘해 연성거동을 보장할 수 있도록 기둥
설계하기 위해 횡방향 철근을 배근하여 축방향 철근과 심부콘크리트를 구속하게 함으로써 축
방향 철근이 항복하고 피복콘크리트가 파괴되더라도 축방향 철근의 좌굴이 방지되고 기둥의
심부 콘크리트가 파괴되지 않도록 하기 위해서 최소 횡방향 철근을 배근토록 하고 있다.

② 심부구속 횡방향 철근의 역할
 (1) 주철근의 간격유지 및 종방향 철근의 좌굴 방지
 (2) 지진 시 내부콘크리트의 탈락방지로 연성확보(심부구속)
 (3) 콘크리트의 3축 응력상태 유지
 (4) 기둥의 전단철근 역할 수행

③ 심부구속 횡방향 철근 설계기준 : 기둥과 말뚝기구에서 소성영역이 예상되는 상부와 하부의
심부는 연성능력을 갖출 수 있도록 횡방향 철근으로 구속한다.

(원형기둥) $0.9f_{ck}(A_g - A_c) = 2f_y\rho A_c$　　($A_c$는 기둥심부의 단면적)

$$\rho A_c = 0.9 \frac{f_{ck}}{2f_y}(A_g - A_c)$$

$$\therefore \; \rho_s = 0.45\left(\frac{A_g}{A_c} - 1\right)\frac{f_{ck}}{f_y} \quad \text{또는} \quad \rho_s = 0.12\frac{f_{ck}}{f_y}$$

| 원형기둥 | 사각기둥 |
|---|---|
| 나선철근비를 다음 값 중 큰 값<br><br>$\rho_s = 0.45\left[\dfrac{A_g}{A_c} - 1\right]\dfrac{f_{ck}}{f_y}$, $\rho_s = 0.12\dfrac{f_{ck}}{f_y}$<br><br>$A_s = \dfrac{\rho_s s d_c}{4}$, $s$ : 횡방향 철근 간격, $d_c$ : 피복두께 | 횡방향 철근의 총단면적 $A_{sh}$는 다음 값 중 큰 값<br><br>$A_{sh} = 0.30 a h_c\left[\dfrac{A_g}{A_c} - 1\right]\dfrac{f_{ck}}{f_y}$, $A_{sh} = 0.12 a h_c \dfrac{f_{ck}}{f_y}$<br><br>$a$ : 띠철근 수직간격(최대 150mm)<br>$h_c$ : 띠철근 기둥의 고려하는 방향으로 심부의 단면치수(mm) |

④ 심부구속을 위한 횡방향 철근 배근 기준

  (1) 나선철근은 소성힌지구간에서 겹침이음 안 되고, 기계적 연결이나 완전 용접이음으로 한다.

  (2) 최소설치구간(기둥의 단부구역길이)은 Max [D, H/6, 450mm]로 하고, 인접부재와의 연결 면으로부터 기둥 치수의 0.5배와 380mm 중 큰 값 이상까지 연장해서 설치한다.

  (3) 사각형 후프띠철근은 외측 철근을 감싸는 형태이고, 사각형 폐합띠철근 형태는 양단에 띠 철근 지름의 6배와 80mm 중 큰 값 이상의 연장길이를 갖는 135° 갈고리나, 완전기계적이음 이어야 한다. 사각형 연속띠철근 형태는 양단에 띠철근 지름의 6배와 80mm 중 큰 값 이상 의 연장길이를 갖는 135° 갈고리를 가져야 하며 이 갈고리는 축방향철근에 걸리게 하여야 한다.

  (4) 사각형 심부구속 횡방향철근은 후프띠철근과 보강띠철근의 수평간격과 보강띠철근 간의 수평간격이 350mm를 초과하지 않도록 하여야 한다.

  (5) 기둥과 기초 사이에 설치되는 첫 번째 심부구속 횡방향철근은 경계면에서 띠철근 간격의 1/2 위치에 배근한다.

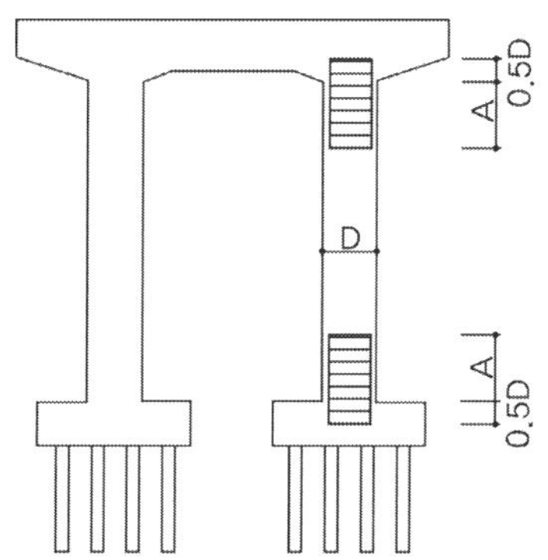


$A$ : 소성힌지 영역$\left(\dfrac{h}{6},\, D,\, 450mm\right)$ 중 큰 값

# 6. 연성도 내진설계 <sup>93회/102회/109회/111회/127회</sup>



2005년 도로교설계기준부터 AASHTO 교량설계기준을 반영함에 따라 완전연성개념의 설계와 강진지역에서의 설계개념으로 인해 소성힌지부의 심부구속철근이 과도하게 배근됨에 따라 국내 지진상황 및 교량형식의 특성에 맞게 중약진 지역의 특성과 한정연성(limited ductility) 등의 개념을 도입하여 경제적인 설계가 되도록 하였다.

| 구분 | 기존 내진설계 | 연성도 내진설계 |
| --- | --- | --- |
| 목표연성도 | 완전연성 | 한정연성 및 완전연성 |
| 휨연성도 | R값에 함축적으로 포함 | 소요연성도로 직접 고려함 |
| 응답수정계수 R | 상수(R=1,2,3,5) | 변수(소요연성도에 따라 변화) |
| 고유주기 | 고려 안 함 | 고려함 |
| 심부구속철근량 산정식의 변수 | 재료강도(콘크리트, 횡방향 철근) 단면적 비율 | 재료강도(콘크리트, 횡방향, 축방향 철근) 축력비 곡률연성(소요연성도) 축방향 철근비 축방향 철근 좌굴 방지 |
| 전단강도 | 재료강도, 연성도와 무관 | 재료강도, 연성도 고려 |

**TIP** ┃ **연성도 내진설계 기본 개념** ┃

연성도 내진설계에서는 교각의 소요연성도(Ductility Demand, Required ductility)에 따라서 필요한 만큼의 횡방향 구속철근량을 결정하고 배근함으로써 한정연성(Limited ductility) 구간에서 합리적인 양의 횡방향 철근을 배근하는 설계개념이다. 다만 축방향 철근의 좌굴방지를 위한 최소한의 횡방향 철근량과 소요 횡방향 철근량 중 큰 값을 적용하므로 소요연성도가 매우 작은 단부구간에서는 이전보다 더 많은 양의 횡방향 철근이 배근되나 안정성이 향상된다.

1) 기존 도로교설계기준 내진설계의 문제점

   ① 규정 미비 : 콘크리트 교각 철근 상세 일부만 규정하여 강성, 강도 등에 대한 규정이 없음

   ② 심부구속철근 : 강진지역의 완전연성 설계도입하여 우리나라 같은 중약진 지역과 차이가 있으며 시공이 어려울 정도의 과도한 심부구속철근 배치

   ③ 연성파괴 메커니즘 : 응답수정계수를 적용하지 않은 탄성설계수행으로 안정성 문제. 탄성지진력에 대하여 응답수정계수를 일괄적(R=상수, 0.8~5)으로 적용하여 단면력 결정

   ④ 기초 및 받침 설계 : 기초에 적용하는 R/2규정의 모호성으로 인한 설계오류 유발가능성 과도한 설계횡하중으로 인하여 설계가 어렵고 비경제적인 설계가 됨

2) 연성도 내진설계 주요내용

① 항복유효강성의 적용

교각의 강성을 항복점을 연결한 항복 유효강성을 사용하여 합리적으로 반영. 전단면강성($EI_g$)의 사용 시 변위가 지나치게 작게 계산되는 문제점을 보완. 단 항복유효강성을 구하기 위해 모멘트-곡률해석($EI_y = M_y / \phi_y$) 등의 재료비선형 해석의 간편성을 위해 근사해법 도입

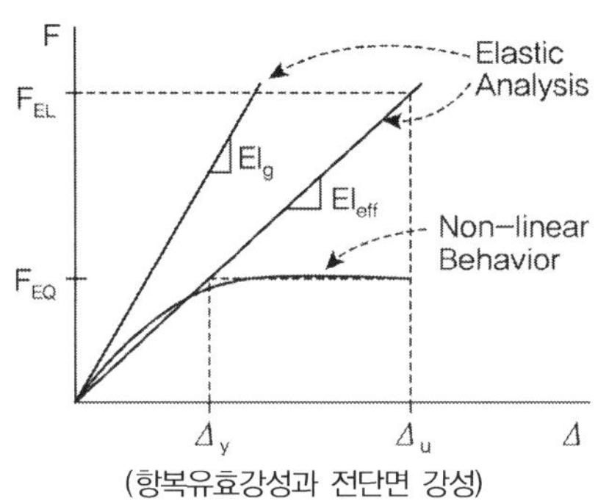


(항복유효강성과 전단면 강성)

② $P- \triangle$ 해석법

횡방향 변위를 고려하는 $P- \triangle$ 해석법을 도입하여 횡방향 최대변위(from 항복유효강성)의 1.5배에 축력을 곱하여 장주효과에 의한 2차 모멘트 고려

③ 교각의 설계강도와 강도감소계수 적용

철근의 실제항복강도가 설계기준 항복강도에 비해 매우 크며, 지진하중처럼 재하속도가 큰 경우 재료의 강도가 큰 점, 공칭 휨강도 계산 시 강도감소계수(0.7~0.85)를 적용하는 설계 휨강도가 실제 휨강도를 매우 저평가 하는 점 등을 고려

④ 반침과 기초의 설계지진력

기존 설계기준에서 연성파괴 메커니즘 유도를 위해서 응답수정계수의 1/2를 적용하여 기초 설계지진력을 결정하도록 하고 있으나 과도한 설계지진력으로 비효율적 설계가 됨으로 인해 철근 콘크리트 교각의 초과강도를 고려한 최대 소성힌지력을 대상으로 설계

⑤ 교각의 최대 소성힌지력

교각의 휨 초과강도를 고려하여 교각, 기초, 말뚝, 반침 등에 작용하는 최대전단력을 산정하여 교각과 상부구조 또는 하부구조와의 연결부분이 교각의 최대 소성힌지력 이상의 설계강도를 갖게 하여 연결부의 취성파괴를 방지하기 위해 최대 소성힌지력에 대한 규정을 제정. 휨 초과강도가 설계 시 휨강도보다 크게 되는 영향인자를 고려하여 다음의 2가지 방법으로 최대소성모멘트를 결정하도록 하였다.

(1) 재료 초과강도계수로 콘크리트에 대하여 1.7, 철근에 대하여 1.3을 적용하여 최대 소성모멘트를 해석한 후 최대소성힌지를 계산하는 방식

(2) 공칭휨강도에 휨 초과강도 계수를 곱하여 최대 소성 모멘트를 결정한 후 최대 소성힌지
력을 계산하는 간편하면서 안전측인 방식

⑥ 소요연성도(응답수정계수)를 고려한 심부구속 철근량 산정

기존 도로교설계기준 내진편에서는 교각의 거동을 탄성 또는 완전연성의 2가지 경우로 구분하였으며 설계지진하중에서 교각이 탄성범위를 넘게 될 것으로 예측되는 경우 소요연성도에 관계없이 무조건 완전연성을 만족하도록 심부구속철근을 배근하여야 한다. 즉, 탄성지진모멘트를 응답수정계수(R=2,3,5)로 나누어 단면의 설계강도 이하가 되도록 하고 설계기준에서 규정하고 있는 심부구속철근을 배근하도록 되어 있어 탄성지진 모멘트가 단면의 설계강도보다는 크지만 그 차이가 크지 않은 경우 응답수정계수의 적용 시 과도하게 안전측으로 비경제적인 설계가 될 수 있다.

| 구분 | 완전연성 내진설계법 | 연성도 내진설계법 |
|---|---|---|
| 개념 | 작용지진력이 탄성영역에 있으면 탄성설계를 하고 작용지진력이 탄성영역을 벗어나면 작용지진력에 일정한 응답수정계수(R)로 나누고 그에 따라 횡방향 철근 배근하는 소성설계개념<br>※ 탄성영역 초과비율에 관계없이 배근 | 교각의 소요연성도에 따라 필요한 만큼 횡구속 철근량을 결정함에 따라 한정연성구간에서 합리적인 양의 횡방향 철근을 배근하는 설계 개념 |
| P–M<br>상관도 | Axial Force, P / Moment, M / (2) ← (1) by (1)/R | Axial Force, P / Moment, M / (2) (1) by (1)/$R_{req}$ |
| 응답수정<br>계수 | $R$–Factor(상수)로 적용 | $R_{req} = M_{el}/\phi M_n$(변수)    $M_{el}$ : 탄성지진모멘트   $\phi M_n$ : 공칭휨강도 |

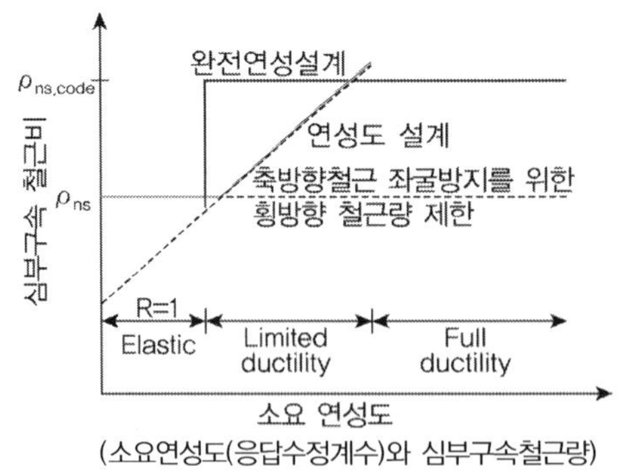


(소요연성도(응답수정계수)와 심부구속철근량)

중약진 지역에서 발생하는 이러한 문제점 해결을 위해 철근상세는 내진상세를 유지하면서 횡구

속 철근량은 연성 요구량에 따라 감소시키는 방법이 연성도 내진설계법이다. 연성도 내진설계에서는 교각의 소요연성도(Ductility demand, required ductility)에 따라 필요한 만큼의 횡구속 철근량을 결정하고 배근함으로써 한정연성(Limited ductility) 구간에서 합리적인 양의 횡방향 철근을 배근하는 설계 개념이다. 기존의 상수의 응답수정계수를 적용하는 것과는 달리 소요연성도를 고려하여 연성요구량(소요변위연성도 및 소요곡률연성도 등)에 따라 심부구속철근을 배근하는 방법으로 소요연성도 산정을 위한 과정이 추가된다.

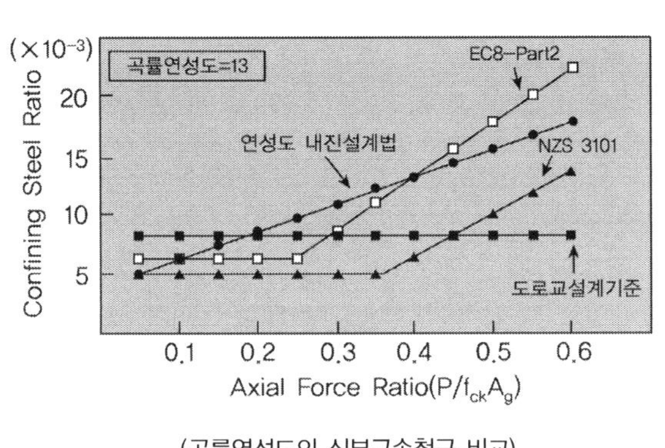


(곡률연성도의 심부구속철근 비교)

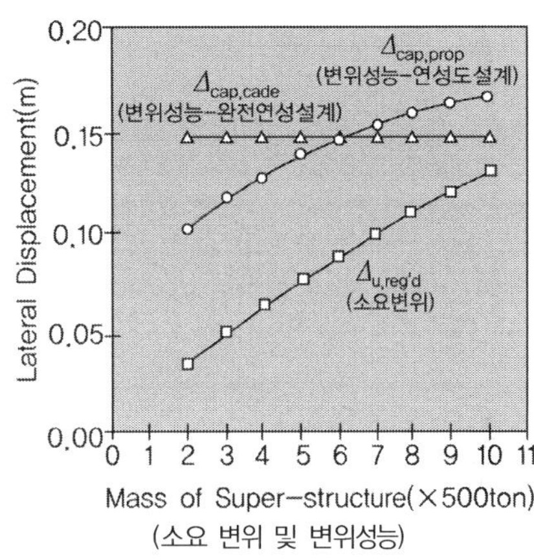


(소요 변위 및 변위성능)

⑦ 연성도 내진설계 절차

　(1) 중력방향 하중에 대한 교각설계(축방향 철근 결정)

　(2) 지진해석 및 단면강도해석(탄성지진모멘트 $M_{el}$ 및 설계휨강도 $\phi M_n$ 결정)

　(3) 소요 응답수정계수 결정($R_{req} = M_{el}/\phi M_n$)

　　(a) 원형 단면 : 기둥 단면의 두 축에 대한 소요연성도 중 큰 값

　　(b) 이외 단면 : 두 축에 대해 각각의 소요연성도를 독립적으로 결정

　(4) 소요 변위연성도(소요 응답수정계수, 주기 및 형상비를 고려하여 결정)

　　(a) 소요 응답수정계수 $R \leq 1.0$인 단부구역은 전단강도 검토, 횡방향 철근 배치

　　(b) 소요 응답수정계수 $R \geq 1.0$인 소성힌지구역의 소요 변위연성도는 다음에 따름

$$\mu_\triangle = \lambda_{DR} R_{req}, \quad \lambda_{DR} = (1 - \frac{1}{R_{req}})\frac{1.25\, T_s}{T} + \frac{1}{R_{req}}, \quad \mu_{\triangle.\max} = 2(L_s/h) \leq 5.0$$

　(5) 소요곡률연성도(소요변위연성도와 형상비를 고려하여 결정)

$$\mu_\phi = \frac{\mu_\triangle - 0.5\left[0.7 + 0.75\left(\dfrac{h}{L_s}\right)\right]}{0.13\left(1.1 + \dfrac{h}{L_s}\right)}, \quad h \text{ 단면최대 두께}, \ L_s \text{ 기둥형상비 기준 기둥길이}$$

(6) 소요심부 구속철근량(소요곡률연성도, 축력비, 재료강도, 축방향 철근비를 고려하여 결정)

$$A_{sp} = \frac{\rho_s s d_c}{4}$$

$$\rho_s = 0.008\alpha\beta\frac{f_{ck}}{f_{yh}} + \gamma, \quad \alpha = 3(\mu_\phi + 1)\frac{P_u}{f_{ck}A_g} + 0.8\mu_\phi - 3.5, \quad \beta = \frac{f_y}{350} - 0.12, \quad \gamma = 0.1(\rho_l - 0.01)$$

(7) 횡방향 철근 설계(철근량, 간격, 상세결정)

(8) 전단설계(변위연성도를 변수로 한 전단강도 검토)

$$V_n = V_c(콘크리트) + V_s(전단철근) + V_p(축력)$$

$$V_c = k\sqrt{f_{ck}}\,A_e, \quad k = 0.3 - 0.1(\mu_\Delta - 2)$$

$$V_s = \frac{A_v f_{yh} D_c}{s}\,(띠철근), \quad \frac{\pi}{2}\frac{A_{sp} f_{yh} D_c}{s}\,(나선, 원형 후프띠), \quad \frac{\sum A_{cd} f_{yh} l_{ct}}{s}\,(원형 후프+ 보강띠철근)$$

$$V_p = 0.15\frac{P_u h}{L_s}$$

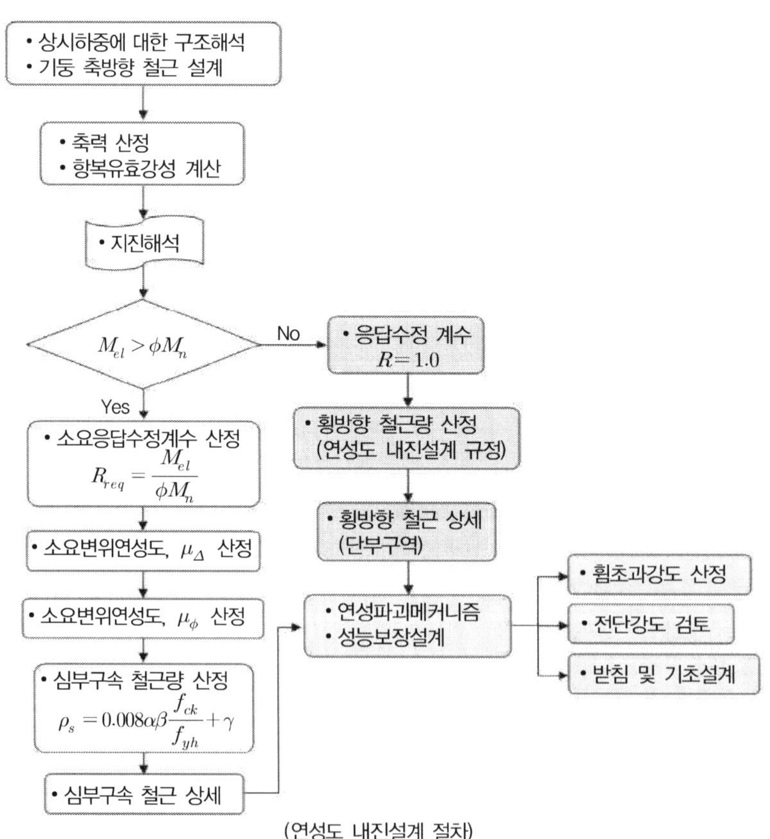


(연성도 내진설계 절차)

2011 도로공사 설계실무자료집

## ▶ 완전연성 내진설계법의 문제점

① 힘의 비율(단면력 : 작용력)에 관계없이 일률적인 철근 배근

② 후프띠철근을 용접 또는 기계적 이음으로 할 경우 고가

③ 후프띠철근을 갈고리 및 겹이음을 고려하여 보강띠철근을 시공할 경우 철근량 과다로 시공성 불량

| 완전연성 내진설계법의 심부구속 철근량 산정방법 | |
|---|---|
| 원형기둥 | 사각기둥 |
| 나선철근비를 다음 값 중 큰 값<br><br>$\rho_s = 0.45\left[\dfrac{A_g}{A_c}-1\right]\dfrac{f_{ck}}{f_y}$ , $\rho_s = 0.12\dfrac{f_{ck}}{f_y}$<br><br>$A_s = \dfrac{\rho_s s d_c}{4}$ , $s$ : 횡방향 철근 간격, $d_c$ : 피복두께 | 횡방향 철근의 총단면적 $A_{sh}$ 는 다음 값 중 큰 값<br><br>$A_{sh} = 0.30ah_c\left[\dfrac{A_g}{A_c}-1\right]\dfrac{f_{ck}}{f_y}$ , $A_{sh} = 0.12ah_c\dfrac{f_{ck}}{f_y}$<br><br>$a$ : 띠철근 수직간격(최대 150mm)<br>$h_c$ : 띠철근 기둥의 고려하는 방향으로 심부의 단면치수(mm) |

## ▶ 완전연성 내진설계법 및 연성도 내진설계법의 비교

| 구분 | 완전연성 내진설계법 | 연성도 내진설계법 |
|---|---|---|
| 개념 | 작용지진력이 탄성영역에 있으면 탄성설계를 하고 작용지진력이 탄성영역을 벗어나면 작용지진력에 일정한 응답수정계수(R)로 나누고 그에 따라 횡방향 철근 배근하는 소성설계개념<br>※ 탄성영역 초과비율에 관계없이 배근 | 교각의 소요연성도에 따라 필요한 만큼 횡구속 철근량을 결정함에 따라 한정연성구간에서 합리적인 양의 횡방향 철근을 배근하는 설계 개념 |
| | 도로교설계기준(2010) 6.3.4 및 6.8.3 | 도로교설계기준(2010) 부록 |
| P–M 상관도 | | |
| 응답수정계수 | R–Factor(상수)로 적용 | $R_{req} = M_{el}/\phi M_n$ (변수)<br>$M_{el}$ : 탄성지진모멘트<br>$\phi M_n$ : 공칭휨강도 |
| 소요 연성도 와 철근비 관계 | | Elastic : 탄성영역<br>Limited ductility : 한정연성구간<br>Full ductility : 완전연성구간 |

## ▶ 연성도 내진설계법 주요내용

| 구분 | 내용 |
|---|---|
| 적용<br>범위 | 압축강도 50MPa 이하 철근 콘크리트 기둥의 내진설계에 적용 |
| 소요<br>연성도 | 기둥의 소성힌지 영역에 필요한 심부구속 철근량 산정하기 위한 소요연성도<br>종류 : 소요곡률연성도, 소요변위연성도<br><br>소요응답계수 : $R_{req} = M_{el}/\phi M_n$<br><br>$R_{req} < 1.0$ : 도로교설계기준(2010) 6.8.3.3에 해당 요구조건을 만족할 수 있도록 최소 횡방향 철근 배근<br>$R_{req} \geq 1.0$ : 소요 변위연성도 및 소요 곡률연성도 산정하여 심부구속 횡방향 철근량 산정 |
| 심부구속<br>횡방향<br>철근량 | $$A_s = \frac{\rho_s s d_c}{4}, \quad \rho_s = 0.08\alpha\beta\frac{f_{ck}}{f_y}+\gamma$$<br>$\alpha, \beta, \gamma$ : 횡방향 철근비 산정을 위한 계수로 $\alpha$는 소요연성도에 따라 달라짐 |

| 교각<br>휨강성 | 2005 도로교설계기준 | 2010 도로교설계기준 |
|---|---|---|
| | 강성에 대한 기준이 없음<br>☞ 실무에서는 전단면 강성($EI_g$) 적용으로 변위가 지나치게 작게 계산되어 작용지진력이 커짐 | 항복 유효강성($EI_y$) 적용<br>☞ 교각 강성에 대한 규정을 추가하여 합리적인 설계 유도 |

| 세부적용 | 탄성지진모멘트($M_{el}$)는 P-$\Delta$효과 고려<br>기대효과 : 심부구속 철근량의 약 50% 이상 절감 |
|---|---|

| 2005 설계법(R=3) | 2010 설계법(R=1.464) |
|---|---|

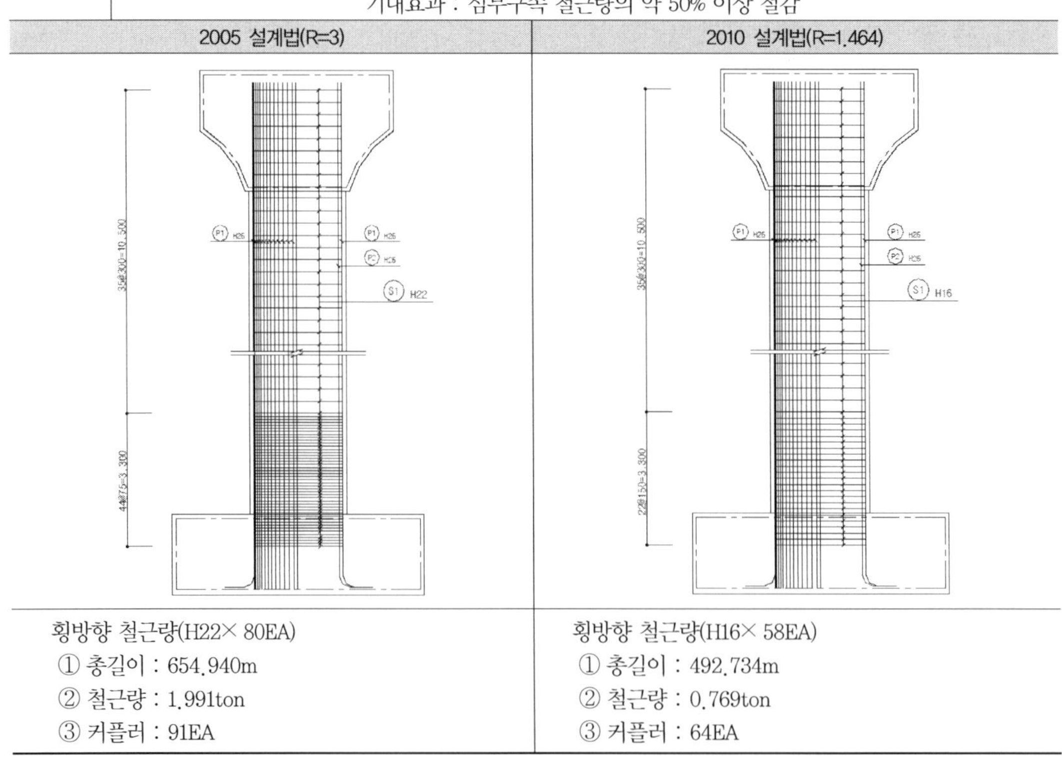

| 2005 설계법(R=3) | 2010 설계법(R=1.464) |
|---|---|
| 횡방향 철근량(H22× 80EA)<br>① 총길이 : 654.940m<br>② 철근량 : 1.991ton<br>③ 커플러 : 91EA | 횡방향 철근량(H16× 58EA)<br>① 총길이 : 492.734m<br>② 철근량 : 0.769ton<br>③ 커플러 : 64EA |

연성도 내진설계 적용 예 (2008 대한토목학회지 철근콘크리트 교각의 연성도 내진설계법 소개와 적용)

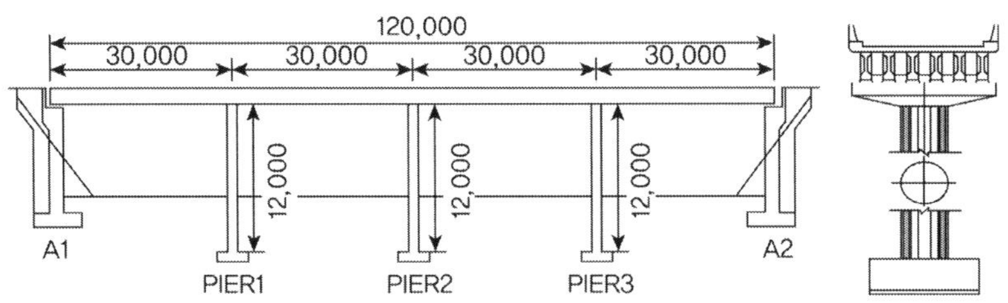

[4경간 연속 PSC 교량]

① 교각 형식 : T형 RC교각(형상비 4.0)

② 교각 상세 : 교축방향 지진하중에 저항하는 교각 Pier 2 (캔틸레버 형식)

③ 콘크리트 압축강도 $f_{ck} = 24MPa$

④ 축방향 철근/횡철근 항복강도 : $f_y = 300MPa$, $f_{yh} = 300MPa$

⑤ 축방향 철근비 : $\rho_l = 0.01$

⑥ 내진설계조건 : 내진1등급, 지반종류 II

[지진해석 수행결과]

① 주기 $T = 0.82sec$  ② 작용축력 $P_u = 170kN$

③ 탄성지진모멘트 $M_{el} = 822kNm$  ④ 설계휨강도 $\phi M_n = 356kNm$

⑤ 소요응답수정계수 $R_{req} = M_{el}/\phi M_n = 2.31$

1) STEP 1 : 교각의 단면설계

자량하중 등 상시하중에 대하여 교각의 단면형상, 단면의 크기, 축방향 철근을 결정

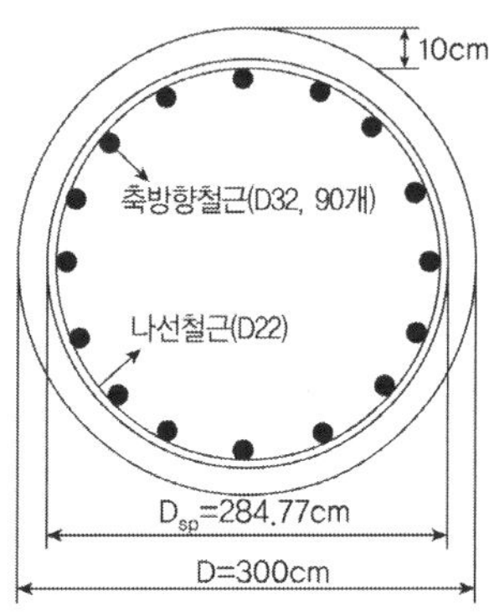

2) STEP 2 : 소요응답수정계수 결정

상시하중에 대하여 설계된 교각 단면에 대해 축력을 고려한 설계휨강도($\phi M_n$)를 구하고 지진해석을 통해 탄성지진모멘트($M_{el}$)를 구한 후 축력과 모멘트 상관도를 이용하여 소요응답수정계수 $R_{req}$값을 산정한다. ($R_{req} = M_{el}/\phi M_n = 2.31$)

3) STEP 3 : 소요변위연성도 $req \; \mu_\Delta$ 결정

$R_{req}$가 1.0을 초과하는 경우 $req \; \mu_\Delta = \lambda_{DR} R_{req}$에 따라 결정한다. 단 $req \; \mu_\Delta$는 5.0을 초과하지 않아야 한다. 교량의 주축방향 1차 모드 주기 $T$가 통제주기 $T_s$의 1.25배보다 작은 단주기 교량의 경우에는 변위연성도–응답수정계수 상관관계 $\lambda_{DR}$을 아래의 식을 이용하여 결정하고 그 외의 장주기 교량의 경우 $\lambda_{DR}$을 1.0으로 한다. 이때 통제주기 $T_s$는 지반의 종류에 따라 I(0.33초), II(0.44초), III(0.61초), IV(0.94초)를 적용한다.

$$\lambda_{DR} = \left(1 - \frac{1}{R_{req}}\right)\frac{1.25\,T_s}{T} + \frac{1}{R_{req}} \quad (\text{단주기 교량})$$

주어진 예제에서 $T = 0.82^{\mathrm{sec}} > 1.25\,T_s = 0.55^{\mathrm{sec}}$ (지반 II, 장주기 교량), $\quad \lambda_{DR} = 1.0$

$$\therefore req \; \mu_\Delta = \lambda_{DR} R_{req} = 1.0 \times 2.31 = 2.31$$

4) STEP 4 : 소요곡률연성도 $req \; \mu_\phi$ 결정

$$\mu_\Delta = 0.13\left(1.1 + \frac{h}{L_s}\right)\mu_\phi + 0.5\left[0.7 + 0.75\left(\frac{h}{L_s}\right)\right] \text{로부터}$$

$$req \; \mu_\phi = \frac{\mu_\Delta - 0.5\left[0.7 + 0.75\left(\dfrac{h}{L_s}\right)\right]}{0.13\left(1.1 + \dfrac{h}{L_s}\right)} = \frac{2.31 - 0.5\left[0.7 + 0.75\left(\dfrac{3000}{12000}\right)\right]}{0.13\left(1.1 + \dfrac{3000}{12000}\right)} = 10.63$$

5) STEP 5 : 소요횡구속 철근비 결정

$$\alpha = \left[3(\mu_\phi + 1)\frac{P_u}{f_{ck}A_g} + 0.8\mu_\phi - 3.5\right], \quad \beta = \frac{f_y}{350} - 0.12, \quad \gamma = 0.1(\rho_l - 0.01)$$

$$A_{sh} = 0.9ah_c\rho_s = 0.9ah_c\left[0.014\frac{f_{ck}}{f_{yh}}\left(\frac{A_g}{A_c} - 0.6\right)\alpha\beta + \gamma\right]$$

$$\rho_s = \left[0.014\frac{f_{ck}}{f_{yh}}\left(\frac{A_g}{A_c} - 0.6\right)\alpha\beta + \gamma\right] = 0.014\frac{24}{300}\left(\frac{70685.83}{63691} - 0.6\right)\times 8.493 \times 0.737 + 0$$

$$= 0.0036$$

6) STEP 6 : 횡구속 철근 설계

소요횡구속 철근비가 결정되면 횡구속 철근의 크기를 선택한 후 심부구속 철근의 간격을 결정한다. 이때 횡구속 철근은 심부콘크리트에 대한 구속효과 및 축방향 철근의 좌굴방지를 위하여 수직 간격을 제한할 필요가 있으므로 축방향 철근 지름의 6배 이하로 한다.

$$s_{req} = \frac{4A_{sp}}{\rho_s D_{sp}} = \frac{4 \times 3.871}{0.0036 \times 284.77} = 151mm \leq 6d_b = 6 \times 31.8 = 190.8mm$$

$\therefore$ D22@150mm 사용

7) 도로교설계기준 2008 심부구속 철근량 비교

$$\rho_s = 0.45\left[\frac{A_g}{A_c} - 1\right]\frac{f_{ck}}{f_{yh}} = 0.45\left[\frac{70685.83}{63691} - 1\right]\frac{24}{300} = 0.00395, \quad \rho_s = 0.12\frac{f_{ck}}{f_{yh}} = 0.0096$$

$$\therefore \rho_s = 0.0096 \qquad s_{req} = \frac{4A_{sp}}{\rho_s D_{sp}} = \frac{4 \times 3.871}{0.0096 \times 284.77} = 56mm$$

**TIP** | 소성힌지의 특성 |

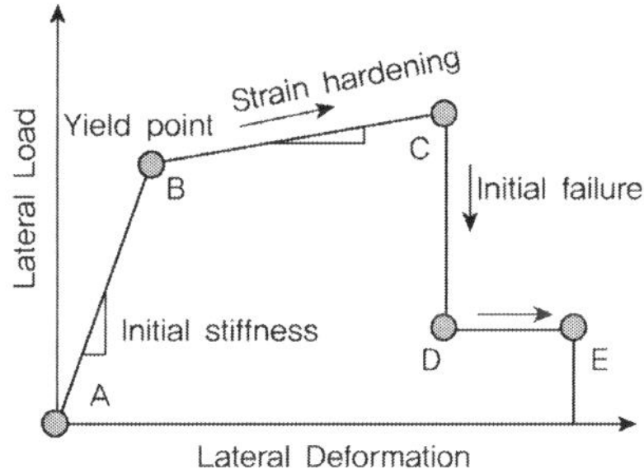


| 구분 | 이력거동 |
|---|---|
| A | 하중이 재하되지 않은 상태 |
| A–B | 부재의 초기강성(Initial stiffness) 상태 구간, 재료특성, 부재치수, 철근량, 경계조건, 응력과 변형수준에 따라 결정, 균열상태 포함 |
| B | 공칭항복강도(Nominal yield strength) 상태 |
| B–C | 변형경화(Strain Hardening) 구간, 일반적으로 초기강성의 5~10%를 가지며 인접한 부재와의 내력 재분배에 영향 |
| C | 공칭강도(Nominal strength), 부재내력에서 강도저하가 시작되는 시점 극한한계상태로 볼 수 있으며 소성힌지 영역에서 횡구속 철근의 파괴 |
| C–D | 부재의 초기파괴(Initial failure) 상태, 철근 콘크리트부재의 경우에 주근의 파단(fracture)되거나 콘크리트가 파손(spalling)되는 상태, 철골부재의 경우 전단내력이 급격하게 감소 |
| D–E | 잔류저항(Residual resistance) 상태, 공칭강도의 20% 수준저항 |
| E | 최대 변형능력, 중력하중을 더 이상 받을 수 없는 상태 |

## 내진설계 해석방법과 지진력에 대한 설계방법

구조물 내진설계 시 지진력 산정을 위한 해석방법에 대해 정적, 동적으로 구분하여 상세히 설명하고 설계 지진력에 따른 구조물 설계 시 대책방안에 대하여 설명하시오.

### 풀 이

#### ➤ 개요

구조물의 내진설계 해석방법은 먼저 일반적으로 재료(Material), 지점(Boundary condition), 기하학적 형상(Geometry) 등에서의 탄성 또는 비탄성인지 여부 및 그 범주를 고려하는지에 따라 탄성해석방법(Elastic Analysis Method)과 비탄성해석방법(Nonlinear Analysis Method)으로 분류될 수 있으며, 지진력에 대해서는 정적하중으로 고려할 것인지 시간에 따라 변하는 하중을 고려할 것인지에 따라서 동적해석방법으로 구분할 수 있다. 통상적으로 도로교설계기준에서는 200m 미만의 교량에 대해서는 동적해석방법인 다중 모드 응답스펙트럼 해석법을 고려하도록 하고 있으며 구조물의 내진설계 시 고려되는 해석방법은 다음과 같다.

- 정적해석 – 등가정적해석법(Equivalent Static Analysis Method)
- 동적해석법(Dynamic Analysis Method)
    - 응답스펙트럼해석법 : 모드해석법(단일, 다중)
    - 시간이력해석법 : 시간영역　→ 직접적분법, 모드해석
　　　　　　　　　　진동수영역　→ 푸리에 변환법

#### ➤ 구조물의 내진설계 해석방법

1) 정적(탄성)해석법 : 등가정적해석법(Equivalent Static Analysis Method)

정적해석법이라고 하는 것은 흔히 등가정적해석법이라고도 한다. 실제 지진하중을 등가의 정적하중으로 치환하여 정적해석을 수행하는 방법으로 중요도계수, 지역계수, 지반계수, 수정응답계수 등을 고려하여 탄성지진 응답계수($C_s$)를 통해 고려된다.

2) 동적해석법

구조물의 진동 모드를 이용하여 응답을 산정하는 방법으로 모드 해석법은 크게 응답스펙트럼해석법과 시간이력해석법으로 구분할 수 있다.

① 응답스펙트럼해석법(Response spectrum analysis method)
다자유도계 시스템을 단자유도계 시스템의 복합체로 가정하여 수치적분 과정을 통해 준비된

임의의 주기 또는 진동수 영역 내에서 최대 응답치에 대한 스펙트럼(변위, 속도, 가속도)을 이용하여 조합 해석하는 방법으로 설계용 응답스펙트럼을 이용하여 내진설계에 주로 이용된다. 응답스펙트럼해석법에서는 임의의 모드에서의 최대 응답치를 각 모드별로 구한 다음 적정한 조합방법을 이용하여 조합함으로써 최대 응답치를 예상할 수 있다. 임의 주기치에 대한 스펙트럼 데이터가 입력되면 해석된 고유주기에 해당하는 스펙트럼 값을 찾기 위해 선형보간법을 사용하기 때문에 스펙트럼 곡선의 변화가 많은 부위에 대하여 가능한 한 세분화된 데이터를 사용한다. 그리고 스펙트럼 데이터의 주기범위는 반드시 고유치 해석 시 산출된 최소, 최대 주기범위를 포함할 수 있도록 입력되어야 한다. 내진해석 시 사용되는 스펙트럼 데이터는 동적 계수항과 지반 계수항을 고려하여 입력하고 매 해석 시에는 조건에 따라 변할 수 있는 지역계수, 중요도계수만 스케일 factor로 입력하여 사용한다. 산정된 모드별 응답에 대해서는 모드 중첩법(Mode superposition method)이 적용되는데 SRSS, ABS, CQC 등의 방법을 이용하여 중첩을 하게 된다.

② 시간이력해석법(Time History Analysis Method)

시간이력해석법은 구조물에 지진하중이 작용할 경우에 동적평형방정식의 해를 구하는 것으로 구조물의 동적특성과 가해지는 하중을 사용하여 임의의 시각에 대한 구조물의 거동(변위, 부재력 등)을 계산하는 방법이다. 일반적으로 대규모의 지진이 발생하면 대부분의 구조물은 비탄성 거동을 보이며 이 경우에 대해서는 단순한 응답스펙트럼해석만으로는 구조물의 응답특성을 정확히 규명하기 어렵다. 이러한 경우에 시간이력해석을 통하여 구조물의 최대부재력 및 최대변위를 검토할 필요가 있다.

3) 기타 : 비탄성해석방법

대규모 지진은 구조물과 각 부재의 비탄성 거동을 유발하므로 정확한 구조물의 응답을 구하기 위해서는 비탄성해석(Inelastic analysis)이 필요하다. 현재까지는 구조물의 비탄성거동을 가정하여 감소된 지진하중에 대하여 설계하는 법이 사용하고 있으나 이러한 해석 및 설계방법의 한계를 인식하면서 비탄성 해석 및 설계기법이 개발되고 있으며 보다 정확한 해석이 요구되고 있는 기존 구조물의 성능평가를 중심으로 사용되고 있다. 이 해석방법은 실무적으로 사용하기에는 어려운 해석 및 설계방법을 사용하기 때문에 아직까지 보편적이지는 않고 있다.

• 정적 비선형 해석(Static Nonlinear Analysis) : 성능스펙트럼법, 직접변위설계법 등
• 동적 비선형 해석(Dynamic Nonlinear Analysis) : 직접적분법

## ▶ 구조물 설계 시 대책방안

설계지진력에 따라서 구조물을 설계하는 방법은 크게 내진설계와 면진설계, 제진설계로 구분할 수 있다. 넓은 의미에서의 내진설계는 내진, 면진, 제진을 모두 포함하지만 국소적인 의미에서의 내진 (Seismic resistance)은 구조물이 지진력에 저항할 수 있도록 설계하는 것을 의미한다. 면진 (Seismic isolation)은 지진력을 흡수하지 않고 오히려 구조물의 동적특성을 통해 지진력을 반사 할 수 있도록 구조물을 설계하는 것이며, 제진(Vibration control)은 입사하는 지진에 대항하여 반 대의 하중을 가하거나 감쇠장치를 사용하여 지진에너지를 소산하는 능동적 개념의 구조물 설계를 말한다.

### 1) 내진구조

내진구조란 구조물을 지진력에 대한 저항력을 높게 하여 지진 시 구조물에 지진력이 작용하면 이 지진력에 대항하여 구조물이 감당하도록 하는 개념이다. 즉, 부재의 강성 및 강도의 증가 그리고 연성도의 증가를 통해 구조물에 작용하는 지진력에 대한 내성을 높이는 개념이다. 많은 연구를 통하여 내진설계 시 소성설계(plastic design) 개념이 도입되어 구조물의 강성이나 인성을 적절히 적용하여 경제성을 도모토록 발전되었다.

### 2) 면진 구조

내진설계에 사용할 지진에 대해서 그 특성을 정확히 파악할 수 없으나 지금까지 관측된 지진파를 통계적으로 분석하여 일반적인 경향을 파악하게 되었으며, 관측된 지진특성은 단주기 성분이 강 하고 장주기 성분은 약하다는 특성이 있다. 또한 지진과 구조물의 진동수가 같거나 비슷할 경우 에는 공진현상이 발생할 수 있으므로 구조물의 고유주기가 입력지진의 주기성분과 비슷한 경우에 구조물 응답이 증폭하여 큰 피해가 발생할 수 있어 이러한 입력지진의 특성을 이용하여 구조물의 고유주기를 지진의 탁월주기(Predominant Period) 대역과 어긋나게 하여 지진이 구조물에 상대 적으로 적게 전달되도록 설계하는 개념이다. 예를 들어 초고층건물이나 교각이 높은 교량의 경우 구조물 자체의 고유주기가 충분히 길기 때문에 자동으로 면진구조물의 역할을 하게 되지만 저층 건물이나 교각의 강성이 큰 교량의 경우 지반과의 연결부에 적층고무 등을 삽입하여 구조물의 고 유주기를 강제적으로 늘리기도 한다.

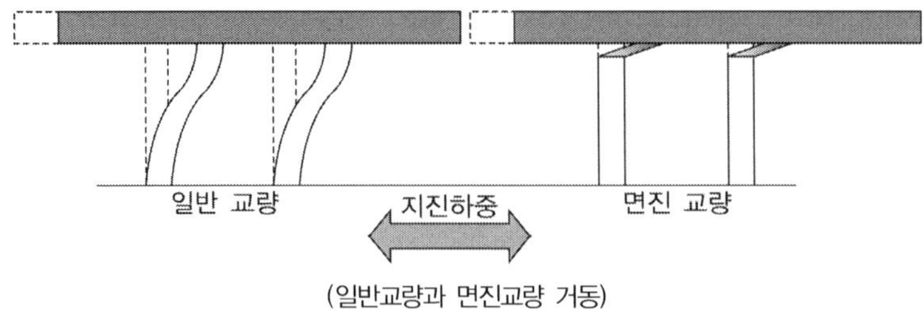


(일반교량과 면진교량 거동)

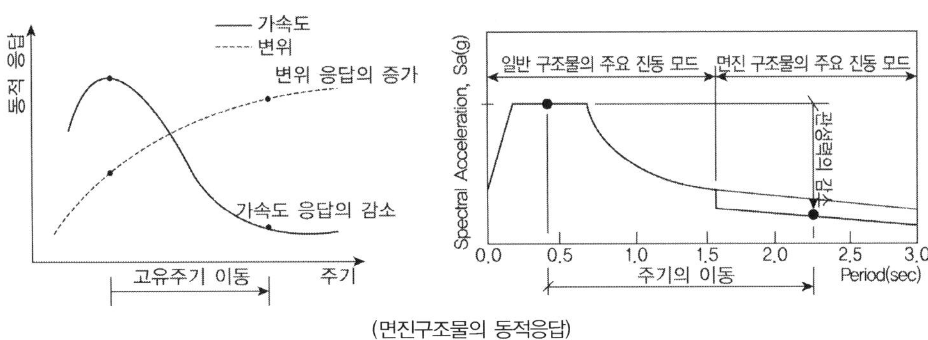



(면진구조물의 동적응답)

## 3) 제진 구조

제진구조는 구조물의 진동 감지 장치를 구조물 자체에서 갖추고 구조물의 내부나 외부에서 구조물의 진동에 대응한 제어력을 가하여 구조물의 진동을 저감시키는 방법과, 구조물의 내부나 외부에서 강제적인 제어력을 가하지는 않으나 구조물의 강성이나 감쇠 등을 입력진동의 특성에 따라 순간적으로 변화시켜 구조물을 제어하는 방법을 적용한 구조를 말한다.

제진구조는 수동적(Passive) 제진과 능동적(Active) 제진으로 크게 구분할 수 있으며 수동적 제진은 외부에서 힘을 더하는 일이 없이 구조물의 진동을 억제하는 것으로 일반적으로 구조물이 진동에너지를 흡수하기 위한 감쇠(Damper) 장치를 구조물의 적정 위치에 설치하는 것이다. 이에 비해 능동적 제진은 외부에서 공급되는 에너지를 이용하여 진동을 저감하는 것으로 전기식 또는 유압식 등의 가력장치(Actuator)를 사용하여 구조물에 제어력을 가하는 것이다.

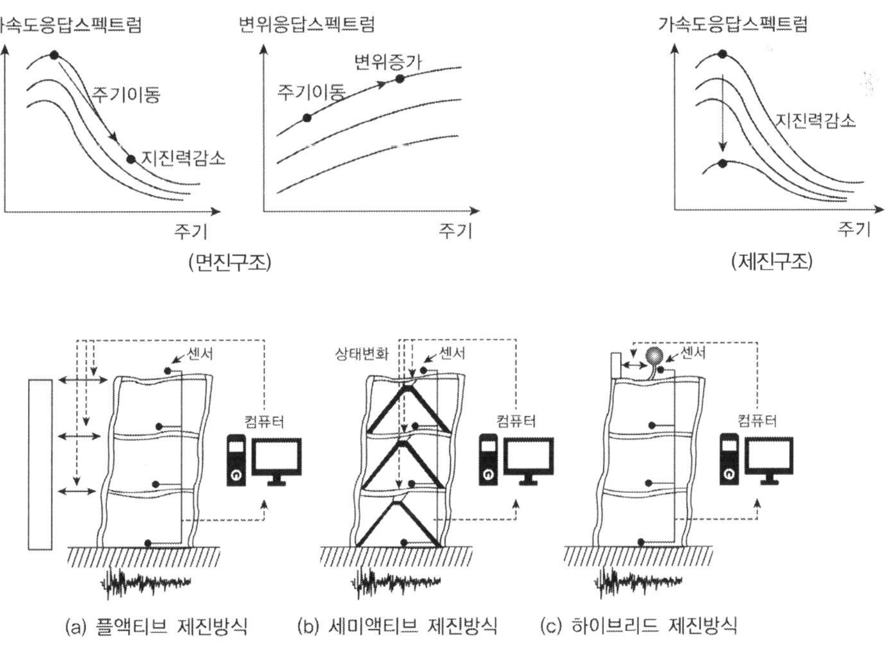

## 탄성 동적응답 해석

도로교의 탄성 동적응답 해석 시 고려사항

**풀 이**

### ▶ 개요

구조물의 해석방법은 일반적으로 재료(Material), 지점(Boundary condition), 기하학적 형상 (Geometry) 등에서의 탄성 또는 비탄성인지 여부 및 그 범주를 고려하는지에 따라 탄성해석방법 (Elastic Analysis Method)과 비탄성해석방법(Nonlinear Analysis Method)으로 분류될 수 있다. 또한, 정적하중으로 고려할 것인지 시간에 따라 변하는 하중을 고려할 것인지에 따라서 동적해석 방법으로 구분할 수 있으며 통상적으로 도로교설계기준에서는 내진설계 시 200m 미만의 교량에 대해서는 탄성 동적응답해석법인 모드 해석법을 고려하도록 하고 있다.

### ▶ 탄성 동적응답 해석 시 고려사항

등가정적해석법과 달리 동적응답 해석법은 시간에 따라 변화하는 구조물의 응답과 하중을 고려한 다. 따라서 구조물의 동적응답을 얼마나 잘 묘사하는지가 중요하다. 일반적으로 동적응답 해석법 은 응답스펙트럼 해석법인 모드해석법(단일, 다중)과 시간이력 해석법으로 구분된다. 모드해석법 의 경우 구조물에 주된 진동 모드를 결정하고 이에 대한 외력에 대한 동적응답의 해를 구하는 방 법으로 모드의 수를 얼마나 구분하는지에 따라 단일 모드와 다중 모드로 구분된다.

응답스펙트럼해석법은 다자유도계 시스템을 단자유도계 시스템의 복합체로 가정하여 수치적분 과정을 통해 준비된 임의의 주기 또는 진동수 영역 내에서 최대 응답치에 대한 스펙트럼(변위, 속 도, 가속도)을 이용하여 조합 해석하는 방법으로 설계용 응답스펙트럼을 이용하여 내진설계에 주 로 이용된다. 응답스펙트럼해석법에서는 임의의 모드에서의 최대 응답치를 각 모드별로 구한 다 음 적정한 조합방법을 이용하여 조합함으로써 최대 응답치를 예상할 수 있다. 임의 주기치에 대 한 스펙트럼 데이터가 입력되면 해석된 고유주기에 해당하는 스펙트럼값을 찾기 위해 선형보간법 을 사용하기 때문에 스펙트럼 커브의 변화가 많은 부위에 대하여 가능한 한 세분화된 데이터를 사용한다. 그리고 스펙트럼 데이터의 주기범위는 반드시 고유치 해석 시 산출된 최소, 최대 주기 범위를 포함할 수 있도록 입력되어야 한다. 내진해석 시 사용되는 스펙트럼 데이터는 동적 계수 항과 지반 계수항을 고려하여 입력하고 매 해석 시에는 조건에 따라 변할 수 있는 지역계수, 중요 도계수만 스케일 factor로 입력하여 사용한다. 산정된 모드별 응답에 대해서는 모드중첩법(Mode superposition method)이 적용되는데 SRSS, ABS, CQC 등의 방법을 이용하여 중첩을 하게 된다. 도로교설계기준에서는 CQC방법을 이용한 조합을 원칙으로 하고 있다.

케이블 교량과 같이 시간에 따라 비선형적인 요소가 많거나 특별히 매우 중요한 교량에 대해서는 시간이력해석법을 이용할 수 있다. 시간이력해석법은 구조물에 지진하중이 작용할 경우에 동적평형방정식의 해를 구하는 것으로 구조물의 동적특성과 가해지는 하중을 사용하여 임의의 시각에 대한 구조물의 거동(변위, 부재력 등)을 계산하는 방법이다. 일반적으로 대규모의 지진이 발생하면 대부분의 구조물은 비탄성 거동을 보이며 이 경우에 대해서는 단순한 응답스펙트럼해석만으로는 구조물의 응답특성을 정확히 규명하기 어렵다. 이러한 경우에 시간이력해석을 통하여 구조물의 최대부재력 및 최대변위를 검토할 필요가 있다.

도로교의 탄성 동적응답 해석 시에는 적절한 해석방법을 정하는 것이 매우 중요하다. 다중모드해석법이나 시간이력해석법의 경우 해석을 위한 시간 소요가 길고 복잡하며, 별도의 지진파형 등을 조합해야 하는 등의 많은 노력이 필요하기 때문에 구조물의 중요도 등에 따라 적절한 해석 방법을 선정하는 것이 필요하다.

동적해석방법별 특징

| 해석방법 | | 주요 특징 |
|---|---|---|
| 응답 스펙트럼 해석법 | 단일 모드 해석법 | • 구조물의 형상이 단순하여 기본 모드가 구조물의 동적거동을 대표할 수 있는 경우<br>• 교량의 기본 주기로부터 탄성지진력 및 변위를 예측<br>• 동역학에 대한 깊은 지식이 없어도 쉽게 적용 가능한 간략한 해석법이며 수 계산이 가능<br>• 형상이 단순한 단순교나 연속교에 적용 가능<br>• 일반적으로 다른 해석법에 비해 응답값이 크게 산정됨<br>• 구조물의 형상이 복잡하여 기본 모드 이외의 모드들에 의한 영향이 큰 경우는 적용이 어려움 |
| | 복합 모드 해석법 | • 기본 모드 이외의 모드들이 구조물의 동적거동에 대한 기여도가 큰 경우에 사용<br>• 여러 개의 진동모드가 구조물 전체의 거동에 기여<br>• 선형해석프로그램을 이용하여 해석<br>• 일반적으로 중간 정도 지간의 연속교에 적용하며 해석모델을 잘 선택할 경우, 장대교와 특수교량에도 적용 가능<br>• 시간이력해석법에 비해 시간과 노력을 적게 들이고도 정밀한 해석결과를 얻을 수 있음<br>• 기하학적인 형상이 복잡하여 직교좌표축으로 모드를 분리하기 힘든 교량에 대해서는 적절한 응답값을 기대하기 어려움 |
| 시간이력해석법 | | • 하중의 지속기간이 짧을 경우<br>• 모드 간의 구분이 명확하지 않아 Coupling 모드가 나타나기 쉬운 경우<br>• 높은 안전성이 요구되어 비선형 해석을 필요로 하는 경우<br>• 입력 데이터로 실측된 지진파형이나 인공파형이 필요<br>• 선형 또는 비선형 해석 프로그램을 이용하여 해석<br>• 응답해석에 필요한 모드의 개수가 많을 경우 효과적(모드 중첩법)<br>• 동적 비선형 해석 가능(직접 분석법)<br>• 예상되는 지반운동을 정확히 예측하기가 어렵기 때문에 기존의 지진기록이나 합성된 지진기록을 사용하여야 하므로 해석 및 결과분석에 많은 시간과 노력이 필요 |

### 동적 가진력의 특징

교량의 동적해석 모델링 시 고려하여야 할 구조물과 동적 가진력의 특성

## 풀 이

### ▶ 개요

동적해석은 정적해석과 달리 시간에 따라 변하는 작용하중(외력)과 이에 의한 시간에 따라 변하는 구조물의 응답(변위, 속도, 가속도, 응력 등)을 다룬다. 교량과 같은 구조물은 하나 이상의 중요한 변위형상을 갖고 있을 수 있으며 이 경우 다양한 변위 형상을 고려하기 위해서 구조물을 단자유도계가 아닌 다자유도계로 근사해야 할 필요가 있다. 그러나 동적해석은 일정 시간 동안 구조물의 응답을 구한 후 최댓값, 평균값, 주기 등의 동적특성을 조사하므로 많은 해석시간이 소요되기 때문에 도로교설계기준에서는 단순교의 경우 등가정적해석법을 이용할 수 있도록 하고, 장경간교의 경우 응답스펙트럼해석법과 같은 동적해석을 이용하도록 하고 있다.

### ▶ 동적모델링을 고려하는 교량 구조물

도로교설계기준에서는 재료(Material), 지점(Boundary condition), 기하학적 형상(Geometry) 등의 고려와 함께 시간에 따라 변하는 하중의 영향을 고려하기 위해 동적해석을 위한 교량을 200m 미만의 교량에 대해서는 단일 모드 응답스펙트럼해석법을 기본으로 하고 다중모드해석법도 고려하도록 하고 있다. 이는 실제 구조물을 다자유도계로 모형화할 경우 보통 많은 자유도를 사용하게 되며, 자유도가 증가함에 따라 동적해석에 소요되는 시간은 기하급수적으로 증가하므로 효율적인 동적해석을 수행하기 위해서 적절한 자유도를 선정하여 해석모형을 작성하는 것이 필요하기 때문이다. 이러한 동적해석과정에서 자유도를 줄이는 효과적인 방법 중에 하나로 도로교설계기준에서 제시하고 있는 방법이 구조물의 중요한 자유진동 모드 벡터들을 이용하는 '모드 중첩법(Mode superposition method)'이다.

### ▶ 동적 가진력의 특징

동적해석을 수행할 때에는 시간에 따라 변하는 구조물과 하중의 특성을 고려하도록 하고 있는데 이는 진동으로 인해 동적하중이 가진될 수 있기 때문이다. 유연도가 높은 교량을 제외하고 일반적인 교량에서는 차량이나 풍하중에 의한 진동 특성은 고려하고 정적하중으로 고려된다. 그러나 내진설계 시에는 질량분포, 강성도의 분포, 감쇠 특성, 가진되는 진동수의 특성, 지속 시간, 작용 방향 등의 동적 가진력의 특성을 포함하도록 하고 있다. 응답과 관련해서 모든 모드 형상이 나타내기 위해서는 충분한 자유도를 사용해야 하며 질량의 실제 분포 특성 등을 근사화해야 한다.

## 응답스펙트럼법 – 모드조합 방법

지진해석을 위해 응답스펙트럼법을 사용할 때 모드별 최대응답을 조합하는 모드조합 방법의 종류를 나열하고 설명하시오.

### 풀　이

▶ **개요**

구조물의 내진설계 해석방법은 일반적으로 재료(Material), 지점(Boundary condition), 기하학적 형상(Geometry) 등에서의 탄성 또는 비탄성인지 여부 및 그 범주를 고려하는지에 따라 탄성해석방법(Elastic Analysis Method)과 비탄성해석방법(Nonlinear Analysis Method)으로 분류될 수 있으며 정적하중으로 고려할 것인지 시간에 따라 변하는 하중을 고려할 것인지에 따라서 동적해석방법으로 구분할 수 있으며 통상적으로 도로교설계기준에서는 200m 미만의 교량에 대해서는 다중 모드 응답스펙트럼해석법을 고려하도록 하고 있다.

▶ **구조물 내진설계 시 해석방법 구분**

① 등가정적해석법(Equivalent Static Analysis Method)
② 동적해석법(Dynamic Analysis Method)
   (1) 응답스펙트럼해석법 : 모드해석법(단일, 다중)
   (2) 시간이력해석법 : 시간영역　　→ 직접적분법, 모드해석
                    진동수영역　→ 푸리에 변환법

▶ **응답스펙트럼법의 모드조합방법의 종류**

모드해석법은 구조물의 진동 모드를 이용하여 응답을 산정하는 방법으로 모드 해석법은 크게 응답스펙트럼해석법과 시간이력해석법으로 구분할 수 있다. 이중 응답스펙트럼법(Response spectrum analysis method)은 다자유도계 시스템을 단자유도계 시스템의 복합체로 가정하여 수치적분 과정을 통해 준비된 임의의 주가 또는 진동수 영역 내에서 최대 응답치에 대한 스펙트럼(변위, 속도, 가속도)을 이용하여 조합 해석하는 방법으로 설계용 응답스펙트럼을 이용하여 내진설계에 주로 이용된다. 응답스펙트럼해석법에서는 임의의 모드에서의 최대 응답치를 각 모드별로 구한다음 적정한 조합방법을 이용하여 조합함으로써 최대 응답치를 예상할 수 있다. 임의 주기치에 대한 스펙트럼 데이터가 입력되면 해석된 고유주기에 해당하는 스펙트럼값을 찾기 위해 선형보간법을 사용하기 때문에 스펙트럼 커브의 변화가 많은 부위에 대하여 가능한 한 세분화된 데이터를 사용한다. 그리고 스펙트럼 데이터의 주기범위는 반드시 고유치 해석 시 산출된 최소, 최대 주기범위

를 포함할 수 있도록 입력되어야 한다. 내진해석 시 사용되는 스펙트럼 데이터는 동적계 수항과 지반계 수항을 고려하여 입력하고 매 해석 시에는 조건에 따라 변할 수 있는 지역계수, 중요도계수만 스케일 factor로 입력하여 사용한다. 산정된 모드별 응답에 대해서는 모드중첩법(Mode superposition method)이 적용되는데 SRSS, ABS, CQC 등의 방법을 이용하여 중첩을 하게 된다. 도로교설계기준에서는 CQC방법을 이용한 조합을 원칙으로 하고 있다.

① SRSS(Square Root of Sum of Square) : 제곱합의 제곱근

$j$ 번째 자유도에 관련된 변위와 부재력은 다음과 같이 구한다.

$$X_{j.\max} \cong \sqrt{X_{j(1),\max}^2 + X_{j(2),\max}^2 + X_{j(3),\max}^2 + \cdots}$$

$$f_{j.\max} \cong \sqrt{f_{j(1),\max}^2 + f_{j(2),\max}^2 + f_{j(3),\max}^2 + \cdots}$$

② ABS(Absolute Sum) : 절댓값의 합

$i$ 번째 자유도에 대한 변위와 부재력은 다음과 같이 구한다.

$$X_{j.\max} \cong |X_{j(1),\max}| + |X_{j(2),\max}| + |X_{j(3),\max}| + \cdots$$

$$f_{j.\max} \cong |f_{j(1),\max}| + |f_{j(2),\max}| + |f_{j(3),\max}| + \cdots$$

③ CQC(Complete Quadratic Combination) : 모드 간 확률적인 상관도를 고려한 방법

CQC방법은 모드 간의 확률적인 상관도를 고려하기 위한 방법 중의 하나로 다음과 같이 최댓값을 구한다.

$$X_{j,\max} = \sqrt{\sum_{p=1}^{n} \sum_{q=1}^{n} X_{j(p),\max} \rho_{pq} X_{j(q),\max}}$$

여기서 $\rho_{pq}$ 는 $p$ 번째 모드와 $q$ 번째 모드의 확률적인 상관도로서 근사적으로 다음과 같은 식이 많이 사용된다.

$$\rho_{pq} = \frac{8\xi^2 (1 + \beta_{pq}) \beta_{pq}^{3/2}}{(1 - \beta_{pq}^2)^2 + 4\xi^2 (1 + \beta_{pq})^2 \beta_{pq}}$$

## 내진설계

다음과 같은 그림에서 2경간 교량을 서울지역에 설치하기 위하여 내진설계를 진행하고자 한다. 내진설계는 붕괴방지수준만을 고려하고 내진 I등급으로 건설하고자 한다. 교각부에 설치된 교량받침은 포트받침 고정단으로 연직용량 4,000kN의 2개로 수평방향 거동에 대한 구속효과를 부여하는 경우, 교축방향 지진에 대하여 아래 사항을 검토하시오(단, 연직용량 4,000kN의 지진 시 허용수평력은 400kN이다).

1) 교축방향 고유진동수 및 고유주기(1차 모드 질량 참여율을 100%로 가정)
2) 유효수평지반가속도(S) 및 지반증폭계수
3) 설계스펙트럼가속도($S_a$, g) 및 수평방향 지진력
4) 적용된 받침 용량의 적정성

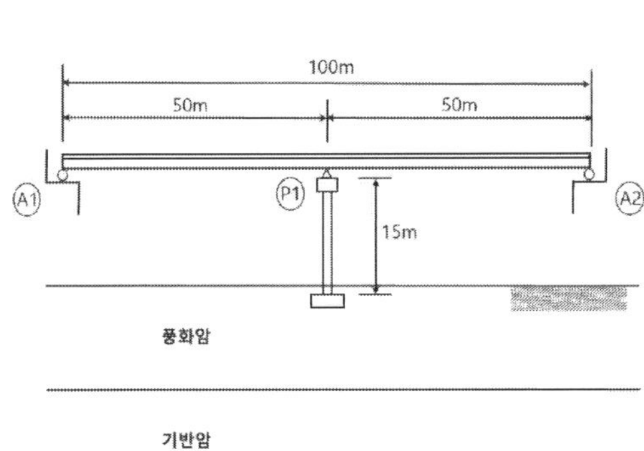


- 교각직경 = 2.0m
- 교각높이 = 15.0m
- 상부 고정하중은 전 연장에 걸쳐 균등하게 w = 200kN/m 작용
- 중력가속도 = 9.81m/s$^2$
- 토층 평균전단파속도, $V_{s.soil}$ = 500m/s로 가정
- 교각의 질량은 무시함
- 교각의 전체 단면이 유효한 것으로 가정
- 교각의 콘크리트 압축강도 $f_{ck}$=40MPa
- 확대기초로부터 기반암 상단까지 거리 15m
- 지진구역계수 0.11
- 위험도계수 1.4

※ 검토 조건

1) 지반의 분류

| 지반종류 | 지반종류의 호칭 | 분류기준 | |
|---|---|---|---|
| | | 기반암 깊이, H(m) | 토층 평균전단파속도, $V_{s.soil}$(m/s) |
| $S_1$ | 암반 지반 | 1 미만 | – |
| $S_2$ | 얕고 단단한 지반 | 1~20 이하 | 260 이상 |
| $S_3$ | 얕고 연약한 지반 | 1~20 이하 | 260 미만 |
| $S_4$ | 깊고 단단한 지반 | 20 초과 | 180 이상 |
| $S_5$ | 깊고 연약한 지반 | 20 초과 | 180 미만 |
| $S_6$ | 부지 고유의 특성평가 및 지반 응답해석이 필요한 지반 | | |

2) 가속도표준설계응답스펙트럼

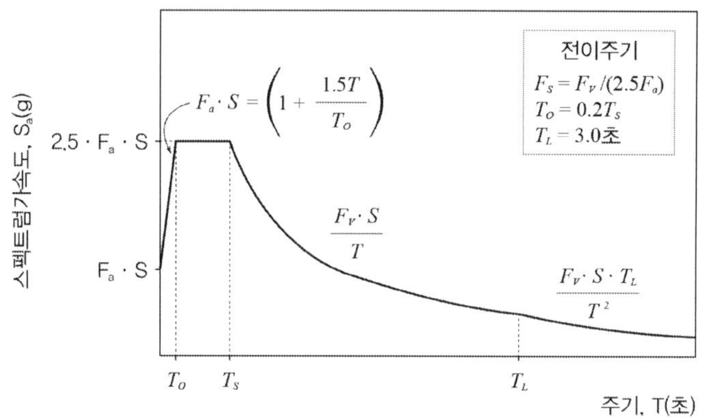


3) 지반증폭계수($F_a$ 및 $F_v$)

| 지반종류 | 단주기 지반증폭계수, $F_a$ | | | 장주기 지반증폭계수, $F_v$ | | |
|---|---|---|---|---|---|---|
| | $S \leq 0.1$ | $S = 0.2$ | $S = 0.3$ | $S \leq 0.1$ | $S = 0.2$ | $S = 0.3$ |
| $S_2$ | 1.4 | 1.4 | 1.3 | 1.5 | 1.4 | 1.3 |
| $S_3$ | 1.7 | 1.5 | 1.3 | 1.7 | 1.6 | 1.5 |
| $S_4$ | 1.6 | 1.4 | 1.2 | 2.2 | 2.0 | 1.8 |
| $S_5$ | 1.8 | 1.3 | 1.3 | 3.0 | 2.7 | 2.4 |

### 풀 이

#### ➤ 교축방향 고유진동수 및 고유주기

단일모드스펙트럼 해석방법을 이용한다.

① 교각의 강성 산정

켄틸레버 단일기둥 $I_c = \dfrac{\pi D^4}{64} = 0.7854\text{m}^4, \quad E_c = 8500\sqrt[3]{f_{cu}} = 8500\sqrt[3]{40} = 29{,}069\text{MPa}$

교축방향 강성 $k = \left(\dfrac{3EI}{L^3}\right) = \dfrac{3 \times 29069 \times 10^6 \times 0.7854}{15^3} = 20.29 \times 10^6 \text{N/m}$

② 등분포 하중 $p_0$에 의한 정적변위 $v_s$ 산정

$$v_s = \dfrac{p_0 L}{k_e} = \dfrac{1^{N/m} \times 100^m}{20.29 \times 10^{6(N/m)}} = 0.4927 \times 10^{-5}\text{m}$$

③ 상부하중 단위길이당 고정하중 $w$

$$w = 200 \text{ kN/m}$$

④ $\alpha$, $\beta$, $\gamma$ 산정

$$\alpha = \int_0^L v_s(x)dx = v_s L = 0.4927 \times 10^{-5} \times 100 = 0.4927 \times 10^{-3} \text{ m}^2$$

$$\beta = \int_0^L w(x)v_s(x)dx = wv_s L = 200 \times 10^3 \times 0.4927 \times 10^{-5} \times 100 = 98.54 \text{Nm}$$

$$\gamma = \int_0^L w(x)v_s(x)^2 dx = wv_s^2 L = 200 \times 10^3 \times (0.4927 \times 10^{-5})^2 \times 100 = 4.855 \times 10^{-4} \text{ Nm}^2$$

⑤ 고유주기 및 고유진동수 산정

$$T = 2\pi \sqrt{\frac{\gamma}{p_0 g \alpha}} = 2\pi \sqrt{\frac{4.855 \times 10^{-4}}{1 \times 9.81 \times 0.4927 \times 10^{-3}}} = 1.992 \text{ sec}$$

$$f = \frac{1}{T} = 0.502 \text{ cycle/sec}$$

## ▶ 유효수평지반가속도(S) 및 지반증폭계수

### 1) 유효수평지반가속도

유효수평지반가속도(S)는 지진하중을 산정하기 위하여 국가지진위험지도나 행정구역을 기준으로 제시된 암반지반의 수평지반운동수준을 말한다. 행정구역에 의한 방법으로 재현주기에 따른 유효수평지반가속도(S)는 지진구역계수(Z)에 각 재현주기의 위험도계수(I)를 곱하여 결정한다.

$$\therefore S = 0.11 \times 1.4 = 0.154$$

### 2) 지반증폭계수

토층의 평균전단파 속도 $V_{s.soil} = 500\text{m/s}$이고 확대기초로부터 기반암 상단까지의 거리는 15m이므로, 지반의 종류는 $S_2$ 얇고 단단한 지반으로 분류한다. 주어진 조건에서 유효수평지반가속도가 0.154이므로 직선보간하여 결정한다.

① 단주기 지반증폭계수 $F_a = 1.4$

② 장주기 지반증폭계수 $F_v = 1.5 - 0.1 \times (0.154 - 1.5) = 1.4946$

## ➤ 설계스펙트럼가속도($S_a$, g) 및 수평방향 지진력

**1) 설계스펙트럼가속도**

$$T_s = F_v/(2.5F_a) = 1.4946/(2.5 \times 1.4) = 0.427$$

$$T_0 = 2.5\,T_s = 0.085$$

$$T_L = 3.0 \qquad\qquad \therefore\ T_s < T < T_L$$

$$\therefore\ S_a = \frac{F_v S}{T} = \frac{1.4946 \times 0.154}{1.992} = 0.1155\text{g}$$

**2) 수평방향 지진력**

$$p_e(x) = \frac{\beta S_a}{\gamma} w(x) v_s(x) = \frac{98.54 \times 0.1155}{4.855 \times 10^{-4}} \times 200 \times 10^3 \times 0.4927 \times 10^{-5} = 23{,}080\ \text{N/m}$$

$$H = p_e(x)L = 23.08 \times 100 = 2{,}308\ \text{kN}$$

## ➤ 적용된 받침 용량의 적정성

적용된 2개의 포트받침의 수평 용량은 800 kN으로 조건에 만족하지 못한다. 따라서 연직방향 용량보다 수평방향 용량을 우선해 포트받침을 산정해야 한다.

## 교량의 내진해석

다음 그림과 같은 3경간 강합성교의 교축방향 내진해석을 수행하여 교축방향의 수평변위를 구하시오. 해석조건은 다음과 같이 상부거더 전체에서 동일하고 하부교각에서 동일하다. 교량은 내진1등급이며 지진등급은 I구역, 가속도계수(A)는 0.14, 지반계수(S)는 1.2이다(A, B, D는 롤러, C는 힌지이다).

| 상부구조(강재) | $A_s = 0.05m^2,\ I_s = 1.0m^4,\ E_s = 2.0 \times 10^5 MPa,\ W = 180 kN/m^3$ |
|---|---|
| 교각(콘크리트) | $I_c = 0.5m^4,\ E_c = 2.0 \times 10^4 MPa$ |

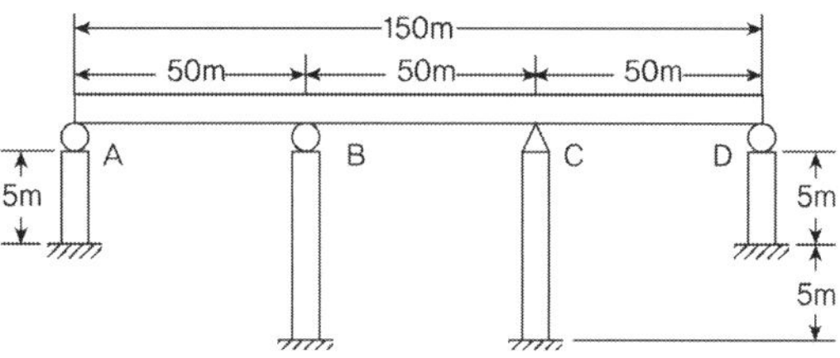


## 풀 이

### ▶ 단일모드스펙트럼 해석방법

① 교각의 강성 산정 : 수평하중은 고정단(힌지)에서 부담하므로

$$k = \frac{3EI}{L^3} = \frac{3 \times (2 \times 10^{4(MPa)}) \times 0.5^{m^4})}{(10^m)^3} = 3.0 \times 10^{4(kN/m)}$$

② 등분포 하중 $p_0$ 에 의한 정적변위 $v_s$ 산정    $v_s = \frac{p_0 L}{k_e} = \frac{1^{kN/m} \times 150^m}{3.0 \times 10^{4(kN/m)}} = 0.005^m = 5^{mm}$

③ 상부하중 단위길이당 고정하중 $w$ 산정    $w = WA_s = 180^{kN/m^3} \times 0.05^{m^2} = 9^{kN/m}$

④ $\alpha$, $\beta$, $\gamma$ 산정

$$\alpha = \int_0^L v_s(x)dx = v_s L = 0.005^m \times 150^m = 0.75^{m^2}$$

$$\beta = \int_0^L w(x)v_s(x)dx = wv_s L = 9^{kN/m} \times 0.005^m \times 150^m = 6.75^{kNm}$$

$$\gamma = \int_0^L w(x)v_s(x)^2 dx = wv_s^2 L = 9^{kN/m} \times (0.005^m)^2 \times 150^m = 0.03375^{kNm^2}$$

⑤ 고유주기 산정    $T = 2\pi \sqrt{\frac{\gamma}{p_0 g \alpha}} = 2\pi \sqrt{\frac{0.03375^{kNm^2}}{(1^{kN/m})(9.81^{m/s^2})(0.75^{m^2})}} = 0.4255^{sec}$

⑥ 탄성지진응답계수($C_s$)

$$A = 0.11 \times 1.4 = 0.154g, \quad S = 1.2$$

$$C_s = \frac{1.2AS}{T^{2/3}} = \frac{1.2 \times 0.154 \times 1.2}{0.4255^{2/3}} = 0.392 > 2.5A = 0.385 \qquad \therefore \; C_s = 0.385$$

⑦ 등가정적 지진하중$[p_e(x)]$

$$p_e(x) = \frac{\beta C_s}{\gamma} w(x) v_s(x) = \frac{6.75^{kNm} \times 0.385}{0.03375^{kNm^2}} \times 9^{kNm} \times 0.005^m = 3.465^{kNm}$$

⑧ 지진하중$[p_e(x)]$에 의한 변위 산정

$$v_e = p_e \frac{L}{k_e} = 3.465^{kN/m} \times \frac{150^m}{3.0 \times 10^{4(kN/m)}} = 0.01732^m = 17.32^{mm}$$

## ➤ 등가정적하중에 의한 해석방법

① 교각의 강성 산정 : 수평하중은 고정단(힌지)에서 부담하므로

$$k = \frac{3EI}{L^3} = \frac{3 \times (2 \times 10^{4(MPa)}) \times 0.5^{m^4})}{(10^m)^3} = 3.0 \times 10^{4(kN/m)}$$

② 고유주기 산정

$$T = 2\pi \sqrt{\frac{m}{k}} = 2\pi \sqrt{\frac{WAL}{gk}} = 2\pi \sqrt{\frac{(180^{kN/m^3})(0.05^{m^2})(150^m)}{(9.81^{m/s^2})(3.0 \times 10^{4(kN/m)})}} = 0.4255^{sec}$$

③ 탄성지진응답계수($C_s$)

$$A = 0.11 \times 1.4 = 0.154g, \quad S = 1.2$$

$$C_s = \frac{1.2AS}{T^{2/3}} = \frac{1.2 \times 0.154 \times 1.2}{0.4255^{2/3}} = 0.392 > 2.5A = 0.385 \qquad \therefore \; C_s = 0.385$$

④ 등가정적 지진하중$[p_e(x)]$

$$p_e(x) = ma = mgC_s = (WAL/g)C_s g = WALC_s = (180^{kN/m^3})(0.05^{m^2})(0.385)$$

$$= 3.465^{kNm}$$

⑤ 지진하중$[p_e(x)]$에 의한 변위 산정

$$v_e = p_e \frac{L}{k_e} = 3.465^{kN/m} \times \frac{150^m}{3.0 \times 10^{4(kN/m)}} = 0.01732^m = 17.32^{mm}$$

## 교량의 내진해석

다음과 같은 4경간 강합성형교의 개략적인 교축방향 내진해석을 수행하여 교각 상단의 수평력, 교량 받침의 수평력, 교각 하단의 모멘트 및 지진 시 교축방향 변위를 구하시오.

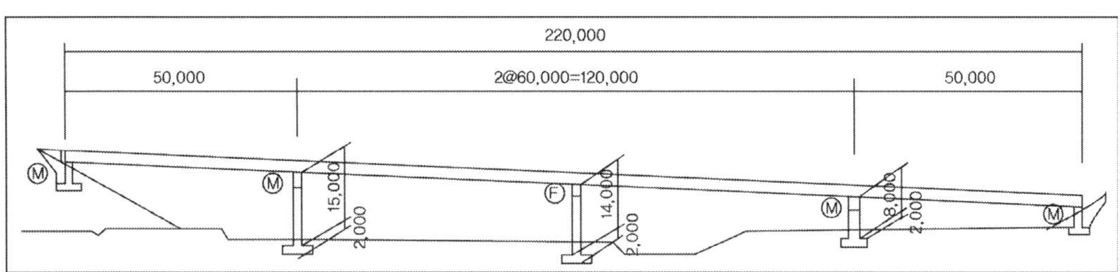

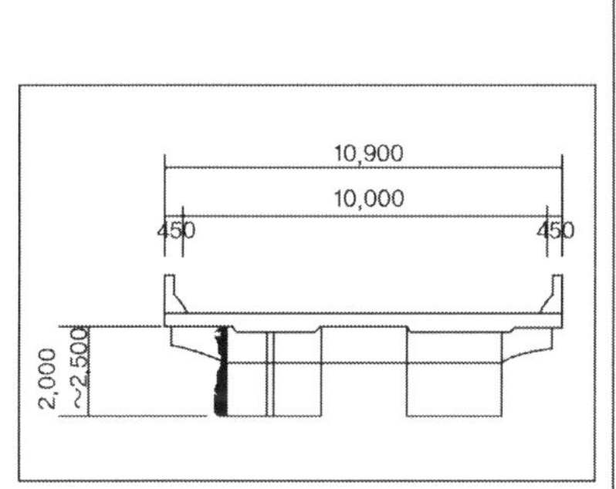

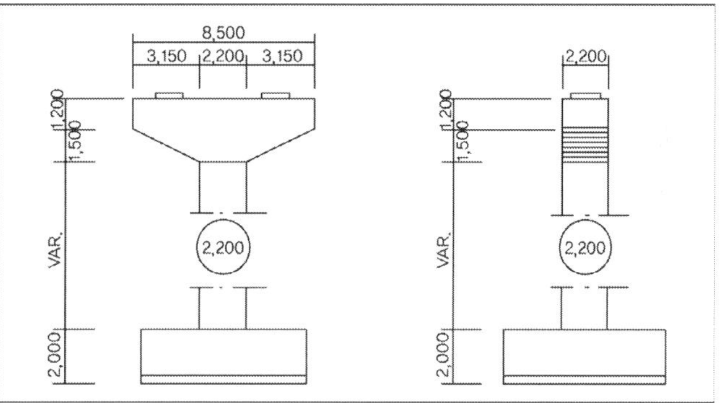

상부구조의 단면적(A)=7,500cm$^2$      단면2차모멘트(Iv)=90,000,000cm$^4$

콘크리트의 공칭강도(fck) = 27MPa      강재의 탄성계수(Es) = 2.10×105MPa

단위중량(w) = 170kN/m

하부구조의 콘크리트 공칭강도(fck) = 24MPa

지진구역은 I구역, 내진 1등급 교량이며 지반계수(S)는 1.2(II지역)임

## 풀 이

### ▶ 단일모드스펙트럼 해석방법

① 교각의 강성 산정

켄틸레버 단일기둥 $I_c = \dfrac{\pi D^4}{64} = 0.522m^4$,    $E_c = 8500\sqrt[3]{f_{cu}} = 8500\sqrt[3]{32} = 26,985MPa$

교축방향 강성 $k = n\left(\dfrac{3EI}{L^3}\right) = \dfrac{3 \times 26985 \times 10^6 \times 0.522}{14^3} = 15.4 \times 10^6 N/m$

② 등분포 하중 $p_0$에 의한 정적변위 $v_s$ 산정

$$v_s = \frac{p_0 L}{k_e} = \frac{1^{N/m} \times 220^m}{15.4 \times 10^{6\,(N/m)}} = 1.428 \times 10^{-5\,(m)}$$

③ 상부하중 단위길이당 고정하중 $w$ 산정

$$w = WA_s = 170^{kN/m^3} \times 7500^{cm^2} = 127.5^{kN/m}$$

④ $\alpha$, $\beta$, $\gamma$ 산정

$$\alpha = \int_0^L v_s(x)dx = v_s L = 1.428 \times 10^{-5\,(m)} \times 220^m = 3.14 \times 10^{-3\,(m^2)}$$

$$\beta = \int_0^L w(x)v_s(x)dx = wv_s L = 127.5^{kN/m} \times 1.428 \times 10^{-5\,(m)} \times 220^m = 400.55^{Nm}$$

$$\gamma = \int_0^L w(x)v_s(x)^2 dx = wv_s^2 L = 127.5^{kN/m} \times (1.428 \times 10^{-5\,(m)})^2 \times 220^m = 5.72 \times 10^{-3\,(Nm^2)}$$

⑤ 고유주기 산정

$$T = 2\pi \sqrt{\frac{\gamma}{p_0 g \alpha}} = 2.707^{\sec}$$

⑥ 탄성지진응답계수($C_s$)

$$A = 0.14g, \quad S = 1.2$$

$$C_s = \frac{1.2AS}{T^{2/3}} = \frac{1.2 \times 0.14 \times 1.2}{2.707^{2/3}} = 0.10379 < 2.5A = 0.35 \qquad \therefore \ C_s = 0.10379$$

⑦ 등가정적 지진하중($p_e(x)$)과 지진하중($p_e(x)$)에 의한 변위($v_e$) 산정

$$p_e(x) = \frac{\beta C_s}{\gamma} w(x)v_s(x) = 13,232.9^{Nm}, \qquad v_e = p_e \frac{L}{k_e} = 0.189^m = 189^{mm}$$

**▶ 교량상단의 수평력 산정**

$$H = p_e L = 2,911.24^{kN}$$

**▶ 교각하단의 모멘트**

$$M = \frac{H \times h}{R} = \frac{2911.24^{kN} \times 14^m}{3} = 13,585.8^{kNm}$$

최대설계지진력 산정 시에는 교축직각방향에 대해서도 동일한 과정을 수행하여 30% 조합을 통해 산정한다.

### 기둥의 내진설계

내진설계 시 원형기둥과 직사각형 기둥의 띠철근 구조상세를 그리고, 적용기준을 설명하시오.

## 풀 이

### ▶ 개요

교량 구조물은 내진설계목표에 따라 경제적인 설계를 위해서 교각이 연성거동하도록 유도하며 이를 위해 교각 하단에 소성힌지가 발생하도록 허용하고 있다. 이러한 연성거동의 유도기법은 응답수정계수를 사용하여 연성부재에서는 소성힌지 발생을 유도하여 휨 자용에 의하여 콘크리트 기둥이 항복한 이후에도 충분한 연성능력을 발휘할 수 있어야 한다. 따라서 지진하중에 의해 기둥은 항복을 허용하지만 연결부위 및 기초부위는 극히 작은 손상만 허용하므로 띠철근을 통해 심부구속 철근을 배근하여 기둥의 소성힌지 발생을 유도하고 연결부에서는 비탄성 거동을 배제하도록 규정하고 있다.

### ▶ 내진설계 시 기둥별 띠철근 적용기준

1) 심부구속철근

소정의 비탄성 변형능력을 발휘함으로써 연성거동을 보장할 수 있도록 기둥설계하기 위해 횡방향 철근을 배근하여 축방향 철근과 심부콘크리트를 구속하게 함으로써 축방향 철근이 항복하고 피복콘크리트가 파괴되더라도 축방향 철근의 좌굴이 방지되고 기둥의 심부 콘크리트가 파괴되지 않도록 하기 위해서 최소 횡방향 철근을 배근토록 하고 있다.

2) 횡방향 철근의 역할

① 주철근의 간격유지 및 종방향 철근의 좌굴 방지
② 지진 시 내부콘크리트의 탈락방지로 연성확보(심부구속)
③ 콘크리트의 3축 응력상태 유지
④ 기둥의 전단철근 역할 수행

3) 기둥별 띠철근량 설계기준

기둥과 말뚝기구에서 소성영역이 예상되는 상부와 하부의 심부는 연성능력을 갖출 수 있도록 횡방향 철근으로 구속한다.

| 원형기둥 | 사각기둥 |
| --- | --- |
| 나선철근비를 다음 값 중 큰 값<br>$$\rho_s = 0.45\left[\frac{A_g}{A_c}-1\right]\frac{f_{ck}}{f_y},\ \rho_s = 0.12\frac{f_{ck}}{f_y}$$<br>$$A_s = \frac{\rho_s s d_c}{4},\ s : \text{횡방향 철근 간격},\ d_c : \text{피복두께}$$ | 횡방향 철근의 총단면적 $A_{sh}$는 다음 값 중 큰 값<br>$$A_{sh} = 0.30 a h_c\left[\frac{A_g}{A_c}-1\right]\frac{f_{ck}}{f_y},\ A_{sh} = 0.12 a h_c \frac{f_{ck}}{f_y}$$<br>$a$ : 띠철근 수직간격(최대 150mm)<br>$h_c$ : 띠철근 기둥의 고려하는 방향으로 심부의 단면치수(mm) |

4) 심부구속을 위한 횡방향 철근 배근 기준

심부구속철근의 최소설치구간은 기둥 최대단면치수($D$), 기둥 순높이의 1/6 또는 450mm 이상으로 기둥에 배근하여야 하며 횡방향 철근은 인접부재와의 연결면으로부터 기둥치수의 0.5배 이상, 380mm 이상 배근한다. 말뚝가구의 말뚝상단에서의 구속을 위한 횡방향 철근은 기둥에 대해 규정된 것과 같은 구간에 설치한다.

철근의 최대 중심 간격은 부재 최소 단면치수의 1/4 또는 축방향 철근 지름의 6배 중 작은 값을 초과해서는 안 된다.

소성힌지가 형성되지 않는 경우에 대한 최소 안전규정으로 기둥의 상부와 하부에서 최소설치구간에 배치되는 축방향 철근은 전체 철근량의 1/2 이상이 연속철근이어야 한다.

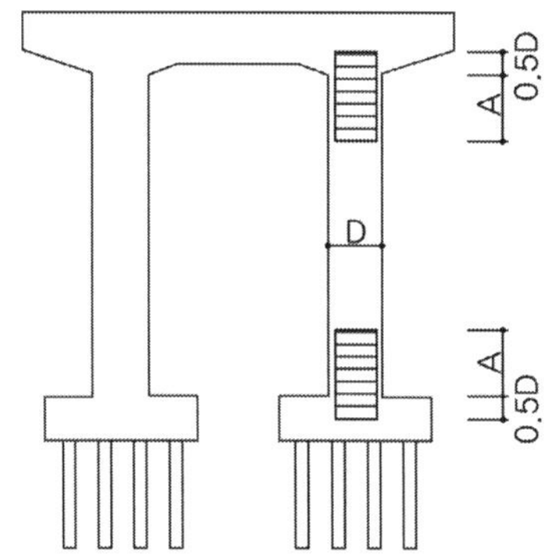


A 소성힌지 영역 $\left(\dfrac{h}{6},\ D,\ 450mm\right)$ 중 큰 값

   * 사각기둥 : 약축방향 단면치수×0.5

     원형기둥 : 직경×0.5

소요연성도

소요연성도(Required Ductility)

## 풀 이

### ▶ 개요

소요연성도는 철근콘크리트 기둥의 연성도 내진설계 시에 기둥의 소성힌지구역의 소요 심부구속 철근량을 산정하기 위한 소요곡률연성도와 소요 변위 연성도를 말한다.

### ▶ 연성도 내진설계와 소요연성도

1) 연성도 내진설계

이전 설계기준에서는 완전연성 개념의 설계와 강진지역에서의 설계개념을 도입해 소성힌지부의 심부구속철근이 과도하게 배근되는 비경제적 설계가 이루어졌었다. 이를 국내 지진상황과 교량 형식에 특성에 맞게 중약진 지역의 특성과 한정연성(limited ductility) 등의 개념을 도입해 경제적인 설계가 되도록 연성도 내진설계가 도입되게 되었다. 연성도 내진설계에서는 교각의 소요연성도(Ductility Demand, Required ductility)에 따라서 필요한 만큼의 횡방향 구속철근량을 결정하고 배근함으로써 한정연성(Limited ductility) 구간에서 합리적인 양의 횡방향 철근을 배근하는 설계개념이다.

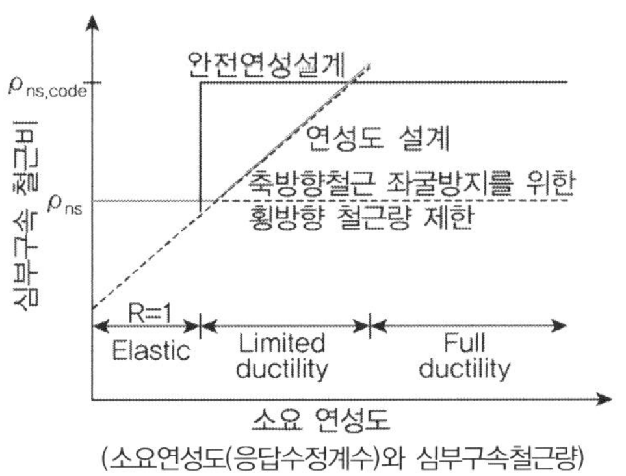


(소요연성도(응답수정계수)와 심부구속철근량)

2) 소요연성도

연성도 내진설계에서는 교각의 소요연성도(Ductility demand, required ductility)에 따라 필요한 만큼의 횡구속 철근량을 결정하고 배근함으로써 한정연성(Limited ductility) 구간에서 합리적인

양의 횡방향 철근을 배근하는 설계개념이다. 따라서 기존의 상수의 응답수정계수를 적용하는 것
과는 달리 소요연성도를 고려하여 연성요구량(소요변위연성도 및 소요곡률연성도 등)에 따라 심
부구속철근을 배근하는 방법으로 소요연성도 산정을 위한 과정이 추가된다.

| 구분 | 기존 내진설계 | 연성도 내진설계 |
|---|---|---|
| 목표연성도 | 완전연성 | 한정연성 및 완전연성 |
| 휨연성도 | R값에 함축적으로 포함 | 소요연성도로 직접 고려함 |
| 응답수정계수 R | 상수(R=1,2,3,5) | 변수(소요연성도에 따라 변화) |
| 고유주기 | 고려 안 함 | 고려함 |
| 심부구속철근량<br>산정식의 변수 | 재료강도(콘크리트, 횡방향 철근)<br>단면적 비율 | 재료강도(콘크리트, 횡방향, 축방향 철근)<br>축력비<br>곡률연성(소요연성도)<br>축방향 철근비<br>축방향 철근 좌굴 방지 |
| 전단강도 | 재료강도, 연성도와 무관 | 재료강도, 연성도 고려 |

① 소요변위연성도 : 소요 응답수정계수, 주기 및 형상비를 고려하여 결정

$$R_{req} = M_{el}/\phi M_n$$

$$\mu_\triangle = \lambda_{DR} R_{req}, \quad \lambda_{DR} = (1 - \frac{1}{R_{req}})\frac{1.25\,T_s}{T} + \frac{1}{R_{req}}, \quad \mu_{\triangle.\max} = 2(L_s/h) \leq 5.0$$

② 소요곡률연성도 : 소요변위연성도와 형상비를 고려하여 결정

$$\mu_\triangle = 0.13\left(1.1 + \frac{h}{L_s}\right)\mu_\phi + 0.5\left[0.7 + 0.75\left(\frac{h}{L_s}\right)\right] \text{로부터,}$$

$$\mu_{\phi(req)} = \frac{\mu_\triangle - 0.5\left[0.7 + 0.75\left(\frac{h}{L_s}\right)\right]}{0.13\left(1.1 + \frac{h}{L_s}\right)}$$

3) 연성도 내진설계 절차

① 중력방향 하중에 대한 교각설계(축방향 철근 결정)

② 지진해석 및 단면강도해석(탄성지진모멘트 $M_{el}$ 및 설계휨강도 $\phi M_n$ 결정)

③ 소요응답수정계수 결정($R_{req} = M_{el}/\phi M_n$)

④ 소요변위연성도(소요응답수정계수, 주기 및 형상비를 고려하여 결정)

$$\mu_\triangle = \lambda_{DR} R_{req}, \quad \lambda_{DR} = (1 - \frac{1}{R_{req}})\frac{1.25\,T_s}{T} + \frac{1}{R_{req}}, \quad \mu_{\triangle.\max} = 2(L_s/h) \leq 5.0$$

⑤ 소요곡률연성도(소요변위연성도와 형상비를 고려하여 결정)

⑥ 소요심부 구속철근량(소요곡률연성도, 축력비, 재료강도, 축방향 철근비를 고려하여 결정)

⑦ 횡방향 철근 설계(철근량, 간격, 상세결정)

⑧ 전단설계(변위연성도를 변수로 한 전단강도 검토)

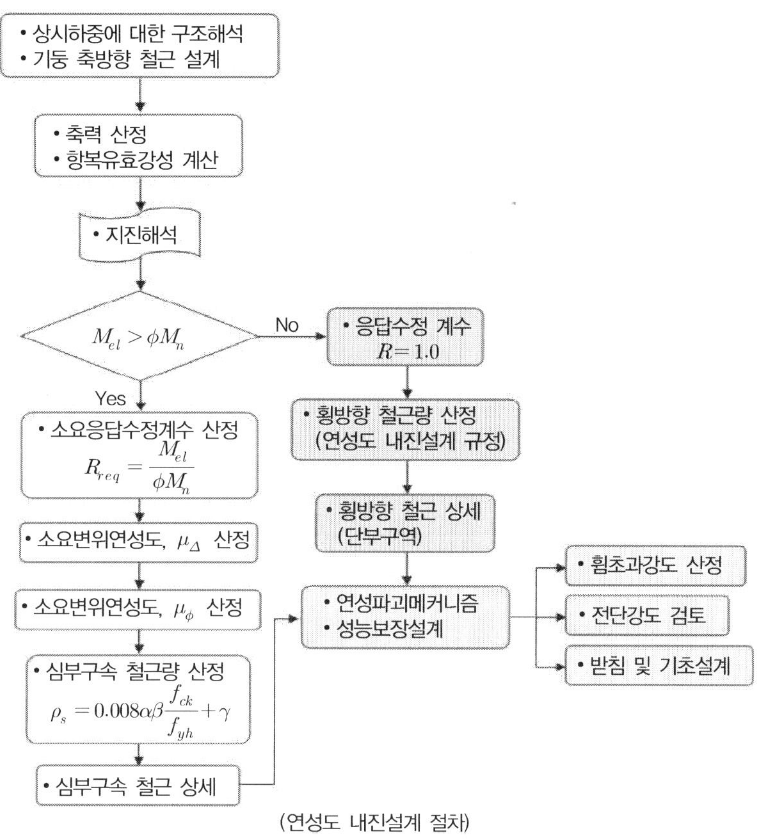


(연성도 내진설계 절차)

### 모멘트-곡률 해석

내진설계 시 모멘트-곡률 해석에 대하여 설명하시오.

### 풀 이

#### ▶ 개요

최근 연성도 내진설계는 교각의 강성을 항복유효강성을 사용하여 합리적으로 이용하기 위해 기존의 전단면강성($EI_g$)의 사용 시 변위가 지나치게 작게 계산되는 문제점을 보완해 모멘트-곡률 해석($EI_y = M_y/\phi_y$) 등의 재료비선형 해석의 간편성을 위해 근사적인 해법이다.

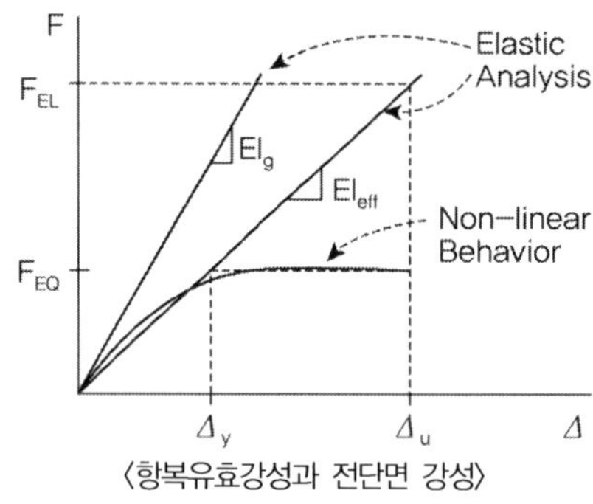


〈항복유효강성과 전단면 강성〉

모멘트-곡률 해석방법은 푸쉬오버해석(Push-over analysis, 소성붕괴해석, 횡강도법, 역량스펙트럼해석)과 함께 교각의 연성능력을 평가하는 방법으로 휨 성능 곡선의 항복변위와 극한변위의 비에 의해서 평가되며, 일반적으로 휨 성능 곡선은 RC부재의 비선형 구조거동 특성을 고려한 수치해석을 통해서 얻어진다.

#### ▶ 모멘트-곡률 해석

교각의 모멘트-곡률 해석은 지진하중에 의해 교각기둥의 최대휨모멘트가 발생하는 단부의 기둥 단면에 고정하중이 작용하는 상태로 수행한다. 콘크리트와 철근의 재료모델은 교각의 비선형성을 고려하여야 하며 축 방향철근이 이음상세와 횡 방향철근에 의한 횡구속 정도($\alpha_{sh}$)를 고려하여 콘크리트의 극한변형률 $\epsilon_{cu}$과 최대공급변위 연성도 $\mu_{\Delta,\max}$로 극한상태를 정의하여야 한다.

모멘트-곡률 관계곡선을 이용하여 변위 연성도를 산정하기 위해 원점과 초기항복점(초기항복휨모멘트 $M_{yi}$, 초기항복곡률 $\phi_{yi}$)과 극한점(극한휨모멘트 $M_u$, 극한곡률 $\phi_u$)을 이용하여 2개의 직선으로 이상화함으로써 항복점(항복휨모멘트 $M_y$, 초기항복곡률 $\phi_y$)을 구할 수 있다. 이때 원점과 초기항복점을 지나 항복점까지 이어지는 직선의 기울기를 항복유효강성 $EI_{y.eff}$으로 정의한다.

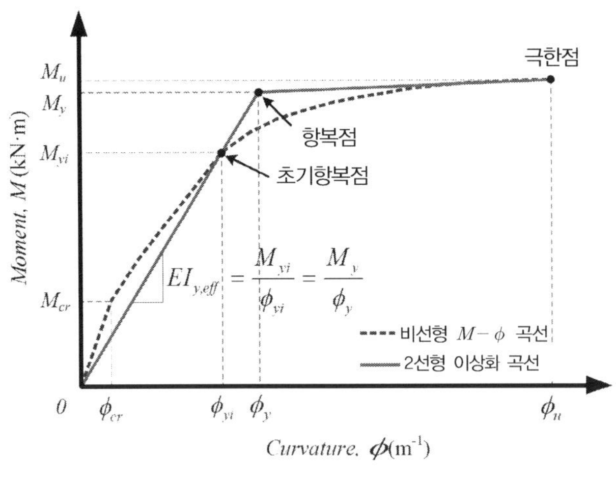



〈모멘트−곡률 관계곡선〉

이때, 초기항복점은 인장측 최연단 축 방향철근이 최초로 항복하는 상태(항복변형률에 도달한 상태)를 의미하며, 극한점은 압축콘크리트의 최연단 압축변형률이 극한에 도달한 상태(극한변형률에 도달한 상태)를 말한다.

다만, 모멘트−곡률 해석은 최대휨모멘트가 발생하는 교각 단부에 대표 단면에 대해서만 비선형성을 고려해 모형화한 후 비선형 단면해석을 수행하므로 해석모델의 작성은 간단하나 해석결과인 모멘트−곡률 관계곡선은 경험식을 적용해 하중−변위 관계곡선으로 변환하여 휨강도를 산정하여야는 번거로움이 있다.

## 최대 소성 힌지력

교량의 내진설계에서 최대 소성 힌지력의 개념

**풀 이**

### ▶ 개요

최대 소성 힌지력은 교각의 소성힌지구역에서 설계기준 재료강도를 초과하는 재료의 초과강도와 심부구속효과로 인하여 발휘될 수 있는 최대 소성모멘트(휨 초과강도, 최대 휨 강도)를 전단력으로 변환한 신뢰도 95% 수준의 횡력을 말한다.

### ▶ 최대 소성 힌지력

철근콘크리트 교각에서 최대 소성모멘트(휨 초과강도, 최대 휨 강도)는 설계 시의 휨강도보다 크게 되도록 영향을 주는 가능한 모든 영향인자들을 고려하여 결정되며 이를 휨 초과강도라고도 한다. 교각 소성힌지 단면의 휨 강도를 증가시키는 주요 영향인자들은 다음과 같다.

① 설계기준 항복강도를 초과하는 설계의 실제 항복강도
② 철근의 변형률 경화(Strain-hardening)에 따른 추가적인 철근의 인장강도 증가
③ 설계기준 압축강도를 초과하는 콘크리트의 배합강도와 재령효과(aging effect)에 의한 콘크리트 압축강도의 증가
④ 횡방향 철근의 심부구속 효과에 의한 콘크리트 극한변형률과 압축강도의 증가
⑤ 시공할 때 배근되는 부가적인 철근과 설계에서 고려되지 않는 요인들로 인한 강도의 증가

교각의 최대 소성모멘트 결정방법은 각국의 재료·시공 환경별로 다르기 때문에 국내에서는 재료 초과 강도계수를 적용한 1,500개 교각단면에 대해 모멘트-곡률 해석을 하고 통계분석(95% 신뢰도 수준)을 통해 도로교설계기준 한계상태설계법(2015)에서 제시하고 있다. 재료 초과강도계수 1.7(콘크리트), 1.3(철근)을 적용하여 휨 초과강도를 해석한 후 최대 소성힌지력을 계산하는 방식과 공칭휨강도에 휨 초과강도계수를 곱하여 휨 초과강도를 결정한 후 최대 소성힌지력을 계산하는 간편식을 모두 제시하고 있으며, 두 방식 중 하나를 선택할 수 있도록 하였다. 간편식의 경우 설계에 사용한 응답수정계수가 1.0인 경우 휨 초과강도계수 $\lambda_0$이 1.3이 되며, 설계에 사용한 응답수정계수가 5.0인 경우에는 휨 초과강도계수 $\lambda_0$는 1.5가 된다.

➤ **도로교설계기준(2015) 최대 소성 힌지력 산정 방법**

① 휨 초과강도 해석 후 산정방식 : 설계기준 압축강도의 1.7배인 콘크리트 압축강도와 설계기준 항복강도의 1.3배인 축방향 철근 항복강도를 적용하고 소성힌지구역 횡방향철근의 심부구속 효과와 축하중의 영향을 고려한 단면의 휨강도로서 모멘트-곡률 해석을 수행한다.

② 간편식 : 콘크리트 설계기준압축강도가 60MPa 이하이고 계수 축하중이 $0.3f_{ck}A_g$ 이하이며 축방향 철근비가 0.03 이하인 교각의 경우에는 모멘트-곡률 해석을 수행하는 대신 압축응력분포를 이용한 축력-휨강도 해석으로 구한 공칭휨강도에 휨 초과강도계수 $\lambda_0$ 를 곱하여 휨 초과강도를 결정할 수 있다. 이때 R은 설계에 사용한 응답수정계수이다.

$$\lambda_0 = 1.25 + 0.05R$$

### 연성도 내진설계 절차

연성도 내진설계(도로교설계기준 한계상태설계법. 2012년)와 완전연성 내진설계(도로교설계기준, 2010년)를 비교하고, 연성도 내진설계의 주요 설계절차를 설명하시오.

### 풀 이

#### ▶ 연성도 내진설계의 개요

연성도 내진설계는 교각의 소요연성도(Ductility Demand, Required ductility)에 따라서 필요한 만큼의 횡방향 구속철근량을 결정하고 배근함으로써 한정연성(Limited ductility) 구간에서 합리적인 양의 횡방향 철근을 배근하는 설계개념이다. 다만 축방향 철근의 좌굴방지를 위한 최소한의 횡방향 철근량과 소요 횡방향 철근량 중 큰 값을 적용하므로 소요연성도가 매우 작은 단부구간에서는 이전보다 더 많은 양의 횡방향 철근이 배근되나 안정성이 향상된다.

2005년 도로교설계기준이 AASHTO 교량설계기준을 반영함에 따라 완전연성개념의 설계와 강진지역에서의 설계개념으로 인해 소성힌지부의 심부구속철근이 과도하게 배근됨에 따라 국내 지진상황 및 교량형식의 특성에 맞게 중약진 지역의 특성과 한정연성(limited ductility) 등의 개념을 도입하여 경제적인 설계가 되도록 하였다.

| 구분 | 기존 내진설계 | 연성도 내진설계 |
|---|---|---|
| 목표연성도 | 완전연성 | 한정연성 및 완전연성 |
| 휨연성도 | R값에 함축적으로 포함 | 소요연성도로 직접 고려함 |
| 응답수정계수 R | 상수(R = 1,2,3,5) | 변수(소요연성도에 따라 변화) |
| 고유주기 | 고려 안 함 | 고려함 |
| 심부구속철근량 산정식의 변수 | 재료강도(콘크리트, 횡방향 철근) 단면적 비율 | 재료강도(콘크리트, 횡방향, 축방향 철근) 축력비 곡률연성(소요연성도) 축방향 철근비 축방향 철근 좌굴 방지 |
| 전단강도 | 재료강도, 연성도와 무관 | 재료강도, 연성도 고려 |

#### ▶ 연성도 내진설계와 완전연성 내진설계의 차이점

1) 기존 완전연성 내진설계의 문제점(도로교설계기준, 2010년)

　① 규정 미비 : 콘크리트 교각 철근 상세 일부만 규정하여 강성, 강도 등에 대한 규정이 없다
　② 심부구속철근 : 강진지역의 완전연성 설계를 도입하여 우리나라 같은 중약진 지역과 차이가 있으며 시공이 어려울 정도의 과도한 심부구속철근을 배치한다.

③ 연성파괴 메커니즘 : 응답수정계수를 적용하지 않은 탄성설계수행으로 안정성 문제가 있으며,
  탄성지진력에 대하여 응답수정계수를 일괄적(R=상수, 0.8~5)으로 적용하여 단면력 결정한다.
④ 기초 및 받침 설계 : 기초에 적용하는 R/2규정의 모호성으로 인한 설계오류 유발가능성, 과도
  한 설계 횡하중으로 인하여 설계가 어렵고 비경제적인 설계가 된다.

2) 연성도 내진설계 주요사항
  ① 항복유효강성의 적용
    교각의 강성에 항복점을 연결한 항복 유효강성을 사용하여 합리적으로 반영하였다. 전단면강
    성($EI_g$)의 사용 시 변위가 지나치게 작게 계산되는 문제점을 보완하였다. 단, 항복유효강성을
    구하기 위해 모멘트–곡률해석($EI_y = M_y / \phi_y$) 등의 재료비선형 해석의 간편성을 위해 근사해
    법 도입하였다.

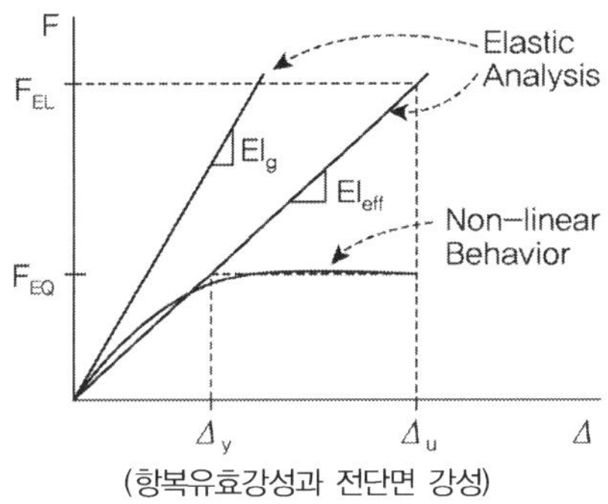

(항복유효강성과 전단면 강성)

  ② $P-\triangle$ 해석법
    횡방향 변위를 고려하는 $P-\triangle$ 해석법을 도입하여 횡방향 최대변위(항복유효강성으로 유도)
    의 1.5배에 축력을 곱하여 장주효과에 의한 2차 모멘트 고려한다.
  ③ 교각의 설계강도와 강도감소계수 적용
    철근의 실제항복강도가 설계기준항복강도에 비해 매우 크며, 지진하중처럼 재하속도가 큰 경
    우 재료의 강도가 큰 점, 공칭 휨강도 계산 시 강도감소계수(0.7~0.85)를 적용하는 설계 휨강
    도가 실제 휨강도를 매우 저평가하는 점 등을 고려하였다.
  ④ 받침과 기초의 설계지진력
    기존 설계기준에서 연성파괴 메커니즘 유도를 위해서 응답수정계수의 1/2를 적용하여 기초 설
    계지진력을 결정하도록 하고 있으나, 과도한 설계지진력으로 비효율적 설계가 됨으로 인해 철
    근 콘크리트 교각의 초과강도를 고려한 최대 소성힌지력을 대상으로 설계한다.
  ⑤ 교각의 최대 소성힌지력
    교각의 휨 초과강도를 고려하여 교각, 기초, 말뚝, 받침 등에 작용하는 최대전단력을 산정하여

교각과 상부구조 또는 하부구조와의 연결부분이 교각의 최대 소성힌지력 이상의 설계강도를 갖게 하여 연결부의 취성파괴를 방지하기 위해 최대 소성힌지력에 대한 규정을 제정하였다. 휨 초과강도가 설계 시 휨강도보다 크게 되는 영향인자를 고려하여 다음의 2가지 방법으로 최대소성모멘트를 결정하도록 하였다.

(1) 재료 초과강도계수로 콘크리트에 대하여 1.7, 철근에 대하여 1.3을 적용하여 최대 소성 모멘트를 해석한 후 최대소성힌지를 계산하는 방식

(2) 공칭휨강도에 휨 초과강도계수를 곱하여 최대 소성 모멘트를 결정한 후 최대 소성힌지력을 계산하는 간편하면서 안전측인 방식

⑥ 소요연성도(응답수정계수)를 고려한 심부구속 철근량 산정

기존 도로교설계기준에서는 교각의 거동을 탄성 또는 완전연성의 2가지 경우로 구분하였으며 설계지진하중에서 교각이 탄성범위를 넘게 될 것으로 예측되는 경우 소요연성도에 관계없이 무조건 완전연성을 만족하도록 심부구속철근을 배근하여야 한다. 즉, 탄성지진모멘트를 응답수정계수(R=2,3,5)로 나누어 단면의 설계 강도 이하가 되도록 하고 설계기준에서 규정하고 있는 심부구속철근을 배근하도록 되어 있어 탄성지진모멘트가 단면의 설계강도보다는 크지만 그 차이가 크지 않은 경우 응답수정계수의 적용 시 과도하게 안전 측으로 비경제적인 설계가 될 수 있다.

## 3) 주요 차이점

중약진 지역에서 발생하는 이러한 문제점 해결을 위해 철근상세는 내진상세를 유지하면서 횡구속 철근량은 연성 요구량에 따라 감소시키는 방법이 연성도 내진설계법이다.

| 구분 | 완전연성 내진설계법 | 연성도 내진설계법 |
|---|---|---|
| 개념 | 작용지진력이 탄성영역에 있으면 탄성설계를 하고 작용지진력이 탄성영역을 벗어나면 작용지진력에 일정한 응답수정계수(R)로 나누고 그에 따라 횡방향 철근 배근하는 소성설계 개념 ※ 탄성영역 초과비율에 관계없이 배근 | 교각의 소요연성도에 따라 필요한 만큼 횡구속 철근량을 결정함에 따라 한정연성구간에서 합리적인 양의 횡방향 철근을 배근하는 설계 개념 |
| | 도로교설계기준(2010) 6.3.4 및 6.8.3 | 도로교설계기준(2012) |
| P-M 상관도 |  |  |
| 응답수정계수 | $R$-Factor(상수)로 적용 | $R_{req} = M_{el}/\phi M_n$ (변수)   $M_{el}$ : 탄성지진모멘트   $\phi M_n$ : 공칭휨강도 |

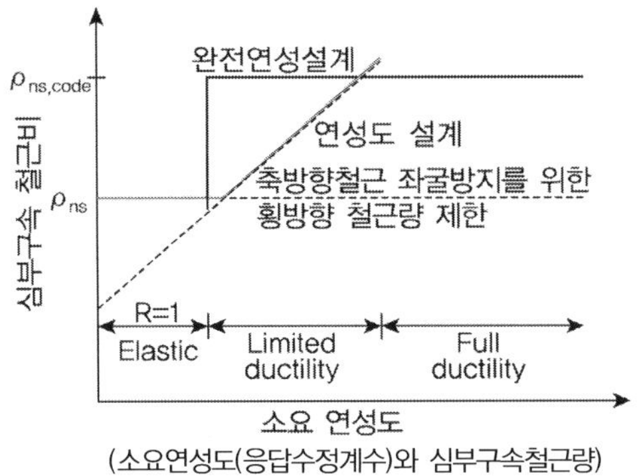


(소요연성도(응답수정계수)와 심부구속철근량)

연성도 내진설계에서는 교각의 소요연성도(Ductility demand, required ductility)에 따라 필요한 만큼의 횡구속 철근량을 결정하고 배근함으로써 한정연성(Limited ductility) 구간에서 합리적인 양의 횡방향 철근을 배근하는 설계개념이다. 기존의 상수의 응답수정계수를 적용하는 것과는 달리 소요연성도를 고려하여 연성요구량(소요변위연성도 및 소요곡률연성도 등)에 따라 심부구속철근을 배근하는 방법으로 소요연성도 산정을 위한 과정이 추가된다.

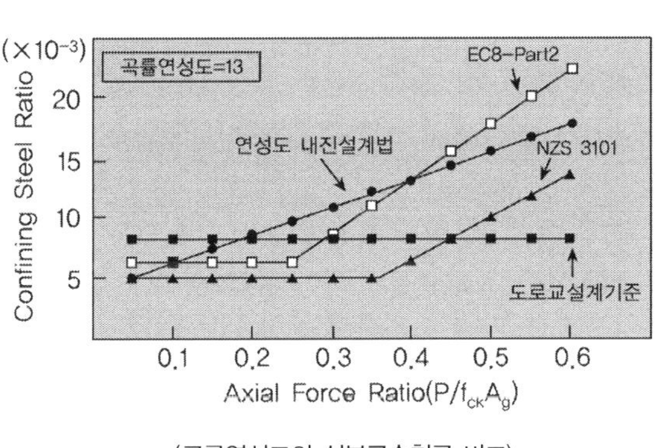


(곡률연성도의 심부구속철근 비교)

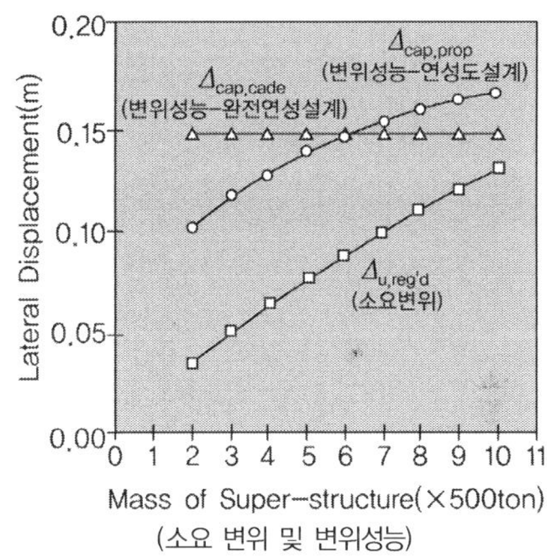


(소요 변위 및 변위성능)

## 1. 내진성능 확보방안 : 지진격리시스템

교량의 내진설계는 구조물의 동적거동에 대해 각 구조부재가 저항하여 전체적인 교량의 붕괴를 방지하는 것으로 크게 2가지 개념으로 구분할 수 있다.

① 구조물에 작용하는 지진력에 저항할 수 있도록 구속을 주거나 단면의 강성을 증가시키는 방법

② 구조물의 주기를 크게 하거나 감쇠를 증가시켜서 지진하중의 영향을 감소시키는 방안(지진 격리 방안, Seismic Isolation)

  (1) 고유주기 변화에 의한 방법 : 구조물의 고유주기를 길게 하는 방법으로 응답변위(Displacement Response)를 증가시키는 대신 응답가속도(Acceleration Response)를 현저히 감소시켜 지진력의 크기를 줄이는 방법으로 이 경우 과도한 변위에 의한 사용성 확보 및 낙교 및 이탈 방지에 대한 대비를 강구하여야 한다.

  (2) 인위적인 감쇠장치를 사용하는 방법 : 구조물의 감쇠율을 증가시켜 응답변위와 응답가속도를 동시에 감쇠시켜 지진력의 크기를 줄이는 방법으로 감쇠장치(Damper)의 효과가 구조해석에 의해 확실히 검증되는 경우에 적용되며 감쇠장치 자체의 사용성, 내구성 등에 대한 검토가 필요하다.

### 1) 일반적인 내진성능 확보방안

① 1점 고정단 사용 : 고정단 1개소를 두는 방안으로 교량이 긴 경우에는 지진에 대한 수평력이 고장단 교각 1개소에 집중되어 교각 및 교대가 과대해지므로 대부분 공사비가 증가한다. 고정단 교량받침으로 지진에 의한 수평력을 지지하지 못할 경우 전단키를 설치할 수 있다.

② 다점 고정단 사용 : 교각의 높이가 작은 경우 온도와 크리프나 건조 수축의 영향이 크기 때문에 적용하기 곤란하며 대부분 상대적으로 유연한 강성을 갖는 장대교각에서 적용 가능하다.

③ 평상시엔 1점 고정단, 지진 시에는 다점 고정단 사용 : 온도와 크리프, 건조수축 등의 천천히 발생하는 변위에는 저항하지 않지만 지진 같은 충격에는 고정단 역할을 하는 충격전달장치(STU: Shock Transmission Units)를 적용할 수 있다. 기본적으로 지진 시에는 개수가 많아져 주기가 짧아지므로 1점 고정단 지지보다 전체 지진력이 커져 지지력 분산의 효율성이 떨어지므로 경제성과 함께 검토가 필요하다.

④ 상부와 교각을 일체로 계획 : 다점 고정단과 마찬가지 개념으로 높이가 높은 장대교각에서 주로 적용 가능, 교량의 시공법과 밀접한 관계가 있다(라멘 형태)

2) 주기나 감쇠 조절 방안

① 지진 격리 받침 : 기초로부터 전달되는 지진력을 상부까지의 전달경로를 분리하는 받침으로 받침의 고유기능에 주로 이력감쇠(Hysteresis Damping)나 마찰감쇠(Frictional Damping) 기능이 추가된다. 대표적으로 탄성고무받침(RB), 납탄성받침(LRB), 고감쇠고무받침(HDRB), 마찰판을 이용한 받침(FPB)이 있다.

② 외부 감쇠 장치 적용(Damper) : 구조물의 진동응답을 줄이기 위해 지진으로부터 구조물에 들어오는 에너지를 흡수하는 장치로 받침과 별도 설치한다. 대표적으로 이력감쇠기(Hysteresis Damper), 점성감쇠기(Viscous damper), 마찰감쇠기(Frictional damper) 또는 동조질량감쇠기(TMD: Tuned mass damper), 동조액체감쇠장치(TLD : Tuned liquid damper), 능동질량감쇠기(AMD: Active mass damper), Hybrid감쇠기(HMD = TMD + AMD)가 이에 해당된다.

## 2. 면진시스템 <sup>82회/95회/99회</sup>



지진 지반 운동의 에너지는 유한한 주파수대에 모여 있으므로 구조물의 고유주기가 길수록 구조물의 지진응답이 현저히 낮아지는 원리를 이용하는 방식이 도입되었다. 지진격리(Base isolation) 및 면진시스템은 교량의 고유주기를 길게 함으로써 교량에 작용하는 지진력을 줄여주고 지진에너지 흡수 성능 향상을 통하여 지진 시 응답을 감소시키는 역할을 수행한다.

구조물의 고유주기를 길게 하는 방안은

① 수평방향으로 유연한 요소를 구조물과 기초에 두는 방법
② 롤러나 Sliding 요소를 사용하는 방법

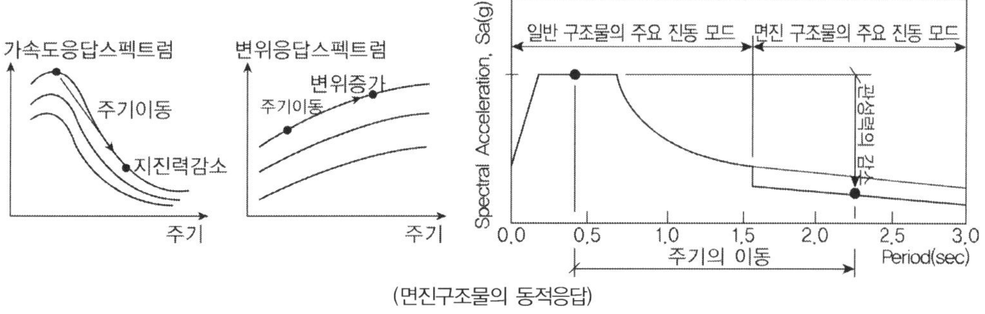


(면진구조물의 동적응답)

1) 지진격리시스템의 기본 개념

① 지진격리 설계의 적용은 교량의 장주기화 또는 지진에너지 흡수성능 향상효과를 상시와 지진

시의 양측면에서 검토한 후 판단해야 하며 다음의 조건에서는 적용하지 않는다.

(1) 하부구조가 유연하고 고유주기가 긴 교량

(2) 기초 주변의 지반이 연약하고 지진격리 설계의 적용에 따른 교량 고유주기의 증가로 지반과 교량의 공진가능성이 있는 경우

(3) 받침에 부반력이 발생하는 경우

② 교량의 장주기화로 인한 지진 시 상부구조의 변위가 교량의 기능에 악영향을 주지 않도록 하여야 한다.

③ 지진격리받침은 역학적 거동이 명확한 범위에서 사용하여야 한다. 또한 지진 시 반복적인 횡변위와 상하진동에 대해 안정적으로 거동하여야 한다.

## 2) 지진격리시스템의 구성요소

① 수직방향으로 충분한 강성과 강도를 보유하고 있으며 수평방향으로 유연성을 제공하는 장치

　※ 수평방향 유연성 제공 격리 장치[적층고무받침(LRB)의 Sliding 요소] : 롤러나 미끄럼판 등을 사용하여 수평방향으로 쉽게 미끄러짐

② 지진격리장치 상하 간의 상대변위를 현실적인 설계한계범위로 제한할 수 있는 감쇠기 또는 에너지 소산 장치

　※ 감쇠장치 : 외부 감쇠기를 지진격리장치에 병행 사용, LRB 내에 납봉을 넣어서 납의 이력감쇠를 이용하는 격리 장치

③ 풍하중이나 제동하중 등의 사용하중 작용 시 과다한 변위나 불필요한 진동이 발생하는 것을 제한하는 충분한 강성을 제공하는 억제 장치

　※ Wind Restraint system : Mechanical fuse 등을 사용하여 지진격리요소를 작동

## 3) 지진격리장치별 특징

① RB(Rubber Bearing)

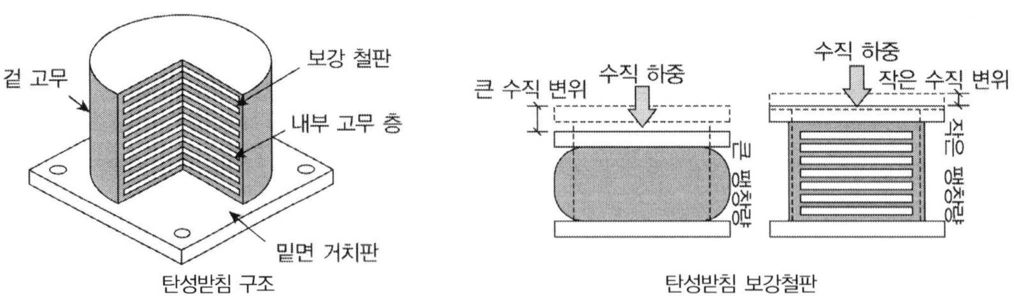


적층고무와 적층 보강 철판(Steel Shim)으로 제작되어 고무의 압축, 전단변형으로 모든 방향으로의 신축 및 회전이 가능하다. 적층고무와 가황접찰된 보강 철판은 고무의 팽출(Bulging)을

방지하고 큰 수직강성을 제공하지만 수평강성에는 영향을 주지 않는다. 탄성받침은 100~150%까지의 전단변형도 내에서는 선형적인 특성을 보이며 파괴 때까지 최대 600%까지의 전단변형도를 수용하고 최대 수직하중 지지능력은 약 1500kgf/cm$^2$이다.

탄성 고무 받침은 구조물의 주기를 길게 하여 응답 변위를 증가시키는 대신에 응답가속도를 현저히 감소시켜 지진력을 감소시키는 역할을 하게 된다(풍하중이나 제동하중 등에도 진동이 발생하기 쉽다). 탄성고무 받침에는 상시 진동에 저항할 수 있도록 스톱퍼(Stopper)가 부착되어 있는 것이 일반적이다.

② LRB(Lead Rubber Bearing)

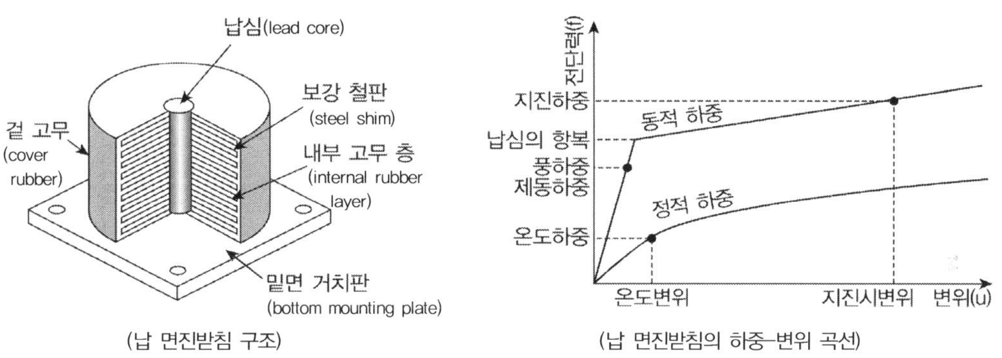


(납 면진받침 구조)     (납 면진받침의 하중-변위 곡선)

고무에 강재철판 보강하여 수직방향 강성 증가하고 고유주기를 이동하여 지진격리하는 받침으로 납탄성 고무받침은 납의 이력감쇠성능을 이용한 받침으로, 지진하중 하에서 납은 항복하고 시스템의 에너지를 소산시켜 구조물의 변위를 제어한다. 사용하중(풍하중, 제동하중, 낮은 지진하중 등) 하에서 납은 탄성적으로 거동하여 작은 변위를 발생한다.

탄성받침의 장주기성, 납의 소성변형에 의한 변위의 감소, 납의 초기강성에 의한 안정성, 납의 감쇠기능 등 여러 가지 장점을 가지고 있으며 이선형(Bi-linear) 힘-변위 거동을 한다.

③ FB(Friction Bearing, 마찰받침)

지진 시 발생하는 에너지를 구조물의 수평변위에 의한 마찰력으로 소산하는 형태로 기존의 미끄럼 받침과 매우 유사한 구조를 가지고 있다. 불소수지의 미끄럼판과 마찰력을 이용하도록 고안되었으며 기존의 미끄럼 받침에 마찰력에 의한 감쇠기능이 추가된 장치이다. 큰 수직하중을

받을 수 있으나 별도의 복원장치가 필요하다.

④ FPS(Friction Pendulum System, 마찰진자받침)

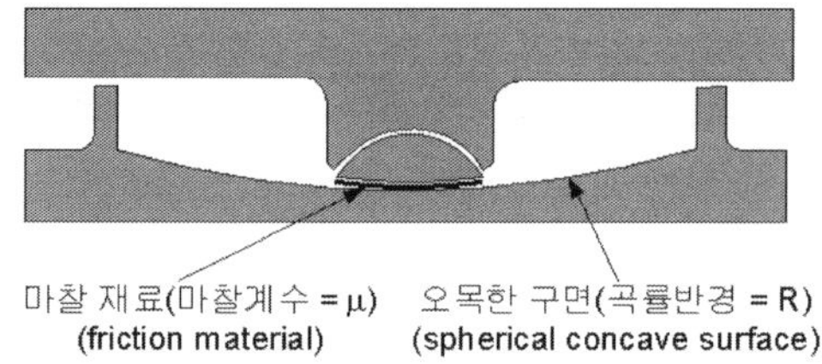


(마찰진자받침)

일종의 마찰 면진시스템으로 미끄럼 작용과 형상에 의한 복원력 작용을 조합하였다. 미끄럼기구가 오목한 구형 표면상을 움직이므로 마찰력에 의한 감쇠와 형상에 의한 복원력을 제공한다. 구조물의 면진주기는 면진장치의 유효감쇠와 오목면의 곡률형상을 사용하여 제어한다.

⑤ DB(Disc Bearing, 디스크받침)

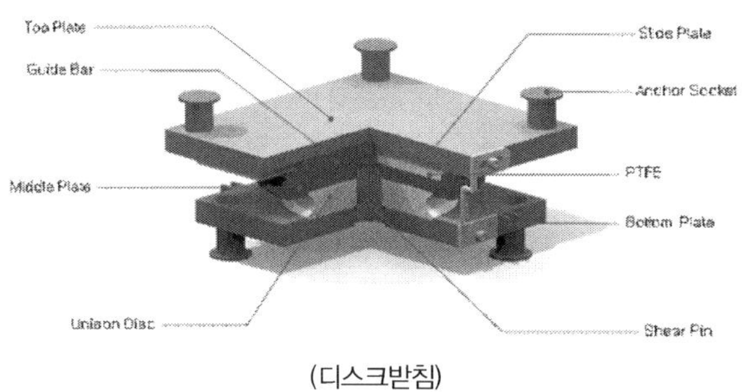


(디스크받침)

디스크받침은 고탄성 고압축 성질을 가진 폴리우레탄을 이용하여 대부분의 교량 및 건축물에 적합하도록 설계개발된 받침장치로 상부구조물에서 발생하는 모든 수직, 수평하중과 회전을 안정하게 수용할 수 있다. 디스크 받침에 주요 구성요소는 구조물 상부하중과 바람과 지진과 같은 외부 수평하중에 의한 회전을 안전하게 수용할 수 있는 디스크(Polyurethane Disc)와 수평구속장치(Shear Restriction Mechanism)를 공통구성요소로 하고 있으며 PTFE와 스테인레스판을 이용하여 상부구조물의 신축거동을 원활하게 하는 가동받침을 주요 구성요소로 하고 있다.

## 3. 지진격리교량의 설계

KDS 24 17 11 교량 내진설계기준(한계상태법)에 따른 지진격리교량의 설계는 수평 지진격리시스템에 대한 규정이며 수직방향에 대해서는 구조물을 강체로 가정해 외부에너지를 이용하는 경우는 다루지 않는다. 지진격리받침의 적용은 교량의 장주기화 혹은 지진 에너지 흡수 성능 향상 효과를 상시와 지진 시의 양 측면에서 검토해야 하며, 하부구조가 유연하거나 지반과 공진가능성과 부반력이 발생하는 경우에는 적용할 수 없다.

일반적으로 지진격리교량 형식은 ① 지반이 견고하고, 기초 주변 지반이 지진 시에 안정한 경우, ② 하부구조의 강성이 크고 교량의 고유 주기가 짧은 경우, ③ 다경간 연속교에 적용한다.

### 1) 지진격리교량의 지반분류 및 지반계수

| 지반종류 | 지반종류의 호칭 | 지표면 아래 30m 토층에 대한 평균값 | | | 지반계수 $S_i$ |
|---|---|---|---|---|---|
| | | 전단파 속도(m/s) | 표준관입시험(N치) | 비배수전단강도(kPa) | |
| I | 경암, 보통암 | 760 이상 | – | – | 1.0 |
| II | 조밀한 토사, 연암 | 360~760 | > 50 | > 100 | 1.5 |
| III | 단단한 토사 | 180~360 | 15~50 | 50~100 | 2.0 |
| IV | 연약한 토사 | 180미만 | < 15 | < 50 | 2.7 |
| V | 부지 고유의 특성평가가 요구되는 지반 | | | | |

### 2) 지진격리시설의 해석방법

교량해석은 지진격리받침의 특성을 고려하여 수행하며 지진격리받침의 비선형거동을 단순화하기 위해 이중선형 모델을 사용할 수 있다. 지진결기받침의 유효강성 $k_{eff}$ 및 지진격리 시스템의 등가감쇠비 $\beta_i$는 원칙적으로 다음과 같이 산출하며 해석에 사용되는 지진격리받침의 유효강성은 설계변위에서 계산되어야 한다.

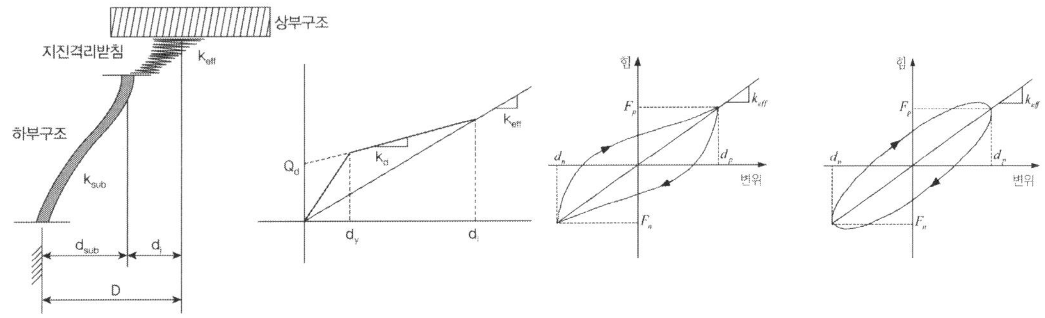


(지진격리교량의 설계변위 개요도)  (지진격리받침의 유효 강성 및 지진격리 시스템의 등가감쇠비)

$$k_{eff} = \frac{F_p - F_n}{d_p - d_n}, \quad \beta_i = \frac{1}{2\pi} \frac{EDC\ 면적}{\sum (k_{eff} d_i^2)} \times 100\,(\%)$$

여기서 $F_n$ : 지진격리장치의 원형시험 시 한 Cycle 동안의 최대부변위량 발생 시 수평력

$F_p$ : 지진격리장치의 원형시험 시 한 Cycle 동안의 최대양변위량 발생 시 수평력

$d_n$ : 지진격리장치의 원형시험 시 한 Cycle 동안의 최대부변위

$d_p$ : 지진격리장치의 원형시험 시 한 Cycle 동안의 최대양변위

$EDC$ : 한 Cycle당 소산된 에너지

① 등가정적 해석법

등가지진력 $F_e = C_s W = K_{eff} D$

여기서 $K_{eff}$ : 지진격리받침과 하부구조의 조합강성 $\left( = \sum_j \dfrac{k_{sub}k_{eff}}{k_{sub} + k_{eff}} = \sum_j K_{eff \cdot j} \right)$

$D$ : 지진격리받침의 설계변위$(d_i)$와 하부구조의 설계변위$(d_{sub})$의 합

탄성지진응답계수 $C_s = \dfrac{K_{eff}d}{W} = \dfrac{SS_i}{T_{eff}B}$

지반에 대한 상부구조 총변위 $d = \dfrac{250SS_i T_{eff}}{B}, \qquad T_{eff} = 2\pi\sqrt{\dfrac{W}{K_{eff}g}}$

| 지진격리교량의 감쇠계수 | 지진격리시스템의 등가 감쇠비 $\beta$(%) | | | | |
|---|---|---|---|---|---|
| | ≤2 | 5 | 10 | 20 | 30 |
| B | 0.8 | 1.0 | 1.2 | 1.5 | 1.7 |

② 단일모드스펙트럼 해석법

$p_e(x) = w(x)C_s$

여기서 $p_e(x)$ : 등가정적 지진하중의 단위길이당 하중강도

$w(x)$ : 상부구조의 단위길이당 고정하중

탄성지진응답계수 $C_s = \dfrac{K_{eff}d}{W} = \dfrac{SS_i}{T_{eff}B}$

③ 다중모드스펙트럼 해석법

해당모드주기 $T_i$가 $0.8T_{eff}$를 초과하는 경우에만 $B$에 의해 감소된 값이 적용된다.

(1) $T_i \le 0.8T_{eff} \quad C_{si} = \dfrac{SS_i}{T_i} < 2.5S$

(2) $T_i > 0.8T_{eff} \quad C_{si} = \dfrac{SS_i}{T_i B} < 2.5S$

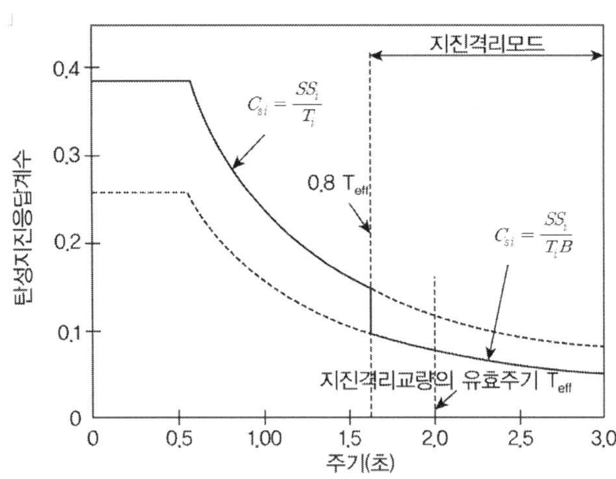


④ 시간이력해석법

시간이력해석은 직접수치해석을 행하는 직접적분법과 서로 독립된 모드별 방정식으로 변환시켜 각 모드별 해를 구하고 그 해를 중첩시키는 모드중첩법으로 구분된다.

(1) 모드중첩법(Mode Superposition Method) : 일반적인 동적운동방정식의 해는 결국 2차 상미분방정식($2^{nd}$ order ordinary differential equation)의 해가 된다. 운동방정식의 하중항이 간단한 형태일 때에는 수식으로 표현될 수 있는 해를 얻을 수 있지만 지반가속도는 간단한 수식의 형태로 나타낼 수 없으므로 수치해석적 기법을 사용할 수밖에 없으며 선형해석에 있어서는 운동방정식의 질량(M), 감쇠(C), 강성(K) 등이 상수로 남아 있어서 해석이 비교적 용이하지만 비선형 해석의 경우에는 감쇠(C), 강성(K) 등이 변위 및 속도의 종속함수가 되어 해석에 많은 시간과 주의를 요한다. 구조물의 거동을 각 모드의 거동으로 분리하여 모든 모드에서의 응답을 전부 중첩시키면 이론상으로 정확한 응답의 시간이력을 구할 수 있다. 이 방법의 장점은 각 모드로부터 구성되는 단자유도계에 대한 독립적인 해석이 가능하다는 점으로 동적거동을 지배하는 몇 개의 저차 진동모드에 대한 해석만으로 정확한 해에 근접한 해를 구할 수 있다. 따라서 일반적으로 전체모드를 모두 중첩하여 거동을 알아내지 않고도 기여도가 큰 몇 개의 저차모드만을 중첩하여 정확한 해를 근사적으로 구한다.

(2) 직접적분법(Direct Integration Method) : 직접적분에 의한 수치해석법은 다자유도계의 운동방정식을 변화시키지 않고 점진적(Step by step) 방법으로 수치적으로 적분한다. 임의의 시간 t에서의 거동을 구하는 것이 아니라 $\Delta t$ 간격의 시점에서 구조물의 응답(변위, 속도, 가속도)을 점진적으로 구하는 것이다. 이 방법은 한 시점 $t$에서의 거동이 구해져 있을 때 이를 이용하여 다음 시점인 $t + \Delta t$에서의 거동을 구하는 작업을 반복하여 전체 시간 구간에 걸친 거동을 구하게 된다. 그리고 이러한 시간간격의 길이 $\Delta t$는 단계의 간격이 같을 때 전체 시간을 총 시간간격의 수 $n$으로 나눈다. 이 크기 $\Delta t$는 변위, 속도 및 가속도의 해

석과정의 정확성, 안정성 그리고 계산량에 직접적인 영향을 미친다.

### (3) 시간이력해석법의 요구조건

지진격리받침의 비선형 특성을 고려하며, 시간이력해석을 위한 지진입력 시간이력은 감쇠율 5%에 대한 설계지반응답스펙트럼에 부합되도록 실제 기록된 지진운동을 수정하거나 인공적으로 합성된 최소한 4개 이상의 지진운동을 작성하여 사용한다. 작성된 시간이력이 설계지반 응답스펙트럼에 부합되기 위해서는 작성된 시간이력의 평균 응답스펙트럼이 다음 조건을 만족해야 한다.

㉮ 시간이력의 응답스펙트럼 값이 설계지반 응답스펙트럼 값보다 낮은 주기의 수는 5개 이하이고 낮은 정도는 10% 이내이어야 한다.

㉯ 시간이력의 응답스펙트럼을 계산하는 주기의 간격은 스펙트럼 값의 변화가 10% 이상되지 않을 정도로 충분히 작아야 한다.

㉰ 시간이력의 지속시간은 10~25초, 강진 구간 지속시간은 6~10초가 되도록 하여야 한다.

㉱ 7쌍 미만의 지반운동 시간 이력에 의한 해석결과로부터 얻어진 응답치의 최댓값 또는 7쌍 이상의 해석결과로부터 얻어진 평균값을 설계값으로 한다.


## 3) 기타 요구조건

① 상시수평력 안정성 : 지진격리받침은 풍하중, 원심력, 제동력, 온도변위에 의한 하중을 포함하는 모든 상시 수평력 조합에 안정적으로 거동하여야 하며 지진격리받침 탄성중합체의 최대 전단변형률은 상시 70%, 지진 시 200% 이내이어야 한다.

② 수직력 안정성 : 지진격리받침은 수평변위가 없는 상태에서 고정하중과 활하중을 더한 수직하중에 대해 최소한 3 이상의 안전율을 제공하여야 한다. 또한 1.2배의 고정하중, 지진하중으로 인한 수직하중, 그리고 횡방향 변위로 인한 전도하중의 합에 대해 안정적으로 거동하도록 설계하여야 한다. 여기서 전도하중을 계산할 때의 횡방향 변위는 옵셋변위와 설계지진에 의한 설계변위의 2배와 같다.

③ 회전성능 : 지진격리받침의 회전성능은 고정하중, 활하중, 시공오차의 영향을 포함하여야 하고 여기서 고려되는 시공오차의 설계회전각은 0.005rad보다 작아서는 안 된다.

④ 품질기준 : 지진격리받침과 그 재료는 화학적, 물리적, 기계적 성질이 충분히 안정적이어야 한다.

일반 교량의 내진설계에서 중요한 점은 받침과 교각 및 교대이다. 건물과는 달리 교량은 길이가 긴 구조이며 다지점 구조 형태를 취하게 된다. 지진격리장치는 교량에 적용할 경우 받침에서의 전단력과 Pier에서의 전단력을 저감시키기 위해서 사용된다. 바로 이러한 특성으로 인하여 지진격리 교량은 구조역학적으로 지진격리 건물과 약간 차이가 있다. 교량은 아래와 같이 단순화된 다 자유도계로 모델링될 수 있다. 비지진격리 교량의 경우에는 k는 무한하다고 가정할 수 있다. 지반–구조물 상호 작용을 고려하지 않는다면 일체로 거동하는 $m_s$와 $m_p$의 지반운동에 대한 상대운동은 다음 방정식에 의해서 표현될 수 있다.

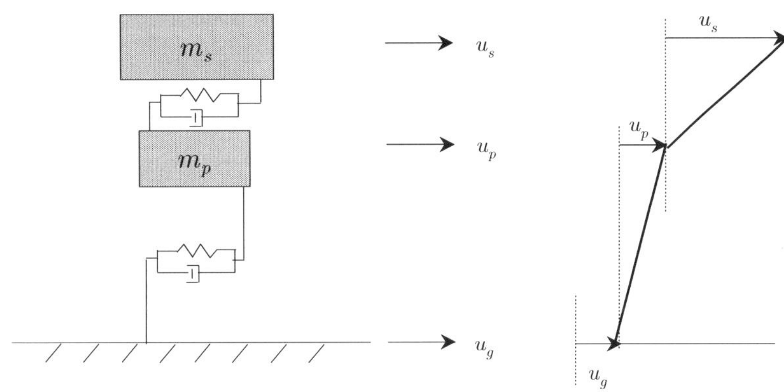


교량의 동적방정식

$$(m_s + m_p)\ddot{u} + c_p\dot{u} + k_p u = -(m_s + m_p)\ddot{u}_g$$

또는 $\ddot{u} + 2\omega\beta\dot{u} + \omega^2 u = -\ddot{u}_g$ 　　여기서, $\omega = \sqrt{\dfrac{k_p}{m}} = \sqrt{\dfrac{k_p}{m_s + m_p}}$ ,　$\beta = \left(\dfrac{1}{2\omega}\right)\left(\dfrac{c_p}{m}\right)$

모든 받침을 지진격리장치로 교체한다면 $m_s$와 $m_p$의 상대변위를 DOF로 갖는 시스템의 지배방정식은

$$\begin{bmatrix} m_s & m_s \\ m_s & m_s + m_p \end{bmatrix}\begin{bmatrix} \ddot{u}_s \\ \ddot{u}_p \end{bmatrix} + \begin{bmatrix} c_s & 0 \\ 0 & c_p \end{bmatrix}\begin{bmatrix} \dot{u}_s \\ \dot{u}_p \end{bmatrix} + \begin{bmatrix} k_s & 0 \\ 0 & k_p \end{bmatrix}\begin{bmatrix} u_s \\ u_p \end{bmatrix} = -\begin{bmatrix} m_s & m_s \\ m_s & m_s + m_p \end{bmatrix}\begin{bmatrix} 0 \\ 1 \end{bmatrix}\ddot{u}_g$$

$$\therefore \ [M]\ddot{u} + [C]\dot{u} + [K]u = -[M][r]\ddot{u}_g$$

여기서, $m = m_s + m_p$,　$\delta = \dfrac{m_s}{m} \leqq 1$,　$\omega_s = \sqrt{k_s/m_s}$,　$\omega_p = \sqrt{k_p/m}$,　$\epsilon = (\omega_s/\omega_p)^2$이라면 비감쇠 시스템의 자유진동은

$$\begin{bmatrix} \delta & \delta \\ \delta & 1 \end{bmatrix}\begin{bmatrix} \ddot{u}_s \\ \ddot{u}_p \end{bmatrix} + \begin{bmatrix} \delta\omega_s^2 & 0 \\ 0 & \omega_p^2 \end{bmatrix}\begin{bmatrix} u_s \\ u_p \end{bmatrix} = \begin{bmatrix} 0 \\ 0 \end{bmatrix}$$

$$\therefore \text{Characteristic Equation } |[K] - \omega^2[M]| = 0 \text{ 으로부터,}$$

$$\begin{vmatrix} \delta\omega_s^2 - \delta\lambda & -\delta\lambda \\ -\delta\lambda & \omega_p^2 - \lambda \end{vmatrix} = 0 : \quad \lambda^2(1-\delta) - (\omega_p^2 + \omega_s^2)\lambda + \omega_p^2\omega_s^2 = 0$$

$$\therefore \lambda = \frac{1}{2(1-\delta)}\left[(\omega_p^2 + \omega_s^2) \pm \sqrt{(\omega_p^2 + \omega_s^2) - 4(1-\delta)\omega_p^2\omega_s^2}\right],$$

$$\lambda_1 = \omega_1^2 = \omega_s^2(1-\delta\epsilon), \quad \lambda_2 = \omega_2^2 = \frac{\omega_p^2}{1-\delta}(1+\delta\epsilon)$$

$\Gamma_1 = \dfrac{\phi_1^T M\gamma}{\phi_1^T M\phi_1}$, $\quad \Gamma_2 = \dfrac{\phi_2^T M\gamma}{\phi_2^T M\phi_2}$ 는 다음과 같이 근사화될 수 있다. $\qquad \Gamma_1 = 1-\delta\epsilon, \quad \Gamma_2 = \delta\epsilon$

여기서 $\epsilon$ 가 충분히 작다면 제1차 고유모드가 지배적이 된다.

1차 고유모드의 고유진동수는 $\lambda_1 = \omega_1^2 = \omega_s^2(1-\delta\epsilon)$ 로부터 $\omega_s$ 에 근접하게 된다.

따라서 고유주기는 고정기반 모델에 비하여 길어짐을 알 수 있다. 1차 고유모드의 감쇠비는 $\beta$에, 2차 고유모드의 감쇠비는 $\beta_p$에 가까워진다. 그러므로 Spectral Acceleration이 작아진다. 격리장치에서 전달되는 전단력과 Pier에 전달되는 전단력 및 전단 모멘트는 현저하게 감쇠되며 교각의 중량이 Deck의 중량보다 현저하게 작다면 위의 식은 건물에 대한 식과 유사하게 된다.

$\lambda_1$ 과 $\lambda_2$ 에 대응하는 고유모드 벡터는 다음과 같다. $\quad \phi^1 = \begin{bmatrix} 1 \\ \delta\epsilon \end{bmatrix}$, $\phi^2 = \begin{bmatrix} 1 \\ -[1-(1-\delta)\epsilon] \end{bmatrix}$

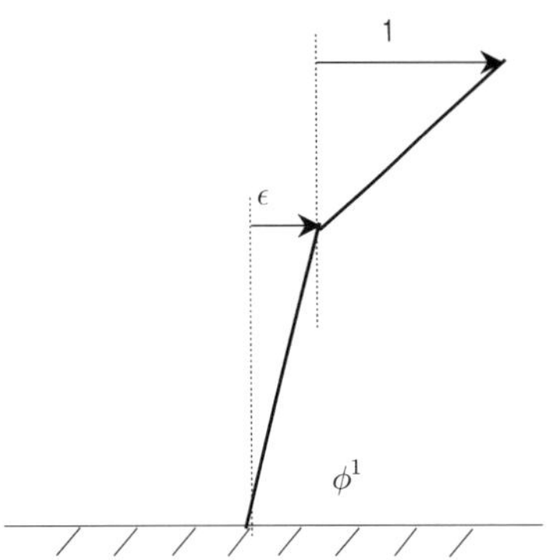


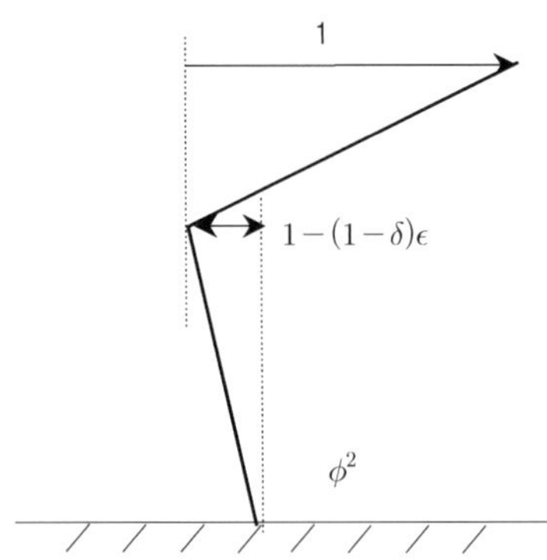


여기서 $\phi^1$ 은 지진격리모드이고, $\phi^2$ 는 구조변형에 주로 관련되는 모드이다. 따라서 운동방정식의 해는

$$\begin{bmatrix} u_s \\ u_p \end{bmatrix} = \eta_1\Phi_1 + \eta_2\Phi_2$$

여기서 $\eta_1$, $\eta_2$ 는 다음 식의 해다.

$$\ddot{\eta}_1 + 2\omega_1\beta_1\dot{\eta}_1 + \omega_1^2\eta_1 = -\Gamma_1\ddot{u}_g, \quad \ddot{\eta}_2 + 2\omega_2\beta_2\dot{\eta}_2 + \omega_2^2\eta_2 = -\Gamma_2\ddot{u}_g,$$

$$\beta_1 = \frac{1}{2\omega_1}\frac{\Phi_1^T C \Phi_1}{\Phi_1^T M \Phi_1}, \quad \beta_2 = \frac{1}{2\omega_2}\frac{\Phi_2^T C \Phi_2}{\Phi_2^T M \Phi_2}$$

$m = m_s \ (\delta = 1)$이 되면 고유주기는 $\lambda^2(1-\delta) - (\omega_p^2 + \omega_s^2)\lambda + \omega_p^2\omega_s^2 = 0$로부터

$$\lambda = \omega^2 = \frac{\omega_p^2\omega_s^2}{\omega_p^2 + \omega_s^2} = \frac{\dfrac{k_p}{m}\dfrac{k}{m}}{\dfrac{k_p}{m} + \dfrac{k}{m}} = \left(\frac{1}{m}\right)\left[\frac{k_p k}{k_p + k}\right]$$

따라서 지진격리 교량의 유효강성은 다음과 같이 단순화될 수 있다.

$$T_{eff} = 2\pi\sqrt{\frac{m}{k_{eff}}} \quad \therefore \ k_{eff} = \frac{k_p k}{k_p + k}$$

만약 여러 개의 Pier가 있다면 전체 System의 유효강성은 위의 식으로 주어진 유효강성의 값을 취하여야 한다.

## 4. 낙교방지 장치

낙교방지구조는 받침부 상부가 하부에서 이탈되지 않게 설치된 이동제한 장치나 최소받침 연단거리가 확보된 경우, 거더와 거더가 연결된 경우, 교대 또는 교각과 거더를 연결한 경우, 교대나 교각 또는 거더에 돌기를 설치한 경우를 말한다. 일반적으로 낙교방지구조는 심한 평경사나 종경사를 갖는 교량이거나 횡단교량으로 낙교 시 피해와 영향이 큰 교량에 낙교를 방지하기 위해서 설치한다.

① 받침의 이동제한 장치 및 받침의 최소 지지거리는 모든 교량에 설치하는 것을 원칙으로 한다. 다만, 강제 교각인 경우 받침의 최소 지지거리 확보는 거더 간의 연결장치, 교대 또는 교각과 거더 연결장치 및 교대, 교각 또는 거더에 돌기를 설치한 장치 중 1가지를 설치하면 설계변위에 의한 규정을 만족시키지 않아도 좋다.

② 기더 간의 연결 장치, 교대 또는 교각과 기더를 연결한 것 및 교대, 교각 또는 기더에 돌기를 설치한 것 중에서 다음 교량에 해당되면 이중낙교 방지 장치를 가동단에 설치한다.

(1) 구조상 비교적 낙교하기 쉬운 교량

(2) 낙교할 경우 피해 및 영향이 큰 교량

## 지진격리 설계

교량 내진설계기준(한계상태설계법, KDS 24 17 11 : 2021)에서 명시하고 있는 지진격리 설계를 적용하지 않는 조건 3가지를 제시하고 그 이유를 설명하시오.

## 풀 이

### ▶ 개요

지진격리 설계는 수평 지진력에 의한 지진 시 교량의 가속도 응답을 줄일 목적으로, 주로 상부구조와 하부구조 사이에, 지진격리 받침을 적용하여 설계기준에서 요구하는 내진성능을 확보하는 방법이다. 이때, 지진격리 받침은 교량의 고유주기를 길게 함으로써 교량에 작용하는 지진력을 줄여주고, 지진에너지 흡수성능 향상을 통하여 지진 시 가속도 응답을 감소시키는 역할을 한다.

### ▶ 지진격리 설계를 적용하지 않는 조건

지진격리 설계의 적용은 교량의 장주기화 혹은 지진에너지 흡수성능 향상 효과를 상시와 지진 시의 양 측면에서 검토한 후에 판단하여야 한다. 특히, 다음의 조건에 해당되는 경우에는 지진격리 설계를 적용하지 않는 것으로 규정하고 있다.

① 하부구조가 유연하고 고유주기가 긴 교량

② 기초 주변의 지반이 연약하고 지진격리 설계의 적용에 따른 교량 고유주기의 증가로 지반과 교량의 공진 가능성이 있는 경우

③ 받침에 부 반력이 발생하는 경우

## 1. 지중 구조물의 내진설계(응답변위법 Seismic deformation mathod) <sup>83회/98회/127회</sup>

**【 기출유형 ① 】** 응답변위법에 의한 지중구조물의 내진설계법
**【 기출유형 ② 】** 지중 구조물 토압을 구조물 변위에 따른 관계로 설명

지중구조물은 지상구조물과 달리 중공된 상태가 많아 단위체적당 중량이 작으며, 지반으로 인해 진동의 제약으로 감쇠가 크고 변위의 형상이 지반의 진동과 유사한 특징을 갖게 된다. 이로 인하여 지진 시 지중구조물의 응답은 구조물의 질량에 의한 관성력보다는 주변 지반에서 발생하는 지반의 상대변위에 영향을 받는다. KDS 29 17 00 기준(공동구 내진설계)에서는 응답변위법 혹은 응답이력해석법을 수행하도록 규정하고 있으며, KDS 27 17 00 기준(터널 내진설계)에서는 응답변위법, 동적해석법, 유사정적해석법을 적용할수 있도록 규정하고 있다.

응답변위법(Seismic deformation mathod)은 지중구조물의 내진설계를 위해 1970년대에 일본에서 고안된 방법으로 지진 시 발생하는 지반의 변위를 구조물에 작용시켜서 지중구조물에 발생하는 응력을 정적으로 구하며 구조물과 지반의 구조해석모형을 구조물은 프레임 요소, 지반은 스프링 요소로 모델링하며 구조물이 없는 자유장 지반에서의 수평상대변위, 가속도, 응력을 입력하여 구조해석을 수행한다. 관성력을 구하는 것이 아니라 지진운동으로 인한 주변 지반의 변위를 먼저 구하고 주변지반의 변위에 의해 지중구조물에도 거의 같은 변위가 발생한다고 가정하여 이 변위에 의한 구조물의 응력을 구하는 방법이다.

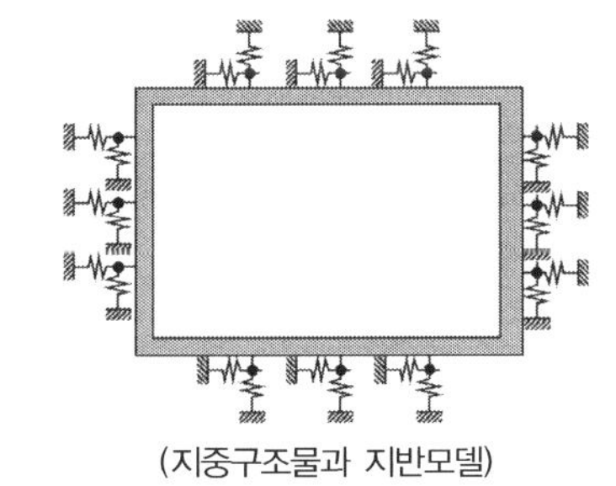

(지중구조물과 지반모델)

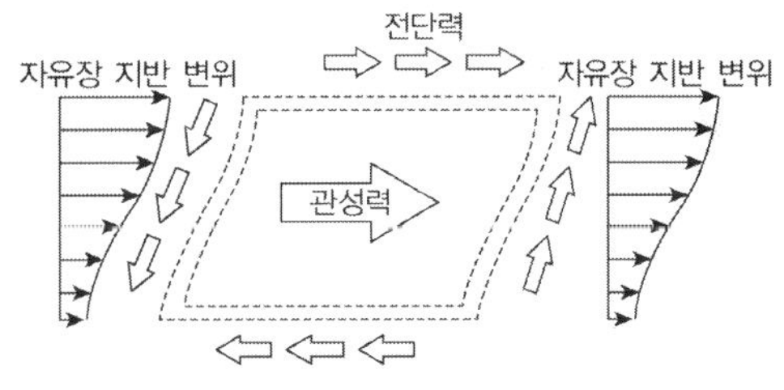


(작용하중과 지중구조물의 거동)

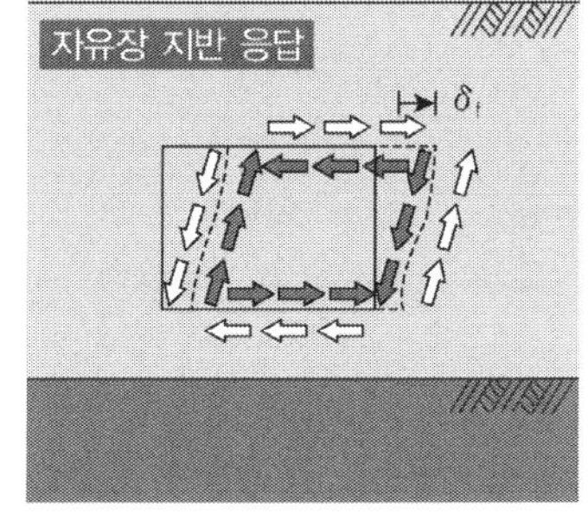


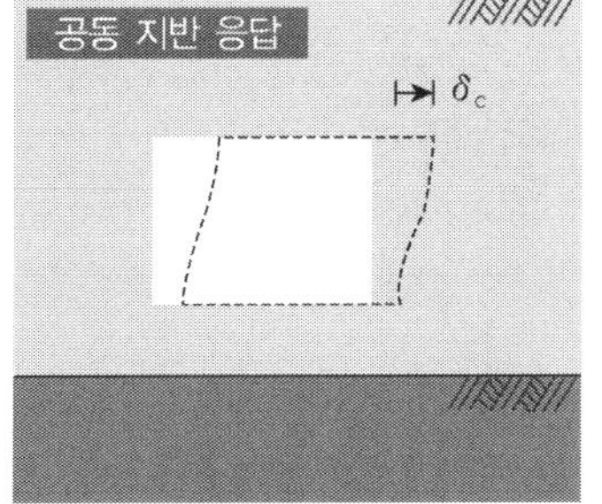


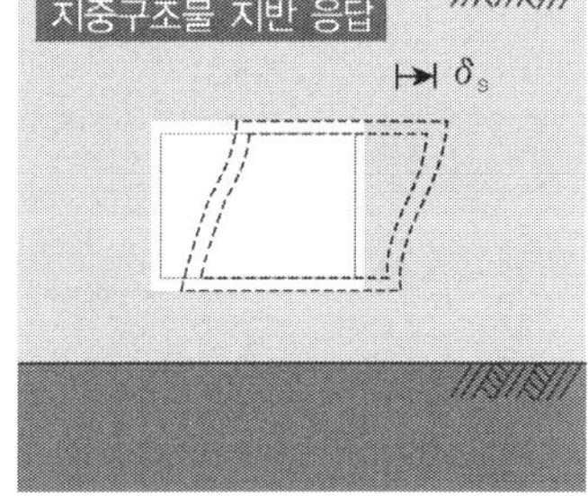


(응답변위법의 개념)

1) 응답변위법의 설계 절차

① 단면을 설정한 후 지반조건에 따른 지진계수(가속도계수) 산정
② 지반의 최대 변위진폭 결정(가속도 응답스펙트럼에서 속도응답스펙트럼으로 변환 시 각 성능
 수준별 속도응답스펙트럼 산정 주의)
③ 지반조건에 따라 지반반력계수 산정
④ 설정된 단면의 상시하중과 지진 시 하중에 의한 단면력 계산
⑤ 계산된 단면력과 상시하중에 의한 설계단면력 비교하여 최적 단면 산정

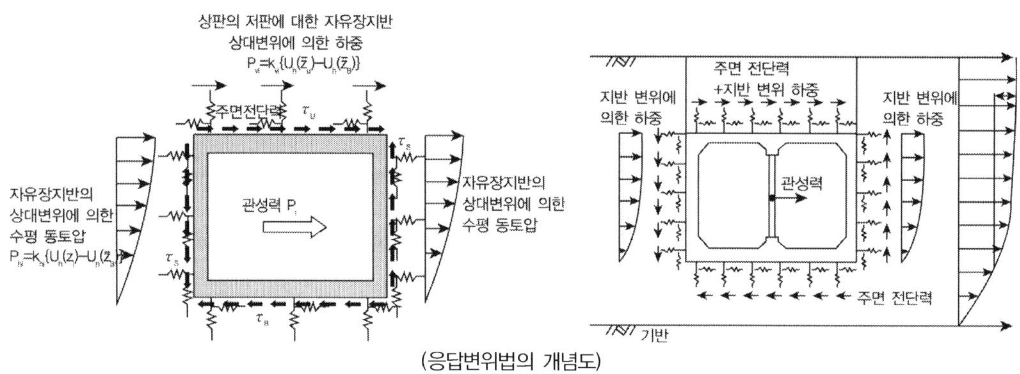

(응답변위법의 개념도)

2) 안정성 평가기준

도시철도의 구조물의 내진설계에서 시공 중 또는 완성 후에 구조물에 작용하는 고정하중, 활하
중, 토압 그리고 지진하중 등 각종하중 및 외적작용의 영향을 고려하여야 한다. 도시철도 구조물
의 모든 구조요소는 서로 다른 하중조건하에서 균일한 안전율을 유지할 수 있도록 설계되어야 한
다. 이는 각 구조 부재의 강도가 하중계수를 고려한 예상하중을 지지하는 데 충분하고 사용하중
수준에서 구조의 사용성이 보장되는 것을 요구한다.

소요강도($U$) ≤ 설계강도($\phi \times$ 공칭강도)

강도설계법에서는 구조물의 안전여유를 2가지 방법으로 제시하고 있다.
① 소요강도($U$)는 사용성에 예상을 초과한 하중 및 구조해석의 단순화로 인하여 발생되는 초과
 요인을 고려한 하중계수를 곱함으로써 계산한다.
② 구조부재의 설계강도는 공칭강도에 1.0보다 작은 값인 강도감소계수 $\phi$를 고려한다.

고정하중, 활하중 및 지진하중, 횡토압과 횡방향 지하수압이 작용하는 경우 기능수행수준과 붕괴
방지수준으로 구분하여 내진성능에 따라 고려하도록 하고 있다.

응답수정계수

지하구조물 내진설계 시 해석방법에 따라 적용하는 응답수정계수에 대하여 설명하시오.

## 풀 이

### ▶ 개요

구조물 설계 시 탄성영역만 고려하는 것은 비경제적이기 때문에 구조물에 아주 심한 파손이 일어나지 않는다면 어느 정도 손상을 허용하는 것이 일반적인 내진설계 원칙이다. 구조물이 어느 정도의 극한 하중을 견디고 연성적인 거동을 하도록 설계된다면 붕괴를 피할 수 있고 이러한 설계를 위해 탄성해석으로 얻은 설계지진력을 응답수정계수로 나누어 고려하거나, 비탄성 설계응답스펙트럼을 사용하는 방법을 고려할 수 있다. 탄성 응답 스펙트럼(elastic response spectrum)으로부터 설계하중을 결정하고, 비선형 거동에 의해 지진 에너지를 분산시키는 능력을 고려하기 위하여 응답수정계수(R)에 의해서 설계 지진하중을 감소시키는 방법을 적용하고 있다.

### ▶ 해석방법에 따른 응답수정계수

1) 지중구조물의 내진설계

지중 구조물의 내진설계는 지진 시 지반 변위의 영향을 고려하여 구조물에 요구되는 내진성능을 만족하도록 하는 것이다. 지중 구조물은 관성력의 영향을 크게 받는 지상의 일반 구조물과 달라서 관성력의 영향은 적고, 주변 지반의 변형에 따라 그 거동이 지배되기 때문에 내진설계에 있어서는 지진 시 지반 변위의 영향을 적절히 고려하여야 한다.

2) 지중구조물의 지진해석 방법

지중 구조물의 지진해석은 지반 조건, 구조 조건 등을 고려하여 응답변위법 혹은 응답이력해석법을 사용하여 수행할 수 있다. 개착식 지중 구조물인 경우 응답변위법을 구조물의 지진해석을 위한 표준해석법으로 사용하고, 응답이력해석법은 상세한 검토를 필요로 하는 경우나 구조 조건, 지반 조건이 복잡한 경우, 지반과 구조물의 상호작용을 고려하는 경우에 사용한다.

비개착식 지중 구조물의 지진해석 방법은 터널 내진설계방법에 따르며 응답변위법, 동적해석법, 유사정적해석법을 적용할 수 있다. 지중 구조물의 지진해석은 2차원 횡단면해석을 원칙으로 하되 지반상태가 급격히 변화하는 구간 통과 등의 경우에는 종방향에 대한 내진구조해석을 추가로 수행하여야 한다.

3) 지중구조물의 응답수정계수

① 붕괴방지수준

지진에 의한 대상 구조물에 발생하는 변형이 탄성한도를 초과하여 소성거동을 하는 붕괴방지
수준의 지진에서는 구조물이 비탄성 거동을 하게 되며 탄성거동을 하는 경우보다 부재력이 작
아진다. 일반 구조물의 경우 이를 고려하기 위하여 부재 설계시 탄성해석으로 구한 탄성부재
력을 아래의 응답수정계수(R, 연성 계수)를 사용하여 보정하게 된다. 즉, 지진에 의한 탄성부
재력을 응답수정계수로 나눈 값이 지진에 대한 설계부재력이 되며 이 설계부재력을 다른 하중
에 의한 부재력과 조합하여 부재의 안전성을 검토하여야 한다. 설계부재력 중 전단력과 압축
력에 대하여는 적용하지 않는다. 붕괴방지수준의 내진성능을 갖도록 설계하는 경우에는 탄성
해석과 탄소성해석을 필요에 따라 선택할 수 있다.

(1) 탄성해석을 수행하는 경우에는 계산 결과를 응답수정계수로 나눠줌으로써 탄성해석만으로
소성변형까지도 고려할 수 있다.

(2) 탄소성해석을 수행하는 경우에는 계산 결과를 그대로 사용하고 응답수정계수는 고려하지
않는다.

붕괴방지수준에서 지중구조물의 응답수정계수(R)

| 구분 | 기둥 | 보 |
|---|---|---|
| 철근 콘크리트 부재 | 3 | 3 |
| 강 부재 또는 합성부재 | 5 | 5 |

② 기능수행수준

기능수행수준의 내진성능을 갖도록 설계하는 경우에는 탄성해석을 수행하게 되며, 응답수정계
수(R)는 고려하지 않는다.

### 지중구조물의 내진설계

내진설계 시 지상구조물과 지중구조물의 거동특성 차이점과 지중구조물의 내진설계 시 고려사항에 대하여 설명하시오.

## 풀 이

### ▶ 지상과 지중구조물의 거동 차이

지중구조물은 지상구조물과 달리 중공된 상태가 많아 단위체적당 중량이 작으며, 지반으로 인해 진동의 제약으로 감쇠가 크고 변위의 형상이 지반의 진동과 유사한 특징을 갖게 된다. 이로 인하여 지진 시 지중구조물의 응답은 구조물의 질량에 의한 관성력보다는 주변 지반에서 발생하는 지반의 상대변위에 영향을 받는다.

### ▶ 지중구조물 내진설계 해석방법

지중구조물의 내진설계는 지진 시 지반 변위의 영향을 고려하여 구조물에 요구되는 내진성능을 만족하도록 해야 한다. 지중구조물은 관성력의 영향을 크게 받는 지상의 일반 구조물과 달라서 관성력의 영향은 적고, 주변 지반의 변형에 따라 그 거동이 지배되기 때문에 내진설계에 있어서는 지진 시 지반 변위의 영향을 적절히 고려하여야 한다. 내진해석 시에는 지반 조건, 구조 조건 등을 고려하여 응답변위법 혹은 응답이력해석법을 사용하여 수행할 수 있다. 개착식 구조물인 경우 응답변위법을 구조물의 지진해석을 위한 표준해석법으로 사용하고, 응답이력해석법은 상세한 검토를 필요로 하는 경우나 구조 조건, 지반 조건이 복잡한 경우, 지반과 구조물의 상호작용을 고려하는 경우에 사용한다.

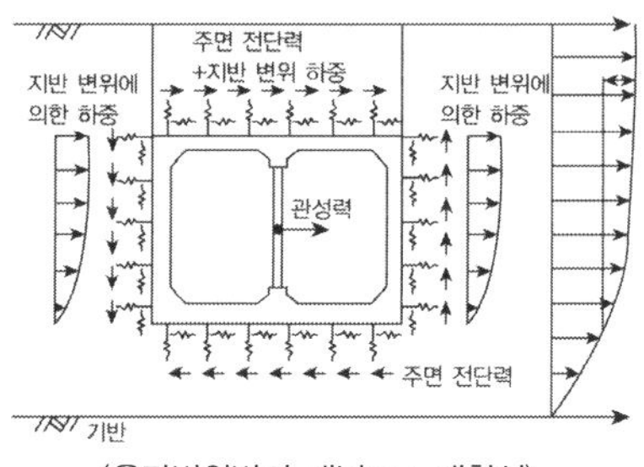

(응답변위법의 개념도 : 개착식)

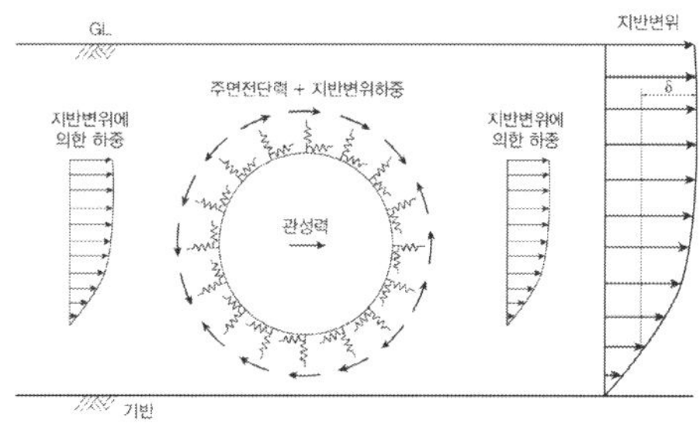

(응답변위법의 개념도 : 비개착식)

1) 응답변위법

지진 시에 생기는 지반 변위에 의한 지진 하중과 지하 구조물과 주변지반 관계에서의 경계조건을 적절히 모델링하여 정적으로 계산하는 방법을 응답변위법이라 한다. 응답변위법에 의한 횡단방향의 지진해석 시 지진하중은 그림과 같이 지반변위에 의한 하중, 주면전단력 및 관성력을 고려해야 한다.

① 지반반력계수 산정 : 지중구조물의 내진해석 시 지반반력계수는 구조물 측벽의 수평방향지반반력계수 및 전단지반반력계수, 공동구 구조물 바닥면의 연직방향지반반력계수 및 전단지반반력계수로 하고, 지진의 세기와 관련하여 내진성능수준별 적합한 특성치를 적용해야 한다. 이때 지반반력계수는 다음의 방법을 이용해 산정할 수 있다.

  (1) 각종 조사, 시험 결과에 의해 얻어진 변형계수에 기초의 재하폭 등의 영향을 고려하여 정하는 방법

  (2) 전단파 속도를 이용, 변형계수를 산정하고 기초의 재하폭의 영향을 고려하여 정하는 방법

  (3) 유한요소법에 의한 방법으로 산정하는 경우 지진 시 지반반력계수를 구하기 위하여 구조물과 지반의 2차원 유한요소 모델을 작성하고, 지반탄성의 방향에 단위하중 1을 구조물에 작용시켜 그 방향의 하중과 변위의 관계에서 지반반력계수 값을 산출한다. 이때 지하 구조물은 상판 및 저판의 강성을 고려하거나, 혹은 강체로 간주한다.

② 지진하중 : 지진 하중은 기반면에서의 설계속도응답스펙트럼을 이용하는 방법 또는 지반응답해석에 의한 방법을 적용하여 산정할 수 있다.

  (1) 기반면에서의 설계속도응답스펙트럼을 이용하는 방법 : 지진 하중으로서 측벽토압, 주면전단력, 관성력을 그림과 같이 작용시킨다.

  (2) 지반응답해석에 의한 방법 : 지반응답해석을 수행하여 표층지반의 깊이별 수평 변위, 주면전단력, 깊이별 가속도를 구하고 지진하중을 산정한다.

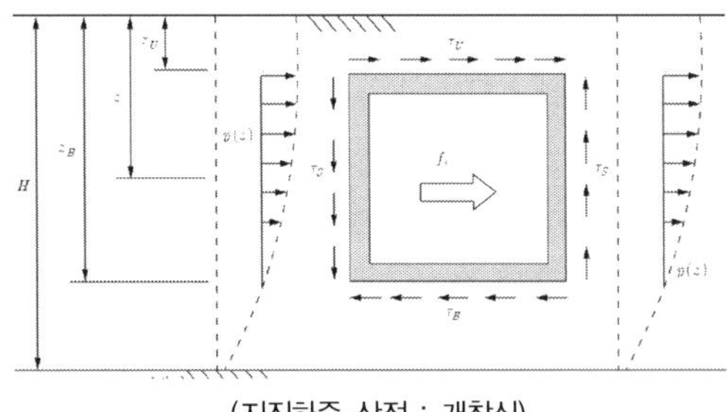

(지진하중 산정 : 개착식)

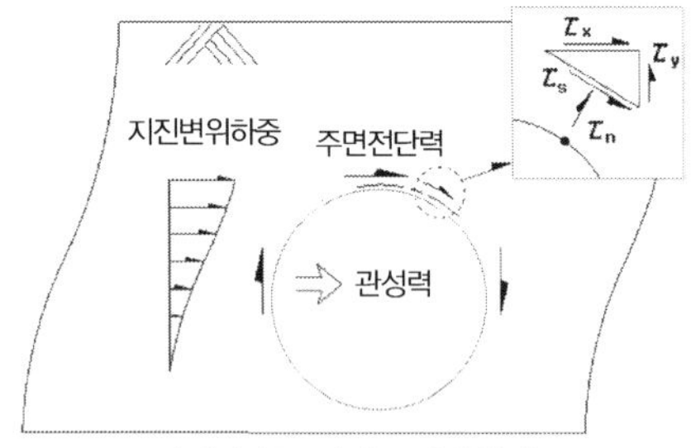


(지진하중 산정 : 비개착식)

2) 응답이력해석법

지중구조물을 응답이력해석법을 사용하여 해석하고 설계하기 위해서는 설계지진하중을 산정하는 것이 중요하다. 설계지반운동의 시간이력은 지반 가속도, 속도, 변위 중 하나 이상의 시간이력으로 지반운동을 표현해 실지진기록을 이용하거나 인공합성지반운동 시간이력을 활용할 수 있다.

## 연성보강 적용범위

내진설계가 적용되지 않은 지중구조물(2련박스)의 중앙기둥부에 적용하는 콘크리트 구조기준의 특별 고려사항에 대하여 설명하고 연성보강(띠철근) 적용범위를 설명하시오.

## 풀 이

### ▶ 개요

콘크리트 구조기준 특별 고려사항에서는 지진력에 저항하지 않을 것으로 가정하여 내진설계가 적용되지 않은 지중구조물의 중앙기둥부와 같은 골조부재에 대하여 설계변위가 발생할 때 부재에서 계산한 휨모멘트에 대해 검토하고 설계 부재력과 단면력을 비교하여 띠철근 등을 보강하도록 규정하고 있다.

### ▶ 지중구조물(2련박스) 중앙기둥부의 연성보강

1) 설계변위 때의 단면력이 설계 부재력 이내인 경우 : 설계변위와 함께 중력 휨모멘트와 전단력에 따른 조합력이 골조부재의 설계 휨강도와 설계 전단강도를 초과하지 않는 경우에는 다음에 따라 연성보강을 실시한다.

① 계수 축력이 $A_g f_{ck}/10$을 초과하지 않는 부재들 : 스트럽의 간격은 부재의 전 길이에 걸쳐서 d/2 이하가 되도록 한다.

② 계수 축력이 $A_g f_{ck}/10$을 초과하는 부재들 : 띠철근의 최대 간격은 기둥의 전 높이에 걸쳐서 $s_o$가 되도록 하고, 간격 $s_o$는 띠철근으로 둘러싸인 종방향 철근 중 가장 작은 지름의 6배 이하, 또는 150mm 이하이어야 한다.

③ 계수 축력이 $0.35P_o$를 초과하는 부재의 횡방향 철근량은 아래에 규정된 값의 1/2이어야 하고, 기둥의 전체 높이에 걸쳐 간격은 $s_o$를 초과하지 않아야 한다.

(1) 나선 또는 원형후프철근의 용적 철근비 $\rho_s = 0.12 f_{ck}/f_{yh}$

(2) 사각형 후프철근의 전체 단면적은 다음의 값 중 큰 값 이상으로 한다.

$$A_{sh} = 0.3(sh_c f_{ck}/f_{yh})[(A_g/A_{ch})-1], \quad A_{sh} = 0.09 sh_c f_{ck}/f_{yh}$$

(3) 횡방향 철근 간격은 부재의 최소 단면치수의 1/4, 축방향 철근 지름의 6배, 또는 다음의 $s_x$의 값 중 작은 값 이하로 한다.

$$s_x = 100+[(350-h_x)/3]$$

2) 설계변위 때의 단면력이 설계 부재력을 초과하는 경우 : 설계변위와 함께 중력 휨모멘트와 전단력에 따른 조합력이 골조부재의 설계 휨강도와 설계 전단강도를 초과하거나 휨모멘트 계산을 하지 않을 경우에는 다음에 따라 연성보강을 실시한다.

① 철근의 기계적 또는 용접이음은 설계기준에서 요구하는 조건에 만족하여야 한다.

② 계수 축력이 $A_g f_{ck}/10$을 초과하지 않는 부재들 : 스트럽의 간격은 부재의 전 길이에 걸쳐서 d/2 이하가 되도록 한다.

② 계수 축력이 $A_g f_{ck}/10$을 초과하는 부재들

  (1) 나선 또는 원형 후프철근의 용적 철근비 $\rho_s = 0.12 f_{ck}/f_{yh}$

  (2) 사각형 후프철근의 전체 단면적은 다음의 값 중 큰 값 이상으로 한다.

$$A_{sh} = 0.3(sh_c f_{ck}/f_{yh})[(A_g/A_{ch})-1], \quad A_{sh} = 0.09 sh_c f_{ck}/f_{yh}$$

  (3) 횡방향 철근 간격은 부재의 최소 단면치수의 1/4, 축방향 철근 지름의 6배, 또는 다음의 $s_x$의 값 중 작은 값 이하로 한다.

$$s_x = 100 + [(350 - h_x)/3]$$

여기서 $A_g$ : 전체단면적

      $A_{ch}$ : 횡방향 철근의 외곽으로 측정한 구조부재의 단면적

      $f_{yh}$ : 횡방향 철근의 설계기준 항복강도

      $h_c$ : 구속보강철근 중심간의 거리로 측정한 기둥 내부의 단면치수

      $h_x$ : 후프철근이나 기둥 띠철근의 최대 수평간격

      $s_o$ : 횡방향 철근의 최대간격

## 섬유요소

비선형 구조해석을 위해 사용되는 섬유요소(Fiber Element)에 대하여 설명하시오.

## 풀 이

**2002 한국지진공학회 – 섬유요소를 이용한 교량의 지진해석**
**2006 한국방재학회논문집 – 섬유요소를 이용한 교량의 비선형 지진응답해석**
**2009 한국콘크리트학회 – 화이버요소를 이용한 철근콘크리트 부재의 비선형 해석기법**

### ➤ 개요

일반적으로 연성도법(flexibility method)을 기반으로 한 프로그램은 강성도법(Stiffness method) 기반의 구조해석 프로그램에 비해 정식화하기 어렵다는 단점이 있으나 비선형 상태에서도 구조물의 내력분포를 정확하게 나타낼 수 있다는 장점이 있다. 섬유요소(Fiber element)는 Spacone 등에 의해서 처음 제안된 요소로 전단변형을 무시하는 Bernoulli 보이론을 가정하여 형상비 3.5~5.0 이상의 휨이 지배적인 거동을 보이는 RC기둥에 적용할 수 있다. 섬유요소를 사용하면 철근과 콘크리트의 거동을 일축 응력–변형률 관계로 나타낼 수 있고 철근 콘크리트 부재에서의 3차원 효과를 섬유요소의 일축거동으로 간단하게 표현할 수 있다.

### ➤ 특징

1) 기둥과 같은 부재는 큰 지진 시 발생하는 지진력을 전달하기 위해서 소성힌지와 같은 소성변형이 발생하며, 선형해석결과를 통해 응답수정계수로 보정하는 방식으로 교각의 비선형성을 반영할 수 있으나, 교량의 내진성능 평가를 위해서는 직접직인 비신형 해석이 필요하다.

2) 비선형 해석을 위하여 3차원 솔리드 모델 수행 시에는 콘크리트 재료의 비선형성이 매우 크기 때문에 소성변형을 보이는 단면에서 요소를 매우 잘게 분할하여야 하고 지진파 입력을 통한 시간이력 해석 시 많은 계산량이 요구된다.

3) 섬유요소는 뼈대요소(보요소, Structural Element)로 모델링하여 간단한 모델링을 통하여 단면에서의 휨거동을 정확히 표현할 수 있으며, 보요소로 모델링하기 때문에 빠른 해석이 가능하도록 한다(분산소성모델, Distributed plasticity model).

4) 섬유요소는 단면을 잘게 분할한 섬유(fiber)에 대해 각각 정확한 응력–변형도 관계를 추적하기 때문에 적절한 응력–변형도 관계를 사용하면 정밀한 해석결과를 도출할 수 있다.

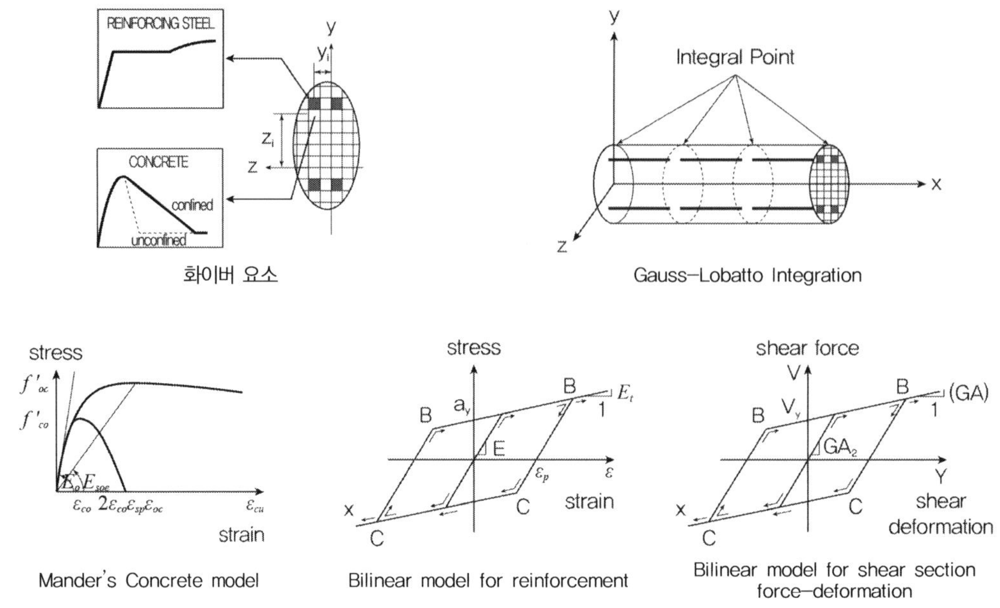



## 5) 섬유요소의 알고리즘

① 주어진 절점변위로부터 적분점이 존재하는 위치에서의 단면력으로 보간

② 단면력으로부터 단면변형 계산

③ 그 단면 내의 이산화된 섬유의 변형 구한다.

④ 각각의 섬유의 변형으로부터 비선형 재료 모델에 의해 응력을 계산하고 이를 적분하여 단면내력을 계산한다.

⑤ 계산된 단면내력과 보간단 단면력이 평형을 이루도록 반복 계산

⑥ 평형이 이루어진 단면력 상태를 다시 부재축방향으로 적분하여 절점에서의 절점내력 최종 계산

## ➤ 결론

섬유요소는 비선형해석 시 철근콘크리트의 횡구속과 같은 3차원 효과를 Fiber element의 일축거동으로 나타내게 할 수 있으며, 추가적으로 철근 부착, 전단력과 같은 효과들을 적용하기 위해 가장 적합한 모델링 기법이다.

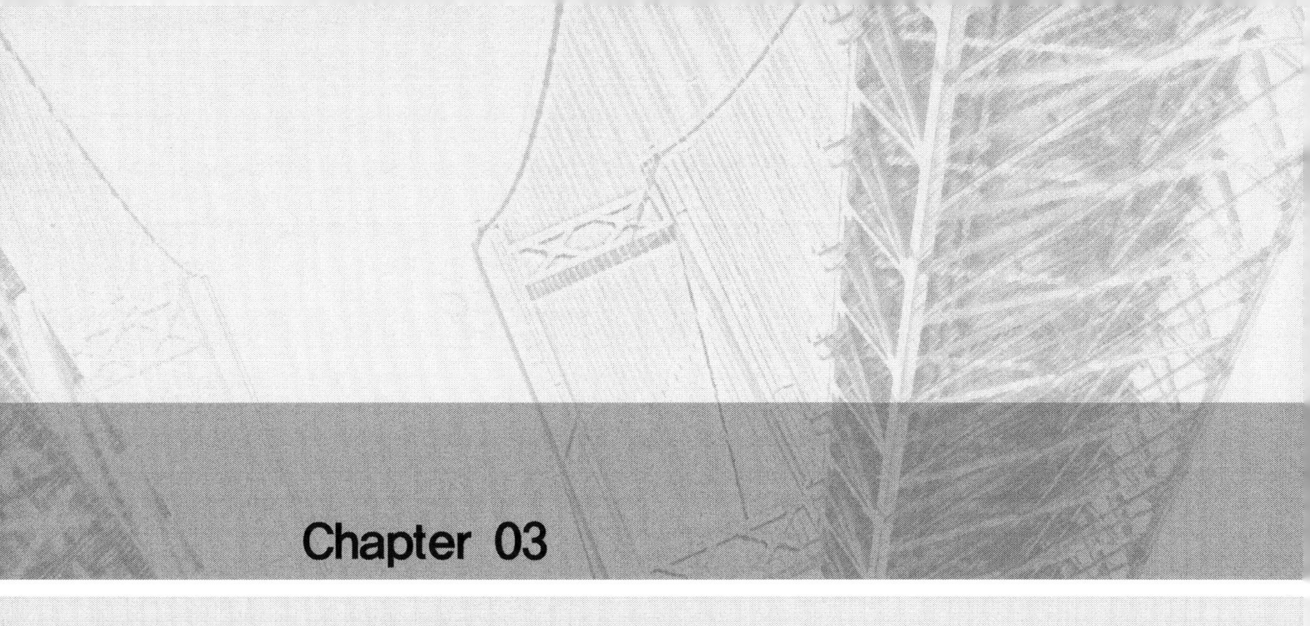



# Chapter 03

# 내진보강

# 내진보강

## 01 구조물의 내진성능 평가

### 1. 기존 구조물의 내진성능 예비평가와 지진취약도 분석 [97회/121회]

**【 기출유형 ① 】** 구조물의 지진취약도 및 교량구조물의 지진취약도 분석방법
**【 기출유형 ② 】** 내진성능 예비평가 설명

구조물의 내진성능 평가 방법은 예비평가와 상세평가로 이루어지며 예비평가의 경우 문헌자료 및 현장조사를 근거하여 실시한다[구조물의 지진도(위치), 취약도(구조물), 영향도(사회, 비용)].

| 자료조사<br>(설계, 건설, 유지보수) | → | 내진성능 예비평가<br>(우선순위 결정) | → | 내진성능 상세평가<br>(교각/교량받침/받침지지길이/교대/기초/지반액상화) |
|---|---|---|---|---|

#### 1) 내진성능 예비평가

내진설계가 수행되지 않은 많은 교량에 대해 내진성능 평가를 보다 경제적이고 합리적으로 수행하기 위해서 내진성능 예비평가를 통해 교량의 개괄적인 내진그룹으로 분류하여 내진성능 상세평가가 시급한 교량의 우선순위를 결정하는 데 그 목적이 있다. 내진성능 예비평가는 기존교량의 지진도, 취약도, 영향도를 고려하여 내진그룹화를 시행한다.

① 지진도(Seismicity) : 지진의 규모 및 발생환경에 의해 결정한다.
② 구조물의 취약도(Vulnerability) : 구조물의 취약성, 기하학적 형상, 형식에 의해 결정한다.
③ 사회경제적인 영향(Impact) : 교통량, 교량의 중요성 등에 의해 결정한다.

내진그룹은 내진보강 핵심교량, 내진보강 중요교량, 내진보강 관찰교량, 내진보강 유보교량의 4개의 그룹으로 분류하고 우선순위가 높은 교량에 대해 우선적으로 내진성능 평가를 수행한다.

2) 지진도(Seismicity) : 지진구역과 지반 종류, 도시권역을 고려하여 4개 그룹으로 분류한다.

※ 기존의 지진도에 도시권역 분류를 포함하여 도시지역이 지진위험도가 상대적으로 큰 점을 고려하여 도시지역 가속도 계수를 기타지역의 1.2배로 고려한다.

| 지진 구역 | 도시권역 구분 | 지반 종류 | | | |
|---|---|---|---|---|---|
| | | IV(2.0) | III(1.5) | II(1.2) | I(1.0) |
| I(0.11g) | 도시 | 1(0.264) | 1(0.198) | 1(0.158) | 2(0.132) |
| | 기타 지역 | 1(0.220) | 1(0.165) | 2(0.132) | 2(0.110) |
| II(0.07g) | 도시 | 1(0.168) | 2(0.126) | 3(0.101) | 4(0.084) |
| | 기타 지역 | 2(0.140) | 3(0.105) | 4(0.084) | 4(0.070) |

3) 구조물의 취약도(Vulnerability) : 지진으로 인해 교량이 붕괴되거나 손상이 입기 쉬운 형태를 구분하는 것으로 교량의 취약도 지수(VI : Vulnerability Index)로 나타낸다.

$$VI = 0.35(WEIGHT_{지수}) + 0.005(PIER_{지수}) + 0.02(PORT_{지수})$$
$$+ 0.20(SKEW_{지수}) + 0.20\left(\frac{AGE_{현재}}{AGE_{기준}}\right)$$

① 상부중량지수($WEIGHT_{지수}$)

$$W_{eff} = (\alpha \times \le NGTH \times WIDTH)^{2/3} = m + k_s\sigma$$

$$WEIGHT_{지수} = \frac{CDF(W_{eff})}{CDF(m)} = \frac{CDF(m + k_s\sigma)}{CDF(m)}$$

$W_{eff}$, $\le NGTH$, $WIDTH$는 각각 상부유효중량, 연속경간장(m), 교량폭(m)

$\alpha$는 상부형식에 따른 단위중량의 상대적인 비를 나타내는 계수[PSCB(1.0), STB(1.0), PSCI(0.8), PF(0.9), RCB(0.4)]

$m$, $\sigma$는 $W_{eff}$의 분포가 정규분포라고 가정한 평균과 표준편차이며 $k_s$는 모집단의 평균과 대상교량과의 차이를 나타내는 계수이다. CDF는 누적분포함수(Cumulative Distribution Function)

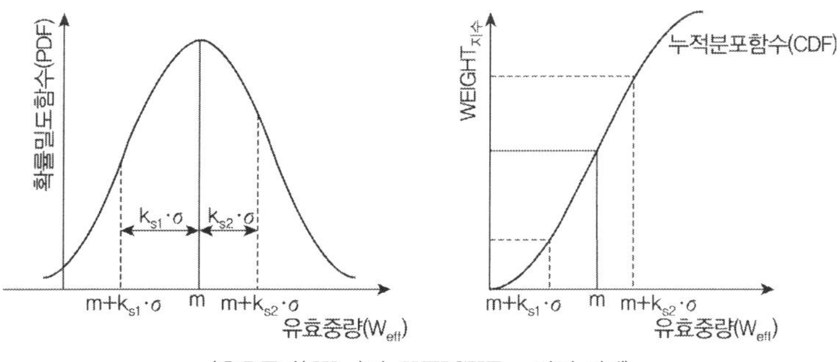


(유효중량($W_{eff}$)과 $WEIGHT_{지수}$와의 관계)

② 교각형상지수($PIER_{지수}$)

$$P = \frac{\beta}{H} = m + k_s\sigma, \quad PIER_{지수} = \frac{CDF(P)}{CDF(m)} = \frac{CDF(m + k_s\sigma)}{CDF(m)}$$

$H$는 교각높이(m)

$\beta$는 하부구조 형식별 계수[GP(중력식, 1.0), SGP(반중력식 1.0), TP(T형 0.7), RAP(라멘식, 0.5), ARP(아치식, 1.0)]

$m$, $\sigma$는 P의 분포가 정규분포라고 가정한 평균과 표준편차

③ 받침지지길이 지수($SUPPORT_{지수}$)

$$S = 1.67L + 6.66H = m + k_s\sigma, \quad SUPPORT_{지수} = \frac{CDF(S)}{CDF(m)} = \frac{CDF(m + k_s\sigma)}{CDF(m)}$$

$S$는 교량에서 제일 취약한 연속부의 받침지지길이(m)

$L$과 $H$는 연속 경간장(m)과 교각높이(m)

$m$, $\sigma$는 S의 분포가 정규분포라고 가정한 평균과 표준편차

④ 교각받침의 사잇각 지수($SKEW_{지수}$)

$$SKEW_{지수} = \theta\text{에 따른 점수}$$

$\theta$는 교량의 받침선과 교축직각방향의 사잇각[10° 미만(0), 30° 미만(0.1), 45° 미만(0.2), 60° 미만(0.4), 60° 이상(0.5)]

⑤ $AGE_{현재}$(교량건설 후 경과년수)/$AGE_{기준}$(교량의 기준수명)

교량수명의 정량화($AGE_{현재}/AGE_{기준}$)를 위한 기준수명은 강교(50년), 콘크리트교(40년)

4) 사회경제적인 영향도(Impact) : 교량의 영향도는 교량이 지진으로 인해 피해가 발생할 경우에 이로 인한 사회 및 경제적인 영향을 고려하는 결정인자로 다음과 같이 교량 영향도 계수(Impact Coefficient, IC)로 나타낸다.

$$IC = 0.20(ADT_{지수}) + 0.10(\leq VEL) + 0.40(CATEGORY)$$
$$+ 0.50(UTILITY) + 0.05(FACILITY) + 0.20(DETOUR_{지수})$$

① 교통량지수($ADT_{지수}$)

$$A = m + k_s\sigma, \quad ADT_{지수} = \frac{CDF(A)}{CDF(m)} = \frac{CDF(m + k_s\sigma)}{CDF(m)}$$

$A$ : 일 교통량(대) $m$, $\sigma$는 A의 분포가 정규분포라고 가정한 평균과 표준편차

② 교량설계등급지수(LEVEL)

1등급교(1.0), 2등급교(0.7), 3등급교(0.4)

③ 시설물종별 지수(CATEGORY)

1종 시설물(특수교량, 1.0), 1종 시설물(특수교량제외, 0.8), 2종 시설물(0.6), 기타(0)

④ 교량하부의 기간망 지수(UTILITY)

철도(1.0), 도로(0.7), 수로(0.4), 없는 경우(0)

⑤ 부착시설물지수(FACILITY)

가스, 송유관, 상수도관 + 통신케이블 + 전력케이블(복합) (1.0)

하수도관, 전력케이블 및 기타 시설물(0.5)

시설물이 없는 경우(0)

⑥ 우회도로지수($DETOUR_{지수}$)

$$D = m + k_s\sigma, \quad DETOUR_{지수} = \frac{CDF(D)}{CDF(m)} = \frac{CDF(m + k_s\sigma)}{CDF(m)}$$

$D$ : 우회로 길이(km),    $m$, $\sigma$는 D의 분포가 정규분포라고 가정한 평균과 표준편차

5) 내진 그룹화 : 지진도, 취약도, 영향도를 산정하여 기존교량을 '내진보강 핵심교량', '내진보강 중요교량', '내진보강 관찰교량', '내진보강 유보교량'의 내진등급으로 그룹화한다.

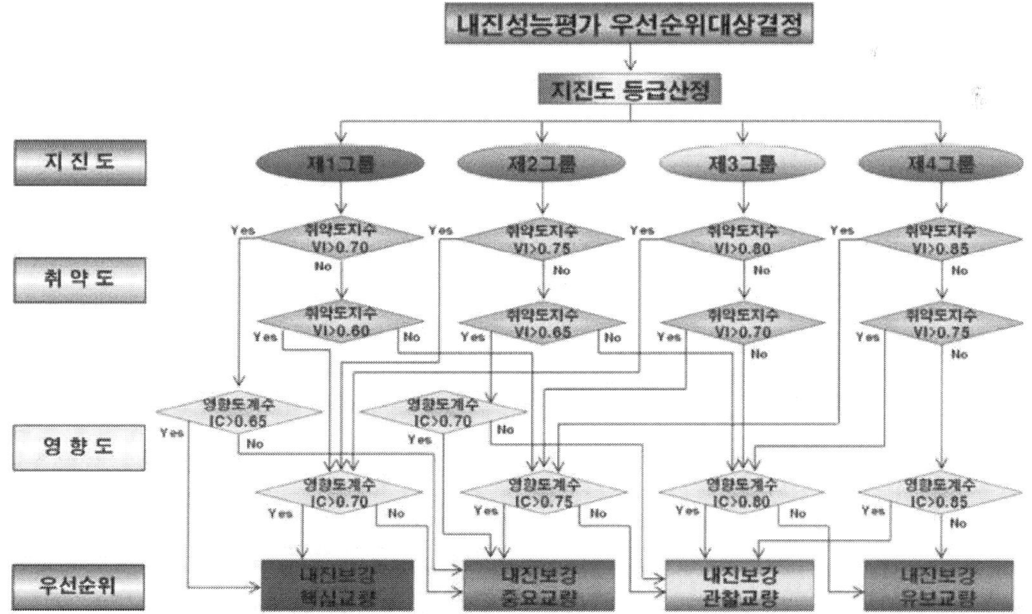

## 2. 기존구조물의 내진성능 평가방안(Seismic Design and retrofit of bridge, M.J.N. Priestley) <sup>83회/101회</sup>



내진성 평가는 교량이 큰 손상을 받거나 붕괴하여 라이프 라인(Life line)의 기능을 상실하는 리스크(Risk)의 대소를 결정하기 위해서 실시한다. 리스크를 정량화할 수 있다면 교량을 내진보강해야 하는지 재구축해야 하는지 또는 그에 상당하는 리스크를 받아들여 그대로 계속 사용하는지를 합리적으로 판단할 수 있다. 한정된 재원을 효과적으로 사용하여 내진보강할 때에 내진보강해야 할 교량의 선택에는 리스크 해석을 통해 선별적으로 진행한다. 일반적으로 내진성 평가는 2단계로 이루어져 있으며 제1단계에서는 큰 리스크를 가진 기설 교량을 넓게 선별하여 서열을 매긴다. 이 단계에서는 공용연수, 지반조건, 구조형식, 지진활동 정도, 교통량 등을 고려하며 상세한 해석을 수행하지 않는다. 제2단계에서는 높은 리스크가 있다고 판정된 교량에 대해서 지진활동 정도나 지반조건을 기초로 상세하게 해석한다.

### 1) 우선도의 설정

비용 편익해석에 의거 우선순위를 정하는 시도가 주를 이루고 있으며 해외에서는 캘리포니아주 교통국, ATC-6-2, 일본 건설성 등이 있으며 국내에서는 기존구조물의 내진성능 평가요령에 따라 가이드라인화된 방법 등이 있다. 이들 방법은 주로 상대적인 리스크를 평가하는 요인으로 다음의 3가지 요인을 고려한다.

① 지진동 강도 : 지진동 강도는 상정 지진동에 관련된 지역고유의 정보로 초과확률에 의거하여 최대 가속도나 지반조건에 알맞은 응답스펙트럼이 쓰인다.

② 취약도 : 취약도는 구조적인 관점에서 손상하기 쉽거나 붕괴가능성을 나타내는 것이다 취약도는 단경간 교량인지 다경간 교량인지, 단순거더인지 연속거더인지, 상부구조는 교각에 강하게 연결되어 있는 것인지 받침을 개입시켜 지지되어 있는 것인지, 교각은 높은지 낮은지, 홀기둥식 교각인지 라멘식 교각인지, 직교인지 사교인지 등 구조형식에 의존한다. 교각의 횡구속 철근과 전단 보강 철근량 등의 구조세목은 설계연차에 따라 크게 달라진다. 또 액상화가 생기는지 여부 등 지반조건도 고려해야 한다.

③ 중요도 : 중요도는 손상과 파괴가 생긴 결과 무언가가 일어나는지를 나타내는 지표이며 교통량이나 입체 교체의 형태, 통행이 정지된 경우의 우회도 연장, 병원에 대한 긴급차량의 유도 등 라이프라인 기능이 중요하다.

일반적으로 우선도를 정하기 위해서는 지진동강도($S$), 취약도($V$), 중요도($I$)에 대해 다음과 같이 산술화된 평가방법인 중첩계수를 고려하여 산정한다.

$$R = w_s S + w_v V + w_I I$$

지진이 전혀 발생하지 않은 지역($S=0$)과 아주 정상적인 교량($V=0$)인 경우 위의 식은 리스크가 크다는 단점이 있어 다음과 같이 1보다 작은 중첩계수를 사용하기도 한다.

$$R = S_s^w\, V_v^w\, I_I^w$$

**2) 내진성 평가에 사용되는 해석방법**

① 보유내력/요구내력비에 의거한 해석법(Capacity/Demand method, C/D method)

1980년대 ATC가 개발한 방법으로 보유내력과 요구내력비를 이용하는 방법이다. 탄성해석으로 구할 수 있는 복원력(관성력), 즉 교량에 요구되는 내력을 보유내력과 비교하여 구조물의 여러 가지 개소의 요구내력/보유내력비를 구한다. 간단한 평가에서는 이 비가 1 이상이면 파괴된다고 본다. 상세한 평가에서는 소성변형이 보증되면 이 비가 1을 넘는 것도 허용한다. 전단력을 고려하지 않는 모멘트가 중요할 때에는 2~3 정도의 요구내력/보유내력비를 허용한다. 다만 다음과 같은 문제점이 있다.

(1) 요구내력/보유내력비에 기초를 둔 수법에서는 어떤 단면의 요구 휨내력/보유휨내력비가 그 단면의 요구 인성률과 같다고 가정하고 있다. 그러나 구조계의 인성률을 지진력 저감계수와 관련지을 수는 있으나 이들을 개개 단면의 인성률과 관련지을 수는 없다. 이는 부재의 요구 인성률과 구조계 요구 인성률의 관계는 구조물의 기하학적 형상으로 변하기 때문이다.

(2) 요구내력/보유내력비가 1을 넘는 모든 단면이 위험하다고는 할 수 없다. 예를 들어 2각식 교각에서 요구휨내력/보유휨내력비가 교각의 지배단면에서 6, 가로보에서 4일 경우 소성 변형 성능을 생각하면 일반적으로 이 비는 교각이나 가로보 모두 파괴 위험성이 있어 내진 보강이 필요한 수준이다. 그러나 요구휨내력/보유휨내력비가 교각과 가로보에서 다르다는 것은 처음에 교각에 소성힌지가 생겨 그때 가로보에는 보유 휨 내력의 2/3단면력밖에 작용하고 있지 않다는 것을 의미한다. 따라서 가로보는 잉여 내력계수 1.5를 가지고 있어 소성 힌지가 생기지 않도록 보증되어 있는 것이다. 교각은 변형성능을 향상시키기 위해 내진보강이 필요하지만 가로보는 그대로 하는 것이 바람직하다. 이와 같이 요구내력/보유내력비를 사용한 방법은 내진보강의 필요성에 대해 잘못된 결론을 도출할 수 있다.

(3) 부재의 내력이나 변형성능을 평가할 때에는 부재에 작용하는 축력의 영향이 중요하나 요구내력/보유내력비를 사용한 해석에서는 축력의 효과를 간단하게 구할 수 없다. 따라서 탄성 계산으로 구한 축력을 토대로 부재의 보유휨내력을 구하는 것이 일반적이다.

② Push-Over Analysis(소성붕괴해석, 횡강도법, 역량스펙트럼 해석법)

기존 구조물의 내진성 평가에서 다자유도 탄성해석은 각기 구조 요소의 비탄성 거동을 탄성해석으로 추정하는 데에 한계가 있다. 또한 가동받침에서는 유간이 있는 경우와 없는 경우에 특성이 크게 다르며 수평 면내의 회전조건도 탄성해석으로는 모델화할 수 없다. 많은 가동받침으로 지지된 다경간 교량에서는 동일 위상의 지진동이 작용한다는 가정은 비현실적이며 이것도 탄성해석에 따른 시뮬레이션에 있어서 엄격한 조건이다. 소성붕괴해석법은 교량을 가동받침부에서 인접부와 분리된 단독 설계진동단위로 생각하고 상부구조를 수평면 내에서 강으로 다룬다. 소성붕괴해석법은 우선 교축 및 교축직각방향에 대해서 각기 교각을 독립적으로 소성붕괴 해석한다. 교각에 증분 변위를 주고 소성힌지의 형성과정, 전단내력의 저하, 받침의 열화, 소성회전등을 구한다. 사용한계상태나 종국 한계상태는 소성힌지의 소성회전각과 관계가 있으며 부재나 받침의 전단파괴, 그 밖의 내력을 저하시키는 매커니즘과도 관련되어 있다. 부재의 내진성 평가는 다음과 같이 실시한다.

(1) 각 교각에 대해서 수평하중–수평변위 관계를 구하고 이들을 간단한 비탄성 스프링으로 모델화하여 골조모델을 작성한다. 무게 중심위치, 수평강성이나 회전강성을 구하고 다시 무게 중심에서의 유효강성을 구한다. 교각의 수평변위나 회전변위를 항복변위나 종국변위 등의 보유변위와 비교하여 한계에 이른 교각이나 붕괴모드를 특징한다.

(2) 무게중심에서의 유효강성 $K$는

$$\frac{1}{K} = \frac{1}{\sum K_i} + \frac{\overline{x}^2}{\sum K_i x_i^2} \quad \text{여기서 } \overline{x} \text{ 는 강심과 무게중심과의 거리}$$

$$\text{고유주기 } T = 2\pi \sqrt{\frac{M}{K}} \quad \text{여기서 } M \text{은 설계진동단위의 전체 질량}$$

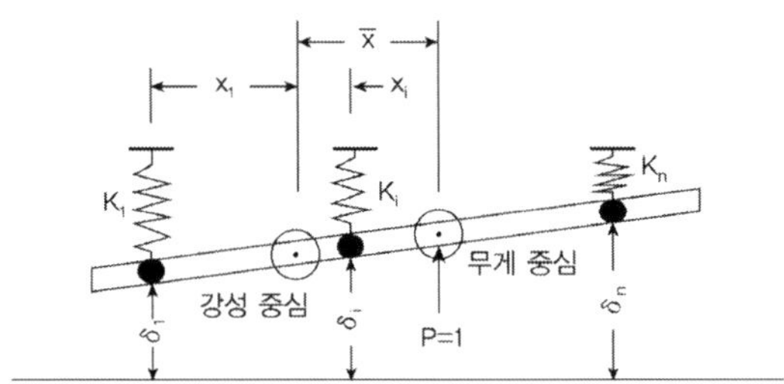


(3) 무게 중심점에 단위 관성력을 주면 교각의 변위는

$$\delta_i = \frac{1}{\sum K_i} + \frac{\overline{x}\, x_i}{\sum K_i x_i^2}$$

$\Delta_i$를 교각의 보유변위로 하면 다음에 나타낸 순서로 구할 수 있는 $V_E$의 값은 변위 일정법칙에 의거하여 등가 탄성관성력을 나타내고 어느 교각이 한계상태에 이를지를 특정하기 위해 사용할 수 있다.

$$V_E = \min \left| \frac{\Delta_i}{\delta_i} \right| i$$

또 비선형 응답이 생긴 경우에 관성력은 위의 식의 값보다 작아진다. 이때에는 교각이 순차 소성화하므로 각 교각의 강성과 강심을 수정하면서 설계 진동단위의 소성붕괴해석을 중분형으로 실시해야 한다. 등가 탄성응답은 대상으로 하는 한계상태에 대한 변위인성률 $\mu_\Delta$, 고유주기 $T$, 가속도 응답스펙트럼이 최대가 되는 고유주기 $T_0$에 의거하여 다음과 같이 구할 수 있다.

$$V_E^* = V_E \frac{Z}{\mu_\Delta}\ ,\ \ V_E\text{는 교각의 초기 유연성}$$

$T > 1.5\,T_0$에서 $Z = \mu_\Delta$가 되고 $V_E^* = V_E$가 되며, $T < 1.5\,T_0$에서 등가 탄성응답은 $T$와 함께 감소하고 $T$가 0에 가까워짐에 따라 $V_E^* = V_E/\mu_\Delta$에 가까워진다.

(4) 한계상태에 대한 등가 탄성가속도 응답 $S_{ar(g)}$는

$$S_{ar(g)} = \frac{V_E^*}{W}$$

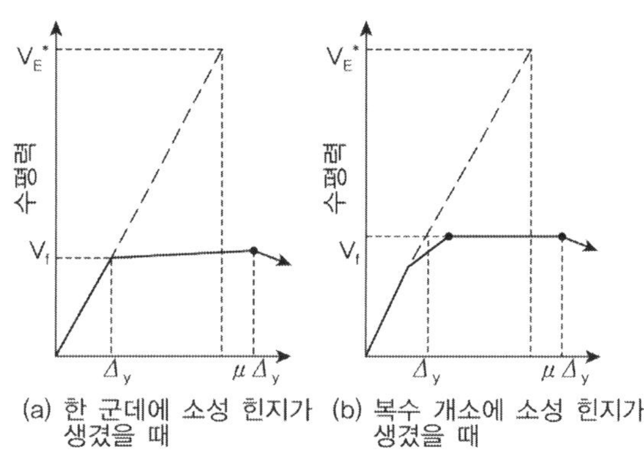



(a) 한 군데에 소성 힌지가 생겼을 때  (b) 복수 개소에 소성 힌지가 생겼을 때

(라멘교각이나 다각식 교각의 수평력–수평변위 관계)

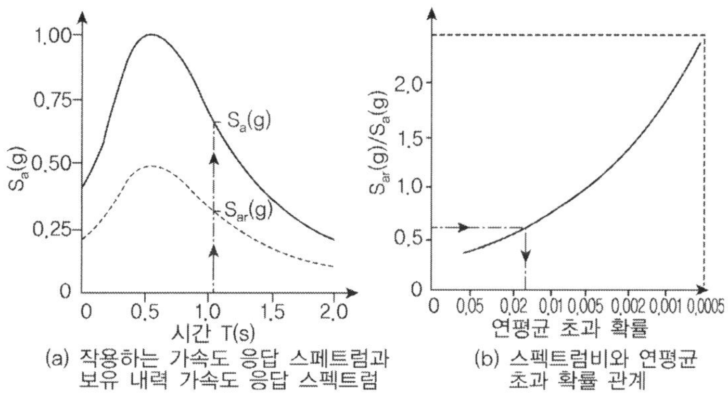



(a) 작용하는 가속도 응답 스펙트럼과 보유 내력 가속도 응답 스펙트럼  (b) 스펙트럼비와 연평균 초과 확률 관계

(응답스펙트럼비에 따른 지진 위험도 평가)

등가 탄성가속도 응답 $S_{ar(g)}$가 갖는 위험도는 위의 응답스펙트럼비에 따른 지진 위험도 평가 그래프에서와 같이 어떤 연초과 확률을 가진 상정 지진에 대한 응답스펙트럼과 비교하여

연초과 확률과 $S_{ar(g)}/S_{a(g)}$의 관계를 구함으로써 알 수 있다.

(5) Push-Over Analysis의 적용성은 높으나 한계도 있다. 인접하는 설계진동단위의 강성이 당해 설계진동단위의 강성과 크게 다르고 가동받침의 고정도가 높으면 단독 설계진동단위로 구한 응답은 구조물이 비교적 유연성이 있는 경우에는 과대평가가 되고 구조물이 비교적 강한 경우에는 과소평가하게 된다. 또 비탄성 시각력 해석과 비교하면 Push-Over Analysis는 구조계의 비틀림 응답 변위를 과대평가하는 경향이 있다. 또한 곡선교의 경우에는 교축 직각 방향에 대한 Push-Over Analysis에서는 교각을 캔틸레버 보로 다루지만 거더가 곡선이므로 비틀림이 생기면 교각 두부에는 기초부와의 반대 방향의 휨모멘트가 작용한다.



① 탄성이론에 의한 평가기법의 부족함을 보완하기 위해 쓰이는 방법으로 교량 전체 또는 일정구간을 하나의 시스템으로 간주하여 횡강도를 구하고 점증적으로 붕괴해석을 통해 교량이 붕괴될 때까지의 하중-변형 특성을 조사하는 방법으로 횡강도법이라고도 한다.
② 구조물의 전체적인 하중-변위(Capacity curve)와 설계지진력에 대한 응답 스펙트럼을 동일한 그래프, 즉 역량스펙트럼상에 변환시켜 비교함으로써 내진성능을 평가한다.
③ 하중변위곡선으로부터 얻어지는 소요역량스펙트럼을 상회하면 대상구조물이 내진성능을 확보하는 것으로 간주한다.

③ 비탄성 시간 응답해석(Inelastic time history analysis)

비탄성 시간 응답해석은 내진성을 평가하는 데 고도의 방법이지만 평가수법에는 아직 문제가 많다. 3차원으로 해석하려면 2축 휨이나 휨과 전단을 받는 부재, 받침의 모델화, 항복 후의 내력 저하 특성이나 그 반복 특성 등이 도입된 해석프로그램이 부족한 것을 들 수 있으며, 이를 반영하지 못한 모델화는 비탄성 시간 응답해석의 가치가 상실되게 된다. 또 어떤 특정의 한계 상태에 대해서 구조물의 응답을 평가하려고 하면 소성 회전각이 지진동 강도와 선형관계로는 되지 않으므로 입력 지진동 강도를 여러 가지로 바꿔 해석해야 한다. 또한 각 교각에 입력하는 지진동의 위상차를 어떻게 모델화하는지 등 여러 가지 불확정성도 있다.

(1) 프로그램이 복잡하여 해석경험이 많은 사람을 제외하고 사용하기 힘들다

(2) 전단파괴나 전단파괴와 휨파괴의 상호작용에 관한 모델이 불충분하다

(3) 철근의 슬립, 겹침 이음부의 파손, 후크의 열림 등의 파괴에 동반되는 매우 일반적인 현상을 모델링하기가 곤란하다.

(4) 피복 콘크리트의 박리나 철근의 좌굴과 같은 국부 파괴를 예측하거나 누적 손상도를 표현하는 모델이 없다.

(5) 입력지진 운동은 구조물의 동특성이나 동적상호작용과 같은 불확실성을 포함하고 있기 때문에 시간이력 응답해석은 내진성능평가의 마지막 단계에서 이용하는 것이 바람직하다.

## 3. 기존구조물의 내진성능 상세평가

예비평가를 통해 내진보강 핵심교량, 내진보강 중요교량, 내진보강 관찰교량으로 그룹화된 경우
를 대상으로 상세평가를 수행한다.

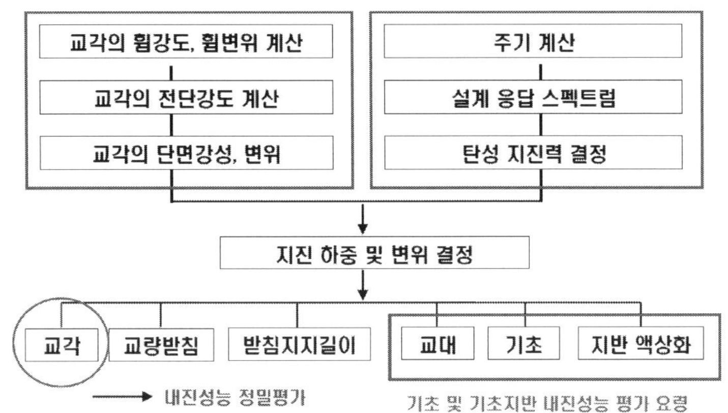



### 1) 연성도 능력 상세평가

시스템 연성도, 부재 변위 연성도, 단면의 회전 및 곡률 연성도를 고려하여 평가한다.
단면의 모멘트와 곡률관계 산정 : 비구속 콘크리트 압축강도, 탄성계수, 인장강도, 철근 항복강
도, 철근개수 및 철근비, 횡방향 철근 심부구속효과, 콘크리트 응력 변형률 관계 고려

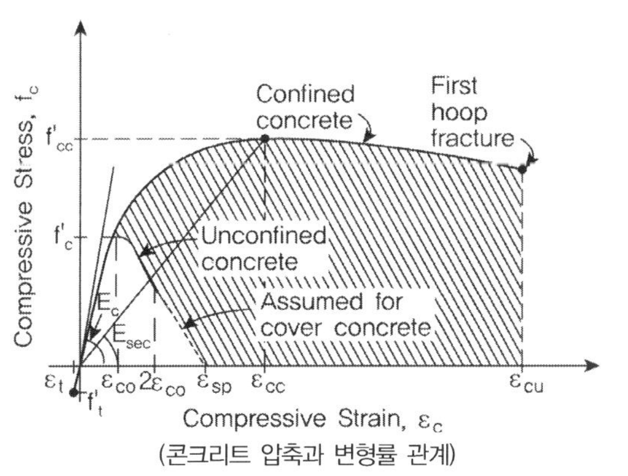



(콘크리트 압축과 변형률 관계)

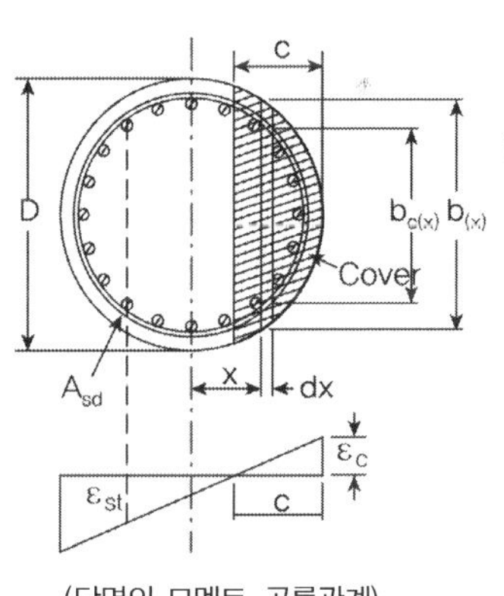



(단면의 모멘트-곡률관계)

① 단면의 소성곡률 및 소성회전

- 단면의 소성곡률능력 : $\phi_p = \phi_u - \phi_y$

    $\phi_u$ : 한계압축변형률 $\epsilon_{cu}$ 에 대한 극한 곡률

    $\phi_y$ : 항복곡률

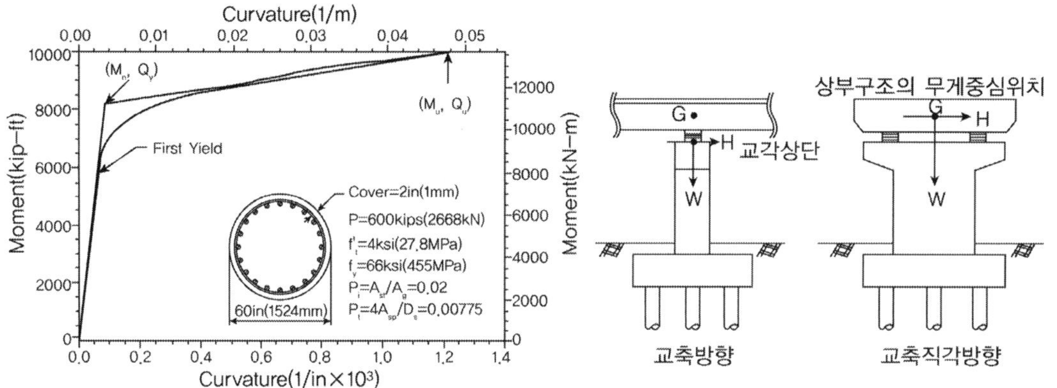



• 등가소성힌지길이

$$L_p = 0.08L + 0.022f_{ye}d_{bl} \geq 0.044f_{ye}d_{bl} \quad (f_{ye} : MPa)$$

$d_{bl}$ : 주철근의 지름,  $f_{ye}$ : 소성힌지 부분의 철근에 대한 설계항복강도· 소성힌지 회전각

$$\theta_p = L_p\phi_p = L_p(\phi_u - \phi_y)$$

② 부재의 변위연성도 능력

• 단면의 곡률연성도 능력　　　$\mu_\phi = \dfrac{\phi_u}{\phi_y}$

• 항복변위　　　$\Delta_y = \dfrac{\phi_y L^2}{3}$

• 소성변위　　　$\Delta_p = \left(\dfrac{M_u}{M_y} - 1\right)\Delta_y + L_p(\phi_u - \phi_y)\left(L - \dfrac{L_p}{2}\right)$

• 최대변위　　　$\Delta_u = \Delta_y + \Delta_p$

• 부재의 변위연성도 능력　　　$\mu_\Delta = \dfrac{\Delta_u}{\Delta_y} = 1 + \dfrac{\Delta_p}{\Delta_y} = \dfrac{M_u}{M_y} + 3(\mu_\phi - 1)\dfrac{L_p}{L}\left(1 - \dfrac{L_p}{2L}\right)$

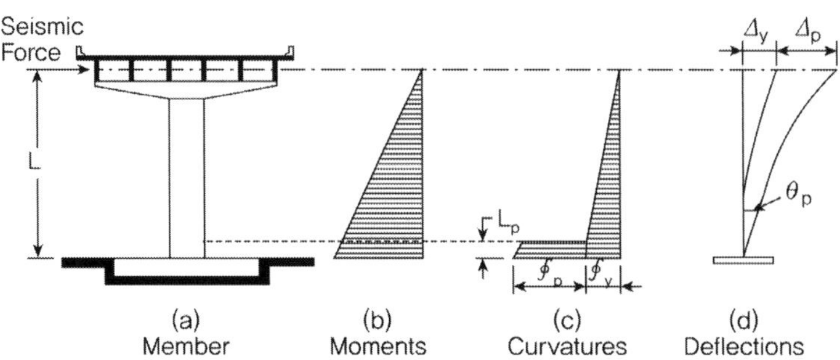

2) 교각단면 강도 상세평가

① 휨단면 강도

  • 항복 휨강도 $P_y = \dfrac{M_y}{H_e}$    • 공칭 휨강도 $P_n = \dfrac{M_n}{H_e}$

  $M_y$ : 교각단면의 인장측 최연단 철근이 최초로 항복하는 상태 $\phi_y$

  $M_n$ : 압축콘크리트의 최연단 압축변형률이 0.003일 때로 정의, 소성힌지영역에서 주철근
  의 겹침이음이 있는 경우는 0.002

② 공칭전단강도

$$V_n = V_c + V_s + V_p = k\sqrt{f_{ck}}\,A_e + \frac{\pi}{2}\frac{A_h f_y D}{s}\cot\theta + Ptan\alpha$$

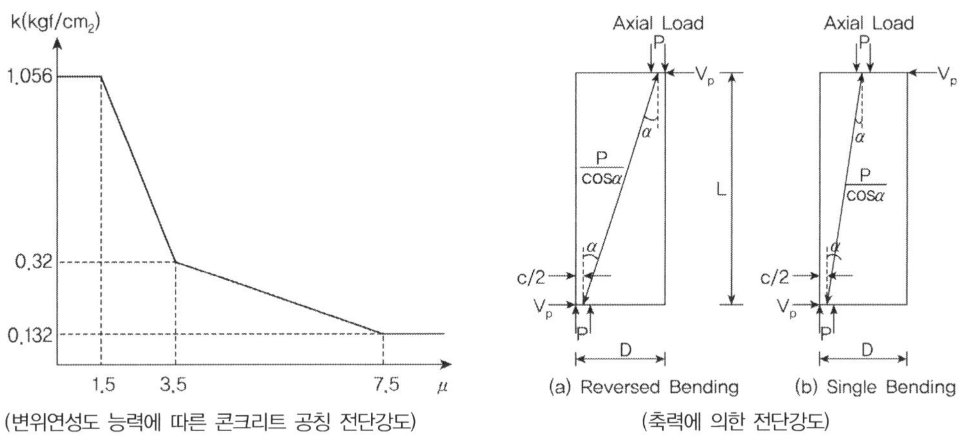



(변위연성도 능력에 따른 콘크리트 공칭 전단강도)    (축력에 의한 전단강도)

③ 단면강도 및 수평변위 상세평가

  • 휨상노, 선난상노, 변위연성비에 대한 관계를 이용하여 난변상노 결정
  • 교각 주철근이 항복하기 전 전단파괴가 발생하면 단면강도는 공칭전단강도
  • 소성힌지영역 내 동일단면 위치에 겹침이음이 있는 경우 변위연성도는 1.5를 넘지 않도록 한다.

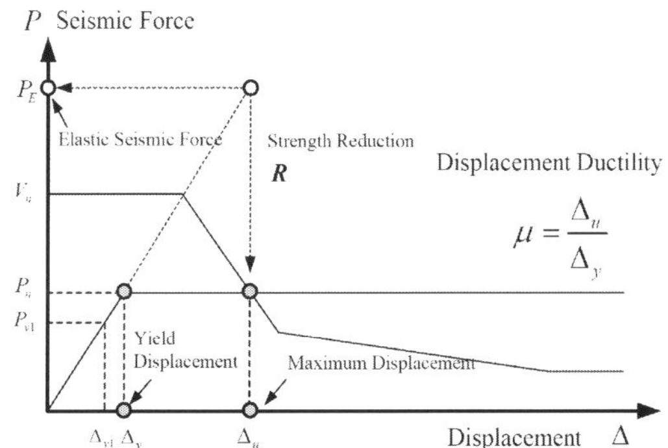

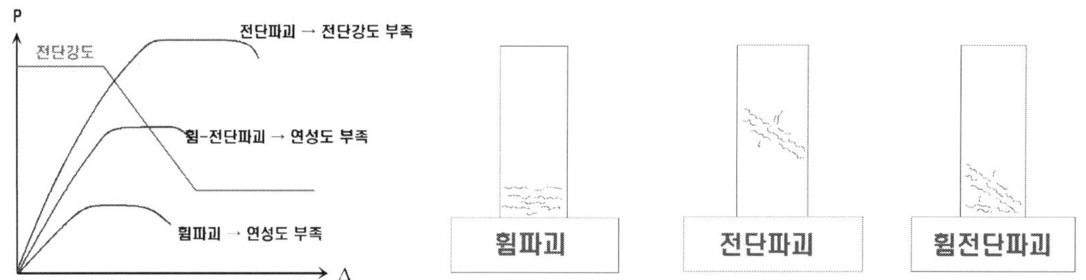


### 3) 탄성지진력과 지진하중 결정

#### ① 탄성지진력

- 탄성지진력 $P_E = C_s W,$   여기서 $W = W_{상부} + 1/2\, W_{하부}$
- 지진하중은 탄성지진력과 단면강도 중 작은 값으로 결정한다.

$$P_{EQ}^L = Min[P_n^L, \quad P_E^L] \text{ (Longitudinal)}$$

$$P_{EQ}^T = Min[P_n^T, \quad P_E^T] \text{ (Transverse)}$$

#### ② 등가탄성강도 : 교각의 변위 연성도 능력을 안다면 응답수정계수를 산정 후 등가탄성강도를 계산한다.

$$[P_n^L]_E = P_n^L \times R_E^L \text{ (Longitudinal)}$$

$$[P_n^T]_E = P_n^T \times R_E^T \text{ (Transverse)}$$

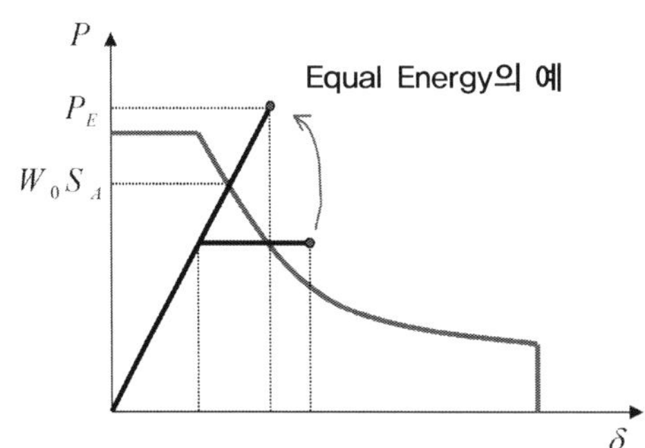


### 4) 내진성능 상세평가

#### ① 등가탄성강도

$$[P_n^L]_E = P_n^L \times R_E^L \text{ (Longitudinal)}$$

$$[P_n^T]_E = P_n^T \times R_E^T \text{ (Transverse)}$$

② 조합 탄성 지진력

$$[P_E^L]_{comb} = \sqrt{(P_E^L)^2 + (0.3 \times P_E^T)^2}$$

$$[P_E^T]_{comb} = \sqrt{(0.3 \times P_E^L)^2 + (P_E^T)^2}$$

③ 내진성능 평가

$$[P_n^L]_E \geq [P_E^L]_{comb} \quad \& \quad [P_n^T]_E \geq [P_E^T]_{comb} \qquad \text{O.K}$$

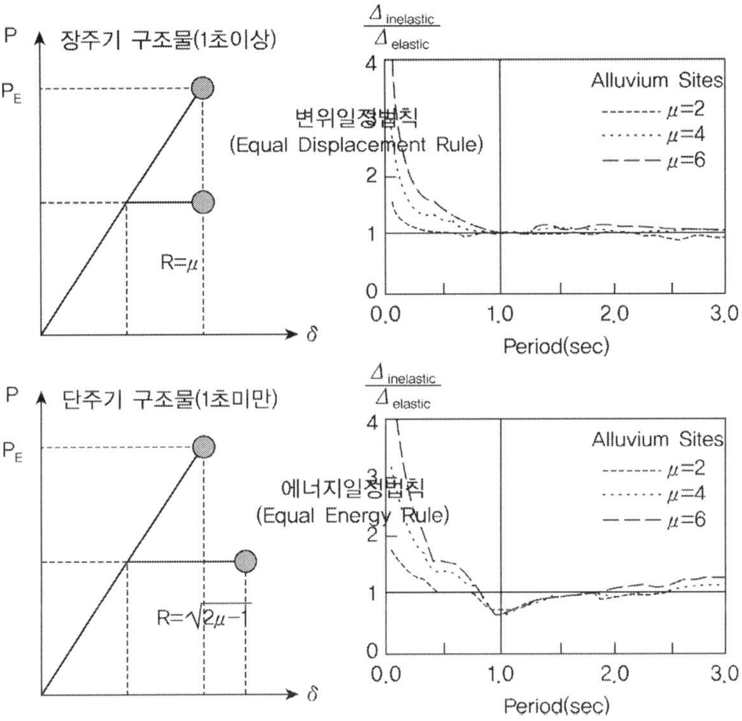

## 4. 역량스펙트럼(Capacity Spectrum, Push-over analysis) 내진성능 평가 <sup></sup>69회/75회/78회/83회/101회/119회



비선형 해석(Push-over analysis)으로 얻을 수 있는 대상 구조물 전체의 공급역량곡선(Capacity Curve)과 구조물의 설계지진레벨에 대한 소요응답스펙트럼(Demand Curve)을 동일한 그래프상에 도식적으로 비교하여 내진성능을 비교, 평가하는 방법으로 구조물 비선형 거동에 따른 소요 역량 스펙트럼과 구조물 성능곡선을 가속도 변위 응답스펙트럼(Acceleration Displacement Response Spectrum)상에 함께 도시하여 성능점을 도식적으로 찾는 방법이다.

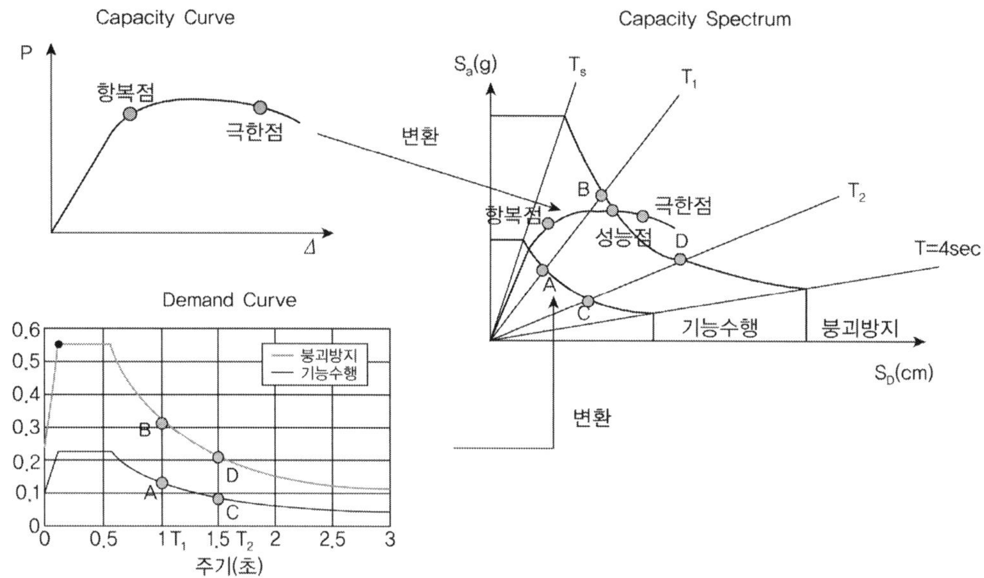


1) 공급역량스펙트럼 : 교각의 단면강도와 수평변위를 응답가속도($S_a$)와 응답변위($S_d$)의 식으로 변환

$$S_a = P_n / W \,(P_n : \text{단면강도}, \ W : \text{유효중량}) \qquad S_d = \triangle_{상부} \,(\triangle_{상부} : \text{교각상부 위치의 변위})$$

2) 소요역량스펙트럼 : 응답가속도-주기 관계식으로 표현되는 설계응답스펙트럼을 응답가속도($S_a$)와 응답변위($S_d$)의 관계식으로 변환한다. 이때 원점을 통과하는 방사형태의 직선상의 점은 주기가 동일하며 주기 $T$는 $T = 2\pi\sqrt{S_d / S_a}$ 의 관계식으로 표현된다.

$$\text{일반스펙트럼}(S_a - T) : S_d = \frac{1}{4\pi^2} S_a T^2 \qquad \text{ADRS스펙트럼}(S_a - S_d) : T = 2\pi\sqrt{\frac{S_d}{S_a}}$$

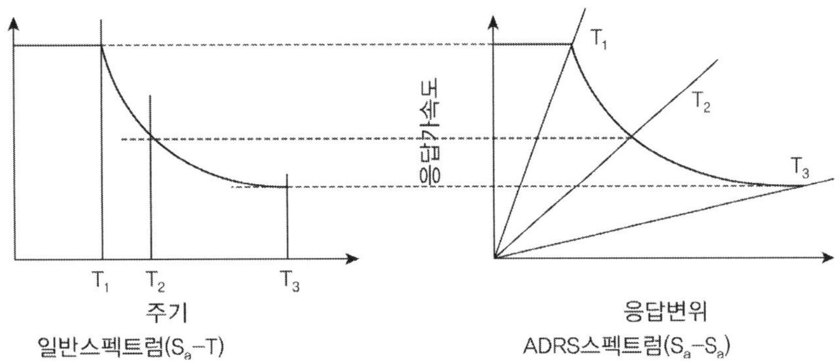



## 3) 내진성능 평가

① 공급역량스펙트럼상에 항복점, 극한점, 성능점을 결정한다.

② 소요역량스펙트럼은 기능수행수준과 붕괴방지수준으로 나타낸다.

③ 성능점은 공급역량곡선과 소요역량스펙트럼의 교차점이며, 이 점에서는 공급역량의 이력감쇠비와 소요역량의 감쇠비가 같게 된다. 안전측 평가를 위해서는 소요역량의 감쇠비를 공급역량의 이력감쇠비보다 작게 선정하여 성능점을 결정할 수도 있다.

④ 기능수행수준 : 공급역량곡선의 항복점의 위치가 기능수행수준 스펙트럼의 외부에 놓이면 내진성능을 만족하는 것으로 한다(내측인 경우 강도 증가를 위한 내진성능 향상요구).

⑤ 붕괴방지수준 : 공급역량곡선의 극한점의 위치가 붕괴방지수준 스펙트럼의 외부에 놓이면 내진성능을 만족하는 것으로 한다(내측인 경우 연성도 증가를 위한 내진성능 향상요구).

⑥ 붕괴방지수준의 소요스펙트럼과 공급역량곡선의 교차점이 성능점이 되고 이는 붕괴방지수준의 설계지진하중 시 교각의 응답변위크기를 나타낸다(성능점에서의 최대 응답변위와 받침지지길이와 비교하여 낙교 등의 검토 수행).

## 4) 응답스펙트럼의 감소

소요역량곡선과 공급역량곡선을 변환하여 함께 도시한 Capacity Spectrum에서 공급역량곡선의 변위연성도의 증가에 따른 이력감쇠비 증가로 붕괴방지수준의 스펙트럼은 감소시켜 사용하는 것이 경제적인 평가방법이 된다.

① 이력감쇠는 기초전단력–변위의 관계식으로 표현되는 구조물의 이력곡선 루브의 내부 면적으로부터 등가점성 감쇠비 $\beta_0$로 나타낼 수 있다.

$$\beta_0 = \frac{1}{4\pi}\frac{E_D}{E_{S0}}$$

$E_D$는 감쇠에 의한 소산에너지로 이력곡선으로 싸인 평행사변형의 면적이다.

$E_{S0}$는 최대변형에너지로 삼각형 면적이다.

비선형 거동을 하는 구조물의 감쇠는 $\beta_{eq} = \beta_0 + 0.05$로 계산된다($\beta_0$ : 등가점성감쇠비로 표현되는 이력감쇠, 0.05는 구조물에 본래부터 존재하는 5% 점성감쇠비).

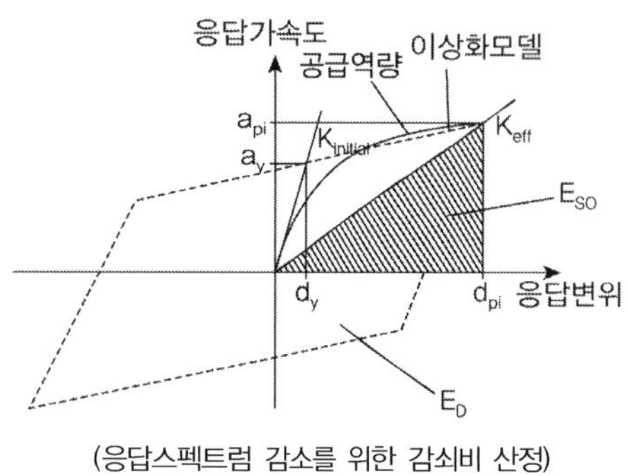

(응답스펙트럼 감소를 위한 감쇠비 산정)

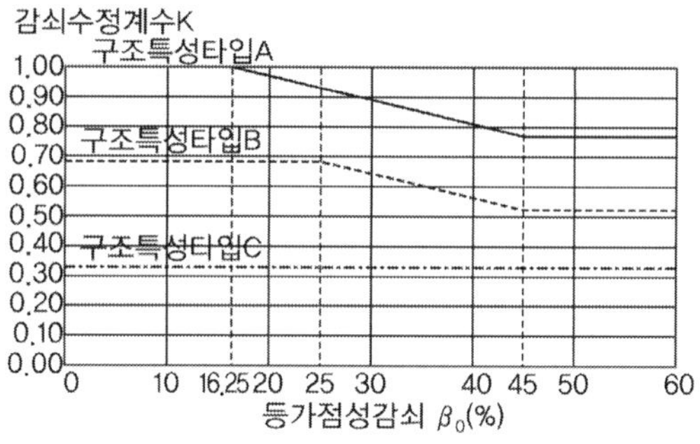

(A, B, C 타입에 따른 감쇠수정계수 $k$)

② 등가점성 감쇠비는 이력곡선의 형태에 따라 감쇠수정계수(k)를 도입하여 $\beta_{eff} = k\beta_0 + 0.05$로 수정한다(여기서 타입 A는 이력곡선이 안정적인 경우, B는 이력곡선 면적 저하율이 중간 정도, C는 저하율이 큰 경우).

③ 변위연성도에 따른 유효감쇠비를 계산하는 간이식을 사용하여 유효감쇠비를 산정할 수도 있으며 이때 하중제거(unloading) 시의 강성의 변화특성을 표현하는 $\alpha$를 0.5로 가정하는 경우이다(여기서 0.05는 구조물의 본래의 점성감쇠비, $\mu$는 소요변위연성도로 항복변위에 대한 변위비, $\gamma$는 초기강성에 대한 항복 후의 2차 강성비로 전형적인 구조물은 약 0.05 정도).

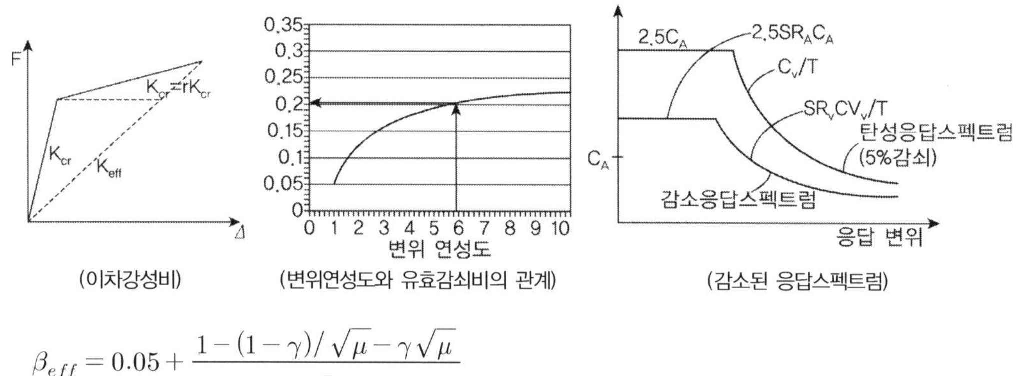


$$\beta_{eff} = 0.05 + \frac{1-(1-\gamma)/\sqrt{\mu} - \gamma\sqrt{\mu}}{\pi}$$

④ 스펙트럼의 감소는 감소계수 $SR_A$, $SR_V$를 도입하여 다음과 같이 계산한다.

$$SR_A \approx \frac{3.21 - 0.68 \ln(\beta_{eff})}{2.12}, \quad SR_V \approx \frac{2.31 - 0.41 \ln(\beta_{eff})}{1.65}$$

⑤ 감소된 응답스펙트럼은 5% 감쇠비의 응답스펙트럼에 $SR_A$, $SR_V$를 곱하여 구한다.

## 5. 성능보장설계(Capacity Based Design Method)

성능보장설계의 목적은 사용자 및 설계자 모두가 대상 구조물의 목표성능을 명확히 설정하고 이를 구현할 수 있도록 하게 하는 것이다. 따라서 일반적인 방법으로 설계를 수행한 후 Push-Over 해석을 통해 미리 설정된 목표성능이 달성되었는지를 평가할 수 있다.

1) 통상적인 내진설계법에서 등가정적하중을 산정할 때 응답수정계수를 통해 설계하중을 산정하고 구조물이 설계하중 이상의 강도를 갖도록 한다. 여기서 응답수정계수를 사용하는 이유는 지진하중에 대하여 구조물이 비선형 거동을 하게 됨을 의미하며, 즉 지진하중에 의하여 구조물이 손상을 입을 수 있으며 구조물의 에너지 흡수 능력 정도에 따라 응답수정계수의 값이 달라진다. 이러한 설계법은 하중을 대상으로 하기 때문에 하중기반설계법(Force Based Design Method)이라고 할 수 있다. 그러나 강도의 단순한 비교만을 통해서는 구조물의 실제적인 거동을 예측하기 어려우며, 또한 구성부재의 강도만에 의해서는 구조물 전체적인 강도 및 변형도를 산정할 수 없다. 결과적으로 구조물의 성능이 명확하게 파악되지 않은 상태로 설계될 가능성이 높다.

2) 성능기반설계법(Capacity Based Design Method)은 사용자 또는 설계자가 목표성능을 미리 설정하게 된다. 즉 예상되는 지진하중에 대하여 주어진 여건에서 허용할 수 있는 적절한 피해정도 또는 에너지 흡수정도를 미리 설정하고 이를 달성할 수 있도록 하는 것이다. 그러나 에너지 흡수정도에 따라 구조물의 거동이 달라지기 때문에 피괴에 이를 때까지 구조물의 변형성능을 예측할 수 있어야 하며 이때 성능평가의 대상을 구조물의 변위로 선정할 때 이를 변위기반설계법이라 할 수 있다.

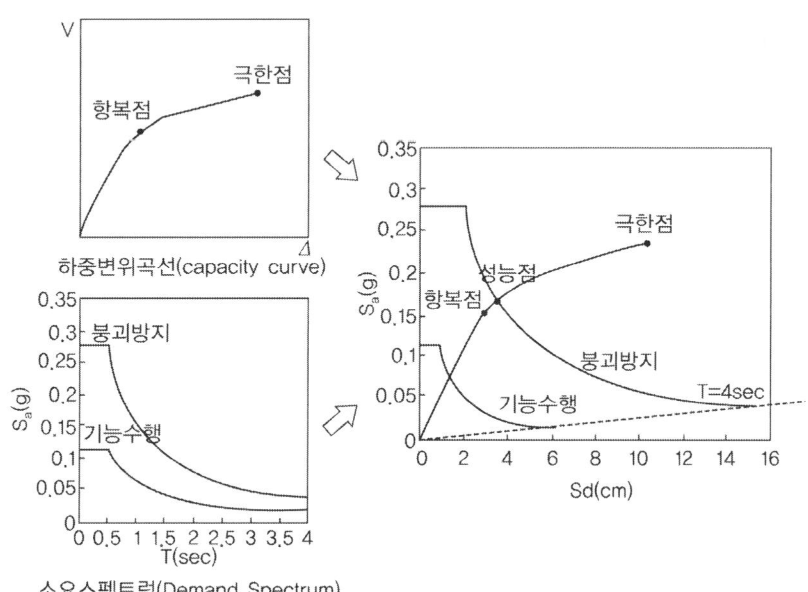

3) 구조물의 변형성능을 평가하기 위한 하나의 방법으로 Push-over 해석을 수행하면 하중-변형에 대한 스펙트럼이 생성되며 구조물의 에너지 흡수정도에 따라 요구스펙트럼을 산정하게 된다. 따라서 그림과 같이 두 개의 곡선이 만나는 점을 산정할 수 있고, 이 점이 목표성능의 범위 내에 있다면 목표가 달성되었다고 볼 수 있다.

### 내진성능 예비평가

'기존 시설물(교량) 내진성능 평가요령'(2019년) 중 내진성능 예비평가에 대하여 설명하시오.

### 풀 이

### ➤ 개요

교량의 "내진성능 예비평가"는 효율적으로 교량의 내진성능을 확보하기 위하여 내진성능 상세평가의 우선순위를 결정하기 위한 평가로 내진설계가 수행되지 않은 많은 수의 교량에 대하여 내진성능 평가를 보다 경제적이고 합리적으로 수행하기 위해서는 "내진성능 예비평가"를 먼저 수행하여 교량의 개괄적인 내진그룹을 분류하여 "내진성능 상세평가"가 시급한 교량의 우선순위를 결정하는 데 목적을 두고 있다.

### ➤ 내진성능 예비평가

내진설계가 수행되지 않은 많은 교량에 대해 내진성능 평가를 보다 경제적이고 합리적으로 수행하기 위해서 내진성능 예비평가를 통해 교량의 개괄적인 내진그룹으로 분류하여 내진성능 상세평가가 시급한 교량의 우선순위를 결정하는 데 그 목적이 있다. 내진성능 예비평가는 기존교량의 지진도, 취약도, 영향도를 고려하여 내진그룹화를 시행한다.

① 지진도(Seismicity) : 지진의 규모 및 발생환경에 의해 결정한다.

② 구조물의 취약도(Vulnerability) : 구조물의 취약성, 기하학적 형상, 형식에 의해 결정한다.

③ 사회경제적인 영향(Impact) : 교통량, 교량의 중요성 등에 의해 결정한다.

    내진그룹은 내진보강 핵심교량, 내진보강 중요교량, 내진보강 관찰교량, 내진보강 유보교량의 4개의 그룹으로 분류하고 우선순위가 높은 교량에 대해 우선적으로 내진성능 평가를 수행한다.

1) 지진도(Seismicity) : 지진구역과 지반 종류, 도시권역을 고려하여 4개 그룹으로 분류한다.

※ 기존의 지진도에 도시권역 분류를 포함하여 도시지역이 지진위험도가 상대적으로 큰 점을 고려하여 도시지역 가속도 계수를 기타 지역의 1.2배로 고려한다.

| 지진 구역 | 도시권역 구분 | 지반 종류 | | | |
|---|---|---|---|---|---|
| | | IV(2.0) | III(1.5) | II(1.2) | I(1.0) |
| I(0.11g) | 도시 | 1(0.264) | 1(0.198) | 1(0.158) | 2(0.132) |
| | 기타 지역 | 1(0.220) | 1(0.165) | 2(0.132) | 2(0.110) |
| II(0.07g) | 도시 | 1(0.168) | 2(0.126) | 3(0.101) | 4(0.084) |
| | 기타 지역 | 2(0.140) | 3(0.105) | 4(0.084) | 4(0.070) |

2) 구조물의 취약도(Vulnerability) : 지진으로 인해 교량이 붕괴되거나 손상이 입기 쉬운 형태를 구분하는 것으로 교량의 취약도 지수(VI : Vulnerability Index)로 나타낸다.

$$VI = 0.35(WEIGHT_{지수}) + 0.005(PIER_{지수}) + 0.02(PORT_{지수})$$
$$+ 0.20(SKEW_{지수}) + 0.20\left(\frac{AGE_{현재}}{AGE_{기준}}\right)$$

① 상부중량지수($WEIGHT_{지수}$)

$$W_{eff} = (\alpha \times \le NGTH \times WIDTH)^{2/3} = m + k_s\sigma$$

$$WEIGHT_{지수} = \frac{CDF(W_{eff})}{CDF(m)} = \frac{CDF(m + k_s\sigma)}{CDF(m)}$$

$W_{eff}, \le NGTH, WIDTH$는 각각 상부유효중량, 연속경간장(m), 교량폭(m)

$\alpha$는 상부형식에 따른 단위중량의 상대적인 비를 나타내는 계수[PSCB(1.0), STB(1.0), PSCI(0.8), PF(0.9), RCB(0.4)]

$m, \sigma$는 $W_{eff}$의 분포가 정규분포라고 가정한 평균과 표준편차이며 $k_s$는 모집단의 평균과 대상교량과의 차이를 나타내는 계수이다. CDF는 누적분포함수(Cumulative Distribution Function)

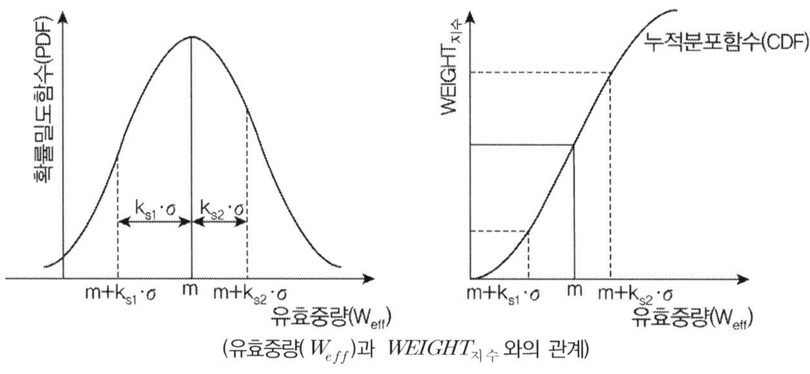


(유효중량($W_{eff}$)과 $WEIGHT_{지수}$ 와의 관계)

② 교각형상지수($PIER_{지수}$)

$$P = \frac{\beta}{H} = m + k_s\sigma, \quad PIER_{지수} = \frac{CDF(P)}{CDF(m)} = \frac{CDF(m + k_s\sigma)}{CDF(m)}$$

$H$는 교각높이(m)

$\beta$는 하부구조 형식별 계수[GP(중력식, 1.0), SGP(반중력식 1.0), TP(T형 0.7), RAP(라멘식, 0.5), ARP(아치식, 1.0)]

$m$, $\sigma$는 P의 분포가 정규분포라고 가정한 평균과 표준편차

③ 받침지지길이 지수($SUPPORT_{지수}$)

$$S = 1.67L + 6.66H = m + k_s\sigma, \quad SUPPORT_{지수} = \frac{CDF(S)}{CDF(m)} = \frac{CDF(m + k_s\sigma)}{CDF(m)}$$

$S$는 교량에서 제일 취약한 연속부의 받침지지길이(m)

$L$과 $H$는 연속 경간장(m)과 교각높이(m)

$m$, $\sigma$는 S의 분포가 정규분포라고 가정한 평균과 표준편차

④ 교각받침의 사잇각 지수($SKEW_{지수}$)

$$SKEW_{지수} = \theta에 \ 따른 \ 점수$$

$\theta$는 교량의 받침선과 교축직각방향의 사잇각[10° 미만(0), 30° 미만(0.1), 45° 미만(0.2), 60° 미만(0.4), 60° 이상(0.5)]

⑤ $AGE_{현재}$(교량건설 후 경과년수)/$AGE_{기준}$(교량의 기준수명)

교량수명의 정량화($AGE_{현재}/AGE_{기준}$)를 위한 기준수명은 강교(50년), 콘크리트교(40년)

3) 사회경제적인 영향도(Impact) : 교량의 영향도는 교량이 지진으로 인해 피해가 발생할 경우에 이로 인한 사회 및 경제적인 영향을 고려하는 결정인자로 다음과 같이 교량영향도계수(Impact Coefficient, IC)로 나타낸다.

$$IC = 0.20(ADT_{지수}) + 0.10(\leq VEL) + 0.40(CATEGORY)$$
$$+ 0.50(UTILITY) + 0.05(FACILITY) + 0.20(DETOUR_{지수})$$

① 교통량지수($ADT_{지수}$)

$$A = m + k_s\sigma, \quad ADT_{지수} = \frac{CDF(A)}{CDF(m)} = \frac{CDF(m + k_s\sigma)}{CDF(m)}$$

$A$ : 일 교통량(대) $m$, $\sigma$는 A의 분포가 정규분포라고 가정한 평균과 표준편차

② 교량설계등급지수(LEVEL)

1등급교(1.0), 2등급교(0.7), 3등급교(0.4)

③ 시설물종별 지수(CATEGORY)

1종 시설물(특수교량, 1.0), 1종 시설물(특수교량제외, 0.8), 2종 시설물(0.6), 기타(0)

④ 교량하부의 기간망 지수(UTILITY)

철도(1.0), 도로(0.7), 수로(0.4), 없는 경우(0)

⑤ 부착시설물 지수(FACILITY)

가스, 송유관, 상수도관 + 통신케이블 + 전력케이블(복합) (1.0)

하수도관, 전력케이블 및 기타 시설물(0.5)

시설물이 없는 경우(0)

⑥ 우회도로 지수($DETOUR_{지수}$)

$$D = m + k_s\sigma, \quad DETOUR_{지수} = \frac{CDF(D)}{CDF(m)} = \frac{CDF(m + k_s\sigma)}{CDF(m)}$$

$D$ : 우회로 길이(km),　$m$, $\sigma$는 D의 분포가 정규분포라고 가정한 평균과 표준편차

4) 내진 그룹화 : 지진도, 취약도, 영향도를 산정하여 기존교량을 '내진보강 핵심교량', '내진보강 중요교량', '내진보강 관찰교량', '내진보강 유보교량'의 내진등급으로 그룹화한다.

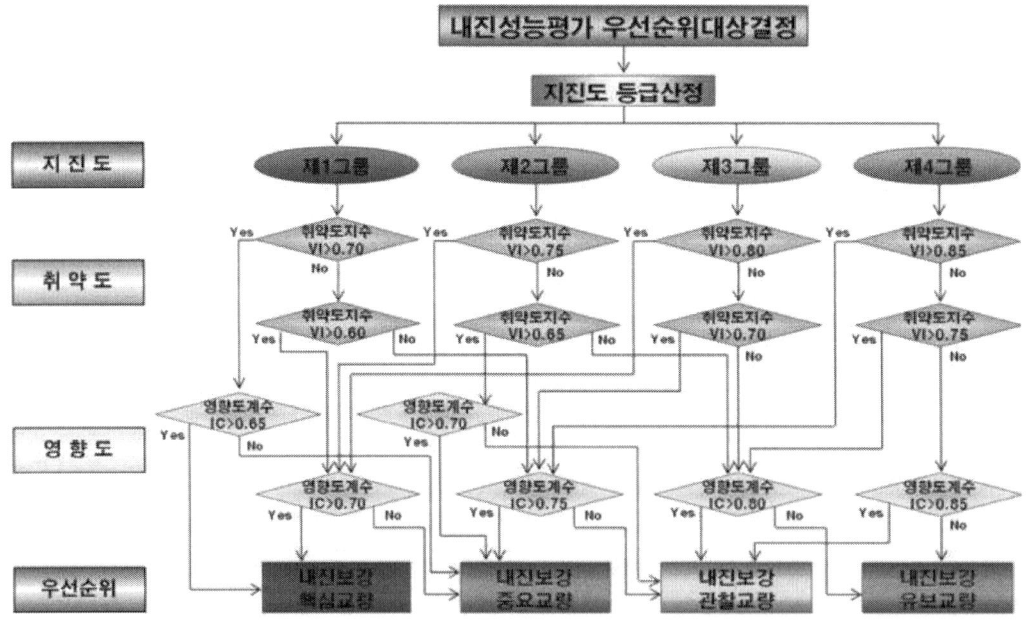

## 교각 내진성능 상세평가

기존 교량시설물의 내진성능 상세평가를 위한 교각의 단면 해석방법에 대하여 설명하시오.

### 풀 이

#### ▶ 개요

기존 구조물의 내진성능 평가는 교각, 교량받침, 교대, 기초 등의 구성요소가 보유하고 있는 보유성능과 내진성능평가지진에 대하여 각 구성요소에 요구되는 소요성능을 비교하여 평가한다.

#### ▶ 내진성능 상세평가를 위한 교각의 단면 해석방법

1) 교각 해석 모델

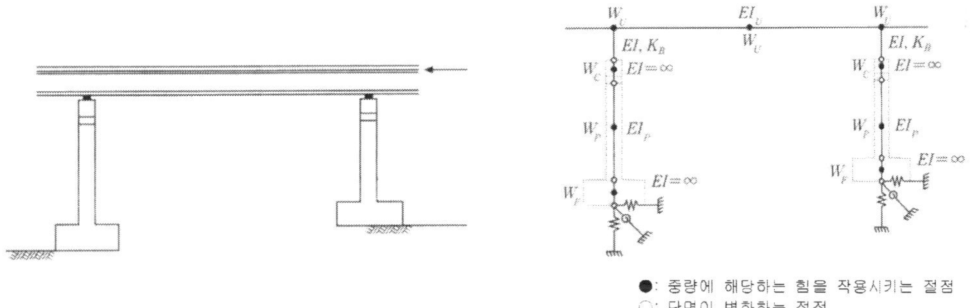



교각은 적정한 휨강성을 갖는 보요소로 모델화할 수 있다. 고정하중에 대한 해석 시 교각의 휨강성은 전단면강성($EI_g$)를 적용한다. 지진해석 시 교각의 휨강성은 내진성능평가지진에 대한 교각의 균열발생 및 축방향철근의 항복 여부를 고려하여 산정하여야 한다. 내진성능평가지진에 대해 교각 단면에 균열이 발생하지 않는다면 전단면강성($EI_g$)를 적용한다. 중력식 교각이나 벽식교각의 강축방향은 내진성능평가지진 시 교각의 단면에 균열이 발생하지 않을 수 있다($M < M_{cr}$ (균열모멘트)). 이 경우에는 교각의 전체 단면적이 유효하다고 보고 강성은 전단면강성($EI_g$)을 적용한다. 만약 전단면강성 대신 유효강성($EI_e$ ; $E_{I_{y,eff}} < EI_e < EI_g$) 또는 항복강성($EI_{y,eff}$)을 적용하면 교량시스템의 진동주기가 커져 지진력을 과소평가하게 된다. 교각의 단면에 균열이 발생하고 철근까지 항복한다면 교각은 탄성거동 한계를 초과하여 소성거동을 하게 되므로 선형해석을 적용하는 경우 항복강성($EI_{y,eff}$)을 적용한다. 항복강성($EI_{y,eff}$)을 적용하여 탄성지진해석을 수행 후 교각에 발생하는 모멘트가 항복 모멘트($M_y$) 이상($M \geq M_y$)이면 항복강성($EI_{y,eff}$)을 적용한 것이 타당하지만 만약 작다면 항복강성보다 작은 유효강성($EI_e$)을 사용하는 것이 원칙이다.

교각의 단면에 균열은 발생하지만 철근이 항복하지 않는 상태라면 교각의 강성은 전단면강성 항복강성의 사잇값인 유효강성을 사용한다. 탄성지진해석을 위해서 교각에 적용하는 휨강성은 전단면강성, 항복강성, 유효강성 중 하나이며, 적용한 휨강성이 적합한지 확인(검증)하여야 한다. 교각의 내진성능평가는 탄성지진해석을 기반으로 하여 얻은 응답값을 비선형 거동으로 변환하여 평가한다. 따라서 교각에 적용하는 휨강성은 선형강성(비선형 거동특성을 반영한 등가의 선형강성)으로 균열 발생 및 축방향철근의 항복 유무를 고려하여 적정하게 산정하여야 한다.

### 2) 교각 단면 해석방법

교각의 내진성능평가는 교량의 형식(기둥형식, 벽식)에 따라 구분되며, 해석방법은 선형정적해석, 선형동적해석, 비선형동적해석 등으로 구분할 수 있다. 교각의 내진성능을 평가할 때는 교각의 보유성능과 소요성능을 비교해 보유성능이 소요성능 이상을 만족하여야 한다.

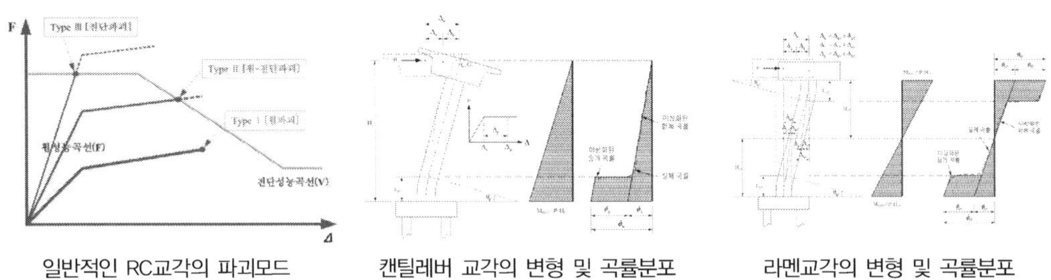

| 일반적인 RC교각의 파괴모드 | 캔틸레버 교각의 변형 및 곡률분포 | 라멘교각의 변형 및 곡률분포 |

① 기둥교각의 보유성능 : 기둥형식의 교각의 경우 파괴모드를 휨성능곡선과 전단성능곡선을 비교해 휨파괴모드, 휨-전단파괴모드, 전단파괴모드로 구분한다. 교각의 파괴모드별 보유성능은 다음과 같이 산정한다. 이때 보유변위연성도는 최대 보유변위연성도 $\mu_{\Delta,\max}$를 초과할 수 없다.

  (1) 휨파괴모드 : 보유성능은 휨파괴시의 보유변위연성도(극한변위/항복변위)

  (2) 휨-전단파괴모드 : 보유성능은 전단파괴 시의 보유변위연성도(전단파괴시변위/항복변위)

  (3) 전단파괴모드 : 보유성능은 전단강도

② 기둥교각의 소요성능 : 파괴모드별 소요성능은 다음과 같이 산정한다.

  (1) 휨파괴모드, 휨-전단파괴 모드의 소요성능은 소요변위연성도($\mu_{\Delta_d}=\lambda_{DR}R_s$)

    여기서 $\lambda_{DR}$은 변위연성도-단면강도비 상관계수, $R_s$는 단면강도비

  (2) 전단파괴모드의 소요성능은 내진성능평가지진에 의한 교각의 탄성전단력($|V_E|_{COMB}$), 직교하는 두 축에 대한 응답의 조합효과를 고려한다.

③ 벽식교각의 보유성능 : 두께(B)에 대한 길이(H)의 비(종횡비)가 4 이상인 벽체를 갖는 교각을 말하며, 약축방향과 강축방향에 대해 각각 보유성능을 산정하되 약축방향 보유성능은 기둥형식 교각에 따르고, 강축방향의 보유성능은 다음과 같이 산정한다.

(1) 휨 보유성능 : 기둥형식 교각의 모멘트–곡률 해석방법에 따라 산정한 휨모멘트 강도 $M_n$

(2) 전단 보유성능 : 다음의 값 중 큰 값

$$V_n = \left[ 0.85\phi_c x (\rho_{slt} f_{ck})^{1/3} + 0.15 f_n \right] bd \geq (0.4\phi_c f_{ctk} + 0.15 f_n) bd$$

$$V_n = \frac{\phi_s f_{yh} A_v z}{s} \cot\theta \leq \frac{\nu \phi_c f_{ck} bz}{\cot\theta + \tan\theta}$$

④ 벽식교각의 소요성능 : 약축방향 소요성능은 기둥형식 교각을 따르며, 강축방향의 소요성능은 다음과 같다.

(1) 휨 소요성능은 평가지진에 의하여 교각의 강축방향으로 작용하는 휨모멘트($M_d$)로 한다.

(2) 전단 소요성능은 평가지진에 의하여 교각의 강축방향으로 작용하는 전단력($V_d$)으로 한다.

벽식교각의 성능평가는 약축방향은 기둥형식 교각에 따르며, 강축방향은 휨이나 전단강도가 작용하는 휨모멘트나 전단력보다 크면 성능을 만족하는 것으로 본다.

## 내진성능평가

역량스펙트럼법(Capacity Spectrum Method)에 의한 기존 구조물의 내진성능평가 방법을 단계별로 구분하여 설명하시오.

### 풀 이

#### ➤ 개요

비선형 해석(Push-over analysis)으로 얻을 수 있는 대상 구조물 전체의 공급역량곡선(Demand-Capacity Curve)과 구조물의 설계지진레벨에 대한 소요응답스펙트럼(Demand Curve)을 동일한 그래프상에 도식적으로 비교하여 내진성능을 비교, 평가하는 방법으로 구조물 비선형 거동에 따른 소요역량스펙트럼과 구조물 성능곡선을 가속도변위응답스펙트럼(Acceleration Displacement Response Spectrum)상에 함께 도시하여 성능점을 도식적으로 찾는 방법이다.

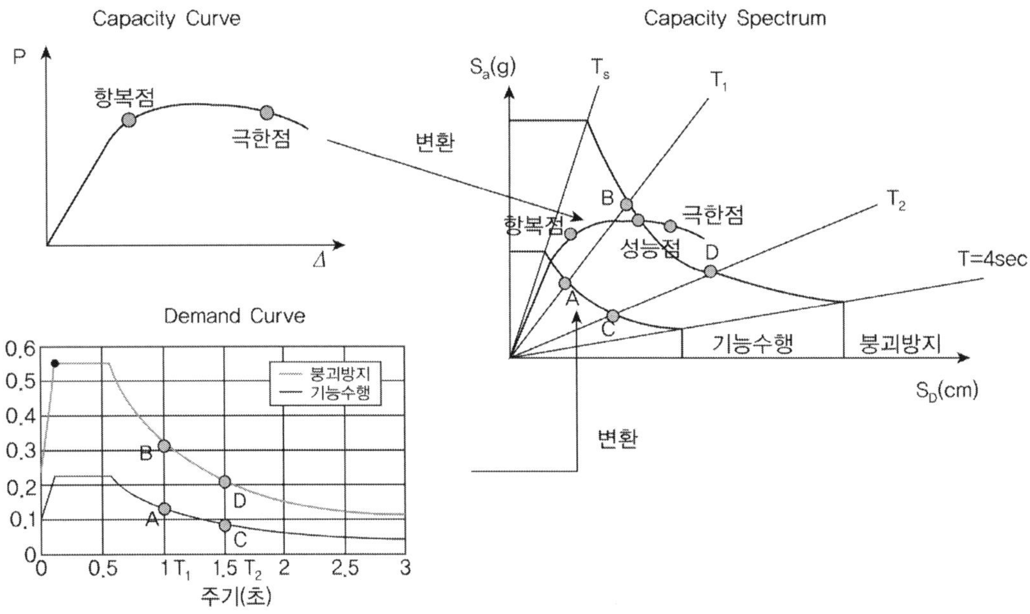



#### ➤ 기존 구조물 내진성능평가 단계별 방법

1) 공급역량스펙트럼 : 교각의 단면강도와 수평변위를 응답가속도($S_a$)와 응답변위($S_d$)의 식으로 변환한다.

$$S_a = P_n / W(P_n : 단면강도, \ W : 유효중량) \qquad S_d = \triangle_{상부} (\triangle_{상부} : 교각상부 위치의 변위)$$

2) 소요역량스펙트럼 : 응답가속도-주기 관계식으로 표현되는 설계응답스펙트럼을 응답가속도($S_a$)와 응답변위($S_d$)의 관계식으로 변환한다. 이때 원점을 통과하는 방사형태의 직선상의 점은 주기가 동일하며 주기 $T$는 $T = 2\pi\sqrt{S_d/S_a}$ 의 관계식으로 표현된다.

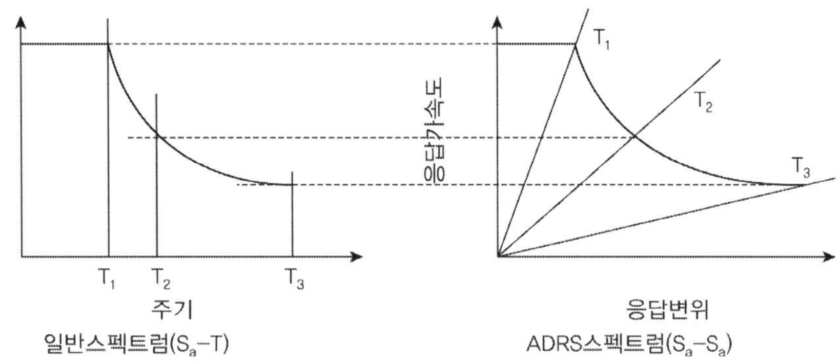



$$\text{일반스펙트럼}(S_a - T) : S_d = \frac{1}{4\pi^2} S_a T^2$$

$$\text{ADRS스펙트럼}(S_a - S_d) : T = 2\pi\sqrt{\frac{S_d}{S_a}}$$

3) 내진성능 평가

① 공급역량스펙트럼상에 항복점, 극한점, 성능점을 결정한다.

② 소요역량스펙트럼은 기능수행수준과 붕괴방지수준으로 나타낸다.

③ 성능점은 공급역량곡선과 소요역량스펙트럼의 교차점이며, 이 점에서는 공급역량의 이력감쇠비와 소요역량의 감쇠비가 같게 된다. 안전측 평가를 위해서는 소요역량의 감쇠비를 공급역량의 이력감쇠비보다 작게 선정하여 성능점을 결정할 수도 있다.

④ 기능수행수준 : 공급역량곡선의 항복점의 위치가 기능수행수준 스펙트럼의 외부에 놓이면 내진성능을 만족하는 것으로 한다(내측인 경우 강도증가를 위한 내진성능 향상요구).

⑤ 붕괴방지수준 : 공급역량곡선의 극한점의 위치가 붕괴방지수준 스펙트럼의 외부에 놓이면 내진성능을 만족하는 것으로 한다(내측인 경우 연성도 증가를 위한 내진성능 향상요구).

⑥ 붕괴방지수준의 소요스펙트럼과 공급역량곡선의 교차점이 성능점이 되고 이는 붕괴방지수준의 설계지진하중 시 교각의 응답변위크기를 나타낸다(성능점에서의 최대 응답변위와 받침지지길이와 비교하여 낙교 등의 검토 수행).

역량스펙트럼

내진성능 평가 시 소요역량과 공급역량에 대하여 설명하시오.

풀 이

> ## 개요

내진성 평가는 교량이 큰 손상을 받거나 붕괴하여 라이프 라인(Life line)의 기능을 상실하는 리스크(Risk)의 대소를 결정하기 위해서 실시한다. 리스크를 정량화할 수 있다면 교량을 내진 보강해야 하는지 재구축해야 하는지 또는 그에 상당하는 리스크를 받아들여 그대로 계속 사용하는지를 합리적으로 판단한다. 내진성능 평가를 하는 방법은 보유 내력과 요구 내력비에 의거한 해석방법(Capacity/Demand method, C/D method), 역량스펙트럼해석방법(Capacity Spectrum, Push-Over Analysis, 소성붕괴해석, 횡강도법), 비탄성 시간 응답 해석(Inelastic time history analysis) 등이 있으며, 이 중 역량스펙트럼해석법은 소요역량과 공급역량을 하나의 그래프상에 도식하여 비교, 평가하는 방법이다.

> ## 역량스펙트럼해석법의 소요역량과 공급역량

1) 역량스펙트럼해석법(Capacity Spectrum, Push-Over Analysis, 소성붕괴해석, 횡강도법)

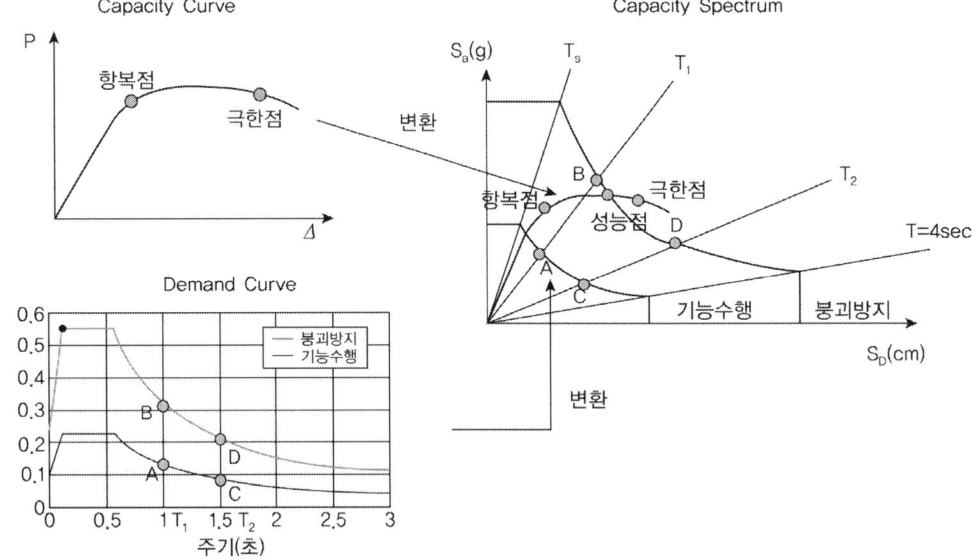

비선형 해석(Push-over analysis)으로 얻을 수 있는 대상 구조물 전체의 공급역량곡선(Capacity Curve)과 구조물의 설계지진레벨에 대한 소요응답스펙트럼(Demand Curve)을 동일한 그래프상에 도식적으로 비교하여 내진성능을 비교, 평가하는 방법으로 구조물 비선형 거동에 따른 소요역량스펙트럼과 구조물 성능곡선을 가속도 변위응답스펙트럼(Acceleration Displacement Response Spectrum)상에 함께 도시하여 성능점을 도식적으로 찾는 방법이다.

① 탄성이론에 의한 평가기법의 부족함을 보완하기 위해 쓰이는 방법으로 교량 전체 또는 일정구간을 하나의 시스템으로 간주하여 횡강도를 구하고 점증적으로 붕괴해석을 통해 교량이 붕괴될 때까지의 하중-변형 특성을 조사하는 방법으로 횡강도법이라고도 한다.
② 구조물의 전체적인 하중-변위(Capacity curve)와 설계지진력에 대한 응답스펙트럼을 동일한 그래프, 즉 역량스펙트럼상에 변환시켜 비교함으로써 내진성능을 평가한다.
③ 하중변위곡선으로부터 얻어지는 소요역량스펙트럼을 상회하면 대상구조물이 내진성능을 확보하는 것으로 간주한다.

2) 공급역량스펙트럼 : 교각의 단면강도와 수평변위를 응답가속도($S_a$)와 응답변위($S_d$)의 식으로 변환한다.

$$S_a = P_n / W (P_n : 단면강도, \ W : 유효중량) \qquad S_d = \triangle_{상부} (\triangle_{상부} : 교각상부 위치의 변위)$$

3) 소요역량스펙트럼 : 응답가속도-주기 관계식으로 표현되는 설계응답스펙트럼을 응답가속도($S_a$)와 응답변위($S_d$)의 관계식으로 변환한다. 이때 원점을 통과하는 방사형태의 직선상의 점은 주기가 동일하며 주기 $T$는 $T = 2\pi \sqrt{S_d/S_a}$ 의 관계식으로 표현된다.

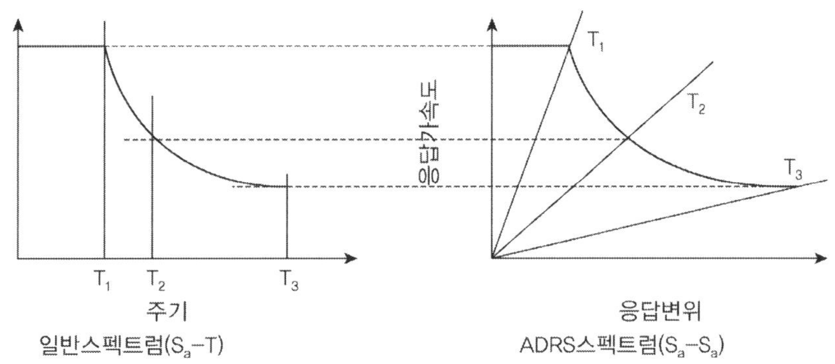



$$일반스펙트럼(S_a - T) : S_d = \frac{1}{4\pi^2} S_a T^2$$

$$ADRS스펙트럼(S_a - S_d) : T = 2\pi \sqrt{\frac{S_d}{S_a}}$$

4) 내진성능의 평가

① 공급역량스펙트럼상에 항복점, 극한점, 성능점을 결정한다.

② 소요역량스펙트럼은 기능수행수준과 붕괴방지수준으로 나타낸다.

③ 성능점은 공급역량곡선과 소요역량스펙트럼의 교차점이며, 이 점에서는 공급역량의 이력감쇠
비와 소요역량의 감쇠비가 같게 된다. 안전측 평가를 위해서는 소요역량의 감쇠비를 공급역량
의 이력감쇠비보다 작게 선정하여 성능점을 결정할 수도 있다.

④ 기능수행수준 : 공급역량곡선의 항복점의 위치가 기능수행수준 스펙트럼의 외부에 놓이면 내
진성능을 만족하는 것으로 한다(내측인 경우 강도증가를 위한 내진성능 향상 요구).

⑤ 붕괴방지수준 : 공급역량곡선의 극한점의 위치가 붕괴방지수준 스펙트럼의 외부에 놓이면 내
진성능을 만족하는 것으로 한다(내측인 경우 연성도 증가를 위한 내진성능 향상 요구).

⑥ 붕괴방지수준의 소요스펙트럼과 공급역량곡선의 교차점이 성능점이 되고 이는 붕괴방지수준
의 설계지진하중 시 교각의 응답변위크기를 나타낸다(성능점에서의 최대 응답변위와 받침지
지길이와 비교하여 낙교 등의 검토 수행).

 토목구조기술사 합격 바이블 6권_동역학과 내진·내풍·파랑설계

## 내진성능 평가 : 파괴모드별 보유성능

기존 교량의 RC교각에 대한 내진성능 평가 시 교각의 휨 성능과 전단 성능을 고려하여 파괴모드별로 내진 보유성능(공급역량)을 산정함에 따른 파괴모드에 대하여 기술하고 파괴모드별 보유성능에 대하여 설명하시오.

### 풀 이

#### ▶ 개요

교량의 내진성능평가는 교량의 각 구성요소에 대해 보유성능과 소요성능을 비교하여 실시한다. 이들 보유성능과 소요성능을 산정하기 위해서는 단면해석, 지진해석 등을 수행하여야 하며 신뢰성 있는 해석을 위해서는 해석방법, 해석모델이 합리적이어야 한다. 교각의 보유성능은 파괴 시의 강도 또는 보유변위로 규정되며 이는 교각의 파괴모드에 따라 결정된다.

#### ▶ 내진성능 평가 시 RC교각의 파괴모드

교각의 보유성능은 파괴 시의 강도 또는 보유변위로 규정되며 이는 교각의 파괴모드에 따라 결정되며, 그림과 같이 교각의 휨성능곡선(F)과 전단성능곡선(V)으로부터 교각의 파괴모드를 결정한다.

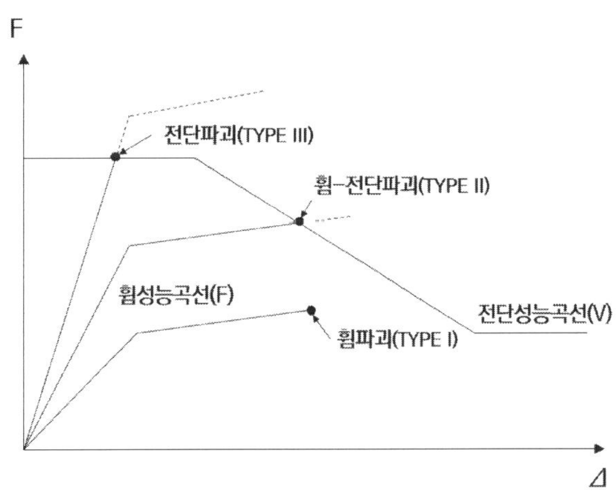


① 휨파괴모드(Type I) : 전단성능이 휨성능보다 커서 휨에 의한 교각단면의 압축변형률이 콘크리트 극한변형률에 이를 때까지 전단파괴가 발생하지 않고 휨에 의해서 파괴가 발생하는 모드
② 휨-전단파괴모드(TYPE II) : 교각의 축방향철근 항복한 후 휨파괴에 이르기 전에 전단파괴가 발생하는 모드로 이 모드의 교각의 축방향철근은 항복하여 소성상태에 이른다. 다만 휨에 의한 교각단면의 압축변형률이 콘크리트 극한변형률에 이르기 전에 전단파괴가 발생하며 이때

의 교각의 보유변위는 Type I(휨파괴모드) 시의 보유변위보다 작아진다.

③ 전단파괴모드(TYPE III) : 교각에 배근된 축방향철근의 항복 이전에 전단파괴가 발생되는 모드로 축방향철근이 항복하기 이전 탄성상태에서 전단파괴가 발생한다. 이때의 변위는 항복변위 보다 작아 보유성능은 교각 파괴 시의 강도인 전단강도로 한다.

## ▶ 파괴모드별 보유성능

교각의 보유성능은 강도 또는 변형성능(변위연성도)이며 축방향철근이 항복하여 소성상태에서 파괴에 이르는 파괴모드의 경우 보유성능은 변위연성도로 하며, 축방향철근의 항복 이전에 파괴(전단파괴)에 이르는 경우에는 강도로 한다. 따라서 교각의 파괴모드에 따라 다음과 같이 결정할 수 있다.

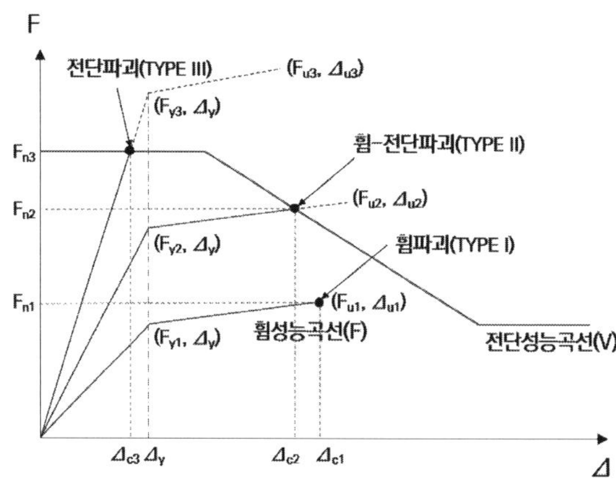


① 휨파괴모드(Type I) : 전단성능이 휨성능보다 커서 휨에 의한 교각단면의 압축변형률이 콘크리트 극한변형률에 이를 때까지 전단파괴가 발생하지 않는 파괴모드이다. 단면강도($F_n$)과 한계변위($\Delta_c$)는 휨성능곡선의 극한상태에 해당하는 값이며, 교각의 보유성능은 보유변위연성도($\mu_{\Delta c}$)로 한다. 이때, 교각의 보유변위연성($\mu_{\Delta c}$)은 축방향철근의 겹침이음 상세에 따라 최대변위연성도($\mu_{\Delta.\max}$)를 초과할 수 없다.

$$F_n = F_u < V_n, \qquad \Delta_c = \Delta_u$$

$$\mu_{\Delta c} = \frac{\Delta_c}{\Delta_y}$$

② 휨-전단파괴모드(TYPE II) : 교각의 축방향철근이 항복한 이후 휨파괴에 이르기 전에 전단파괴가 발생하는 파괴모드로, 교각의 축방향철근은 항복하여 소성상태이다. 다만 휨에 의한 교

각 단면의 압축변형률이 콘크리트 극한변형률에 이르기 전에 전단파괴가 발생한다. 따라서 교각의 보유변위는 휨파괴모드(Type I) 시의 보유변위보다 작아진다. 단면강도($F_n$)와 한계변위($\Delta_c$)는 항복점와 극한점 사이에서 휨성능 곡선과 전단성능 곡선의 교점에 해당하는 값이며, 교각의 보유성능은 보유 변위연성도($\mu_{\Delta c}$)로 산정한다. 이때, 교각의 보유변위연성도($\mu_{\Delta c}$)는 축방향철근의 겹침이음 상세에 따라 최대변위연성도($\mu_{\Delta.\max}$)를 초과할 수 없다.

$$F_y \leq F_n < F_u, \qquad F_n = V_n$$
$$\Delta_y \leq \Delta_c < \Delta_u$$
$$F_{P,C} = \mu_{\Delta c} = \frac{\Delta_c}{\Delta_y}$$

교각이 이러한 '휨-전단파괴모드'를 보이기 위해서는 전단성능 곡선의 감소구간($\mu_\Delta = 2.0 \sim 5.0$)과 휨성능 곡선이 교차(전단성능 곡선 중 $\mu_\Delta < 2.0$ 및 $\mu_\Delta > 5.0$인 구간에서 교차할 확률은 매우 낮음)하여야 한다. 전단성능 곡선이 감소구간에 들어서기 위해서는 보유변위연성도가 2.0을 초과하여야 한다. 실제 교각의 보유변위연성도가 2.0을 초과할 수 있는 조건은 축방향철근이 단일철근에 철근비가 2.0%에 근접한 경우와 교각의 높이가 낮거나 라멘(골조) 거동을 하여 기둥의 유효높이가 작아지는 경우로 국한된다. 그러므로 지배적인 파괴모드가 '휨-전단파괴모드'로 결정될 경우는 위의 조건에 부합되는지 재검토가 필요하다.

③ 전단파괴모드(TYPE III) : 교각의 축방향철근이 항복하기 이전에 전단파괴가 발생하는 파괴모드로 이때의 변위는 항복변위보다 작아 보유성능은 교각 파괴 시의 강도인 전단강도로 한다. 단면강도($F_n$)와 한계변위($\Delta_c$)는 항복점 이전의 탄성영역에서 휨성능 곡선과 전단성능 곡선이 만나는 교점에 해당하는 값이다. 이때의 단면강도를 교각의 보유성능($F_{P,C}$)으로 한다.

$$F_{P,C} = F_n = V_n < F_y$$
$$\Delta_c < \Delta_y$$

여기서 $\Delta_c$, $F_n$은 각각 파괴(휨파괴, 휨-전단파괴, 전단파괴) 시의 변위와 강도

$$\Delta_c = \Delta_y \times \mu_{\Delta c}, \qquad F_n = F_y + \left[ \frac{F_u - F_y}{\Delta_u \to \Delta_y} \right] (\Delta_c - \Delta_y)$$

$\Delta_y$는 항복변위

$\mu_{\Delta c}$는 보유변위연성도로서 파괴 시의 변위를 항복변위로 나눈 값 $\quad \mu_{\Delta c} = \min \left[ \frac{\Delta_u}{\Delta_{y,}} \quad \mu_{\Delta,\max} \right]$

## 1. 기존 시설물(교량)의 내진성능 향상

교량의 내진성능 향상기법은 교량 구성요소의 개별적인 보강에 의한 내진성능 향상방법과 지진보호장치에 의한 교량시스템의 내진성능 향상방법으로 대별한다. 구성요소의 개별적인 보강은 교량을 구성하는 교각, 받침부(본체 및 앵커부, 받침지지길이 포함), 교대, 기초 및 지반, 액상화에 대하여 개별적인 내진성능 향상을 도모하는 것이며, 지진보호장치에 의한 내진성능 향상은 지진격리받침, 감쇠기와 같은 지진 보호장치를 도입하여 교량시스템 전체의 내진성능 향상을 도모하는 것으로 대변될 수 있다.

① 구성요소의 개별적 보강에 의한 내진성능 향상 : 교각, 교량받침, 낙교방지장치, 교대, 기초
② 지진보호장치에 의한 내진성능 향상 : 지진격리받침, 감쇠기, 충격전달장치 등

### 1) 구성요소의 보강 : 교각

철근콘크리트 교각의 내진성능 부족은 일반적으로 휨 또는 전단에 대한 저항능력의 부족으로 나타난다. 휨저항능력이 부족한 교각은 축방향철근의 겹침이음이나 부적절한 기초의 구속 때문에 지진 시 휨보유성능(flexural capacity)에 도달하거나 유지하는 능력이 부족하다.

전단능력이 부족한 교각은 부재가 연성 휨 모드(ductile flexural mode)에서 성능을 발휘하기도 전에 전단보유성능(shear capacity)이 초과되어 전단파괴가 발생한다. 국내 기존 교각들은 단면의 저항강도는 비교적 크게 확보된 반면에, 변형성능에 대한 고려가 이루어지지 않아서 지진과 같이 큰 에너지를 갖는 하중에 대하여 취약하다. 따라서 기존 교각의 내진성능 향상방안으로 단면의 강도를 보강하기보다는 변형성능을 확보하는 보강방안을 채택하는 것이 효과적이다.

교각단면의 변형성능을 확보하는 보강방안으로는 보강재 피복에 의한 보강공법으로서 강판 또는 복합재료(FRP; Fiber Reinforced Polymer)를 기존교각에 피복하여 콘크리트의 구속효과를 증대시키는 방안을 고려할 수 있다. 이때, 복합재료의 피복에 의한 교각보강 시 에폭시의 화학적 접착력이 갖는 강도를 초과하지 않도록 복합재료의 단면적을 제한하여야 하고, 이를 초과하면 기계적 정착을 병행하여 충분한 정착력을 확보하여야 한다.

① 휨 성능 향상 : 교각의 횡방향 구속효과를 증가시켜 소성힌지 길이 감소, 콘크리트 압축강도가 증가하거나 철근이 변형경화되어 소요 휨 연성 확보한다.

  (1) 소요 휨 연성 확보를 위한 횡방향 구속
    1. 푸시오버 해석결과를 바탕으로 소성힌지에 요구되는 $\theta_p$ 산정
    2. 소성힌지 영역의 곡률 $\phi_p = \dfrac{\theta_p}{L_p}$,   $L_p = 0.044 f_y d_{bl} + v_g$

3. 필요한 곡률의 최댓값 $\phi_m = \phi_y + \phi_p$

4. 필요한 압축변형률의 최댓값 $\epsilon_{cm} = \phi_m c$

5. 필요한 구속재의 체적비 $\rho_s = \Phi_j(\epsilon_{cm})$

(2) 횡방향 구속범위 결정

1. $P/f'_{ca}A_g < 0.3$ : 횡방향 보강범위 20% $\rightarrow$ 25% 증가

2. $P/f'_{ca}A_g > 0.3$ : 횡방향 보강범위 30% $\rightarrow$ 37.5% 증가

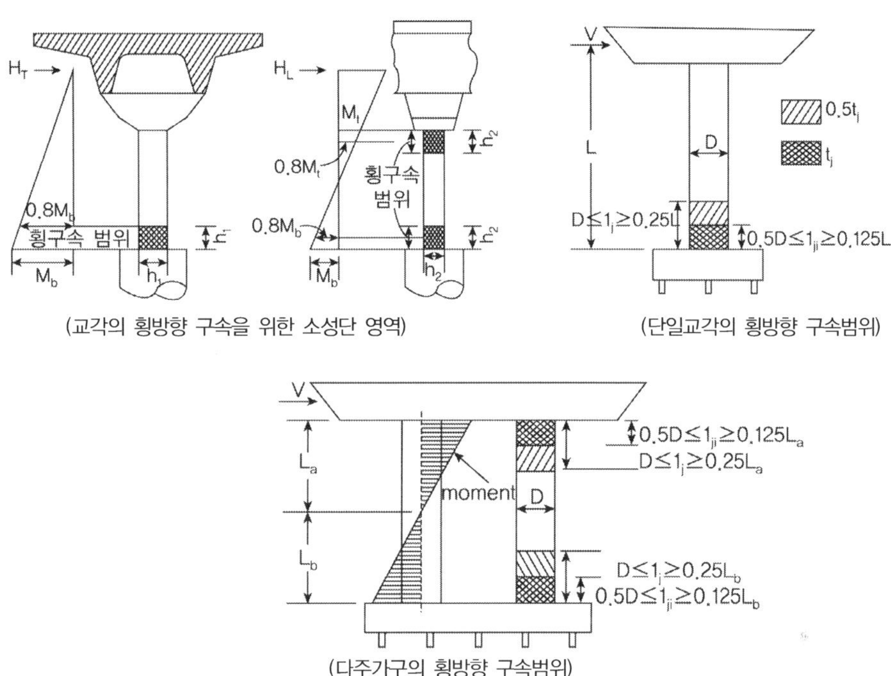


(교각의 횡방향 구속을 위한 소성단 영역)　　　　(단일교각의 횡방향 구속범위)



(다주가구의 횡방향 구속범위)

(3) 보강공법 결정 : 강판보강, FRP 보강, 콘크리트 피복, 모르타르 부착 등

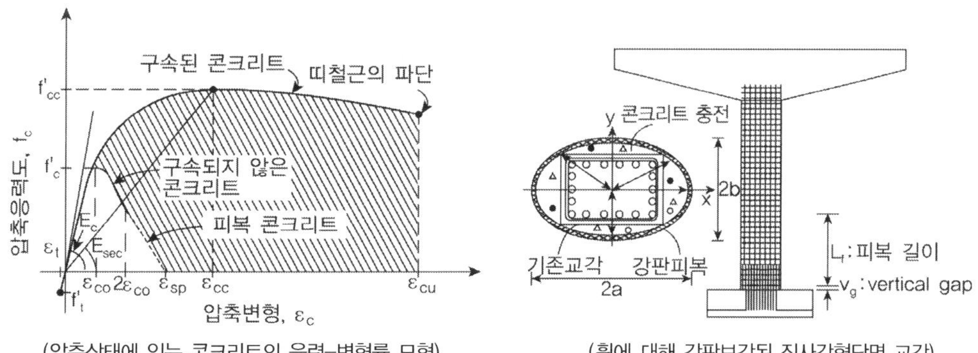


(압축상태에 있는 콘크리트의 응력-변형률 모형)　　　　(휨에 대해 강판보강된 직사각형단면 교각)

② 전단성능 향상 : 교각의 전단강도가 교각의 휨 초과강도를 고려한 최대소성힌지력보다 작은 경우에는 최대소성힌지력 이상으로 전단강도를 보강한다.

(1) 보강할 전단강도 산정

$$\phi_s V_{sj} \geq V^0 - \phi_s V_n, \quad \phi_s \ \text{전단강도감소계수(=1.0)}, \quad V^0 \ \text{최대소성힌지력}$$

$$V_n = V_c(\text{콘크리트}) + V_s(\text{전단철근}) + V_p(\text{축력})$$

$$V_c = k\sqrt{f_{ck}}\,A_e, \quad k = 0.3 - 0.1(\mu_\Delta - 2)$$

$$V_s = \frac{A_v f_{yh} D_c}{s}\,(\text{사각}), \quad \frac{\pi}{2}\frac{A_{sp} f_{yh} D_c}{s}\,(\text{원형}), \quad \frac{\sum A_d f_{yh} l_d}{s}\,(\text{원형 + 보강띠철근})$$

$$V_p = 0.15\frac{P_u h}{L_s}$$

(2) 전단보강범위 설정

콘크리트의 전단강도가 떨어지는 소성영역의 범위, 즉, 교각의 바닥에서 1.5D(직사각형단면 교각의 경우에는 1.5h)

(3) 보강공법 결정 : 강판보강, FRP 보강 등

## 2) 구성요소의 보강 : 교량 받침

교량받침(이하 받침)은 내진성능 향상기준지진에 대하여 받침에 요구되는 소요성능 이상의 보유성능을 확보하도록 하여야 한다. 소요성능 산정 시 받침에 작용하는 평가지진하중은 교각에 의하여 전달되는 지진하중으로 하며, 이는 내진성능 향상기준지진에 대한 응답스펙트럼을 이용하여 구한 조합탄성지진력과 교각의 초과강도를 고려한 최대소성힌지력 중에서 작은 값으로 한다. 내진성능 향상 설계 시 받침의 단면특성 및 재료강도 등은 설곗값을 기준으로 하고, 필요시 받침 교체에 따른 교량의 사용성, 안전성 및 장기거동에 미치는 영향 등을 검토하여야 한다.

① 받침의 성능향상 : 받침 본체의 보유성능을 소요성능 이상으로 확보하고, 받침 앵커부의 손상되거나 저항성능이 부족한 구간의 교체, 묻힘 콘크리트의 강도 확보 및 용접부 연결부 강도에 대해 검토 후 부족할 경우 보강하여야 한다.

② 받침형 전단키 : 전단키는 교량받침의 옆 공간에 설치되어 거동특성에 따라 지진력의 일부 또는 전체를 부담한다. 본체는 상부 전단키와 하부 전단키의 두 부분으로 구성되며 각각 요철이 형성되어 있어 지진 시 이 부분이 서로 접촉하여 지진력에 저항한다. 요철부와 앵커부는 이러한 전단력에 파괴가 되지 않도록 충분한 강도를 확보하여야 한다.

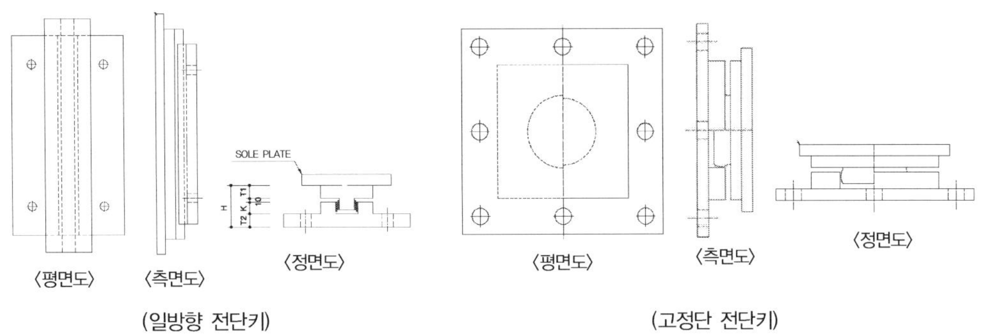



③ 받침 교체 등을 위한 상부 구조 인상 공법 결정

연단거리 S=200+5L(경간 100m 이하), S=300+4L(경간 100m 이상)

| 받침부 선상공법 | 연단거리 확대공법 | 브래킷 공법 |
|---|---|---|
| 받침부 연단 거리와 거더 하부의 높이가 충분한 경우에 교좌부 선상에서 직접 인상하는 공법 | 유압잭을 설치 단면이 부족한 경우 콘크리트 또는 강재 브래킷을 설치하여 교각 및 교대의 연단거리를 확장하여 작업공간을 확보하는 공법 | 강교의 경우 거더 하단부에 충분한 작업공간이 확보된 경우 강재 브래킷을 상부구조 하단부에 설치하여 인상하는 공법 |
| **특수가대 공법** | **가벤트 공법** | **조립식 브래킷 공법** |
| 거더 하부공간이 작아서 직접 유압잭을 설치할 수 없는 경우 특수가대를 이용하여 인상하는 공법 | 가벤트(bent)를 따로 설치하여 가벤트상에서 인상하는 공법 | 조립식 브래킷을 교각 및 교대의 코핑부를 덮는 형태로 설치하여 시공하는 인상공법 |

3) 구성요소의 보강 : 낙교방지장치

일반적으로 내진설계가 적용되지 않은 교량의 경우 받침파괴가 가장 심각한 피해의 하나다. 받침의 내진성능을 향상하기 위해서는 내진성능이 우수한 받침으로 교체하거나 받침보호장치를 설치하여 받침으로 전달되는 지진하중을 부담하여야 한다. 받침의 교체는 받침의 노후화가 진행되었거나 다른 보수·보강 작업 시 병행하여 함께 실시하는 것이 경제적이다. 만약 받침 이외의 다른 구성요소의 내진성능이 만족한다면 받침교체 또는 받침보호장치의 설치는 현실적으로 적용하기에는 고비용의 작업이 된다. 이와 같이 받침 파괴만이 문제가 되는 경우에는 받침의 파괴를 허용하고 대신 이로 인한 상부구조의 낙교를 방지하는 것이 하나의 현실적인 대안이 될 수 있다. 상부구조의 이동제한장치는 상부구조의 변위가 일정 변위 이상 커질 때 상부구조를 구속하는 장치로서 낙교를 효과적으로 방지할 수 있다.

| 케이블 구속장치 | 이동제한장치(전단키) | 단면받침지지길이 확대 |
| --- | --- | --- |
| 거더와 하부구조, 거더를 연결하여 과도한 수평변위를 제한, 거더의 이탈 억제 | 거더 또는 하부구조에 돌기 설치, 지진발생 시 과도한 수평 변위 및 영구 잔류변위를 제한해 이탈 억제 | 받침부 파손, 받침지지길이가 부족한 경우, 하부연단의 콘크리트를 증가 타설하거나, 강재 브래킷 등으로 받침지지길이 확보 |

① 케이블 구속장치

(1) 케이블의 최대 허용변위    $d_r = d_y$(케이블 항복변위) $+ d_e$(여유거리) $\leq d_s$(받침 지지길이)

(2) 지진으로 인한 이동량 산정

$$K_t(\text{구조체 강성}) = \frac{f_y n_r A_r}{d_r} = \frac{F_r}{\Delta L} = \frac{V_{F1} - V_{F2}}{|\Delta_{F2}| - |\Delta_{F1}|} = \frac{\text{교축방향 전단강도 차}}{\text{프레임의 절대변위의 차}}$$

$$T = 2\pi \sqrt{\frac{W}{K_t g}} \, , \; d_l(\text{교축방향 변위}) = \frac{S_a W}{K_t g}$$

(3) 종·횡방향 변위를 이용한 지진하중 등가이동량 산정

$$Max[d_{eq} = d_l + 0.3 G_t, \; d_{eq} = 0.3 d_l + G_t], \; G_t = d_t \sin(28.648 L/R) \text{(횡방향 지진 이격거리)}$$

(4) 지진하중에 의한 등가이동량이 케이블 최대허용변위 이하이면 안전을 고려한 최소 개수의 구속장치를 사용하고, 지진하중에 의한 등가이동량이 케이블의 최대허용변위를 넘으면 그 이하가 되도록 케이블 개수를 증가시키거나 갭(gap)을 조절

② 전단키

전단키는 상부 관성력을 충분히 전달하도록 교각의 최대 내하력 이상의 강도를 보유해야 가동단 교각의 모든 강도 및 강성을 활용할 수 있다. 과다한 하중에 의한 앵커볼트의 전단파괴 또는 하부구조나 슬래브 콘크리트로부터 앵커볼트의 인발 파괴, 용접크기 및 용접길이 부족에 의한 용접부 파손, 접촉판의 강성 부족에 의한 좌굴 및 과다한 변형 등에 대한 검토가 필요하다.

(1) 강판 전단키의 국부좌굴강도 검토    $f_{cr} = \dfrac{k\pi^2 E}{12(1-\nu^2)(b/t)^2} \geq \dfrac{F_r}{A}, \quad k=0.425$(안전측)

(2) 콘크리트 전단키 전단강도    $V_d = \phi_s \mu A_s f_y \geq F, \; \phi_s = 0.80, \; \mu = 1.4$

(3) 콘크리트 전단키 휨강도    $M_d = \phi_f \dfrac{A_s}{2} f_y \left(d - \dfrac{a}{2}\right) \approx \phi_f (0.9)\left(A_s f_y \dfrac{L_{sk}}{2}\right) \geq Fy$

수평하중 작용 높이 $y \leq 0.45 \dfrac{\phi_f L_{sk}}{\phi_s \mu} \approx 0.3 L_{sk}, \; L_{sk}$ 전단키의 폭

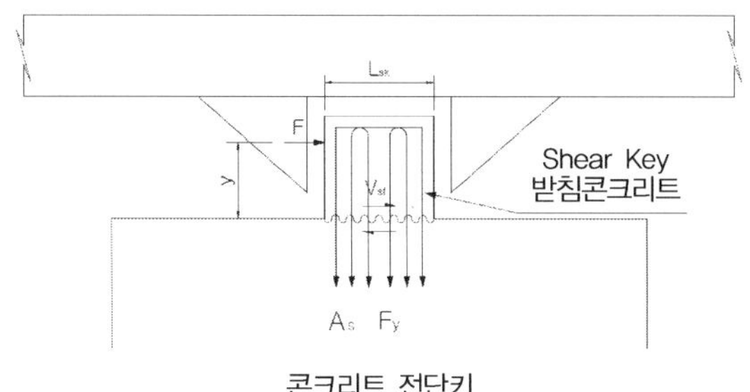

콘크리트 전단키

③ 받침지지길이 확대

  (1) 소요 받침 지지길이 산정

$$N_D = Max\,[\text{응답변위},\ N_{\min}], \quad N_{\min} = (200 + 1.67L + 6.66H)(1 + 0.000125\theta^2)\,(\text{mm})$$

  (2) 현장조사나 설계도면을 통해 받침지지길이 $N_c$와 최소연단거리 산정

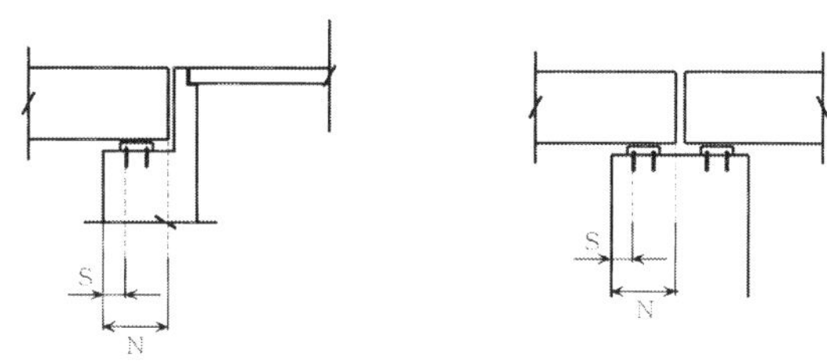

최소 받침지지길이

  (3) 보강공법 결정 : 콘크리트 타설, 강재 브래킷, 프리캐스트 콘크리트 블록 부착공법 등

4) 구성요소의 보강 : 교대

교대의 보강은 일반적으로 적용하기 쉽지 않으며 많은 비용이 소요되므로 신중한 판단이 요구된다. 교대에 전달되는 하중을 저감할 수 있는 대체 방안을 우선적으로 고려하는 것이 좋다. 교대의 내진보강은 교대의 유형, 보강 항목(하중저항, 변위제어 등), 시공 환경 등을 고려하여 적정한 공법을 적용해야 하며, 상대적 변위를 제한하기 위해 교대에 이동 구속장치를 사용하는 경우 교대 외에 다른 구성요소로 전달되는 지진력에 차이가 발생하므로 이에 대해 검토하여야 한다.

5) 구성요소의 보강 : 기초

기초의 보강도 일반적으로 적용하기 쉽지 않으며 많은 비용이 소요되므로 신중한 판단이 요구된다. 기초에 전달되는 하중을 저감할 수 있는 대체 방안을 우선적으로 고려하는 것이 좋다. 기초의 안정성과 구체의 안전성을 모두 확보하여야 하며, 기초의 직접보강 또는 간접보강(지지보호장치를 사용한 교량시스템의 보강 포함)을 고려할 수 있으며 경제성과 시공성 등을 고려하여 적합한 공법을 적용할 수 있다. 기초보강 또는 교량의 다른 구성요소의 보강에 의하여 기초의 하중이 증가하는 경우 안전성을 재검토하여야 한다.

6) 구성요소의 보강 : 말뚝 및 말뚝과 기초 연결부

지진 시 말뚝은 압축, 인장 및 횡하중을 지지해야 한다. 이러한 하중에 대해 내진성능이 부족한 경우 보강한다. 지진보호장치(탄성받침 포함)에 의한 보강이 아닌 경우 일반적으로 보조 말뚝을 적용하는 것이 효과적이다. 말뚝과 기초의 연결부는 설계지진력에 대한 충분한 강도를 확보하여야 하며, 소요변위 제어가 필요한 경우 충분한 강성을 확보하여야 한다.

7) 지진보호장치 : 지진격리받침

지진보호장치로는 지진격리받침(Isolation Bearing), 감쇠기(Damper), 충격전달장치(Shock Transmission Unit), 충격흡수장치 등이 있다. 지진격리받침은 장주기화와 고감쇠화로 교량을 보호하는 장치로, 받침에서의 전단력과 하부구조에서의 전단력과 휨모멘트를 저감시키기 위해 사용한다. 감쇠기는 진동 시의 에너지 소산에 의해 구조물의 감쇠성능을 향상시키기 위해 사용한다. 또한 충격전달장치는 지진에 의한 수평력을 가동단 교각으로 분산시키기 위해 사용하며, 충격흡수장치는 지진 시의 과대 변위응답에 의한 상부구조의 충격에 의한 손상을 방지하기 위해 사용한다. 내진성능 향상방법으로 지진격리받침이 적극적으로 고려되어야 하는 경우는 아래와 같이 경제적, 기술적으로 다른 보강방법이 적합하지 않을 때이다.

① 기초부가 수중에 위치 : 교각의 보강 시에 공사를 위한 가교 등 막대한 부대 비용이 소요됨

② 받침의 설치를 위한 공간이 낮아 고무받침의 적용이 어려운 경우 : 높이가 낮은 마찰형 받침의 사용을 고려하고 복원력은 고무 혹은 중력을 이용

③ 받침의 설치를 위한 공간이 좁아 고무받침의 적용이 어려운 경우 : 사용면압이 높아 작은 크기가 가능한 마찰형 받침의 사용을 고려하고 복원력은 고무 혹은 중력을 이용

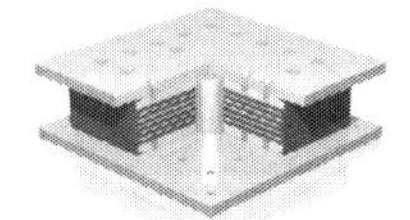   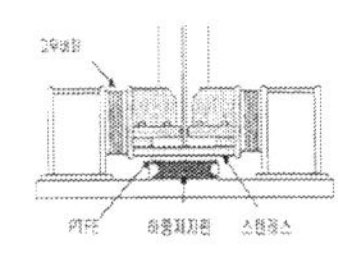 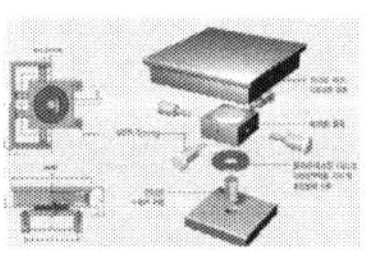

| 납고무받침(LRB) | 고감쇠고무받침(HDRB) | 마찰받침(FB) | 기능분리형 받침 | 디스크받침(DB) |

지진격리받침은 수직방향으로 강성이 크지만 수평방향으로 유연한 거동을 하여, 상부구조에 작용하는 수평방향의 지진하중을 저감시키는 장치이며, 수직방향 지반운동의 지진 격리효과는 고려하지 않는다. 지진격리받침과 이를 적용한 교량의 해석 및 설계를 위해서는 교량의 사용기간 동안 지진격리받침의 물리적 특성의 열화, 오염, 환경노출, 재하속도, 온도 등에 의해서 발생하는 지진격리받침 재료상수의 변동성을 반영하여야 한다. 지진격리받침은 다음의 3가지 기본적인 요소를 갖추어야 한다.

① 유연도(flexibility) : 지진격리받침은 진동주기를 증가시켜 지진수평력을 줄이기 위한 충분한 유연성, 즉 수평변형능력을 갖추어야 한다.

② 에너지 소산 : 지진격리받침의 변위는 그 자체의 에너지소산능력 혹은 부가되는 감쇠장치에

의하여 적절한 범위 내로 제어되어야 한다.

③ 안정성 : 상시 수평력 안정성과 수직력 안정성을 가져야 한다.

8) 지진보호장치 : 감쇠기

교각의 높이가 높은 교량, 사장교, 현수교 등과 같이 교량자체의 주기가 충분히 길어서 지진격리 받침의 적용에 의하여 내진성능의 향상을 꾀하기가 어려운 경우에는 구조물의 감쇠비를 증가시켜 내진성능의 향상을 도모하여야 한다. 감쇠기는 구조물의 지진에너지 소산능력을 증가시켜 내진성 능을 향상시킬 수 있는 구조여야 하며, 감쇠시스템으로 인한 비틀림 거동을 방지하기 위해 대칭 성을 고려하여 장치를 배치하여야 한다. 일반적으로 감쇠기는 작동원리의 측면에서 크게 이력형 댐퍼와 점성형 댐퍼로 구분할 수 있다.

① 점성형 댐퍼 : 변위속도에 비례하는 점성저항 등을 이용하는 것으로, 작은 진폭에서 큰 진폭까지 일정한 감쇠비를 구현할 수 있는 특징이 있다. 설계 시에는 허용변위, 최대속도, 최대감쇠력 등의 결정이 필요하다. 이러한 점성형 댐퍼로는 오일 댐퍼, 점성체 댐퍼 등이 있다.

② 이력형 댐퍼 : 변형이력에 동반되는 에너지흡수를 이용하는 것으로 강재 댐퍼, 납 댐퍼, 마찰 댐퍼 등이 있다. 설계 시에는 항복하중, 항복변위, 허용변위, 한계변위 등의 결정이 필요하다. 상대적으로 항복변위가 커서 작은 변위에서는 그 기능을 발휘하지 못하지만, 점성형 댐퍼에 비하여 경제적이다.

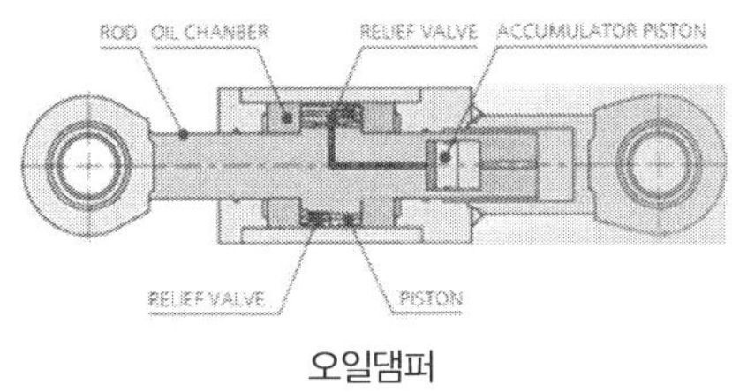

오일댐퍼

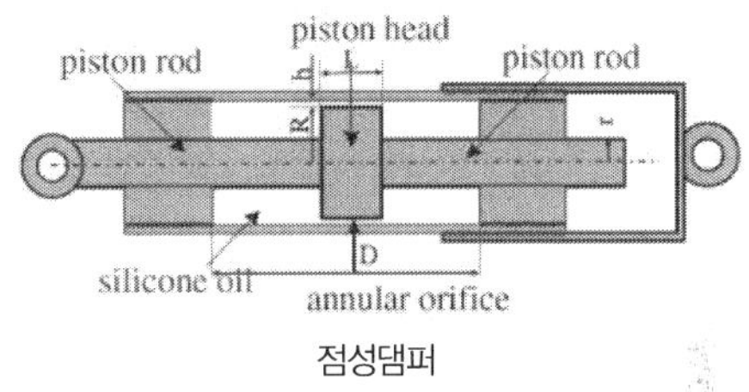

점성댐퍼

9) 지진보호장치 : 충격전달장치(Shock Transmission Unit, STU)

충격전달장치는 지진 시 고정단에 집중되는 지진력을 주위의 이동단 교각으로 전달할 수 있어야 한다. 이때, 온도나 크리프, 건조수축 등과 같이 천천히 발생하는 변위에는 저항하지 않고 지진과 같은 충격하중에 대해서만 고정단 역할을 수행하여야 한다. 충격전달장치는 교량의 구조부재와 구조부재를 연결하여 지진하중을 여러 구조부재에 고르게 분산되도록 설계, 시공되어야 한다.

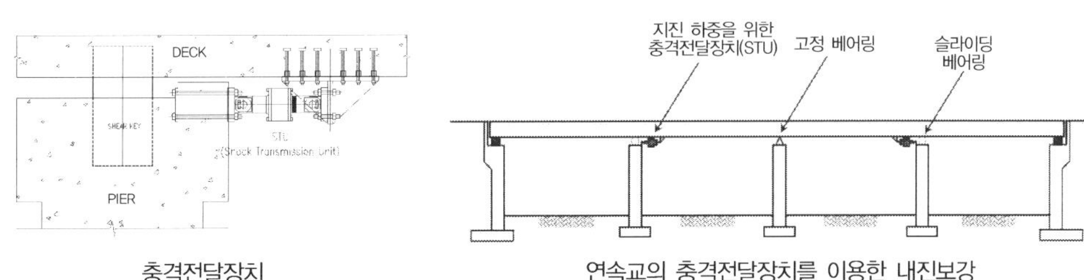

충격전달장치

연속교의 충격전달장치를 이용한 내진보강

## 2. 기존 구조물의 내진성능 보강 <sup>65회/79회/92회</sup>



내진성 확보를 위한 보강개념은 기본적으로 작용하는 지진력을 저항할 수 있도록 구조물에 직접적인 구속을 주거나 강성을 증가시키는 방안(개별적인 보강에 의한 내진성능 향상방법)과 외부 지진력이 구조물에 주는 영향이 작아지도록 별도의 장치 등을 사용하는 방안(지진보호장치에 의한 교량시스템의 내진성능 향상방법)으로 구분할 수 있다. 교량의 내진성능은 교량의 전체적인 기하학적 형상과 지점조건, 상하부 구조 간의 연결 형식, 교각과 기초 간의 연결 형식, 각 부재의 연결상태 및 강성상태, 내진관련 장치의 적용과 부분적인 상세처리 등으로 결정된다.

1) 내진보강 방향

　① 하중개념 : 내진 개념으로 단면으로 저항
　　(1) 작용 외력에 저항할 수 있는 개념
　　(2) 예상 수명 동안 1~2회 발생 가능성이 있는 지진규모에 대해 설계
　　(3) 보강방향 : 단면 강도의 확보

　② 변위 개념 : 면진 개념, 지진력의 소산
　　(1) 비탄성 거동을 허용하되 붕괴를 방지하는 개념
　　(2) 상당히 큰 규모의 지진에 대해서 설계
　　(3) 보강방향 : 단면강도 및 변형 성능의 확보 요망

2) 내진공법 선정 시 주의사항

　① 지진 후의 보수성
　　(1) 약한 부재를 보강하면 다른 부재에 피해를 유발할 수 있다.
　　(2) 지진 하중이 연성부재에서 비연성부재 및 취성부재로 전달되면 연성부재는 보강하지 않는다.

　② 보강부재의 유지관리
　　(1) 지진 시 효과를 기대하기 위해서는 유지관리가 가능하여야 한다.

3) 대표적 내진보강 공법

　① 작은 규모의 보강
　　(1) 보강방안 : 받침장치의 보수, 보강 및 낙교방지 장치의 설치
　　(2) 보강효과 : 받침 수평저항력 증대 및 낙교방지

　② 중간 규모의 보강
　　(1) 보강방안 : 받침장치의 교체, RC교각의 보강, 지진 저감장치의 설치

(2) 보강효과 : 받침 수평저항력 증대, 교각의 강도 및 변형능력 증대, 지진수평력 감소

③ 큰 규모의 보강

  (1) 보강방안 : 기초의 보강, 지반보강

  (2) 보강효과 : 기초 강도 증대, 액상화에 따른 지지력, 수평 저항력 증대

## 4) 받침의 내진보강

| 부위 | 상태 | 공법 |
|---|---|---|
| 받침 본체 | 롤러 탈락, 받침판 균열 | 받침 및 파손부재 교체 |
| 받침과 상하부 구조의 연결부 | 앵커볼트 파손, 너트 누락 | 교체 |
| | 받침 모르타르 파손 | 경미한 균열 시 균열확대 방지 모르타르 재시공 |
| | 받침 콘크리트 파손 | 받침부 확대 |
| 이동제한 장치 및 부상방지 장치 | 기능 상실 | 교체 |

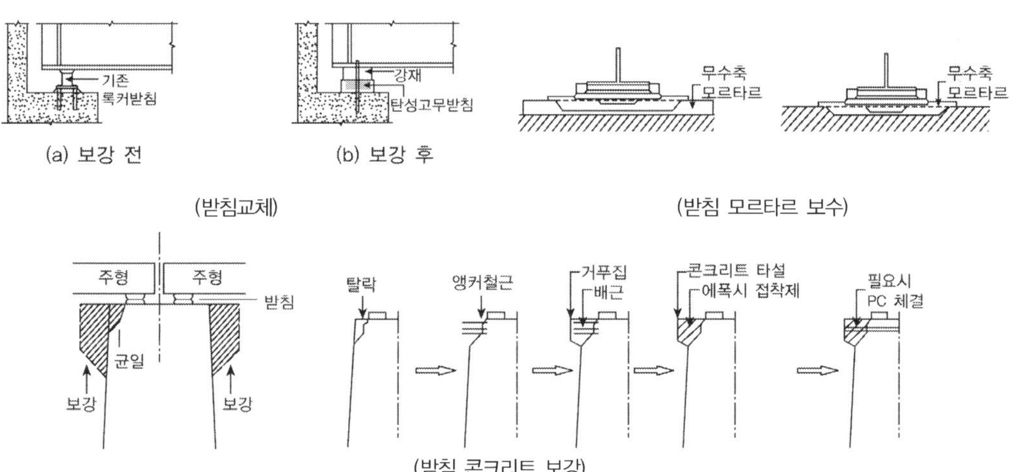


## 5) 낙교 방지장치 설치

| 부 위 | 상 태 |
|---|---|
| 케이블 구속장치 | 거더와 하부구조, 거더와 거더를 연결하여 과도한 수평변위를 제한하며 거더의 이탈을 억제함 |
| 이동제한 장치 | 거더 또는 하부구조에 돌기를 설치하여 지진 발생 시 과도한 수평변위 및 영구 잔류변위를 제한하여 거더의 이탈을 억제함 |
| 단면 받침지지길이 확대 | 노후화된 받침부 콘크리트가 파손이 발생한 경우와 받침지지길이가 부족한 경우, 하부구조 연단의 콘크리트를 증가 타설하거나, 브라켓 등을 설치하여 받침지지길이를 확보함 |

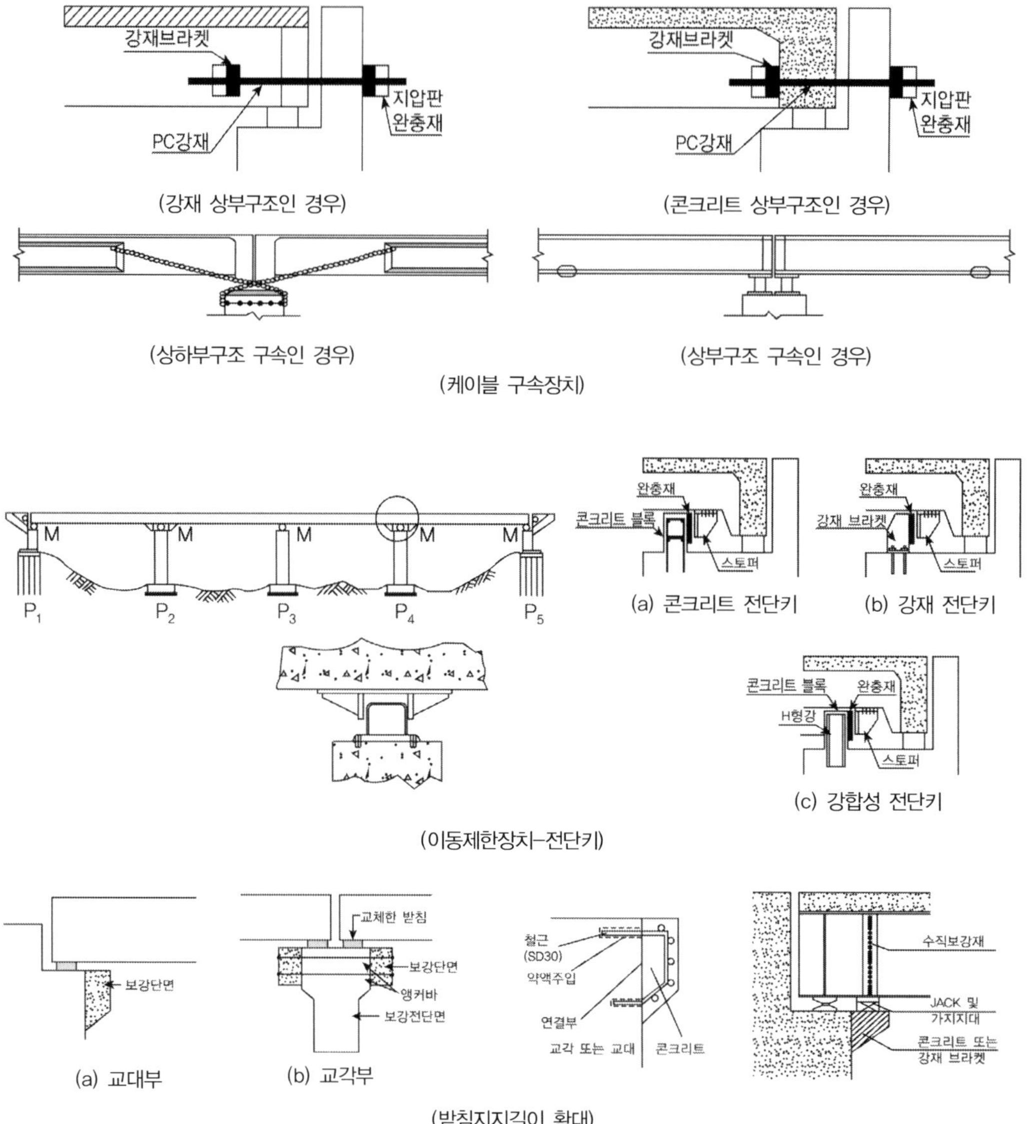


## 6) 교각 및 교대 내진보강 방안

### ① 부재 단면 증가

   (1) 콘크리트 피복공법 : 기존 부재에 철근을 배근하고 콘크리트를 보완타설하며, 단면을 증가 시켜 보강하는 공법. 비교적 큰 단면의 교각을 보강하는 데 적용되고 있다. 철근 대신에 PC강봉을 이용하는 경우도 있다.

   (2) 모르타르 부착공법 : 기존 부재에 띠철근이나 나선철근을 배근하고 모르타르를 뿜어 붙여 일체화하는 공법. 일반적으로 콘크리트 피복공법보다 부재단면의 증가를 줄일 수 있어 라

멘교 등에 적용하기 쉽다. PC강선을 이용하는 경우도 있다.

(3) 프리캐스트 패널 조립공법 : 내부에 띠철근을 배근한 프리캐스트 패널을 기둥 주위에 배치시켜 접합기로 폐합한다. 기둥과 패널의 공극에 그라우트를 주입하여 일체화시키는 공법

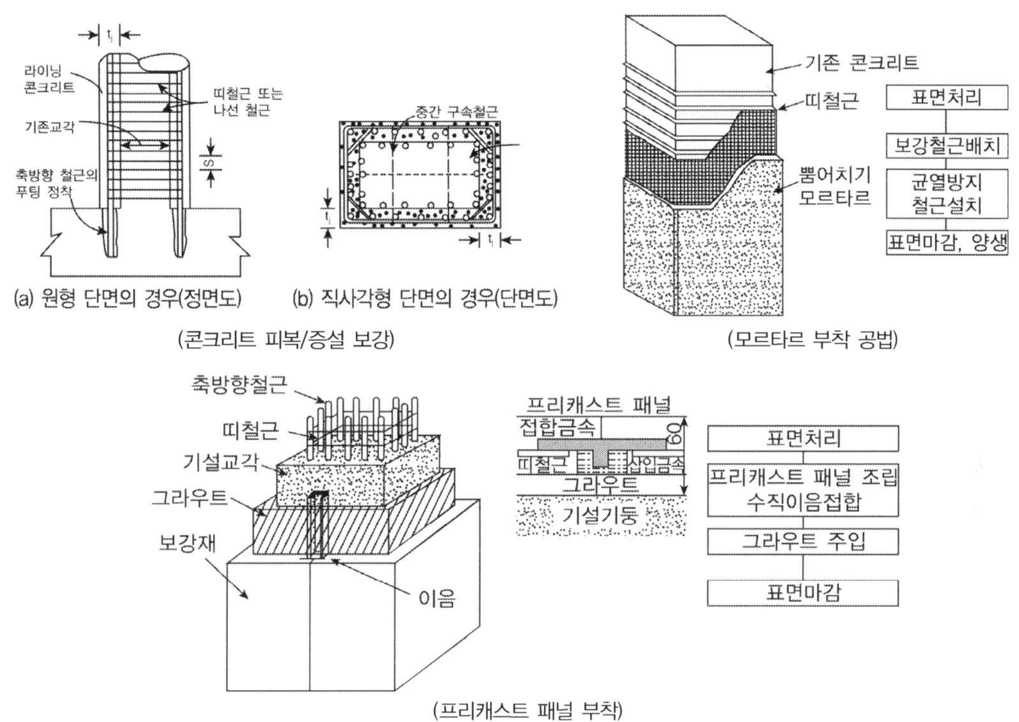


② 보강재 피복

(1) 강판피복 공법 : 기설부재에 강판을 씌워 강판과 교각 사이에 무수축 모르타르나 에폭시를 충전하여 전단 및 연성도를 보강한다. 휨에 대한 보강도 기대하는 경우에는 부재접힙부나 기초부에 강판을 정착한다.

(2) FRP(탄소섬유 아라미드섬유) 시트 접착공법 : 탄소섬유 시트 또는 아라미드섬유 시트 등의 신소재를 이용하여 부재 표면에 접착시켜 보강하는 공법이다. 크레인과 같은 중기가 필요치 않고 보강 두께도 얇아 건축한계 등의 지장이 작다.

(3) FRP 부착공법 : 유리섬유와 수지를 스프레이 건으로 직접 부재표면에 뿜어 붙여 보강하는 공법이다. 보강두께가 얇아 건축한계에 지장이 없다. 스틸크로스 등을 병용하여 보강효과를 높일 수 있다.

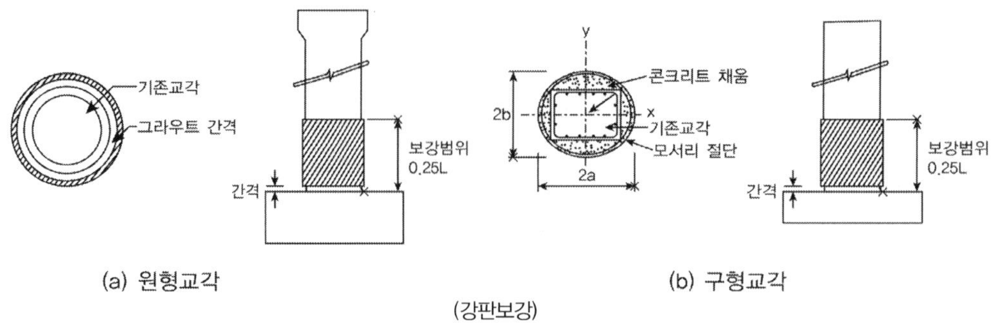



③ 보강재 삽입

  (1) 철근삽입 공법 : 기설 교각에 천공을 한 다음 철근을 삽입하고 모르타르 등을 충전하여 구체 단면 내에 소요철근량을 증가시켜 전단강도 및 연성도를 보강한다.

  (2) PC 강봉 삽입 공법 : 상기의 철근 대신에 PC 강봉을 삽입한다. 필요에 따라 프리스트레스를 도입한다.

④ 부재 증설

  (1) 벽 증설 : 라멘교 등의 교각 사이에 벽을 증설하여 휨 및 전단강도를 대폭적으로 증가시키는 공법이다.

  (2) 브레이스 증설 : 라멘교 등의 교각 사이에 브레이스를 증설하여 기존 교각 부재에 작용하는 지진 시의 수평력을 줄이는 공법이다.

⑤ 병용 공법

  (1) 콘크리트 피복 + 강판 피복 : 대단면의 교각에 있어서 휨 보강은 주로 철근 콘크리트 피복에 의해 전단 및 연성도는 강판 피복에 의해 보강한다.

  (2) 철근 삽입 + 콘크리트 피복 : 대단면의 교각에 있어서 콘크리트의 구속효과를 향상시키기 위해 철근 콘크리트 증설 공법에 철근 삽입공법을 병용하는 경우

  (3) PC 강봉 삽입 + 강판 피복 : 대단면의 교각에 있어서 강판 피복공법에 의한 콘크리트의 구속효과를 높이기 위해 PC 강봉을 삽입하여 강판을 연결하는 경우

## 7) 내진기초 및 지반 내보강

기초의 손상은 기초의 침하 및 부등 침하, 경사, 이동, 균열, 기초의 근입 부족, 강도 부족 등의 현상으로 나타난다. 기초의 손상이 발생하는 이유는 토층의 압밀 침하, 지진의 영향, 기초의 배후 지반의 이동 및 붕괴, 지하수위의 변화, 근접 시공 시의 배려 부족에 의한 기초 주변의 침하이동 등과 같은 지반운동이 있고 설계, 시공상의 문제로 인한 기초의 강도 부족으로 인해서 손상이 발생할 수 있으며, 지하수위 저하 및 세굴 현상 또는 홍수 발생 시의 상향 침투압으로 인한 기초의 지지력 감소로 인한 손상, 재하 하중의 증가로 인한 손상 등이 있다.

① 기초

(1) 보강하여야 할 결함 : 직접기초의 단면부족, 말뚝부족, 기초 상부철근 부족, 말뚝 두부 연결부 저항력 부족, 교각과 연결부 저항강도 부족, 교각 주철근 정착부족

(2) 내진보강방법

직접적인 보수 방법 : 기초의 확대, 기초 잡아주기, 현장타설 말뚝, 천공피어, 말뚝수의 증가, 세굴이나 하상저하면 보호공

간접적인 보수 방법 : 주위 지반 개량. 받침 지지 조건 개선, 중간 교각의 증설

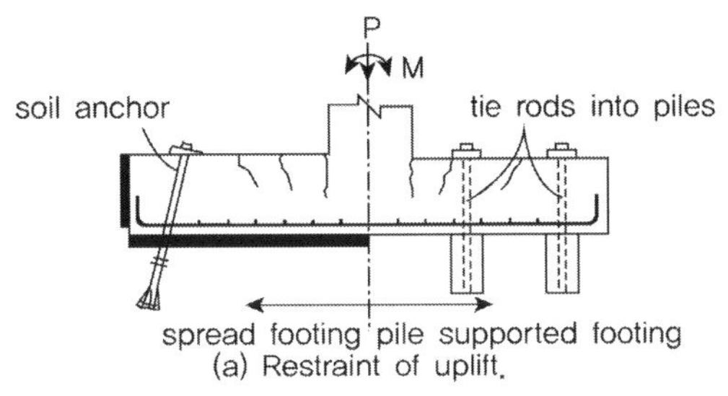



(a) Restraint of uplift.

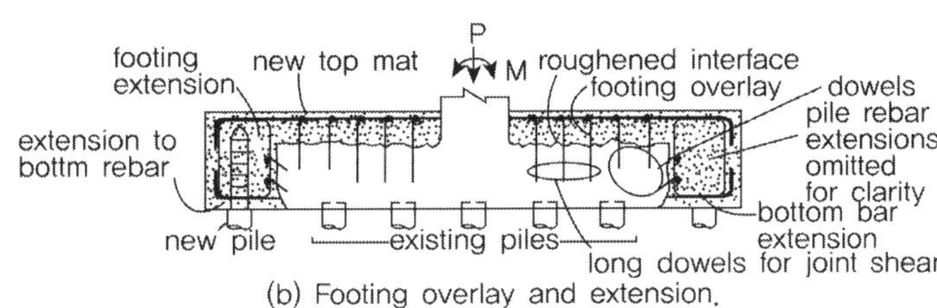



(b) Footing overlay and extension.

② 지반

(1) 보강하여야 할 결함 : 단층 근처, 불안정한 사면, 액상화 지반

(2) 내진보강방법 : 지반 지지력 증대

기초 단면 저항능력 부족할 시 : 기초판의 확대 및 단면 보강

지반 액상화의 위험성이 높은 경우 : 강쉬트 파일 및 그라우트 주입, 말뚝의 증설 및 기초 확대, 지중연속벽 또는 지중 연속보에 의한 보강

기초 지지력 부족 : 흙막이 앵커(어스앵커)

기타 : 기초 방호 공법(세굴)

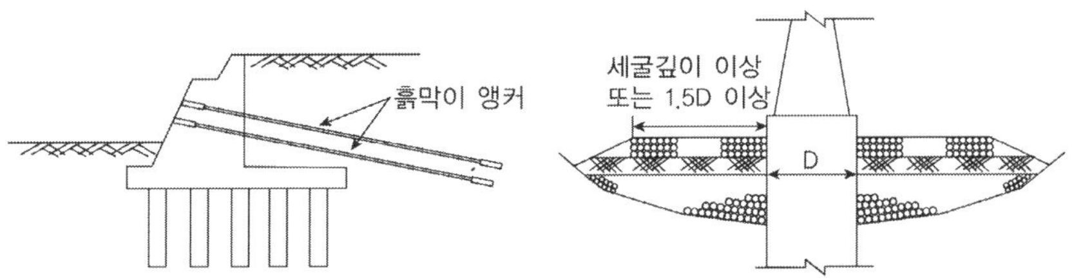

8) 지진저감 장치

① 충격전달 장치

(1) 댐퍼(Damper) : 감쇠기를 이용하여 에너지를 흡수하는 장치로 납, 점성유체 등을 이용

(2) 스토퍼(Stopper) : 댐퍼와 비슷한 원리로 일본에서 주로 사용. 원리는 에너지의 흡수 없이 상시에는 작동하지 않으나, 급격한 하중이 작용할 시에는 고정단으로 작용하는 장치(STU)

② 지진격리 받침

(1) 탄성고무받침(RB : Rubber Bearing) : 원형이나 사각형의 고무에 철판을 보강함. 주요 기능은 주기의 이동으로서 자체적으로는 감쇠능력 적음

(2) 납-고무받침(LRB : Lead Rubber Bearing) : 탄성고무받침의 중앙에 원통형 납을 넣어 추가적인 에너지 분산장치로 사용함. 고무에 의해 중앙 복원력이 제공되고 납으로 에너지를 흡수한다. 단점은 지진 후 내부의 손상을 외부에서 확인하기 어렵고, 강진 후 모든 받침을 교체할 수도 있음

(3) 고감쇠고무받침(HDRB : High Damping Rubber Bearing) : 에너지흡수능력을 증가시킨 고무를 이용한 지진격리장치, 초기비용과 유지관리비용이 적게 들고 비교적 쉽게 관리검사가 가능하며 내구성이 좋다. 지진발생 후 교체할 필요가 없어 반영구적으로 사용가능하며 온도변화에도 능력을 충분히 발휘할 수 있다.

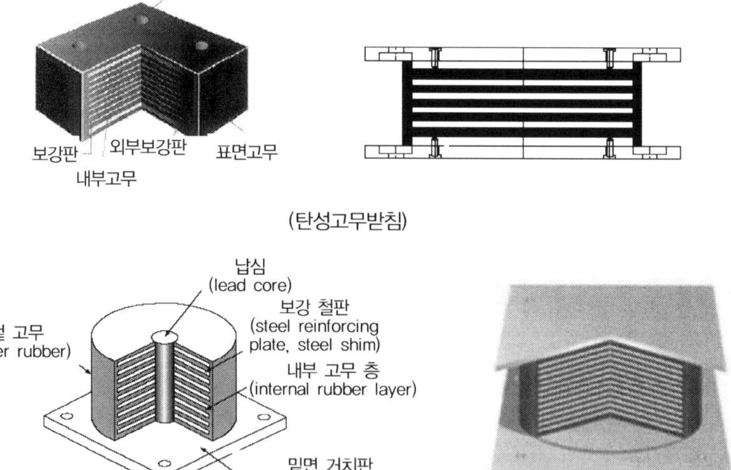


(4) 마찰받침(Friction Bearing) : 구조물과 기초 지반력과의 마찰을 이용하여 구조물을 지진으로부터 보호하는 장치

(5) 마찰진자 지진격리장치(FPS : Friction Pendulem System)

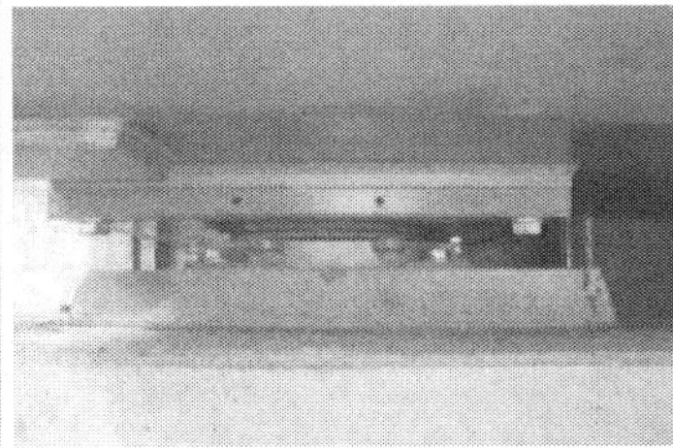

(마찰받침)

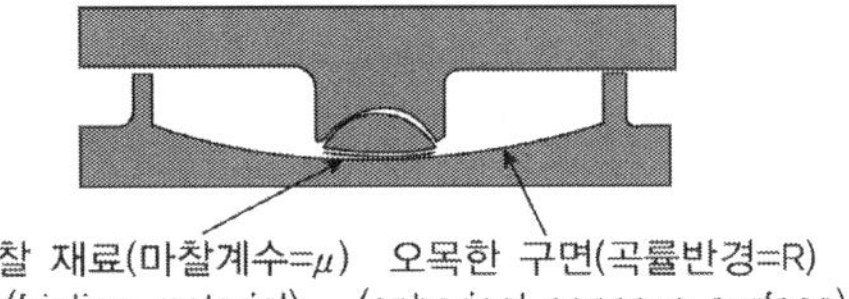


(마찰진자 지진격리장치)

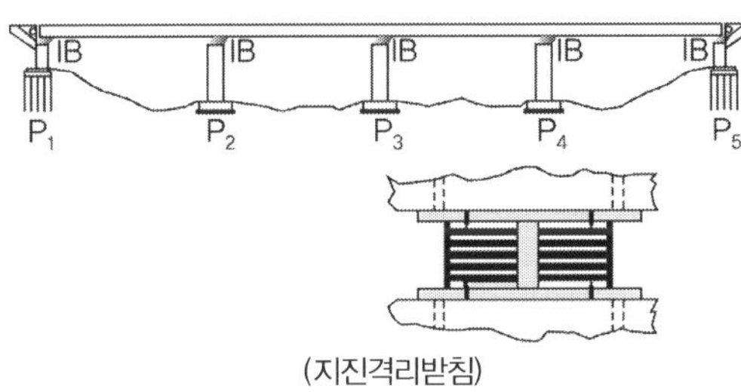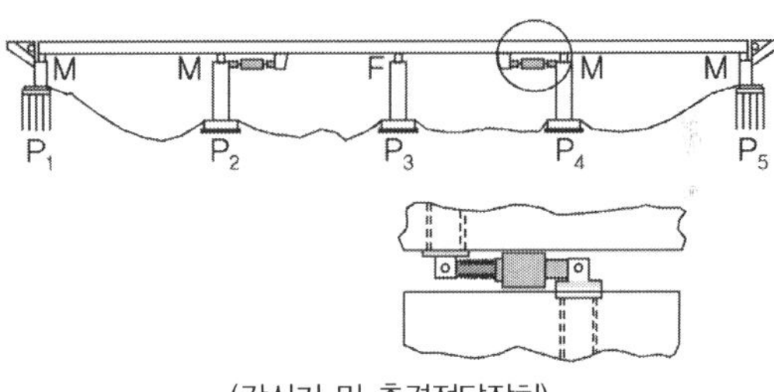

(지진격리받침)  (감쇠기 및 충격전달장치)

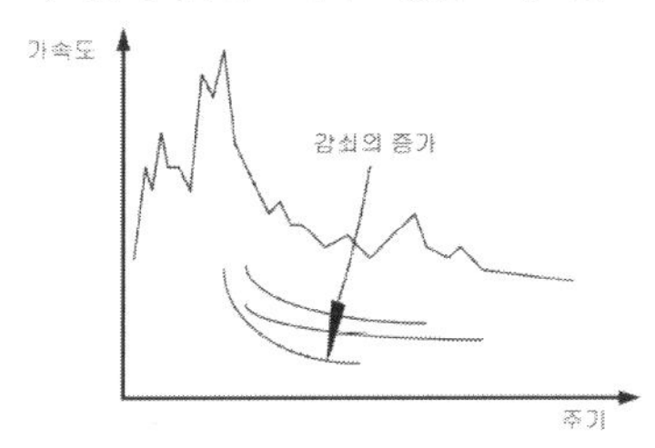


(지진격리받침 : 가속도 응답스펙트럼)

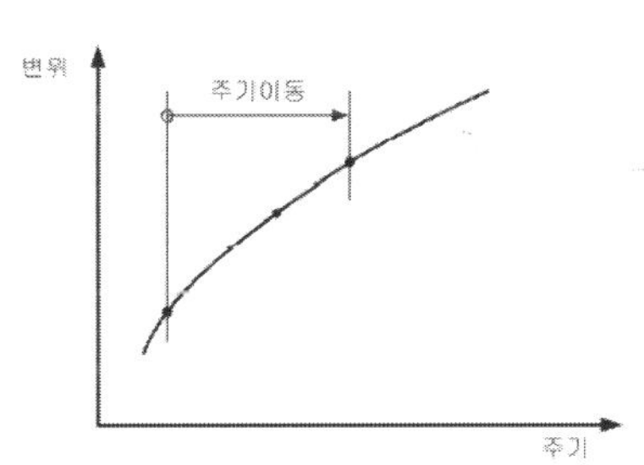


(지진격리받침 : 변위응답스펙트럼)



(지진격리받침 : 감쇠증가에 따른 응답가속도)

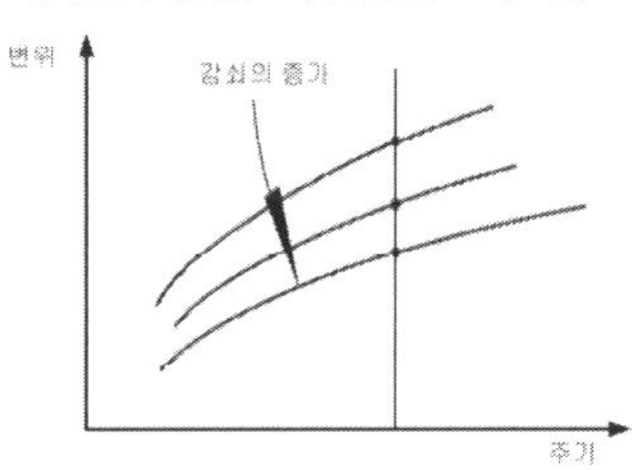


(지진격리받침 : 감쇠증가에 따른 응답변위)

## 3. 기존구조물의 낙교방지장치 <sup>96회</sup>



낙교방지장치는 대규모 지진이 자주 발생하는 일본 등에서 널리 사용되고 있으며, 가동단의 받침에서 최소 받침지지길이가 확보되지 않는 경우에 설치하는 것이 원칙이며, 낙교방지장치가 설치되더라도 접촉면이 설계지진이나 온도신장에 의해 발생하는 변위 이상으로 이격되어야 한다.

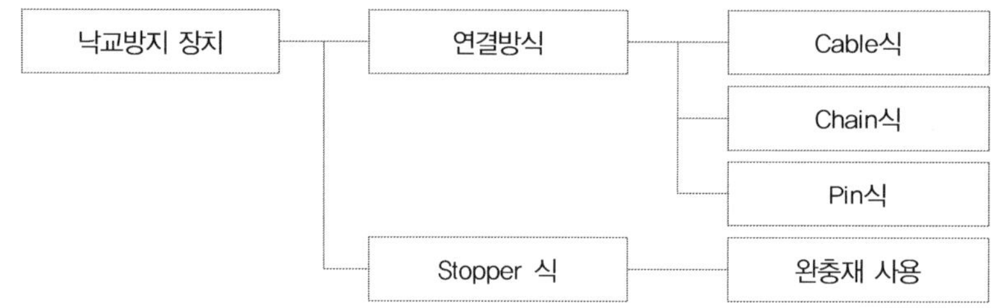



### 1) 낙교방지장치의 유형

① Cable식 : 가장 일반적인 형식이며 상부 슬래브와 교각, 단부 슬래브와 교각을 Cable로 연결하여 지진 시 낙교를 방지하는 장치이며, Cable을 구조물에 고정시키는 Bracket에는 일반적으로 고무판 또는 스프링을 사용하여 복원력을 유발시킨다.

② Chain식 : Cable식과 설치 위치는 동일하나 Cable 대신 Chain을 사용. 상대적으로 대변위를 제어할 수 있는 장점이 있다.

③ Pin식 : 상부 슬래브 간이나 단부 슬래브와 교대를 연결하여 낙교를 방지하는 장치이며 타원형 스틸판을 핀으로 구조물에 고정하는 방식으로 다른 방식에 비해 변위의 제한이 용이하고 회전변위에 대한 흡수를 가장 많이 할 수 있다는 장점이 있다.

④ Stopper식 : 낙교방지키는 돌출형 블록을 사용하는 단순한 방식으로 전단키(Shear key)와 유사한 형태이나 이와 구별하기 위해 '낙교방지키'라고 한다. 낙교방지키는 최소이격거리를 확보하여야 하며 설계하중은 일본의 경우 고정하중 반력의 1.5배를 취하도록 하고 있으나 국내에는 아직 규정되지 않았다. 낙교방지장치와 구조물의 충돌하는 부분에 다양한 재료를 갖는 완충재를 사용한다. 완충재의 종류는 섬유보강고무 및 댐퍼 등이다.

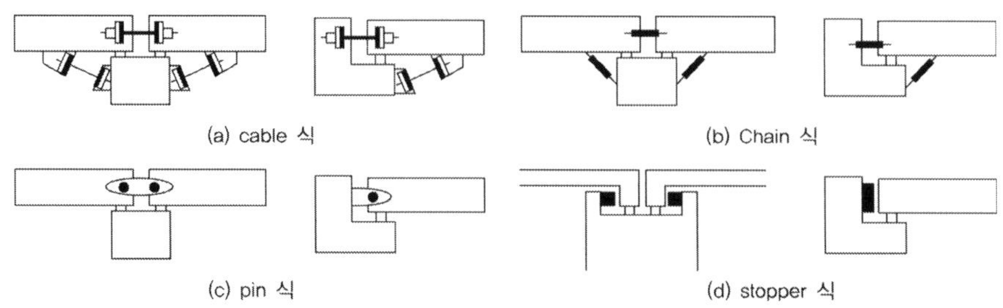

2) 낙교방지시설의 종류별 설치검토 지침

| 구 분 | 고속도로교량의 내진설계지침 | 일본도로교 시방서 |
|---|---|---|
| 낙교<br>방지<br>시설 | 1) 받침부 상부가 하부에서 이탈되지 않게 설치된 이동제한장치<br>2) 최소받침 연단거리를 확보한 경우<br>3) 거더와 거더를 연결한 구조<br>4) 교대 또는 교각과 거더를 연결한 구조 | 최소지지길이, 낙교방지구조, 변위제한구조, 단차방지구조로 구성되는 것을 낙교방지시스템으로 통칭<br>1) 최소지지길이 : 하부구조 및 교량받침 파괴, 상하부구조에 예상치 못한 큰 상대변위 발생 시에도 낙교방지<br>2) 낙교방지구조 : 최소지지길이와 동일하게 하부고조 및 교량받침이 파괴되어 상하부구조 사이에 최소지지길이를 넘어서는 변위가 발생되지 않도록 한다.<br>3) 변위제한구조 : 지진 시 관성력에 저항을 목적으로 교량받침이 손상한 경우에 상하부구조의 상대변위가 크지 않도록 하기 위한 구조<br>4) 단차방지구조 : 받침의 높이가 큰 강재받침 등이 파손된 경우 노면에서 차량의 통행이 곤란하게 되는 단차발생 방지 |
| 낙교방지<br>장치설치<br>검토가<br>필요한<br>경우 | 1) 받침의 이동제한장치 및 받침의 최소지지거리는 모든 교량에 설치하는 것을 원칙으로 한다. 단 강제교각의 경우 받침의 최소지지길이 확보는 거더 간의 연결장치, 교대 또는 교각과 거더의 연결장치 및 교대, 교각 또는 거더에 돌기를 설치한 장치 중 1가지를 설치하면 만족시키지 않아도 좋다.<br>2) 거더 간의 연결장치, 교대 또는 교각과 거더를 연결한 것, 교대, 교각 또는 돌기를 설치한 것 중에서 다음의 교량에 해당하면 이중 낙교방지 장치를 가동단에 설치하는 것으로 한다.<br>　– 구조상 비교적 낙교하기 쉬운 교량<br>　– 낙교할 경우 피해 및 영향이 큰 교량 | 낙교방지시스템 설치교량은 주로 상하부 구조가 교량받침을 매개로 하여 결합되는 형식의 교량을 대상으로 한다(상로식 아치교, 사장교 등을 일률적으로 포함하지 않음).<br>1) 하부구조가 변형을 일으킬 가능성이 있는 지반에 설치되는 교량<br>2) 하부구조의 형식, 지반조건 등이 현저히 다른 교량<br>3) 인접하는 상부구조의 형식 및 규모가 현저하게 다른 교량<br>4) 교각이 상당히 높은 교량<br>5) 사교 및 곡선교<br>6) 하부구조의 상부 폭이 협소한 교량<br>7) 교각 내의 동일 반침선상에 반침수가 적은 교량 |

## 내진보강

공용중인 고가교량의 내진성 향상을 위한 내진성능 평가방법 및 보강절차의 흐름도를 작성하고, 보강 필요시 교량의 보강방안에 대하여 설명하시오.

### 풀 이

> **개요**

기존구조물의 내진성능 평가는 예비평가를 통해 우선순위를 정하고 교각, 받침, 교대, 기초, 지반 액상화 등 내진성능 상세평가를 거쳐서 주요부위에 대한 보강을 실시하는 순서로 진행된다.

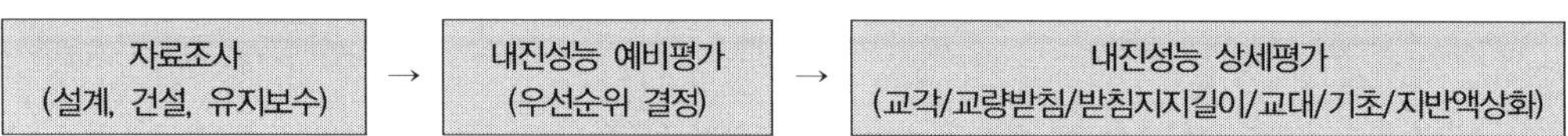


우선도의 설정은 공용연수, 지반조건, 구조형식, 지진활동 정도, 교통량 등을 고려하게 되며 일반 적으로 우선도를 정하기 위해서는 지진동강도($S$), 취약도($V$), 중요도($I$)에 대해 다음과 같이 산 술화된 평가방법인 중첩계수를 고려하여 산정한다.

$$R = w_s S + w_v V + w_I I$$

> **내진성능 평가방법**

국내 기존 구조물 내진성능 평가요령(국토부)에 따르면, 예비평가에 따라 내진보강 핵심교량, 내 진보강 중요교량, 내진보강 관찰교량으로 그룹화된 경우를 대상으로 상세평가를 수행한다.

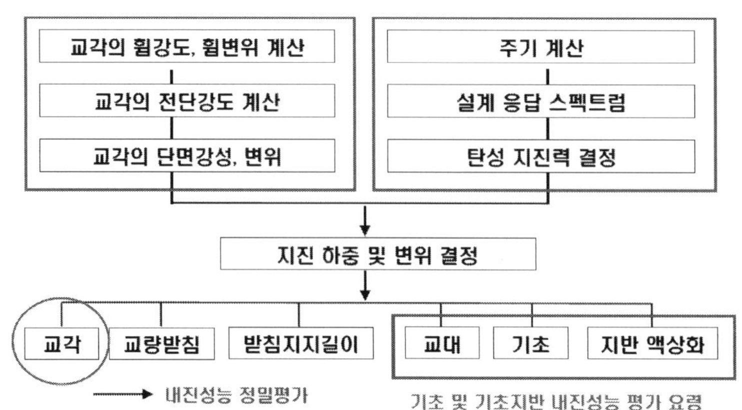

1) 연성도 능력 상세평가 : 시스템 연성도, 부재 변위 연성도, 단면의 회전 및 곡률 연성도를 고려하여 평가한다. 비구속 콘크리트 압축강도, 탄성계수, 인장강도, 철근 항복강도, 철근개수 및 철근비, 횡방향 철근 심부구속효과, 콘크리트 응력 변형률 관계 고려하여 단면의 모멘트와 곡률관계를 산정한다.

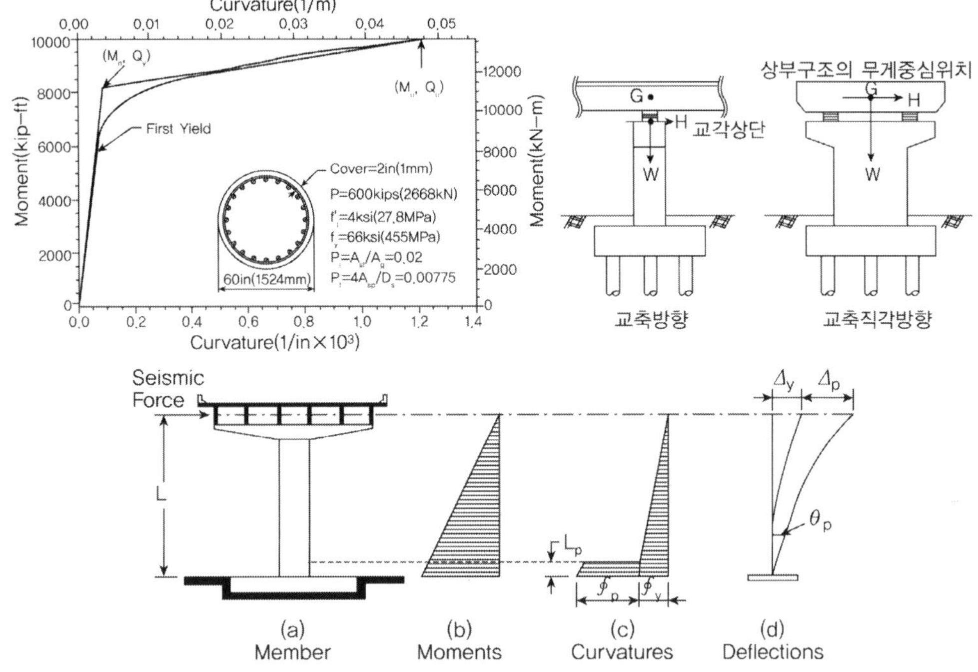


2) 교각단면 강도 상세평가 : 휨강도과 전단강도 산정하여 강도부족 여부나 교각 주철근이 항복하기 전 전단파괴가 발생하는지 변위 연성도가 일정 수준 확보되는지 여부를 평가한다.

① 휨강도, 전단강도, 변위연성비에 대한 관계를 이용하여 단면강도 결정
② 교각 주철근이 항복하기 전 전단파괴가 발생하면 단면강도는 공칭전단강도
③ 소성힌지영역 내 동일단면 위치에 겹침이음이 있는 경우 변위 연성도는 1.5 이내

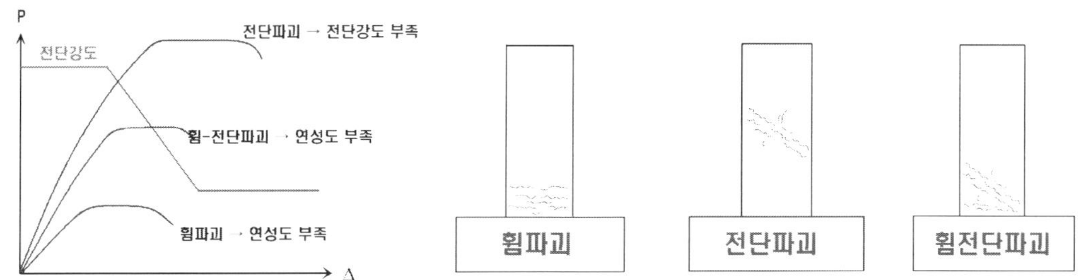

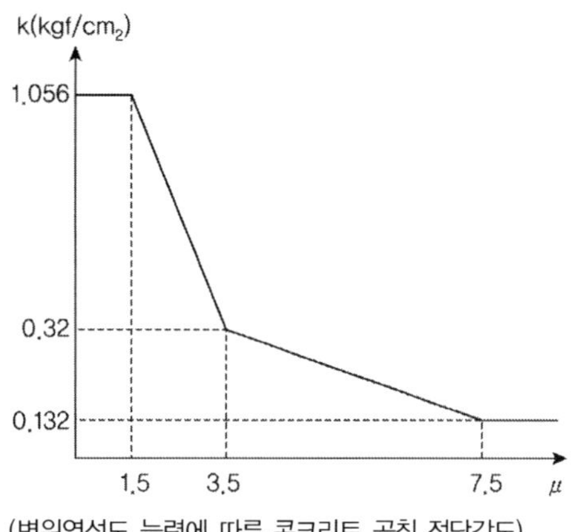


(변위연성도 능력에 따른 콘크리트 공칭 전단강도)

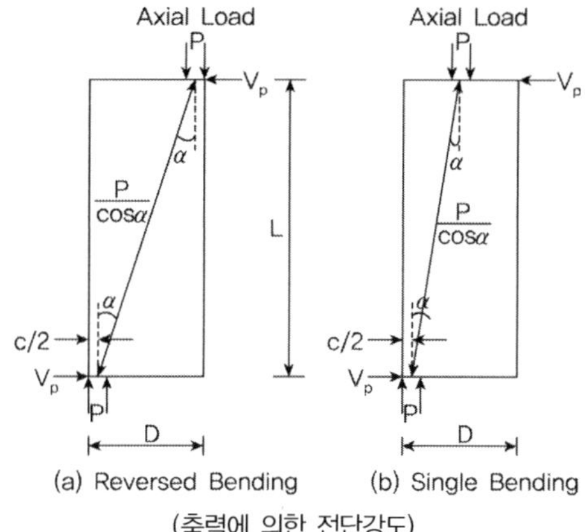


(축력에 의한 전단강도)



3) 탄성지진력과 등가탄성강도를 고려하여 내진성능 상세평가를 수행한다.

① 등가탄성강도

$$[P_n^L]_E = P_n^L \times R_E^L \text{ (Longitudinal)} \qquad [P_n^T]_E = P_n^T \times R_E^T \text{ (Transverse)}$$

② 조합 탄성 지진력

$$[P_E^L]_{comb} = \sqrt{(P_E^L)^2 + (0.3 \times P_E^T)^2} \qquad [P_E^T]_{comb} = \sqrt{(0.3 \times P_E^L)^2 + (P_E^T)^2}$$

③ 내진성능 평가

$$[P_n^L]_E \geq [P_E^L]_{comb} \quad \& \quad [P_n^T]_E \geq [P_E^T]_{comb}$$

## ➤ 내진성능 보강절차

내진성 확보를 위한 보강개념은 기본적으로 작용하는 지진력을 저항할 수 있도록 구조물에 직접적인 구속을 주거나 강성을 증가시키는 방안(개별적인 보강에 의한 내진성능 향상방법)과 외부 지진력이 구조물에 주는 영향이 작아지도록 별도의 장치 등을 사용하는 방안(지진보호장치에 의한 교량시스템의 내진성능 향상방법)으로 구분할 수 있다. 교량의 내진성능은 교량의 전체적인 기하학적 형상과 지점조건, 상하부 구조 간의 연결 형식, 교각과 기초 간의 연결형식, 각 부재의 연결상태 및 강성상태, 내진관련 장치의 적용과 부분적인 상세처리 등으로 결정된다.

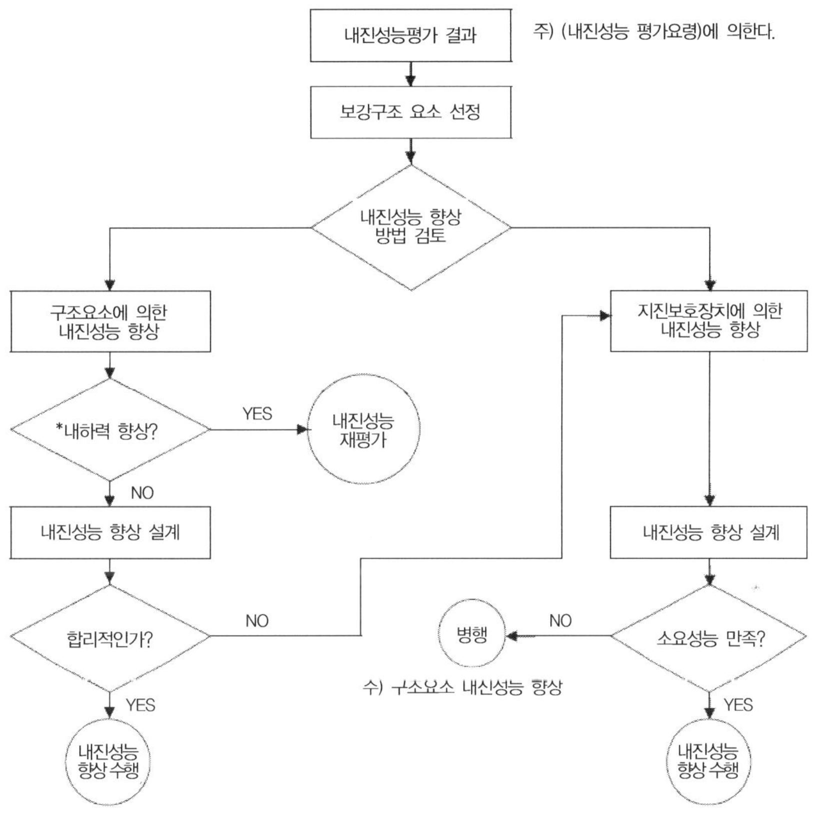


〈내진성능 향상절차(기존구조물 내진성능 향상요령)〉

1) 내진보강 방향

① 하중개념 : 내진개념으로 작용외력에 대해 단면이 저항할 수 있도록 한다. 통상 예상 수명 동안 1~2회 발생 가능성이 있는 지진에 대해 설계하며 단면강도를 확보하는 데 주안점을 둔다.

② 변위개념 : 면진설계의 개념으로 지진력을 소산시키게 한다. 비탄성 거동을 허용하되 붕괴를 방지하는 개념으로 상당히 큰 규모의 지진에 대해서 설계되며 단면강도와 변형성능을 확보하는 데 주안점을 둔다.

## 2) 대표적 내진보강 공법

① 작은 규모의 보강 : 받침장치의 보수, 보강 및 낙교방지 장치의 설치를 주로 하며, 이를 통해 받침 수평저항력 증대 및 낙교방지 등을 실시한다.

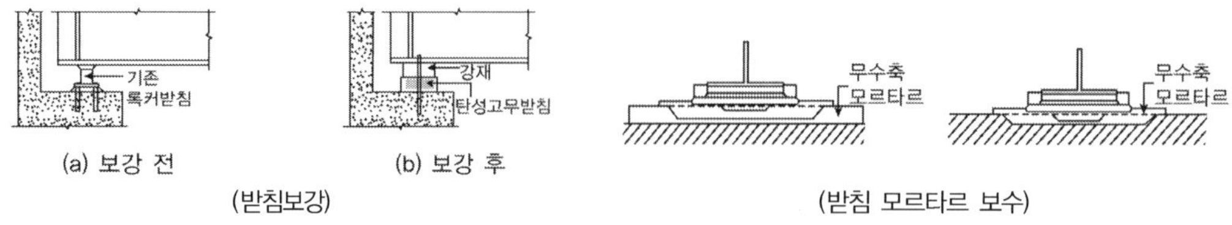


② 중간 규모의 보강 : 받침장치의 교체, RC 교각 보강, 지진 저감장치의 설치를 주로 하며, 이를 통해 받침 수평저항력 증대, 교각의 강도 및 변형능력 증대, 지진 수평력 감소 등을 실시한다.

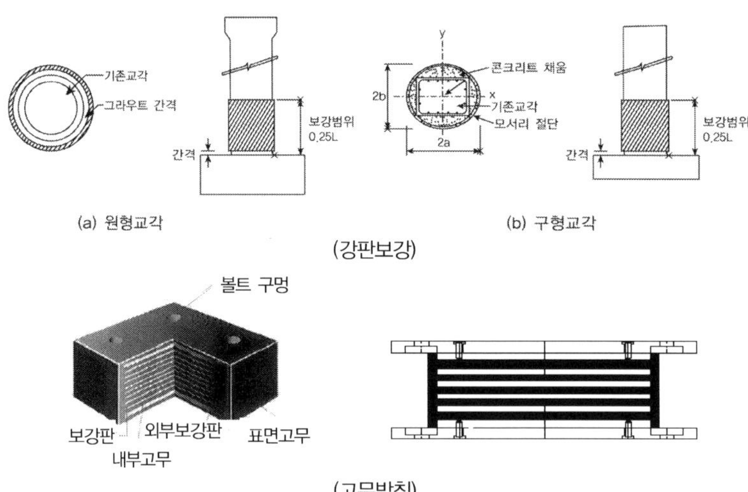


③ 대규모의 보강 : 기초나 지반의 보강을 실시하며 이를 통해 기초강도 증대, 액상화에 따른 지지력과 수평저항력의 증대를 꾀한다.

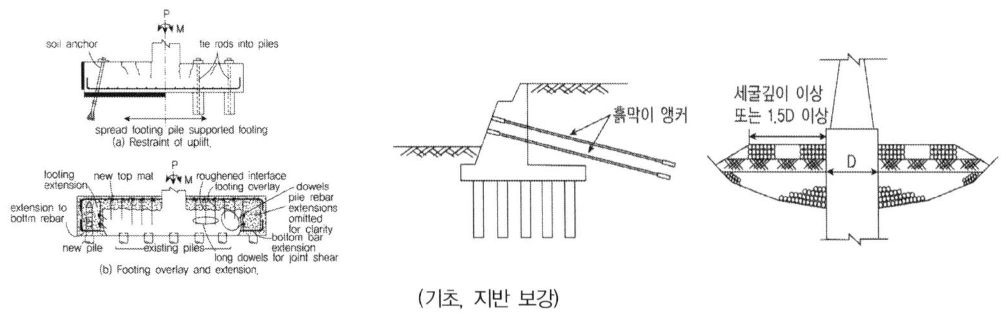

## 기존 교각의 내진성능 향상방법

기존 교각의 내진성능 향상방법을 나열하고 각각에 대하여 설명하시오.

## 풀 이

### ▶ 개요

내진성 확보를 위한 보강개념은 기본적으로 작용하는 지진력을 저항할 수 있도록 구조물에 직접적인 구속을 주거나 강성을 증가시키는 방안(개별적인 보강에 의한 내진성능 향상방법)과 외부 지진력이 구조물에 주는 영향이 작아지도록 별도의 장치 등을 사용하는 방안(지진보호장치에 의한 교량시스템의 내진성능 향상방법)으로 구분할 수 있다. 교량의 내진성능은 교량의 전체적인 기하학적 형상과 지점조건, 상하부 구조 간의 연결 형식, 교각과 기초 간의 연결 형식, 각 부재의 연결상태 및 강성상태, 내진관련 장치의 적용과 부분적인 상세처리 등으로 결정된다.

1) 내진보강 방향

① 하중개념 : 내진 개념으로 단면으로 저항
   (1) 작용 외력에 저항할 수 있는 개념
   (2) 예상 수명 동안 1~2회 발생 가능성이 있는 지진규모에 대해 설계
   (3) 보강방향 : 단면 강도의 확보
② 변위 개념 : 면진 개념, 지진력의 소산
   (1) 비탄성 거동을 허용하되 붕괴를 방지하는 개념
   (2) 상당히 큰 규모의 지진에 대해서 설계
   (3) 보강방향 : 단면강도 및 변형 성능의 확보 요망

2) 내진공법 선정 시 주의사항

① 지진 후의 보수성
   (1) 약한 부재를 보강하면 다른 부재에 피해를 유발할 수 있다.
   (2) 지진 하중이 연성부재에서 비연성부재 및 취성부재로 전달되면 연성부재는 보강하지 않음.
② 보강부재의 유지관리
   (1) 지진 시 효과를 기대하기 위해서는 유지관리가 가능하여야 한다.

3) 대표적 내진보강 공법

① 작은 규모의 보강
   (1) 보강방안 : 받침장치의 보수, 보강 및 낙교방지 장치의 설치

(2) 보강효과 : 받침 수평저항력 증대 및 낙교방지

② 중간 규모의 보강

(1) 보강방안 : 받침장치의 교체, RC교각의 보강, 지진 저감장치의 설치

(2) 보강효과 : 받침 수평저항력 증대, 교각의 강도 및 변형능력 증대, 지진수평력 감소

③ 큰 규모의 보강

(1) 보강방안 : 기초의 보강, 지반보강

(2) 보강효과 : 기초 강도 증대, 액상화에 따른 지지력, 수평 저항력 증대

## ➤ 기존 교각의 내진성능 향상방법

1) 부재 단면 증가

① 콘크리트 피복공법 : 기존 부재에 철근을 배근하고 콘크리트를 보완타설하며, 단면을 증가시켜 보강하는 공법. 비교적 큰 단면의 교각을 보강하는 데 적용되고 있다. 철근 대신에 PC강봉을 이용하는 경우도 있다.

② 모르타르 부착공법 : 기존 부재에 띠철근이나 나선철근을 배근하고 모르타르를 뿜어 붙여 일체화하는 공법. 일반적으로 콘크리트 피복공법보다 부재단면의 증가를 줄일 수 있어 라멘교 등에 적용하기 쉽다. PC강선을 이용하는 경우도 있다.

③ 프리캐스트 패널 조립공법 : 내부에 띠철근을 배근한 프리캐스트 패널을 기둥 주위에 배치시켜 접합기로 폐합한다. 기둥과 패널의 공극에 그라우트를 주입하여 일체화시키는 공법이다.

2) 보강재 피복

① 강판피복 공법 : 기설부재에 강판을 씌워 강판과 교각 사이에 무수축 모르타르나 에폭시를 충전하여 전단 및 연성도를 보강한다. 휨에 대한 보강도 기대하는 경우에는 부재접합부나 기초부에 강판을 정착한다.

② FRP(탄소섬유 아라미드 섬유) 시트 접착공법 : 탄소섬유 시트 또는 아라미드 섬유시트 등의 신소재를 이용하여 부재 표면에 접착시켜 보강하는 공법이다. 크레인과 같은 증기가 필요치 않고 보강 두께도 얇아 건축한계 등의 지장이 작다.

③ FRP 부착공법 : 유리섬유와 수지를 스프레이 건으로 직접 부재표면에 뿜어 붙여 보강하는 공법이다. 보강두께가 얇아 건축한계에 지장이 없다. 스틸크로스 등을 병용하여 보강효과를 높일 수 있다.

3) 보강재 삽입

① 철근 삽입 공법 : 기설 교각에 천공을 한 다음 철근을 삽입하고 모르타르 등을 충전하여 구체단면 내에 소요 철근량을 증가시켜 전단강도 및 연성도를 보강한다.

② PC 강봉 삽입 공법 : 상기의 철근 대신에 PC 강봉을 삽입한다. 필요에 따라 프리스트레스를 도입한다.

4) 부재 증설

① 벽 증설 : 라멘교 등의 교각 사이에 벽을 증설하여 휨 및 전단강도를 대폭적으로 증가시키는 공법이다.

② 브레이스 증설 : 라멘교 등의 교각 사이에 브레이스를 증설하여 기존 교각 부재에 작용하는 지진 시의 수평력을 줄이는 공법이다.

5) 병용 공법

① 콘크리트 피복 + 강판 피복 : 대단면의 교각에 있어서 휨 보강은 주로 철근 콘크리트 피복에 의해 전단 및 연성도는 강판 피복에 의해 보강한다.

② 철근 삽입 + 콘크리트 피복 : 대단면의 교각에 있어서 콘크리트의 구속효과를 향상시키기 위해 철근 콘크리트 증설공법에 철근 삽입공법을 병용하는 경우

③ PC 강봉 삽입 + 강판 피복 : 대단면의 교각에 있어서 강판 피복공법에 의한 콘크리트의 구속효과를 높이기 위해 PC 강봉을 삽입하여 강판을 연결하는 경우

6) 하중전달 저감 공법(지진저감 장치)

① 충격전달 장치

(1) 댐퍼(Damper) : 감쇠기를 이용하여 에너지를 흡수하는 장치로 납, 점성유체 등을 이용

(2) 스토퍼(Stopper) : 댐퍼와 비슷한 원리로 일본에서 주로 사용. 원리는 에너지의 흡수 없이 상시에는 작동하지 않으나, 급격한 하중이 작용할 시에는 고정단으로 작용하는 장치(STU)

② 지진격리받침

(1) 탄성고무받침(RB : Rubber Bearing) : 원형이나 사각형의 고무에 철판을 보강함. 주요 기능은 주기의 이동으로서 자체적으로는 감쇠능력이 적다.

(2) 납-고무받침(LRB : Lead Rubber Bearing) : 탄성고무받침의 중앙에 원통형 납을 넣어 추가적인 에너지 분산장치로 사용한다. 고무에 의해 중앙 복원력이 제공되고 납으로 에너지를 흡수한다. 단점은 지진 후 내부의 손상을 외부에서 확인하기 어렵고, 강진 후 모든 받침을 교체할 수도 있다.

(3) 고감쇠고무받침(HDRB : High Damping Rubber Bearing) : 에너지흡수능력을 증가시킨 고무를 이용한 지진격리장치, 초기비용과 유지관리비용이 적게 들고 비교적 쉽게 관리검사가 가능하며 내구성이 좋다. 지진발생 후 교체할 필요가 없어 반영구적으로 사용가능하며 온도변화에도 능력을 충분히 발휘할 수 있다.

(4) 마찰받침(Friction Bearing) : 구조물과 기초 지반력과의 마찰을 이용하여 구조물을 지진

으로부터 보호하는 장치이다.

(5) 마찰진자 지진격리장치(FPS : Friction Pendulem System)

※ 지진격리받침의 기본 개념은 주기의 이동으로 지진력을 감소시키는 것으로 지진수평력을 제어하기 위해서 다음의 3가지 기본 요소를 갖추어야 한다.

① 유연도(flexibility) : 지진격리받침은 진동주기를 증가시켜 지진수평력을 줄이기 위해 충분한 유연성, 즉 수평변형능력을 갖추어야 한다.

② 에너지 소산 : 지진격리받침의 변위는 그 자체의 에너지 소산능력 또는 부가되는 감쇠장치에 의하여 적절한 범위 내로 제어되어야 한다.

③ 안정성 : 상시 수평력 안정성과 수직력 안정성을 가져야 한다.

---

**TIP** ｜**구조요소 보강에 의한 내진성능 향상 개념**｜

1. 교각 : 내진성능평가를 먼저 시행한 후 평가결과를 바탕으로 필요한 경우 교각의 휨 연성 향상, 전단강도 및 휨강도 향상, 축방향 철근 겹침이음 보강 등 내진성능을 향상시켜야 한다.

① 휨 연성성능 향상방법 : 철근콘크리트 교각이 휨파괴에 의하여 소요 휨 연성을 확보하고 있지 않은 경우에 콘크리트에 횡방향 구속효과를 증진시켜서 소요 휨 연성을 확보하도록 한다.

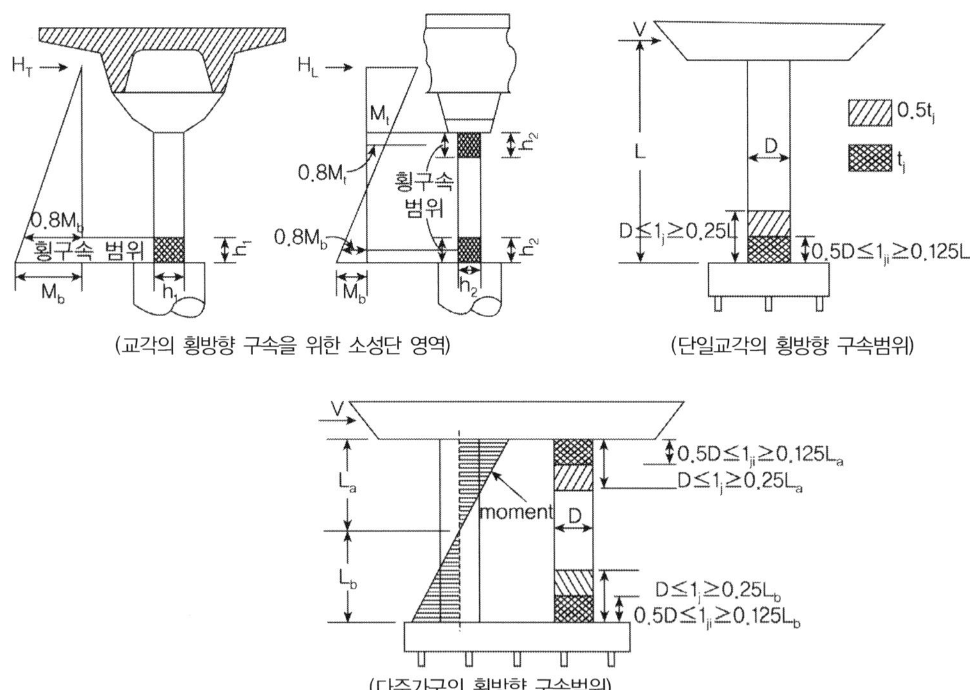

② 강판보강공법 : 휨 연성 향상에 필요한 강판 두께는 교각의 단면형상, 콘크리트의 소요압축변형률 및 구속콘크리트의 압축강도를 고려하여 소요 휨연성을 충분히 확보하도록 결정하여야 한다. (기존교각에 강판을 씌우고 강판과 교각사이에 무수축 모르타르 또는 에폭시 충진하는 방법)

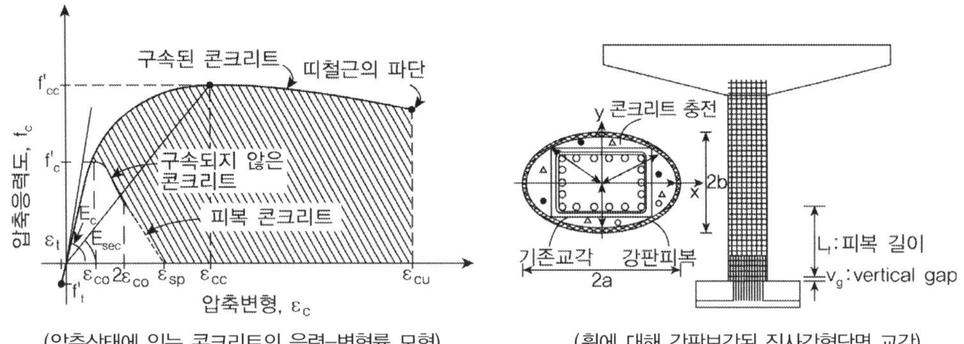

(압축상태에 있는 콘크리트의 응력–변형률 모형)    (휨에 대해 강판보강된 직사각형단면 교각)

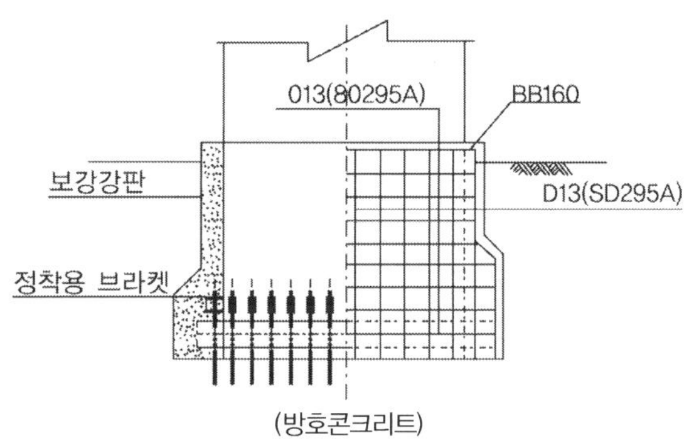

(방호콘크리트)

③ FRP(Fiber Reinforced Polymer) 보강공법 : 교각의 전단성능 향상을 위해 FRP 두께는 교각의 단면형상 및 소요전단강도를 고려하여 산출한다.

④ 축방향 철근 겹침이음부의 내진성능 향상 : 소성힌지 영역에서 축방향 철근이 겹침이음된 교각은 횡구속력을 가하여 겹침이음부를 보강하여야 한다.

⑤ 기타 휨내하력 향상 방법 : 콘크리트 피복공법, 모르타르 부착공법, 프리캐스트 패널 부착공법, 철근 삽입공법, PS강봉 삽입공법, 벽 증설공법, 프레이스 증설공법, 콘크리트 피복공법과 강판 피복공법의 병행 시공, 철근 삽입공법과 콘크리트 피복공법의 병행시공, PS강봉 삽입공법과 강판 피복공법의 병행 시공

## 박스구조물의 내진보강

기존의 지중박스구조물에 대한 내진성능평가를 수행하였다. 다음 사항을 설명하시오.
1) 응답변위법에 의한 내진성능평가 절차
2) A, B지점에서 부모멘트와 전단력에 대해 성능이 부족할 때 이에 대한 보강방안

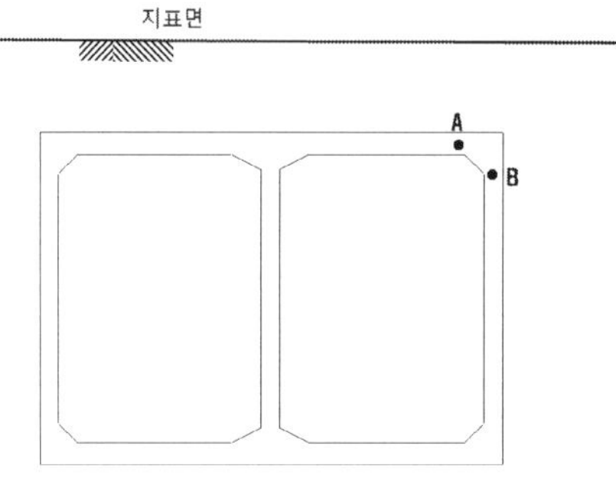


## 풀 이

**기존 시설물(터널) 내진성능 평가 및 향상요령(한국시설안전공단, 2011)**

### ➤ 개요

지중구조물의 내진성능 평가는 붕괴방지수준에 대한 성능평가를 수행하며, 부재의 설계내하력(Capacity)이 설계지진에 대해 각 구성부재에 요구되는 설계부재력(Demand)을 비교하여 평가하는 과정으로 수행된다. 붕괴방지수준의 내진성능 평가 시 구조물의 비탄성 거동을 고려하기 위해 응답수정계수를 사용하며 보다 정밀한 평가를 위해서는 비선형 동적해석을 수행할 수 있다. 구조물이 비탄성거동을 하게 되면 탄성거동을 하는 경우보다 부재력이 작아지기 때문에 일반 구조물의 경우 부재의 성능평가 시 탄성해석으로 구한 탄성부재력을 응답수정계수(R값, RC는 R=3, 강 또는 합성부재는 R=5)를 사용하여 수정한다. 지중 구조물의 응답산정 시에는 지반변위를 고려한 응답변위법을 사용하는 것을 기본으로 하고 구조 또는 지반이 복잡한 경우에는 응답진도법 또는 지반-구조물의 동적 상호작용을 고려한 동적해석법을 사용할 수 있다.

내진성능 평가기준 : 소요강도(U) ≤ 설계강도($\phi$×공칭강도)

지중구조물의 내진설계에서 시공 중 또는 완성 후에 구조물에 작용하는 고정하중, 활하중, 토압 그리고 지진하중 등 각종 하중 및 외적작용의 영향을 고려하여야 한다. 지중구조물의 모든 구조요소는 서로 다른 하중조건하에서 균일한 안전율을 유지할 수 있도록 설계되어야 한다. 이는 각 구조 부재의 강도가 하중계수를 고려한 예상하중을 지지하는 데 충분하고 사용하중수준에서 구조

의 사용성이 보장되는 것을 요구한다.

강도설계법에서는 구조물의 안전여유를 2가지 방법으로 제시하고 있다.

① 소요강도($U$)는 사용성에 예상을 초과한 하중 및 구조해석의 단순화로 인하여 발생되는 초과
요인을 고려한 하중계수를 곱함으로써 계산한다.

② 구조부재의 설계강도는 공칭강도에 1.0보다 작은 값인 강도감소계수 $\phi$를 고려한다.

고정하중, 활하중 및 지진하중, 횡토압과 횡방향 지하수압이 작용하는 경우 기능수행수준과 붕괴
방지수준으로 구분하여 내진성능에 따라 고려하도록 하고 있다.

## ▶ 응답변위법 내진성능 평가 절차

1) 응답변위법 : 지중구조물은 지상구조물과 달리 중공된 상태가 많아 단위체적당 중량이 작으며, 지반
으로 인해 진동의 제약으로 감쇠가 크고 변위의 형상이 지반의 진동과 유사한 특징을 갖게 된다. 이
로 인하여 지진 시 지중구조물의 응답은 구조물의 질량에 의한 관성력보다는 주변지반에서 발생하
는 지반의 상대변위에 영향을 받는다.

응답변위법(Seismic deformation mathod)은 지중구조물의 내진설계를 위해 1970년대에 일본에서
고안된 방법으로 지진 시 발생하는 지반의 변위를 구조물에 작용시켜서 지중구조물에 발생하는 응
력을 정적으로 구하며 구조물과 지반의 구조해석모형을 구조물은 프레임 요소, 지반은 스프링 요소
로 모델링하며 구조물이 없는 자유장 지반에서의 수평상대변위, 가속도, 응력을 입력하여 구조해석
을 수행한다. 관성력을 구하는 것이 아니라 지진운동으로 인한 주변 지반의 변위를 먼저 구하고 주
변지반의 변위에 의해 지중구조물에도 거의 같은 변위가 발생한다고 가정하여 이 변위에 의한 구조
물의 응력을 구하는 방법이다.

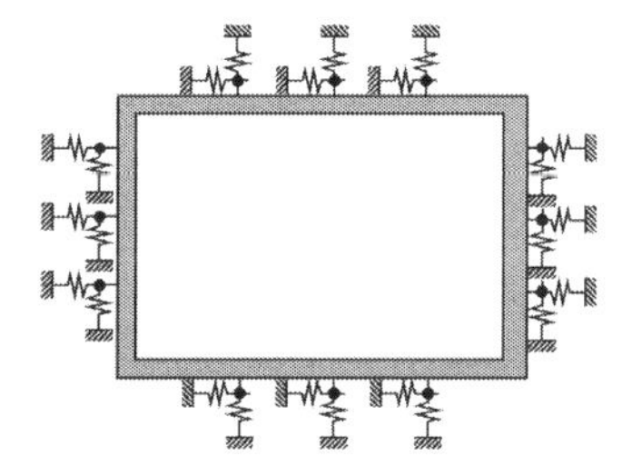


(지중구조물과 지반모델)

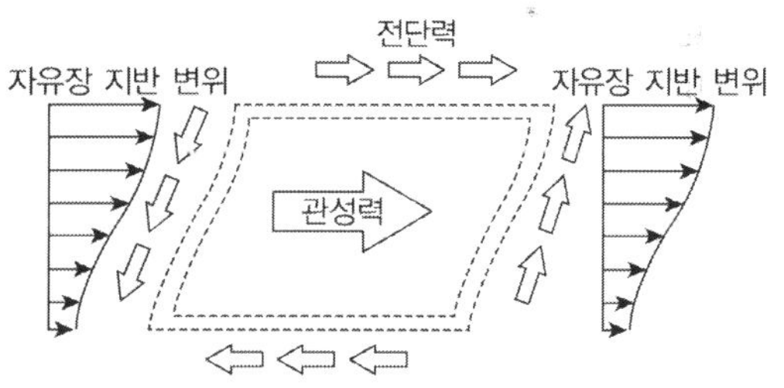


(작용하중과 지중구조물의 거동)

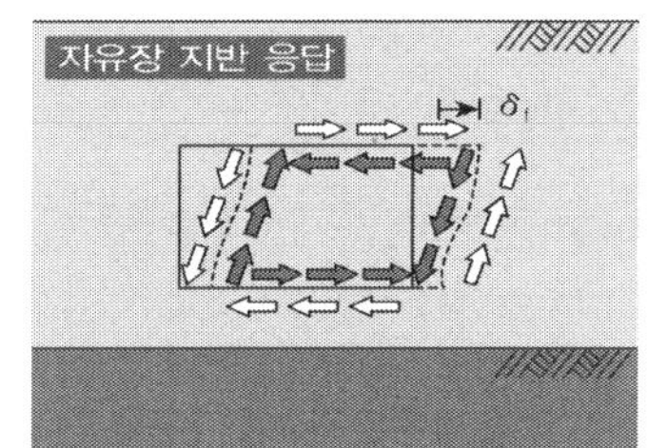


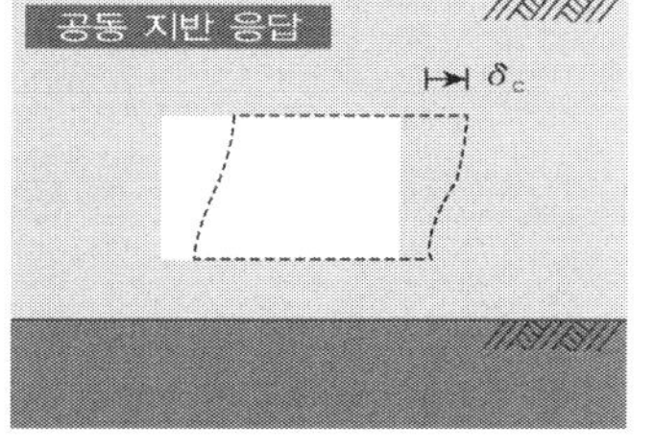


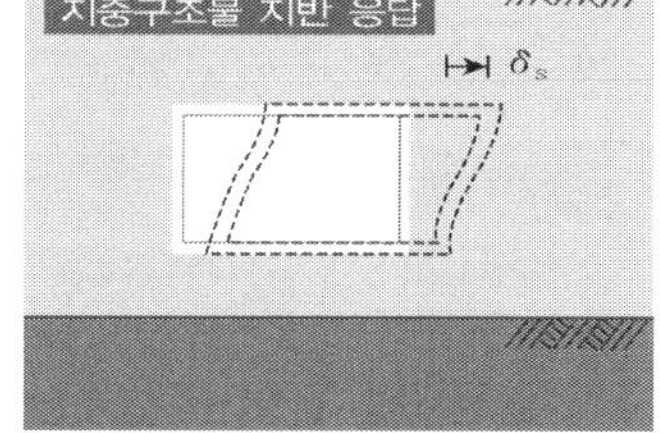


(응답변위법의 개념)

## 2) 평가절차

① 단면을 설정한 후 지반조건에 따른 지진계수(가속도계수) 산정
② 지반의 최대 변위진폭 결정(가속도 응답스펙트럼에서 속도응답스펙트럼으로 변환 시 각 성능
   수준별 속도응답스펙트럼 산정 주의)
③ 지반조건에 따라 지반반력계수 산정
④ 설정된 단면의 상시하중과 지진 시 하중에 의한 단면력 계산
⑤ 계산된 단면력과 상시하중에 의한 설계단면력 비교하여 성능평가

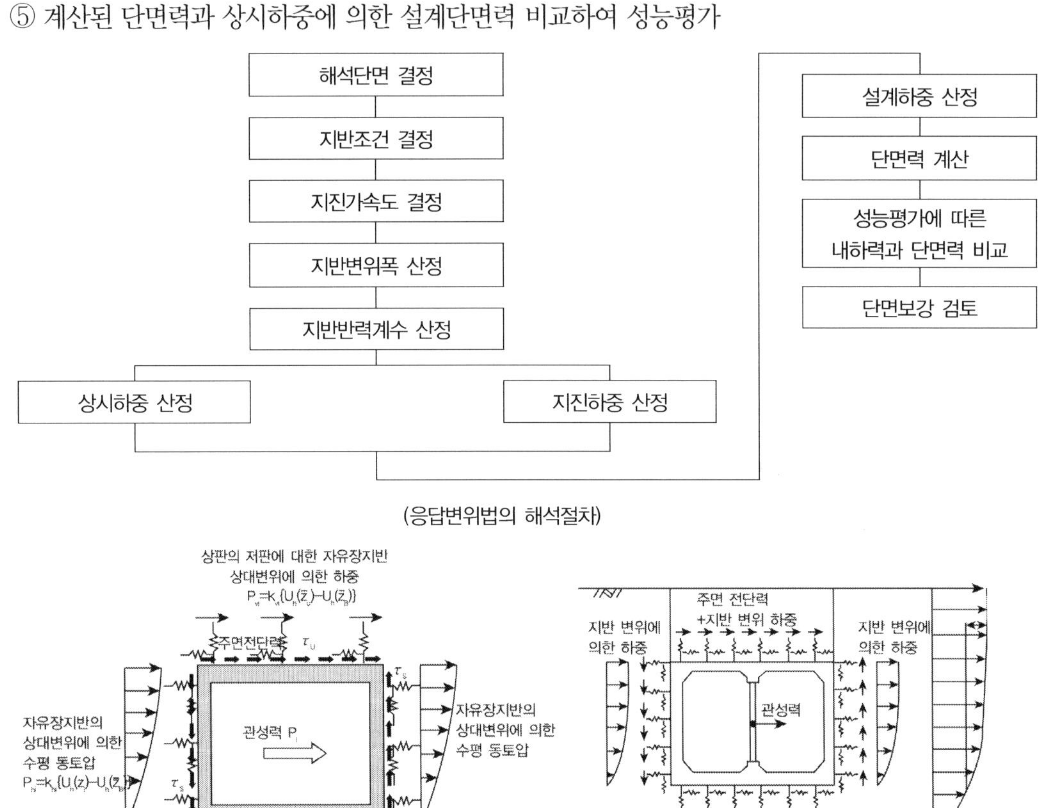

(응답변위법의 해석절차)

(응답변위법의 개념도)

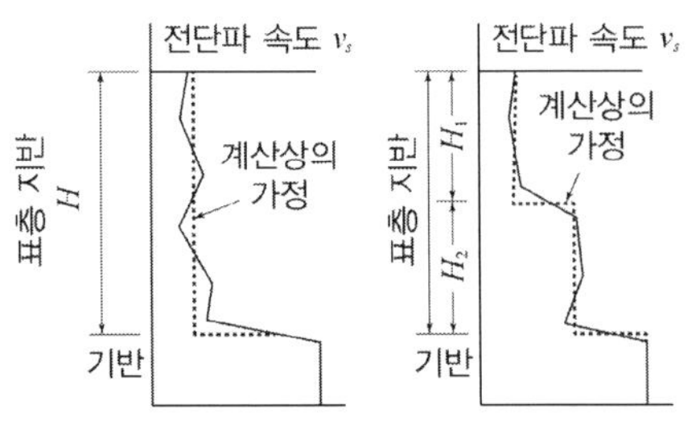

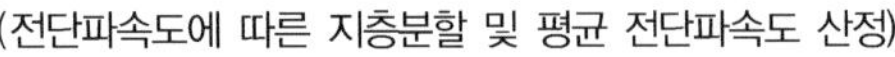

(전단파속도에 따른 지층분할 및 평균 전단파속도 산정)

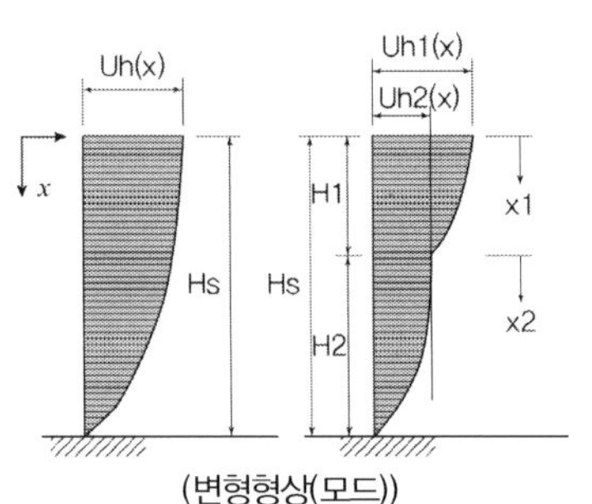

(변형형상(모드))

## ➤ 부모멘트와 전단력에 대해 성능이 부족할 때 보강방안

내진성능 부족 시 강도가 약한 부재에 대해 구조물 보강을 실시하며, 구조물의 보수·보강 이력
및 상태, 구조물의 여건, 주변의 환경적 요인을 고려하여 보강방법을 선정한다. 모멘트와 전단력
이 부족할 경우 두께를 증가하거나 강판을 부착하는 등의 강성을 확보하는 방법을 고려할 수 있
으며, 하중의 분담을 고려해 브레이싱 등을 설치하는 방법도 고려될 수 있다.

주요 부재별 내진성능 향상방법

| 주요부재 | | 보강공법 |
|---|---|---|
| 슬래브 | 상부 | • 슬래브 하부 두께 증가 보강공법<br>• 강판접착공법(주입법, 압착법)<br>• 부재증설 보강공법<br>• 브레이싱 증설에 의한 보강공법 |
| | 하부 | • 슬래브 상부 두께 증가 보강공법<br>• 강판접착공법(주입법, 압착법)<br>• 부재증설 보강공법 |
| | 중간 | • 강판접착공법(주입법, 압착법)<br>• 개구부 보강공법(강재기둥 또는 테두리보 추가 증가)<br>• 두께 증가 보강공법 |
| 벽체 또는 기둥 | | • 벽체(기둥) 두께 증가 보강공법<br>• H-형강 증설공법<br>• 벽체부 강판 압착공법<br>• 기둥의 띠판 보강공법 |
| 주변 지반보강 | | • 지반보강을 통한 지진격리공법 |

1) 슬래브 상·하부 두께 증가 보강 : 상부 또는 하부 슬래브의 휨모멘트 및 전단내하력 등이 부족하여
   이에 대한 보강이 필요하고, 구조물의 특성상 부득이 부재 하부 또는 상부에서 보강조치가 가능한
   경우에 적용하는 공법이다.

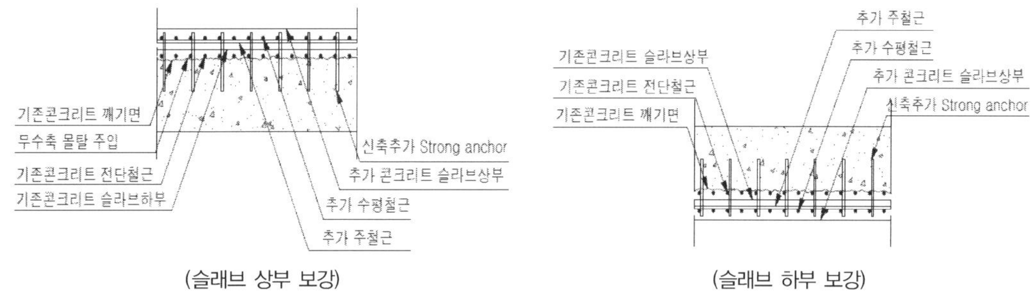


(슬래브 상부 보강)　　　　　　　(슬래브 하부 보강)

2) 강판접착공법(주입법, 압착법) : 콘크리트 슬래브(상·하부 및 벽체슬래브)의 인장면에 강판을 접착
   하고 기존 콘크리트 슬래브와 일체화시켜서 지진하중에 대한 부재저항력을 증진시키는 공법이다.

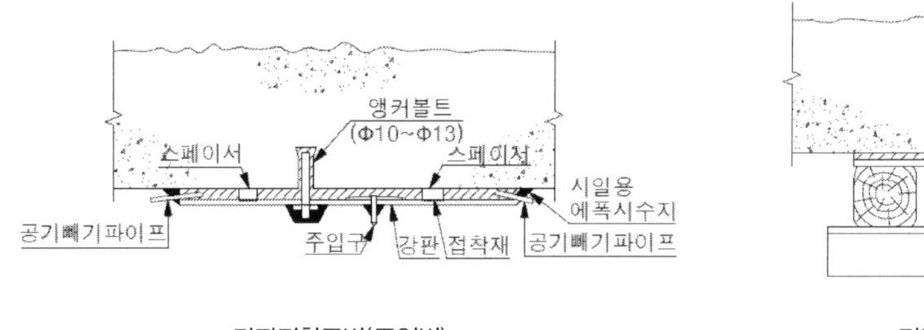

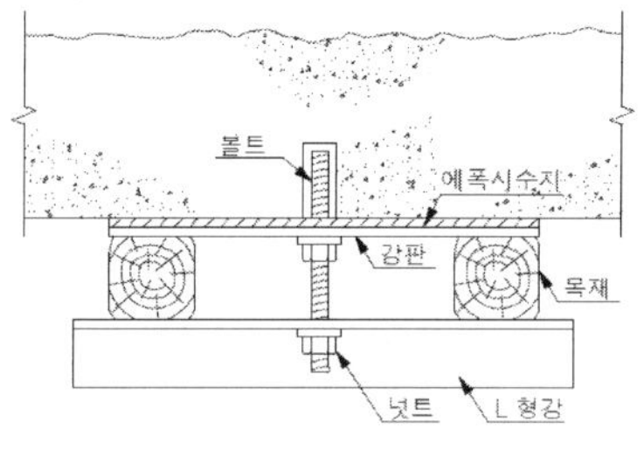



강판접착공법(주입법)                    강판접착공법(압착법)

3) 부재증설 보강공법 : 기존 구조물에 기둥 및 벽체를 추가로 설치함으로써 강성증대에 의한 구조물의 내진성능을 향상시키는 공법이다.

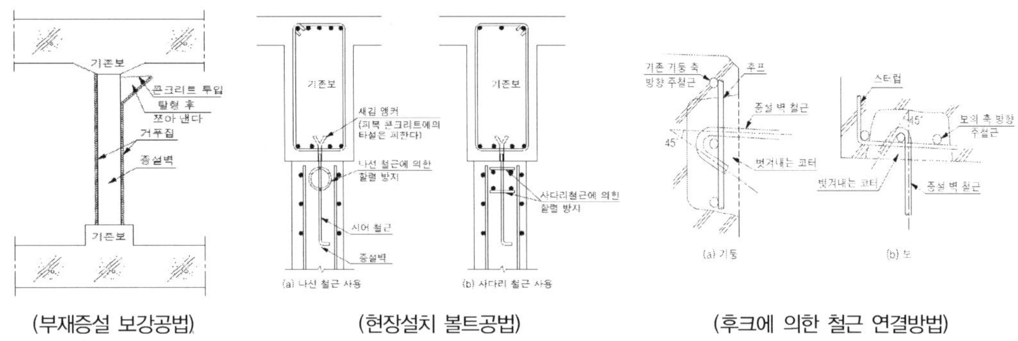



(부재증설 보강공법)              (현장설치 볼트공법)              (후크에 의한 철근 연결방법)

4) 브레이싱 증설 : 수평부재와 수직부재가 연결되는 우각부에 지진력에 의한 전단력 및 휨모멘트가 크게 발생하므로, 이들 부분에 H-형강 브레이싱을 설치함으로써 부재 내하력을 증진시키는 공법이다.

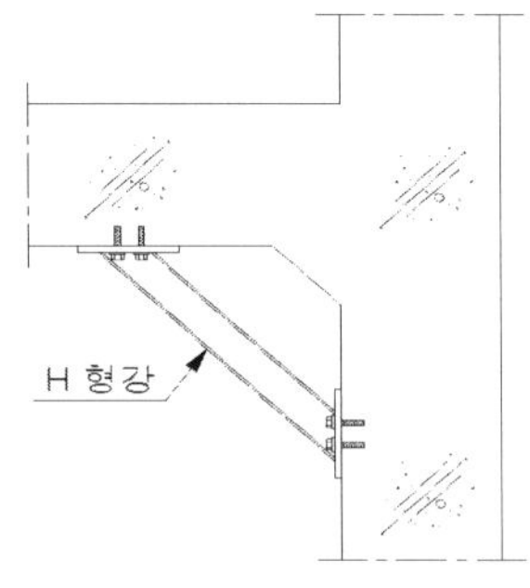



(H형강 브레이싱 보강공법)

5) 개구부 보강공법

① 강재기둥 추가 설치 : 기존 내부슬래브 개구부 설치에 따른 구조적 안정성 확보를 위한 개구부 보강이 필요하며, 구조물 특성상 깨기 시의 소음, 진동을 최소화하는 경우에 적용하는 공법이다.

② 테두리보 추가 설치 : 기존 내부슬래브 개구부 설치에 따른 구조적 안정성 확보를 위한 개구부 보강이 필요하며, 개구부 하부에 보강기둥을 설치하지 못하는 경우에 적용하는 공법이다.

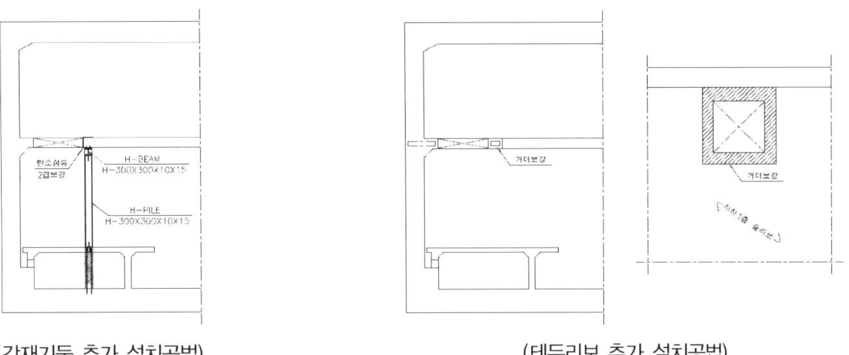

(강재기둥 추가 설치공법)　　　　(테두리보 추가 설치공법)

6) 벽체(기둥) 두께 증가 : 기존 구조물의 두께를 증가시킴에 따라 내하력을 증진시키는 공법이다.

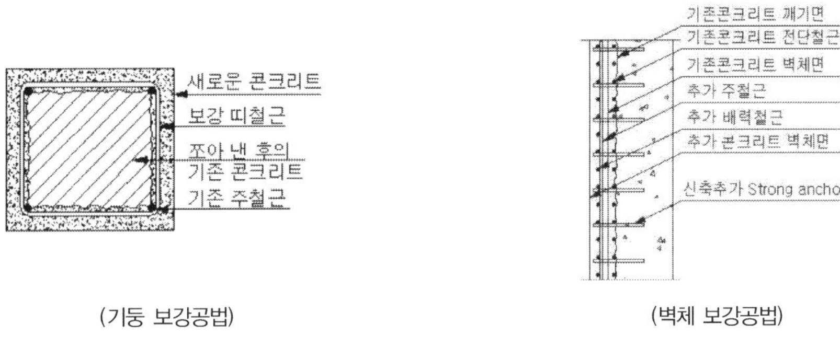

(기둥 보강공법)　　　　(벽체 보강공법)

7) H형강 증설공법 : 벽체 연결부 내부계단 등에 의한 슬래브 개구부 위치의 측벽부 등에 내하력 부족 시 H-형강을 추가로 설치하여 부재의 구조적 성능을 향상시키는 공법이다.

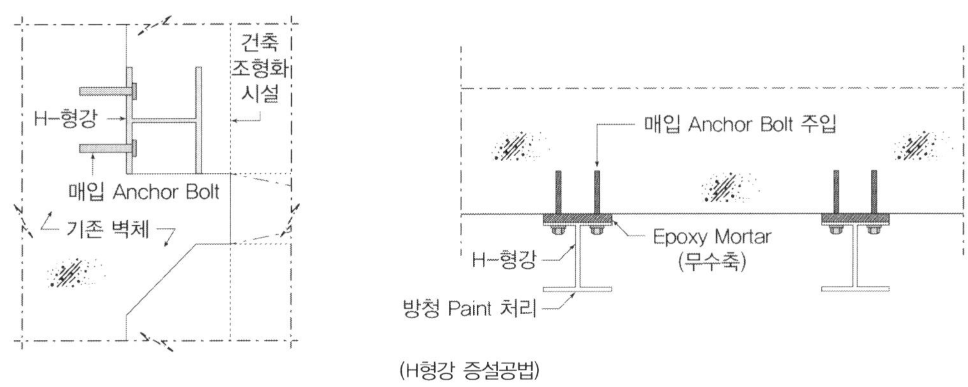

(H형강 증설공법)

8) 벽체부 강판 압착공법 : 구조물 내 토압을 받는 측벽부 중간 슬래브 개구부 설치에 따른 구조적 안정
성 확보를 위하여 측벽슬래브 상·하면에 강판을 접착하고 기존 콘크리트와 일체화시켜 내하력을
증진시키는 공법이다.

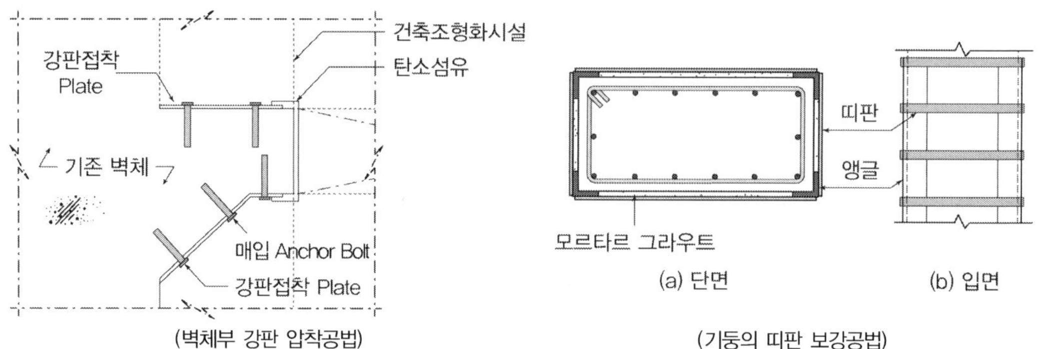


(벽체부 강판 압착공법)　　　　　　(기둥의 띠판 보강공법)

9) 기둥의 띠판 보강공법 : 지진에 의해 발생되는 전단력에 대하여 기존 기둥에 급격한 전단파괴가 발
생하지 않도록 기둥의 인성(Toughness)을 증진시키는 공법이다.

10) 지진격리공법 : 구조물 주변 지반에 시공된 벽체를 지진격리장치로 활용하여 지진력을 감소시키는
공법이다.

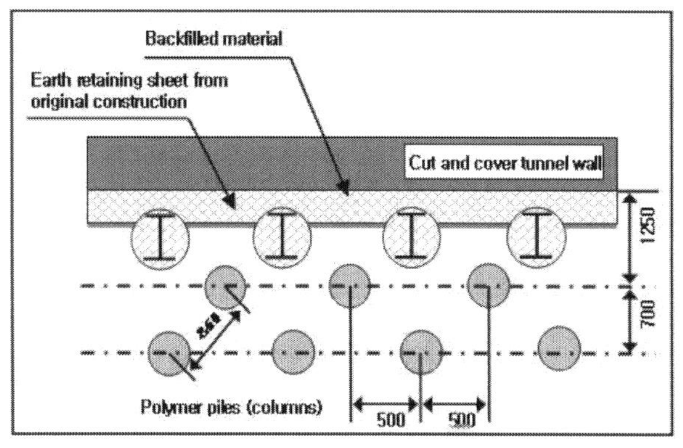

(폴리머 내진격리공법 – 일본 사례)

## 지진하중과 전단키의 상호거동

기존 교량 내진 보강 시 지진하중에 따른 교량 받침과 전단키의 상호 거동 특성을 3가지 형태로 구분하여 설명하시오.

### 풀 이

### ▶ 개요

전단키는 교량받침의 옆 공간에 설치되어 거동특성에 따라 지진력의 일부 또는 전체를 부담하게 된다. 때문에 지진하중으로 인한 변위가 발생할 경우 교량받침과 전단키가 서로 다른 보유성능을 가지고 있을 경우에는 서로 다른 거동으로 인해 내진 보강 시 의도한 효과를 발휘하지 못할 수 있다. 이 때문에 내진보강 시에는 교량받침과 전단키에 대해 보유성능, 소요성능, 성능평가의 3가지 항목에 대해 검토하도록 규정하고 있다.

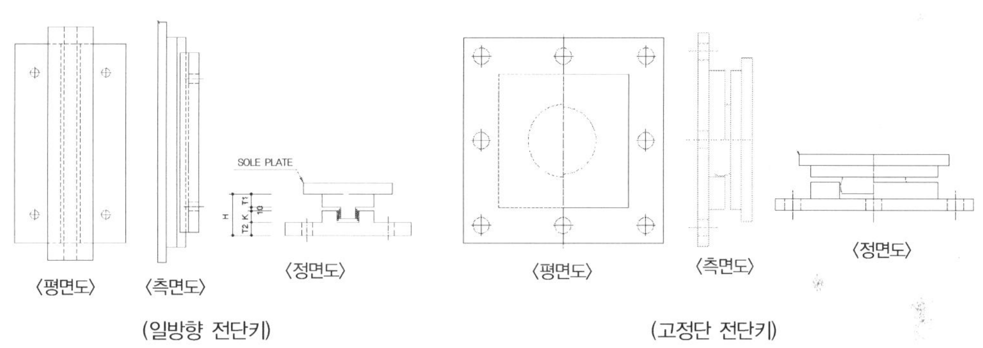


### ▶ 교량 받침과 전단키의 상호 거동 특성

전단키의 지진하중 분담율은 받침과 전단키의 강성특성과 연성거동 특성에 따라 달라지며 다음과 같이 크게 3가지 형태로 구분하여 고려할 수 있다.

1) 받침과 전단키 모두 연성거동할 경우

교량받침과 전단키가 모두 연성거동을 하는 경우가 가장 효율적이다. 아래 그림은 받침과 전단키가 모두 연성거동을 할 때 지진력에 대한 저항성능을 하중-변위 관계로 나타낸 것이다. 실제의 경우 전단키에는 적절한 유간을 두고 설치되므로 상부 전단키와 하부의 스토퍼에 접촉되어야 지진 저항력을 발휘하게 되지만 유간의 크기가 크지 않고, 계산 편의를 위하여 받침과 전단키가 동시에 저항하는 것으로 할 수 있다. 상부구조의 관성력에 의해 하부구조로 전달되는 지진력의 크기를 100, 받침부의 보유성능이 60인 경우로 받침의 부족한 보유성능 40을 전단키의 소요성능으로 결정할 수 있다. 전단키의 경우는 새롭게 설치하는 장치이므로 연성거동이 확보될 수 있도록 전단키 본체의 용량 이상으로 콘크리트 앵커부(용접연결부 포함)의 강도가 확보될 수 있도록 설계하여야 한다. 받침은 이미 설치되어 있으므로 받침의 앵커부가 본체의 용량 이상으로 강도를 확보하고 있는지 평가하여야 한다.

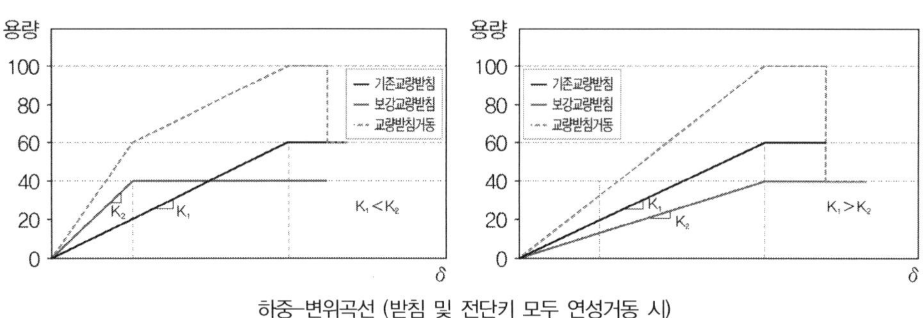

하중—변위곡선 (받침 및 전단키 모두 연성거동 시)

## 2) 받침은 취성거동, 전단키는 연성거동 시

받침부의 강도가 본체의 강도가 아닌 콘크리트 앵커부의 강도에 의해서 결정된다면 받침의 연성거동은 확보하기 어려우므로 받침이 취성거동하는 것으로 간주할 수 있다. 이 경우 전단키의 소요성능 결정에는 주의가 필요하다. 받침이 취성파괴에 이르기 전에 전단키가 연성거동을 하게 된다면(첫 번째, 두 번째 그림) 전단키의 소요성능은 1)항과 동일하게 결정할 수 있다. 그러나 받침의 파괴 시까지 전단키의 연성거동이 보장되지 않는다면(세 번째 그림) 받침과 전단키의 보유성능 합계는 지진력보다 작아져 파괴에 이르게 된다. 따라서 받침의 취성파괴 이전에 전단키의 연성거동이 확보될 수 있도록 설계하는 것이 중요하다.

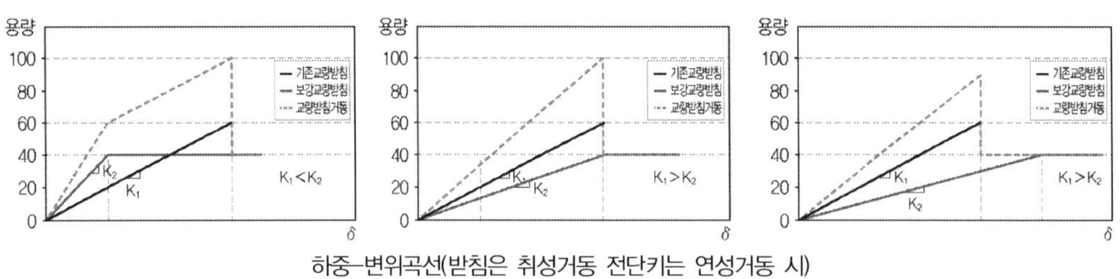

하중—변위곡선(받침은 취성거동 전단키는 연성거동 시)

## 3) 받침 및 전단키 모두 취성거동 시

전단키의 경우 연성거동을 하도록 설계하는 것이 바람직하지만 경우에 따라서는 전단키 본체의 저항용량 이상으로 앵커부의 강도를 확보하는 것이 불필요하거나 힘든 경우가 있다. 이런 경우에는 어쩔 수 없이 취성거동을 하도록 설계된다. 이와 같이 받침과 전단키 둘 다 연성거동을 하지 않는다면 탄성영역 내에서 거동으로 내진성능을 확보하여야 한다. 전단키의 소요성능을 받침부의 부족한 보유성능(40)으로 한 경우(첫 번째 그림)로 받침과 전단키의 강성비(6:4)가 이들의 강도비 (6:4)와 동일한 경우이다. 이 경우 받침과 전단키는 내진성능을 확보하게 된다. 그러나 받침과 전단키의 강성비가 이들의 강도비와 서로 다른 경우에는 받침 및 전단키 각각의 보유성능을 합하면 지진력만큼을 확보하지만 강성비가 다르기 때문에 설계지진력에 견디지 못하고 받침 또는 전단키 가 파괴에 이르게 된다(두 번째, 세 번째 그림). 따라서 받침과 전단키의 강성비와 강도비가 서로 일치하지 않는 경우, 내진성능을 확보하기 위해서는 전단키의 소요성능은 받침의 부족한 보유성 능 이상이어야 하며 그 크기는 강성비의 특성을 고려하여 결정할 수 있다. 그러나 현실적으로는 받침과 전단키의 강성비를 확인하기 쉽지 않으므로 안전측인 설계를 위해서는 전단키의 소요성능 을 받침의 부족한 보유성능보다 훨씬 크게 산정하거나 받침의 보유성능을 무시하고 지진력 전체 를 받침의 소요성능으로 하여야 한다.

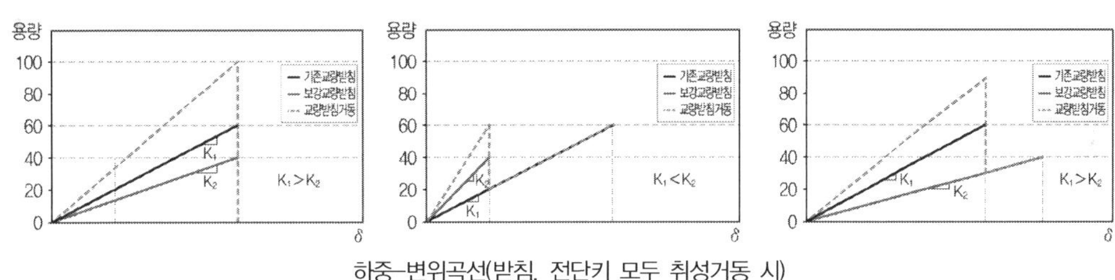


하중-변위곡선(받침, 전단키 모두 취성거동 시)

### 감쇠시스템의 요건

교량받침의 지진보호장치 중 감쇠시스템에 대한 필수요건과 특징에 대하여 설명하시오.

**풀 이**

> ### 개요

교량의 내진설계는 구조물의 동적거동에 대해 각 구조부재가 저항하여 전체적인 교량의 붕괴를 방지하는 것으로 크게 2가지 개념으로 구분할 수 있다. 구조물에 작용하는 지진력에 저항할 수 있도록 구속을 주거나 단면의 강성을 증가시키거나, 구조물의 주기를 크게 하거나 감쇠를 증가시켜서 지진하중의 영향을 감소시키는 방안(지진격리 방안, Seismic Isolation)이다.

> ### 감쇠시스템의 특징과 종류

1) 감쇠시스템의 특징

지진 지반 운동의 에너지는 유한한 주파수대에 모여 있으므로 구조물의 고유주기가 길수록 구조물의 지진응답이 현저히 낮아지는 원리를 이용한다. 지진격리(Base isolation) 및 면진시스템은 교량의 고유주기를 길게 함으로써 교량에 작용하는 지진력을 줄여주고 지진에너지 흡수 성능 향상을 통하여 지진 시 응답을 감소시키는 역할을 수행한다.

구조물의 고유주기를 길게 하는 방안은 ① 수평방향으로 유연한 요소를 구조물과 기초에 두는 방법, ② 롤러나 Sliding 요소를 사용하는 방법으로 구분된다.

2) 감쇠시스템의 종류와 요건

인위적인 감쇠장치를 사용하는 방법은 구조물의 감쇠율을 증가시켜 응답변위와 응답가속도를 동시에 감쇠시킴으로써 지진력의 크기를 줄이는 방법으로 감쇠장치(Damper)의 효과가 구조해석에 의해 확실히 검증되는 경우에 적용되며 감쇠장치 자체의 사용성, 내구성 등에 대한 검토가 필요하다.

① 지진격리받침 : 기초로부터 전달되는 지진력을 상부까지의 전달경로를 분리하는 받침으로 받침의 고유기능에 주로 이력감쇠(Hysteresis Damping)나 마찰감쇠(Frictional Damping) 기능이 추가된다. 대표적으로 탄성고무받침(RB), 납탄성받침(LRB), 고감쇠고무받침(HDRB), 마찰판을 이용한 받침(FPB)이 있다.

② 외부 감쇠 장치 적용(Damper) : 구조물의 진동응답을 줄이기 위해 지진으로부터 구조물에 들어오는 에너지를 흡수하는 장치로 받침과 별도 설치한다. 대표적으로 이력감쇠기(Hysteresis Damper), 점성감쇠기(Viscous damper), 마찰감쇠기(Frictional damper) 또는 동조질량감쇠기

(TMD : Tuned mass damper), 동조액체감쇠장치(TLD : Tuned liquid damper), 능동질량감쇠기(AMD : Active mass damper), Hybrid감쇠기(HMD=TMD + AMD)가 이에 해당된다.

3) 기타 요구조건

① 상시수평력 안정성 : 지진격리받침은 풍하중, 원심력, 제동력, 온도변위에 의한 하중을 포함하는 모든 상시 수평력 조합에 안정적으로 거동하여야 하며 지진격리받침 탄성중합체의 최대 전단변형률은 상시 70%, 지진 시 200% 이내이어야 한다.

② 수직력 안정성 : 지진격리받침은 수평변위가 없는 상태에서 고정하중과 활하중을 더한 수직하중에 대해 최소한 3 이상의 안전율을 제공하여야 한다. 또한 1.2배의 고정하중, 지진하중으로 인한 수직하중, 그리고 횡방향 변위로 인한 전도하중의 합에 대해 안정적으로 거동하도록 설계하여야 한다. 여기서 전도하중을 계산할 때의 횡방향 변위는 옵셋변위와 설계지진에 의한 설계변위의 2배와 같다.

③ 회전성능 : 지진격리받침의 회전성능은 고정하중, 활하중, 시공오차의 영향을 포함하여야 하고 여기서 고려되는 시공오차의 설계회전각은 0.005rad보다 작아서는 안 된다.

④ 품질기준 : 지진격리받침과 그 재료는 화학적, 물리적, 기계적 성질이 충분히 안정적이어야 한다.

# Chapter 04

# 내풍설계

# 내풍설계

## 01 내풍설계

### 1. 내풍설계 일반 <sup>66회/93회/102회</sup>

【 **기출유형 ①** 】 교량작용 풍하중에 의해 발생되는 현상을 정적, 동적하중 측면으로 설명
【 **기출유형 ②** 】 내풍설계(거스트계수, 지진응답스펙트럼과 풍속파워응답스펙트럼 차이)
【 **기출유형 ③** 】 중소지간 교량 풍하중의 도로교설계기준(플레이트 거더, 각형교각)

1) 장대화 및 경량화

① 교량이 장대화될수록 내진성보다는 내풍성에 의해서 구조물의 안정성이 좌우

② 전체 구조시스템에서 보강거더의 휨강성(EI/l), 중량(mass) 등의 감소로 인하여 시스템의 Damping이 줄고 주기가 길어짐에 따라 고유진동수(f)가 줄어들어 각종 불안정 진동이 저풍속에서 발생하기 쉬워짐

※ Tacoma bridge는 정적 풍하중 설계 속도 $V = 60m/\sec$ 이나, 저풍속 $V_{cr} = 19m/\sec$ 에서 비틀림 Flutter로 인해 붕괴

2) 단면형상과 제작기술 발달

① 용접접합, 고장력 볼트접합 기술 발달로 시스템 Damping 감소

② 변장비(B/L)감소로 인하여 진동수 증가(타고마 1:72, 금문교 1:47)

※ B/D, B/L이 클수록 내풍설계에서 유리

3) 현 설계기준에서 내풍고려 범위

① 기본 정적 풍하중 산정식 $\qquad p = \dfrac{1}{2}\rho V_d^2 C_d G$ (Pa)

$$\frac{1}{2}mV^2(운동방정식) = P \cdot t(충격에너지)$$

☞ 정적하중을 고려하기 위해 $t$는 무시하여 $p = \frac{1}{2}\rho V_d^2$으로 고려하였으며, 이때 $p$는 교축직각으로 작용(바람이 부는 방향)하는 항력이므로 $C_d$(항력계수, 바람세기가 변하는 특성을 고려)로 보정하여 $p = \frac{1}{2}\rho V_d^2 C_d$ 여기에 동적진동현상 중 버펫팅(Buffeting)을 고려하기 위하여 G(거스트 응답계수)를 고려함.

∴ 정적, 동적 효과 모두 고려

4) 풍하중의 적용과 범위(KDS 24 12 21 교량 설계하중 – 한계상태 설계법)

① 일반 중소지간의 교량(박스거더교, 플레이트 거더교, 슬래브교)

| 단면형상 | 풍압(kPa) |
|---|---|
| $1 \leq B/D < 8$ | $\left(4.0 - 0.2\dfrac{B}{D}\right)$ |
| $8 \leq B/D$ | 2.4 |

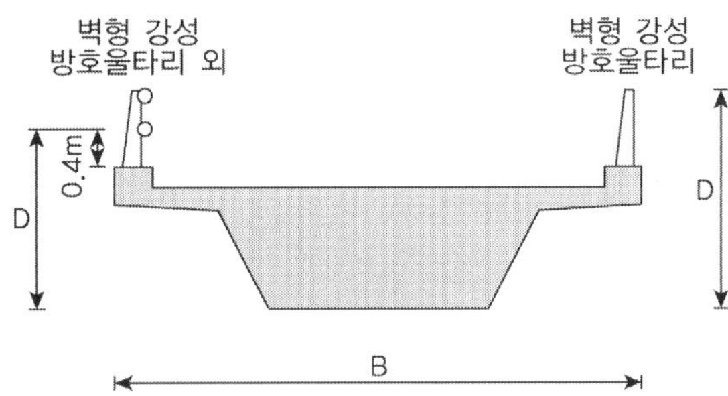


(1) 풍상측 트러스 활화중 비재하 시 $2.4/\sqrt{\phi}$, 풍하측 트러스는 $0.5 \times 2.4/\sqrt{\phi}$ ($\phi$ 충실률)

(2) 기타 교량부재 원형 [풍상측(1.5), 풍하측(1.5)), 각형(풍상측(3.0), 풍하측(1.5)]

(3) 병렬거더는 영향을 고려하여 보정 (2008기준. 보정계수 1.3, $S_V \leq 2.5D$, $S_h \leq 1.5B$)

(4) 활하중 재하 시는 교면상 1.5m 높이에서 1.5kN/m의 풍하중이 활하중에 작용

(5) 열차활하중 재하될 때는 통과 열차에 대한 연직 투사면에 $1.5kN/m^2$의 풍하중이 작용

② 태풍이나 돌풍이 취약한 지역의 중대지간 교량 → 합리적으로 결정한 10분 평균 풍속을 기준으로 고유진동수에 따라 산정

$$V_D = 1.723 \left(\frac{z_D}{z_G}\right)^\alpha V_{10} \quad ; \text{ 일반 중소지간교량의 설계기준풍속 } V_D = 40\text{m/s}$$

$\alpha$ : 지표조도계수

$z_G$ : 해안(200), 고층건물이나 기복이 심한 구릉지(500)

$z_D$ : 수평구조물의 수평평균높이, 수직구조물의 총 높이의 65%와 $z_b$중 큰 값

(1) $f_1$(구조물의 바람방향 1차 모드 고유진동수) > 1Hz ; $p = \frac{1}{2}\rho V_D^2 C_D G_r$

강체구조물($G = G_r,\ f_1 > 1Hz$)  $\quad G_r = K_p \dfrac{1 + 5.78 I_z Q}{1 + 5.78 I_z}$

(2) $f_1$(구조물의 바람방향 1차 모드 고유진동수) ≤ 1Hz ; $p = \frac{1}{2}\rho V_D^2 C_D G_r$

유연구조물($G = G_f,\ f_1 \leq 1Hz$)  $\quad G_r = K_p \dfrac{1 + 1.7 I_z \sqrt{11.56 Q^2 + g_R^2 R^2}}{1 + 5.78 I_z}$

$C_d$ : 항력계수, 기존문헌, 실험, 해석 등의 합리적인 방법으로 산정

$G$ : 거스트계수, 풍속의 순간적인 변동의 영향을 보정하기 위한 계수

$I_z = c \left(\dfrac{10}{z_D}\right)^{1/6}$ : 난류강도 $\qquad L_z = l \left(\dfrac{z_D}{10}\right)^{c}$ : 난류길이

$z_5$ : $z$와 5m 중 큰 값 $\qquad K_p = 2.01 \beta^2 \left(\dfrac{10 z_5}{z_D z_G}\right)_2^{\alpha}$ : 풍압보정계수

$$Q = \sqrt{\dfrac{1}{1 + 0.63 \left(\dfrac{L + D}{L_z}\right)^{0.63}}}$$

③ 하부구조에 작용하는 풍압

하부구조에 직접 작용하는 풍압은 교축직각방향 및 교축방향에 작용하는 수평하중으로 하며, 동시에 작용하지 않는 것으로 한다.

$$p(Pa) = \frac{1}{2}\rho V_D^2 C_d G, \quad C_d(\text{원형}(0.6),\ \text{각형}(1.2))$$

④ 주경간 200m 이상인 장대특수교량이나 주경간 길이와 폭의 비율이 30 이상인 교량

→ 바람에 의한 진동이 발생하기 쉬우므로, 풍압에 의한 정적설계 결과에 대하여 동적해석과 풍동실험을 통하여 풍하중의 동적효과에 대한 제반 공기역학적 안정성을 검토

5) 풍속 70회/73회/82회/88회/107회/110회/119회/132회



교량 등 구조물에서 일반적으로 내풍안정성 확보를 위하여 내풍설계를 수행하게 되며, 내풍설계 시 교량의 공사기간 동안에 필요에 의하여 시공기준풍속을 별도로 정하여 시공 중 발생할 수 있는 문제점에 대해 검토할 수 있도록 KDS 24 12 21(한계상태설계법)에서 규정하고 있다.

① 기본풍속($V_{10}$)

기본풍속($V_{10}$)이란 재현기간 100년에 해당하는 개활지에서의 지상 10m의 10분 평균 풍속을 말한다. 기본풍속은 대상지역 인근 기상관측소의 장기풍속기록(태풍 또는 계절풍)과 지역적 위치를 동시에 고려하여 극치분포로부터 추정하거나 태풍자료의 시뮬레이션 등의 합리적인 방법으로 추정한다.

| 구분 | 지역 | 지명 | $V_{10}$(m/s) |
|---|---|---|---|
| I | 내륙 | 서울, 대구, 대전, 춘천, 청주, 수원, 추풍령, 전주, 익산, 진주, 광주 | 30 |
| II | 서해안 | 서산, 인천 | 35 |
| III | 서남해안/남해안/동남해안 | 군산/여수, 통영, 부산/포항, 울산 | 40 |
| IV | 동해안/제주/특수지역 | 속초, 강릉/제주, 서귀포/목포 | 45 |
| V | | 울릉도 | 50 |

② 설계기준풍속($V_D$)

일반 중소지간 교량의 설계기준풍속($V_D$)은 40 m/s로 하고, 태풍이나 돌풍에 취약한 지역에 위치한 중대지간 교량의 설계기준풍속($V_D$)은 대상지역의 풍속기록과 구조물 주변의 지형 및 환경 그리고 교량상부구조의 지상 높이 등을 고려하여 합리적으로 결정한 10분 평균 풍속이다. 그러나 대상지역의 풍속자료가 가용치 못한 경우에는 고도보정을 위하여 다음을 사용할 수 있다.

$$V_D = 1.723\left(\frac{z_D}{z_G}\right)^{\alpha} V_{10}$$

| 구분 | 지표 상황 | a | $a_2$ | $\beta$ | c | $\varepsilon$ | $l$(m) | $z_b$(m) | $z_G$(m) |
|---|---|---|---|---|---|---|---|---|---|
| I | • 해상, 해안 | 0.12 | 0.174 | 1.25 | 0.15 | 0.125 | 200 | 2 | 200 |
| II | • 개활지, 농지, 전원 수목과 저층 건축물이 산재하여 있는 지역 | 0.16 | 0.210 | 1.54 | 0.20 | 0.200 | 150 | 5 | 300 |
| III | • 수목과 저층 건축물이 밀집하여 있는 지역<br>• 중, 고층 건물이 산재하여 있는 지역<br>• 완만한 구릉지 | 0.22 | 0.286 | 2.22 | 0.30 | 0.333 | 100 | 10 | 400 |
| IV | • 중, 고층 건물이 밀집하여 있는 지역<br>• 기복이 심한 구릉지 | 0.29 | 0.400 | 3.33 | 0.45 | 0.500 | 50 | 20 | 500 |

여기서, α 지표조도지수, $z$ 지상 또는 수면으로부터 구조물의 대표 높이(m)로 교량 주거더와
같은 수평 구조물의 경우에는 평균 높이를, 교각과 같은 수직 구조물의 경우에는 총
높이의 65 %를 사용한다.

$V_D$ 설계고도 $z$에서의 10분 평균 설계기준풍속(m/s)

$z_D = z$와 표의 $z_b$ 중에서 큰 값

③ 시공기준풍속($V_C$)

시공기준풍속은 태풍에 취약한 지역에 위치한 중장대 지간 교량의 시공중 검토를 위한 풍속으
로, 공사기간에 대한 최대풍속의 비초과확률 80%에 해당하는 10분 평균 풍속이다. 이때 재현
기간 $R$, 비초과확률 $P_{NE}$, 공사기간 $N$의 관계는 다음 식을 사용하여 구할 수 있다.

$$R = \frac{1}{1 - (P_{NE})^{1/N}}$$

④ 한계풍속

한계풍속은 발산진동(플러터, 갤로핑 등)의 검토를 위한 풍속으로 아래와 같다.

$$V_{cr} > C_{SF} V_R \qquad 여기서, \ V_R : 설계 또는 시공기준풍속, \ C_{SF} : 안전계수$$

완성계에 대해서 기준풍속은 설계기준풍속 $V_D$를 사용하고, 시공 중에 대해서 기준풍속은 시
공기준풍속 $V_C$를 사용한다. 안전계수 $C_{SF}$는 1.3 이상을 적용한다.


6) 공기역학적 안정성

주경간 200m 이상인 장대특수교량이나 주경간 길이와 폭의 비율이 30 이상인 교량이나 부재는
바람에 의한 진동이 발생하기 쉬우므로, 풍압에 의한 정적설계 결과에 대하여 동적해석과 풍동실
험을 통하여 풍하중의 동적효과에 대한 제반 공기역학적 안정성을 검토하여야 한다.

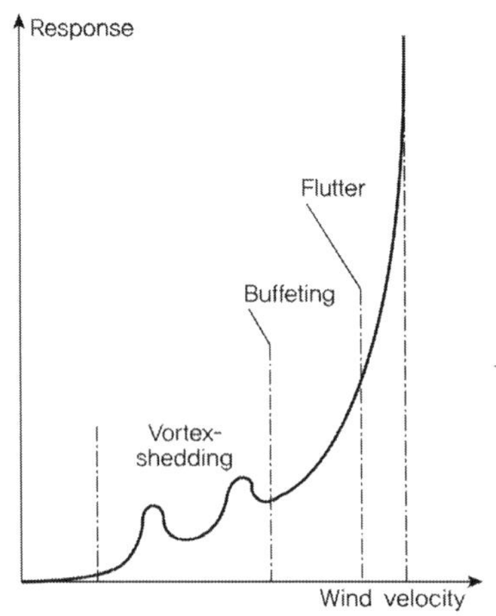


(세장한 교량의 풍속에 따른 동적응답)

## 2. 풍하중과 교량의 거동 <sup></sup>74회/100회/108회



| 정적현상 | 풍하중에 의한 응답 | | 보강형 | 정적공기력의 작용에 의한 정적변형, 전도, 슬라이딩 |
|---|---|---|---|---|
| (바람 하중) | Divergence, 좌굴 | | 보강형 | 정상 공기력에 의한 정적불안정 현상 |
| 동적현상<br>(바람 진동) | 강제<br>진동 | 와류진동<br>(Vortex-shedding) | 보강형, 주탑,<br>아치교 행어 | 물체의 와류방출에 동반되는 비정상 공기력(카르만 소용돌이)의 작용에 의한 강제진동 |
| | | 버펫팅<br>(Buffeting) | 보강형 | 접근류의 난류성에 동반된 변동공기력의 작용에 의한 강제진동 |
| | 자발<br>진동 | 갤로핑<br>(Galloping) | 주탑 | 물체의 운동에 따른 에너지가 유체에 피드백(feed-back)됨으로써 발생하는 비정상 공기력의 작용에 동반되는 자력(Self-exited) 진동 |
| | | 비틀림플러터<br>(Torsional Flutter) | 보강형 | |
| | | 합성플러터<br>(Coupling Flutter) | 보강형 | |
| | 기타 | Rain Vibration | 케이블 | 사장교케이블 등에 경사진 원주에 빗물의 흐름으로 인하여 발생하는 진동 |
| | | Wake Galloping | 케이블 | 물체의 후류(wake)의 영향에 의해 발생하는 진동 |

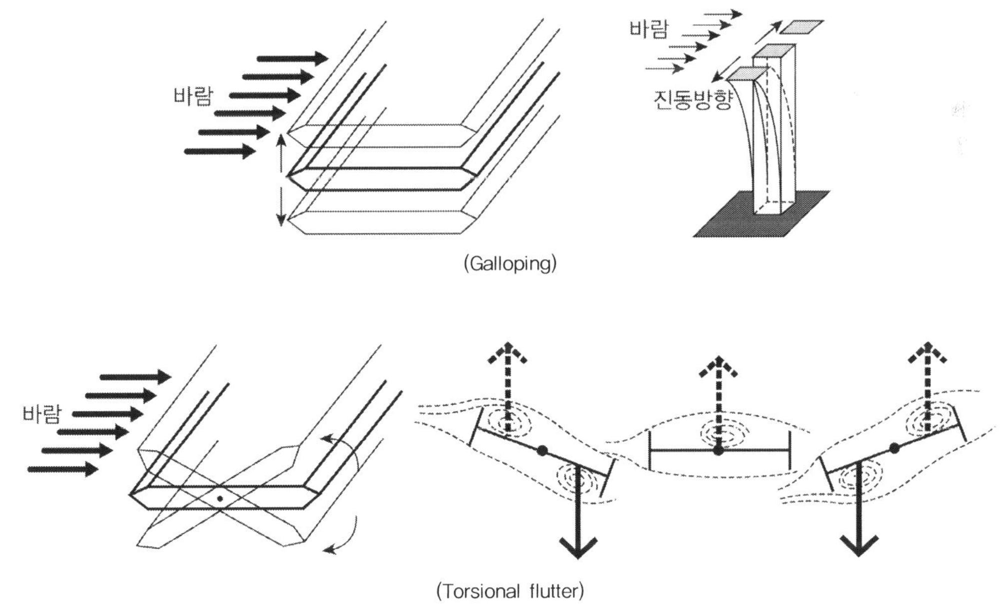

## 1) 정적하중과 교량거동

내풍설계에서는 우선 바람에 의한 정적효과에 대하여 구조물이 충분한 저항력을 가져야 한다. 특히 교량이 장대화됨에 따라 풍하중 효과가 상대적으로 커지게 된다. 바람에 의하여 발생하는 하중은 다음의 6가지 분력으로 구분된다. 이중 주로 항력(Drag force), 양력(Lift force), 비틀림플러터(pitching)에 대하여 주로 고려한다.

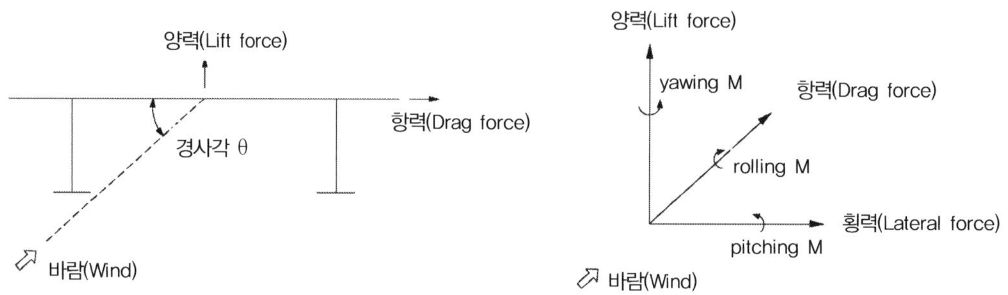


① 기류방향 분력 : 항력(Drag force)

② 기류직각방향 분력 : 양력((Lift force), 횡력(Lateral force)

③ 회전 : Pitching Moment, Yawing Moment, Rolling Moment

④ 양력(Lift force, $F_L$), 항력(Drag force, $F_D$)

$$F_L = \frac{1}{2}\rho V^2 C_L A \ : \ \frac{1}{2}\rho V^2 \fallingdotseq f(운동에너지) = \frac{1}{2}mv^2, \quad C_L(양력계수), \quad A(투영면적)$$

$$F_D = \frac{1}{2}\rho V^2 C_D A \ : \ \frac{1}{2}\rho V^2 \fallingdotseq f(운동에너지) = \frac{1}{2}mv^2, \quad C_D(항력계수), \quad A(투영면적)$$

$$M = \frac{1}{2}\rho V^2 C_M A B^2 \ : \ 양력과 \ 항력의 \ 합력이 \ 교량단면의 \ 비틀림 \ 강성 \ 중심을 \ 통과하지 \ 않을$$
$$때 \ 발생하는 \ 비틀림 \ 모멘트, \ B(폭원)$$

$$※ \ C_L, \ C_D, \ C_M \ : \ 양각에 \ 관련된 \ 계수로 \ 단면형상과 \ 양각에 \ 따라 \ 변화하며 \ 풍동실험을 \ 통해서 \ 결정$$
$$V(평균풍속의 \ 정상류) \ : \ 실제 \ 자연풍은 \ 시간적 \ 변동특성을 \ 가지므로 \ 거스트 \ 계수(G)로 \ 보정$$

⑤ 횡좌굴 한계풍속 : 교량에 횡방향 작용하는 정적하중에 의해 발생하는 가장 기본적인 불안정 구조거동은 면외 좌굴인 횡좌굴이며 횡좌굴에 대한 한계풍속 $V_{cr}$ 은 다음과 같이 추정한다.

$$V_{cr} = \sqrt{\frac{2q_{cr}}{\rho C_D (A/L)}}, \quad q_{cr} = \frac{28.3\sqrt{EI \cdot G_s J}}{L^3}$$

여기서, $L$ : 경간장, $EI$ : 주형의 약축에 대한 휨강성, $G_s J$ : 비틀림 강성

⑥ 비틀림 발산(Torsional divergence) : 비틀림 모멘트에 의해 발생하는 주형의 거동

$$V_{cr} = \sqrt{\dfrac{2\lambda_1}{\rho(dC_M)(A \cdot B/L)}}$$

여기서, $\lambda_1$ : $|K[I] - \lambda[I]| = 0$ 의 Eigenvalue, $dC_M$ : $\left[\dfrac{dC_M}{d\theta}\right]_{\theta=0}$ , $[K]$ : 비틀림 강성행렬

## 2) 동적하중과 교량거동 <sup>68회/71회/95회/107회</sup>



① 와류(Vortex-shedding) 진동

와류진동은 물체의 배후나 측면에서 생성되는 주기적인 와류에 의해 발생되는 현상이며 일반적으로 뭉뚝한 구조단면 형상을 갖고 구조감쇠나 질량이 작은 구조체에서 발생하기 쉽다. 이 진동은 저풍속역에서 발생하며 어떤 한정된 풍속영역에서 발생하기 때문에 발생빈도가 높아 구조물의 피로나 시공성, 사용성에 문제가 되는 경우가 있다. 단면 배후에 주기적으로 방출되는 와류의 방출주파수가 구조물의 고유진동과 일치할 때에 발생하기 때문에 일정한 풍속범위에서만 발생하는 일종의 한정적인 진동현상이다. 따라서 이러한 진동의 발생에 의해 교량이 갑자기 붕괴에 도달할 위험은 적으므로 구조부재의 파손 등이 발생하는 일이 없는 범위에서 진동을 허용할 수 있는 현상이다.

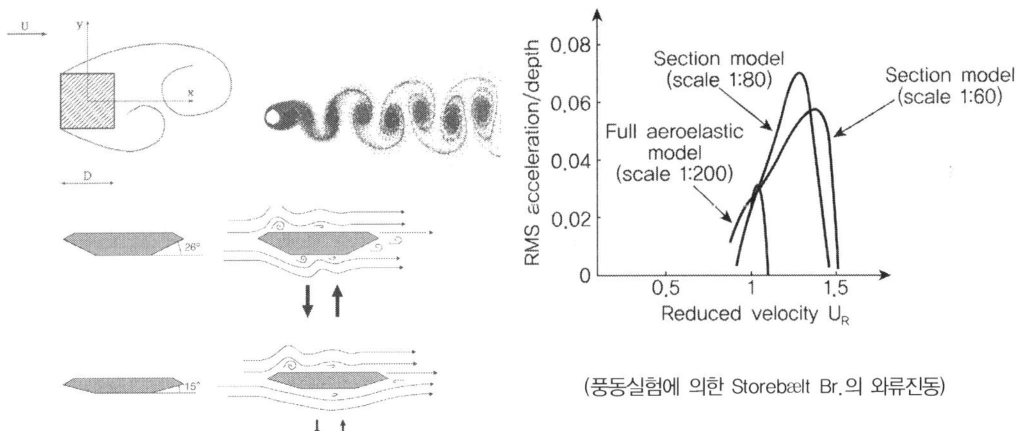


(풍동실험에 의한 Storebælt Br.의 와류진동)

| 특징 | 대책 |
| --- | --- |
| ① 뭉뚝한 단면, 감쇠나 질량이 작은 구조체에서 발생 | ① 강성 증가 |
| ② 저풍속역에서 발생(한정돈 풍속역) | ② 단위길이당 질량 증가 |
| ③ 구조물 피로, 시공성, 사용성에 문제 | ③ Damping 증가 |
| ④ 급작스러운 붕괴위험은 적음 | ④ 유선형 단면 채택 |

② 버펫팅(Buffeting) : 설계기준식에서 거스트 응답계수(G)로 고려

바람의 난류성에 기인하여 구조물에 불규칙적인 변동 공기력이 작용할 때 발생하는 강제진동 현상을 버펫팅 또는 거스트 응답이라고 한다. 이 진동은 대기류와 같이 난류성을 포함한 기류 내에서는 어떠한 구조물, 어떠한 풍속영역에서도 발생할 수 있다는 점이 다른 진동현상과 다르다. 지간이 짧은 중소지간의 교량에서는 버펫팅에 의한 동적인 하중효과를 거스트 응답계수를 적용시켜 반영하여 간편한 방식으로 적용한다.

③ 갤로핑(Galloping)

갤로핑은 단면비 폭/높이(B/D)가 0.7~2.8인 사각형 단면에서 주로 발생하는 기류 직각방향의 진동으로 물체의 운동에 따른 에너지가 유체에 피드백(feed-back)됨으로써 발생하는 비정상 공기력의 작용에 동반되는 자력(Self-exited) 진동이다. Den Hartog의 조건에 따르면 양력계수($C_L$)와 양각($\alpha$, Angle of attack)와의 관계 그래프에서의 기울기($dC_L/d\alpha$)가 음의 값을 가질 때 갤로핑이 발생된다. 사각형의 단면 주위의 기류의 양상에 의해서 양각이 증가하게 되고 이로 인해서 가속화된 박리 기류로 인해 음의 압력이 발생되어 음의 압력이 발달하게 된다. 음의 압력은 박리기류 하면에 재부착되는 양각을 정점으로 감소하는데 정사각형인 경우 (B/D=1.0)에는 $\alpha = 15°$가 된다. 재부착된 박리기류는 반대로 양의 압력으로 작용하게 되어 진동이 유발된다. 다만 B/D>2.8인 단면에서는 박리기류의 재부착으로 갤로핑이 발생되지 않으므로 주형과 같은 단면에서는 문제가 되지 않는다.

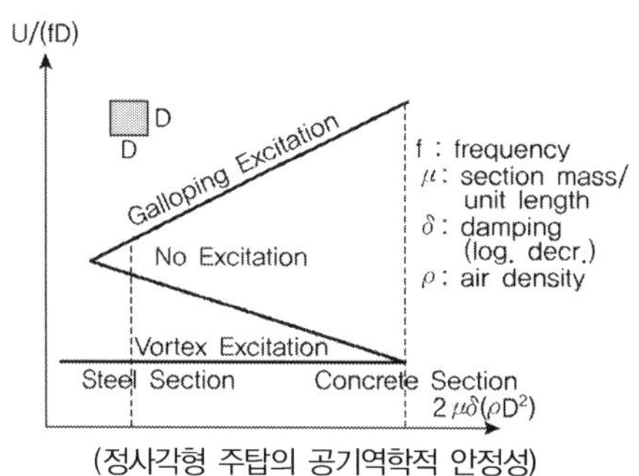


(정사각형 주탑의 공기역학적 안정성)

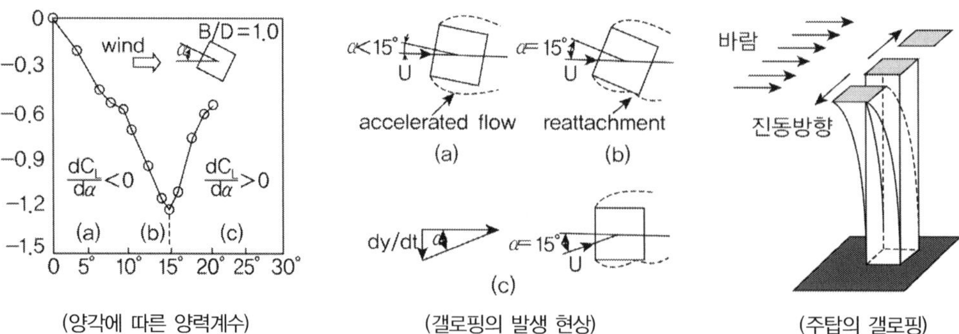


(양각에 따른 양력계수)　　　(갤로핑의 발생 현상)　　　(주탑의 갤로핑)

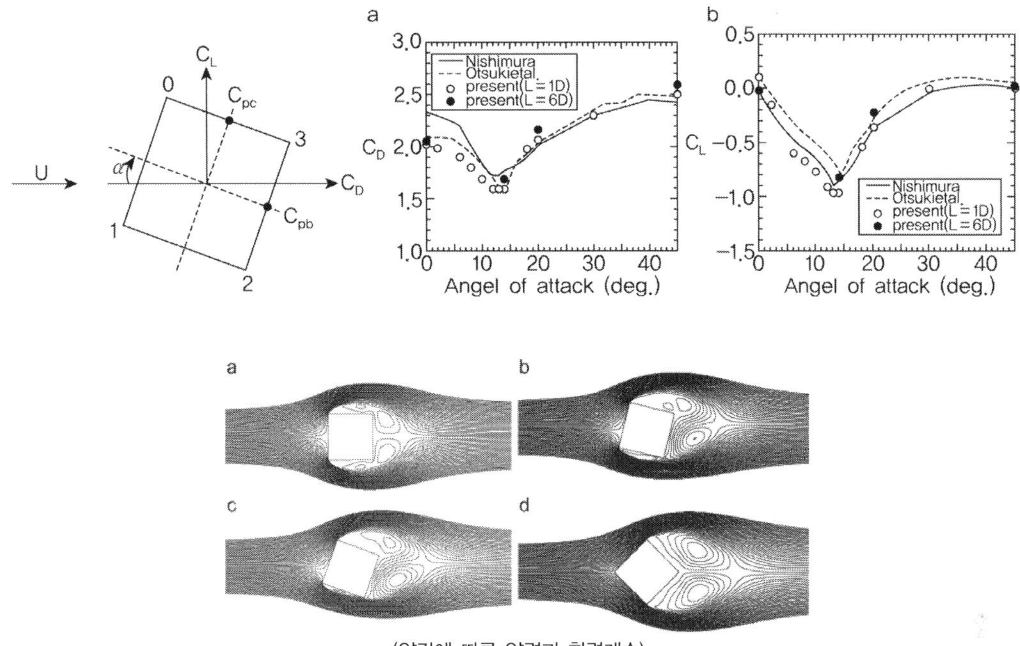



(양각에 따른 양력과 항력계수)

④ 플러터(Flutter)

플러터에는 여러 가지 진동모드가 있으며 교량구조에서는 수직성분의 휨과 비틀림 모드가 함께 발생하는 합성플러터(Coupling flutter)와 비틀림 모드만 발생하는 비틀림 플러터(Torsional flutter)가 주요 모드로 발생한다.

(1) 비틀림 플러터

비틀림 플러터는 바람에 의해 바람이 부는 방향에 수직인 교축을 중심으로 pitching moment에 의해 비틀림 거동의 발산형 진동을 말한다. 이 진동현상은 교량이 내풍실세에 있어서 가장 주의해야 할 진동현상으로 주로 주형에서 문제가 된다.

교량의 주형과 같은 단면비(B/D)가 큰 단면의 경우 단면의 상류측 모서리에서 발생하는 박리 전단층은 측면에 재부착하게 되고 이 박리 전단층에 둘러싸인 영역에서는 박리라는 순환류가 존재하게 된다.

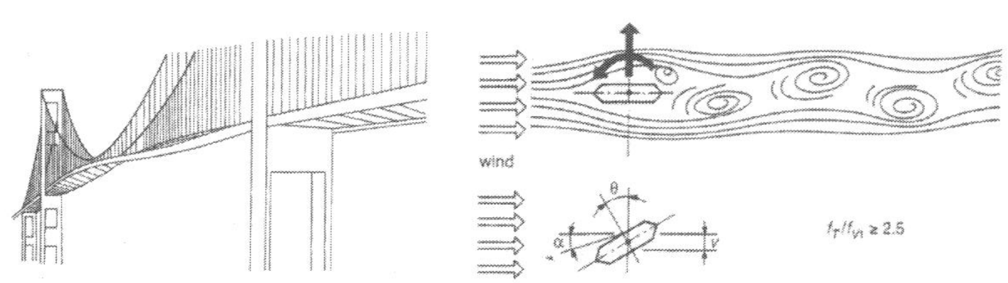

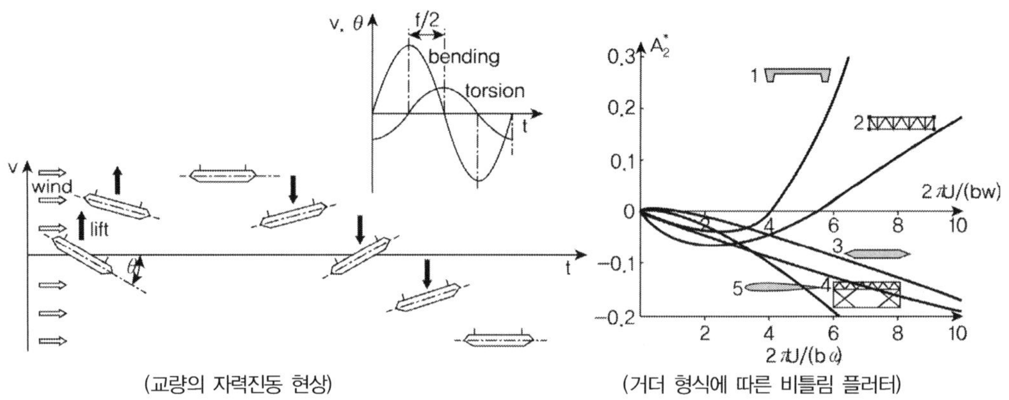



(교량의 자력진동 현상)　　　　　(거더 형식에 따른 비틀림 플러터)

(거더형식) 1. bluff box deck, 2. trussed deck with instability, 3. stable streamlined box deck, 4. thin airfoil

이때 이 순환류의 운동에 의해 단면의 측면에는 음의 압력이 발달하게 되며 이 순환류는 기류에 따라 하류측으로 이동하게 되며 따라서 음의 압력영역도 하류측으로 이동하게 된다. 이와 같은 음의 압력 영역의 이동은 단면의 상하면에서 어느 정도의 시간차를 가지고 이동하게 되는데 이와 같은 시간적 위상차에 의해 단면에는 비틀림 모멘트가 발생하게 되어 비틀림 플러터가 발생하게 된다(Tacoma Bridge의 붕괴사고의 원인).

(2) 합성플러터

합성플러터는 바람에 의해 발생하는 발산형 진동중에서 기류 직각방향과 비틀림 방향의 진동, 즉 갤로핑과 비틀림 플러터가 합성된 2자유도의 진동현상이다. 연직운동과 비틀림 운동의 진동수가 풍속에 따라 변화하다가 일정 풍속에 도달하여 두 진동수가 일치할 때 이 진동이 발생하게 되며 진동 중에는 연직방향과 비틀림 방향의 운동 간에 시간적 위상차를 갖게 된다. 합성플러터의 발생풍속은 연직과 비틀림 운동의 고유진동수비에 의해 크게 좌우되는데 고유진동수비가 약 1.1에서 합성플러터 발생풍속이 최저인 불리한 조건이 되며 이 진동수 비가 1.1보다 증가하거나 또는 감소함에 따라 발생풍속이 증가하는 특징을 보인다. 종래에는 이 진동수비가 1.8~2.0 이상이 되도록 주형의 단면을 설계하는 것이 보통이었으나 근래에는 1.1보다 작게 설계하는 것이 검토 중이다.

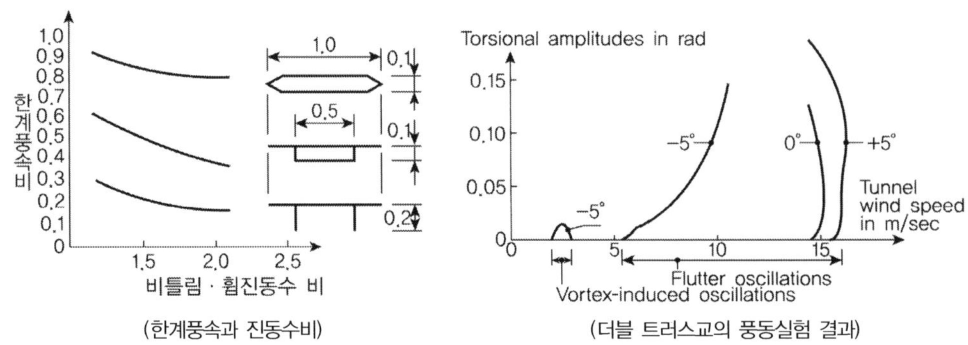



(한계풍속과 진동수비)　　　　　(더블 트러스교의 풍동실험 결과)

Frandsen의 airfoil flutter Velocity : $U_f = U_d \sqrt{1 - \left(\dfrac{\omega_v}{\omega_t}\right)^2}$

Selberg의 flutter Velocity : $U_f = 0.52 U_d \sqrt{\left[1 - \left(\dfrac{\omega_v}{\omega_t}\right)^2\right]} b \sqrt{\dfrac{\mu}{I_m}}$

## 3) 케이블의 진동 <sup>92회/111회/120회</sup>



① 케이블의 와류(Vortex-shedding)진동

(1) 케이블의 와류진동은 바람방향으로 케이블 후면에 발생하는 주기적인 와류에 의한 진동으로 고주파의 저진폭 진동이라는 특징이 있다.

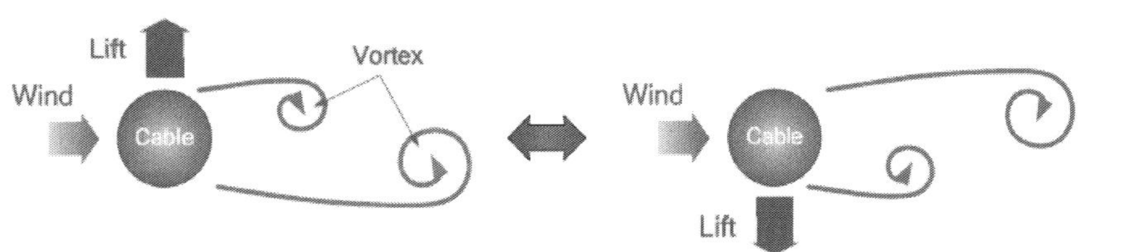


(2) 와류진동에 의한 케이블의 가진력은 케이블의 운동과 서로 상호작용이 일어나지 않으므로 발산진동 현태가 되지 않는다.

(3) 하지만 이러한 진동이 케이블에서 중요하게 다루어지는 이유는 케이블에 피로문제를 야기할 수 있기 때문이며, 와류생성 진동수($n$)는 다음의 식을 사용하여 계산한다.

$$V = \frac{nD}{S_t} \quad \therefore n = S_t \frac{V}{D}$$ 여기서 $S_t$ : 스트로할 수(원형단면 0.15), $D$: 케이블 직경

(4) 케이블의 와류진동은 위 식을 이용하여 와류생성 진동수를 구하고 이 값을 케이블의 고유진동수와 비교하며 일반적으로 케이블의 고유모드는 4차 이상을 사용하여 검토한다. 이외에도 적절한 방법으로 와류진동에 의한 피로응력을 직접 산정하여 검토할 수 있다.

② 케이블의 풍우진동(Rain wind vibration)

빗물이 케이블 표면을 따라 흘러내려 발생시키는 케이블의 길이방향 물줄기에 의한 케이블 단면의 비대칭 형상에 기인하며 바람방향의 수직 성분 공기력의 차이로 발생한다. 따라서 주로 바람방향으로 아래로 기울어진 케이블에서 발생하며 발생 풍속은 비의 양과 케이블의 표면상태에 따라 달라진다. 풍우진동에 대한 안정조건은 스크루톤 수($S_c$)와 관련이 있으며 매끈한 원형단면의 경우 일반적으로 다음과 같다.

$$S_c = \frac{m\xi}{\rho D^2} \geq 10 \text{ (케이블의 표면에 공기역학적 처리한 경우, Dimple이나 돌기처리 시 4)}$$

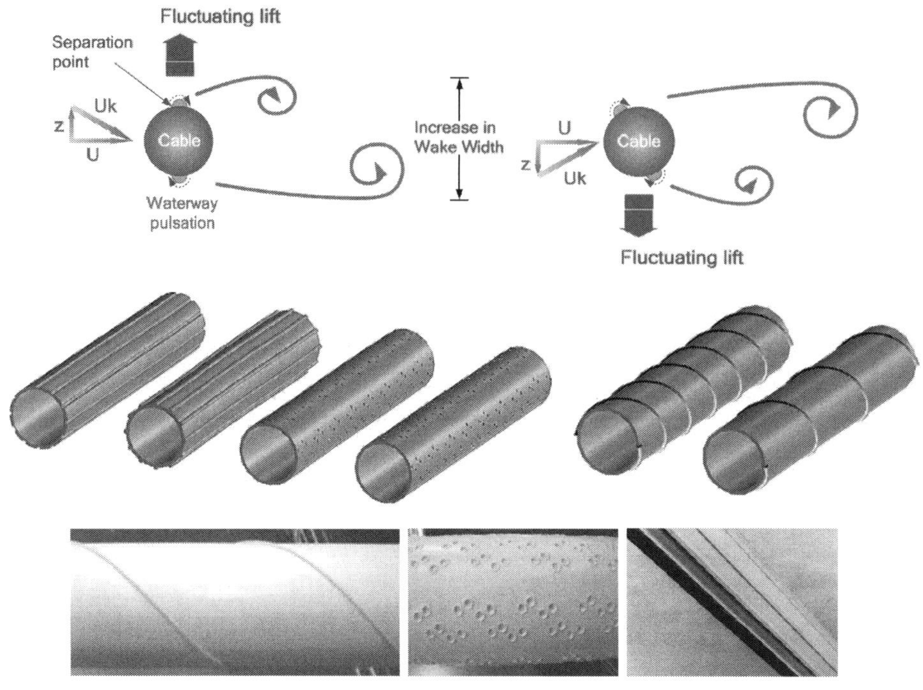



(케이블 표면의 공기역학적 처리)

③ 케이블의 버펫팅

(1) 바람의 변동성분에 의한 진동으로 사장교 케이블에 대해서는 대부분 면외방향의 진동을 발생

(2) 케이블의 공기역학적 감쇠비는 일반적으로 면내방향보다 면외방향이 훨씬 크므로 적절한 방법을 이용하여 버펫팅을 검토할 경우 공기역학적 감쇠비를 고려하는 것이 타당하다.

④ 케이블의 웨이크 갤로핑(Wake Galloping)

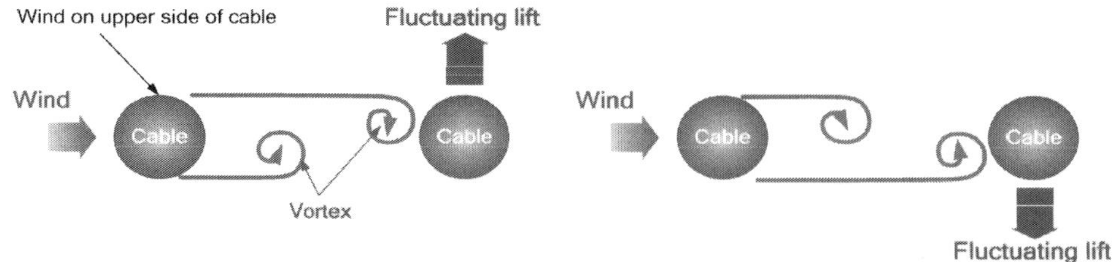



$$V_{cr} = \frac{D}{S_t f_n}, \quad \text{케이블 간격이 1.5~6.0D인 경우 발생한다.}$$

(1) 케이블 단면의 비대칭 형상에 기인하는 것으로 원형 단면 케이블이라도 경사진 케이블에서

발생하며(galloping of dry inclined cable) 표면에 얼음이 덮인 케이블에서도 발생가능하다.

(2) 경사 케이블의 갤로핑은 이론적으로 가능하지만 아직 그 현상에 대해 실제적으로 명확하게 규정되지 않고 있으며 현재 연구가 진행 중이다.

(3) 최근 연구결과에 따르면 케이블의 구조감쇠가 0.3% 이상인 경우 경사 케이블의 갤로핑은 발생하지 않으며, 이 경우 스크루톤 수($S_c$)는 3 정도로 풍우진도의 발생 임곗값인 10보다 작은 값이다. 따라서 풍우진동을 방지할 수 있을 정도의 감쇠비이면 경사케이블의 갤로핑은 충분히 방지할 수 있다.

(4) 웨이크 겔로핑(Wake galloping)은 다른 구조요소들에서 발생한 와류 속에 케이블이 존재하여 발생하는 공기역학적 불안정 현상으로 여러 다발로 이루어진 케이블시스템이나 사장교에서 바람의 방향이 교축방향인 경우에 발생할 수 있다.

(5) 현장측정이나 풍동실험 결과에 의하면 $W/D$(케이블 중심 간 거리/케이블 직경)이 1.5~6.0 사이에 있는 경우 바람 흐름의 아래쪽 케이블이 불안정해진다고 알려져 있다.

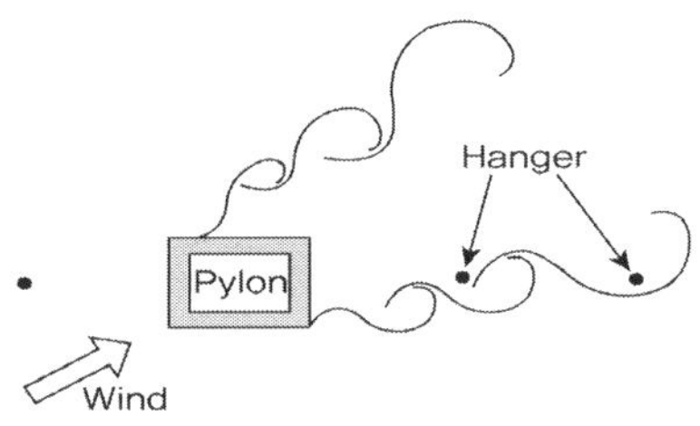


(Pylon에 의한 Wake Galloping)

⑤ 주탑이나 주거더의 지점가진 진동

바람이나 주행차량에 의해 유발되는 주탑이나 주거더의 진동은 경사진 케이블의 지점을 가진시키게 된다. 이때 주탑과 주거더의 고유진동수와 케이블의 고유진동수가 특정한 관계로 연결되면 공진이 발생할 수 있으며 응답진폭은 과다하게 나타난다. 설계단계에서의 공진가능성 검토 시 가진진동수나 케이블의 고유진동수는 이론적인 계산에 의한 것이므로 두 진동수의 여유량을 20% 이내로 두는 것이 좋다.

# 3. 내풍대책 <sup></sup>108회/109회/110회/112회/114회/120회/129회/131회



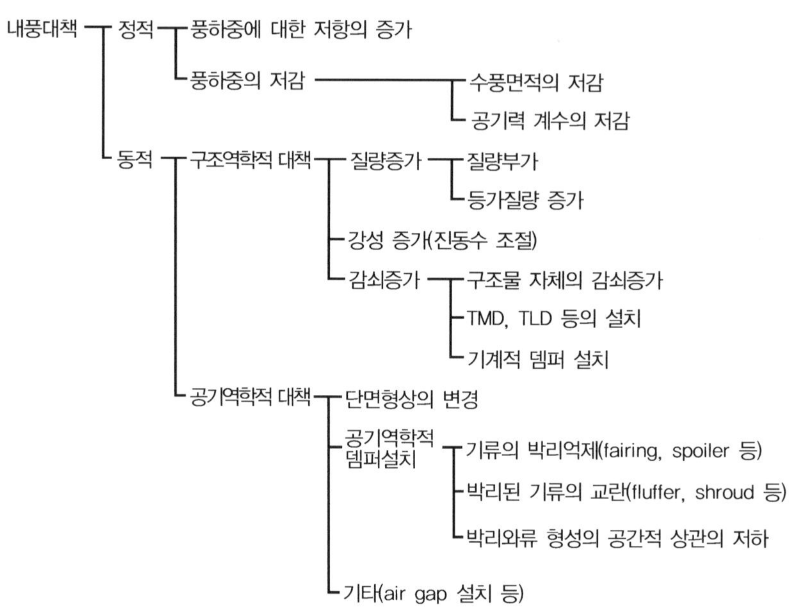


| 정적 내풍대책 | 동적 내풍대책 | | |
| --- | --- | --- | --- |
| | 구조역학적 대책 | 공기역학적 대책 | 기타 |
| ① 풍하중에 대한 저항의 증가 | ① 질량 증가(m)<br>부가질량, 등가질량 증가 | ① 단면형상의 변경 | air gap 설치<br>풍환경 개선 |
| ② 풍하중의 저감<br> – 수풍면적의 저감<br> – 공기력 계수의 저감 | ② 강성 증가(k)<br>진동수 조절 ($f \propto \sqrt{\dfrac{k}{m}}$ )<br>③ 감쇠 증가(c)<br>구조물 자체 감쇠 증가, TMD,<br>TLD 등 설치, 기계적 뎀퍼 설치 | ② 공기역학적 댐퍼<br>기류의 박리억제(fairing, spoiler)<br>박리된 기류의 교란(fluffer, shround)<br>박리와류형성의 공간적 상관의 저하 | |

## 1) 정적거동에 의한 내풍대책

정적거동에 의한 내풍대책은 먼저 풍하중에 대한 구조물의 저항 및 강도의 증가 대책으로 풍하중의 작용에 대한 구조물의 안정성을 확보하기 위해서 충분한 강성을 구조물이 가지도록 하는 것이다. 정적거동의 대책으로는 다음의 3가지로 구분할 수 있다.

① 단면 강도 증대 : 충분한 강성을 가지는 단면 선택

② 수풍면적이 저감

③ 공기력 계수 저감

2) 동적거동에 의한 내풍대책(구조역학적 대책)

① 구조역학적 대책의 목적

(1) 구조물 진동 특성을 개선하여 진동의 발생 그 자체를 억제

(2) 진동 발생 풍속을 높이는 방법

(3) 진동의 진폭을 감소시켜 부재의 항복이나 피로파괴 억제 등에 목적을 둔다.

② 구조물의 진동 특성을 개선하는 방법

(1) 질량의 증가

구조물 질량의 증가는 와류진동 등의 진폭을 감소시키며, 갤로핑의 한계풍속을 증가시킨다. 그러나 한편으로는 질량의 증가에 따라 고유진동수가 낮아지게 되어 진동의 발생풍속 증가에 도움이 되지 않는 경우도 있으므로 신중한 검토가 필요하다.

(2) 강성의 증가(진동수의 조절)

구조물 강성의 증가는 고유진동수를 상승시킴으로써, 와류진동 및 플러터의 발생풍속의 증가를 가져다 준다. 강성이 높은 구조형식으로 변경한다든지 적절한 보강부재를 첨가하는 것을 고려할 수 있으나 강성 증가에는 한계가 있어 현저한 내풍안정성 향상을 기대하기 어렵다.

(3) 감쇠의 증가

구조감쇠의 증가는 와류진동이나 거스트 응답 진폭의 감소 또는 플러터 한계풍속의 상승을 목적으로 한 것으로 그 제진 효과를 확실히 기대할 수 있다. 교량 내부에 적당한 감쇠장치를 첨가하여 기본구조의 변경 없이 제진효과를 얻을 수 있다는 점에서 여러 가지 구조역학적 대책 중에서 가장 많이 사용되는 방법이다. 감쇠장치의 종류에는 오일댐퍼를 비롯하여 TMD(Tuned Mass Damper), TLD(Tuned Liquid Damper), 체인댐퍼 등과 같은 수동댐퍼가 많이 사용되었으나 최근에는 AMD(Active Mass Damper)와 같은 제어 효율이 높은 능동적 댐퍼도 많이 개발되고 있다.


3) 동적거동에 의한 내풍대책(공기역학적 대책)

공기역학적 방법은 교량단면에 작은 변화를 주어 작용공기력의 성질 또는 구조물 주위의 흐름양상을 바꾸어 유해한 진동현상이 발생되지 않도록 하는 방법이다. 교량의 주형이나 주탑 단면은 일반적으로 각진 모서리를 가진 뭉뚝(bluff)한 단면이 많은데 이러한 단면에서는 단면의 앞 모서리부에서 박리된 기류가 각종 공기역학적 현상과 밀접한 관계를 가지고 있다. 따라서 앞 모서리에서의 박리를 제어함으로써 제진을 도모하는 방법이 주로 채택된다.

① 기류의 박리억제 : 단면에 보조부재를 부착하여 박리 발생을 최소화시켜 구조물의 유해한 진동을 일으키는 흐름상태가 되지 않도록 기류를 제어하는 방법으로 fairing, deflector spoiler, flap 등이 사용된다. 하지만 이러한 부착물에 의한 내풍안정성 향상효과는 단면 형상에 따라 다르며 때로는 진폭이 증가되거나 원래 단면에서 발생하지 않던 새로운 현상을 일으킬 수 있

으므로 풍동실험을 통한 고찰이 요구된다.

② 박리된 기류의 분산 : 기류의 박리억제가 어렵거나 fairing 등에 의한 효과가 없는 경우에는 단면의 상하면의 중앙부에 baffle plate라 불리는 수직판을 설치하여 박리버블의 생성을 방해하여 상하면의 압력차에 의한 비틀림 진동의 발생을 억제할 수 있다.

③ 기타 : 현수교의 트러스 보강형 등에 있어서는 바닥판에 grating과 같은 개구부를 설치하면 단면 상하부의 압력차가 작아지게 되어 연성플러터 또는 비틀림 플러터에 대한 안정성을 향상시킬 수 있다.

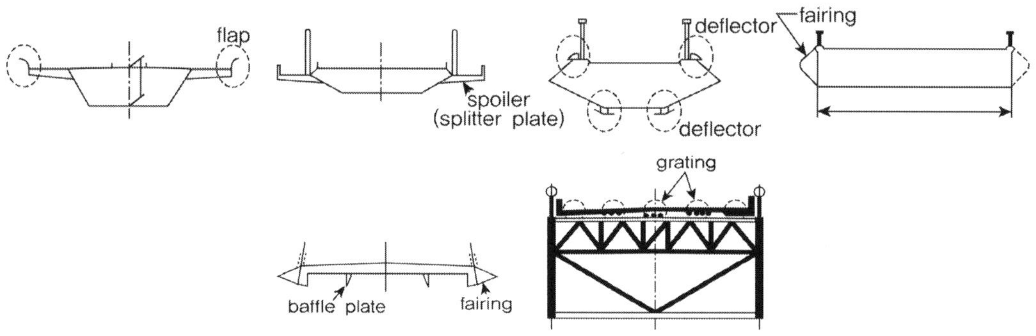


 | TMD(Tuned Mass Damper, 동조질량감쇠장치) |

① 과대한 진동억제 ② 주형이나 주탑에 TMD 설치하여 주구조물의 진동 억제

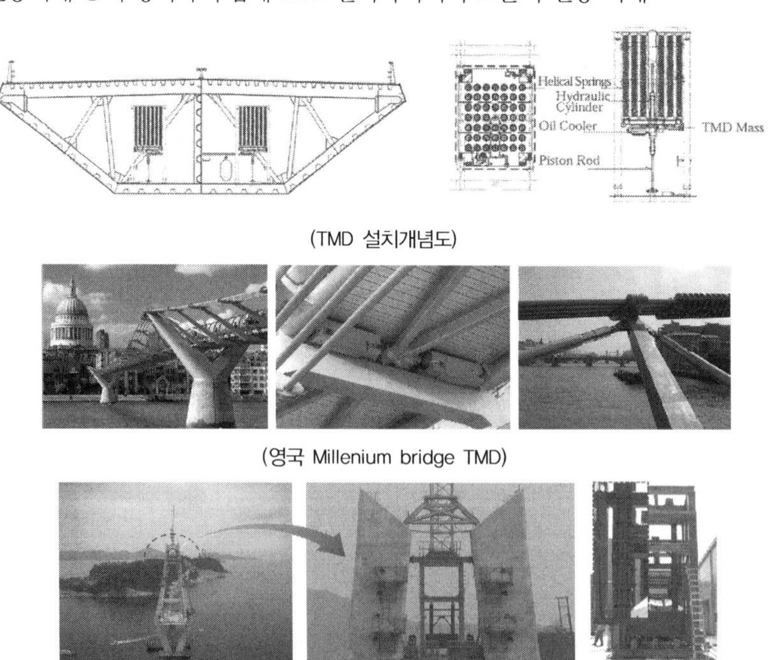


(TMD 설치개념도)

(영국 Millenium bridge TMD)

(한국 거가대교 3주탑 사장교 진자형 TMD)

4) 케이블의 내풍/진동 제어 대책

① 케이블의 진동제어 방법은 크게 공기역학적 방법, 감쇠증가에 의한 방법, 고유진동수 변화에 의한 방법이 있다.

② 공기역학적 방법은 사장교 케이블의 표면에 나선형 필렛(helical fillet), 딤플(Dimple), 축방향 줄무늬(axial stripe) 등 돌출물을 설치하는 것으로 케이블의 공기역학적 특성을 바꿀 수 있다. 이때 돌출물 설치에 따른 진동제어를 풍동실험을 통해 검증하여야 하며 필요한 경우 변화된 공기역학적 계수값을 실험을 통해 산정하여야 한다.

③ 감쇠량 증가에 의한 방법에 주로 사용되는 케이블 댐퍼로는 주로 수동댐퍼가 사용되며 형식으로는 점성댐퍼, 점탄성댐퍼, 오일댐퍼, 마찰댐퍼, 탄소성댐퍼 등이 있다. 케이블에 사용되는 댐퍼는 상시 진동하므로 적용되는 댐퍼의 피로내구성 및 반복작용에 의한 온도상승으로 저하되는 감쇠성능이 검증되어야 하며, 온도 의존성이 큰 댐퍼의 경우 설계 시 적정 온도범위와 설계온도 가정이 중요하다. 설계된 댐퍼는 실내실험을 통해 설계 물성치와 제작된 댐퍼의 물성치를 비교하여 그 성능을 확인하여야 한다.

④ 선형댐퍼를 사용하는 경우 케이블 진동모드에 따라서 댐퍼에 의한 부가 감쇠비가 달라지므로 댐퍼설계 시 진동제어를 하고자 하는 케이블의 모드를 정하는 것이 좋다. 풍우진동의 경우 관측에 의하면 케이블은 2차 모드로 진동하는 것이 지배적인 것으로 알려져 있다. 따라서 이러한 경우 댐퍼는 2차 모드에서 최적의 감쇠비가 나타나도록 설계하는 방법을 채택할 수 있다.

⑤ 비선형 댐퍼는 변위에 따라 부가 감쇠비가 달라지고 미소변위에서는 작동하지 않는 특성이 있으므로 이에 대해서는 작동개시 범위 및 최대 부가 감쇠비 변위 등을 합리적으로 산정하여 설계하여야 한다. 특히 케이블의 진동 제한 진폭 기준이 제시되어 있다면 이 진폭에서는 설계 감쇠비보다 큰 부가 감쇠비가 얻어지도록 설계하여야 한다.

⑥ 고유진동수를 변화시키는 방법으로는 보조 케이블에 의한 진동 제어 방법이 있으며 사장교 케이블을 서로 엮어 매는 것으로 부가 감쇠의 효과도 있으나 케이블의 진동길이를 감소시켜 고유진동수를 높이는 역할을 한다. 고유진동수가 변화될 경우 케이블의 공진을 막을 수 있고 바람에 의한 진동 시 임계풍속을 증가시키는 역할을 하나 이 방법은 유지관리 시 유의하여야 하고 미관을 해칠 수 있는 단점이 있으며, 사장교 케이블의 자유로운 변형을 구속하므로 응력집중에 대해 충분히 검토해야 한다.

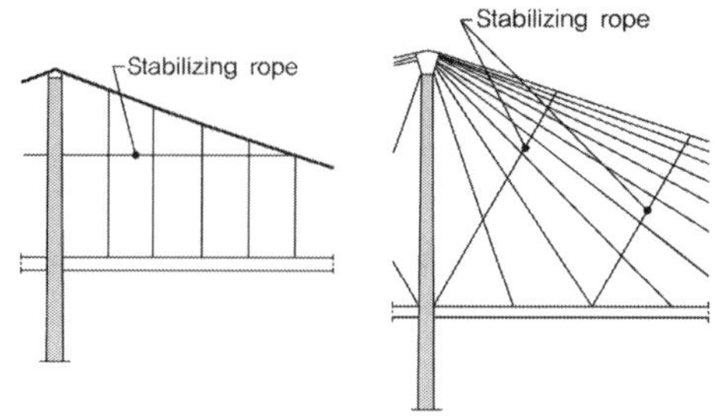



## TIP | 케이블 댐퍼 |

① 케이블의 가능한 감쇠 : 자체감쇠+공기역학적 감쇠+Deviator에 의한 감쇠+댐퍼의 감쇠+Cross Tie 감쇠

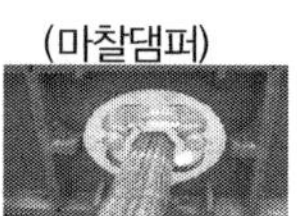


② 수동댐퍼의 감쇠 효과 : 모든 종류의 바람에 의한 진동 제어에 효과적, 내부설치형, 외부설치형 등 교량 미관적인 면을 고려할 수 있음(이론적 최대 부가 감쇠비 $\xi_{n,\max} = \dfrac{1}{2}\dfrac{a}{L}$ )

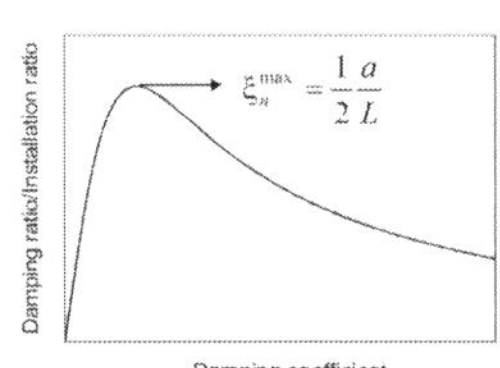


③ 수동댐퍼의 특성

· 고무댐퍼 : 강성으로 인해 감쇠비 감소

· 점성댐퍼 : 오일의 유동에 의한 점성으로 감쇠

· 오일댐퍼 : 오피리스를 통과하는 오일의 점성 및 유동속도로 감쇠

· 비선형댐퍼 : Threshold effect로 인해 저진폭에서 감쇠성능 저하, 비선형으로 진폭에 따라 감쇠성능이 다름

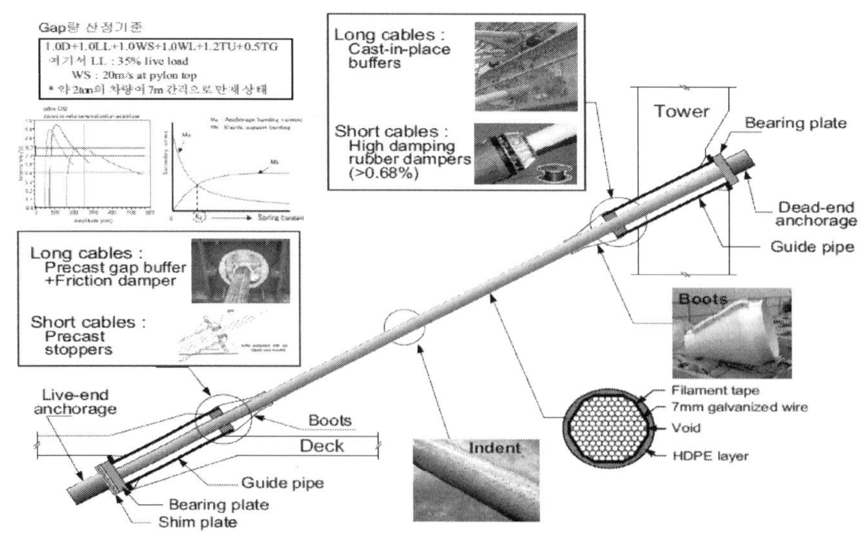


(인천대교 사장교 케이블 시스템)

## 4. 장대교의 동적 특성

1) 주형의 단면 형상 : 둔한단면 형상을 적용할 경우 후류에 와류가 많이 발생하여 휨이나 비틀림 등의 와류에 의한 진동에 불리하며 사용성, 피로, 시공상의 문제가 발생할 수 있다. 플러터 발생의 한계풍속도 낮아진다.

2) 대체단면 선정 : 바람이 구조체 표면을 따라 흘러갈 때 가능한 분리가 덜 발생하여 후류에 소용돌이가 적게 나타난다. 플로터나 갤로핑 등을 일으키는 역감쇠에너지를 발생시키지 않는 단면이 적용되며 일반적으로 유선형 단면이 유리하다.

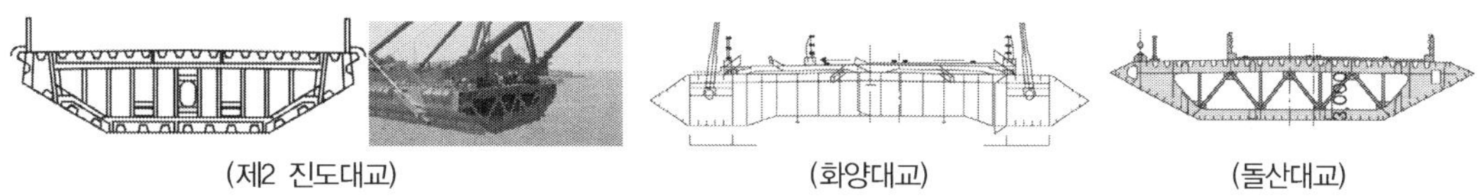

(제2 진도대교)      (화양대교)      (돌산대교)

3) 공탄성 문제 : 플러터로 인한 발산 문제

일자유도 불안정성(갤로핑)은 주로 바람을 받는 부분의 면적이 큰 상부구조에서 나타나는 불안정성으로서 교량이 움직이는 쪽으로 공기역학적 하중이 작용하게 되어 불안정성이 점점 커지는 진동을 유발하게 된다. Tacoma교의 붕괴가 이러한 불안정성의 예이다. 이러한 해결책으로 날개 모양의 단면을 갖도록 교량 상판을 설계하는 예가 많으며 날개 모양의 상판은 일자유도 불안정성 문제(갤로핑)는 없지만 이자유도 불안정성 문제(비틀림 플러터)가 발생할 수 있다. 날개 모양의 상판에서 관찰되는 이자유도 불안정성은 높은 풍속에서 상판의 휨모드와 비틂 모드의 고유진동수가 경간장이 길어짐에 따라서 서로 근접하게 되어 문제를 일으키는 현상이다. 이러한 현상은 초장대 교량에 전형적으로 나타나는 문제로서 강성을 증가하여 해결하기 어렵고 오직 공기역학적 최적화를 통해서 해결하여야 한다. 주로 공기역학적으로 좋은 특성을 가지는 날개 단면 형상의 빅스거더와 양 측면에 부속장치를 추가하여 설계조건을 만족하도록 하고 있다.

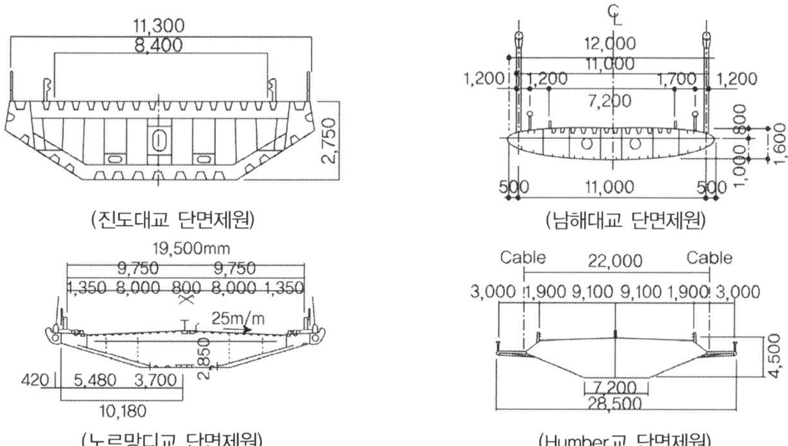

(진도대교 단면제원)      (남해대교 단면제원)

(노르망디교 단면제원)      (Humber교 단면제원)

## 5. 장대교 형식과 동적 특성

1) 현수교 : 케이블로 인한 탄성 스프링 지점이 연직만 유효하므로 케이블이 주형의 비틀림 진동에 구속을 못한다. 따라서 비틀림 강성이 좋은 단면 채택하는 것이 좋다.

2) 사장교 : 케이블 탄성지점이 연직과 교축방향, 교축직각방향에 유효하므로 내풍에 유리하다. 고유진동수가 각기 다른 케이블이 주형에 정착되어 국부진동을 하므로 일반적으로 공진발생이 적다. 2면 케이블과 경사진 케이블 배치방식의 사장교가 비틀림에 유리하다.

사장교의 경우 휨 모드, 비틀림 모드의 고유진동수는 구조형식의 특성상 주형단면의 강성보다는
① 케이블의 배치형식(팬형, 하프형, 1면 배치, 2면 배치)
② 주탑 높이와 주경간장의 비
③ 측경간장비와 주경간장의 비 등의 기하학적 형상에 지배된다.
　※ 수직방향 휨 모드 : '주경간/측경간, 주경간/주탑비'가 커질수록 진동수가 작아진다.

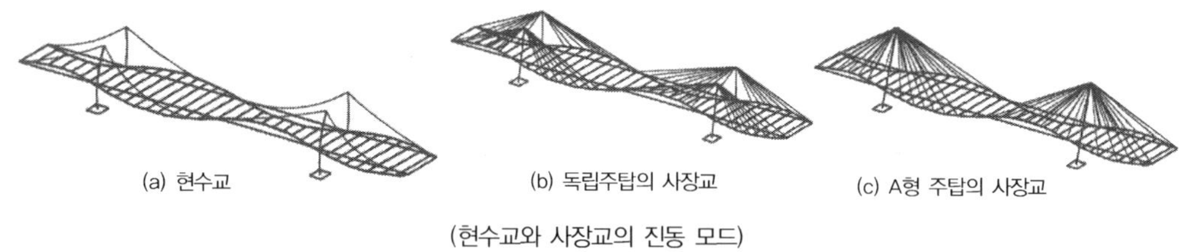


## 6. 풍동실험 <sup>68회/87회</sup>

**【 기출유형 ① 】** 장대교량에서 발생하는 진동의 종류 및 풍동실험

1) 풍동실험(Wind Tunnel test)의 목적

　① 교량단면에 맞는 각종 풍압계수($C_L$, $C_D$, $C_M$) 산정
　② 작용 공기력과 바람에 의한 진동을 가능한 정확히 산정
　③ 풍동실험에 의해 규정풍속 지역 내에서 플러터가 발현되는지 여부 확인

2) 상사법칙

　① 기하학적 상사 : 실구조물과 모형의 상사로 기하학적 상사와 진동모드의 상사
　② 실제 바람과 풍동기류의 상사
　③ 바람과 구조물의 상호작용에 대한 상사

풍동실험의 상사비

| 구분 | 길이 | 진동수 | 질량 | 질량관성모멘트 | 감쇠율 | 풍속 |
|---|---|---|---|---|---|---|
| 모형/실교량 | $1/n$ | $\sqrt{n}$ | $1/n^2$ | $1/n^4$ | 1 | $1/\sqrt{n}$ |

풍동실험명 및 방법

| 구분 | 측정항목 | 실험 명 | 모형화 | 실험방법 |
|---|---|---|---|---|
| 정적 실험 | 공기력계수 $C_L,\ C_D,\ C_M$ | 정적공기력 측정실험 | 교량상판 (강체부분모형) | 2차원모형+Load Cell |
| | 평균압력계수 $C_p$ | 풍압 측정실험 | 교량상판 (강체부분모형) | 2차원모형+차압센서 |
| 동적 실험 | 연직변위, 비틀림변위, 공기역학적 감쇠 등 | Spring지지 모형실험 | 교량상판 (강체부분모형) | 2차원모형+Coil Spring |
| | | Taut strip 모형실험 | 교량상판 (탄성체모형) | 상판외형재+피아노선(또는 강봉) |
| | | 전경간 모형실험 | 상판+Cable+주탑 (탄성체모형) | 상판외형재+강봉+주탑+cable |

### 3) 풍동 모형

#### ① 2차원 모형

**(1) 주형의 진동실험 목적**

교량구조물은 타 구조물과 달리 유연한 구조특성으로 인하여 풍하중에 의한 진동발생 가능성이 매우 높다. 교량의 내풍안정성을 평가하기 위해서는 다양한 풍동실험이 실시되는데 가장 기본이 되는 것이 주형에 대한 공기력 진동실험이다. 2차원 강체모형을 탄성자유도 시스템에 설치하여 와류진동, 플러터와 같은 공기력 진동이 발생하는 풍속 및 최대진폭 등을 예측하여 내풍안정성을 사전에 평가함과 동시에 진동을 제어할 수 있는 공기력 제진대책을 제안하는 데 그 목적이 있다. 등류와 난류의 조건하에서 풍속 및 영각, 감쇠율 등을 변화하면서 동적거동을 계측한다.

**(2) 주형 진동실험의 주요 실험 결과**

영각별 진동발생 풍속 및 최대 진폭 예측(주형의 내풍안정성 평가 및 제진대책 제안)

**(3) 주형의 공기력 측정 실험 목적**

공기력 진동실험이 주형에 대한 동적안정성 평가를 위한 실험이라면 공기력 측정 실험은 항력 및 양력 그리고 모멘트력을 측정하는 실험으로 풍하중에 대한 주형의 정적 내풍 안정성 평가를 위한 실험이다.

2차원 강체모형을 3분력 로드셀에 고정하여 공기력을 측정하며 측정된 공기력 중 특히 항력은 기본 설계 시 적용되었던 항력과 비교하여 안정성여부를 검토하는 데 사용되며 각 공기력 계수는 버페팅 해석과 같은 동적 내풍안정성의 예측에 사용된다.

**(4) 주형의 공기력 측정 실험의 주요 실험 결과**

영각별 공기력 계수(주형에 대한 정적 내풍안정성의 평가)

(5) 독립주탑의 진동실험 목적

케이블로 지지되는 현수교 및 사장교 주탑의 경우 가설공법에 따라 독립적으로 존재하는 기간이 있으며, 이러한 독립주탑에 대해서는 완성계와는 달리 공기력 진동이 발생하는 경우가 있다. 주탑의 진동실험에서는 2차원 주형의 진동실험과 달리 모형 자체가 탄성거동을 하는 3차원 탄성체 모형을 사용하여 실험을 수행하게 된다. 또한 가설현장의 기류특성을 모사한 대기경계층류에서 실험을 수행하며 수평풍각에 대해 와류진동, 갤로핑과 같은 공기력 진동의 발생가능성과 최대진폭 등을 예측하여 내풍안정성을 사전에 평가함과 동시에 진동을 제어할 수 있는 공기력 제진대책을 제안하는 데 목적이 있다.

(6) 독립주탑의 진동실험의 주요 실험 결과

수평풍각별 진동발생풍속 및 최대진폭의 예측(주탑의 내풍안정성평가와 제진대책)

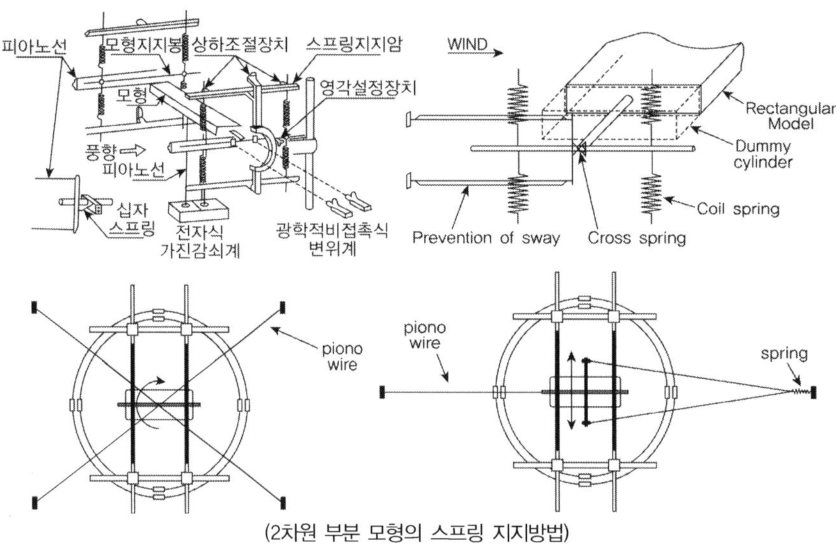


(2차원 부분 모형의 스프링 지지방법)

② 3차원 모형

(1) 전체 교량의 진동실험 목적

실제 교량의 내풍거동은 주형 및 주탑, 그리고 케이블 등의 동적특성이 복합적으로 연계되어 나타나게 된다. 또한 주변 지형의 특성상 교축 직각방향 이외의 방향으로 풍하중이 작용하기 쉬운 교량이나 교축방향으로 주형의 단면 형상이 변하는 교량에 대해서는 2차원 주형 진동실험에서 예측하기 어려운 진동이 발생할 가능성이 있으며 이 경우 교량 전체를 모형화하여 풍동실험을 수행하는 것이 효과적이다.

특히 가설단계에 있어서는 완성계와 전혀 다른 동적특성을 나타내며 가설진행에 따라서 교량의 동적 특성이 계속 변화하기 때문에 3차원적인 동적 내풍안정성을 면밀하게 파악할 필요가 있다. 전체 교량의 진동실험에서는 주탑실험과 마찬가지로 모형 자체가 탄성거동을 하는 3차원 탄성체 모형을 사용하여 실험을 수행하게 된다. 또한 가설현장의 기류특성을 모사한 대기 경계층류에서 실험을 수행하며 와류진동, 플러터와 같은 공기력 진동에 대해서 최종적인 안정성을 확인하는 데 목적이 있다.

(2) 주요 실험 결과

- 수평중각별 진동발생 풍속 및 최대 진폭 예상(완성계 및 가설단계의 내풍안정성 평가)
- 바람의 공간적 분포 특성의 영향
- 진동 모드 형태의 영향
- 고차수의 진동 모드의 응답특성
- 진동 모드 간의 간섭
- 교축방향의 단면 변화 영향
- 주형 이외의 구조물(주탑, 케이블 등)에 작용하는 공기력의 영향
- 3차원성이 강한 구조물(가설 시 주탑, 주형 등)의 내풍성

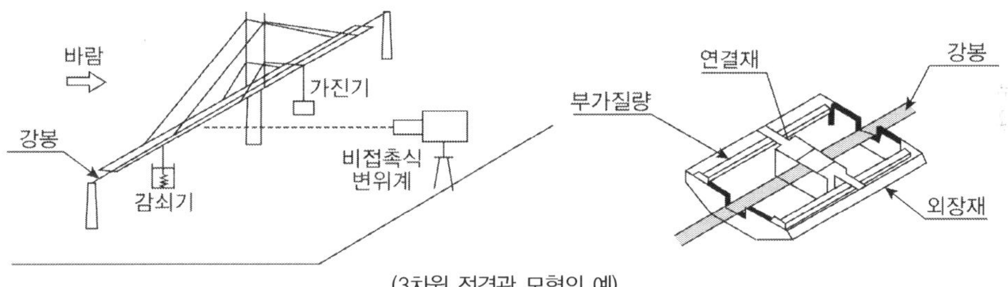


(3차원 전경관 모형의 예)

(홍콩 Stonecutter교 풍동실험)

■ 세계 최장의 1주탑 현수교의 내풍안정성 확보

| 2차원 단면모형 실험 | 독립주탑 실험 | 3차원 플러터 해석 | 버펫팅 해석 |
|---|---|---|---|
| • 보강거더 내풍안정성 검토 | • 등류/난류에 대한 진동검토 | • 한계풍속 이상의 내풍 안정성 | • 바람의 난류성분율 고려 |

(국내 단등교 내풍안정성 검토)

# 7. CFD (Computational Fluid Dynamics)

## 1) 개요

장대교량의 내풍해석은 일반적으로 풍동 실험에 의한 방법과 수치해석에 의한 방법의 2가지로 크게 나눌 수 있다. 일반적으로, 풍공학을 수치해석적으로 해결하려는 분야를 CWE(전산풍공학, Computational Wind Engineering)라고 하며, 흔히 CFD(전산유체역학, Computational Fluid Dynamics)에 의한 방법에 의존하고 있다. 이 방법은 풍동실험에서 구현하기 힘든 모델의 기하학적 상사를 쉽게 모델링하고, 저렴한 비용으로 해석이 가능하며, 유동장을 화려한 그래픽으로 표현할 수 있는 장점이 있다. 그러나 아직까지는 그 신뢰성에 있어서 풍동실험의 결과를 따라가지 못하고 있는데, CWE 해석이 어려운 이유는 다음의 2가지에 기인한다.

① 유체–구조물의 상호작용으로 인하여 그 양상이 매우 복잡하게 진행된다는 점

② 교량이나 건물 구조물은 모서리 부분이 날카로운 이른바 'Bluff Body'이기 때문에 모서리 부분에 매우 조밀한 격자를 정확하게 만들어 줘야 한다는 점

따라서 정확한 해석을 하기 위해서는 유체–구조물계에 대한 세밀한 조사가 이루어져야 하며, 복잡한 상호작용문제를 풀어야 하기 때문에 컴퓨터의 성능이 주어진 시간에 원하는 정보를 해석할 수 있을 만큼 충분히 뛰어나야만 하는 문제점이 있다.

## 2) 국내 실무에서의 적용

현재 국내 실무에서 이용되고 있는 내풍설계나 내풍 안정성 검토 방법은 다음과 같다.

① 전적으로 풍동실험에 의존하는 방법으로서, Deck 단면에 대한 모형실험을 수행하여 최적 단면을 도출하는 것이고, 비용에 여유가 있거나 큰 공사의 경우에는 주탑과 전교모형에 대한 3차원 공탄성모형 실험을 수행하게 된다. 최근의 경우 큰 Project에서는 풍동실험에 보완적으로 유동장을 가시적으로 표현해주기 위하여 CFD에 의한 해석을 추가하는 경향이 있다.

② 일본내풍설계편람의 검토에 CFD 해석결과를 반영하는 방법이다. 아직까지 국내에서는 내풍설계에 대한 기준안이 마련되어 있지 않아 설계회사에서는 주로 일본내풍설계편람의 검토 절차를 따르게 되고, 여기에 CFD에 의한 해석 결과를 반영하는 것이다.

③ CFD 해석과 공탄성 해석, 그리고 구조해석을 가미하여 전산풍공학만을 이용하여 내풍안정성 검토를 수행하려는 방법이다. 바람에 의해 발생하는 와류진동의 풍속을 CFD 해석으로 예측하고, 진폭은 FEM(유한요소해석) 등에 의존한 구조해석을 이용하여 계산하며, 플러터와 같은 발산진동은 별도의 공탄성 해석을 수행하여 판단하는 방법이다.

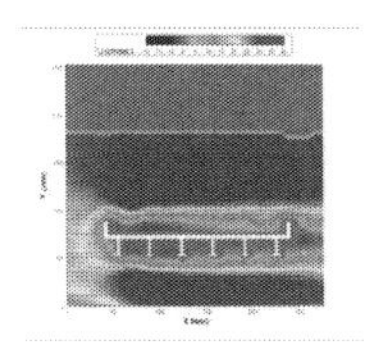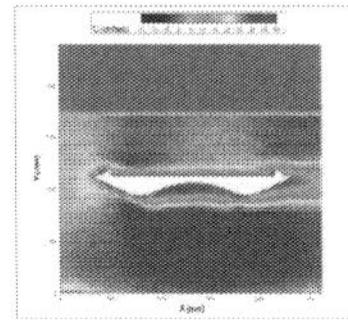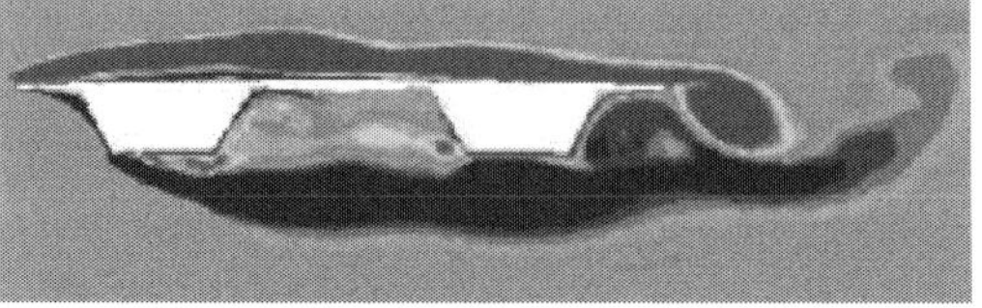

## 플러터 기본식 유도 및 고유치 해석

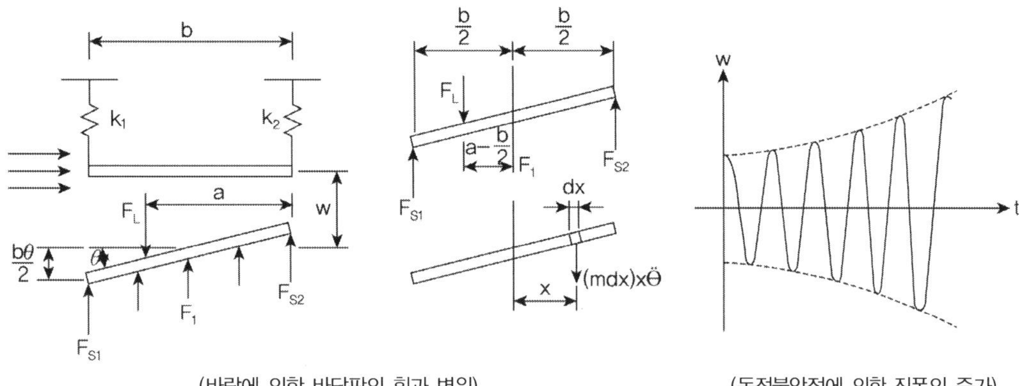

(바람에 의한 바닥판의 힘과 변위)     (동적불안정에 의한 진폭의 증가)

▶ 바람의 속도압 : $p = \dfrac{1}{2}\rho V^2$ (운동에너지)

▶ 폭이 b인 바닥판에 수직으로 작용하는 단위길이 힘($F_L$)

$$F_L = \dfrac{1}{2}\rho V^2 C_L b$$

여기서, 양력계수 $C_L$이 양각 $\theta$의 값이 작을 때에는 $C_L = \dfrac{dC_L}{d\theta}\theta$

Let $C = \dfrac{1}{2}\rho\dfrac{dC_L}{d\theta}$ $\qquad\therefore$ 양력 $F_L = CV^2\cdot\theta\cdot b$

▶ 바람에 의하여 바닥판이 진동할 때 구조체는 $w(t)$와 $\theta(t)$의 두 개의 자유도를 가지며, $w(t)$, $\theta(t)$에 대하여 관성력 $F_I$, 스프링에 의한 $F_S$, 양력 $F_L$은 수직방향과 회전에 대해 평형조건이 성립해야 한다.

바닥판 중앙의 처짐을 $w$, $\theta$, 아랫방향을 (+)

▶ 단위길이당 관성력과 스프링력은

$$F_I = -mbw'', \qquad F_S = -\left(w+\dfrac{b\theta}{2}\right)k_1 - \left(w-\dfrac{b\theta}{2}\right)k_2$$

↳ + Postive일 때 바닥판 중앙에 대한 양력 M,

$$M_L = CV^2 \theta b \left(a - \frac{b}{2}\right)$$

미소폭 $dx$ 에 분포된 질량은 $mdx$, 관성력은 $-(mdx)x\theta''$

$$M_I = \int_{-\frac{b}{2}}^{\frac{b}{2}} -(mdx)\cdot x\ddot{\theta} = -m\ddot{\theta}\int_{-\frac{b}{2}}^{\frac{b}{2}} xdx = -\frac{mb^3}{12}\ddot{\theta}$$

$$M_S = -\left(w + \frac{b\theta}{2}\right)k_1\left(\frac{b}{2}\right) + \left(w - \frac{b\theta}{2}\right)k_2\left(\frac{b}{2}\right)$$

➤ $\sum V = 0$, $\sum M = 0$

$\ddot{w} + a_{11}w + a_{12}\theta = 0$, $\ddot{\theta} + a_{21}\theta + a_{22}w = 0$ 으로 표현하면,

$$\begin{bmatrix} \dfrac{k_1+k_2}{mb} & \dfrac{k_1-k_2}{2mb} - \dfrac{CV^2}{mb} \\[3mm] \dfrac{6(k_1-k_2)}{mb^2} & \dfrac{3(k_1+k_2)}{mb} - \dfrac{6CV^2(2a-b)}{mb^2} \end{bmatrix}\begin{bmatrix} w \\ \theta \end{bmatrix} = \begin{bmatrix} w'' \\ \theta'' \end{bmatrix} \tag{1}$$

➤ **정적해석**

$$w'' = \theta'' = 0$$
$$\begin{bmatrix} a_{11} & a_{12} \\ a_{21} & a_{22} \end{bmatrix}\begin{bmatrix} w \\ \theta \end{bmatrix} = \begin{bmatrix} 0 \\ 0 \end{bmatrix} \qquad \therefore \det | \ | = 0 \qquad a_{11}a_{22} - a_{12}a_{21} = 0 \tag{2}$$

$\therefore$ 진동을 동반하지 않는 경우 공기역학적 불안정의 임계속도는

$$V_{cr} = \sqrt{\frac{k_1 \cdot k_2 \cdot b}{C[k_1(a-b) + k_2 a]}} \quad \text{여기서, } C = \frac{1}{2}\rho\frac{dC_L}{d\theta}, \quad a : \text{양력의 편심}, \quad b : \text{슬래브 폭}$$

➤ **동적해석**

관성의 효과가 고려되므로, $w = Ae^{i\omega t}$, $\theta = Be^{i\omega t}$ ($w$ : 변위, $\omega$ : 진동수)

$\therefore w'' = -\omega^2 Ae^{i\omega t}$, $\theta'' = -\omega^2 Be^{i\omega t}$

**TIP** | 오일러 공식 |

$e^{i\omega t} = \cos\omega t + i\sin\omega t$

$$\begin{bmatrix} a_{11}\, a_{12} \\ a_{21}\, a_{22} \end{bmatrix} \begin{bmatrix} Ae^{i\omega t} \\ Be^{i\omega t}t \end{bmatrix} = \begin{bmatrix} -\omega^2 Ae^{i\omega t} \\ -\omega^2 Be^{i\omega t} \end{bmatrix} \qquad \therefore \begin{bmatrix} a_{11}A + a_{21}B + \omega^2 A \\ a_{21}A + a_{22}B + \omega^2 B \end{bmatrix} = \begin{bmatrix} 0 \\ 0 \end{bmatrix}$$

$$\begin{bmatrix} a_{11} + \omega^2 & a_{21} \\ a_{21} & a_{22} + \omega^2 \end{bmatrix} \begin{bmatrix} A \\ B \end{bmatrix} = \begin{bmatrix} 0 \\ 0 \end{bmatrix} \qquad \therefore \text{A, B에 대한 고유치 해석}$$

$$\therefore \det | \quad | = 0 \qquad \omega^4 - (a_{11} + a_{22})\omega^2 + (a_{11}a_{22} - a_{12}a_{21}) = 0$$

$$\omega^2 = \frac{a_{11} + a_{22}}{2} \pm \sqrt{\left(\frac{a_{11} + a_{22}}{2}\right)^2 - (a_{11}a_{22} - a_{12}a_{21})} \tag{3}$$

구조체가 동적 안정성을 가지기 위해서 $\omega^2$은 양의 실수여야 하고 동적 안정은 정적 안정도 포함하고 있으므로 (식 2), (식 3)으로부터,

$$a_{11}a_{22} - a_{12}a_{21} > 0$$

$$\left(\frac{a_{11} + a_{22}}{2}\right)^2 - (a_{11}a_{22} - a_{12}a_{21}) > 0 \tag{4}$$

(식 4)에 (식 1)의 값을 넣고 정리하면,

$$\therefore V_{cr} = 2\sqrt{\frac{2}{3C}\left[(k_1 - k_2) + \frac{k_1 k_2}{3(k_1 - k_2)}\right]}$$

풍속 $V$가 $V_{cr}$ 이하일 때는 (식 4)가 만족되어 바닥판은 일정한 직폭으로 진동하는 동적 안정상태가 되나 $V > V_{cr}$ 면 불안정한 거동을 나타낸다.

(식 3)에서 $\quad \alpha = \dfrac{a_{11} + a_{22}}{2}, \quad \beta = -\left(\dfrac{a_{11} + a_{22}}{2}\right)^2 + (a_{11}a_{22} - a_{12}a_{21})$ 라 두면,

$V > V_{cr}$ 일 때 진동수는 $w = \pm(\alpha + i\beta)$ 의 형태로 주어지며

$w(변위) = Ae^{i\omega t}, \quad \theta = Be^{i\omega t}$ 는

$$w = A_1 e^{i\alpha t} \cdot e^{-\beta t} + A_2 e^{-i\alpha t} \cdot e^{\beta t} \tag{5}$$

위 식에서 $\beta$는 양수나 음수에 상관없이 $e^{\beta t}$, $e^{-\beta t}$ 중 한 항은 시간의 증가와 함께 소멸하나 다른 항은 한정 없이 증가하며 $e^{i\alpha t}$ 와 $e^{-i\alpha t}$ 는 조화운동을 나타내므로 (식 5)는 아래와 같이 진동하면서 점차 증가하는 불안정 거동을 하는데 이를 플러터라 한다.
여기서 $V_{cr}$ 은 최초의 플러터를 일으키는 풍속을 말한다.

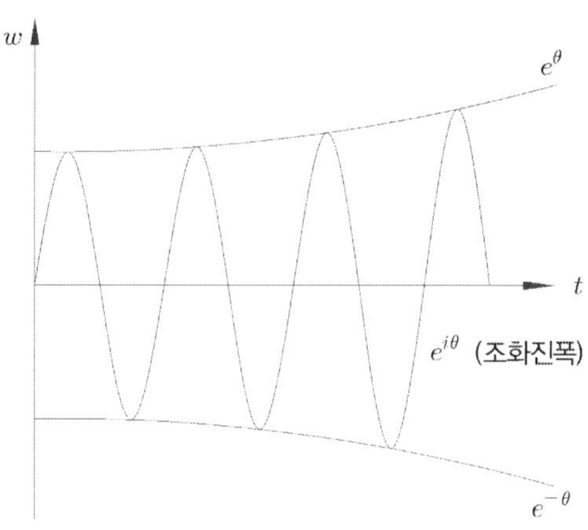


해석의 간편성을 위해 $a = \dfrac{b}{2}$ 라 하면 (식 1)의 안정조건은,

$$2k_1k_2 + CV^2(k_1 - k_2) > 0 \tag{6}$$

$$(k_1 + k_2)^2 + 3(k_1 - k_2)^2 - 6CV^2(k_1 - k_2) > 0 \tag{7}$$

① $k_1 > k_2$ : (식 6)은 만족하나 $V$의 큰 값에서 (식 7)은 만족하지 않으므로 공기역학적 불안정

② $k_1 < k_2$ : (식 7)은 $V$에 상관없이 만족하나 (식 6)은 $V$의 큰 값에서 만족되지 않으므로 ①과 같이 풍속이 임계속도 $V_{cr}$ 이상이 될 때에는 진폭의 일률적인 발산이나 플러터 발생

③ $k_1 = k_2$ : (식 6)과 (식 7)의 $V$에 무관하게 만족되며, (식 1)에서 $a_{21} = 0$이 되어 (식 3)의 고유진동수는 $\omega_1^2 = a_{11}$, $\omega_2^2 = a_{22}$로 주어진다. $a_{11}$, $a_{22}$는 $a = \dfrac{b}{2}$일 때 양의 실수이므로 양쪽 스프링의 강성이 같고 바닥판 강성 중심이 바닥판 중앙에 있는 경우에는 풍속이 커지더라도 진폭이 일률적으로 발산하거나 플러터를 일으키는 일이 없이 일정한 진폭으로 조화운동을 하는 공기역학적 안정성을 유지한다.

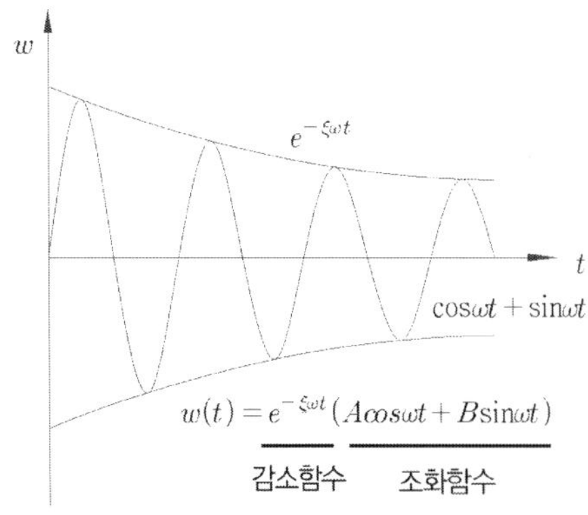


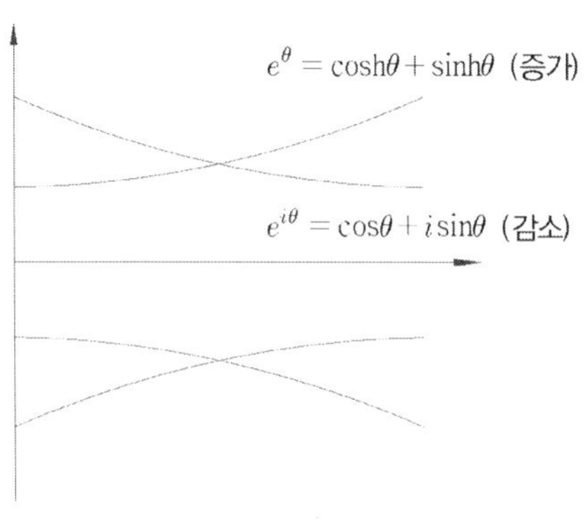

## 인천대교 케이블 교량의 내풍 특성(실검토 예)

### ➤ 개요

사장교 케이블의 유해진동은 풍우진동, 와류진동, 웨이크 갤로핑, 갤로핑, 그리고 지점가진 진동을 들 수 있다. 인천대교 사장교의 경우 케이블 간 거리가 상당히 멀기 때문에 웨이크 갤로핑은 발생하지 않으며 지점가진 진동은 전체 구조계의 정밀한 버페팅 해석을 수행하여야 하며 주경간 장이 800m인 사장교에서만 검토를 실시한다.

### ➤ 검토 교량의 제원 및 특징

| 교량 | 경간구성 | 케이블 형식 | 케이블 길이 | 댐퍼 형식 |
|---|---|---|---|---|
| 사장교 | 80+260+800+260+80=1,480 | PWS(indent) | 110~416 | Friction damper<br>Rubber damper |
| V형주탑<br>강사장교 | 2@115=230 | PWS(indent) | 35~90 | − |

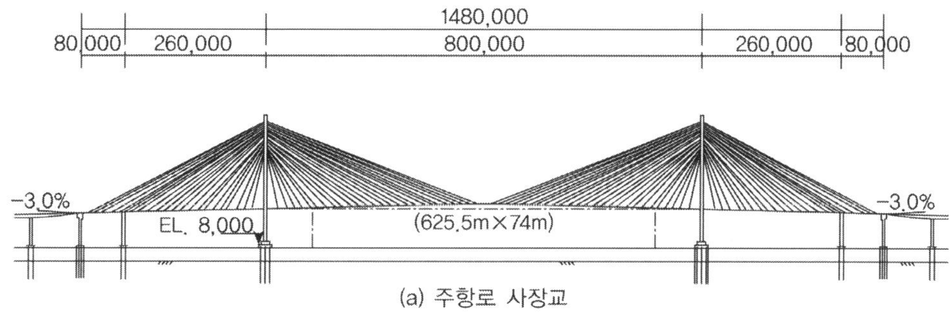


(a) 주항로 사장교

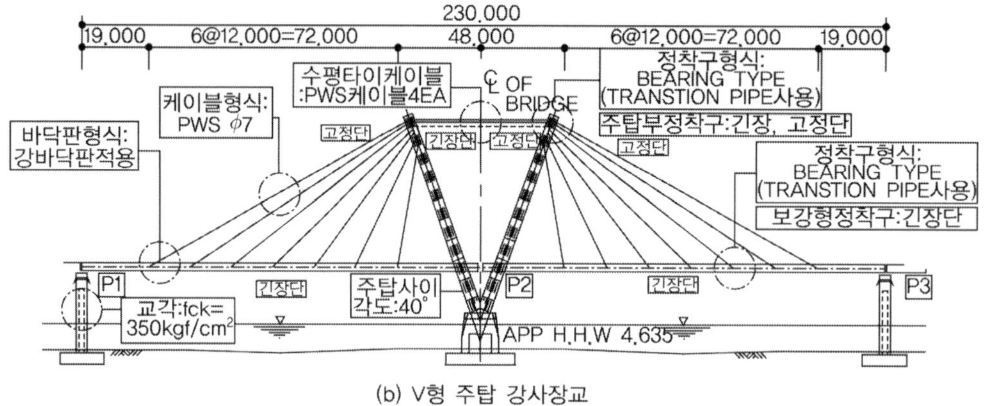



(b) V형 주탑 강사장교

## ➤ 풍우진동 검토

1) PTI 제안식

$$S_c = \frac{m\xi}{\rho D^2} > 10 \ or \ 5 \ (공기역학적 처리가 되어 있는 경우 안정조건값을 5 사용)$$

2) FHWA(Federal Highway Administration) 제안식 : 갤로핑 이론에 의한 검토식으로 안정조건은 아래와 같다.

$$\xi_{req} > \phi\xi_{ae} - \xi_{cable}$$

여기서, $\xi_{ae} \approx \dfrac{\rho D U_0 C_L}{m\omega_n}$, $C_L$ : 항력계수, $\rho = 1.2kg/m^3$(공기밀도), $D$ : 케이블 직경

$\phi$ : 안전율, $m$ : 케이블 단위길이당 질량, $\omega_n = \dfrac{n\pi}{L}\sqrt{\dfrac{T_0}{m}}$,

$U_0$ : 검토풍속(일반적으로 15m/sec 사용하나 안전측으로(SF=1.4) 20m/sec 적용)

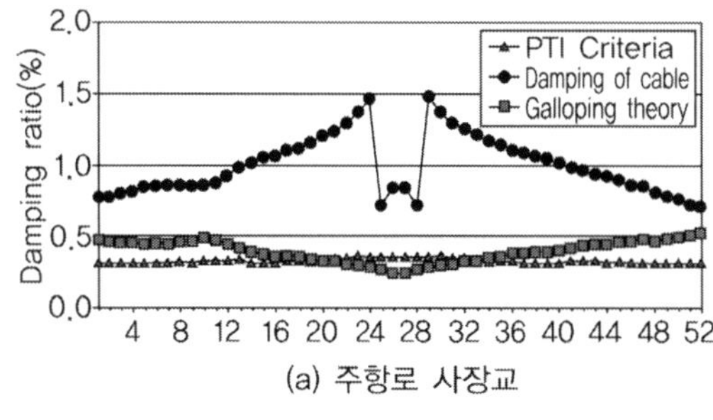


(a) 주항로 사장교

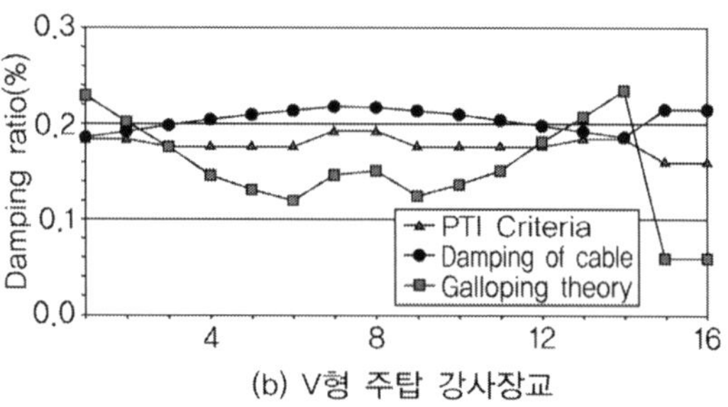


(b) V형 주탑 강사장교

3) 검토결과

① 그림 (a) : 주항로 사장교의 풍우진동에 대해서는 안전측으로 설계되어져 있다.

② 그림 (b) : V형 주탑의 사장교는 4개의 길이가 긴 케이블에서 갤로핑 이론에 따라 검토 시 풍우진동 가능성이 있는 것으로 보여진다. PTI 검토식보다는 FHWA 검토식이 더 보수적임을 알 수 있으며, 갤로핑 이론에 따르면 풍우진동 가능성이 있지만 그 감쇠비 차이가 근소하고 V형 주탑 강사장교의 경우 케이블에 버퍼와 같은 부가의 부재를 고려하지 않았으므로 보수적인 검토 결과이다. 추후 진동 양상을 관찰한 후 제진 대책을 수립해도 문제가 없을 것으로 보인다.

---

**TIP** | Galloping Theory |

$$m\ddot{z} + c\dot{z} + kz = L(t)$$

$$L(t) = \frac{1}{2}\rho U^2 DC_{Lv} - m_a\ddot{y}(t), \quad C_L(\alpha) = C_L(0) + \frac{\partial C_L(0)}{\partial \alpha} + \dots$$

Asssuming small angles $\alpha$ : $\alpha \approx \tan\alpha = -\dfrac{\dot{z}}{U}$, $\beta = \dfrac{\partial C_L(0)}{\partial \alpha}$, $V \approx U$

갤로핑에 대해 불안정 조건 : $c + \dfrac{1}{2}\rho U^2 D\dfrac{\beta}{U} < 0$

---

## ▶ 와류진동 검토

1) 검토 기준

① EuroCode (Eurocode 1 : Actions on Structures – General actions – Part 1-4 : Wind actions, 2004)

② 실험과 현장관측 결과를 이용한 경험식

③ 와류진동 검토는 보수적으로 10차 모드에 대해 검토하며 허용 피로응력은 133MPa을 적용

| 절차 | 수식 | 비고 |
|---|---|---|
| 발생풍속 | $V = \dfrac{f_n D}{S_t}$ | $n$ : 고차모드, $S_t$ : 0.2 |
| 감쇠비 | $\xi_n = \xi_{int,n} + \xi_{damp,n} + \xi_{aero,n}$ | |
| 스크루톤 수 | $S_c = \dfrac{m\xi_n}{\rho D^2}$ | |
| 최대 응답량 | $Y_{n,max} = \dfrac{D\xi_n}{(1 + 16S_c^{1.8})}$ | 경험식 |
| 최대 꺽임량 | $\theta = Y_{n,max}\left(\dfrac{n\pi}{L}\right)$ | 양단힌지 sine파 |
| 2차 응력 | $\sigma_2 = 2\theta\alpha\beta\sqrt{\dfrac{ET}{A}}$ | Wyatt의 식<br>$\alpha$ : 실험과 이론 차이(0.6)<br>$\beta$ : 휨응력 저감장치(0.6) |

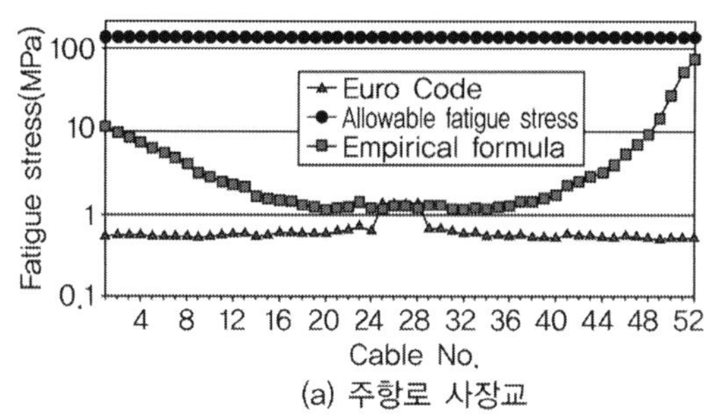

(a) 주항로 사장교

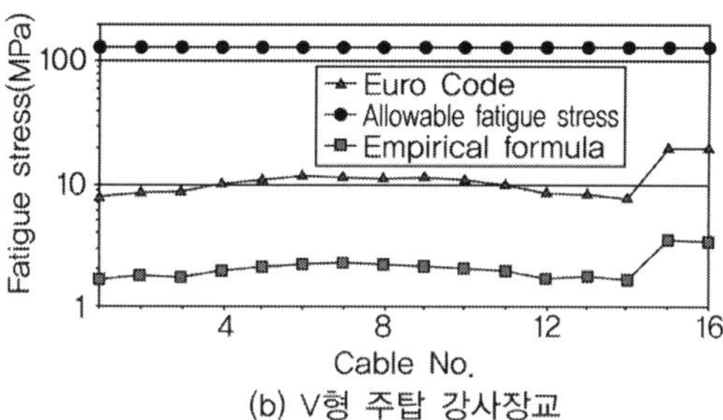

(b) V형 주탑 강사장교

## 2) 검토 결과

① 두 교량 모두 상당히 낮은 수준의 와류진동에 대한 피로응력 발생량을 보이고 있으므로 와류 진동에 대해서 안전하다.

② 대략 100m 길이를 기준으로 케이블 길이가 길면 경험식의 값이 커지는 경향이 있다.

## ▶ 갤로핑 검토

### 1) 검토 기준

① PTI, Eurocode, FHWA 등의 기준에 따라 검토할 수 있다.

② PTI의 기준이 상당히 보수적이며 사장교 케이블에서 Ice Galloping이 발생한 예를 찾아볼 수 없다. 따라서 갤로핑은 통상 Dry Galloping에 대해서만 검토하며 이 경우 스크루톤수($S_c$) 기준치가 3이므로 결국 갤로핑은 케이블 진동 현상에서 지배적인 현상이 되지 못하며 본 교량에서는 Dry Galloping에 대해서 안전하다고 볼 수 있다.

## ▶ 케이블 진동 진폭 검토

전체계의 고유진동수와 케이블의 고유진동수가 유사하여 공진 발생 가능성이 있는 경우 케이블의 진동 진폭을 산정하여 허용치 내에 있는지를 검토해야 한다.

### 1) 검토 기준

① 주항로 사장교 구간에서 지점가진에 의한 케이블의 유해진동 검토는 케이블의 동적효과를 고려한 정밀한 전체계 버펫팅 해석을 통해 실시

② 정밀해석에 의한 지점가진 검토 외에 다소 보수적인 결과를 주는 간략식에 의한 지점가진 진동 진폭을 산정하여 안정성 검토

③ 지점가진에 의한 진동은 선형 공진과 비선형 공진으로 구분되며 본 교량의 경우 거더의 고유진동수가 케이블의 고유진동수보다 낮아서 비선형 공진을 일으킬 가능성은 거의 없다.

④ 케이블의 응답치(케이블 강교량 설계 지침, 2006)

$$A = \frac{2}{\pi} \frac{X_v \left( \dfrac{\omega_{exc}}{\omega_s} \right)^2}{\sqrt{\left[ 1 - \left( \dfrac{\omega_{exc}}{\omega_s} \right)^2 \right]^2 + \left[ 2\xi \left( \dfrac{\omega_{exc}}{\omega_s} \right) \right]^2}}$$

여기서, $X_v$ : 케이블 현 직각방향 가진 진폭
$\omega_{exc}$ : 가진 진동수
$\omega_s$ : 케이블의 고유진동수
$\xi$ : 케이블 감쇠비

⑤ 케이블 가진 진폭($X_v$)은 교량의 버페팅 해석을 이용하거나 고유치 해석 결과를 이용할 수 있다. 본 검토에서는 25m/sec에서 버페팅 해석결과를 이용하여 가진 진폭을 산정하였으며 케이블을 가진하는 것은 보강형의 휨모드라 생각하고 버페팅 해석으로부터 모드별 가진 진폭을 산정하고 케이블 응답을 고려하는 모드에 대한 각각의 응답으로부터 SRSS 방법으로 구한다.

⑥ 지점가진에 의한 진동은 케이블이 직접 바람에 의해 진동하는 것이 아니므로 버페팅 응답 해석 풍속에 대해 다음과 같은 공기역학적 감쇠를 적용할 수 있다.

$$\xi_{aero} = \frac{\rho D C_D}{4\omega_n m} V_{eq} \qquad C_D : \text{케이블 항력계수}, \qquad V_{eq} : \text{등가직각풍속으로 버페팅 해석 풍속}$$

⑦ 케이블의 허용진동 진폭($A_{\lim}$)

케이블 강교량 설계지침 : $A_{\lim} = L/1600$,   FHWA : $A_{\lim} = 1.0D$

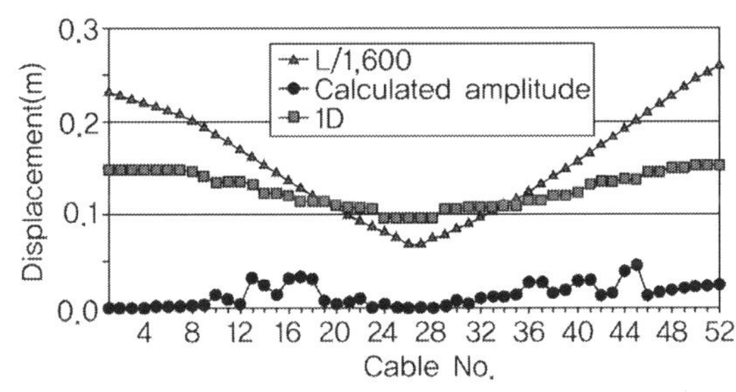


2) 검토 결과 : 추가로 댐퍼를 설치할 경우 케이블은 기준치보다 상당히 낮은 수준의 진동량을 보이므로 안정성이 있어서 문제가 없음을 알 수 있다.

## 교량의 규모별 적용 풍하중

교량의 중요도와 크기에 따라 3가지(중소지간, 중대지간, 장대특수교량)로 분류한 풍하중의 특성에 대하여 설명하시오.

## 풀 이

### ▶ 개요

교량의 지간이 길어질수록 풍하중에 의해서 동적거동에 영향을 받을 수 있다. 이 때문에 중소지간의 경우에는 기본풍속을 기준으로 풍하중만 고려하는 데 반해 중대지간 교량의 경우에는 항력계수나 거스트계수를 고려하며, 장대특수교량의 경우에는 동적해석과 풍동실험 등 풍하중의 동적 효과에 대한 공기역학적 안정성을 검토하도록 하고 있다.

### ▶ 교량의 규모에 따른 풍하중의 특성

1) 중소지간

박스거더교, 플레이트거더교, 슬래브교와 같은 중소지간에 작용하는 풍하중은 재현기간 100년에 해당하는 개활지에서의 지상 10m의 10분 평균 풍속인 기본풍속($V_{10}$)을 기반으로 한 풍압에 견디도록 고려한다. 적용되는 설계풍속($V_D$)은 지역별 지표조도별로 고려해 보정해서 사용하도록 규정하고 있다.

$$V_D = 1.723 \left( \frac{z_D}{z_G} \right)^\alpha V_{10}$$

여기서, $\alpha$ = 지표조도지수

$z$ = 지상 또는 수면으로부터 구조물의 대표 높이(m)로 교량 주거더와 같은 수평 구조물의 경우에는 평균 높이를, 교각과 같은 수직 구조물의 경우에는 총 높이의 65%를 사용한다.

$V_D$ = 설계고도 $z$에서의 10분 평균 설계기준풍속(m/s)

$z_D$ = $z$와 $z_b$ 중에서 큰 값

| 단면형상 | 풍압(kPa) |
|---|---|
| $1 \leq B/D < 8$ | $\left( 4.0 - 0.2 \dfrac{B}{D} \right)$ |
| $8 \leq B/D$ | 2.4 |

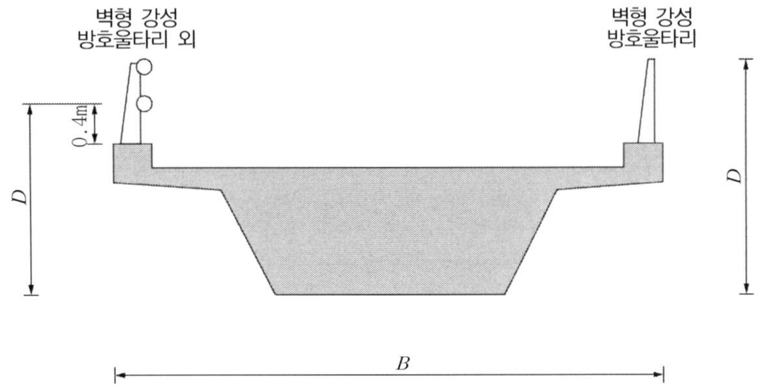



2) 중대지간

태풍이나 돌풍에 취약한 지역에 위치한 중대지간의 교량의 설계풍압 $p$(Pa)는 설계기준풍속 $V_D$ (m/s), 공기밀도 $\rho$(=1.25 kg/m³), 항력계수 $C_D$ 및 거스트계수 $G$를 사용하여 산정한다.

$$p = \frac{1}{2}\rho V_D^2 C_D G_r \qquad f_1 > 1Hz$$

$$p = \frac{1}{2}\rho V_D^2 C_D G_f \qquad f_1 \leq 1Hz$$

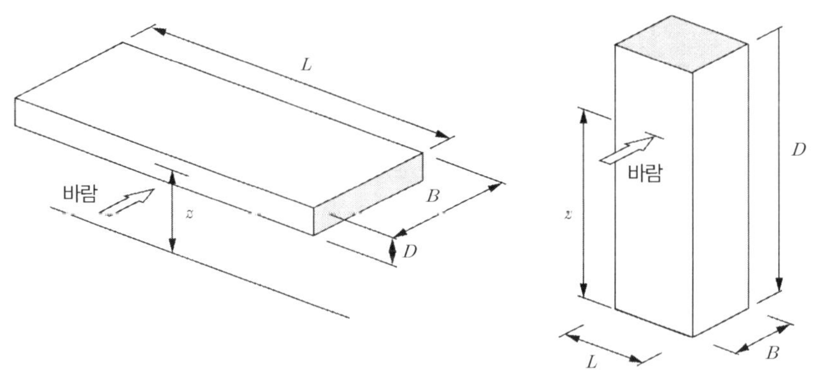



여기서, $f_1$은 구조물의 바람방향 1차 모드 고유진동수이고, 항력계수 $C_D$는 기존 문헌, 실험, 해석 등의 합리적인 방법으로 산정한다. 거스트계수 $G$는 풍속의 순간적인 변동의 영향을 보정하기 위한 계수이며, 강체 및 유연 구조물에 따라 구분해 산정한다.

① 강체구조물 : 바람방향 1차 모드 고유진동수가 1 Hz를 초과하는 구조물

$$G_r = K_p \frac{1 + 5.78 I_z Q}{1 + 5.78 I_z}$$

여기서, $I_z = c\left(\dfrac{10}{z_D}\right)^{1/6}$ : 난류강도,   $L_z = l\left(\dfrac{z_D}{10}\right)^{\epsilon}$ : 난류길이,  $z_5$ : $z$ 와 $5\,\mathrm{m}$ 중 큰 값

$$K_p = 2.01\beta^2\left(\frac{10 z_5}{z_D z_G}\right)^{\alpha_2} : \text{풍압보정계수}, \quad Q = \sqrt{\frac{1}{1 + 0.63\left(\dfrac{L+D}{L_z}\right)^{0.63}}}$$

② 유연구조물 : 바람방향 1차 모드 고유진동수가 $1\,\mathrm{Hz}$ 이하인 구조물

$$G_f = K_p \frac{1 + 1.7 I_z \sqrt{11.56 Q^2 + g_R^2 R^2}}{1 + 5.78 I_z}$$

여기서, $\xi$= 한계감쇠에 대한 구조 감쇠비,  $B_1 = 15.4 f_1 \dfrac{B}{V_D}$,  $D_1 = 4.6 f_1 \dfrac{D}{V_D}$,  $L_1 = 4.6 f_1 \dfrac{L}{V_D}$

$$N_1 = \frac{f_1 L_z}{V_D}, \quad R_n = \frac{7.47 N_1}{(1 + 10.3 N_1)^{5/3}}, \quad R_B = \frac{1}{B_1} - \frac{1}{2 B_1^2}\left(1 - e^{-2B_1}\right)$$

$$R_D = \frac{1}{D_1} - \frac{1}{2 D_1^2}\left(1 - e^{-2D_1}\right), \quad R_L = \frac{1}{L_1} - \frac{1}{2 L_1^2}\left(1 - e^{-2L_1}\right)$$

$$R = \sqrt{\frac{1}{\xi} R_n R_D R_L (0.53 + 0.47 R_B)}, \quad g_R = \sqrt{2\log_e (600 f_1)} + \frac{0.577}{\sqrt{2\log_e (600 f_1)}}$$

3) 장대특수교량

주경간 200m 이상인 장대특수교량이나 주경간 길이와 폭의 비율이 30 이상인 교량이나 부재는 바람에 의한 진동이 발생하기 쉬우므로, 풍압에 의한 정적설계 결과에 대하여 동적해석과 풍동실험을 통하여 풍하중의 동적효과에 대한 제반 공기역학적 안정성을 검토하여야 한다.

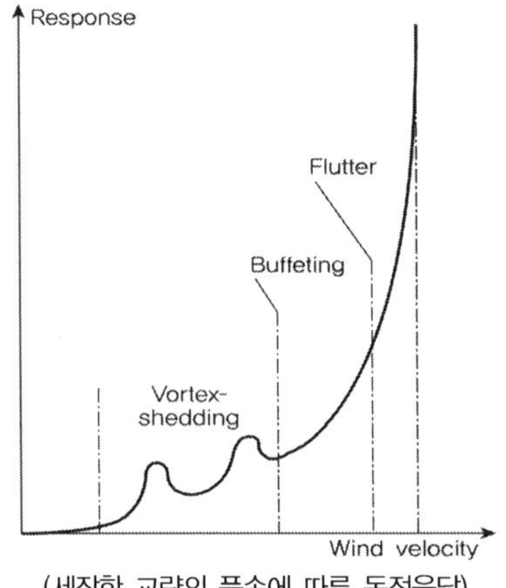


(세장한 교량의 풍속에 따른 동적응답)

### 설계기준풍속

도로교설계기준의 설계기준풍속에 대하여 설명하시오.

---

**풀 이**

## ▶ 개요

교량 등 구조물에서 일반적으로 내풍안정성 확보를 위하여 내풍설계를 수행하게 되며, 내풍설계 시 교량의 안정성 검토를 위해 설계기준풍속 등을 도로교설계기준 등에서 규정하고 있다. 설계기준풍속은 지역의 기본풍속 $V_{10}$을 기준으로 산정하고 있다.

## ▶ 설계기준풍속

1) 기본풍속($V_{10}$)

기본풍속 $V_{10}$는 지표조도구분 II인 개활지에서 지상 10m 높이에서의 재현주기 T년에 해당하는 10분 평균 풍속으로 정의한다. 재현주기 T년은 대상 교량의 사용기간 N년을 고려하여 비초과확률 $P_{NE}$가 37%에 해당하도록 다음의 식에 의해 결정할 수 있다.

$$T = \frac{1}{1 - (P_{NE})^{1/N}} \qquad \text{T(재현기간)}, \ P_{NE}\text{(비초과확률)}, \ N\text{(공사기간)}$$

기본풍속은 대상 교량 가설 지역에서 가까운 지역의 기상관측소에서의 장기 관측 풍속 기록의 연 최대풍속 시계열을 극치분석한 결과와 그 인근 지역을 통과한 태풍 기록을 이용한 합리적인 태풍 시뮬레이션 기법을 통해 예측한 결과를 비교하여 안전측의 풍속으로 결정한다.

장기 관측 풍속기록을 이용하는 경우 기상관측소 주변 지형, 지표조도와 풍속계의 설치 높이 등을 고려하여 합리적인 방법에 의해 지표조도구분 II인 개활지에서 지상고도 10m의 풍속으로 관측 풍속을 보정하여야 한다. 이때 지형 및 지표에 의한 영향을 고려한 관측 풍속의 보정은 적합한 국내외 기준에서 이용되는 방법에 준하여 수행되어야 하며, 관측 기간의 지표 변화, 관측 위치의 변화, 풍향 등을 고려하여야 한다.

관측 풍속계 설치 높이에 따른 보정은 풍속계 설치고도 $z_1$에서의 관측 풍속 $V_1$을 지표조도구분 II, 지상고도 10m에서의 풍속 $V_2$로의 변환으로 정의한다.

$$V_2 = C_t V_1 \left( \frac{z_2}{z_{G2}} \right)_2^{\alpha}, \quad z_2 \geq z_b \qquad\qquad V_2 = C_t V_1 \left( \frac{z_b}{z_{G2}} \right)_2^{\alpha}, \quad z_2 < z_b$$

이때 지표조도계수 $\alpha_1$, 경도풍 고도 $z_{G1}$, 대기 경계층 최소높이 $z_{b1}$, 지표조도길이 $z_{01}$는 관측소 지역에 해당되는 지표조도구분에 대하여 아래의 표를 이용하여 결정하며 $C_t$는 고도 및 조도 보정계수로 $\alpha_2$, $z_{G2}$, $z_{b2}$는 지표조도구분 II, 지상고도 10m에 해당하는 값을 이용한다.

$$C_t = \left(\frac{z_{G1}}{z_1}\right)_1^{\alpha}$$

| 지표조도 구분 | | $\alpha$ | $z_G$ | $z_b$ | $z_0$ |
|---|---|---|---|---|---|
| I | 해상, 해안 | 0.12 | 500 | 5 | 0.01 |
| II | 개활지, 농지, 전원 수목과 저층 건축물이 산재하여 있는 지역 | 0.16 | 600 | 10 | 0.05 |
| III | 수목과 저층 건축물이 밀집하여 있는 지역, 중·고층 건물이 산재하여 있는 지역, 완만한 구릉지 | 0.22 | 700 | 15 | 0.3 |
| IV | 중·고층 건물이 밀집하여 있는 지역, 기복이 심한 구릉지 | 0.29 | 700 | 30 | 1.0 |

교량 가설지역의 지표조도는 교축방향의 양쪽 풍향과 교축직각 방향의 양쪽 풍향을 모두 고려하여야 한다. 교축직각 방향의 경우 그림 (a)교축직각방향에 보는 바와 같이 교량 상부 구조 높이의 100배 범위(최소 500m)에서의 평균 지표상황으로 결정하며, 교축 방향의 경우 그림 (b)교축방향에 보는 바와 같이 주탑 높이의 100배 범위에서의 평균 지표상황으로 결정한다.

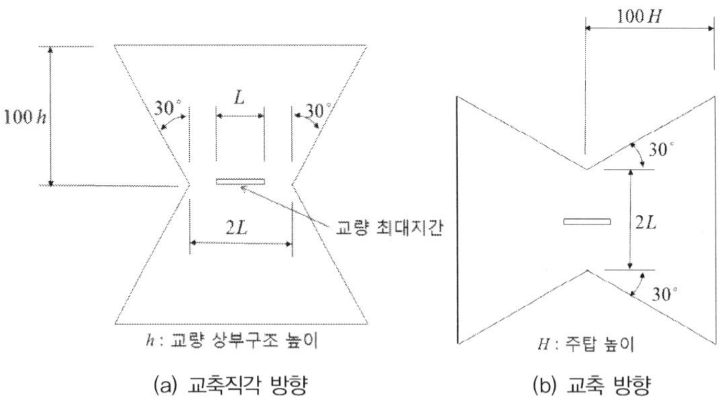


(지표조도구분을 위한 참조지역)

태풍시뮬레이션 기법은 국제적으로 공인된 과거 태풍의 경로, 중심기압 등의 자료를 이용하여야 하며, 대상 교량 가설 지역을 중심으로 합당한 영역을 설정하여 해당 영역으로의 태풍 진입율, 중심기압, 이동속도, 이동방향, 최대풍속반경 등에 대한 통계적 모형을 포함하여야 한다.

2) 설계기준풍속($V_D$)

설계기준풍속 $V_D$는 대상 지역의 기본풍속과 교량의 고도, 주변의 지형과 환경 등을 고려하여 합리적인 방법으로 결정한다. 대상 교량 가설 지역이나 설계기준고도에서 풍속자료가 가용치 못한 경우에는 위에서 산정한 기본풍속 $V_{10}$을 이용하여 대상 교량 가설 지역의 설계기준고도에서의 설계기준 풍속을 산정한다. 풍동실험이나 풍진동 검토를 위한 독립주탑의 풍속 설계기준고도는 주탑높이의 65%로 간주한다. 설계 풍하중 재하 시에는 주탑 하단에서 최상단까지 주탑 단면 및 풍속의 연직분포를 고려하여야 한다. 일반적으로 케이블 교량 이외의 중소지간교량의 설계풍압은 다음의 값을 적용한다.

① 박스거더교, 플레이트 거더교, 슬래브교

$$1 \le B/D < 8 \qquad P(kPa) = 4.0 - 0.2(B/D)$$
$$B/D \ge 8 \qquad P(kPa) = 2.4$$

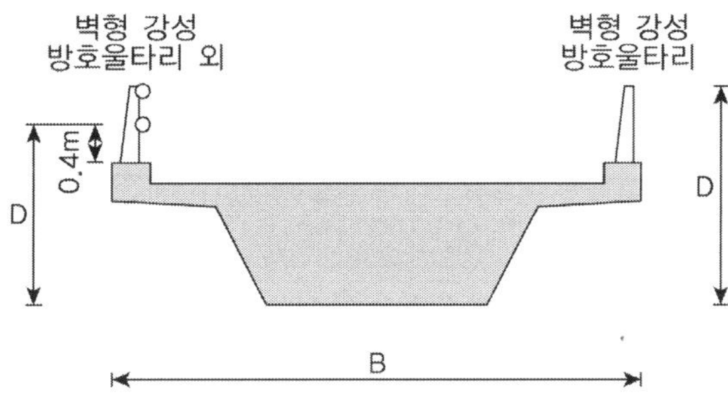


② 풍상측 트러스 활화중 비재하 시 $2.4/\sqrt{\phi}$, 풍하측 트러스는 $0.5 \times 2.4/\sqrt{\phi}$ ($\phi$ : 충실률)

③ 기타 교량부재 원형 [풍상측(1.5), 풍하측(1.5)), 각형(풍상측(3.0), 풍하측(1.5)]

④ 병렬거더는 영향을 고려하여 보정 (2008기준. 보정계수 1.3, $S_V \le 2.5D$, $S_h \le 1.5B$)

⑤ 활하중 재하 시는 풍압을 절반만 재하할 수 있다.

⑥ 태풍이나 돌풍에 취약한 지역 중대지간의 설계풍압은 다음의 식을 이용하여 산정할 수 있다.

$$p(Pa) = \frac{1}{2}\rho V_D^2 C_d G$$

강체구조물$(G = G_r,\ f_1 > 1Hz)$    $G_r = K_p \dfrac{1 + 5.78 I_z Q}{1 + 5.78 I_z}$

유연구조물$(G = G_f,\ f_1 \le 1Hz)$    $G_r = K_p \dfrac{1 + 1.7 I_z \sqrt{11.56 Q^2 + g_R^2 R^2}}{1 + 5.78 I_z}$

$\quad f_1$ : 구조물의 바람방향 1차 모드 고유진동수

$C_d$ : 항력계수, 기존문헌, 실험, 해석 등의 합리적인 방법으로 산정

$G$ : 거스트계수, 풍속의 순간적인 변동의 영향을 보정하기 위한 계수

$I_z = c\left(\dfrac{10}{z_D}\right)^{1/6}$ : 난류강도  $\qquad$  $L_z = l\left(\dfrac{z_D}{10}\right)^{c}$ : 난류길이

$z_5$ : $z$와 5m 중 큰 값  $\qquad$  $K_p = 2.01\beta^2\left(\dfrac{10z_5}{z_D z_G}\right)^{\alpha}_2$ : 풍압보정계수

$$Q = \sqrt{\dfrac{1}{1 + 0.63\left(\dfrac{L+D}{L_z}\right)^{0.63}}}$$

### 3) 시공기준풍속($V_C$)

교량의 공사기간 동안에 필요시 별도의 시공기준풍속 $V_c$를 정하여 시공 중 발생할 수 있는 문제를 검토할 수 있다. 케이블 교량의 시공기준풍속은 공사기간 동안 최대풍속의 비초과확률 60%에 해당하는 재현주기의 풍속을 교량의 고도, 주변 지형 등을 고려하여 보정한 10분 평균 풍속이다. 이때 고도 보정에는 기본풍속 $V_{10}$에서 적용한 식을 사용할 수 있으며. 비초과확률 $P_{NE}$, 사용기간 N, 재현주기 T의 관계도 기본풍속 $V_{10}$에서 적용한 식을 사용할 수 있다.

한계풍속

한계풍속에 대하여 설명하시오.

## 풀 이

### ▶ 개요

케이블 교량과 같은 장대교량에서의 풍하중은 진동현상으로 인해 구조물에 큰 영향을 미치며 갤로핑(Galloping), 플러터(Flutter)와 같은 발산진동의 경우 주탑이나 보강거더에 풍속으로 인한 운동으로 에너지가 다시 피드백되어 비정상 공기력의 작용이 동반되는 진동이 발생된다. 설계기준에서는 이러한 진동에 대해 안정성 검토를 위해 한계풍속에 대한 개념으로 검토하도록 규정하고 있다.

| 거동 구분 | | | 영향요소 | 주요내용 |
|---|---|---|---|---|
| 동적현상 (바람 진동) | 강제 진동 | 와류진동 (Vortex-shedding) | 보강형, 주탑, 아치교 행어 | 물체의 와류방출에 동반되는 비정상 공기력(카르만 소용돌이)의 작용에 의한 강제진동 |
| | | 버펫팅 (Buffeting) | 보강형 | 접근류의 난류성에 동반된 변동공기력의 작용에 의한 강제진동 |
| | 자발 진동 | 갤로핑 (Galloping) | 주탑 | 물체의 운동에 따른 에너지가 유체에 피드백(feed-back) 됨으로써 발생하는 비정상공기력의 작용에 동반되는 자력(Self-exited) 진동 |
| | | 비틀림플러터 (Torsional flutter) | 보강형 | |
| | | 합성플러터 (Coupling Flutter) | 보강형 | |

### ▶ 한계풍속 산정

한계풍속은 발산진동(플러터, 갤로핑 등)으로 인한 동적 불안정 현상만을 검토하기 위한 풍속으로 기상자료, 구조해석, 풍동실험 등의 불확실성에 의한 교량의 붕괴 가능성을 줄이고자 일정한 안전율을 확보하기 위한 풍속이다. 도로교설계기준(한계상태설계법, 2015)에서는 다음과 같이 규정하고 있다.

$$V_{cr}(\text{한계풍속}) > C_{SF} V_R \qquad \text{여기서, } V_R : \text{설계 또는 시공기준풍속, } C_{SF} : \text{안전계수}$$

완성계에 대해서 기준풍속은 설계기준풍속 $V_D$를 사용하고, 시공 중에 대해서 기준풍속은 시공기준풍속 $V_C$를 사용한다. 안전계수 $C_{SF}$는 1.3 이상을 적용한다.

## 풍하중과 교량의 정적·동적거동

풍하중에 의한 교량의 정적 및 동적거동에 대하여 설명하시오.

### 풀 이

### ▶ 개요

풍하중에 의한 교량의 거동은 크게 정적현상과 동적현상으로 구분되며, 단경간 교량의 경우 풍하중만을 고려하여 하중에 의한 응답과 좌굴 등을 고려한다. 장경간이나 장대교량의 경우 바람하중으로 인해 동적 진동현상이 발생되며, 강제진동이나 자발진동 등으로 인해 피해가 발생될 수 있다. 다음은 일반적인 풍하중에 의한 정적·동적 현상을 구분한 표이다.

교량의 정적·동적거동 현상과 주요 영향요소

| 거동 구분 | | | 영향요소 | 주요 내용 |
|---|---|---|---|---|
| 정적현상 (바람 하중) | 풍하중에 의한 응답 | | 보강형 | 정적공기력의 작용에 의한 정적변형, 전도, 슬라이딩 |
| | Divergence, 좌굴 | | 보강형 | 정상공기력에 의한 정적불안정 현상 |
| 동적현상 (바람 진동) | 강제 진동 | 와류진동 (Vortex-shedding) | 보강형, 주탑, 아치교 행어 | 물체의 와류방출에 동반되는 비정상 공기력(카르만 소용돌이)의 작용에 의한 강제진동 |
| | | 버펫팅 (Buffeting) | 보강형 | 접근류의 난류성에 동반된 변동공기력의 작용에 의한 강제진동 |
| | 자발 진동 | 갤로핑 (Galloping) | 주탑 | 물체의 운동에 따른 에너지가 유체에 피드백(feed-back) 됨으로써 발생하는 비정상공기력의 작용에 동반되는 자력(Self-exited) 진동 |
| | | 비틀림플러터 (Torsional Flutter) | 보강형 | |
| | | 합성플러터 (Coupling Flutter) | 보강형 | |
| | 기타 | Rain Vibration | 케이블 | 사장교케이블 등에 경사진 원주에 빗물의 흐름으로 인하여 발생하는 진동 |
| | | Wake Galloping | 케이블 | 물체의 후류(wake)의 영향에 의해 발생하는 진동 |

### ▶ 교량의 거동

1) 정적하중과 교량거동

내풍설계에서는 우선 바람에 의한 정적효과에 대하여 구조물이 충분한 저항력을 가져야 한다. 특히 교량이 장대화됨에 따라 풍하중 효과가 상대적으로 커지게 된다. 바람에 의하여 발생하는 하중은 다음의 6가지 분력으로 구분된다. 이중 주로 항력(Drag force), 양력(Lift force), 비틀림플러터(pitching)에 대하여 주로 고려한다.

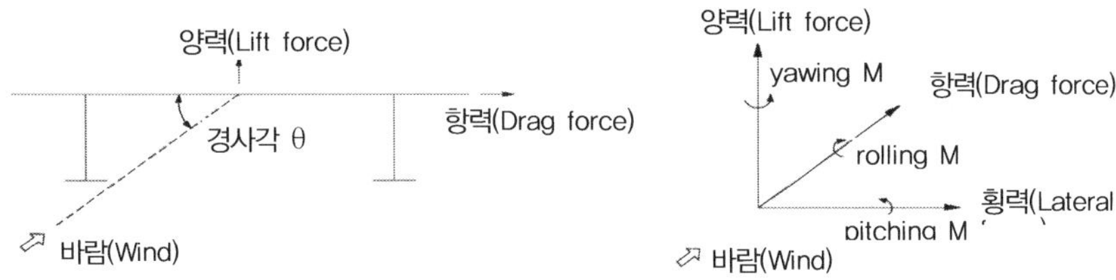


① 기류 방향 분력 : 항력(Drag force, 수평으로 미는 힘)

② 기류 직각방향 분력 : 양력(Lift force, 위나 아래로 미는 힘), 횡력(Lateral force, 옆으로 미는 힘)

③ 회전(뒤트는 힘) : Pitching Moment, Yawing Moment, Rolling Moment

---

**TIP**  | 양력·항력·비틀림 모멘트 계수 |

1. 양력(Lift force, $F_L$), 항력(Drag force, $F_D$), 비틀림 모멘트 계수

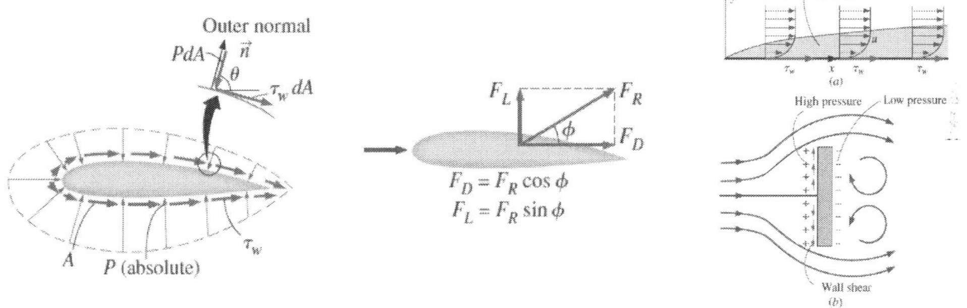


$$dF_D = -PdA\cos\theta + \tau_w dA\sin\theta, \quad dF_L = -PdA\sin\theta - \tau_w dA\cos\theta$$

$$F_D = \int_A dF_D = \int_A (-P\cos\theta + \tau_w\sin\theta)dA, \qquad F_L = \int_A dF_L = \int_A -(P\sin\theta + \tau_w\cos\theta)dA$$

항력과 양력은 유체의 밀도 $\rho$, 상류속도 V, 물체의 크기, 형상 및 방향과 관련이 있으며, 물체의 항력과 양력의 특성을 나타내는 적절한 무차원수로 다루는 것이 편리하기 때문에 동압($\frac{1}{2}\rho V^2$)과의 각 분력의 비율로 $C_D$(항력계수), $C_L$(양력계수), $C_M$(비틀림 모멘트 계수)

$$f(운동에너지) = \frac{1}{2}mv^2 \fallingdotseq \frac{1}{2}\rho V^2$$

$$F = \frac{1}{2}\rho V^2 CA \; ; \; C_L = \frac{F_L}{\frac{1}{2}\rho V^2 A}, \quad C_D = \frac{F_D}{\frac{1}{2}\rho V^2 A}, \quad A(투영면적)$$

$$M = \frac{1}{2}\rho V^2 C_M AB^2 \; ; \; C_M = \frac{M}{\frac{1}{2}\rho V^2 AB^2}, \quad B(폭원)$$

M : 양력과 항력의 합력이 교량단면의 비틀림 강성 중심을 통과하지 않을 때 발생하는 비틀림모멘트

※ $C_L$, $C_D$, $C_M$ : 양각에 관련된 계수, 단면형상과 양각에 따라 변화해 풍동실험을 통해서 결정

  $V$(평균풍속의 정상류) : 실제 자연풍은 시간적 변동특성을 가지므로 거스트계수(G)로 보정

④ 횡좌굴 한계풍속 : 교량에 횡방향 작용하는 정적하중에 의해 발생하는 가장 기본적인 불안정 구조거동은 면외 좌굴인 횡좌굴이며 횡좌굴에 대한 한계풍속 $V_{cr}$ 은 다음과 같이 추정한다.

$$V_{cr} = \sqrt{\frac{2q_{cr}}{\rho C_D (A/L)}} , \quad q_{cr} = \frac{28.3\sqrt{EI \cdot G_s J}}{L^3}$$

여기서, $L$ : 경간장, $EI$ : 주형의 약축에 대한 휨강성, $G_s J$ : 비틀림 강성

⑤ 비틀림 발산(Torsional divergence) : 비틀림 모멘트에 의해 발생하는 주형의 거동

$$V_{cr} = \sqrt{\frac{2\lambda_1}{\rho(dC_M)(A \cdot B/L)}}$$

여기서, $\lambda_1$ : $|K[I] - \lambda[I]| = 0$의 Eigenvalue, $dC_M$ : $\left[\dfrac{dC_M}{d\theta}\right]_{\theta=0}$, $[K]$ : 비틀림 강성행렬

## 2) 동적하중과 교량거동

① 와류(Vortex-shedding)진동 : 바람이 구조물에 부딪힐 때 구조물 후면에 작은 난류의 소용도리(Vortex)가 발생되어 구조물이 흔들리는 현상이다.

와류진동은 물체의 배후나 측면에서 생성되는 주기적인 와류에 의해 발생되는 현상이며 일반적으로 뭉뚝한 구조단면 형상을 갖고 구조감쇠나 질량이 작은 구조체에서 발생하기 쉽다. 이 진동은 저풍속역에서 발생하며 어떤 한정된 풍속영역에서 발생하기 때문에 발생빈도가 높아 구조물의 피로나 시공성, 사용성에 문제가 되는 경우가 있다. 단면 배후에 주기적으로 방출되는 와류의 방출주파수가 구조물의 고유진동과 일치할 때에 발생하기 때문에 일정한 풍속범위에서만 발생하는 일종의 한정적인 진동현상이다. 따라서 이러한 진동의 발생에 의해 교량이 갑자기 붕괴에 도달할 위험은 적으므로 구조부재의 파손 등이 발생하는 일이 없는 범위에서 진동을 허용할 수 있는 현상이다.

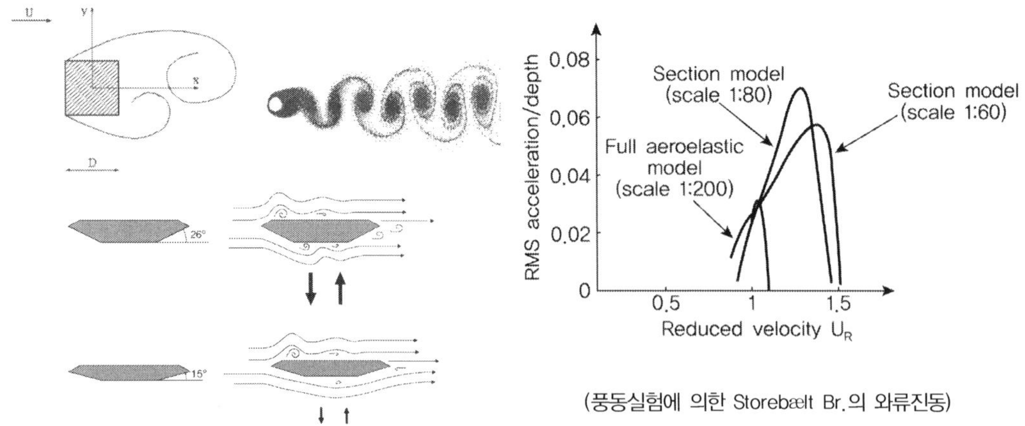


(풍동실험에 의한 Storebælt Br.의 와류진동)

| 특징 | 대책 |
| --- | --- |
| ① 뭉뚝한 단면, 감쇠나 질량이 작은 구조체에서 발생 | ① 강성 증가 |
| ② 저풍속역에서 발생(한정된 풍속역) | ② 단위길이당 질량 증가 |
| ③ 구조물 피로, 시공성, 사용성에 문제 | ③ Damping 증가 |
| ④ 급작스런 붕괴위험은 적음 | ④ 유선형 단면 채택 |

② 버펫팅(Buffeting) : 자연적인 바람은 순간순간 풍속과 풍향이 변하는 난류로 순간적인 바람의
변화로 인해 구조물이 강제 진동하는 현상으로 설계기준식에서 거스트 응답계수(G)로 고려
바람의 난류성에 기인하여 구조물에 불규칙적인 변동 공기력이 작용할 때 발생하는 강제진동
현상을 버펫팅 또는 거스트 응답이라고 한다. 이 진동은 대기류와 같이 난류성을 포함한 기류
내에서는 어떠한 구조물, 어떠한 풍속영역에서도 발생할 수 있다는 점이 다른 진동현상과 다
르다. 지간이 짧은 중소지간의 교량에서는 버펫팅에 의한 동적인 하중효과를 거스트 응답계수
를 적용시켜 반영하여 간편한 방식으로 적용한다.

③ 갤로핑(Galloping) : 바람의 직각방향으로 구조물이 진동하는 현상으로 케이블 구조물과 주탑
에서 발생된다. 케이블구조물의 경우 얼음이 부착하여 단면형태가 바뀌었을 때 낮은 풍속하에
서 상하방향으로 큰 진폭을 가지면 진동하게 되며, 주탑의 경우 현수교, 사장교의 독립주탑이
나 굴뚝과 같은 가늘고 긴 구조물에서 발생된다.

갤로핑은 단면비 폭/높이(B/D)가 0.7~2.8인 사각형 단면에서 주로 발생하는 기류 직각방향의
진동으로 물체의 운동에 따른 에너지가 유체에 피드백(feed-back)됨으로써 발생하는 비정상
공기력의 작용에 동반되는 자력(Self-exited)진동이다. Den Hartog의 조건에 따르면 양력계수
$(C_L)$와 양각($\alpha$, Angle of attack)과의 관계 그래프에서의 기울기($dC_L/d\alpha$)가 음의 값을 가질
때 갤로핑이 발생된다. 사각형 단면 주위의 기류 양상에 의해서 양각이 증가하게 되고 이로 인
해서 가속화된 박리 기류로 인해 음의 압력이 발생되어 발달하게 된다. 음의 압력은 박리기류
하면에 재부착되는 양각을 정점으로 감소하는데 정사각형인 경우(B/D=1.0)에는 $\alpha = 15°$가
된다. 재부착된 박리기류는 반대로 양의 압력으로 작용하게 되어 진동이 유발되게 된다. 다만
B/D>2.8인 단면에서는 박리기류의 재부착으로 갤로핑이 발생되지 않으므로 주형과 같은 단
면에서는 문제가 되지 않는다.

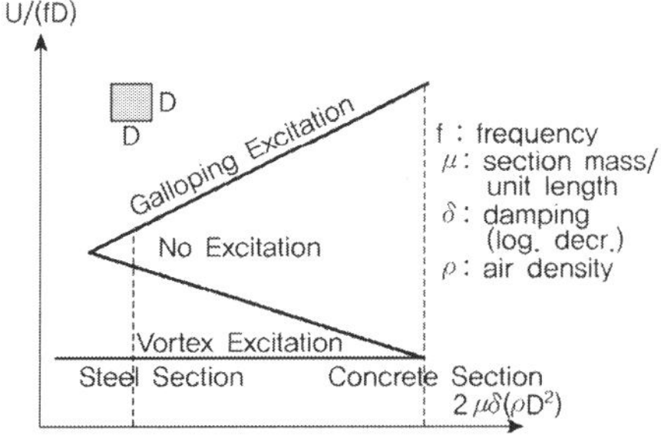


(정사각형 주탑의 공기역학적 안정성)

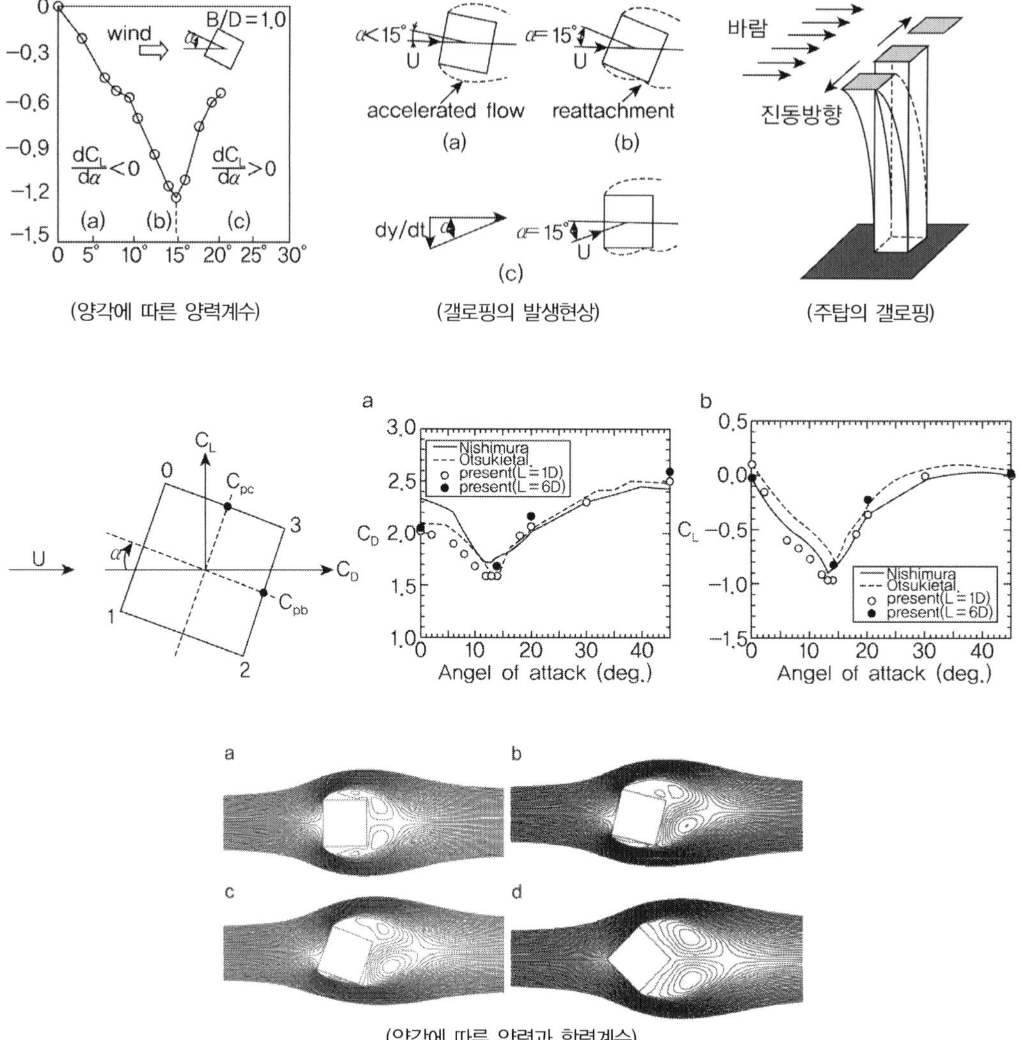

(양각에 따른 양력계수)


(갤로핑의 발생현상)


(주탑의 갤로핑)








(양각에 따른 양력과 항력계수)

④ 플러터(Flutter)

플러터에는 여러 가지 진동모드가 있으며 교량구조에서는 수직성분의 휨과 비틀림 모드가 함께 발생하는 합성플러터(Coupling flutter)와 비틀림 모드만 발생하는 비틀림 플러터(Torsional flutter)가 주요 모드로 발생한다.

(1) 수직 플러터 : 구조물이 상하방향으로 진동하는 현상으로 낮은 풍속에서 큰 진폭을 가지고 발생된다. 일반교량에서 발생하는 경우는 드물다.

(2) 비틀림 플러터 : 기류방향의 수직인 축을 중심으로 한 비틀림 거동의 발산 진동, 일정한 풍속에 도달 시 단면이 갑자기 뒤틀리는 현상으로 설계시 가장 주의가 필요

비틀림 플러터는 바람에 의해 바람이 부는 방향에 수직인 교축을 중심으로 pitching

moment에 의해 비틀림 거동의 발산형 진동을 말한다. 이 진동현상은 교량이 내풍설계에 있어서 가장 주의해야 할 진동현상으로 주로 주형에서 문제가 된다.

교량의 주형과 같은 단면비(B/D)가 큰 단면의 경우 단면의 상류측 모서리에서 발생하는 박리 전단층은 측면에 재부착하게 되고 이 박리 전단층에 둘러싸인 영역에서는 박리라는 순환류가 존재하게 된다.

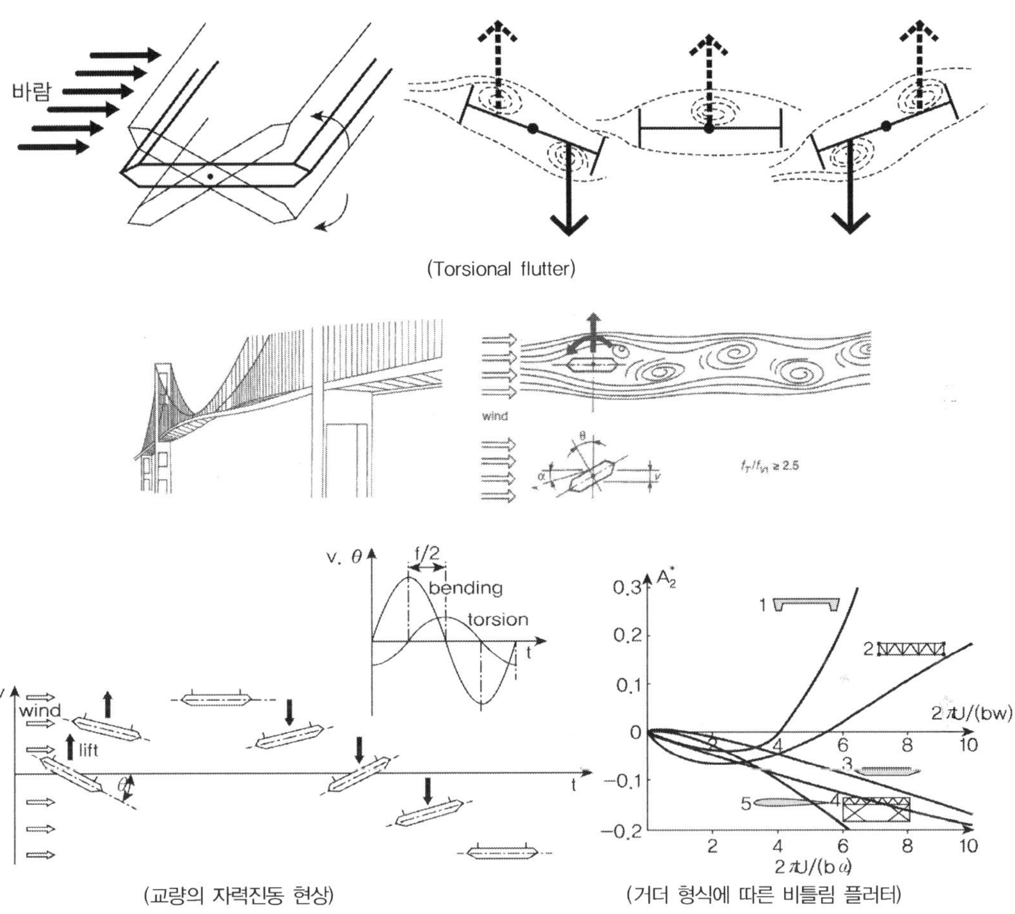



(거더 형식) 1. bluff box deck, 2. trussed deck with instability, 3. stable streamlined box deck, 4. thin airfoil

이때 이 순환류의 운동에 의해 단면의 측면에는 음의 압력이 발달하게 되며 이 순환류는 기류에 따라 하류측으로 이동하게 되며, 따라서 음의 압력영역도 하류측으로 이동하게 된다. 이와 같은 음의 압력 영역의 이동은 단면의 상하면에서 어느 정도의 시간차를 가지고 이동하게 되는데 이와 같은 시간적 위상차에 의해 단면에는 비틀림 모멘트가 발생하게 되어 비틀림 플러터가 발생하게 된다(Tacoma Bridge의 붕괴사고의 원인).

(3) 합성플러터 : 기류직각방향과 비틀림 방향의 진동으로 수직 플러터와 비틀림 플러터가 겹쳐져서 한꺼번에 발생하는 현상이다. 주로 유선형 단면에서 발생된다.

합성플러터는 바람에 의해 발생하는 발산형 진동 중에서 기류 직각방향과 비틀림 방향의 진동 즉, 갤로핑과 비틀림 플러터가 합성된 2자유도의 진동현상이다. 연직운동과 비틀림 운동의 진동수가 풍속에 따라 변화하다가 일정 풍속에 도달하여 두 진동수가 일치할 때 이 진동이 발생하게 되며 진동 중에는 연직방향과 비틀림 방향의 운동 간에 시간적 위상차를 갖게 된다. 합성플러터의 발생풍속은 연직과 비틀림 운동의 고유진동수비에 의해 크게 좌우되는데 고유진동수비가 약 1.1에서 합성플러터 발생풍속이 최저인 불리한 조건이 되며 이 진동수 비가 1.1보다 증가하거나 또는 감소함에 따라 발생풍속이 증가하는 특징을 보인다. 종래에는 이 진동수비가 1.8~2.0 이상이 되도록 주형의 단면을 설계하는 것이 보통이었으나 근래에는 1.1보다 작게 설계하는 것이 검토 중이다.

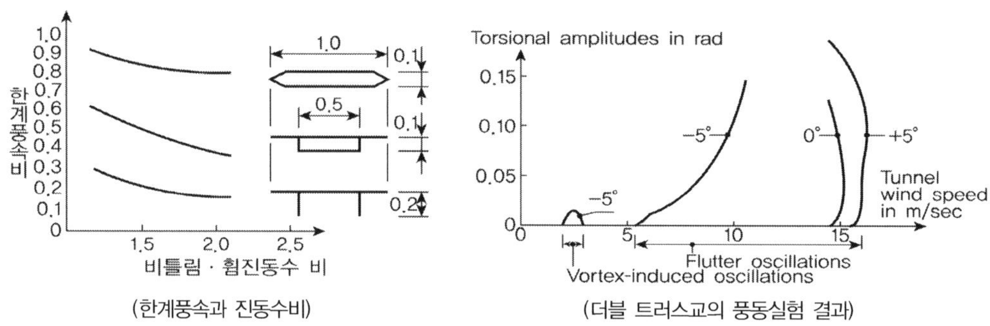

(한계풍속과 진동수비)　　　　　(더블 트러스교의 풍동실험 결과)

⑤ Wake instability

상류의 구조물에 의해 교란된 기류가 하류의 구조물에 영향을 미쳐서 하류구조물이 진동하는 현상으로 영종대교 주탑에서 관찰되었다. 주요 발생 구조물은 A형, H형 주탑과 사장교의 병렬 케이블, 나란히 배치된 송전선, 여러열로 구성된 굴뚝 등에서 나타나는 현상이다.

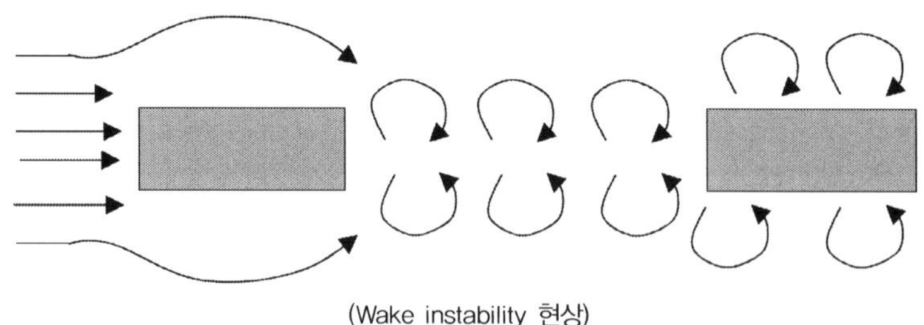

(Wake instability 현상)

교량의 진동 : 플러터

교량의 동적거동 중 플러터(Flutter)에 대하여 설명하시오.

**풀 이**

## ▶ 개요

교량에 미치는 바람의 영향을 평가할 때는 정적현상과 동적현상으로 구분해 평가하며, 주로 바람의 진동에 대한 평가를 하는 동적현상 중 자발진동을 유발하는 요소로 갤로핑과 플러터가 영향을 미친다. 플러터는 주로 보강형에 미치는 자발진동 현상으로 물체의 운동에 따른 에너지가 유체에 피드백(feed-back)됨으로써 발생하는 비정상공기력의 작용에 동반되는 자력(Self-exited) 진동현상이다.

## ▶ 플러터

플러터에는 여러 가지 진동모드가 있으며 교량구조에서는 수직성분의 휨과 비틀림 모드가 함께 발생하는 합성플러터(Coupling flutter)와 비틀림 모드만 발생하는 비틀림 플러터(Torsional flutter)가 주요 모드로 발생한다.

(1) 비틀림 플러터

비틀림 플러터는 바람이 부는 방향에 수직인 교축을 중심으로 pitching moment에 의해 비틀림 거동의 발산형 진동을 말한다. 이는 교량이 내풍설계에 있어서 가장 주의해야 할 진동현상으로 주로 주형에서 문제가 된다.

교량의 주형과 같은 단면비(B/D)가 큰 단면의 경우 단면의 상류측 모서리에서 발생하는 박리 전단층은 측면에 재부착하게 되고 이 박리 전단층에 둘러싸인 영역에서는 박리라는 순환류가 존재하게 된다. 이때 이 순환류의 운동에 의해 단면의 측면에는 음의 압력이 발달하게 되며 이 순환류는 기류에 따라 하류측으로 이동하게 되며, 따라서 음의 압력영역도 하류측으로 이동하게 된다. 이와 같은 음의 압력 영역의 이동은 단면의 상하면에서 어느 정도의 시간차를 가지고 이동하게 되는데 이와 같은 시간적 위상차에 의해 단면에는 비틀림 모멘트가 발생하게 되어 비틀림 플러터가 발생하게 된다.

(2) 합성플러터

합성플러터는 바람에 의해 발생하는 발산형 진동 중에서 기류 직각방향과 비틀림 방향의 진동, 즉 갤로핑과 비틀림 플러터가 합성된 2자유도의 진동현상이다. 연직운동과 비틀림 운동의 진동수가 풍속에 따라 변화하다가 일정 풍속에 도달하여 두 진동수가 일치할 때 이 진동이 발생하게 되며 진동 중에는 연직방향과 비틀림 방향의 운동 간에 시간적 위상차를 갖게 된다. 합성플러터의 발생풍속은 연직과 비틀림 운동의 고유진동수비에 의해 크게 좌우되는데 고유진동수비가 약 1.1에서 합성플러터 발생풍속이 최저인 불리한 조건이 되며 이 진동수 비가 1.1보다 증가하거나 또는 감소함에 따라 발생풍속이 증가하는 특징을 보인다. 종래에는 이 진동수 비가 1.8~2.0 이상이 되도록 주형의 단면을 설계하는 것이 보통이었으나 근래에는 1.1보다 작게 설계하는 것이 검토 중이다.

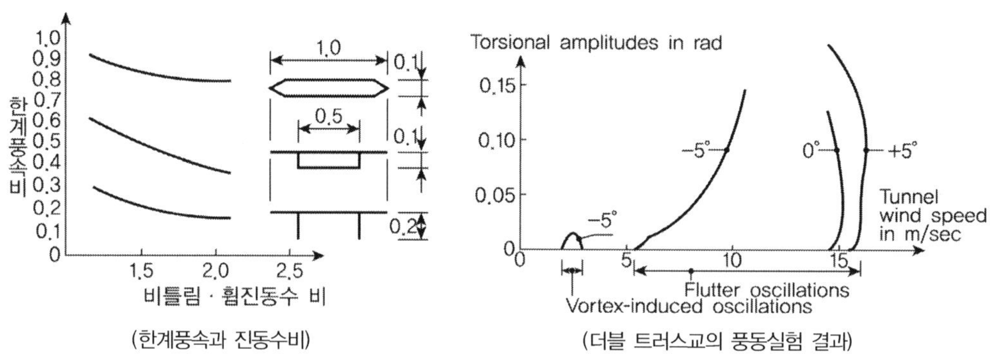


(한계풍속과 진동수비)  (더블 트러스교의 풍동실험 결과)

Frandsen의 airfoil flutter Velocity : $U_f = U_d \sqrt{1 - \left(\dfrac{\omega_v}{\omega_t}\right)^2}$

Selberg의 flutter Velocity : $U_f = 0.52 U_d \sqrt{\left[1 - \left(\dfrac{\omega_v}{\omega_t}\right)^2\right] b} \sqrt{\dfrac{\mu}{I_m}}$

교량의 진동 : 와류진동

해상 장대교량에서 발생 가능한 와류진동에 대하여 설명하시오.

## 풀 이

### ▶ 개요

해상에 설치되는 장대교량은 바람하중에 의한 정적현상뿐만 아니라 바람진동에 의한 동적현상에 대한 검토가 필요하며 와류진동의 경우 물체의 와류방출에 동반되는 비정상 공기력(카르만 소용돌이)의 작용으로 의해 발생되는 강제진동을 말한다.

### ▶ 와류(Vortex-shedding)진동의 특성

와류진동은 물체의 배후나 측면에서 생성되는 주기적인 와류에 의해 발생되는 현상이며 일반적으로 뭉뚝한 구조단면 형상을 갖고 구조감쇠나 질량이 작은 구조체에서 발생하기 쉽다. 이 진동은 저풍속역에서 발생하며 어떤 한정된 풍속영역에서 발생하기 때문에 발생빈도가 높아 구조물의 피로나 시공성, 사용성에 문제가 되는 경우가 있다. 단면 배후에 주기적으로 방출되는 와류의 방출 주파수가 구조물의 고유진동과 일치할 때에 발생하기 때문에 일정한 풍속범위에서만 발생하는 일종의 한정적인 진동현상이다. 이러한 진동의 발생에 의해 교량이 갑자기 붕괴에 도달할 위험은 적으므로 구조부재의 파손 등이 발생하는 일이 없는 범위에서 진동을 허용할 수 있는 현상이다.

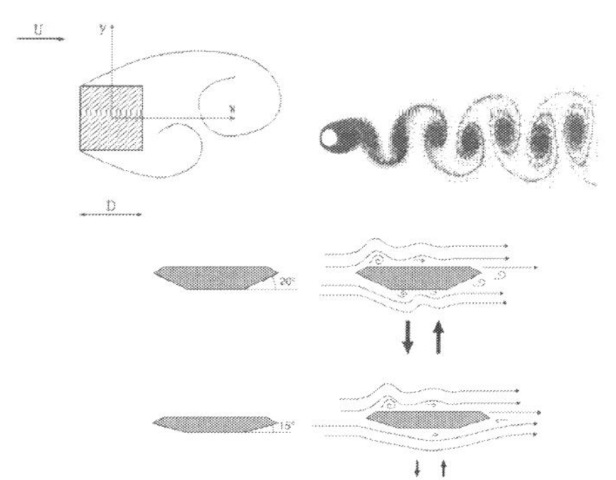
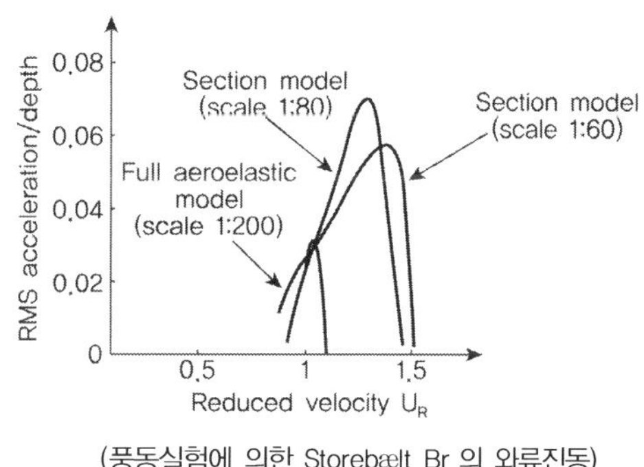


(풍동실험에 의한 Storebælt Br.의 와류진동)

| 특징 | 대책 |
| --- | --- |
| ① 뭉뚝한 단면, 감쇠나 질량이 작은 구조체에서 발생 | ① 강성 증가 |
| ② 저풍속역에서 발생(한정된 풍속역) | ② 단위길이당 질량 증가 |
| ③ 구조물 피로, 시공성, 사용성에 문제 | ③ Damping 증가 |
| ④ 급작스러운 붕괴위험은 적음 | ④ 유선형 단면 채택 |

## ▶ 케이블의 와류(Vortex-shedding)진동 검토

케이블의 와류진동은 바람방향으로 케이블 후면에 발생하는 주기적인 와류에 의한 진동으로 고주파의 저진폭 진동이라는 특징이 있다. 와류진동에 의한 케이블의 가진력은 케이블의 운동과 서로 상호작용이 일어나지 않으므로 발산진동 형태가 되지 않는다. 하지만 이러한 진동이 케이블에서 중요하게 다루어지는 이유는 케이블에 피로문제를 야기할 수 있기 때문이며, 와류생성 진동수($n$)는 다음의 식을 사용하여 계산하도록 규정하고 있다.

$$V = \frac{nD}{S_t} \quad \therefore \ n = S_t \frac{V}{D}$$

여기서 $V$: 풍속, $S_t$ : 스트로할 수(원형단면 0.15), $D$: 케이블 직경

케이블의 와류진동은 위 식을 이용하여 와류생성 진동수를 구하고 이 값을 케이블의 고유진동수와 비교하며 일반적으로 케이블의 고유모드는 4차 이상을 사용하여 검토한다. 이외에도 적절한 방법으로 와류진동에 의한 피로응력을 직접 산정하여 검토할 수 있다.

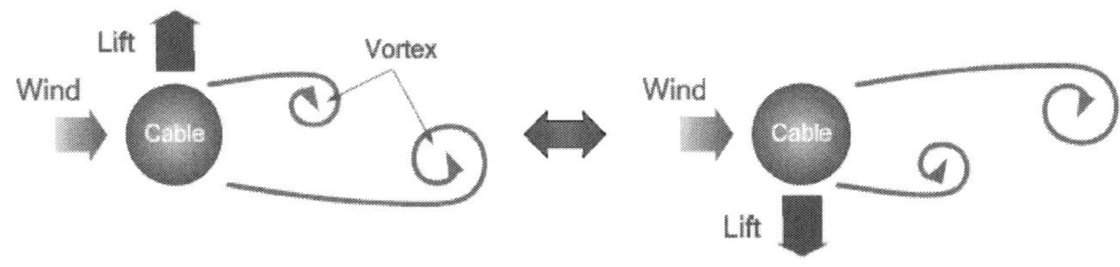

단등교 내풍설계 및 풍동실험       (장단기 태풍모델에 대한 설계풍속 97회 1-8)

## 5.4.1 착안사항

| 신뢰성 높은 설계풍속 | 공기역학에 유리한 구조 | 철저한 내풍성능 검증 | 시공 및 공용중 내풍안정성 |
|---|---|---|---|
| • 선유도-기상대 자료 상관분석<br>• 태풍 몬테카를로 시뮬레이션<br>• 한계풍속 신뢰성해석 | • Edge 박스 거더<br>• 고강도 케이블로 단면축소<br>• 제형단면 콘크리트 주탑 | • 2차원 단면실험<br>• 전산유체해석(CFD)<br>• 버펫팅 및 플러터 해석 | • 3차원 플러터 해석<br>• 가설단계 버펫팅 해석<br>• 독립주탑 풍동실험 |

## 5.4.2 태풍 몬테카를로 시뮬레이션에 의한 추정풍속

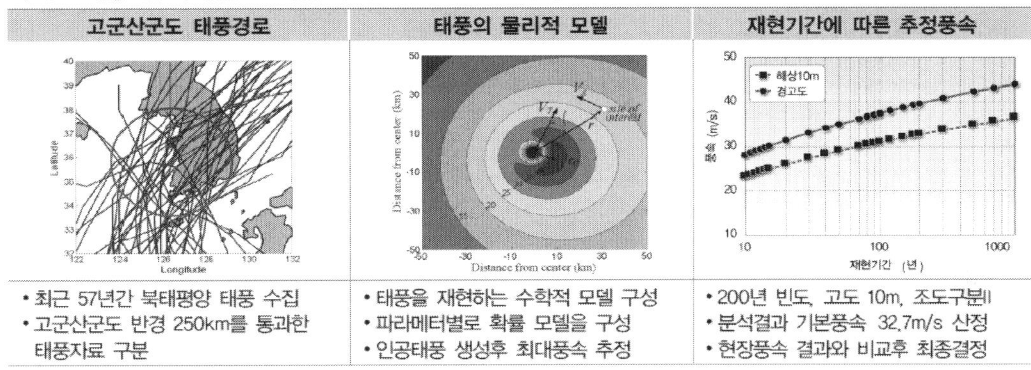


| 고군산군도 태풍경로 | 태풍의 물리적 모델 | 재현기간에 따른 추정풍속 |
|---|---|---|
| • 최근 57년간 북태평양 태풍 수집<br>• 고군산군도 반경 250km를 통과한 태풍자료 구분 | • 태풍을 재현하는 수학적 모델 구성<br>• 파라미터별로 확률 모델을 구성<br>• 인공태풍 생성후 최대풍속 추정 | • 200년 빈도, 고도 10m, 조도구분II<br>• 분석결과 기본풍속 32.7m/s 산정<br>• 현장풍속 결과와 비교후 최종결정 |

## 5.4.3 현장풍속 확률분석

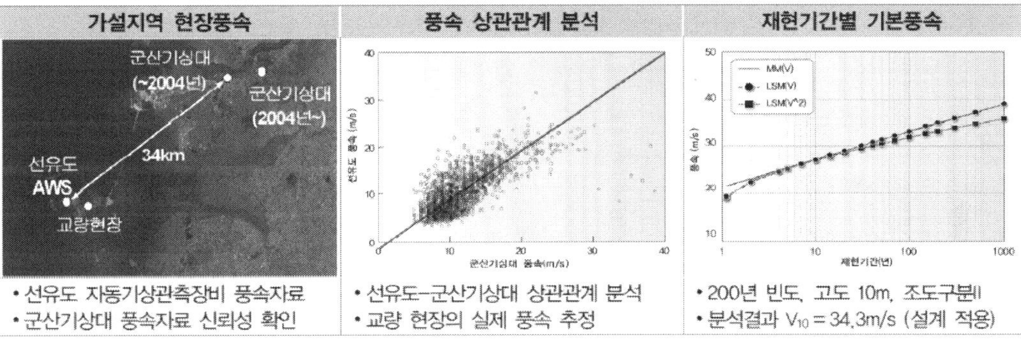


| 가설지역 현장풍속 | 풍속 상관관계 분석 | 재현기간별 기본풍속 |
|---|---|---|
| • 선유도 자동기상관측장비 풍속자료<br>• 군산기상대 풍속자료 신뢰성 확인 | • 선유도-군산기상대 상관관계 분석<br>• 교량 현장의 실제 풍속 추정 | • 200년 빈도, 고도 10m, 조도구분II<br>• 분석결과 $V_{10}$ = 34.3m/s (설계 적용) |

## 5.4.4 CFD 해석을 통한 후보 단면 선정

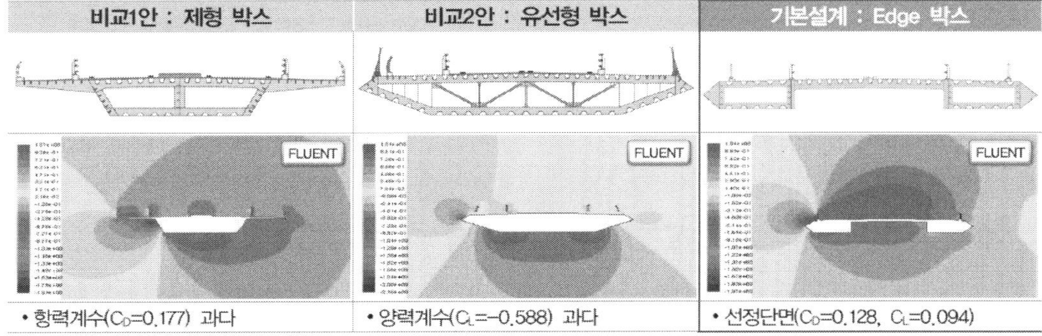


| 비교1안 : 제형 박스 | 비교2안 : 유선형 박스 | 기본설계 : Edge 박스 |
|---|---|---|
| • 항력계수($C_D$=0.177) 과다 | • 양력계수($C_L$=−0.588) 과다 | • 선정단면($C_D$=0.128, $C_L$=0.094) |

## 5.4.5 2차원 풍동실험

### ■ 예비실험

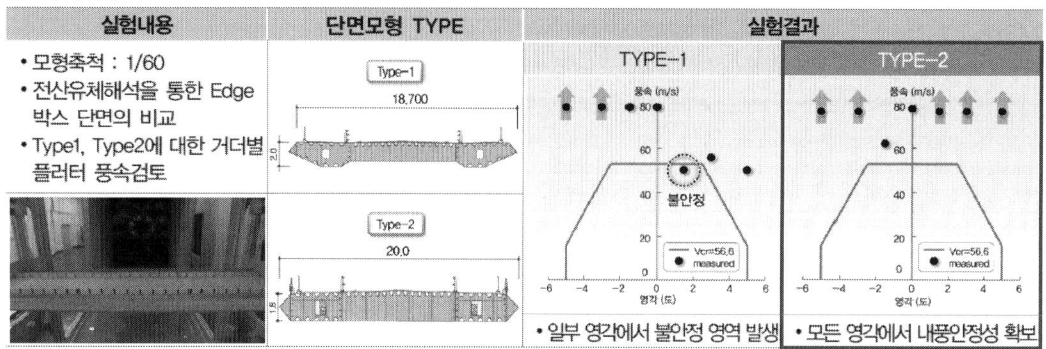


### ■ 본실험

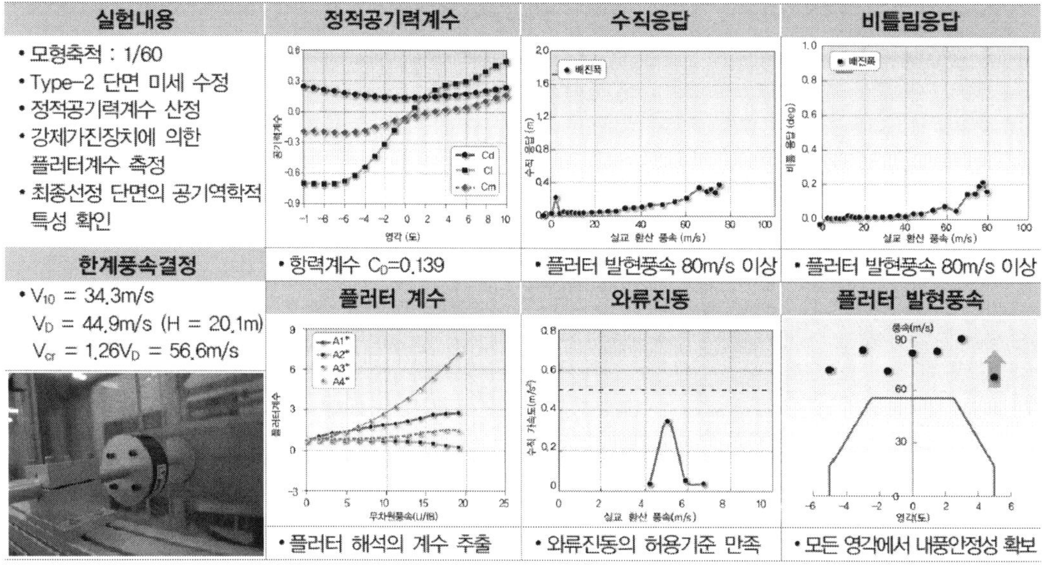


### ■ 3차원 플러터 해석

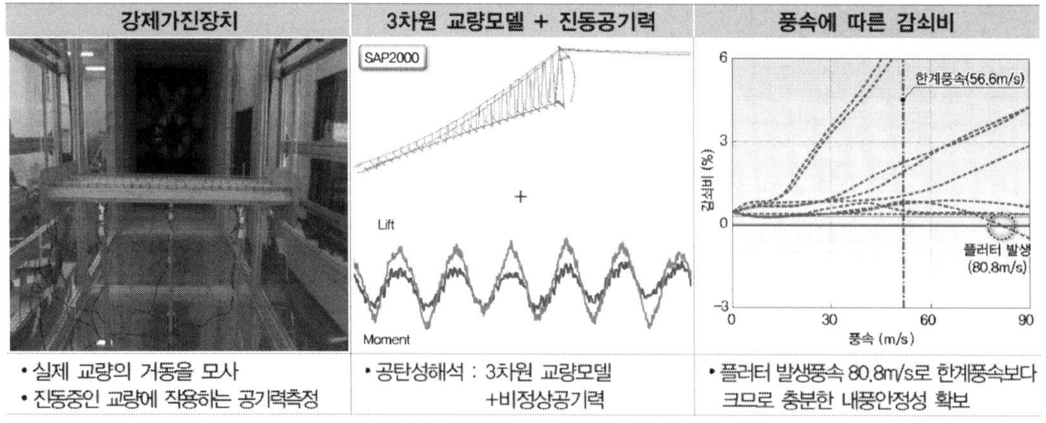

## 5.4.6 바람의 난류성분을 고려한 교량의 안정성 검토

### ■ 완성계 버펫팅 해석

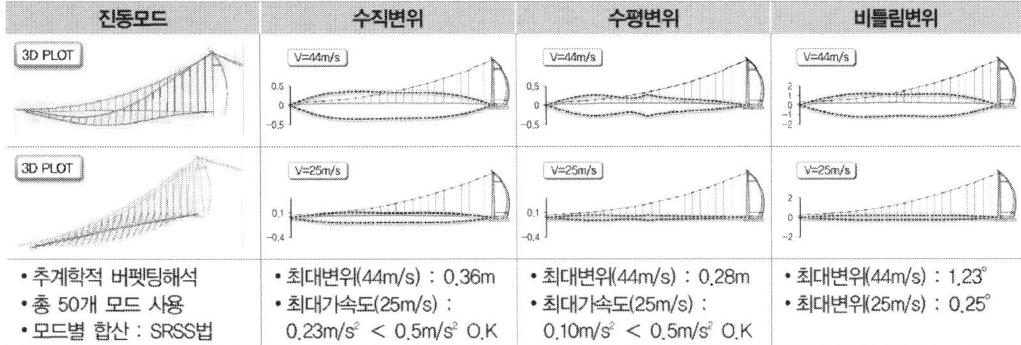

| 진동모드 | 수직변위 | 수평변위 | 비틀림변위 |
|---|---|---|---|
| 3D PLOT | V=44m/s | V=44m/s | V=44m/s |
| 3D PLOT | V=25m/s | V=25m/s | V=25m/s |
| • 추계학적 버펫팅해석<br>• 총 50개 모드 사용<br>• 모드별 합산 : SRSS법 | • 최대변위(44m/s) : 0.36m<br>• 최대가속도(25m/s) :<br>　0.23m/s² < 0.5m/s² O.K | • 최대변위(44m/s) : 0.28m<br>• 최대가속도(25m/s) :<br>　0.10m/s² < 0.5m/s² O.K | • 최대변위(44m/s) : 1.23°<br>• 최대변위(25m/s) : 0.25° |

### ■ 가설단계 버펫팅 해석

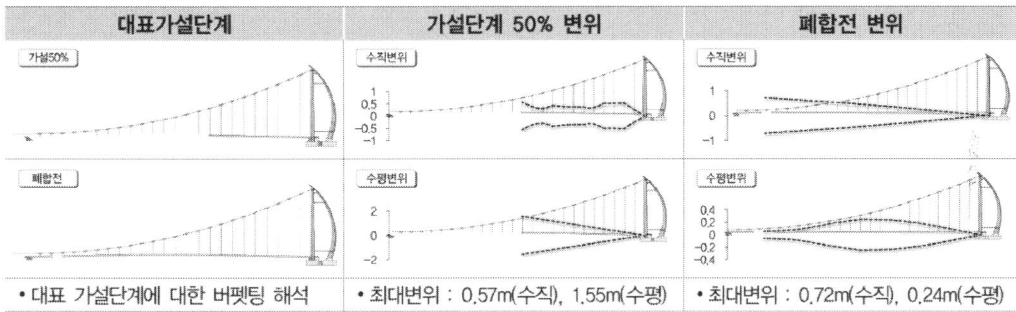

| 대표가설단계 | 가설단계 50% 변위 | 폐합전 변위 |
|---|---|---|
| 가설50% | 수직변위 | 수직변위 |
| 폐합전 | 수평변위 | 수평변위 |
| • 대표 가설단계에 대한 버펫팅 해석 | • 최대변위 : 0.57m(수직), 1.55m(수평) | • 최대변위 : 0.72m(수직), 0.24m(수평) |

### ■ 독립주탑 풍동실험

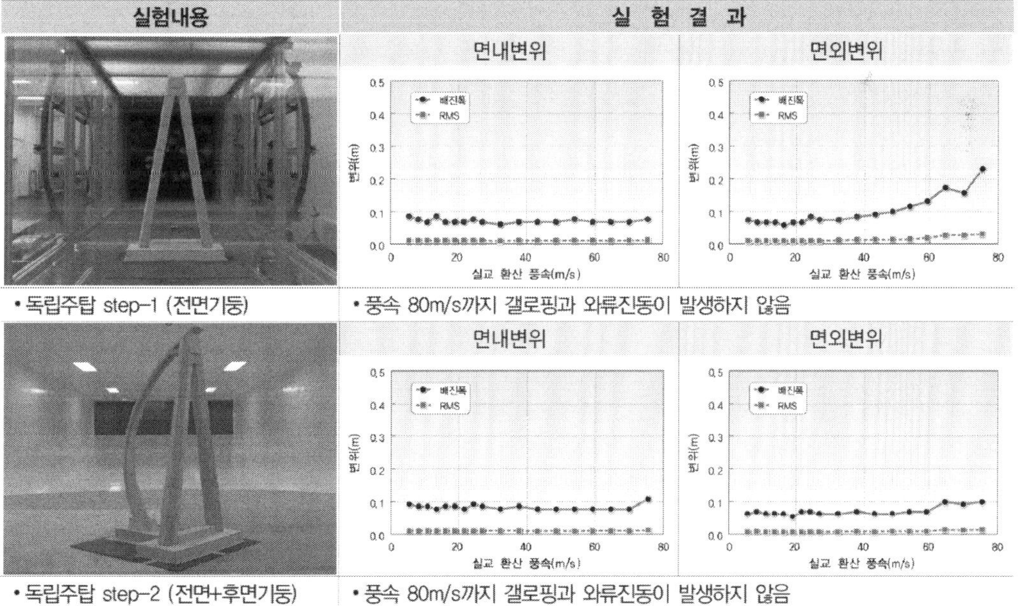



| 실험내용 | 실 험 결 과 |
|---|---|
| • 독립주탑 step-1 (전면기둥) | • 풍속 80m/s까지 갤로핑과 와류진동이 발생하지 않음 |
| • 독립주탑 step-2 (전면+후면기둥) | • 풍속 80m/s까지 갤로핑과 와류진동이 발생하지 않음 |

## 교량의 진동 : 케이블교 보강형

케이블에 의하여 지지되는 교량에서 보강형에 발생되는 동적진동의 종류에 대하여 설명하시오.

### 풀 이

### ▶ 개요

보강형은 바닥판 구조의 중량과 구조형식이 상부공 전체의 경제성과 함께 내풍안정성에 큰 영향을 미친다. 보강형은 바닥판 구조를 지탱하면서 동시에 변형과 흔들림을 억제하고 주행성을 확보하는 역할을 수행한다. 내풍안전성 확보를 위해 보강형 단면의 형상은 트러스 보강형과 유선형 강박스 보강형이 주로 채택되며, 최근 초장대교량의 경우에는 트윈박스의 적용도 많아지는 추세이다.

### ▶ 케이블 교량 보강형에 발생하는 동적진동의 종류

동적현상으로 보강형에 발생하는 동적진동으로는 강제진동인 와류진동, 버펫팅이 발생될 수 있으며, 자발진동으로는 비틀림 플러터, 합성플러터가 발생될 수 있다.

① 와류진동 : 단면 배후에 주기적으로 방출되는 와류의 방출주파수가 구조물의 고유진동과 일치할 때에 발생하기 때문에 일정한 풍속범위에서만 발생하는 일종의 한정적인 진동현상이다.

② 버펫팅 : 바람의 난류성에 기인하여 구조물에 불규칙적인 변동 공기력이 작용할 때 발생하는 강제진동 현상을 버펫팅 또는 거스트 응답이라고 한다.

③ 비틀림 플러터 : 비틀림 플러터는 바람에 의해 바람이 부는 방향에 수직인 교축을 중심으로 pitching moment에 의해 비틀림 거동의 발산형 진동을 말한다. 이 진동현상은 교량이 내풍설계에 있어서 가장 주의해야 할 진동현상으로 주로 주형에서 문제가 된다. 교량의 주형과 같은 단면비(B/D)가 큰 단면의 경우 단면의 상류측 모서리에서 발생하는 박리 전단층은 측면에 재부착하게 되고 이 박리 전단층에 둘러싸인 영역에서는 박리라는 순환류가 존재하게 된다.

④ 합성 플러터 : 합성 플러터는 바람에 의해 발생하는 발산형 진동 중에서 기류 직각방향과 비틀림 방향의 진동, 즉 갤로핑과 비틀림 플러터가 합성된 2자유도의 진동현상이다. 연직운동과 비틀림 운동의 진동수가 풍속에 따라 변화하다가 어느 풍속에 도달하여 두 진동수가 일치할 때 이 진동이 발생하게 되며 진동 중에는 연직방향과 비틀림 방향의 운동 간에 시간적 위상차를 갖게 된다.

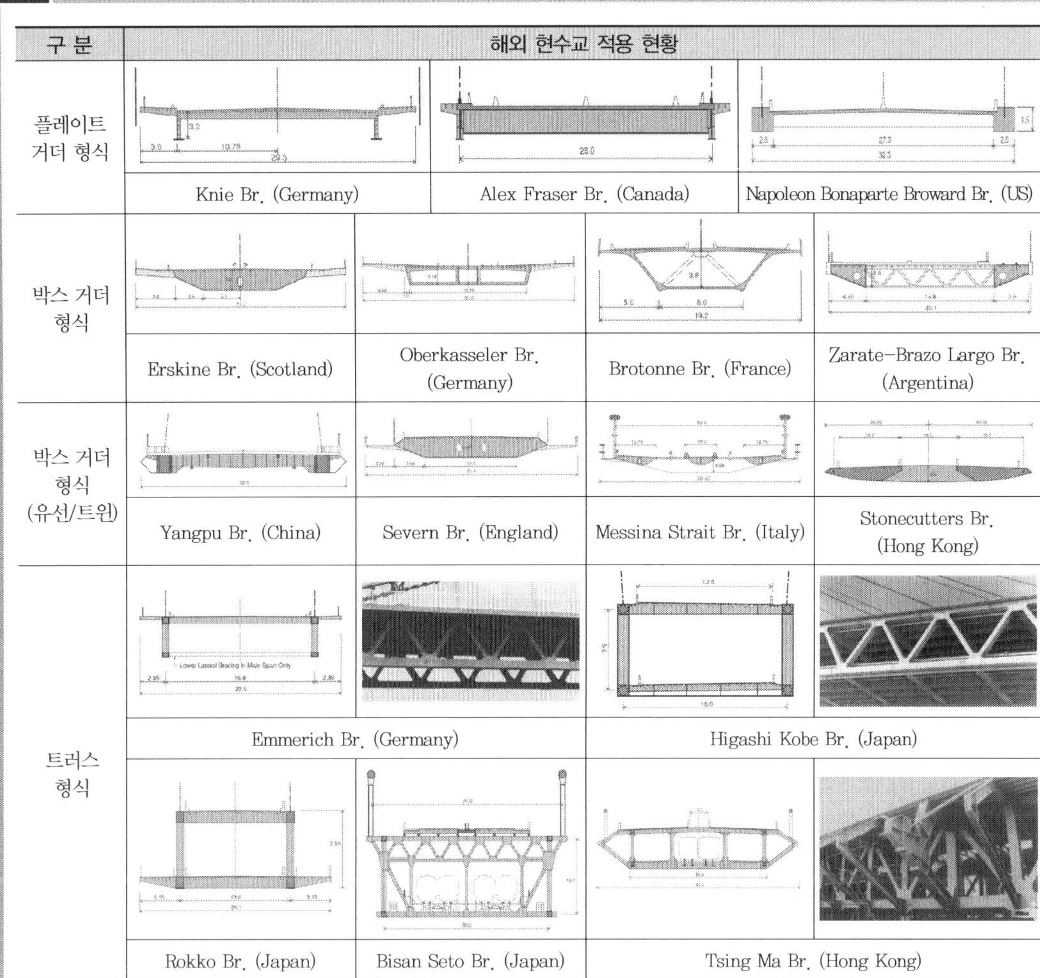


플레이트 거더 형식
Knie Br. (Germany)
Alex Fraser Br. (Canada)
Napoleon Bonaparte Broward Br. (US)
박스 거더 형식
Erskine Br. (Scotland)
Oberkasseler Br. (Germany)
Brotonne Br. (France)
Zarate-Brazo Largo Br. (Argentina)
박스 거더 형식 (유선/트윈)
Yangpu Br. (China)
Severn Br. (England)
Messina Strait Br. (Italy)
Stonecutters Br. (Hong Kong)
트러스 형식
Lower Lateral Bracing in Main Span Only
Emmerich Br. (Germany)
Higashi Kobe Br. (Japan)
Rokko Br. (Japan)
Bisan Seto Br. (Japan)
Tsing Ma Br. (Hong Kong)
구 분
해외 현수교 적용 현황

교량의 진동 : 풍우진동

케이블의 풍우진동(Rain-wind Vibration) 발생조건

**풀 이**

## ➤ 개요

케이블의 풍우진동은 비가 오는 상태에서 부는 바람에 의해 케이블 표면에서의 빗물 흐름이 바람에 노출되어 케이블 단면 형상을 변화시킴으로 인해 발생하는 진동을 말하며, 빗물이 케이블 표면을 따라 흘러내려 발생시키는 케이블의 길이방향 물줄기에 의한 케이블 단면의 비대칭 형상에 기인하며 바람 방향의 수직성분 공기력의 차이로 발생한다.

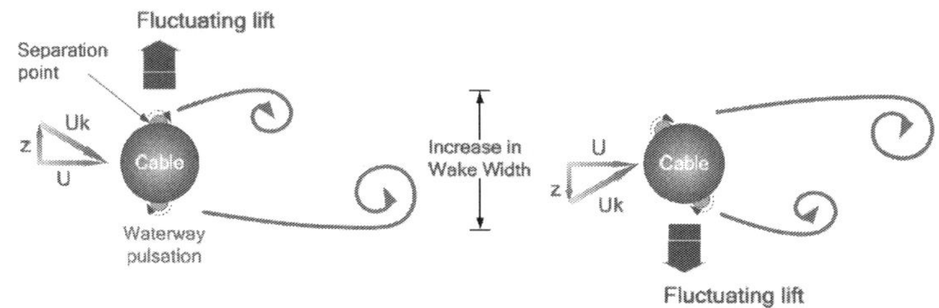


〈케이블의 풍우진동(Rain-wind Vibration)〉

## ➤ 발생조건과 대책

풍우진동은 주로 바람 방향으로 아래로 기울어진 케이블에서 발생하며 발생 풍속은 비의 양과 케이블의 표면 상태에 따라 달라진다. 케이블 표면에 공기역학적 처리를 하지 않은 경우에는 풍우진동이 발생될 수 있으며, Dimple이나 돌기 등의 공기역학적 처리를 수행한 경우에는 풍우진동을 억제할 수 있다. 일반적으로 풍우진동에 대한 안정조건은 스크루톤 수($S_c$)와 관련이 있으며 매끈한 원형단면의 경우 일반적으로 제어기준과 제진대책은 다음과 같다.

① 제어기준 식 : $S_c = \dfrac{m\xi}{\rho D^2} > 10$ (케이블의 표면에 공기역학적 처리 시, Dimple이나 돌기처리 5)

② 제진대책 : 케이블 표면을 돌기 등으로 처리하여 안정성을 확보한다(Dimple, Helical ribs).

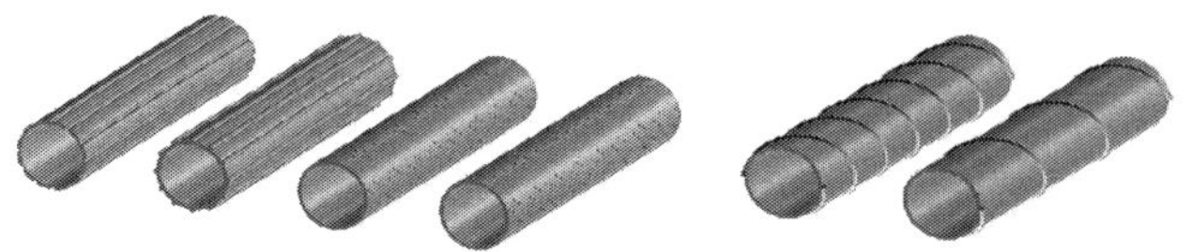

〈풍우진동 방지를 위한 케이블의 표면 처리〉

## 교량의 진동 : 차량 주행

차량의 주행으로 인해 발생하는 진동이 교량에 미치는 영향 및 진동특성에 대하여 설명하시오.

### 풀 이

#### ➤ 개요

오늘날 교량 설계 시 가능한 한 단면은 감소시키고 지간길이를 길게 하려는 경향이 있는데 이러한 교량들에 있어서는 동적거동파악이 중요한 문제가 된다. 특히 강성이 작은 케이블교량과 같은 구조물에서는 차량의 주행으로 인한 지점 가진 진동이 발생하는 경우 구조물과 공진이 발생할 수 있으므로 이로 인해서 구조물의 피로 등에 영향을 줄 수 있다. 실제 설계 시 동적문제는 충격계수와 최대 허용 처짐에 한계를 두어 처리되고 있다. 충격계수는 반복응력의 범위를 제한하기 위한 것이고 최대 허용 처짐의 제한은 과진동으로 인한 피로의 영향과 이용자의 심리적 불안감을 피하기 위하여 둔 규정이다.

#### ➤ 교량의 고유 진동수

폭에 비해 길이가 긴 교량은 폭의 영향이 크지 않다고 알려져 있으며, 또한 연속교의 경우 일반적으로 내측 지점부의 단면은 중앙에 비해 크나 고유진동수 계산 시 단면 변화의 영향은 미미하다.

#### ➤ 교량의 동적특성

1) 감쇠비는 콘크리트교가 크고, 감쇠 종료시간은 강교가 길어 강교가 콘크리트교보다 진동피해를 많이 받는다.

2) 콘크리트교는 동탄성계수, 강교는 합성단면을 사용하면 실측치에 가까운 진동수를 계산할 수 있다.

3) 변위에 의한 충격계수와 변형에 의한 충격계수값은 다르다.

4) 충격을 막기 위해 진입로 및 교량 노면 상태를 개선해야 한다.

5) 고유 진동수

   ① 노면 상태가 양호한 교량 : 2.3~4.5Hz
   ② 노면 상태가 불량한 교량 : 2~3Hz, 6.5Hz 이상

6) 충격계수는 지간길이만의 함수로 표시되므로 불합리하다.

**➤ 차량의 주행으로 인한 진동에 대한 고려**

일반적으로 차량의 주행으로 인한 진동은 도로교에서보다 활하중의 크기가 큰 철도교에서의 영향
이 더 크다. 정적해석과정에서 차량의 주행으로 인한 동적거동의 영향은 일반적으로 충격계수를
이용하여 고려되며, 장대교량과 같은 주요한 구조물에 대해서는 활하중의 이동하중해석이나 시간
이력해석을 통해서 구조물의 동적인 거동특성에 대하여 고려하고 있다.

① 충격하중(2012 도로교 한계상태 설계법)

2012 도로교설계기준에서는 기존의 교량의 연장에 비례하여 일괄적으로 적용하던 충격하중을
부재별로 구조물과 트럭하중과의 직접 저촉으로 인하여 파손 등을 유발시키는 부재에 대하여
강화하여 적용토록 하고 있다.

| 구 분 | | IM |
|---|---|---|
| 바닥판, 신축이음장치 모든 한계상태 | | 70% |
| 모든 다른 부재 | 피로한계상태 제외한 모든 한계상태 | 25% |
| | 피로한계상태 | 15% |

② 이동하중을 통한 시간이력해석(철도교)

통상적으로 이동하중을 통해서 구조물의 부재력 및 변위에 대한 시간이력해석을 수행하며 이
를 통해서 차량이나 열차로 인한 진동양상에 대한 검토를 수행한다.

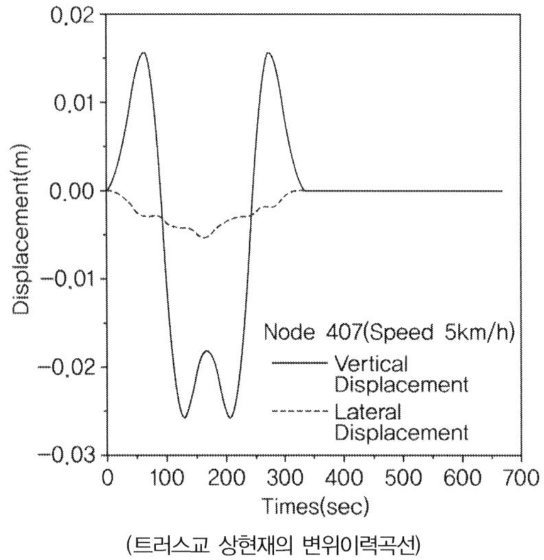


(트러스교 상현재의 변위이력곡선)

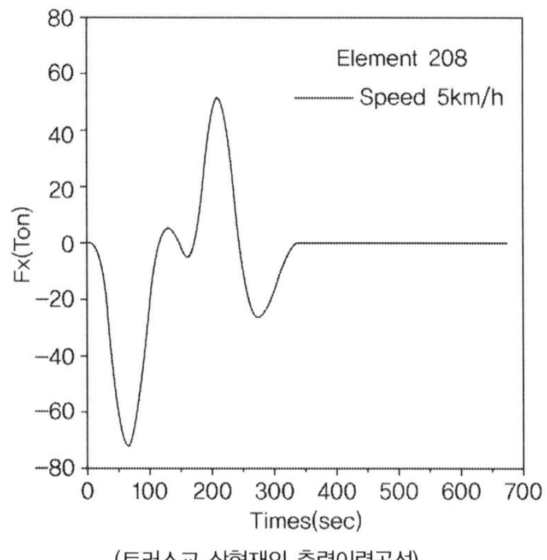


(트러스교 상현재의 축력이력곡선)

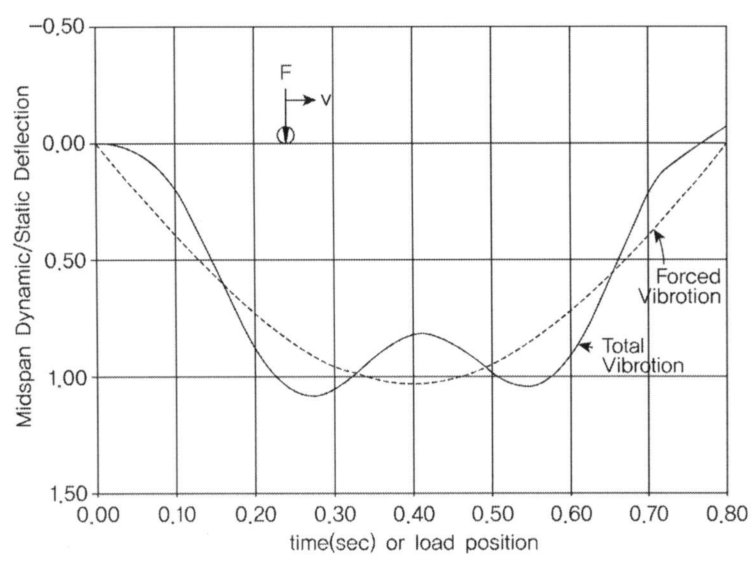


(일정한 하중이 일정한 속도로 단순경간을 횡단하는 경우의 동적응답)

③ 엄밀한 동적해석 : 시간이력해석

보다 엄밀한 동적해석을 위해서는 스프링으로 지지된 질량이 진동하면서 일정한 속도로 교량을 횡단하는 경우를 고려할 수 있으며 통상적으로 이러한 구조계는 강성이 $k_v$ 인 스프링으로 지지되는 진동 질량 $M_{vs}$ 와 항상 교량과의 접촉을 유지하고 있다고 가정하는 비진동 질량 $M_{vu}$ 의 두 개의 질량을 포함한다. 구조계의 하중은 다음과 같이 표현할 수 있다.

$$F = M_{vu}(g - \ddot{y}_v) + [k_v(z - y_v) + M_{vs}g]$$

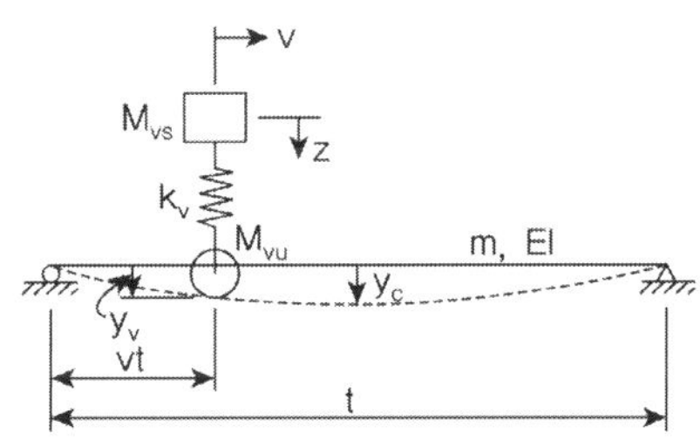


## ▶ 이동차량에 대한 교량의 진동

① 이동차량으로 인한 교량의 진동은 2가지 이유에서 중요하다. 첫 번째는 응력이 정적하중작용으로 인한 응력이상으로 증가하기 때문이다. 이는 일반적으로 설계에서 충격계수로서 고려한다. 두 번째 이유는 지나친 진동은 교량상의 사람에게 감지되기 때문이다. 비록 진동은 교량의 안전에는 큰 관계는 없지만 과도한 진동이 발생하면 심리적 불안감을 갖게 된다.

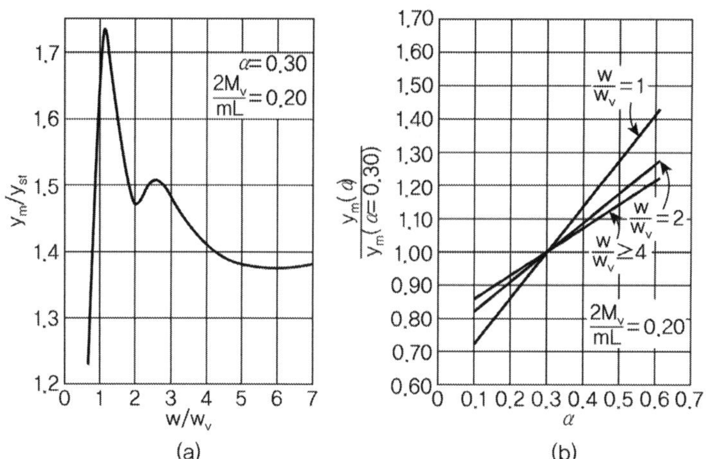

FIGURE 8.8 Maximum dynamic bridge deflection. Effect of parameter variations. (Biggs, Suer, and Louw.[44])

② 초기차량진동의 크기와 차량고유진동수에 대한 교량고유진동수의 비는 가장 중요한 매개변수이다. 진동수비의 효과는 위의 그림 (a)에 도시되어 있으며 최대 정적처점에 대한 최대 동적처짐의 비가 정의된 $\alpha$와 교량질량에 대한 차량질량의 비에 대하여 진동수비의 함수로 도시되어 있다.

③ 진동수비가 1일 때 상당한 피크가 발생하는 것을 알 수 있으며, 이는 구조계의 공진조건과 유사하지만 차량이 교량에 진입하는 순간 차량의 바운싱 에너지 양은 제한되어 있기 때문에 실제적으로는 피크값이 제한되므로 진정한 의미의 공진은 아니다.

④ 그림 (b)는 초기차량 진동의 효과를 도시한 내용이다. 여기서 $\alpha = 0.3$의 경우에 대한 최대 처짐의 비가 매개변수 $\alpha$에 대하여 도시되어 있다. 매개변수 $\alpha$의 효과는 거의 선형이라는 것을 알 수 있으며 해석에서 필요한 세 번째 매개변수인 $2M_v/mL$은 동적처짐에서 이차적이므로 일반적으로 무시한다.

⑤ 국내 도로교설계기준에서는 동적효과는 정적활하중을 충격계수로 증가시켜서 고려한다. 이 방법은 이론적 접근방법에 다음의 몇 가지 문제점이 있기 때문에 해석의 난해도를 고려한다면 적절하다고 볼 수 있다.
- 동적해석 수행을 위해서는 $\alpha$의 적절한 설곗값의 확립이 필요하다.
- 장래 차량에 대한 동적특성을 알지 못한다.
- 경간에 동시에 작용하는 2개 이상의 차량에 대해서는 이론해가 존재하지 않는다.
- 구조설계에 관한 통계와 확률이론의 적용이 보다 완전하게 개발되어야 한다.

### 내풍설계

케이블로 지지되는 장대교량 건설이 증가함에 따라 바람에 대한 교량의 내풍안정성 확보가 교량 건설의 중요한 요소로 부각되고 있다. 풍하중에 의한 교량의 거동특성을 기술하고 진동을 억제하는 내풍대책에는 무엇이 있는지 설명하시오.

## 풀 이

### ▶ 개요(풍하중에 의한 교량의 거동 특성)

교량이 장대화될수록 내진성보다는 내풍성에 의해서 구조물의 안정성이 좌우되는 경우가 많아졌다. 이는 전체 구조시스템에서 보강거더의 휨강성(EI/l), 중량(mass) 등의 감소로 인하여 시스템의 Damping이 줄고 주기가 길어짐에 따라 고유진동수(f)가 줄어들어 각종 불안정 진동이 저 풍속에서 발생하기 쉬워졌기 때문이다. 풍하중에 의한 교량의 거동은 크게 정적현상과 동적현상으로 구분되며, 장경간이나 장대교량의 경우 바람 하중으로 인해 동적 진동현상이 주로 고려된다. 다음은 일반적인 풍하중에 의한 정적·동적 현상을 구분한 표이다.

교량의 정적·동적거동현상과 주요 영향요소

| 거동 구분 | | | 영향요소 | 주요 내용 |
|---|---|---|---|---|
| 정적현상 (바람 하중) | 풍하중에 의한 응답 | | 보강형 | 정적공기력의 작용에 의한 정적변형, 전도, 슬라이딩 |
| | Divergence, 좌굴 | | 보강형 | 정상공기력에 의한 정적불안정 현상 |
| 동적현상 (바람 진동) | 강제 진동 | 와류진동 (Vortex-shedding) | 보강형, 주탑, 아치교 행어 | 물체의 와류방출에 동반되는 비정상 공기력(카르만 소용돌이)의 작용에 의한 강제진동 |
| | | 버펫팅 (Buffeting) | 보강형 | 접근류의 난류성에 동반된 변동공기력의 작용에 의한 강제진동 |
| | 자발 진동 | 갤로핑 (Galloping) | 주탑 | 물체의 운동에 따른 에너지가 유체에 피드백(feed-back)됨으로써 발생하는 비정상공기력의 작용에 동반되는 자력(Self-exited) 진동 |
| | | 비틀림플러터 (Torsional Flutter) | 보강형 | |
| | | 합성플러터 (Coupling Flutter) | 보강형 | |
| | 기타 | Rain Vibration | 케이블 | 사장교케이블 등에 경사진 원주에 빗물의 흐름으로 인하여 발생하는 진동 |
| | | Wake Galloping | 케이블 | 물체의 후류(wake)의 영향에 의해 발생하는 진동 |

### ▶ 내풍대책

교량의 진동을 억제하는 내풍대책은 크게 정적하중에 대한 저항방식과 동적하중에 대해 질량, 강성, 감쇠 증가를 하는 구조역학적 대책, 단면 형상 변화에 따라 내풍효과를 줄여주는 공기역학적인 대책 등으로 구분될 수 있다.

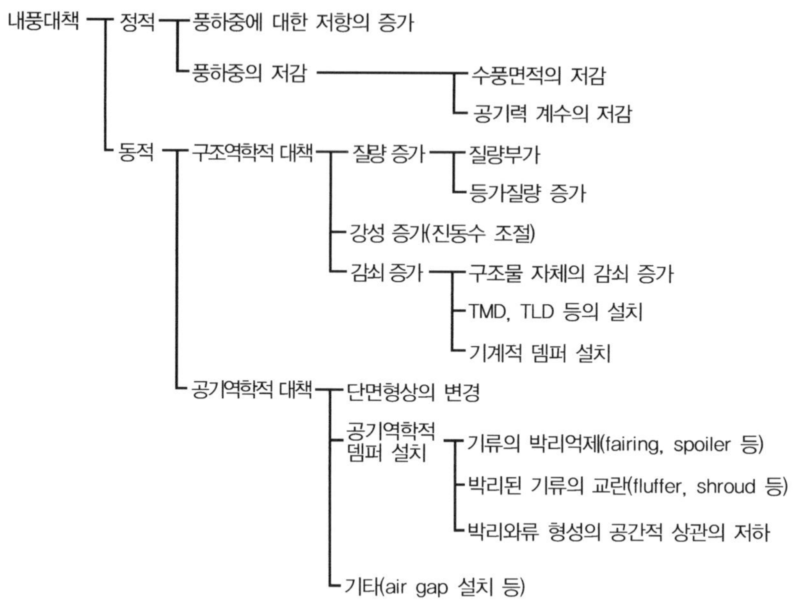

〈내풍대책의 구분과 주요 내용〉

| 정적 내풍대책 | 동적 내풍대책 | | |
|---|---|---|---|
| | 구조역학적 대책 | 공기역학적 대책 | 기타 |
| ① 풍하중에 대한 저항의 증가 | ① 질량 증가(m)<br>부가질량, 등가질량 증가 | ① 단면형상의 변경 | |
| ② 풍하중의 저감<br>– 수풍면적의 저감<br>– 공기력 계수의 저감 | ② 강성 증가(k)<br>진동수 조절 ($f \propto \sqrt{\dfrac{k}{m}}$ )<br><br>③ 감쇠 증가(c)<br>구조물 자체 감쇠 증가,<br>TMD, TLD 등 설치,<br>기계적 댐퍼 설치 | ② 공기역학적 댐퍼<br>기류의 박리억제(fairing, spoiler)<br>박리된 기류의 교란(fluffer, shroud)<br>박리와류형성의 공간적 상관의 저하 | air gap 설치<br>풍환경 개선 |

1) 정적거동에 의한 내풍대책

정적거동에 의한 내풍대책은 먼저 풍하중에 대한 구조물의 저항 및 강도의 증가 대책으로 풍하중의 작용에 대한 구조물의 안정성을 확보하기 위해서 충분한 강성을 구조물이 가지도록 하는 것이다. 정적거동의 대책으로는 다음의 3가지로 구분할 수 있다.

① 단면 강도 증대 : 충분한 강성을 가지는 단면 선택

② 수풍면적이 저감

③ 공기력 계수 저감

2) 동적거동에 의한 내풍대책(구조역학적 대책)

① 구조역학적 대책의 목적

(1) 구조물 진동특성을 개선하여 진동의 발생 그 자체를 억제

(2) 진동 발생 풍속을 높이는 방법

(3) 진동의 진폭을 감소시켜 부재의 항복이나 피로파괴 억제 등에 목적을 둔다.

② 구조물의 진동특성을 개선하는 방법

(1) 질량의 증가

구조물 질량의 증가는 와류진동 등의 진폭을 감소시키며, 갤로핑의 한계풍속을 증가시킨다. 그러나 한편으로는 질량의 증가에 따라 고유진동수가 낮아지게 되어 진동의 발생풍속 증가에 도움이 되지 않는 경우도 있으므로 신중한 검토가 필요하다.

(2) 강성의 증가(진동수의 조절)

구조물 강성의 증가는 고유진동수를 상승시킴으로써, 와류진동 및 플러터의 발생풍속의 증가를 가져다 준다. 강성이 높은 구조형식으로 변경한다든지 적절한 보강부재를 첨가하는 것을 고려할 수 있으나 강성 증가에는 한계가 있어 현저한 내풍안정성 향상을 기대하기 어렵다.

(3) 감쇠의 증가

구조감쇠의 증가는 와류진동이나 거스트 응답 진폭의 감소 또는 플러터 한계풍속의 상승을 목적으로 한 것으로 그 제진효과를 확실히 기대할 수 있다. 교량 내부에 적당한 감쇠장치를 첨가하여 기본구조의 변경 없이 제진효과를 얻을 수 있다는 점에서 여러 가지 구조역학적 대책 중에서 가장 많이 사용되는 방법이다. 감쇠장치의 종류에는 오일댐퍼를 비롯하여 TMD(Tuned Mass Damper), TLD(Tuned Liquid Damper), 체인댐퍼 등과 같은 수동댐퍼가 많이 사용되었으나 최근에는 AMD(Active Mass Damper)와 같은 제어 효율이 높은 능동적 댐퍼도 많이 개발되고 있다.

3) 동적거동에 의한 내풍대책(공기역학적 대책)

공기역학적 방법은 교량 단면에 작은 변화를 주어 작용공기력의 성질 또는 구조물 주위의 흐름양상을 바꾸어 유해한 진동현상이 발생되지 않도록 하는 방법이다. 교량의 주형이나 주탑 단면은 일반적으로 각진 모서리를 가진 뭉뚝(bluff)한 단면이 많은데 이러한 단면에서는 단면의 앞 모서리부에서 박리된 기류가 각종 공기역학적 현상과 밀접한 관계를 가지고 있다. 따라서 앞 모서리에서의 박리를 제어함으로써 제진을 도모하는 방법이 주로 채택된다.

① 기류의 박리억제 : 단면에 보조부재를 부착하여 박리 발생을 최소화시켜 구조물의 유해한 진동을 일으키는 흐름상태가 되지 않도록 기류를 제어하는 방법으로 fairing, deflector spoiler, flap 등이 사용된다. 하지만 이러한 부착물에 의한 내풍안정성 향상효과는 단면 형상에 따라 다르며 때로는 진폭이 증가되거나 원래 단면에서 발생하지 않던 새로운 현상을 일으킬 수 있으므로 풍동실험을 통한 고찰이 요구된다.

② 박리된 기류의 분산 : 기류의 박리억제가 어렵거나 fairing등에 의한 효과가 없는 경우에는 단면의 상하면의 중앙부에 baffle plate라 불리는 수직판을 설치하여 박리버블의 생성을 방해하여 상하면의 압력차에 의한 비틀림 진동의 발생을 억제할 수 있다.

③ 기타 : 현수교의 트러스 보강형 등에 있어서는 바닥판에 grating과 같은 개구부를 설치하면 단면 상하부의 압력차가 작아지게 되어 연성플러터 또는 비틀림 플러터에 대한 안정성을 향상시킬 수 있다.

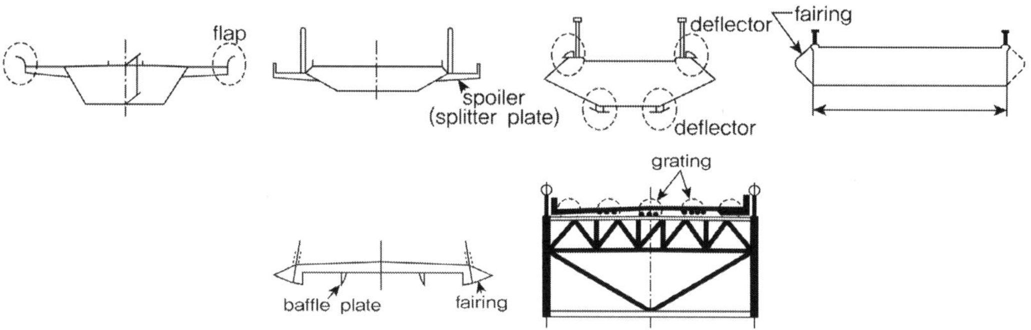


4) 케이블의 내풍/진동 제어 대책

① 케이블의 진동제어 방법은 크게 공기역학적 방법, 감쇠증가에 의한 방법, 고유진동수 변화에 의한 방법이 있다.

② 공기역학적 방법은 사장교 케이블의 표면에 나선형 필릿(helical fillet), 딤플(Dimple), 축방향 줄무늬(axial stripe) 등 돌출물을 설치하는 것으로 케이블의 공기역학적 특성을 바꿀 수 있다. 이때 돌출물 설치에 따른 진동제어를 풍동실험을 통해 검증하여야 하며 필요한 경우 변화된 공기역학적 계수값을 실험을 통해 산정하여야 한다.

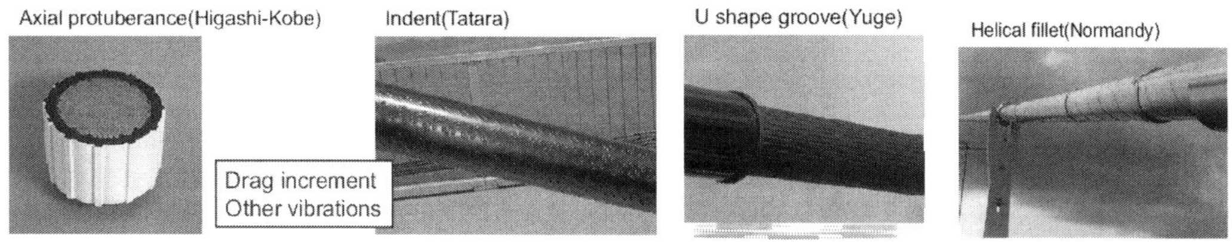


③ 감쇠량 증가에 의한 방법에 주로 사용되는 케이블 댐퍼로는 주로 수동댐퍼가 사용되며 형식으로는 점성댐퍼, 점탄성댐퍼, 오일댐퍼, 마찰댐퍼, 탄소성댐퍼 등이 있다. 케이블에 사용되는 댐퍼는 상시 진동하므로 적용되는 댐퍼의 피로내구성 및 반복작용에 의한 온도상승으로 저하되는 감쇠성능이 검증되어야 하며, 온도 의존성이 큰 댐퍼의 경우 설계 시 적정 온도범위와 설계온도 가정이 중요하다. 설계된 댐퍼는 실내실험을 통해 설계 물성치와 제작된 댐퍼의 물성치를 비교하여 그 성능을 확인하여야 한다.

④ 선형댐퍼를 사용하는 경우 케이블 진동모드에 따라서 댐퍼에 의한 부가감쇠비가 달라지므로 댐퍼설계 시 진동제어를 하고자 하는 케이블의 모드를 정하는 것이 좋다. 풍우진동의 경우 관측에 의하면 케이블은 2차 모드로 진동하는 것이 지배적인 것으로 알려져 있다. 따라서 이러한 경우 댐퍼는 2차 모드에서 최적의 감쇠비가 나타나도록 설계하는 방법을 채택할 수 있다.

⑤ 비선형 댐퍼는 변위에 따라 부가 감쇠비가 달라지고 미소변위에서는 작동하지 않는 특성이 있으므로 이에 대해서는 작동개시 범위 및 최대 부가감쇠비 변위 등을 합리적으로 산정하여 설계하여야 한다. 특히 케이블의 진동 제한 진폭 기준이 제시되어 있다면 이 진폭에서는 설계 감쇠비보다 큰 부가 감쇠비가 얻어지도록 설계하여야 한다.

⑥ 고유진동수를 변화시키는 방법으로는 보조 케이블에 의한 진동제어 방법이 있으며 사장교 케이블을 서로 엮어 매는 것으로 부가감쇠의 효과도 있으나 케이블의 진동길이를 감소시켜 고유진동수를 높이는 역할을 한다. 고유진동수가 변화될 경우 케이블의 공진을 막을 수 있고 바람에 의한 진동 시 임계풍속을 증가시키는 역할을 하나 이 방법은 유지관리 시 유의하여야 하고 미관을 해칠 수 있는 단점이 있으며, 사장교 케이블의 자유로운 변형을 구속하므로 응력집중에 대해 충분히 검토해야 한다.

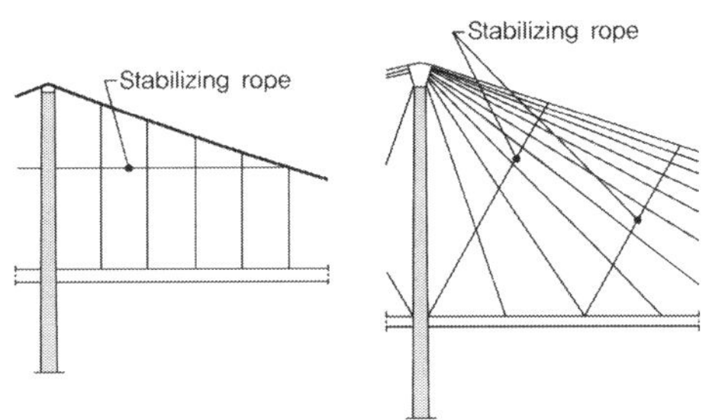



(인천대교 사장교 보조 케이블 시스템)

## 내풍설계

케이블교량의 내풍설계 흐름도를 작성하고 동적해석 시 유의사항과 내풍대책에 대하여 설명하시오.

### 풀 이

#### ▶ 내풍설계 개요

케이블 교량의 내풍설계는 교량의 동적특성에서 비롯한 내풍안정성에 대해 검토되어야 한다. 일반적으로 교량이 설치되는 지역의 풍환경과 풍속 자료 수집에서부터 시작하여, 정적설계, 풍동실험 및 공탄성 해석 등 동적응답의 추정, 이에 따른 부재의 안정성과 사용성에 대한 검토의 순으로 내풍설계가 이루어진다.

(내풍설계 흐름도)

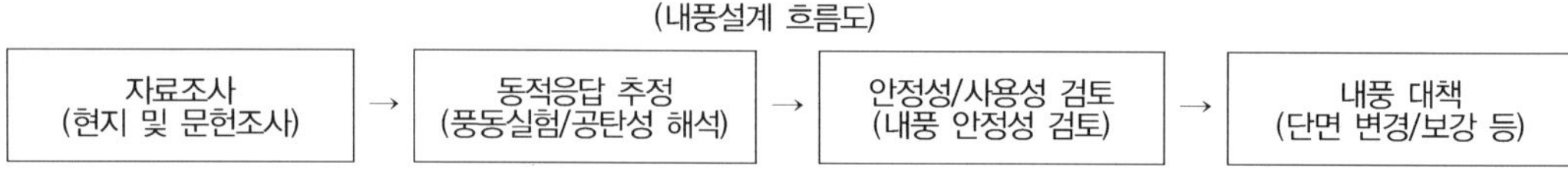



#### ▶ 내풍 설계 및 유의사항

1) 자료 조사 : 케이블 교량이 건설될 지역의 풍 환경 및 문헌 조사를 통해 기본 풍속과 설계풍속을 결정한다. 기본풍속은 개활지 지상 10m 높이에서 재현주기 T년에 해당하는 10분 평균 풍속으로 정의하며, 설계기준풍속은 대상 지역의 기본풍속과 교량의 고도, 주변의 지형과 환경 등을 고려하여 결정한다.

2) 동적 응답추정 : 내풍으로 인한 플러터 발산 등 구조물의 동적 응답 검토를 위해 풍동실험 및 공탄성 해석을 수행한다.

풍동실험(Wind Tunnel test)은 교량단면에 맞는 각종 풍압계수($C_L$, $C_D$, $C_M$) 산정을 위해 실시된다. 풍동실험 시에는 기하학적 모형과 실제 바람과 풍동기류, 바람과 구조물간의 상호작용에 대한 상사법칙이 성립하도록 하는 것이 중요하다.

공탄성 해석은 플러터로 인한 발산 문제를 검토하기 위해 수행되며 날개 모양의 단면을 갖도록 교량 상판을 설계하는 예가 많다. 날개 모양의 상판은 일자유도 불안정성 문제(갤로핑)는 없지만 이자유도 불안정성(비틀림 플러터) 문제가 발생할 수 있다. 초장대 교량의 경우 강성의 증가로 문제 해결이 어렵기 때문에 공기역학적 최적화를 통해 불안정성 문제를 해결하여야 한다. 주로 공기역학적으로 좋은 특성을 가지는 날개 단면 형상의 박스거더와 양 측면에 부속장치를 추가하여 설계조건을 만족하도록 하고 있다.

(풍동실험의 상사비)

| 구분 | 길이 | 진동수 | 질량 | 질량관성모멘트 | 감쇠율 | 풍속 |
|---|---|---|---|---|---|---|
| 모형/실교량 | $1/n$ | $\sqrt{n}$ | $1/n^2$ | $1/n^4$ | 1 | $1/\sqrt{n}$ |

(풍동실험명 및 방법)

| 구분 | 측정항목 | 실험 명 | 모형화 | 실험방법 |
|---|---|---|---|---|
| 정적<br>실험 | 공기력계수<br>$C_L$, $C_D$, $C_M$ | 정적공기력 측정실험 | 교량상판<br>(강체부분모형) | 2차원모형+Load Cell |
| | 평균압력계수 $C_p$ | 풍압 측정실험 | 교량상판<br>(강체부분모형) | 2차원모형+차압센서 |
| 동적<br>실험 | 연직변위,<br>비틀림변위,<br>공기역학적 감쇠 등 | Spring지지 모형실험 | 교량상판<br>(강체부분모형) | 2차원모형+Coil Spring |
| | | Taut strip 모형실험 | 교량상판<br>(탄성체모형) | 상판외형재+피아노선(또는 강봉) |
| | | 전경간 모형실험 | 상판+Cable+주탑<br>(탄성체모형) | 상판외형재+강봉+주탑+cable |

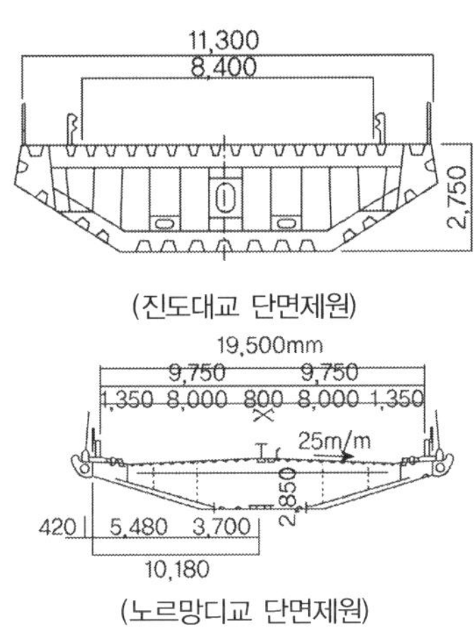

(진도대교 단면제원)

(노르망디교 단면제원)

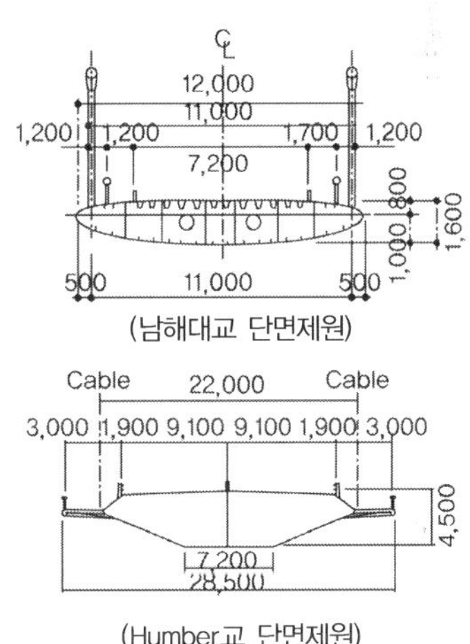

(남해대교 단면제원)

(Humber교 단면제원)

3) 안정성 및 사용성 검토 : 정적 풍하중과 바람에 의한 진동, 동적 풍하중 등에 대해 각 부재의 안정성과 사용성에 대해 검토한다. 바람에 대한 진동은 버펫팅, 와류진동, 풍우진동, 갤로핑, 주탑이나 인접 케이블에 의한 웨이크 갤로핑 등 바람에 의한 진동 발생 가능성과 주탑이나 보강거더의 진동에 의한 지점가진 진동에 대해  충분한 검토를 수행하여야 한다.

검토결과 필요한 경우 공기역학적 제진대책, 댐퍼 설치, 보조케이블 설치 등의 제진대책을 수립하여야 한다.

➤ **내풍대책**

교량의 진동을 억제하는 내풍대책은 크게 정적 하중에 대한 저항방식과 동적하중에 대해 질량, 강성, 감쇠 증가를 하는 구조역학적 대책, 단면 형상 변화에 따라 내풍효과를 줄여주는 공기역학적인 대책 등으로 구분될 수 있다.

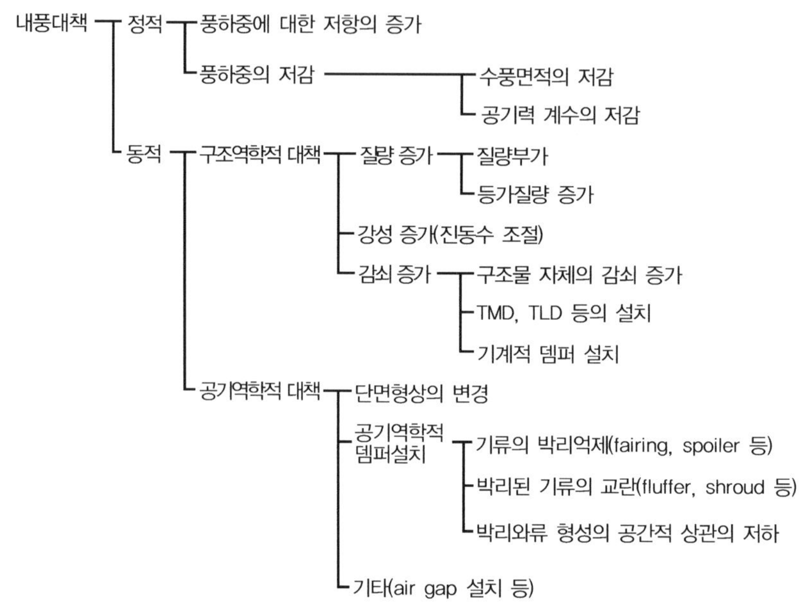


〈내풍대책의 구분과 주요 내용〉

| 정적 내풍대책 | 동적 내풍대책 | | |
| --- | --- | --- | --- |
| | 구조역학적 대책 | 공기역학적 대책 | 기타 |
| ① 풍하중에 대한 저항의 증가 | ① 질량 증가(m)<br>부가질량, 등가질량 증가 | ① 단면형상의 변경 | |
| ② 풍하중의 저감<br>– 수풍면적의 저감<br>– 공기력 계수의 저감 | ② 강성 증가(k)<br>진동수 조절 ($f \propto \sqrt{\dfrac{k}{m}}$ )<br>③ 감쇠 증가(c)<br>구조물 자체 감쇠 증가,<br>TMD, TLD 등 설치,<br>기계적 댐퍼 설치 | ② 공기역학적 댐퍼<br>기류의 박리억제(fairing, spoiler)<br>박리된 기류의 교란(fluffer, shround)<br>박리와류형성의 공간적 상관의 저하 | air gap 설치<br>풍환경 개선 |

1) 정적기동에 의한 내풍대책

정적거동에 의한 내풍대책은 먼저 풍하중에 대한 구조물의 저항 및 강도의 증가 대책으로 풍하중의 작용에 대한 구조물의 안정성을 확보하기 위해서 충분한 강성을 구조물이 가지도록 하는 것이다. 정적거동의 대책으로는 다음의 3가지로 구분할 수 있다.

① 단면 강도 증대 : 충분한 강성을 가지는 단면 선택

② 수풍면적이 저감

③ 공기력 계수 저감

2) 동적거동에 의한 내풍대책(구조역학적 대책)

① 구조역학적 대책의 목적

(1) 구조물 진동특성을 개선하여 진동의 발생 그 자체를 억제

(2) 진동 발생 풍속을 높이는 방법

(3) 진동의 진폭을 감소시켜 부재의 항복이나 피로파괴 억제 등에 목적을 둔다.

② 구조물의 진동특성을 개선하는 방법

(1) 질량의 증가

구조물 질량의 증가는 와류진동 등의 진폭을 감소시키며, 갤로핑의 한계풍속을 증가시킨다. 그러나 한편으로는 질량의 증가에 따라 고유진동수가 낮아지게 되어 진동의 발생풍속 증가에 도움이 되지 않는 경우도 있으므로 신중한 검토가 필요하다.

(2) 강성이 증가(진동수의 조절)

구조물 강성의 증가는 고유진동수를 상승시킴으로써, 와류진동 및 플러터의 발생풍속의 증가를 가져다 준다. 강성이 높은 구조형식으로 변경한다든지 적절한 보강부재를 첨가하는 것을 고려할 수 있으나 강성 증가에는 한계가 있어 현저한 내풍안정성 향상을 기대하기 어렵다.

(3) 감쇠의 증가

구조감쇠의 증가는 와류진동이나 거스트 응답진폭의 감소 또는 플러터 한계풍속의 상승을 목적으로 한 것으로 그 제진 효과를 확실히 기대할 수 있다. 교량 내부에 적당한 감쇠장치를 첨가하여 기본구조의 변경 없이 제진효과를 얻을 수 있다는 점에서 여러 가지 구조역학적 대책 중에서 가장 많이 사용되는 방법이다. 감쇠장치의 종류에는 오일댐퍼를 비롯하여 TMD(Tuned Mass Damper), TLD(Tuned Liquid Damper), 체인댐퍼 등과 같은 수동댐퍼가 많이 사용되었으나 최근에는 AMD(Active Mass Damper)와 같은 제어 효율이 높은 능동적 댐퍼도 많이 개발되고 있다.

3) 동적거동에 의한 내풍대책(공기역학적 대책)

공기역학적 방법은 교량단면에 작은 변화를 주어 작용공기력의 성질 또는 구조물 주위의 흐름양상을 바꾸어 유해한 진동현상이 발생되지 않도록 하는 방법이다. 교량의 주형이나 주탑 단면은 일반적으로 각진 모서리를 가진 뭉뚝(bluff)한 단면이 많은데 이러한 단면에서는 단면의 앞 모서리부에서 박리된 기류가 각종 공기역학적 현상과 밀접한 관계를 가지고 있다. 따라서 앞 모서리에서의 박리를 제어함으로써 제진을 도모하는 방법이 주로 채택된다.

① 기류의 박리 억제 : 단면에 보조부재를 부착하여 박리 발생을 최소화시켜 구조물의 유해한 진동을 일으키는 흐름상태가 되지 않도록 기류를 제어하는 방법으로 fairing, deflector spoiler, flap 등이 사용된다. 하지만 이러한 부착물에 의한 내풍안정성 향상효과는 단면 형상에 따라 다르며 때로는 진폭이 증가되거나 원래 단면에서 발생하지 않던 새로운 현상을 일으킬 수 있으므로 풍동실험을 통한 고찰이 요구된다.

② 박리된 기류의 분산 : 기류의 박리 억제가 어렵거나 fairing 등에 의한 효과가 없는 경우에는 단면의 상하면의 중앙부에 baffle plate라 불리는 수직판을 설치하여 박리버블의 생성을 방해하여 상하면의 압력차에 의한 비틀림 진동의 발생을 억제할 수 있다.

③ 기타 : 현수교의 트러스 보강형 등에 있어서는 바닥판에 grating과 같은 개구부를 설치하면 단면 상하부의 압력차가 작아지게 되어 연성플러터 또는 비틀림 플러터에 대한 안정성을 향상시킬 수 있다.

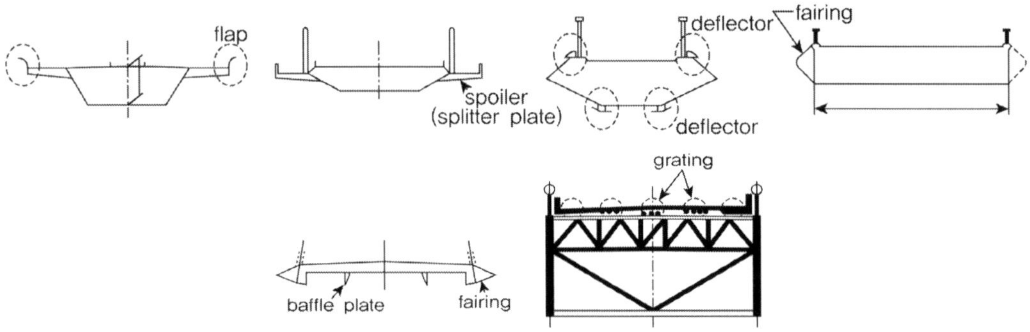


## 4) 케이블의 내풍대책

케이블의 내풍대책 방법도 크게 공기역학적 방법, 감쇠증가 방법, 고유진동수 변화로 구분된다.

① 공기역학적 방법은 사장교 케이블의 표면에 나선형 필릿(helical fillet), 딤플(Dimple), 축방향 줄무늬(axial stripe) 등 돌출물을 설치하는 것으로 케이블의 공기역학적 특성을 바꿀 수 있다. 이때 돌출물 설치에 따른 진동제어를 풍동실험을 통해 검증하여야 하며 필요한 경우 변화된 공기역학적 계수값을 실험을 통해 산정하여야 한다.

② 감쇠량 증가에 의한 방법에 주로 사용되는 케이블 댐퍼로는 주로 수동댐퍼가 사용되며 형식으로는 점성댐퍼, 점탄성댐퍼, 오일댐퍼, 마찰댐퍼, 탄소성댐퍼 등이 있다. 케이블에 사용되는 댐퍼는 상시 진동하므로 적용되는 댐퍼의 피로내구성 및 반복작용에 의한 온도상승으로 저하되는 감쇠성능이 검증되어야 하며, 온도 의존성이 큰 댐퍼의 경우 설계 시 적정 온도범위와 설계온도 가정이 중요하다. 설계된 댐퍼는 실내실험을 통해 설계 물성치와 제작된 댐퍼의 물성치를 비교하여 그 성능을 확인하여야 한다.

③ 선형댐퍼를 사용하는 경우 케이블 진동모드에 따라서 댐퍼에 의한 부가 감쇠비가 달라지므로 댐퍼설계 시 진동제어를 하고자 하는 케이블의 모드를 정하는 것이 좋다. 풍우진동의 경우 관

측에 의하면 케이블은 2차 모드로 진동하는 것이 지배적인 것으로 알려져 있다. 따라서 이러한 경우 댐퍼는 2차 모드에서 최적의 감쇠비가 나타나도록 설계하는 방법을 채택할 수 있다.

④ 비선형댐퍼는 변위에 따라 부가 감쇠비가 달라지고 미소변위에서는 작동하지 않는 특성이 있으므로 이에 대해서는 작동개시 범위 및 최대 부가감쇠비 변위 등을 합리적으로 산정하여 설계하여야 한다. 특히 케이블의 진동 제한 진폭 기준이 제시되어 있다면 이 진폭에서는 설계 감쇠비보다 큰 부가 감쇠비가 얻어지도록 설계하여야 한다.

⑤ 고유진동수를 변화시키는 방법으로는 보조 케이블에 의한 진동 제어 방법이 있으며 사장교 케이블을 서로 엮어 매는 것으로 부가 감쇠의 효과도 있으나 케이블의 진동길이를 감소시켜 고유진동수를 높이는 역할을 한다. 고유진동수가 변화될 경우 케이블의 공진을 막을 수 있고 바람에 의한 진동 시 임계풍속을 증가시키는 역할을 하나 이 방법은 유지관리 시 유의하여야 하고 미관을 해칠 수 있는 단점이 있으며, 사장교 케이블의 자유로운 변형을 구속하므로 응력집중에 대해 충분히 검토해야 한다.

## 케이블교의 진동과 저감대책

사장교 케이블에서 발생 가능한 바람 진동과 유해 진동 발생 시의 진동 저감 방안에 대하여 설명하시오.

### 풀 이

#### ▶ 개요

내풍설계에서는 우선 바람에 의한 정적효과에 대하여 구조물이 충분한 저항력을 가져야 한다. 특히 교량이 장대화됨에 따라 풍하중 효과가 상대적으로 커지게 된다. 바람에 의하여 발생하는 하중은 다음의 6가지 분력으로 구분되며, 케이블에서 발생 가능한 바람 진동은 와류진동, 풍우진동, 버펫팅, 웨이크 갤로핑 등이 발생될 수 있다.

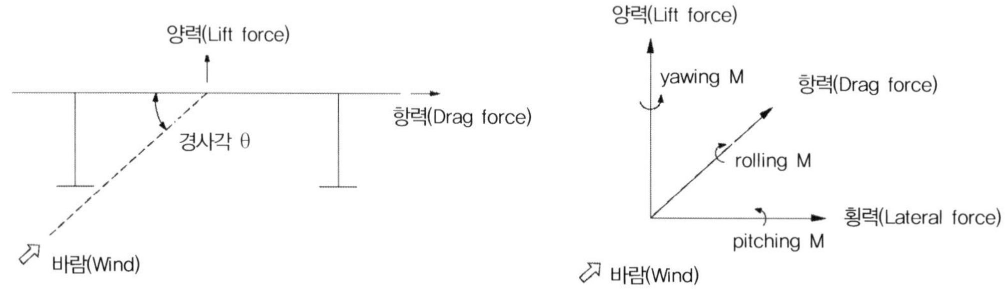


#### ▶ 케이블에서 발생 가능한 바람 진동과 저감 방안

1) 케이블의 와류(Vortex-shedding) 진동

케이블의 와류진동은 바람방향으로 케이블 후면에 발생하는 주기적인 와류에 의한 진동으로 고주파의 저진폭 진동이라는 특징이 있다. 와류진동에 의한 케이블의 가진력은 케이블의 운동과 서로 상호작용이 일어나지 않으므로 발산진동 형태가 되지 않는다. 하지만 이러한 진동이 케이블에서 중요하게 다루어지는 이유는 케이블에 피로문제를 야기할 수 있기 때문이며, 와류생성 진동수($n$)는 다음의 식을 사용하여 계산한다.

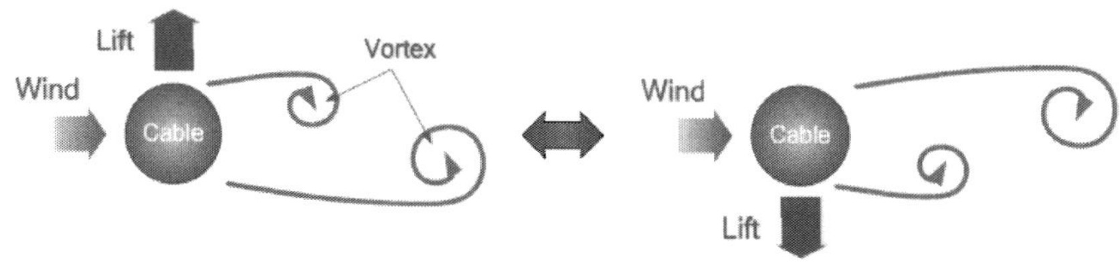

$$V = \frac{nD}{S_t} \quad \therefore \ n = S_t \frac{V}{D}$$

여기서 $V$: 풍속, $S_t$ : 스트로할 수(원형단면 0.15), $D$: 케이블 직경

케이블의 와류진동은 위 식을 이용하여 와류생성 진동수를 구하고 이 값을 케이블의 고유진동수와 비교하며 일반적으로 케이블의 고유모드는 4차 이상을 사용하여 검토한다. 이외에도 적절한 방법으로 와류진동에 의한 피로응력을 직접 산정하여 검토 할 수 있다.

2) 케이블의 풍우진동(Rain wind vibration)

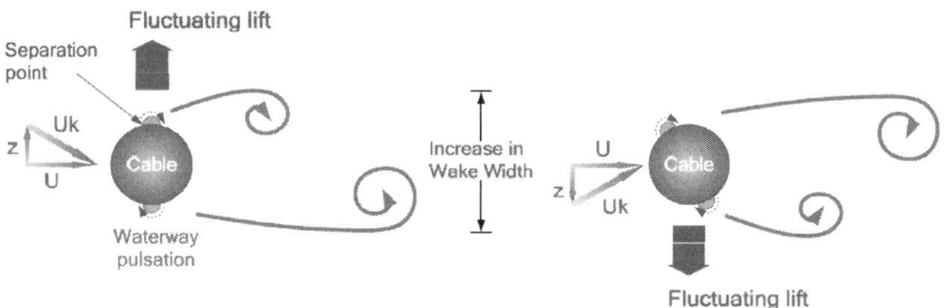


빗물이 케이블 표면을 따라 흘러내려 발생시키는 케이블의 길이방향 물줄기에 의한 케이블 단면의 비대칭 형상에 기인하며 바람방향의 수직성분 공기력의 차이로 발생한다. 따라서 주로 바람방향으로 아래로 기울어진 케이블에서 발생하며 발생 풍속은 비의 양과 케이블의 표면상태에 따라 달라진다. 풍우진동에 대한 안정조건은 스크루톤 수($S_c$)와 관련이 있으며 매끈한 원형 단면의 경우 일반적으로 다음과 같다.

$$S_c - \frac{m\xi}{\rho D^2} \geq 10 \ (\text{케이블의 표면에 공기역학적 처리한 경우, Dimple이나 돌기처리 시 4})$$

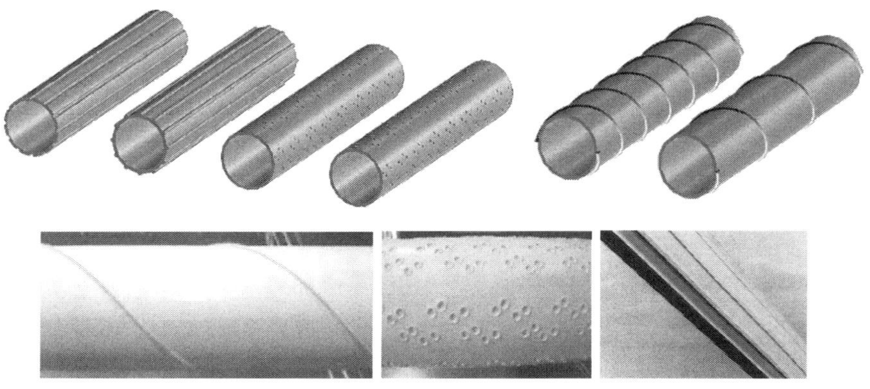

(케이블 표면의 공기역학적 처리)

## 3) 케이블의 버펫팅

바람의 변동성분에 의한 진동으로 사장교 케이블에 대해서는 대부분 면외방향의 진동을 발생한다. 케이블의 공기역학적 감쇠비는 일반적으로 면내방향보다 면외방향이 훨씬 크므로 적절한 방법을 이용하여 버펫팅을 검토할 경우 공기역학적 감쇠비를 고려하는 것이 타당하다.

## 4) 케이블의 웨이크 갤로핑(Wake Galloping)

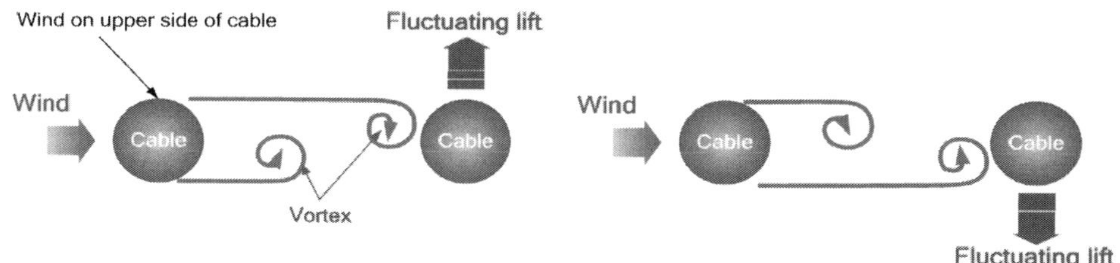


$$V_{cr} = \frac{D}{S_t f_n}, \quad$$ 케이블 간격이 1.5~6.0D인 경우 발생한다.

케이블 단면의 비대칭 형상에 기인하는 것으로 원형 단면 케이블이라도 경사진 케이블에서 발생하며(galloping of dry inclined cable) 표면에 얼음이 덮인 케이블에서도 발생 가능하다. 경사 케이블의 갤로핑은 이론적으로 가능하지만 아직 그 현상에 대해 실제적으로 명확하게 규정되지 않았다. 최근 연구결과에 따르면 케이블의 구조감쇠가 0.3% 이상인 경우 경사 케이블의 갤로핑은 발생하지 않으며, 이 경우 스크루톤 수($S_c$)는 3 정도로 풍우진도의 발생 임곗값인 10보다 작은 값이다. 따라서 풍우진동을 방지할 수 있을 정도의 감쇠비이면 경사케이블의 갤로핑은 충분히 방지할 수 있다. 웨이크 갤로핑(Wake galloping)은 다른 구조요소들에서 발생한 와류 속에 케이블이 존재하여 발생하는 공기역학적 불안정 현상으로 여러 다발로 이루어진 케이블시스템이나 사장교에서 바람의 방향이 교축방향인 경우에 발생할 수 있다. 현장측정이나 풍동실험 결과에 의하면 $W/D$(케이블 중심간 거리/케이블 직경)이 1.5~6.0 사이에 있는 경우 바람 흐름의 아래쪽 케이블이 불안정해진다고 알려져 있다.

## 5) 주탑이나 주거더의 지점가진 진동

바람이나 주행차량에 의해 유발되는 주탑이나 주거더의 진동은 경사진 케이블의 지점을 가진시키게 된다. 이때 주탑과 주거더의 고유진동수와 케이블의 고유진동수가 특정한 관계로 연결되면 공진이 발생할 수 있으며 응답진폭은 과다하게 나타난다. 설계단계에서의 공진가능성 검토 시 가진진동수나 케이블의 고유진동수는 이론적인 계산에 의한 것이므로 두 진동수의 여유량을 20% 이내로 두는 것이 좋다.

풍우진동

사장교에서 발생 가능한 풍우진동(rain-wind induced vibration)현상 및 발생메커니즘에 대하여 설명하고 다음 조건에서 풍우진동의 발생여부를 판단하시오.

〈조건〉
 – 케이블의 단위길이당 질량 : $m = 150kg/m$
 – 케이블의 감쇠비 : $\xi = 0.0015$
 – 케이블의 직경 : $D = 0.18m$
 – 공기밀도 : $\rho = 1.25kg/m^3$

## 풀 이

### ▶ 풍우진동(Rain-Wind Vibration)의 개요

비가 오는 상태에서 부는 바람에 의해 케이블 표면에서의 빗물 흐름이 바람에 노출되어 케이블 단면 형상을 변화시킴으로 인해 발생하는 진동을 말하며, 빗물이 케이블 표면을 따라 흘러내려 발생시키는 케이블의 길이방향 물줄기에 의한 케이블 단면의 비대칭 형상에 기인하며 바람방향의 수직성분 공기력의 차이로 발생한다. 따라서 주로 바람방향으로 아래로 기울어진 케이블에서 발생하며 발생 풍속은 비의 양과 케이블의 표면상태에 따라 달라진다. 풍우진동에 대한 안정조건은 스크루톤 수($S_c$)와 관련이 있으며 매끈한 원형단면의 경우 일반적으로 제어기준과 제진대책은 다음과 같다.

① 제어기준 식 : $S_c = \dfrac{m\xi}{\rho D^2} > 10$ (케이블의 표면에 공기역학적 처리 시, Dimple이나 돌기처리 5)

② 제진대책 : 케이블 표면을 돌기 등으로 처리하여 안정성을 확보한다(Dimple, Helical ribs).

### ▶ 풍우진동 발생 검토 : PTI 제안식에 따른 검토

$$S_c = \frac{m\xi}{\rho D^2} = \frac{150 \times 0.0015}{1.25 \times 0.18^2} = 5.6 \ , \quad \therefore \ 5 < S_c < 10$$

케이블 표면에 공기역학적 처리를 하지 않은 경우 풍우진동이 발생할 수 있으며, Dimple이나 돌기 등의 공기역학적 처리를 수행한 경우에는 풍우진동이 발생하지 않는다.

## 내풍설계 : 풍우진동

사장교 케이블에서 발생하는 진동현상과 제진대책에 대해서 설명하고 아래 교량 케이블의 풍우진동에 대한 안정성을 검토하시오(그림에서 치수는 m이다).

단, 케이블의 구조감쇠비 $\xi = 0.24 - 6 \times 10^{-4}L(\%)$, $L$은 케이블 길이(m), 공기밀도 $\rho = 1.225kg/m^3$

케이블의 제원

| 구분 | 단위길이당 질량 m($kg/m$) | 케이블 직경 D(mm) |
|------|------|------|
| C1 | 90 | 160 |
| C2 | 80 | 150 |
| C3 | 60 | 140 |

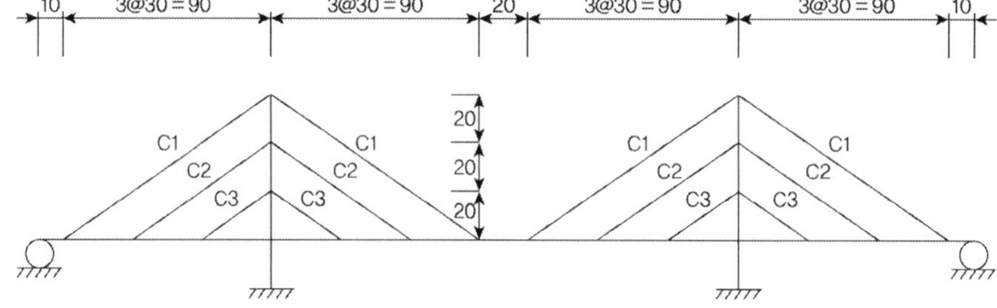


### 풀 이

### ▶ 케이블의 진동현상 및 제진대책

1) 풍우진동(Rain-Wind Vibration)

비가오는 상태에서 부는 바람에 의해 케이블 표면에서의 빗물 흐름이 바람에 노출되어 케이블 단면 형상을 변화시킴으로 인해 발생하는 진동

① 제어기준 식 : $S_c = \dfrac{m\xi}{\rho D^2} > 10$

② 제진대책 : 케이블 표면을 돌기 등으로 처리하여 안정성을 확보한다(Dimple, Helical ribs).

2) 갤로핑(Galloping)

높은 풍속의 바람에 대해 케이블의 특성인 길이, 장력, 직경 등에 의해 발생되는 진동현상이다.

① 제어기준 식 : $V_{crt} = CND \times \sqrt{S_c} = CND\left(\sqrt{\dfrac{m\xi}{\rho D^2}}\right)$

$V_d < V_{crt}$ 이면 갤로핑이 발생하지 않는다.

여기서, $C$ : 상수(원형케이블 40),　　$N$ : 케이블 고유진동수($\dfrac{1}{2L}\sqrt{\dfrac{T}{m}}$)

$\qquad V_d$ : 설계속도(활하중 재하 시 33m/s, 활하중 비재하 시 70m/s)

② 제진대책 : 케이블 길이 100m 이상인 경우 댐퍼를 설치하여 안정성을 확보한다.



① 케이블 단면의 비대칭 형상에 기인하는 것으로 원형 단면 케이블이라도 경사진 케이블에서 발생하며(galloping of dry inclined cable) 표면에 얼음이 덮인 케이블에서도 발생가능하다.

② 경사 케이블의 갤로핑은 이론적으로 가능하지만 아직 그 현상에 대해 실제적으로 명확하게 규정되지 않고 있으며 현재 연구가 진행 중이다.

③ 최근 연구결과에 따르면 케이블의 구조감쇠가 0.3% 이상인 경우 경사 케이블의 갤로핑은 발생하지 않으며, 이 경우 스크루톤 수($S_c$)는 3 정도로 풍우진도의 발생 임계값인 10보다 작은 값이다. 따라서 풍우진동을 방지할 수 있을 정도의 감쇠비이면 경사케이블의 갤로핑은 충분히 방지할 수 있다.

④ 웨이크 겔로핑(Wake galloping)은 다른 구조요소들에서 발생한 와류 속에 케이블이 존재하여 발생하는 공기역학적 불안정 현상으로 여러 다발로 이루어진 케이블시스템이나 사장교에서 바람의 방향이 교축방향인 경우에 발생할 수 있다.

⑤ 현장측정이나 풍동실험 결과에 의하면 $W/D$(케이블 중심간 거리/케이블 직경)이 1.5~6.0 사이에 있는 경우 바람흐름의 아래쪽 케이블이 불안정해진다고 알려져 있다.


3) 와류진동(Vortex Shedding)

저풍속 상태에서 후면 와류에 의해 발생되는 진동수로 저진폭의 진동현상이다.

① 제어 기준 식 : $V = \dfrac{ND}{S_t}$   $S_t$ : Strouhal 수

② 제진 대책 : 비교적 낮은 풍속대에서 발생하므로 바람의 지속시간이 짧으면 큰 문제를 일으키지 않으나 피로에 문제를 야기할 수 있다. 댐퍼등을 설치하여 안정성을 확보한다.



① 케이블의 와류진동은 바람방향으로 케이블 후면에 발생하는 주기적인 와류에 의한 진동으로 고주파의 저진폭 진동이라는 특징이 있다.

② 와류진동에 의한 케이블의 가진력은 케이블의 운동과 서로 상호작용이 일어나지 않으므로 발산진동 현태가 되지 않는다.

③ 하지만 이러한 진동이 케이블에서 중요하게 다루어지는 이유는 케이블에 피로문제를 야기할 수 있기 때문이며, 와류생성 진동수($n$)는 다음의 식을 사용하여 계산한다.

$V = \dfrac{nD}{S_t}$   $\therefore n = S_t \dfrac{V}{D}$   여기서 $V$: 풍속,   $S_t$ : 스트로할 수(원형단면 0.15),   $D$: 케이블 직경

④ 케이블의 와류진동은 위 식을 이용하여 와류생성 진동수를 구하고 이 값을 케이블의 고유진동수와 비교하며 일반적으로 케이블의 고유모드는 4차 이상을 사용하여 검토한다. 이외에도 적절한 방법으로 와류진동에 의한 피로응력을 직접 산정하여 검토할 수 있다.

➤ **풍우진동 안정성 검토**

1) 케이블별 길이 및 구조감쇠비 산정

$$C_1 = \sqrt{60^2 + 90^2} = 108.167^m, \quad \xi_1 = 0.24 - 6 \times 10^{-4} \times 108.167 = 0.175\%$$

$$C_2 = \sqrt{40^2 + 60^2} = 72.111^m, \quad \xi_2 = 0.24 - 6 \times 10^{-4} \times 72.111 = 0.197\%$$

$$C_3 = \sqrt{20^2 + 30^2} = 36.056^m, \quad \xi_3 = 0.24 - 6 \times 10^{-4} \times 36.056 = 0.218\%$$

2) 풍우진동에 대한 검토식

① Cable C1 :　$S_c = \dfrac{m\xi}{\rho D^2} = \dfrac{90 \times 0.175 \times 10^{-2}}{1.225 \times 0.160^2} = 5.02 < 10$

② Cable C2 :　$S_c = \dfrac{m\xi}{\rho D^2} = \dfrac{80 \times 0.197 \times 10^{-2}}{1.225 \times 0.150^2} = 5.72 < 10$

③ Cable C1 :　$S_c = \dfrac{m\xi}{\rho D^2} = \dfrac{60 \times 0.218 \times 10^{-2}}{1.225 \times 0.140^2} = 5.45 < 10$

∴ 풍우진동에 대한 기준값을 만족하지 못하므로 별도의 대책수립이 필요하며, PTI recommand
기준에 따라 케이블에 돌기(Dimple, Helical ribs)를 설치할 경우 $S_c > 4.0$ 이상이면 만족되므
로 본 교량의 풍우진동에 대해 만족시킬 수 있다.

# Chapter 05

# 파랑설계

# 파랑설계

## 01 파랑하중의 이해(구조 동역학, 김두기)

해양구조물(offshore structure)은 파랑하중(파력), 바람하중(풍력), 조류하중(조력), 지진하중(지진력) 등에 영향을 받는다.

바람하중의 경우 수면 위 대기에 노출된 해양구조물에 작용하여 구조물의 모멘트를 증대시키며, 특히 예인 중인 해양구조물의 안정성 해석 시에 중요하다. 운영 중인 해양 구조물에서는 설계풍속은 크지만 공기의 밀도가 물에 비해 매우 작기 때문에 그 크기는 파랑하중보다는 작은 특징을 갖는다. 조류하중의 경우 조류에 기인하는 항력으로 속도가 작아 자유표면 근처의 절점에 응력집중으로 인한 피로하중의 영향이 크며, 지진하중은 해저 지반의 가속 운동으로 인해 고정 구조물의 경우 관성력이 외력으로 작용하고 부유구조물은 유체의 동압으로 작용한다. 일반적으로 지진대가 아닌 지역 또는 수심이 100m 이상의 해역에서는 지진하중은 파랑하중보다 작은 특징을 갖는다. 보통의 해양구조물의 설계에 있어서 외력으로 작용하는 하중은 파랑하중이 가장 크며 이를 정확하게 추정하는 것이 매우 중요하다.

### 1. 파랑하중의 추정과 해석

1) 파랑하중의 추정방법

파랑하중을 추정하기 위해서는 대상 해역에 대한 장기적인 파랑자료를 측정 수집하여 통계적으로 처리하여야 한다.

① Design wave method : 재현주기 50년 또는 100년에 해당하는 설계파고를 선택해 파랑하중이 최대치가 되는 위상을 계산해 적용, 특정파고 및 특정주기를 갖는 파랑을 파랑하중으로 계산

② Wave-energy spectral density method : 일정한 해상상태를 기준으로 파랑하중의 확률적 분포를 구하고 이를 통계적으로 설계조건을 결정. 다수의 주기별로 파랑하중을 계산

2) 파랑의 구분

파랑은 물입자의 한정된 범위 내의 궤도 운동으로 물입자가 직접 진행되는 것이 아닌 물입자를 통한 에너지의 전파 현상이다. 파랑은 발생하는 위치에 따라 심해파, 천해파, 장파로 구분된다.

① 심해파(Deep water wave) : $h/L \geq 1/2$인 수심이 깊은 바다에서의 파랑으로 해면을 따라 전달되므로 표면파(surface wave)라고도 한다. 물 입자는 해면에서 파고를 지름으로 원운동을 하고 수심이 깊어질수록 점차 운동하는 원의 크기가 급감하여 해저의 영향을 받지 않는다.

② 천해파(shallow water wave) : $1/20 \leq h/L < 1/2$인 파랑으로 천해파의 물입자 운동은 해저 마찰의 영향을 받아 그 궤도는 타원형이며, 해면에서의 타원형 궤적은 해저로 갈수록 평평한 궤적으로 된다.

③ 장파, 극천해파(long water wave) : $h/L < 1/20$인 수심이 매우 낮은 파랑을 말한다.

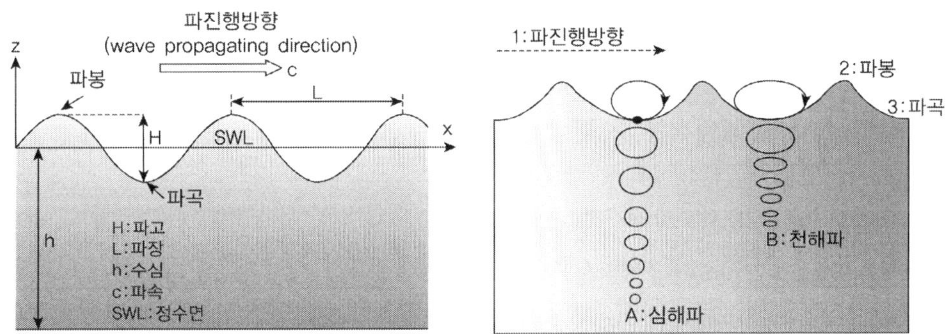


3) 파랑의 해석방법

바다의 파랑은 그 파형이 일정하지 않고 시시각각 변하는데 이러한 파랑의 파형을 불규칙파(irregular wave)라고 한다. 불규칙파는 이론적으로 다루기 어렵기 때문에 파고와 주기가 일정하고 일정한 방향으로 전파하는 규칙적인 파형인 규칙파(regular wave)로 취급해 해석한다.

규칙파를 이론적으로 취급할 때 파고가 수심에 비하여 매우 작거나 파형경사($h/L$)가 매우 작은 파랑을 미소진폭파(small amplitude)라 하고 그렇지 않은 파랑은 유한진폭파(finite amplitude wave)로 구별한다. 미소진폭파의 경우 운동방정식이 선형되어 해석이 쉬운 반면 유한진폭파는 비선형항이 있어 해석이 어려운 특징을 갖는다.

① 미소진폭파(small amplitude) : 많은 가정을 사용해 거동을 실제 파랑의 거동을 단순화한다. 미소진폭파 이론은 운동방정식과 경계조건이 선형방정식이므로 선형파 이론(linear wave theory, LWT)이라고도 하며, 미소진폭파는 수면 변동의 진폭이 수심에 비해 매우 작다고 가정하여($h/L \ll 1$) 유도된 이론으로 수면에 전파하는 파랑 관련 이론의 기초가 된다.

② 유한진폭파(finite amplitude wave) : 해안을 향하여 파랑이 진행할 때 수심이 얕아지고 상대 파고 $h/L \ll 1$의 조건을 만족하지 못하면 미소진폭파 이론에서 무시된 비선형 파고의 영향을

고려하여야 할 경우 유한진폭파 이론을 사용한다. 비선형파이론(nonlinear wave theory)이라고도 하며, 스토크스파(stokes wave), 크노이드파(cnoidal wave), 고립파(solitary wave), 트로코이드파(trochoidal wave) 이론 등이 있다. 통상 해안구조물의 설계에서 문제가 되는 파고는 비선형 범위에 있어 그조물 파력의 계산은 정확한 유한진폭파 이론을 필요로 한다. 이때 중요한 매개변수는 수심에 따라 달라지며 심해에서는 파장, 파고와 파장의 비, 천해에서는 수심, 파고와 수심의 비가 중요변수이다.

**TIP**  | 미소진폭파(선형파) 이론 : 김두기 구조동역학 |

1) 운동방정식 : 라플라스 방정식(Laplace equation)

비압축성, 비회전 유체로 가정하면 유체의 속도포텐셜은 다음의 라플라스 방정식을 만족한다.

$$\nabla^2 \phi = 0$$

물입자가 2차원 운동을 한다고 할 때, 물입자의 x, z 방향의 속도 u, w를 속도포텐셜로 표현하면,

$$(u,\ w) = \left( \frac{\partial \phi}{\partial x},\ \frac{\partial \phi}{\partial z} \right) \quad \text{라플라스 방정식에 따라} \quad \frac{\partial^2 \phi}{\partial x^2} + \frac{\partial^2 \phi}{\partial z^2} = 0$$

2) 경계조건(Boundary condition)

① 바닥면의 경계조건 : 수평강체 바닥면을 투과하는 흐름은 없으므로 바닥면에서 z방향 유속(w)은 0이다(바닥면 경계조건, Bottom boundary condition, BBC).

$$w \mid_{z=-h} = \frac{\partial \phi}{\partial z} \bigg|_{z=-h} = 0$$

② 수면 : 수면에서 물 입자의 연직 속도는 수면에 연직 속도와 같다(운동학적 자유면 경계조건, Kinemetic free surface boundary condition, KFSBC).

$$w \mid_{z=\eta} = \frac{\partial \phi}{\partial t} \bigg|_{z=\eta} = \frac{\partial \eta}{\partial t} + u \frac{\partial \eta}{\partial x}$$

수면의 압력은 0이며, 이를 비정상 베르누이 방정식으로 나타내면(동역학적 자유면 경계조건, dynamic free surface boudnary condition, DFSBC)

$$\frac{\partial \phi}{\partial t} \bigg|_{z=\eta} + \frac{1}{2}(u^2 + w^2)_{z=\eta} + g\eta = 0$$

미소진폭이라 가정하면, $\eta \approx 0$ 이므로 KFSBC와 DFSBC는 각각 다음과 같이 근사된다.

$$(\text{KFSBC})\ w \mid_{z=\eta} = \frac{\partial \phi}{\partial t} \bigg|_{z=\eta} = \frac{\partial \eta}{\partial t} + u \frac{\partial \eta}{\partial x} \approx \frac{\partial \eta}{\partial t}, \quad (\text{DFSBC})\ \frac{\partial \phi}{\partial t} \bigg|_{z=\eta} + g\eta \approx 0$$

| 구분 | 방정식 |
|------|--------|
| 자유면 진폭 | $\eta = \dfrac{H}{2}\cos(kx - \omega t)$ |
| 속도 포텐셜 | $\phi = f(z)\sin(kx - \omega t)$<br>여기서, $f(z) = \dfrac{H}{2}\dfrac{g}{\omega}\dfrac{\cosh[k(h+z)]}{\cosh(kh)}$ |
| 분산 방정식 | $\omega^2 = gk\tanh(kh)$ |
| 파랑 진행속도 | $c = \dfrac{L}{T} = \dfrac{\omega}{k}$ |
| 수평방향 수립자 변위 | $\xi = -\dfrac{H}{2}\dfrac{\cosh[k(h+z)]}{\sinh(kh)}\sin(kx - \omega t)$ |
| 수직방향 수립자 변위 | $\zeta = \dfrac{H}{2}\dfrac{\sinh[k(h+z)]}{\sinh(kh)}\cos(kx - \omega t)$ |

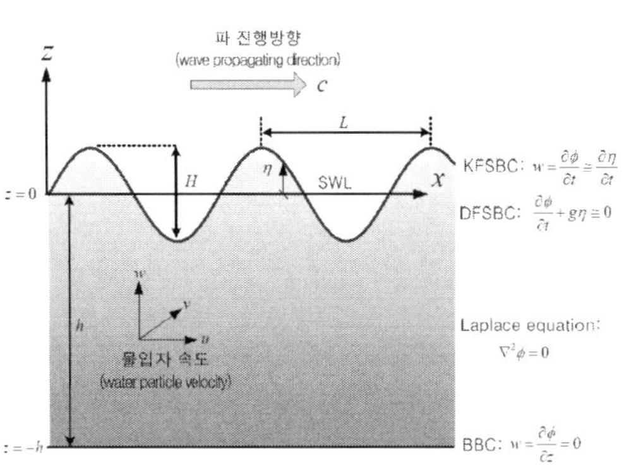


## 2. 파랑의 변형과 통계

### 1) 파랑의 변형

파랑은 해안선으로 전파함에 따라 변형이 생기며 이는 천수효과(shoaling), 굴절(refraction), 회절(diffraction), 소산(dissipation), 반사(reflection), 쇄파(breaking)의 영향을 받기 때문이다. 설계에서는 이들 파랑 변형 요인들을 서로 독립으로 가정하며 쇄파가 발생하기 전의 파고를 다음과 같이 나타낸다.

$$H = K_S K_R K_D K_F H_0$$

여기서, $H$ 국부파고, $H_0$ 심해파고,

$K_S$ 천수효과 계수, $K_R$ 굴절효과 계수, $K_D$ 회절계수, $K_F$ 소산계수

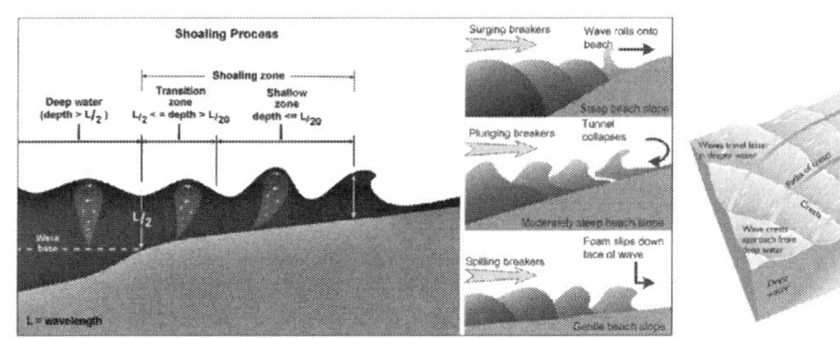

천수효과와 쇄파

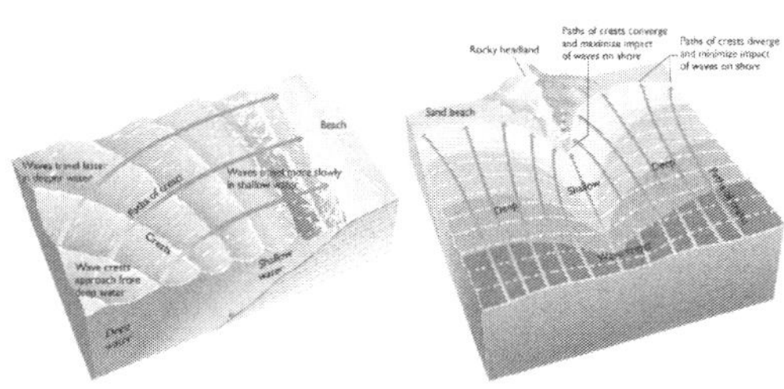

굴절효과

## 2) 파랑의 통계

① 파랑의 주기와 파고 : 파고계에서 관측된 실제 파는 기록으로부터 파형이 상승하면서 평균 수면을 가로지르는 시각부터 상하면서 그 다음 평균 수면을 가로지르는 시각까지를 한 파랑으로 보고 그 시간간격을 주기(T)로 하고 파의 최고점과 최저점의 높이차를 파고(H)로 하는 것이 표준적인 방법이다.

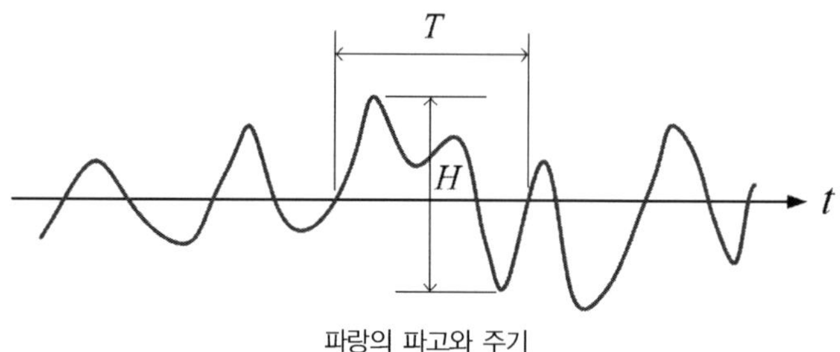


파랑의 파고와 주기

② 단기통계 : 일반적으로 하나의 군파 중에서 파고나 주기가 어떠한 빈도로 출현하는가를 단기통계(short-term statistics)를 사용하여 기술하며, $\eta$를 가우스분포 또는 정규분포라 가정할 경우 파고에 대해서는 레일리 파고 분포(Rayleigh wave distribution)로 가정한다. 레일리 분포는 평균이 0인 협대역 정상 가우스 프로세스, 즉 파랑주기의 분포폭이 좁아 파공의 부분에서 작은 산봉우리가 나타나지 않는 경우로 취급한 것이지만 ①에 따라 정의하면 주기의 분포폭이 넓은 보통 풍파에도 성립된다.

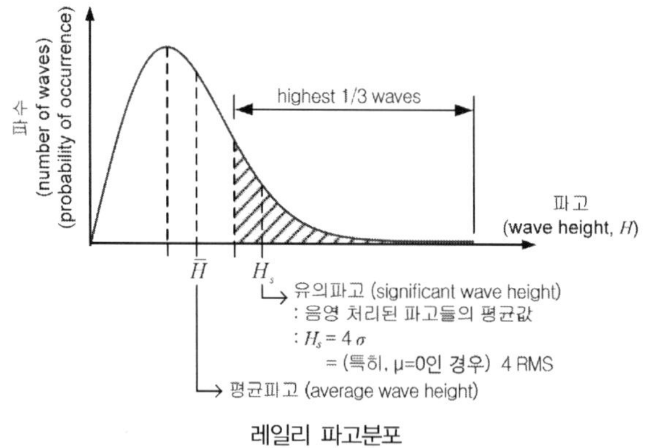


레일리 파고분포

③ 장기통계 : 구조물의 설계에 중요한 설계파를 추정하기 위해서는 제한된 데이터와 통계적 분포의 근사를 사용하며 일반적으로 대수정규분포와 Gumbel분포를 이용한다.

수중구조물에 작용하는 주요 파력은 압력과 항력에 의해 발생하며 압력과 파력의 기여도는 파랑 조건과 수중구조물의 기하학적 형상에 따라 다르다. 수중구조물과 파랑의 상호작용은 구조물과 파장의 상대적 크기에 큰 영향을 받아 예를 들어 수중구조물의 직경이 D인 원형단면이고 파장을 L이라고 할 때 D/L이 작을 경우 수중구조물에 의한 파랑의 회절과 반사 등과 같은 파랑변형을 무시할 수 있으나 D/L이 클 경우 파랑변형을 고려해야 한다.

수중구조물이 크고 작음은 수중구조물의 파장에 대한 상대적 크기에 따라 판단한다. 예를 들어 해양파랑이 말뚝을 통과할 때 해양파장은 말뚝직경의 50~100배 정도이므로 말뚝에서 한 파장만큼 떨어진 곳에서의 파장변형은 말뚝의 영향을 전혀 받지 않는 것처럼 보인다. 이 경우 말뚝을 작은 수중구조물이라고 할 수 있으며 파랑-수중구조물의 상호작용을 무시하면 작은 수중구조물에 작용하는 파력을 구할 수 있다. 이 경우 말뚝에 작용하는 파랑의 효과는 계산하지만 말뚝이 파랑에 미치는 영향이 없다고 가정하므로 파력은 말뚝이 위치한 곳에서 단순히 입사 파랑의 함수이다. 이에 반해 작은 파랑을 갖는 파랑에 떠 있는 플랫폼(platform)일 경우 일부 파랑은 플랫폼의 주위 또는 아래로 전파하지만 많은 입사 파랑들이 플랫폼에서 반사되므로 파랑변형을 파력산정에 고려해야 한다.

## 1. 모리슨 방정식(Morison equation)

수중구조물의 직경이 파장의 5% 미만이라면 작은 수중구조물로 입사 파랑의 변형을 크게 유발하지 않는다. 이러한 작은 수중구조물에 작용하는 파력을 산정하기 위해 가장 일반적으로 모리슨 방정식이 사용되며, 모리슨 방정식은 관성력(inertia force), 항력(drag force)으로 구성되어 있으며 정수압(hydrostatic force)은 포함하지 않는다. 관성력은 수중구조물에 작용하는 압력과 관련이 있고 항력은 수중구조물과 유동의 마찰, 박리와 관련이 있다.

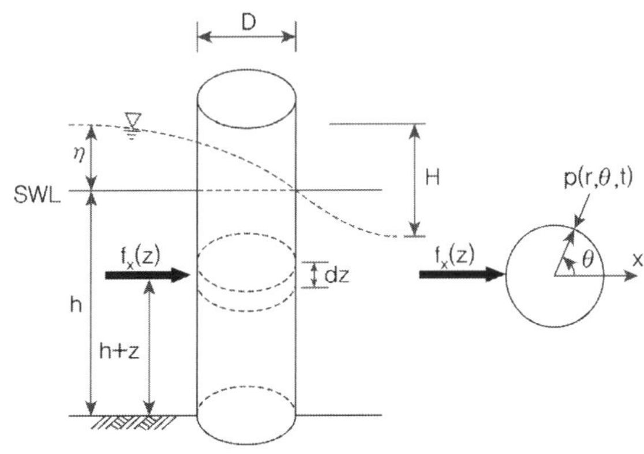


(연직으로 수중에 놓인 원형 실린더)

① 관성력

위의 연직실린더의 파력산정을 위해서 단위길이당 작용하는 파력의 수평성분은

$$f_{ix} = \rho \frac{\pi D^2}{2} \frac{du}{dt}$$

유체압력과 관련이 있는 이 하중은 고정된 실린더를 통과하는 유동의 가속도에 비례하므로 관성력이라 한다. 이 하중은 일반관성력($f = \rho \frac{\pi D^2}{4} \frac{du}{dt}$)보다 2배가 크며, 유동에 의한 관성력을 일반관성력을 사용하여 나타내면,

$$f_{ix} = (1 + C_a)\rho \frac{\pi D^2}{4} \frac{du}{dt}$$

여기서, $C_a$는 부가질량계수

② 항력

실제유체는 항력도 존재하며 항력은 표면항력(skin drag)과 형상항력(form drag)으로 구분할 수 있다. 이 2가지 항력은 모두 속도의 제곱과 경험계수들에 비례하며 하나의 항력으로 대표하여 나타내면,

$$f_{dx} = C_d \frac{1}{2} \rho D u |u|$$

여기서, $f_{dx}$ 실린더 단위길이당 작용하는 항력,  $C_d$ 항력계수
$u$ 파랑전파방향으로의 수립자 속도

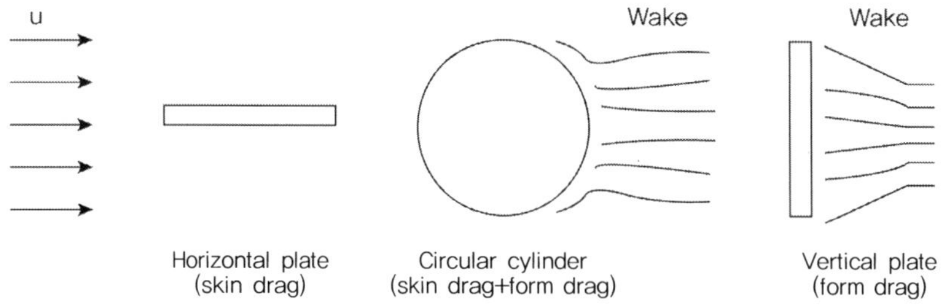


③ 실린더 단위길이당 작용하는 파력

$$f_x = f_{dx} + f_{ix} = \frac{1}{2} C_d \rho D u |u| + C_m \rho \frac{\pi D^2}{4} \frac{du}{dt}$$

## 2. 해상 교량의 특수하중 : 파압

해상교량의 파일기초 및 교각에는 파랑에 의한 압력이 발생되며 파압은 정수압과 동수압으로 분류되고 파의 상태에 따라 중복파압과 쇄파압으로 구분된다. 중복파압은 직립제로서 앞면의 수심이 매우 깊어 쇄파되지 않고 완전히 반사되는 경우의 압력이며, 쇄파압은 구조물 직전에서 수심이 얕은 파가 부서지면서 작용하는 파압이다. 파압은 파일기초의 파일캡과 교각에 작용하는 하중과 파일기초의 지지파일에 작용하는 하중으로 구분하여 산정한다.

### 1) 설계 파고

① 중복파 : 구조물 전면수심이 유의파고의 2배 초과할 때 중복파로 구분한다. 이때의 최대 파고는 개별파의 상의 1/3을 평균한 유의파고의 1.8배를 취한다.

$$\frac{h}{H_s} = \frac{구조물의\ 전면수심}{유의파고} > 2, \quad H_{max} = 1.8H_s$$

② 쇄파 : 구조물 전면수심이 유의파고의 2배 이하일 때 쇄파로 구분한다.

$$\frac{h}{H_s} = \frac{구조물의\ 전면수심}{유의파고} \leq 2$$

$$H_{max} = \begin{cases} 1.8H & : h/L_0 \geq 0.2 \\ \min\left\{(\beta_0^* H_0 + \beta_1^* h), \beta_{max}^* H_0, 1.8H_s\right\} : & h/L_0 < 0.2 \end{cases}$$

### 2) 기초 및 상부교각의 파력

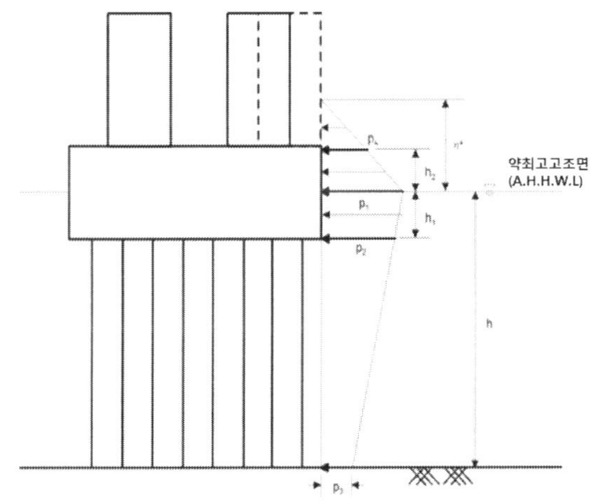


(파일기초의 파일캡과 교각하부 작용 파압)

① 파압 작용 높이
$$\eta^* = 0.75(1+\cos\beta)H_{max}$$

② 상부교각에 작업하는 파압
$$p_1 = \frac{1}{2}(1+\cos\beta)\alpha_1 pgH_{max}$$

$$p_2 = p_3 + \frac{h - h_1}{h}(p_1 - p_3)$$

$$p_3 = \frac{p_1}{\cosh(2\pi h/L)}$$

$$p_4 = \begin{cases} \dfrac{\eta^* - h_2}{\eta^*} p_1 & : \eta^* > h_2 \\ 0 & : \quad \eta^* \leq h_2 \end{cases}$$

여기서,  $\beta$ : 파향이 구조물의 법선과 이루는 각(angle), $\alpha_1 : 0.6 + \dfrac{1}{2}\left[\dfrac{4\pi h/L}{\sinh(4\pi h/L)}\right]^2$

3) 파일기초의 지지파일에 작용하는 파력

① Morison 파력산정 : Morison의 파력산정식은 단위길이당 항력(drag force, $f_D$)과 관성력
(inertia force, $f_I$)의 합으로 다음과 같이 표현된다.

$$f_P = f_D + f_I = \frac{1}{2}\rho C_D A |u|u + \rho C_I V \frac{du}{dt}$$

여기서, $\rho$ : 물의 밀도, $C_D$ : 항력계수(원형파일인 경우 : 1.0),

$\quad C_I$ : 관성계수(원형파일인 경우 : 2.0)

$\quad A$ : 흐름방향으로 구조물이 투영된 단위길이당 면적(원형파일인 경우 : 파일직경 $D$)

$\quad V$ : 직각방향으로 구조물의 단위길이당 체적(원형파일인 경우 : $V = \pi D^2/4$)

$\quad u$ : 물입자의 속도

$\quad \dfrac{du}{dt}$ : 물입자의 가속도

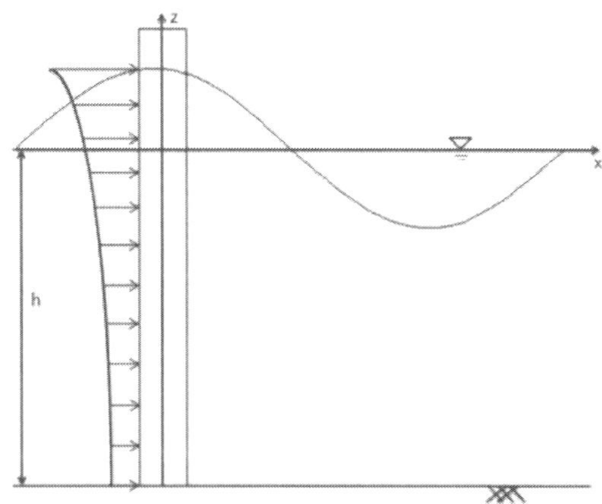

파일 전체에 작용하는 파력은 수면 높이
에 따른 파력분포를 적분하면,

$$F_P = \int_{-h}^{\eta} f_D \, dz + \int_{-h}^{\eta} f_I \, dz = F_D + F_I$$

(파일기초 지지파일에 작용하는 파력분포)

② Airy파 이론에 기초한 파력 산정 : 항력과 관성력을 각각 구해서 두 힘이 90°의 위상차를 갖는
점을 감안해 최대파력을 두 힘이 최대가 되는 시점으로 보고 산정한다.

(1) 단위길이당 항력(Drag force) $\quad f_D = \frac{1}{2}\rho C_D D \left(\frac{H\sigma}{2}\right)^2 \frac{\cosh^2 k(h+z)}{\sinh^2 kh} |\cos\sigma t|\cos\sigma t$

바닥($z = -h$)에서 $z = h_1$ 까지 적분한 전체 항력은

$$F_D = \frac{1}{32k}\rho C_D D (H\sigma)^2 \left[\frac{\sinh 2k(h-h_1) + 2k(h-h_1)}{\sinh^2 kh}\right] |\cos\sigma t|\cos\sigma t$$

여기서, $\sigma = 2\pi/T$ (각 주파수)

(2) 단위길이당 관성력(Inertia force)   $f_I = \rho C_I \dfrac{\pi D^2}{4} \dfrac{H}{2} \sigma^2 \dfrac{\cosh k(h+z)}{\sinh kh} \sin(-\sigma t)$

바닥($z = -h$)에서 $z = h_1$까지 적분한 전체 관성력은

$$F_I = -\frac{\rho C_I}{2k} \frac{\pi D^2}{4} \sigma^2 H \frac{\sinh k(h - h_{1)}}{\sinh kh} \sin \sigma t$$

(3) 항력과 관성력 합력으로 인한 모멘트

$$M = M_D + M_I = \int_h^{h_1} (h + z)(f_D + f_I)\, dz$$

여기서, $M_D = \dfrac{\rho C_D D}{64 k^2} (\sigma H)^2 Q_1 |\cos \sigma t| \cos \sigma t$

$$M_I = \frac{\rho C_I}{2k^2} \frac{\pi D^2}{4} \sigma^2 H Q_2 \sin \sigma t$$

$$Q_1 = \frac{2k(h - h_1)\sinh 2k(h - h_1) - \cosh 2k(h - h_1) + 2k(h - h_1) + 1}{\sinh^2 kh}$$

$$Q_2 = \frac{k(h - h_1)\sinh k(h - h_1) - \cosh k(h - h_1) + 1}{\sinh k(h - h_1)}$$

해상풍력발전시스템은 2009년 국토해양부에서 저탄소 녹색성장정책의 일환으로 개발계획 수립안을 발표하면서 많은 연구가 진행 중에 있다. IEC규정에 따르면 해상풍력발전기는 크게 Rotornacelle assembly라 불리는 구성물과 지지구조물(Supporting structure)의 2개의 부분으로 구분되며, 이 지지구조물은 타워(Tower), 하부구조(Sub structure)와 기초(Foundation)로 구분된다.

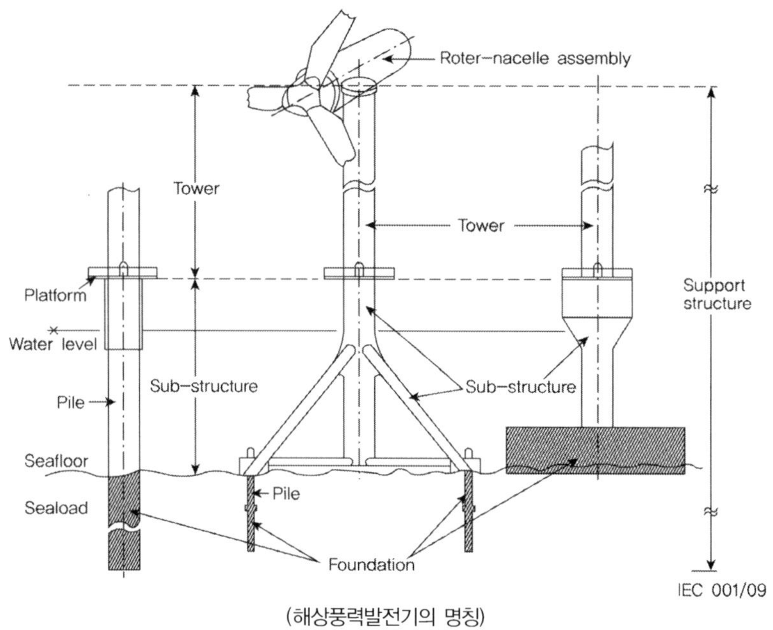


(해상풍력발전기의 명칭)

## 1. 타워

주로 강재의 원형 타입이 주로 채택되며 형상은 육상의 풍력발전기 타워와 동일하다. 발전기와 블레이드의 길이, 나셀의 중량을 고려하여 타워의 직경을 결정하여야 하며, 높이가 80m 이상되어야 한다. 최근에는 강재의 좌굴, 피로하중, 두께의 증가로 경제성을 고려하여 고강도 콘크리트 타워와 하이브리드 형태가 대안으로 제시되고 있다.

# 2. 하부구조 및 기초 <sup>101회</sup>

**【 기출유형 ① 】** 해상풍력 발전시스템의 하부형식 종류와 특징

하부구조물의 형식으로는 일반적으로 모노파일, 중력식이 가장 많이 이용되며 최근에는 재킷, 트라이포트, 트라이파일이 적용되고 있다. 부유식이나 석션 파일 기초 등이 검토 중에 있다.

## 1) 모노파일(Monopile)

직경 4~6m의 강관형태의 말뚝과 말뚝과 타워를 연결하는 전이부(Transition piece)로 구성된다. 말뚝은 항타나 굴착을 통하여 설치되며 전이부와 그라우팅으로 연결된다. 수심 20m 이하에서 경제적인 구조로 알려져 있다. 수심이 높은 경우에는 파일의 직경이 커지게 되어 강재량이 증가되고 시공장비의 확보에도 제약이 있어 경제성이 떨어지는 특징이 있다.

## 2) 중력식(Gravity base)

자중으로 전도모멘트에 저항하는 구조로 낮은 수심(10m 부근)에서 적용되었으나 30m에 적용된 사례도 있다. 주로 육상에서 제작되어 해상크레인을 이용하여 설치하며 상대적으로 공사비가 저렴하나 해체 시에 불리하다.

## 3) 자켓(Jacket)

석유 및 가수 시추산업에서 사용된 구조로 20~80m의 대수심에 적용되는 구조물이다. 직경 0.5~1.5m의 원형강관을 용접하여 조립하고 직경 0.8~2.5m의 파일에 고정시킨다. 용접부위가 많아 피로에 지배되는 경우가 많다.

## 4) 트라이포드(Tripod)

자켓과 유사하게 직경 1.0~5.0m의 원형강관을 용접하여 제작하며 직경 0.8~2.5m의 파일에 고정시킨다. 트라이포드는 자켓에 비해 강재가 더 많이 소요되나 제작성이나 시공성이 좋다.

## 5) 트라이 파일(Tri-pile)

3개의 강관파일을 수면 위로 노출되도록 설치한 후 특수하게 제작한 전이부로 연결한 형태의 구조물이다. 수심 25~40m에서 적용이 가능하며 최대 50m까지도 적용가능한 것으로 알려져 있다. 직경 3.35m의 말뚝에 거치되며 모듈러시스템으로 48시간 이내에 설치가 가능하다. 설치 시 레벨링이 용이하고 유지관리가 용이한 특징이 있다.

## 6) High-rise pile cap

중국 상하이 풍력발전단지에 적용된 형식으로 현장타설말뚝기초는 교량의 기초형식과 유사하며 교량기초의 시공사례가 많은 형식이다.

## 7) 부유식(Floating)

아직 연구단계로 노르웨이에 시험 시공되었다. 향후 더 깊은 심해로 확대된다면 이러한 형식이 사용가능할 것으로 예상된다.

| 구분 | Monopile | Gravity base | Jacket | Tripod | Tri-pile | High rise pile cap |
|---|---|---|---|---|---|---|
| 개요도 |  |  |  |  |  |  |
| 적용사례 | Utgrunden(SE)<br>Horns Rev(DK)<br>Blyth(UK)<br>North Hoyle(UK)<br>Scroby Sands(UK)<br>Barrow(UK)<br>Kentish Flats(UK) | Vindeby(DK)<br>Tuno Knob(DK)<br>Middlegrundn(DK)<br>Nysted(DK)<br>Lilgrund(SE)<br>Thornton Bank (BE) | Beatrice(UK)<br>Alpha Ventus(DE) | Alpha Ventus(DE) | Hooksiel(DE)<br>BARD(De) | 동해대교<br>해상풍력단지<br>(중국) |

# 3. 풍력발전 구조물의 설계 <sup>111회</sup>



해상풍력발전 수중기초 구조물의 수명은 25년으로 가정하며 최대의 효과가 발생하는 하중이 재하되도록 정적, 동적하중에 의한 하중조합에 의해 설계한다. 해상풍력 구조물에 발생하는 동적하중은 일반적으로 파랑하중, 타워에 작용하는 구조 및 기초에 발생하는 해류, 회전자-증속기(나셀) 및 타워에 발생하는 바람, 운영 시 발생하는 하중, 작동 시 구조물과 회전자-블레이드 사이의 상호작용이다. 설계 시에는 고유진동수는 가진진동수에 의한 공진현상이 최소화되도록 하여야 한다. 풍력발전기에서는 동적하중이 발생하고 이 하중은 해저지반에 영향을 미치므로 상황에 따라 지반-구조물 상호작용에 대한 연구도 필요하다.

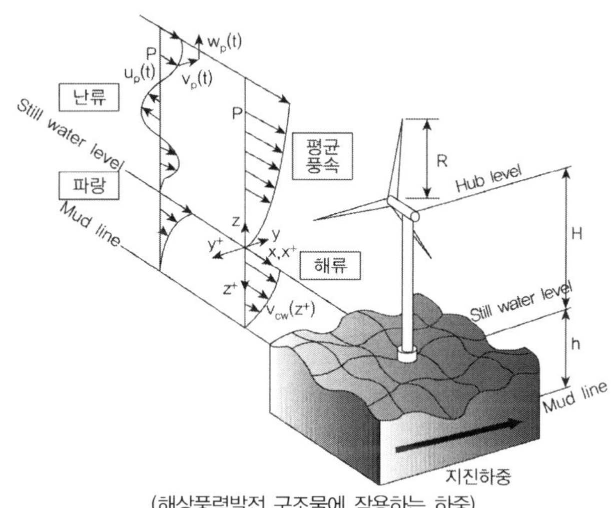



(해상풍력발전 구조물에 작용하는 하중)

## 1) 작용하중

전체 구조물 해석 및 기본설계를 위하여 고려되어야 할 하중은 고정하중, 풍하중, 증속기로부터 발생되는 각종 기계하중, 블레이드에 발생되는 공기력하중, 풍하중, 파랑하중, 해류하중, 수면하중, 충격하중, 지진하중 등이 있다. 일반적으로 작용하중은 발생빈도에 따라 크게 4가지로 분류할 수 있다.

① 발생빈도에 따른 작용하중
- 지속적인 하중 : 증속기 내에서 발생되는 각종 기계하중, 타워와 증속기의 중력하중(수직방향), 로터의 회전하중, 풍하중(수평방향), 조력하중(수직방향). 외부수압, 물의 온도
- 주기적인 하중 : 블레이드의 중력하중과 빙하의 충돌에 의한 하중

- 랜덤한 하중 : 바다의 상태에 따른 하중, 난류에 의한 하중
- 일시적인 하중 : 터빈의 급정지에 따른 하중, 배선관의 파괴에 따른 하중, 돌풍에 의한 하중, 극한의 파도 및 쇄파에 의한 하중, 지진하중

② 풍하중

바람은 해수면 위의 상부구조물인 플랫폼, 타워, 블레이드에 작용하여 진동을 발생시키며, 바람의 세기는 파랑이나 해류와 마찬가지로 영향을 주어 해저면 기초면에서 발생하는 모멘트 계산의 중요한 영향인자이다. 해수면 바람은 돌풍과 지속풍으로 나눌 수 있는데 돌풍은 일시적인 큰 풍속이며 해양구조물과 기초설계에는 설계풍속으로 지속풍을 사용한다.

③ 파랑하중

파랑은 일정한 파장, 파고, 주기를 갖는 파형으로 해양 구조물 기초설계나 구조물 각 부재의 설계에 직접적인 힘을 가해 부재의 크기나 길이 설계에 결정적 요인으로 작용한다. 파랑의 특징은 불규칙성으로 스펙트럼 모델이 어떤 해상상태를 표시하는 척도가 되는데 이때는 구조물 해석도 통계적으로 수행되어야 한다. 어떤 파랑 모델을 설계에 적용하느냐는 수심, 구조물 형상, 적용파고 등에 따라 달라지며 선택된 파를 설계파라고 하는데 설계파의 변수로는 파고, 파주기, 수심의 3가지로 대별된다. 설계파로부터 구조물의 각 부재에 작용하는 물입자의 속도와 가속도를 계산하여 모리슨 방정식으로부터 항력과 관성력의 합에 의해 최종적으로 파력을 등가절점력으로 산정한다.

④ 해류하중

파랑이 물입자의 진도에 의한 파형의 흐름이라면 해류는 물 입자가 여러 요인에 의해 수평방향으로 직접 이동하는 흐름이다. 따라서 이 흐름이 구조물과 만나면 일정한 수평력을 가하게 된다. 해류를 발생시키는 요인은 대규모적인 것과 국지적인 것으로 분류하며 대규모적인 요인은 항풍과 지구 회전에 의한 것, 온도차나 염도차에 의한 것이 있고, 국지적 요인에는 해저 퇴적물에 의한 것, 파랑에 의한 것, 조석, 바람이나 태풍에 의한 것이 있다. 해류에 의한 물입자의 속도는 해파에 의한 물입자의 속도와 벡터로 합해져 모리슨 방정식을 이용하여 구조물에 작용하는 하중을 구한다.

⑤ 수면하중

수면의 승강 현상에 의해 발생하는 하중으로 주로 천체의 움직임에 의하여 발생하거나 국지적으로 바람이나 파랑, 압력의 차이로 생기는 현상에 의해서 발생하는 하중이다. 따라서 이 모든 것을 더하여 설계 최대 수심을 결정하게 된다. 보통 최대 수심에서 최대 파고가 구조물에 접근했을 경우를 가정하여 외력 산정과 플랫폼의 높이 등을 결정하여야 한다. 최대 수심과 최소 수심의 수직선상 범위를 계산하여 구조물의 경우 최대 부식범위를 산정하고 고착성 해양 생물의 두께 산정 등에 적용하여야 한다.

⑥ 파랑으로부터의 슬래밍 하중

부재가 수중에 있을 때 파랑 슬래밍에 의해 물보라치는 지역에 있는 수평부재에 충격으로 작용하는 하중이다. 양 끝단이 고정된 수평부재는 끝단 모멘트와 경간중앙 모멘트에 대해 각각 1.5와 2.0의 동적 충격계수를 갖도록 권고된다.

⑦ 지진하중

해상풍력 구조물 설계 시 하부 지질 구조를 면밀히 검토하여 지진 시 동시 다발적으로 생길 수 있는 단층현상, 퇴적물 이동현상 등을 고려한 내진설계가 필요하다.

## 해상풍력 구조물

해상풍력 지지구조물(기초)의 설계단계와 설계단계별 고려항목을 설명하시오.

### 풀 이

### ➤ 개요

해상풍력발전기는 크게 Rotornacelle assembly라 불리는 구성물과 지지구조물(Supporting structure)의 2개의 부분으로 구분되며, 이 지지구조물은 타워(Tower), 하부구조(Sub structure)와 기초(Foundation)로 구분된다. 하부구조물의 형식으로는 일반적으로 모노파일, 중력식이 가장 많이 이용되며 최근에는 재킷, 트라이포트, 트라이파일이 적용되고 있다.

### ➤ 하부구조 및 기초 형식

1) 모노파일(Monopile) : 직경 4~6m의 강관형태의 말뚝, 말뚝과 타워를 연결하는 전이부(Transition piece)로 구성된다. 말뚝은 항타나 굴착을 통하여 설치되며 전이부와 그라우팅으로 연결된다. 수심 20m 이하에서 경제적인 구조로 알려져 있다. 수심이 높은 경우에는 파일의 직경이 커지게 되어 강재량이 증가되고 시공장비의 확보에도 제약이 있어 경제성이 떨어지는 특징이 있다.

2) 중력식(Gravity base) : 자중으로 전도모멘트에 저항하는 구조로 낮은 수심(10m 부근)에서 적용되었으나 30m에 적용된 사례도 있다. 주로 육상에서 제작되어 해상크레인을 이용하여 설치하며 상대적으로 공사비가 저렴하나 해체 시에 불리하다.

3) 자켓(Jacket) : 석유 및 가수 시추산업에서 사용된 구조로 20~80m의 대수심에 적용되는 구조물이다. 직경 0.5~1.5m의 원형강관을 용접하여 조립하고 직경 0.8~2.5m의 파일에 고정시킨다. 용접부위가 많아 피로에 지배되는 경우가 많다.

4) 트라이포드(Tripod) : 자켓과 유사하게 직경 1.0~5.0m의 원형강관을 용접하여 제작하며 직경 0.8~2.5m의 파일에 고정시킨다. 트라이포드는 자켓에 비해 강재가 더 많이 소요되나 제작성이나 시공성이 좋다.

5) 트라이 파일(Tri-pile) : 3개의 강관파일을 수면 위로 노출되도록 설치한 후 특수하게 제작한 전이부로 연결한 형태의 구조물이다. 수심 25~40m에서 적용이 가능하며 최대 50m까지도 적용가능한 것으로 알려져 있다. 직경 3.35m의 말뚝에 거치되며 모듈러시스템으로 48시간 이내에 설치가 가능하다. 설치 시 레벨링이 용이하고 유지관리가 용이한 특징이 있다.

6) High-rise pile cap : 중국 상하이 풍력발전단지에 적용된 형식으로 현장타설말뚝기초는 교량의 기초형식과 유사하며 교량기초의 시공사례가 많은 형식이다.

7) 부유식(Floating) : 아직 연구단계로 노르웨이에 시험 시공되었다. 향후 더 깊은 심해로 확대된다면 이러한 형식이 사용 가능할 것으로 예상된다.

| 구분 | Monopile | Gravity base | Jacket | Tripod | Tri-pile | High rise pile cap |
|---|---|---|---|---|---|---|
| 개<br>요<br>도 | | | | | | |
| 적<br>용<br>사<br>례 | Utgrunden(SE)<br>Horns Rev(DK)<br>Blyth(UK)<br>North Hoyle(UK)<br>Scroby Sands(UK)<br>Barrow(UK)<br>Kentish Flats(UK) | Vindeby(DK)<br>Tuno Knob(DK)<br>Middlegrundn(DK)<br>Nysted(DK)<br>Lilgrund(SE)<br>Thornton Bank (BE) | Beatrice(UK)<br>Alpha Ventus(DE) | Alpha Ventus(DE) | Hooksiel(DE)<br>BARD(De) | 동해대교<br>해상풍력단지<br>(중국) |

## ▶ 해상풍력 지지구조물의 설계단계별 고려 항목

해상풍력발전 수중기초 구조물의 수명은 25년으로 가정하며 최대의 효과가 발생하는 하중이 재하되도록 정적, 동적하중에 의한 하중조합에 의해 설계한다. 해상풍력 구조물에 발생하는 동적하중은 일반적으로 파랑하중, 타워에 작용하는 구조 및 기초에 발생하는 해류, 회전자-증속기(나셀) 및 타워에 발생하는 바람, 운영 시 발생하는 하중, 작동 시 구조물과 회전자-블레이드 사이의 상호작용이다. 설계 시에는 고유진동수는 가진 진동수에 의한 공진현상이 최소화되도록 하여야 한다. 풍력발전기에서는 동적하중이 발생하고 이 하중은 해저지반에 영향을 미치므로 상황에 따라 지반-구조물 상호작용에 대한 연구도 필요하다.

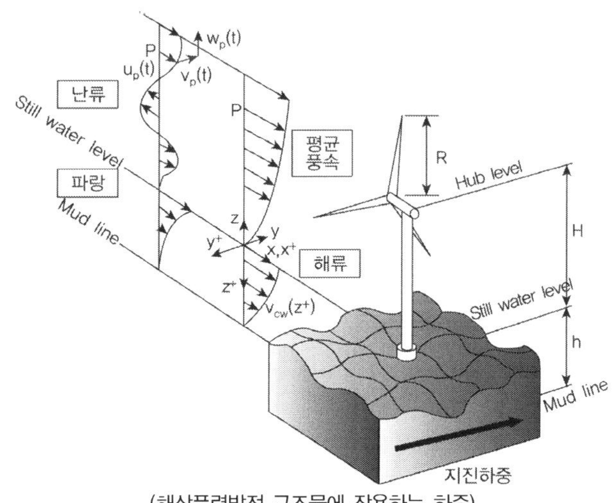

(해상풍력발전 구조물에 작용하는 하중)

전체 구조물 해석 및 기본설계를 위하여 고려되어야 할 하중은 고정하중, 풍하중, 증속기로부터 발생되는 각종 기계하중, 블레이드에 발생되는 공기력하중, 풍하중, 파랑하중, 해류하중, 수면하중, 충격하중, 지진하중 등이 있다. 일반적으로 작용하중은 발생빈도에 따라 크게 4가지로 분류할 수 있다.

① 발생빈도에 따른 작용하중
- 지속적인 하중 : 증속기 내에서 발생되는 각종 기계하중, 타워와 증속기의 중력하중(수직방향), 로터의 회전하중, 풍하중(수평방향), 조력하중(수직방향), 외부수압, 물의 온도
- 주기적인 하중 : 블레이드의 중력하중과 빙하의 충돌에 의한 하중
- 랜덤한 하중 : 바다의 상태에 따른 하중, 난류에 의한 하중
- 일시적인 하중 : 터빈의 급정지에 따른 하중, 배선관의 파괴에 따른 하중, 돌풍에 의한 하중, 극한의 파도 및 쇄파에 의한 하중, 지진하중

② 풍하중
바람은 해수면 위의 상부구조물인 플랫폼, 타워, 블레이드에 작용하여 진동을 발생시키며, 바람의 세기는 파랑이나 해류와 마찬가지로 영향을 주어 해저면 기초면에서 발생하는 모멘트 계산의 중요한 영향인자이다. 해수면 바람은 돌풍과 지속풍으로 나눌 수 있는데 돌풍은 일시적인 큰 풍속이며 해양구조물과 기초설계에는 설계풍속으로 지속풍을 사용한다.

③ 파랑하중
파랑은 일정한 파장, 파고, 주기를 갖는 파형으로 해양 구조물 기초설계나 구조물 각 부재의 설계에 직접적인 힘을 가해 부재의 크기나 길이 설계에 결정적 요인으로 작용한다. 파랑의 특징은 불규칙성으로 스펙트럼 모델이 어떤 해상상태를 표시하는 척도가 되는데, 이때는 구조물 해석도 통계적으로 수행되어야 한다. 어떤 파랑 모델을 설계에 적용하느냐는 숨심, 구조물 형상, 적용파고 등에 따라 달라지며 선택된 파를 설계파라고 하는데 설계파의 변수로는 파고, 파주기, 수심의 3가지로 대별된다. 설계파로부터 구조물의 각 부재에 작용하는 물입자의 속도와 가속도를 계산하여 모리슨 방정식으로부터 항력과 관성력의 합에 의해 최종적으로 파력을 등가절점력으로 산정한다.

④ 해류하중
파랑이 물입자의 진도에 의한 파형의 흐름이라면 해류는 물 입자가 여러 요인에 의해 수평방향으로 직접 이동하는 흐름이다. 따라서 이 흐름이 구조물과 만나면 일정한 수평력을 가하게 된다. 해류를 발생시키는 요인은 대규모적인 것과 국지적인 것으로 분류하며 대규모적인 요인은 항풍과 지구 회전에 의한 것, 온도차나 염도차에 의한 것이 있고, 국지적 요인에는 해저 퇴적물에 의한 것, 파랑에 의한 것, 조석, 바람이나 태풍에 의한 것이 있다. 해류에 의한 물입자의 속도는 해파에 의한 물입자의 속도와 벡터로 합해져 모리슨 방정식을 이용하여 구조물에

작용하는 하중을 구한다.

⑤ 수면하중

수면의 승강 현상에 의해 발생하는 하중으로 주로 천체의 움직임에 의하여 발생하거나 국지적으로 바람이나 파랑, 압력의 차이로 생기는 현상에 의해서 발생하는 하중이다. 따라서 이 모든 것을 더하여 설계 최대 수심을 결정하게 된다. 보통 최대 수심에서 최대 파고가 구조물에 접근했을 경우를 가정하여 외력 산정과 플랫폼의 높이 등을 결정하여야 한다. 최대 수심과 최소수심의 수직선상 범위를 계산하여 구조물의 경우 최대 부식범위를 산정하고 고착성 해양 생물의 두께 산정 등에 적용하여야 한다.

⑥ 파랑으로부터의 슬래밍 하중

부재가 수중에 있을 때 파랑 슬래밍에 의해 물보라치는 지역에 있는 수평부재에 충격으로 작용하는 하중이다. 양 끝단이 고정된 수평부재는 끝단 모멘트와 경간중앙 모멘트에 대해 각각 1.5와 2.0의 동적 충격계수를 갖도록 권고된다.

⑦ 지진하중

해상풍력 구조물 설계 시 하부 지질 구조를 면밀히 검토하여 지진 시 동시 다발적으로 생길 수 있는 단층현상, 퇴적물 이동현상 등을 고려한 내진설계가 필요하다.

# REFERENCE


| 1 | KDS 17 10 00 내진설계 일반 | 국토교통부 2018 |
|---|---|---|
| 2 | KDS 24 17 11 교량 내진설계기준(한계상태설계법) | 국토교통부 2018 |
| 3 | KDS 14 20 80 콘크리트 내진설계기준 | 국토교통부 2021 |
| 4 | KDS 14 31 60 강구조 내진설계기준(하중저항계수설계법) | 국토교통부 2024 |
| 5 | KDS 11 50 25 기초 내진설계기준 | 국토교통부 2021 |
| 6 | KDS 29 17 00 공동구 내진설계기준 | 국토교통부 2021 |
| 7 | 도로교 설계기준 해설 | 대한토목학회 2008 |
| 8 | 도로교 설계기준 한계상태설계법 | 대한토목학회 2015 |
| 9 | 도로설계편람 | 국토해양부 2008 |
| 10 | 기존시설물 내진성능 평가요령 | 국토해양부 2019 |
| 11 | 기존시설물 내진성능 향상요령 | 국토해양부 2022 |
| 12 | 도로설계요령 | 한국도로공사 2020 |
| 13 | 대한토목학회지 | 대한토목학회 |
| 14 | 한국강구조학회지 | 한국강구조학회 |
| 15 | 한국콘크리트학회지 | 한국콘크리트학회 |
| 16 | 전산구조학회지 | 전산구조학회 |
| 17 | 도로공사 설계실무자료집 | 한국도로공사 2011 |
| 18 | 철근콘크리트 교각의 연성도 내진설계기술 | 교량설계핵심기술연구단 2008 |
| 19 | 구조동역학 | 김두기 구미서관 |
| 20 | Structural Dynamics | Mario Paz 1991 |
| 21 | Dynamics of structure | Anil K. Chopra |
| 22 | Seismic Design and retrofit of bridge | M.J.N. Priestley |
| 23 | 구조역학 | 양창현 청문각 2007 |
| 24 | 마이다스 전문가 칼럼 | 김두기 |
| 25 | 제2자유로 및 연결도로 종합보고서 | 한국토지주택공사 |

# 저자 소개

## 안시준

### • 학력 및 경력

고려대학교 토목환경공학과 학사
고려대학교 구조공학 공학석사
The University of Sheffield 도시공학 공학석사
토목구조기술사(99회, 2013년)

### • 활동 조직 및 단체

행정안전부 재난안전관리본부 과학기술서기관
한국토지주택공사 과장
국토교통부 중앙건설기술심의위원
해양수산부 설계심의분과위원
충청남도·대전광역시·경상북도·인천광역시 지방건설기술심의위원
국가철도공단 설계심의분과위원·기술자문위원
한국수자원공사·경기주택도시공사 기술심의위원 등

## 최성진

### • 학력 및 경력

고려대학교 토목공학과 학사
한양대학교 공학대학원 첨단건설구조 공학석사
토목구조기술사(57회, 1999년)

### • 활동 조직 및 단체

한국토지주택공사 신도시계획처장
국토교통부 중앙건설기술심의위원
한국토지주택공사 기술심사평가위원
대한토목학회 편집위원·평위원
부산지방국토관리청 기술자문위원
서울시설공단·한국수자원공사·한국철도공사 기술자문위원
국토안전원 국토안전자문위원
국토교통과학기술진흥원 건설신기술 심사위원 등

토목구조기술사 합격 바이블 6권 제3판

# 동역학과 내진 · 내풍 · 파랑설계

1판 발행  2014년 9월 5일
2판 발행  2017년 2월 1일
3판 발행  2026년 4월 6일

지 은 이  안시준, 최성진
펴 낸 이  김성배
펴 낸 곳  (주)에이퍼브프레스

책임편집  신은미
디 자 인  윤지환 이미애
제    작  김문갑

출판등록  제25100-2021-000115호(2021년 9월 3일)
주    소  (04626) 서울특별시 중구 필동로8길 43(예장동 1-151)
전    화  02-2274-3666(대표) | 팩스 02-2274-4666
홈페이지  www.apub.kr

I S B N  979-11-94599-23-4 (94530)
         979-11-94599-14-2 (세트)